生态系统过程与变化丛书

孙鸿烈　陈宜瑜　秦大河　主编

"十三五"国家重点图书出版规划项目

生态系统过程与变化丛书

孙鸿烈 陈宜瑜 秦大河 主编

农田生态系统
过程与变化

张佳宝 等著

高等教育出版社·北京

内容简介

　　本书以中国生态系统研究网络（CERN）农业台站长期监测数据为基础，集中展示了我国不同区域典型农田生态系统30年长期观测和系统研究的重要成果，记录了我国农田生态系统生态学的发展历程，对从事农业生态及相关研究的科研和管理人员有重要参考价值。

图书在版编目（ＣＩＰ）数据

农田生态系统过程与变化 / 张佳宝等著. -- 北京：高等教育出版社，2019.11
（生态系统过程与变化丛书 / 孙鸿烈，陈宜瑜，秦大河主编）
ISBN 978-7-04-052862-6

Ⅰ.①农…　Ⅱ.①张…　Ⅲ.①农田 –农业生态系统 –研究 –中国　Ⅳ.①S181.6

中国版本图书馆 CIP 数据核字（2019）第 225674 号

策划编辑	李冰祥　柳丽丽	责任编辑	柳丽丽　关　焱　殷　鸽	封面设计	王凌波	版式设计	童　丹
插图绘制	于　博	责任校对	刘娟娟	责任印制	赵义民		

出版发行	高等教育出版社	咨询电话	400-810-0598
社　　址	北京市西城区德外大街 4 号	网　　址	http://www.hep.edu.cn
邮政编码	100120		http://www.hep.com.cn
印　　刷	北京盛通印刷股份有限公司	网上订购	http://www.hepmall.com.cn
开　　本	787mm×1092mm　1/16		http://www.hepmall.com
印　　张	27.25		http://www.hepmall.cn
字　　数	680 千字	版　　次	2019 年 11 月第 1 版
插　　页	2	印　　次	2019 年 11 月第 1 次印刷
购书热线	010-58581118	定　　价	268.00 元

NONGTIAN SHENGTAI XITONG GUOCHENG YU BIANHUA

生态系统过程与变化丛书编委会

主编

孙鸿烈　陈宜瑜　秦大河

编委（按姓氏笔画排序）

于贵瑞　马克平　刘国彬　李　彦　张佳宝

欧阳竹　赵新全　秦伯强　韩兴国　傅伯杰

秘书

于秀波　杨　萍

主要作者

第 1 章　张佳宝
第 2 章　李禄军
第 3 章　陈　欣
第 4 章　丁维新
第 5 章　欧阳竹
第 6 章　颜晓元
第 7 章　孙　波
第 8 章　魏文学
第 9 章　朱　波
第 10 章　刘文兆
第 11 章　王仕稳
第 12 章　赵文智
第 13 章　赵成义
第 14 章　王克林
第 15 章　何永涛

丛 书 序

　　生态系统是地球生命支持系统。我国人多地少,生态脆弱,人类活动和气候变化导致生态系统退化,影响经济社会的可持续发展。如何实现生态保护与社会经济发展的双赢,是我国可持续发展面临的长期挑战。

　　20 世纪 50 年代,中国科学院为开展资源与环境研究,陆续在各地建立了一批野外观测试验站。在此基础上,80 年代组建了中国生态系统研究网络(CERN),从单个站点到区域和国家尺度对生态环境开展了长期监测研究,为生态系统合理利用、保护与治理提供了科技支撑。

　　CERN 由分布在全国不同区域的 44 个生态系统观测试验站、5 个学科分中心和 1 个综合中心组成,分别由中国科学院地理科学与资源研究所等 21 个研究所管理。CERN 的生态站包括农田、森林、草原、荒漠、沼泽、湖泊、海洋和城市等生态系统类型。学科分中心分别管理各生态站所记录的水分、土壤、大气、生物等数据。综合中心则针对国家需求和学科发展适时组织台站间的综合研究。

　　CERN 的研究成果深入揭示了各类生态系统的结构、功能与变化机理,促进了我国生态系统的研究,实现了生态学研究走向国际前沿的跨越发展。“中国生态系统研究网络的创建及其观测研究和试验示范”项目获得了 2012 年度国家科学技术进步奖一等奖,并被列为中国科学院“十二五”期间的 25 项重大科技成果之一。同时,CERN 已成为我国生态系统研究人才培养和国际合作交流的基地,在国内外产生了重要影响。

　　2015 年,CERN 启动了“生态系统过程与变化丛书”的编写,以期系统梳理 CERN 长期的监测试验数据,总结生态系统理论研究与实际应用的成果,预测各类生态系统变化的趋势与前景。

2019 年 6 月

目　录

第1章　绪论[*]

农田生态系统是一种人造生态系统,可以看作是传统生态系统的一个子集,其核心是人类的农业活动。

1.1　概　　述

人类制造农田生态系统的目的当然是希望从中获得最高产量的生存产品,比如粮食、果蔬、纤维、能源物质等,或者能够获得最高的经济效益。和自然生态系统通常包含成百上千种生物物种相比,农田生态系统包含的物种较少,功能更单一;从养分流和能量流来看,农田生态系统,特别是一个集中管理的农田生态系统,会比"自然"生态系统更简单。

但是,农田生态系统养分循环和能量交换的强度则完全不同。这是因为,农田生态系统是由人类来改造和控制的,其产出往往是定向的,作物带走的养分更多,容易导致某些养分元素的亏缺,而为了维持其高产出,必须定向投入更多的特定养分。同时,追求高产出往往伴随着灌溉等措施的实施,也加速了养分、水分等物质循环。因此,农田生态系统是一种在短时间内发生高强度的养分、水分和能量循环和交换的生态系统,具有独特的碳、氮、磷等养分循环及水循环规律,而且农田作物也往往被培养成能量转化效率最高的物种,因而农田的能量流也具有不同的特点。然而,人类对此认识还远远不够。

农田生态系统的影响并不局限于农业活动的直接地点——农田,也包括受农业活动影响的周边区域,它们通常也受能量流复杂性变化以及净养分平衡的影响。在传统非精细农业下,由于过分追求产量,很容易导致养分投入的过剩,进入其他的生态系统,比如水体等,造成其他生态系统的问题。因此,农田生态系统通常与较高的养分输入相关联,导致非直接从事农业活动的相关生态系统的富营养化,但是传统的农田生态系统研究并不太关注其与其他生态系统的关系。

农田生态系统与其他生态系统一样,也有生产者、消费者和分解者。农田生态系统的生产者是作物及生长的少量杂草。一级消费者则包括田间动物,比如老鼠、兔子、鸟和昆虫,以及人和食草动物等。二级和三级消费者以青蛙、蛇、鹰等鸟类为代表。分解者则包括芽孢杆菌、曲霉、梭菌、蘑菇、毛霉、曲霉、镰刀菌等细菌和真菌等。废物和其他有机物被这些微生物,以及一些较大的有机体(蠕虫、昆虫)循环分解成土壤腐殖质和简单的养分,然后供植物使用。这是一个自我维持的系统,每个物种都承担相关的角色。

在自然生态系统中,正因为物种间有大量的相互作用,因而它是相当稳定的,能够抵御诸如

---

* 本章作者为中国科学院南京土壤研究所张佳宝、潘贤章。

破坏性风暴或干旱等干扰,如果一个或几个物种被大量杀死,还有其他物种可以接管它们在系统中的功能。因而在自然生态系统中这些过程是可持续的,能够无限期地持续下去。但是,相比之下,人类创造的简化农业生态系统中生物种类相对较少,仅仅允许对农业生产有利的物种存在,任何其他物种进入农田或谷仓,都被视为"敌人",容易被毒药消灭。物种稀少的生态系统很容易被外力破坏。农作物害虫如蚜虫或毛虫的入侵很可能会传播和毁坏农作物,而不是像自然生态系统区域那样容易被捕食性昆虫(瓢虫、黄蜂)或鸟类控制。为了维持高产,必须加入更多的化学物质,使得土壤的物质循环更加复杂。因此,近年来,农田生态系统人类投入化学品等物质的循环和能量循环成为土壤生态学研究的热点。

农田生态系统在进化的时间轴上是相对年轻的,即使在中国、印度、泰国等广泛种植水稻的水田生态系统中,农业可能已经持续了长达7000多年的历史,但和森林、草地等自然生态系统相比仍然非常年轻。因此,有学者认为,农业是生物多样性如何应对环境变化的一个巨大的非计划性试验。不乐观的学者认为,农田生态系统是一种退化的环境,不像复杂的自然生态系统,有许多物种,运行着一个错综复杂的"网络",因此,导致物种单一的景观和很低的生物多样性,因而被认为是不稳定的。最近在温带和新热带国家的研究表明,农田生态系统可以看作是一个具有独特生物多样性的新生态系统(检索 agricultural ecosystem)。由于农田景观是由人类创造和管理的,因此存在着"计划的多样性"。

国内农田生态系统研究的关注点并没有这么广泛,尤其是对其与周边其他生态系统的关系,显然并没有很多的研究。但是,在碳、氮、磷养分循环,以及水分循环方面开展了大量的研究。CERN 在过去30年中,农业台站在这方面贡献很大,尤其是在养分及水分循环过程上。本书对 CERN 过去30年来的农田生态系统土壤生产力、碳、氮、水物质循环进行了总结,并针对不同区域农业特点,提出了很多提升土壤生产力的措施,在当地的农业生产中起到了示范的作用。

1.2 我国典型农田生态系统生产力概况

农田生态系统的生产功能最直接的表现形式就是生产能力。生产能力指在一定时间和地点农田生态系统所能生产的有机体数量,可以是经济产量,也可表示为生物学产量。我国农田主要分布在东北区、黄淮海区,以及长江中下游地区,也就是我国的粮食主产区分布区,包括黑龙江、吉林、辽宁、内蒙古、河北、河南、江苏、安徽、山东、湖北、湖南、江西、四川,共13个省(市、自治区)。这些区域大部分处于湿润或半湿润气候区,雨量充沛或者较为充沛,光、热、水资源条件较好,土壤有机质含量较高,耕作区地形很多较为平坦。然而,由于粮食主产区分布范围十分广泛,气候条件、土壤条件等差别较大,农田生态系统生产能力有较大的差异。

按照全国综合农业区划方案,我国农业区分为东北区、内蒙古及长城沿线区、黄淮海区、黄土高原区、长江中下游区、西南区、华南区、甘新区、青藏区共9个一级区。由于区划涉及跨省边界,为了统计方便,采用表1.1方式统计了2018年粮食主产区的总产和单产情况。同时,统计了各个区域单位耕地面积的产量。耕地面积使用2017年统计数据,2018年耕地面积与2017年差距不大。

表 1.1 不同区域产量比较

区域	包含省（区、市）	播种面积 /10³ hm²	总产量 /10⁴ t	单产 /（kg·hm⁻²）	单位耕地面积产量 /（kg·hm⁻²）
东北地区	黑龙江、辽宁、吉林	23299	13332	5722	4795
黄淮海地区	北京、天津、河北、山东、河南	26256	15914	6061	6958
长江中下游地区	湖北、安徽、江苏、上海	17769	10610	5971	6687
江南及华南地区	湖南、江西、浙江、福建、广东、广西、海南	15518	9025	5816	4942
黄土高原	山西、陕西、宁夏、内蒙古、甘肃	16314	7703	4722	3212
西南地区	四川、重庆、云南、贵州	15199	7494	4931	3780

从区域总产量来看，可以分为 3 个档次，黄淮海地区、东北地区最高，其次是长江中下游地区和江南及华南地区，再次是黄土高原和西南地区。这表明我国粮食主产区在华北平原、东北平原以及长江中下游平原地区。从单产来看，黄淮海、长江中下游、华南以及东北地区相差并不大，而黄土高原和西南地区与以上地区相差较大。位居前 4 的单产高产区中，产量最高的是黄淮海地区，其次是长江中下游地区，再次是江南和华南地区，然后才是东北地区，和区域总产显示了不同的次序。从单位耕地面积产量来看，位居首位的依然是黄淮海地区，紧随其后的是长江中下游地区，虽然长江中下游地区可能复种指数还稍许高出一些，但是单位面积耕地产出却比不过黄淮海地区，可能与该区域有较多的坡耕地有关。

从 CERN 台站的监测结果来看，2007 年海伦站不施肥和施肥处理（N：138 kg·hm⁻²，P：30 kg·hm⁻²，K：11.3 kg·hm⁻²）的玉米地上生物总量大约为 11500 kg·hm⁻² 和 14000 kg·hm⁻²，而籽实产量大约为 6500 kg·hm⁻² 和 7800 kg·hm⁻²（张兴义等，2007）。另据宇万太等（2003）统计，1987—2001 年，海伦站和沈阳站不施肥产量分别为 2711 kg·hm⁻² 和 3457 kg·hm⁻²，而 NP+循环猪圈肥的产量可以提升到 3913 kg·hm⁻² 和 5415 kg·hm⁻²，比纯施 NP 的 3663 kg·hm⁻² 和 4926 kg·hm⁻² 提升幅度近 10%。

由于热量、降水等的差异，南方比北方单位耕地面积产量的提升是明显的。桃源站比东北两站产量相比，产量提升幅度还是很大的。1987—2001 年，桃源站不施肥实验的产量为 5499 kg·hm⁻²，相比海伦站和沈阳站分别增加 1 倍和 59%，NP+循环猪圈肥产量可达 9339 kg·hm⁻²，桃源站提升幅度更大，达到 1.4 倍和 72%，施 NP 产量可达 7808 kg·hm⁻²，增加幅度也分别达到 1.13 倍和 58%（宇万太等，2003）。由此可见，南方同样的施肥处理，试验区内的产量远远大于东北地区。这是因为，供试作物和轮作方式不同，沈阳和海伦均为一年一作，海伦为小麦-大豆-玉米依次轮作，沈阳为玉米-玉米-大豆轮作，而桃源站每年采用稻-稻-紫云英轮作，桃源站显然一年两熟，总产高出北方的海伦站和沈阳站均大于 50%。

CERN 安塞站 2008 年设计了免耕施化肥（NF）、免耕施有机肥（NM）、免耕不施肥（NN）、翻耕施化肥（CF）、翻耕施有机肥（CM）、翻耕不施肥（CN）等处理,玉米的经济产量从高到低依次为 NF、NM、CF、CM、NN、CN 处理,分别为 5800 kg·hm^{-2}、5400 kg·hm^{-2}、5100 kg·hm^{-2}、5000 kg·hm^{-2}、3200 kg·hm^{-2} 和 2800 kg·hm^{-2}（黄茂林等,2013）。可见安塞站不施肥玉米的产量和海伦站接近,施用有机肥玉米的产量则和沈阳站接近。

根据张密密等（2014）结果,华北平原封丘县土壤常规施肥情况下,2011—2012 年小麦产量为 4872～5233 kg·hm^{-2},玉米产量可达 6292～6954 kg·hm^{-2},高肥力耕地产量小麦为 5347～5754 kg·hm^{-2},玉米为 6871～7164 kg·hm^{-2},对于多个农户调查,平均小麦产量 5034～5394 kg·hm^{-2},玉米产量 6561～6828 kg·hm^{-2}。可见玉米产量比安塞站耕地和海伦站及沈阳站高。表 1.1 中单位耕地面积的粮食产量也呈现这样的规律。

因此,总体来看不同区域农田生态系统经济产量差异比较大。华北平原单位面积耕地粮食产量最高,其次是长江中下游地区,产量稍有下降。南方及华南地区,看起来热量和降水条件都较好,试验地产量也比北方高出很多,但是从大区域来说,平均粮食产量并不高,甚至仅比东北区域稍高,原因是南方丘陵区耕地很多处于山区丘陵,耕地质量并不都高,没有充分发挥南方的水热优势。但是,南方耕地可以通过多种经营,尤其是瓜果蔬菜等高值农业措施提升经济价值,不需要追求产量最高。

1.2.1　农田生态系统碳循环

农田生态系统中的碳循环过程是一个非常复杂的过程,但是总结起来,主要包括作物和土壤碳库与大气和水环境的交换过程,以及碳库不同组分之间的转移转化过程。从整个系统来说,光合作用是最重要的碳输入来源,秸秆和畜禽粪便等还田也是重要来源,而作物的呼吸作用、作物收获、土壤有机碳分解和生物能源利用则是最重要的输出口（图 1.1）。

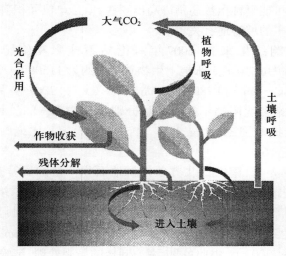

图 1.1　农田生态系统碳循环示意图

由于农田生态系统碳循环受气候、种植制度、作物类型、土壤性质、农田管理等多种因子的影响,我国不同区域农田生态系统内各碳库之间的碳交换性质差异很大,所以不同区域具有碳汇和碳源等不同效应。我国华北粮食主产区和东北黑土粮食主产区农田碳循环有较为明显的差异。

位于华北粮食主产区的 CERN 栾城农业生态系统试验站，于 2001 年建立耕作试验、有机循环试验和增温试验共 3 个长期定位碳循环试验，采用隔离罐－碱液吸收 CO_2 法、静态箱－气相色谱法、涡度相关技术和浓度梯度法这 4 种农田碳过程监测方法体系。通过长期观测小麦－玉米两熟系统的碳输入输出平衡，发现在秸秆还田下，高水高肥的精细管理农田系统丢碳速率为 77 $gC \cdot m^{-2}$，而长期施氮虽可显著增加 0～100 cm 土体中的 SOC 含量，但会造成 0～60 cm 土体中 SIC 含量的显著降低（胡春胜等，2018）。

黑土是我国最肥沃的土壤之一，黑土的农业开发利用对土壤有机碳的影响很大。据 CERN 海伦站长期实验，黑土开垦后前 10 年土壤有机质平均每年降低 2.6%，随着开垦年限增加这种下降趋势会变缓，而开垦后大约 30 年黑土会达到农业利用稳定期；在稳定期内有 70% 的耕地发生肥力退化，20% 的耕地肥力继续维持，10% 的耕地肥力有所提升（韩晓增等，2019）。黑土经过 8 年秸秆还田，未施肥和施 NPK 的土壤有机质含量分别降低了 1.95% 和 2.56%，秸秆还田配施化肥处理（NPKS）则使土壤有机质含量显著增加 6.59%（郝翔翔等，2013）。

CERN 长武站长期实验（始于 1985 年）发现，在黄土旱塬区禾本科连作能够保持土壤有机碳，而禾本科与豆科作物的轮作对土壤有机碳略有提升，其中小麦与红豆草或苜蓿连作的提升效果显著[①]。另外，据长武站十里铺长期定位实验研究，1984 年以来，施氮可以增加土壤有机碳、土壤可溶性有机碳（DOC），与不施氮相比，施氮处理能够使 SOC 增加 8%～13%，DOC 增加 23%～55%，而且施氮处理可以显著提高土壤呼吸速率，与不施氮相比，施氮处理土壤平均呼吸速率能够增加 25%～44%[②]。

从农田碳环境效应来看，栾城站旱地施氮和增温均会降低单烷（CH_4）汇强度，但对土壤呼吸无显著影响（胡春胜等，2018）。而稻田 CH_4 释放呈现不同规律，因为稻田经常淹水环境大量土壤有机碳积累，激发 CH_4 的大量排放（Xia et al.，2014）。据 CERN 常熟站研究，不同水稻轮作制度稻季 CH_4 排放模式接近，水稻移栽后，CH_4 排放通量逐渐增加，大约在 30 天达到排放峰值，然后逐渐降低，伴随着中期稻田 CH_4 排放通量逐渐降至零，随后覆水稍微增加，保持较低的排放水平直到水稻收获。秸秆直接还田是稻季 CH_4 排放的主要因素，与只施用化肥相比，秸秆与化肥配施的处理增加了 154%～248%（Yan et al.，2009；Xia et al.，2014），显著促进稻田 CH_4 排放。因此，采取合理的秸秆还田方式是减少稻田 CH_4 排放的关键。

1.2.2　农田生态系统氮循环

对农田高生产力的需求决定了农田生态系统必须投入大量氮肥，这也是该系统氮循环区别于其他生态系统氮循环的重要特点。朱兆良院士指出，氮肥施入土壤后的归趋包括作物吸收、土壤残留以及进入环境的损失部分，氮损失包括氨挥发、硝化－反硝化、淋洗和径流等途径（朱兆良，2000）。这些途径其实也是农田生态系统氮循环的主要过程。农田氮循环主要指农田系统中不同形态的活性氮之间以及活性氮和 N_2 之间的相互转化，以及活性氮在不同储库间的各种交换，这些构成了氮循环的基本过程（图 1.2）。

[①]　郭胜利 . 2001. 黄土旱塬农田土壤有机碳、氮的演变与模拟 . 西北农林科技大学，博士学位论文 .

[②]　王蕊 . 2018. 渭北旱塬农田土壤呼吸温度敏感性变化特征 . 西北农林科技大学，博士学位论文 .

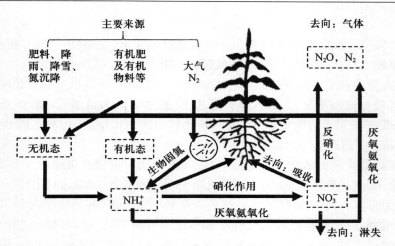

图 1.2　农田生态系统氮循环示意图

由于氮循环往往跨圈层发生,它在各圈层间的交换及长距离传输,使得氮循环对农田生态系统以及环境的影响十分深远。农田施氮不仅影响农田作物产量、土壤氮含量,而且影响周围的水环境和大气环境,甚至通过产生的温室气体对全球气候变化和自然生态系统的退化都产生重要影响。

国际上农田氮肥利用率普遍低于 50%,禾谷类作物农田氮肥利用率约 33%(Fageria and Baligar, 2005)。国内研究也表明,在水稻上氮肥损失率多为 30%~70%,在旱作上多为 20%~50%(朱兆良, 2000)。根据 CERN 常熟站在长江三角洲实验,该地区两省一市的化学氮肥平均利用率为 35.8%~66.5%,考虑残留效应在内的话,累计利用率的变化范围为 43.8%~68.4%(Yan et al., 2014)。同时,根据常熟站稻麦农田氨挥发实验结果,当地常规处理稻季氨挥发总量最高,平均达到 30.09 kg N·hm^{-2},占施氮量的 13%,减氮 25% 的处理可减少氨挥发约 30%;对麦季而言,当地常规处理稻季氨挥发总量为 10.26 kg N·hm^{-2},约占施氮量的 5%,而减氮 25% 处理的麦季氨挥发总量减少了 44%,比稻季减量比例更高。在常熟站稻麦体系中,稻季泡田,麦季需排涝,因此,氮素径流是不可忽视的氮肥损失途径。稻季径流损失占施氮量的 1.70%,而麦季平均占施氮量的 6.11%。

当然,旱地氮循环规律与南方稻麦轮作体系有很大的差别。根据 CERN 禹城站 ^{15}N 研究,高施肥(677 mg)和低施肥(338 mg)处理土壤 N 残留率分别为 50.4% 和 36.5%;^{15}N 标记氮肥吸收量分别为 195.75 mg 和 105.63 mg,回收率为 28.9% 和 31.2%;当季进入地下水中 ^{15}N 量分别为 28.93 mg 和 2.32 mg,当季淋失率为 4.27% 和 0.68%。同时,对 NO$_3^-$ 污染调查分析发现粪便或污水是水源的主要污染源,引黄水、当地河水和地下水中来自粪污的硝酸盐分别高达 81.21%、62.61% 和 79.03%,而大气降水来源约为 11.47%、0 和 4.26%,化肥来源为 7.32%、37.36% 和 16.78%,可见化肥对地下水 NO$_3^-$-N 贡献率是比较大的。

近年来由于大量施用化肥引起的环境问题,人们重新开始重视生物固氮的价值。陆地生态系统的生物固氮量每年估计在 120~140 Tg N,其中农田生物固氮的最新估计值在 40~100 Tg N,平均 60 Tg N 左右(Fowler et al., 2013; Schlesinger, 2009)。根据 CERN 常熟站研究,虽然化肥氮投入能够占到稻麦体系中总氮输入的 83%,但是仍有 10% 可以来自生物固氮(Zhao et al., 2012)。

CERN 沈阳站的研究表明,连续施用尿素可显著降低潮棕壤中固氮菌的数量,添加抑制剂对固氮菌数量的影响效应与抑制剂种类有关(Gong et al., 2013)。在退化喀斯特生态恢复重建初期植被群落主要受 N 限制,因此,N 的投入至关重要,其中,豆科植物的引种和自生固氮过程培育是重要的措施。

1.2.3 农田生态系统水循环

土壤–植物–大气连续体中,水既是生命必需的物质,也是作物养分运输的载体,对于维护生态系统的功能是不可或缺的。由于土壤水是作物唯一能利用的水的形态,土壤水贯穿土壤–植被–大气,是农田生态系统的一个关键因子,所以,研究农田生态系统水循环的核心就是研究土壤水分的变化特征。

黑土区大气降水是土壤水分的主要来源。根据 CERN 海伦站长期观测资料,该区域年内月份间降水分配极为不均匀,7 月降水量占总降水量约 30%,其次是 6 月、8 月和 9 月,分别占总降水量的 20%、20% 和 10%,因此,从 7 月到 10 月,降水占全年降水约 80%。同时,在作物生长前期,0~90 cm 土层中土壤储水量呈现缓慢下降趋势,90~150 cm 土层中水分由于向上补给上层水分,会出现小幅度减少,而 150 cm 以下的土层中水分受作物生长影响很小。所以,在降水和作物需水共同影响下,从 7 月到作物生长季末期,由于降水量大,使得 0~200 cm 中的储水量持续增加。而在休闲期,由于降水补给少,土壤储水量少,易发生春旱。当然,如果在生长季中后期降水稍多,土壤呈现储水的状态,历经休耕期土壤储水较多,则会有利于第二年的播种。

根据 CERN 黄淮海平原封丘站试验结果,该区域要达到高产,小麦和玉米的全年需水量为 830 mm,其中玉米季需水 360 mm,小麦季需水 470 mm。而该区域降水主要集中在 7~9 月,正好与玉米需水高峰一致,降水基本就能满足作物水分需求,有利于玉米生长,但秋春季降水少,与小麦需水规律不符,因此,必须通过灌溉获取亏缺的 310 mm 的水分。封丘实验表明,无灌溉下玉米产量仍可达到 8400 kg·hm^{-2},相当于常规农田产量,但小麦约为 5246 kg·hm^{-2},仅为常规农田产量 60%~70%。不灌溉情况下作物产量与生育期降水量密切相关,尤其是玉米季,降水多、产量高,反之则低。但过多的降水会导致水涝,也会影响玉米产量。

绿洲农田生态系统是一个以水循环过程为核心的生态系统。灌溉后水首先入渗,进入土体变为土壤水,然后在土壤剖面上以饱和或非饱和流继续往下迁移,经历再分布及内排水过程。一部分水被作物根系吸收,并通过叶面蒸腾进入大气,另一部分,迁移至根层以下,或补给地下水,或暂存于底层非饱和带土体内,干旱季节再通过毛管孔上升到根系层内,供给作物所需。绿洲农田蒸散发和灌溉水渗漏是主要耗散项(范锡朋,1991)。据 CERN 临泽站研究,作物冠层叶片的蒸腾速率大约为 2.94 mmol H$_2$O·m^{-2}·s^{-1},在灌浆期最大,约为 3.10 mmol H$_2$O·m^{-2}·s^{-1},在拔节期稍低,在成熟期最小(赵丽雯,2014)。农田防护林蒸散量不可忽视,据研究,胡杨蒸散量在棉田灌溉期水分条件较好,蒸散强度较大,平均年蒸散量达 1187 mm,日蒸散强度 3.24 mm·d^{-1}(黄聿刚等,2005)。由于绿洲农田蒸散发量大,农田灌溉采用农田膜下滴灌等特有的节水灌溉模式,基本可以控制棵间土壤水分的散失。

我国降水严重不均,北方广大地区处于干旱半干旱区域,华北平原年降水量仅为 500~900 mm,且时空分布不均,春季经常干旱少雨,蒸发强烈,无灌溉则无农业,因此,抽取地下补充灌溉是冬小麦稳产高产的重要保证。在部分绿洲边缘的灌区地下水灌溉甚至占灌溉用水量的 70%(Su et al., 2010)。在黄淮海平原,小麦分裂期地下水位2.7~4.0 m,根系很难直接利用,必须补充地下水灌溉。在黄淮海地区供水中,地下水资源所占比例很高,比如河南省长期大于55%。由于地下水经常得不到有效补给,导致地下水资源萎缩,浅层地下水位大幅降低,与2000年相比,2014年浅层地下水位降低2.84 m。因此,在农田水循环规律研究基础上,合理调配水资源对于区域农业发展至关重要。

1.2.4 农田土壤质量提升技术模式

农田生态系统提升土壤质量的首要方法是施肥,提升土壤基础生产力也是实现土壤质量提升的重要途径。但是,由于我国农田土壤类型多,性质差异大,经济和技术条件不一致,因而不同措施产生不同效果,对环境的效应也不尽相同。CERN在长期的监测和研究中,创新了很多高效的、适应区域农业条件的农业生产模式,以及退化土壤的修复模式,提升土壤质量,对于区域的农业可持续发展带来示范性效果。从我国长期研究来看,土壤质量提升中,施用有机肥对维持和提高土壤有机质含量具有重要作用,而平衡施肥也可以有效地维持土壤有机质水平。有机肥和无机肥配合施用,不仅提升土壤有机碳含量,而且提升土壤肥力供给能力,比如促进团聚体形成等,对提升土壤质量和稳定性具有重要作用。

黑土区农田系统中存在土壤有机质下降,耕层变薄,犁底层增厚,肥力下降以及地下水位下降等问题。根据CERN海伦站的长期研究,研究人员提出了肥沃耕层重建的关键技术,以遏制黑土退化和培肥地力为目标,以秸秆还田与合理耕作相结合为核心,建立了退化黑土修复农田循环生产模式。韩晓增等(2019)针对中厚黑土和草甸土有机质和黏粒含量高、耕作层浅、犁底层厚、水热传导差而影响根系生长的问题,研制了秸秆深混耕层扩容技术,土壤有机质含量得到了有效提升;针对薄层黑土、棕壤、暗棕壤和黑钙土的土层薄、养分贫瘠、物理性状差等问题,研制了熟土–心土混层二元补亏增肥技术,即将熟土层与心土层混合,配合混入秸秆和有机肥,补充因熟土层和心土层混合后导致的土壤肥力下降,后效期3~6年;针对白浆土的白浆层,在前人提出的"心土混层"技术的基础上增施秸秆、有机肥和化肥三元物料一次性作业改造白浆层,即黑土心土混层三元补亏调盈技术。这些技术都针对相应的土壤类型,获得了增产和土壤肥力质量提升等效果。

如前所述,黄淮海区域是我国的粮食主产区,然而该区域存在土壤有机质含量低、地下水位深、土壤板结等问题。通过CERN封丘站的长期研究,开发了深免间歇耕作、肥沃耕层快速构建等适宜于黄淮地区冬小麦–夏玉米轮作的新型耕作技术。少免耕等保护性耕作能保蓄土壤水分、减少土壤侵蚀、培育地力、降低能耗动力成本,但长期少免耕又会导致土壤板结、耕层变薄、养分表聚等问题。封丘站提出了机械化深免间歇耕作技术,即在秸秆机械粉碎还田支持下,实行玉米长期免耕播种,小麦间歇深翻播种的模式。深免间歇耕作能显著促进表层土壤团聚化和有机质积累(张先凤等,2015)。此外,针对该区域表层变薄、亚表层耕性差等问题,封丘站研究了肥沃耕层快速构建技术。在秸秆粉碎还田条件下,利用大型深耕机械将秸秆深翻至35 cm以下,混合有机物料及微生物制剂,快速构建肥沃亚表层。研究发现,该技术的实施可以显著提高小麦生育后期20~40 cm土层有机碳、速效养分含量,而且通过秸秆深还田,增厚耕层,构建肥沃耕层,可提高土壤耕层缓冲能力。

黄淮海地区部分区域,尤其是黄河三角洲靠海区域,还存在地下水位埋深浅,矿化度高,易引起土壤盐碱化及次生盐碱化等问题。CERN 禹城站在长期实验中,发展了水盐一体化调控技术。这些技术包括采用降低地下水位、灌溉洗盐等方法的土壤快速脱盐技术,通过春季覆盖抑盐、切断毛管孔隙为主的春秋抑制返盐技术,增施有机肥和磷石膏的土壤碱化控制技术,以及耐盐作物种植配合土壤改良的综合技术等。这些技术均取得了很好的水盐调控效果。比如针对滨海盐碱地,采用高效脱盐剂和 2 次灌溉洗盐,每次每亩灌水 80 方以上,土壤盐分从大于 0.6% 下降到0.2% 以下,再配施生物有机土壤改良材料,耐盐小麦产量可达 5250 kg·hm^{-2},效果明显。

我国西北地区年平均降水量 230 mm,而蒸发能力达到降水量的 8～10 倍,土壤有机质含量低,土壤质量不高。尤其是黄土高原区,沟壑发达,不稳定耕地分布偏远,道路网络不完善,甚至无法通行,农业生产受制于天然降雨,干旱发生较为频繁,导致农民种地积极性不高(赵爱栋等,2016)。因此,该区域走节水农业是必然的途径。西北地区从薄膜平膜覆盖,一直走向较为复杂的全膜双垄技术,也是经过了长期的探索。目前全膜覆盖技术在西北,尤其是甘肃做得很成功,并被总结为甘肃模式,是一套比较完整的适合当地的技术体系和生产方式。概括起来叫做修梯田、打水窖、铺地膜、调结构。将梯田、水窖、地膜等多项旱作技术组装配套和综合运用,形成了一套以"全膜双垄沟播"技术为核心的旱作农业模式,并取得了巨大成功。能提高玉米亩产 30%以上,土豆 20% 以上,农民因此实现亩均增收千元以上。其中,修梯田、打水窖的核心是降低耕作田块的坡度,有利于水分的入渗,减少水土流失,而打水窖则是充分收集降水,通过工程措施留住水源。铺地膜则针对提升土壤水分利用率所采取的措施,可以基本切断土壤水分向大气散失的途径,使作物间蒸发的水分散失降到最低,且覆膜使土壤深层的水分向上移动,聚集在土壤表层,提高了土壤水分向作物的有效供给率。全膜双垄覆盖的核心技术是划行起垄。其中划行是指,每幅垄分为大小两垄,采用划行器一次划完一幅垄;起垄则是指,在川台地按作物种植走向开沟起垄,在缓坡地沿等高线开沟起垄,然后进行全膜覆盖。覆盖地膜后一周左右,地膜与地面贴紧时,在沟中间每隔 50 厘米处打一直径 3 毫米的渗水孔,方便垄沟收集的雨水的入渗。这种技术使得水分得以最大程度的利用,起到蓄水保墒,增加产量的作用。

在长江中下游地区,热量充足,降水量大,气候条件优越,农业资源丰富。但是在下游平原地区,由于长期施用高氮高磷,出现土壤板结、肥力下降等问题,而且导致氮磷向水体迁移,造成湖泊富营养化等问题。因此,如何协调化肥的农学效应与环境效应一直是该区域平原地区研究的热点主题。科学减量化肥无疑是最有效和直接的办法。CERN 常熟站研究了稻田和旱作小麦季氮素行为的差异,提出了稻麦体系内减少稻季氨挥发和麦季径流氮损失的原理,并提出了基于水稻专用控释肥和冬季豆科替代的技术体系,不仅能维持水稻高产,也可大幅削减农田氮素外排量,显著降低农田氮素环境损失,具有一定的生态服务价值。针对磷肥过量使用的问题,常熟站还提出了"稻季不施磷"的稳产减排策略。该策略是在鲁如坤等学者提出的"旱重水轻"的施磷理念基础上,量化了"重旱轻水"措施,在江苏宜兴和常熟通过长期定位实验,研究"稻季不施磷"稳产减排策略。经过多年盆栽试验及田间定位试验,发现在保证稻麦作物产量的同时提高磷肥平均周年利用率 5.42%,径流总磷排放量减少 20.6%,磷输入输出总体平衡。相关研究成果为当地生产实践提供了理论依据。

南方红壤丘陵区是我国土壤退化比较严重的区域,尤其是土壤酸化导致土壤生产力下降,土壤侵蚀导致肥沃表层流失等问题。通过 CERN 鹰潭站多年的研究,针对低产田(渍潜田和贫瘠旱地)障碍因素与土壤侵蚀、酸化和肥力衰减的退化机理,提出了以多元多熟间套种技术、高效三元结构种植技术和调整鱼塘水体氮磷比技术为代表的优质高产高效种养技术,建立了基于优质粮经饲主导产业与产业化经营的农业高效开发模式。此外,建立了农林牧复合生态系统的快速重建技术和模式,建立了红壤流域综合经营的林果草 – 作物 – 牧 – 沼模式。基于养殖废弃物养分循环过程和线性规划模型,建立小流域循环立体种养优化模式,包括江西、湖南、福建、广西和广东的葡萄 – 花生 – 猪 – 沼、油茶 / 柑橘(西瓜)– 猪 – 沼、杨梅 – 茶树 – 猪 – 沼、任豆树 – 牧草 – 牛 – 沼、脐橙(番木瓜、金柚)– 猪 – 沼等模式,并结合泵吸式水肥一体化技术,建立了亚热带特色水果的标准化生产和管理技术体系。

农田生态系统区域化差异决定了农业生产模式的差异,CERN 生态站以及广大的农业工作者,基于区域农业资源利用特点,提出了适应当地农业生产的一系列技术和模式,为区域农业发展提供了技术保障,值得继续推广。

参 考 文 献

邓静中 . 1982. 全国综合农业区划的若干问题 . 地理研究,1(1):9–18.

范锡朋 . 1991. 西北内陆平原水资源开发利用引起的区域水文效应及其对环境的影响 . 地理学报,46(4):415–426.

韩晓增,邹文秀,严君,等 . 2019. 农田生态学和长期试验示范引领黑土地保护和农业可持续发展 . 中国科学院院刊,34(3):362–370.

郝翔翔,杨春葆,苑亚茹,等 . 2013. 连续秸秆还田对黑土团聚体中有机碳含量及土壤肥力的影响 . 中国农学通报,29(35):263–269.

胡春胜,王玉英,董文旭,等 . 2018. 华北平原农田生态系统碳过程与环境效应研究 . 中国生态农业学报,26(10):1515–1520.

黄茂林,梁银丽,韦泽秀,等 . 2013. 免耕施肥对两个轮作系统生产力及水分利用效率的影响 . 甘肃农业科技,(8):3–7.

黄聿刚,丛振涛,雷志栋,等 . 2005. 新疆麦盖提绿洲水资源利用与耗水分析——绿洲耗散型水文模型的应用 . 水利学报,36(9):1062–1066.

宇万太,张璐,殷秀岩,等 . 2003. 农业生态系统养分循环再利用作物产量增益的地理分异 . 农业工程学报,19(6):28–31.

张密密,陈诚,刘广明,等 . 2014. 适宜肥料与改良剂改善盐碱土壤理化特性并提高作物产量 . 农业工程学报,30(10):91–98.

张先凤,朱安宁,张佳宝,等 . 2015. 耕作管理对潮土团聚体形成及有机碳累积的长期效应 . 中国农业科学,48(23):4639–4648.

张兴义,隋跃宇,王其存,等 . 2007. 土壤有机质含量与玉米生产力的关系 . 土壤通报,38(4):657–660.

赵爱栋,许实,曾薇,等 . 2016. 干旱半干旱区不稳定耕地分析及退耕可行性评估 . 农业工程学报,32(17):215–224.

赵丽雯 . 2014. 河西荒漠绿洲农田玉米蒸腾过程多尺度观测研究 . 北京:中国科学院大学,博士学位论文 .

朱兆良 . 2000. 农田中氮肥的损失与对策 . 土壤与环境,9(1):1–6.

Fageria N K, Baligar V C. 2005. Enhancing nitrogen use efficiency in crop plants. Advances in Agronomy, 88: 97–185.

Fowler D, Coyle M, Skiba U, et al. 2013. The global nitrogen cycle in the twenty-first century. Philosophical Transactions of the Royal Society of London, 368(1621): 91–97.

Gong P, Zhang L, Wu Z, et al. 2013. Responses of ammonia-oxidizing bacteria and archaea in two agricultural soils to nitrification inhibitors DCD and DMPP: A pot culture experiment. Pedosphere, 23（6）: 729–739.

Schlesinger W H. 2009. On the fate of anthropogenic nitrogen. PNAS,106（1）: 203–206.

Su Y Z, Yang R, Liu W J, et al. 2010. Evolution of soil structure and fertility after conversion of native sandy desert soil to irrigated cropland in arid region, China. Soil Science, 175（5）: 246–254.

Xia L, Wang S, Yan X. 2014. Effects of long-term straw incorporation on the net global warming potential and the net economic benefit in a rice–wheat cropping system in China. Agriculture, Ecosystems and Environment, 197: 118–127.

Yan X, Akiyama H, Yagi K, et al. 2009. Global estimations of the inventory and mitigation potential of methane emissions from rice cultivation conducted using the 2006 Intergovernmental Panel on Climate Change Guidelines. Global Biogeochemical Cycles, 23（2）.

Yan X Y, Ti C P, Vitousek P, et al. 2014. Fertilizer nitrogen recovery efficiencies in crop production systems of China with and without consideration of the residual effect of nitrogen. Environmental Research Letters, 9: 095002.

Zhao X, Zhou Y, Wang S Q, et al. 2012. Nitrogen balance in a highly fertilized rice–wheat double-cropping system in the Taihu Lake region, China. Soil Science Society of America Journal, 76: 1068–1078.

第 2 章　松嫩平原黑土农田生态系统过程与变化 *

　　松嫩平原是东北平原的重要组成部分,是我国重要的商品粮生产基地。松嫩平原黑土区是世界四大黑土区之一,其土壤富含有机质,自然肥力较高。近年来,由于作物长期连作、有机肥料投入不足、高量化肥施用和土壤侵蚀等原因,黑土有机质下降剧烈,土壤物理结构被破坏,土壤肥力快速下降,严重限制了黑土资源的可持续利用。本章以中国科学院海伦农业生态实验站(以下简称海伦站)系列长期定位试验为核心,阐述了松嫩平原黑土农田生态系统的关键过程及其变化规律,并提出相应的调控模式。

2.1　松嫩平原农田生态系统基本特征

　　松嫩平原位于黑龙江省西部,西以大兴安岭为界,东北以小兴安岭为界,东南以东部山地为界,南邻松辽分水岭。地势自西南向东北逐渐升高,东北部为低山丘陵,西南部多漫川漫岗。

　　海伦站隶属于中国科学院东北地理与农业生态研究所,位于黑龙江省海伦市(47°26′N,126°38′E),是中国科学院在我国东北黑土区设置的长期的、综合性的农业资源、环境、生态多学科综合研究基地,是中国科学院于 1988 年组建的中国生态系统研究网络(CERN)的成员之一,于 2005 年进入国家级长期定位研究站行列,被命名为黑龙江海伦农田生态系统国家野外科学观测研究站。海伦站地处松嫩平原东北部,位于黑土区中心部位,代表松嫩平原典型的黑土区。

2.1.1　气候特点

　　海伦市气候属于温带大陆性季风气候,冬季漫长、寒冷干燥;夏季温热、雨热同季。根据近 50 年气象资料统计,1 月最冷,月均气温为 –28.7 ~ –18.0℃,极端最低气温 –40.3℃;7 月最热,月均气温为 20.2 ~ 25.5℃,极端最高气温为 37.7℃,年内月均最大温差在 40.0℃以上,全年平均气温约 1.5℃。

　　全年降水量为 500 ~ 600 mm,80% 集中在 5—9 月,春季大部分地区的降水在 0 mm 左右,加之春季平均风速较大,大风日数较多,春季多有干旱发生。1980 年到 2015 年间,5—9 月降水约占全年降水的 91%。2000 年以前,平均降水量年际变化不大;2000 年以后,降水量年际间变异

　　* 本章作者为中国科学院东北地理与农业生态研究所、中国科学院海伦农业生态实验站李禄军、尤孟阳、张志明、李猛、郝翔翔、韩晓增。

增大。

地面温度的高低反映了地表热量的平衡状况。海伦市从全年情况来看,在夏季地面温度高于气温,而在冬季则低于气温。最冷的 1 月,月平均地面温度在 –23℃~ –26℃;最热的 7 月各地月平均地面温度为 25~27℃。极端温度相差更大,极端最低地面温度为 –46.5℃,极端最高可达 60℃以上。近十年(2005—2015 年)10 cm 地温呈现明显上升趋势,平均为 5.5℃。

地表在 10 月中旬开始冻结,稳定冻结在 11 月初。随深度增加进入冻期的时间延后,如 40 cm 处比地面冻结延后一个月,80 cm 处延后两个月,一直到下一年 3 月冻土深度达到最深。每年 3 月下旬左右开始地表不稳定解冻,地表稳定解冻发生在 3 月末以后。地表 5 cm 自开始解冻到稳定解冻期间,由于冷空气活动常出现解而复冻的现象,而 10 cm 以下土层一般没有解而复冻的现象,10 cm 以下土层的稳定解冻日期在 5 cm 以上土层稳定解冻日期之前。因此,该地区地表冻结期长达 5 个月之久。2005 年全市平均冻土深度 175 cm 左右,而自 2005 年之后的近 10 年平均冻土深度为 138.9 cm,说明受气候变化影响,本地区平均冻土深度逐渐变浅。

2.1.2 土壤特征

松嫩平原土壤类型主要有黑土、黑钙土、暗棕壤、草甸土、沼泽土、盐土、碱土、风沙土、栗钙土和水稻土。暗棕壤主要分布于靠近山区坡度较大的部位。沿松花江和嫩江等河道两侧多为草甸土。在松嫩平原地形低平部位,盐土和草甸土占很大部分。黑土由于土壤有机质和养分含量高、土壤结构良好,自然肥力高,适合多种作物生长,成为我国东北地区重要的农业土壤资源。

2.1.3 松嫩平原农田生态系统主要问题

黑土是松嫩平原区域最为重要的土壤类型之一,也是中国最肥沃的土壤之一。自然黑土是在新近纪、第四纪更新世或全新世的砂砾和黏土层上发育的土壤,其在雨热同季的气候下,形成了茂密的植被层,土壤表层有机物质的积累大于分解,经过几千年的时间形成了深厚肥沃的黑土层。据报道,在黑土开垦初期,土壤有机质含量下降剧烈,黑土区北部土壤有机质每年下降速度为 1.5%~2.6%,南部地区每年下降速度为 0.5%~0.7%;但随着开垦年限的增加,土壤有机质下降趋缓,土壤有机质平均以每年 0.1% 左右的速度下降。在长期利用过程中,具有较小坡度和较长坡面的漫川漫岗区黑土农田土壤侵蚀加重,加剧了土壤有机质和肥力的下降(韩晓增和邹文秀,2018)。另外,随着粮食生产压力的增加,在高强度的农田管理和利用过程中,有机物质还田不足,加速了松嫩平原黑土农田的土壤退化,对本地区的生态环境造成严重的破坏,同时也威胁国家粮食安全。

2.2 黑土农田生态系统观测与研究

黑土开垦时间较短,在高强度的利用和重用轻养的观念下,出现了黑土层变薄、土壤有机质下降等退化现象。土壤退化不仅威胁着黑土肥力的可持续生产能力,而且对区域生态环境也会带来极大的负面影响。针对黑土农田生态系统的主要问题,海伦站设置了系列长期定位试验,对黑土农田生态系统进行观测和研究,试图为解析黑土的退化机制、恢复黑土肥力提供理论支撑和解决办法。

2.2.1 黑土农田生态系统长期监测

海伦站自开展生态系统野外长期定位观测以来,通过陆续配备一系列的野外观测仪器,对黑土农田生态系统水分、土壤、气象和生物四大要素做了大量的长期连续观测和研究,为区域资源与生态环境的演变研究提供了第一手资料。针对人类活动对黑土农田生态系统的影响,从 1985 年开始陆续设置了一系列不同长期定位监测和研究试验,如模拟我国农业不同历史阶段经营模式、农田养分循环与平衡、农田水分循环与平衡、不同连作轮作制度等长期定位试验,获得多项具有创新性的基础研究成果,为区域农业优化模式的建立、水土资源的高效利用及区域农业的可持续发展提供了重要的科学依据与技术对策。在黑土农田生态系统中,施肥管理和种植制度是农业生产中重要的农田管理措施,针对黑土区传统施肥制度、种植制度和农业生产中存在的实际问题,海伦站设置了如下长期定位试验:

(1)黑土有机质动态平衡规律试验:始建于 1990 年,主要用于观测研究有机肥和秸秆还田对黑土农田有机质动态平衡的长期影响。包括不施肥(control)、单施氮、磷、钾化肥(NPK+MS0)、化肥 + 低量秸秆(NPK+MS1)、化肥 + 高量秸秆(NPK+MS2)、化肥 + 低量有机肥(NPK+OM1)和化肥 + 高量有机肥(NPK+OM2)等处理。

(2)养分再循环长期定位试验:始建于 1993 年,主要用于观测模拟研究黑土区移耕农业、有机农业、过渡型农业、石油农业、有机与无机结合型农业中不同养分再循环经营制度对土壤生态及农田生产力的长期影响。设置不施肥(Control)、施用氮磷化肥(NP)和化肥 + 循环有机肥(NPM)等处理。其中循环有机肥指作物收获后,籽粒喂猪,秸秆垫圈,第二年春天将所有机肥还田。

(3)作物连作轮作效应试验:始建于 1990 年,针对本地区主要作物(大豆、玉米)种植面积大,连作障碍突出等问题,用于观测研究黑土区不同连作轮作制度对土壤肥力和作物生产力的长期效应,对于当前国家提出的休耕轮作制度的实施提供了科学依据。设置了大豆(*Glycine max*)– 玉米(*Zea mays*)– 小麦(*Triticum aestivum*)轮作、大豆长期连作、大豆短期连作和大豆 – 小麦 – 大豆轮作等处理。

(4)秸秆还田与土壤肥力演变试验:始建于 2004 年,主要用于观测研究黑土农田生态系统水循环平衡、养分循环平衡过程及施肥管理对作物产量的长期影响机制。本试验共设三个处理,包括秸秆还田配施化肥(NPKS)、无肥处理(Control)和化肥处理(NPK)。中国科学院 CERN水、土、气、生监测在此区进行采样和观测。

基于海伦站以上长期定位试验,重点研究了施肥管理、秸秆还田、有机肥施用和轮作制度等农田管理措施下的土壤性质、土壤碳库、团聚体稳定性和土壤肥力的变化规律。

2.2.2 长期施肥对土壤性质和土壤团聚体稳定性的影响

(1)秸秆和有机肥对土壤化学和微生物性质的影响

为评价东北黑土区土壤质量的变化状况,基于海伦站长期定位试验,研究了表征土壤质量变化的关键土壤理化和微生物指标在施肥等不同农田管理措施下的变化特征及规律(Li and Han,2016)。研究发现,高量的有机肥配施化肥 NPK(NPK+OM2)可以显著提高土壤有机碳、全氮、全磷和矿质氮(铵态氮和硝态氮)的含量(表 2.1)。

表 2.1　长期施肥对土壤有机碳、全氮、全磷、全钾、可溶性碳和矿质氮含量及碳氮比（C/N）的影响

处理	有机碳 /(mg·g⁻¹)	全氮 /(mg·g⁻¹)	全磷 /(mg·g⁻¹)	全钾 /(mg·g⁻¹)	可溶性碳 /(μg·g⁻¹)	矿质氮 /(μg·g⁻¹)	C/N
Control	28.63 (0.33)[b]	2.07 (0.01)[b]	0.75 (0.01)[c]	18.75 (1.12)	269.2 (0.8)[b]	23.8 (1.1)[d]	13.80 (0.07)[a]
NPK+MS0	27.60 (0.17)[b]	2.02 (0.01)[b]	0.81 (0.07)[c]	19.31 (0.57)	266.1 (5.5)[b]	31.1 (2.6)[bcd]	13.68 (0.12)[a]
NPK+MS1	29.75 (1.65)[b]	2.13 (0.12)[b]	0.89 (0.04)[bc]	18.83 (0.89)	267.9 (7.0)[b]	33.1 (1.0)[bc]	13.95 (0.06)[a]
NPK+MS2	28.76 (0.38)[b]	2.09 (0.03)[b]	0.83 (0.06)[c]	19.14 (0.47)	281.5 (3.9)[b]	30.2 (2.6)[cd]	13.78 (0.07)[a]
NPK+OM1	28.85 (0.74)[b]	2.11 (0.13)[b]	1.03 (0.08)[b]	19.10 (0.92)	280.4 (6.4)[b]	38.3 (2.9)[b]	13.76 (0.58)[a]
NPK+OM2	32.96 (1.07)[a]	2.64 (0.07)[a]	1.36 (0.08)[a]	18.83 (0.37)	312.4 (7.1)[a]	47.2 (2.7)[a]	12.47 (0.06)[b]

注：Control 为不施肥对照处理，NPK+MS0 为化肥 NPK，NPK+MS1 为化肥 NPK 配施低量秸秆，NPK+MS2 为化肥 NPK 配施高量秸秆，NPK+OM1 为化肥 NPK 配施低量有机肥，NPK+OM2 为化肥配施高量有机肥。下同。表中数据为平均值（标准误），$n=3$。同列不同字母（a、b、c）表示处理间差异显著（$P<0.05$）。

同时，高量的有机肥配施化肥 NPK 也显著提高了微生物量碳、可溶性碳、微生物熵（表 2.2），游离态轻组中的碳含量及其占全土碳含量的比例（表 2.3）。土壤 C/N 和重组中碳的比例均显著降低，这将加速稳定碳组分的矿化。另外，低量的秸秆配施化肥（NPK+MS1）显著增加了矿质氮含量、微生物量碳浓度和微生物熵。与无肥对照（Control）相比，化肥 NPK 单施处理（NPK+MS0）、高量秸秆配施化肥（NPK+MS2）和低量有机肥配施 NPK（NPK+OM1）对大部分研究指标没有显著影响。说明高量有机肥或低量秸秆配施化肥 NPK 显著地改变了土壤化学性质和微生物性质。

表 2.2　长期施肥对土壤微生物量碳、微生物熵、基础呼吸和微生物代谢熵的影响

处理	微生物量碳 /(μg·g⁻¹)	微生物熵 /%	基础呼吸 /(μg CO₂-C·g⁻¹·h⁻¹)	微生物代谢熵 /(mg C·g⁻¹ MBC·h⁻¹)
Control	174 (9.3)[b]	0.61 (0.03)[b]	3.0 (0.2)[ab]	24.6 (6.2)
NPK+MS0	194 (15.0)[b]	0.70 (0.05)[ab]	2.8 (0.2)[b]	18.3 (0.9)
NPK+MS1	245 (14.0)[a]	0.83 (0.07)[a]	3.2 (0.2)[ab]	16.7 (2.3)
NPK+MS2	213 (4.8)[ab]	0.74 (0.03)[ab]	3.4 (0.3)[ab]	21.1 (1.2)
NPK+OM1	213 (14.2)[ab]	0.75 (0.06)[b]	3.2 (0.1)[ab]	24.2 (4.5)
NPK+OM2	251 (19.2)[a]	0.80 (0.07)[a]	3.7 (0.3)[a]	22.2 (5.3)

注：表中数据为平均值（标准误），$n=3$。同列不同字母（a、b）表示处理间差异显著（$P<0.05$）。

表 2.3　长期施肥对土壤游离态轻组组分、闭蓄态轻组组分和重组中土壤有机碳含量及其相对比例的影响

处理	土壤有机碳含量			相对比例		
	游离态轻组	闭蓄态轻组	重组	游离态轻组	闭蓄态轻组	重组
	/(mg C · g^{-1} 土壤)			/%		
Control	1.7(0.1)[b]	0.9(0.1)[a]	27.2(0.5)	2.9(0.2)[b]	2.0(0.8)	95.1(0.6)[a]
NPK+MS0	1.6(0.2)[b]	0.5(0.1)[b]	26.1(0.5)	2.2(0.2)[b]	1.5(0.4)	96.3(0.5)[a]
NPK+MS1	2.5(0.1)[b]	0.6(0.1)[ab]	28.1(0.8)	2.9(0.4)[b]	1.2(0.3)	95.9(0.7)[a]
NPK+MS2	2.0(0.2)[b]	0.7(0.2)[ab]	26.4(1.1)	2.7(0.3)[b]	1.8(0.6)	95.5(0.3)[a]
NPK+OM1	2.2(0.4)[b]	0.5(0.1)[b]	26.1(0.1)	2.9(0.3)[b]	1.5(0.1)	95.6(0.5)[a]
NPK+OM2	5.4(1.0)[a]	0.6(0.1)[ab]	29.5(1.9)	5.0(0.3)[a]	1.5(0.4)	93.5(0.2)[b]

注：表中数据为平均值（标准误），$n=3$。同列不同字母表示处理间差异显著（$P<0.05$）。

微生物量碳和微生物熵的增加以及微生物代谢熵的轻微降低表明，低量秸秆和高量有机肥配施化肥 NPK 显著地改变了土壤微生物性质，提高了土壤质量。该结果与土壤性质的主成分分析结果相印证，主成分分析显示，第一和第二主成分分别解释总变量的 47.3% 和 15.2%，其中第一主成分与大多数土壤性质参数相关，而第二主成分只与土壤微生物量碳、微生物熵和微生物代谢熵有关。

总之，高量有机肥配施 NPK 显著提高了黑土农田土壤碳含量（soil organic matters，SOC；dissolved organic carbon，DOC；free light fraction carbon，fLF-C）和土壤养分（total nitrogen，TN；total phosphorus，TP；矿质氮）含量，同时提高了土壤微生物量和活性（microbial biomass carbon，MBC；microbial quotient，qMIC）。尽管有这些积极作用，考虑到高量有机肥施用对土壤碳固定可能带来的负面影响，建议采用低量有机肥配施化肥，尤其是作物秸秆配施化肥 NPK 也可以作为提高或者至少维持退化黑土土壤肥力的重要措施。

（2）长期施用有机肥对土壤团聚体的影响

土壤团聚体是土壤有机质的保持场所，对土壤肥力和土壤固碳都十分重要。基于海伦站农田养分再循环定位试验（1993 年建立），发现农田中 0～20 cm 耕层中团聚体粒级分布受到施肥的强烈影响（韩晓增和李娜，2012）。水稳性团聚体（water stable aggregate，WSA）（>0.25 mm，WSA>0.25 mm）所占比例以如下顺序递减：NPM>NP>Control（表 2.4）。在 0～10 cm 和 10～20 cm 土层，NPM 处理中 WSA>2 mm 占全土的比例分别为 25.0% 和 18.4%，显著高于 NP 和 CK 处理，并且 WSA>2 mm 和土壤有机碳之间存在显著正相关（$Y=4.11X-93.8$，$r=0.70$，$P<0.05$），表明土壤有机碳对 WSA>2 mm 的形成具有重要作用。

以往的研究认为耕作破坏了土壤大团聚体，但是因为有机肥的输入增加了有机质和胶结物质，进而促进了团聚体的形成。在 NPM 处理不同土层中 WSA>0.25 mm 的比例比 NP 处理高 5.3%。施用有机肥的处理显著增加了大团聚体（WSA>0.25 mm）的比例，同时显著降低了微团聚体质量分数（0.25～0.053 mm 和 <0.053 mm）。不同土层平均重量直径（mean weight diameter，MWD）以如下顺序递减：NPM>NP>Control（表 2.4）。在 0～10 cm 土层，NPM 处理的 MWD 比 CK 和 NP 处理分别高出 85.7% 和 57.2%。经计算也发现 MWD 和 SOC 之间存在极显著正相关（$Y=0.12X-1.91$，$r=0.80$，$P<0.01$），说明有机肥的施用促进了农田土壤中大团聚体的形成，改善了土壤物理属性，为作物生长提供了更好的土壤环境。

表 2.4 水稳性团聚体（WSA）粒级分布和平均重量直径

处理	深度 /cm	WSA>0.25mm	WSA2～0.25mm	平均重量直径 /mm
Control	0～10	71.8（1.0）	48.2（2.3）	0.81（0.04）
	10～20	76.3（0.5）	60.1（1.9）	0.77（0.04）
NP	0～10	74.0（0.6）	61.1（0.8）	1.00（0.10）
	10～20	77.6（0.9）	67.2（1.1）	0.94（0.09）
NPM	0～10	79.3（0.8）	54.4（0.7）	1.57（0.25）
	10～20	82.9（0.9）	64.5（1.0）	1.26（0.18）

注：Control、NP、NPM 分别表示不施肥、NP 化肥和 NP 化肥配施有机肥。数据为平均数（标准误）。

图 2.1 表示不同土壤深度团聚体组分有机碳在土壤总碳中的分布。团聚体组分有机碳的平均回收率为 89.3%。WSA>0.25 mm 有机碳与土壤总有机碳含量呈显著正相关（$r=0.87$, $P<0.01$），而 <0.25 mm 团聚体组分有机碳与土壤有机碳无显著相关关系（$r=-0.41$, $P>0.05$）。NPM 处理中 WSA>2 mm 有机碳含量（0～10 cm 和 10～20 cm 土层分别是 6.8 g·kg^{-1} 和 4.9 g·kg^{-1}）高于 CK 处理（0～10 cm 和 10～20 cm 土层分别是 5.9 g·kg^{-1} 和 3.8 g·kg^{-1}）和化肥处理（0～10 cm 和 10～20 cm 土层分别是 3.7 g·kg^{-1} 和 3.0 g·kg^{-1}）。WSA>2 mm 有机碳含量与土壤总有机碳含量显著相关（$Y=1.14X-26.3$, $r=0.78$, $P<0.01$），表明有机培肥可提高 WSA>2 mm 的有机碳含量。CK 处理、NP 处理因缺少有机胶结物质的输入，导致 <0.25 mm 团聚体组分有机碳含量增加，对土壤侵蚀和退化比较敏感（Pinheiro et al., 2004）。

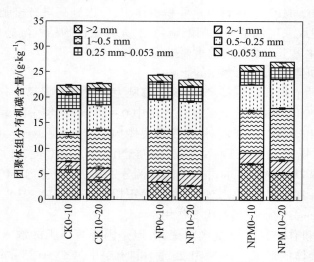

图 2.1 水稳性团聚体组分有机碳分布

注：Control、NP、NPM 分别表示不施肥、NP 化肥和 NP 化肥配施有机肥。数据为平均数，误差线为标准误。

2.2.3 长期施肥对土壤肥力的影响

基于海伦站长期定位试验，研究了经过 8 年秸秆还田配施化肥对黑土农田土壤肥力的影响（郝翔翔等，2013）。结果发现，经过 8 年的施肥处理后，未施肥对照处理（Control）和 NPK 化肥处理(NPK)的土壤有机质含量分别降低了 1.95% 和 2.56%(表 2.5),土壤全氮含量分别降低了 15.0% 和 14.8%($P<0.05$)。秸秆还田配施化肥处理(NPKS)则使土壤有机质含量显著增加 6.59%。从全磷来看,NPK 和 NPKS 处理显著高于 2004 年起始土壤,分别高 1.96% 和 1.71%。不同处理下全钾的变化不大,差异均未达到显著水平。不同处理对土壤速效养分的影响较大,连续 8 年不施肥后,土壤的碱解氮含量显著升高了 14.4%,有效磷和速效钾含量则分别降低了 8.4% 和 10.8%。NPKS 处理则显著提高了土壤的碱解氮、有效磷和速效钾,分别提高了 25.6%、43.9% 和 8.7%。三种处理之间,土壤有机质、全氮、碱解氮含量表现为 NPKS>NPK ≈ Control;全磷表现为 NPKS ≈ NPK>Control;全钾各处理间没有显著差异;有效磷和速效钾均表现为 NPKS>NPK>Control。

表 2.5　土壤有机质含量及其养分性状

处理	有机质 /(g·kg⁻¹)	全氮 /(g·kg⁻¹)	全磷 /(g·kg⁻¹)	全钾 /(g·kg⁻¹)	碱解氮 /(mg·kg⁻¹)	有效磷 /(mg·kg⁻¹)	速效钾 /(mg·kg⁻¹)
Control	46.15 (0.10)[b]	1.80 (0.100)[b]	0.814 (0.003)[b]	19.68 (0.15)[a]	197.3 (4.31)[b]	27.27 (1.63)[d]	140.9 (0.97)[c]
NPK	45.86 (0.79)[b]	1.80 (0.004)[b]	0.834 (0.005)[a]	19.99 (0.12)[a]	199.4 (4.55)[b]	36.22 (0.99)[b]	149.8 (7.45)[b]
NPKS	50.17 (1.53)[a]	2.00 (0.100)[a]	0.832 (0.013)[a]	19.88 (0.02)[a]	216.6 (1.08)[a]	42.84 (1.26)[a]	171.6 (1.95)[a]
2004 年	47.47 (0.10)[b]	2.12 (0.009)[b]	0.818 (0.003)[b]	19.71 (0.71)[a]	172.5 (1.30)[c]	29.78 (0.32)[c]	157.9 (3.91)[b]

注:Control、NPK、NPKS 分别代表不施肥、氮磷钾化肥和氮磷钾 + 秸秆还田处理。同列不同字母表示处理间差异显著($P<0.05$)。

秸秆还田可以增加土壤中植物生长的必需元素与微量元素。本研究结果显示,连续秸秆还田 8 年后土壤有机质含量增加了 6.59%,说明秸秆还田对土壤有机质含量的增加有重要作用,这与大多数研究结果一致。值得注意的是,在无肥和化肥处理下土壤有机质分别下降了 1.95% 和 2.56%,土壤全氮含量分别降低了 14.97% 和 14.83%,说明在当前状态下,随着开垦年限的延长黑土有机质依然在下降。由于耕地土壤的地上作物被人为移除后,长期缺少新鲜有机物的输入,加之在耕作的影响下,土壤有机质矿化速度加快,土壤中易分解有机质被不断氧化,最终导致土壤有机质含量下降。另外,与 Control 处理和 NPK 处理相比,NPKS 处理显著提高了土壤的全氮、碱解氮、有效磷和速效钾的含量,主要是由于随着玉米秸秆的分解,秸秆中丰富的 N、P、K 等营养成分被释放到土壤。

综上所述,连续秸秆还田使土壤的有机质、碱解氮、有效磷和速效钾含量显著增加,而且秸秆还田配施化肥对土壤速效养分(碱解氮、有效磷和速效钾)的改善程度要明显强于单施化肥处理。因此,秸秆还田在黑土固碳和肥力保育方面具有积极意义。黑土农田作为中国粮食的主产区,作物秸秆产量巨大,具有可观的养分还田和固碳潜力。然而,由于连续秸秆粉碎还田需投入大量的人力和物力,经济投入过高,目前东北地区仅在机械化程度较高的大型农场中能够顺利实施,农民对秸秆还田的积极性并不高。要实现大面积的秸秆还田,不仅需要研究学者们积累更加丰富的数据,提高农民对秸秆还田的认可度,还需要制定相应的鼓励政策,提高农民对秸秆还田的积极性。

2.2.4　轮作制度对土壤肥力的影响

本地区作为我国大豆传统的主产区,大豆连作现象较为普遍,而不同作物的合理轮作会抑制大豆连作障碍产生,改善土壤肥力状况。基于长期定位试验,研究了大豆长期连作不同年限对土壤养分含量和酶活性等土壤肥力指标的影响(王树起等,2009)。

长期大豆轮作与大豆连作不同年限下土壤有机碳和全氮差异较大,大豆轮作土壤有机碳和全氮含量最高,分别为 31.0 g·kg^{-1} 和 2.83 g·kg^{-1},速效养分的含量也最高。大豆连作两年土壤有机碳和全氮含量最低,比轮作低 18.0% 和 35.3%,碱解氮、有效磷和速效钾含量分别降低了 40.4%、53.6% 和 41.3%,差异达到极显著水平。随着大豆连作年限的延长,土壤有机碳和全氮含量有所增加,连作五年后,土壤有机碳和全氮含量又呈下降趋势。总体表现为轮作 > 连作五年 > 长期连作 > 连作二年。与短期大豆连作相比,在大豆长期连作条件下,速效养分含量有所上升;但与大豆轮作相比,大豆长期连作仍然会造成土壤速效养分的耗竭,特别是有效磷和速效钾含量的耗竭。所以从土壤肥力角度来看,大豆连作造成了土壤速效养分亏缺,而轮作则维持了土壤速效养分的供应。

长期大豆轮作与连作不同年限土壤酶活性不同(图 2.2)。在大豆轮作条件下各种酶活性均为最高,脲酶活性为 16.4 ± 1.05 mg·kg^{-1}(NH$_4^+$–N, 2h),转化酶活性为 5.15 ± 0.67 mg·g^{-1}

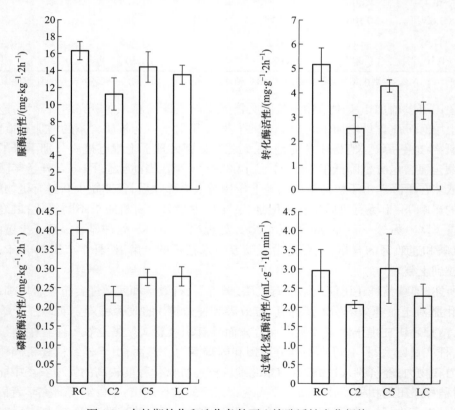

图 2.2　在长期轮作和连作条件下土壤酶活性变化规律

注:RC 表示轮作;C2 表示连作 2 年;C5: 表示连作 5 年;LC 表示长期连作。

（G，2 h），磷酸酶活性为 0.40 ± 0.024 mg·g^{-1}（酚，2 h），过氧化氢酶活性为 2.96 ± 0.54 mL·g^{-1}（0.1 mol·L^{-1} KMnO$_4$，10 min）。大豆连作两年土壤脲酶、转化酶和磷酸酶活性降低最多，以后又有所恢复，但大豆长期连作土壤酶活性又呈下降趋势。总体来看，土壤脲酶、磷酸酶表现为：轮作＞连作五年＞长期连作＞连作二年，转化酶活性表现为：轮作＞连作五年＞长期连作＞连作二年，而过氧化氢酶活性则表现为轮作＞连作五年＞长期连作＞连作二年。可以看出，在大豆连作条件下土壤环境逐渐变坏，抑制了土壤生物的活性，降低了土壤养分元素转化速率，从而导致养分含量减少，肥力降低。

2.3　黑土农田生态系统碳、氮生态过程及变化

本节主要介绍黑土农田生态系统温室气体排放、有机碳矿化以及氮素利用效率等碳氮生态过程对施肥管理、轮作制度等农田管理措施的响应。

2.3.1　黑土农田土壤温室气体排放规律

（1）长期有机物料施用对黑土 CO_2 排放的影响

在农田生态系统中，秸秆等有机物料的使用是影响土壤碳储量最为深刻的农田管理措施之一，作为提升土壤肥力和增汇减排的一项重要措施受到国内外的广泛关注。因此，研究有机物料的使用对农田土壤 CO_2 排放的影响显得非常重要。基于长期定位试验，观测了长期的作物秸秆和有机肥的施用对黑土农田土壤 CO_2 原位排放特征的影响，以及其与土壤温度和湿度的关系[①]（Li et al，2013c）。

在各处理条件下，土壤 CO_2 的排放通量在玉米生长季随时间显示出相同的季节变化趋势，随时间变化表现为不对称单峰型曲线，变化趋势基本一致。由于受植物根系呼吸的影响，CO_2 排放通量与作物生长有关，随着玉米的生长，土壤 CO_2 的排放通量有明显的季节变化，且玉米生长季节旺盛期各处理土壤 CO_2 通量值高于生长季末期。从 5 月开始增加，至 8 月 6 日达到最大值，随后逐渐降低，到 9 月收获时降到最低（图 2.3a）。整个玉米生长季中，在对化肥配施低量秸秆（NPK+MS1）和化肥配施高量秸秆（NPK+MS2）处理下，土壤 CO_2 的最大排放通量为 527 ± 83 mg CO_2·m^{-2}·h^{-1} 和 507 ± 8 mg CO_2·m^{-2}·h^{-1}，高于不施肥（28.2 ± 0.4 mg·g^{-1}）和单施化肥（NPK+MS0）的处理。

一般来说，土壤 CO_2 排放峰值出现在雨水充沛，温度较高的季节，同时化肥与有机肥的配施，增加了土壤呼吸底物的浓度，促进了土壤的呼吸作用。随着作物根系的成熟，根系数量增加，微生物活性增强，对土壤 CO_2 排放通量的贡献越来越大。此外，不施肥处理的 CO_2 排放通量要低于其他的处理，NPK+MS1 和 NPK+MS2 处理土壤 CO_2 平均排放通量分别为 271 ± 16 mg CO_2·m^{-2}·h^{-1} 和 272 ± 22 mg CO_2·m^{-2}·h^{-1}，而对照处理的平均排放通量仅为 215 ± 11 mg CO_2·m^{-2}·h^{-1}，两个秸秆还田处理比对照处理分别高 26% 和 27%。而 NPK+MS0 处理并没有显著改变土壤 CO_2 平均排放通量，平均排放通量为 219 ± 6 mg CO_2·m^{-2}·h^{-1}。

[①]　尤孟阳. 2012. 农田管理措施对土壤 CO_2 排放的影响. 哈尔滨：东北农业大学，硕士研究生学位论文.

Control、NPK+MS0、NPK+MS1 和 NPK+MS2 处理土壤 CO_2 累积排放量分别为 694 ± 33 g $CO_2 \cdot m^{-2}$、678 ± 35 g $CO_2 \cdot m^{-2}$、853 ± 59 g $CO_2 \cdot m^{-2}$ 和 889 ± 72 g $CO_2 \cdot m^{-2}$（图 2.3b）。与对照相比，在 NPK+MS1 和 NPK+MS2 处理下，土壤累积呼吸量分别增加了 23% 和 29%。然而，NPK+MS0 处理并没有显著增加土壤累积呼吸量（$P>0.05$）。

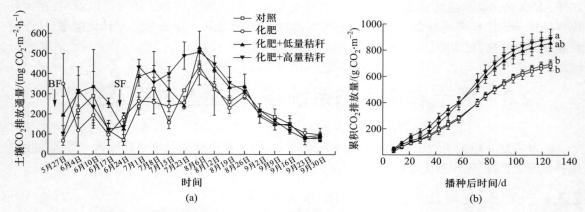

图 2.3　不同量秸秆还田下土壤 CO_2 排放通量（a）和累积排放量（b）的变化

注：Control、NPK+MS0、NPK+MS1 和 NPK+MS2 分别表示对照、化肥、化肥 + 低量秸秆和化肥 + 高量秸秆。图中箭头（BF、SF）为施肥（底肥、追肥）时间。不同字母表示差异显著（$P<0.05$）。

由于季节性原因，土壤 CO_2 累积排放量与土壤可溶性有机碳含量呈现不确定性，与土壤轻组、重组和团聚体内有机碳含量有显著相关性。很多研究认为，有机物料与化肥的配施可显著增加土壤有机碳含量，为微生物活动创造了良好的条件。然而，回归分析显示，秸秆还田下土壤 CO_2 累计排放量与土壤有机碳含量之间的显著性并不显著（$P=0.274$），原因可能是由于各处理间土壤有机碳的差异并不显著造成的。

土壤微生物呼吸在土壤呼吸中占有重要地位，其呼吸量仅次于植物根系呼吸量。一方面是通过直接分解土壤有机碳，加快土壤有机碳的矿化速率而释放 CO_2，另一方面通过生物活动所释放的酶来分解土壤有机碳。有研究表明土壤呼吸排放强度与土壤微生物 C/N、微生物生物量氮和磷的有效性有密切的关系，由于微生物具有较高的周转率和较短的存活时间，因此它们占土壤 CO_2 排放的量有限。土壤微生物量碳的季节性变化很大，在作物根系生长旺盛的季节，根系 CO_2 排放量超过了微生物呼吸的排放量，使土壤微生物量碳与土壤 CO_2 排放关系不明显。秸秆还田增加了土壤微生物量，提高了微生物活性，当微生物活性增强时，CO_2 累积排放量与其关系增强（$R^2=0.29$，$P=0.071$）。由于秸秆作为有机物料施入土壤后，为微生物提供了大量的碳源，微生物可以利用这些碳源物质进行大量繁殖，将秸秆中的碳同化为微生物量碳。同时，秸秆和残差覆盖可反射太阳光线，使土壤温度缓和变化，避免了土壤温度因昼夜温差而急剧变化，影响微生物活性。

土壤 CO_2 排放通量和土壤温度以及土壤含水量有普遍的相关性，土壤温度的变化能够在很大程度上解释土壤 CO_2 排放通量的季节变化。通常用指数方程来描述温度的效应，但是，土壤温度和土壤 CO_2 排放通量的模型仍然有一些不确定的因素。有研究表明，在某些条件下，土壤 CO_2 排放速率和土壤温度可以用线性或回归方程来解释。本研究中，利用指数模型分析发现，在部分施肥处理中,土壤温度的变化可以解释 26% ~ 33% 的土壤呼吸速率的季节变化,表明还有其他因素影响土壤 CO_2 排放。有研究认为土壤干扰(如施肥)能够在幼苗期影响土壤 CO_2 排放,进一步影响土壤温度对土壤呼吸的影响(Fuß et al., 2011)。本研究中,施用有机肥和秸秆能够促进土壤呼吸。只利用拔节期到收获期的数据进行模拟土壤温度与土壤呼吸的关系时,指数方程能够很好地解释土壤温度和土壤呼吸之间的关系,R^2 数值有不同程度的提高(0.43 ~ 0.91),其中 NPK+MS2 与土壤温度的相关性最好,为 0.82 ~ 0.91。另一方面,$n=13$ 时温度敏感性(Q_{10})值也有增加,范围是 1.87 ~ 3.00。结果表明,在玉米生长的早期阶段,施肥与耕作等对土壤的扰动会干扰土壤温度对土壤呼吸的影响。

除了土壤温度,土壤水分对土壤 CO_2 排放通量的影响也很重要。土壤孔隙含水量(water filled pore space, WFPS)影响土壤呼吸,但是由于所用方程不一致,导致结果有所差异。有研究认为,当土壤 WFPS 低于 50%,在玉米生长季对土壤 CO_2 排放有重要影响。然而,也有研究表明土壤 WFPS 与土壤 CO_2 排放没有重要关系。同时,土壤 WFPS 与土壤 CO_2 排放的关系不明显。本研究中土壤 WFPS 的范围在 25% ~ 51%,土壤 WFPS 范围过小可能导致土壤 WFPS 和土壤 CO_2 排放的关系不明显。然而,当排除土壤温度的影响时,5 cm 土层土壤 CO_2 排放速率与 WFPS 有明显的关系,且此时土壤 WFPS 可以解释土壤 CO_2 排放速率季节变化的 39% ~ 60%。

另外,当同时考虑土壤 WFPS 和土壤温度对土壤 CO_2 排放的影响时,土壤 WFPS 和土壤温度与土壤 CO_2 排放通量的关系可以很好地用函数式 $\log(f)=a+b\log(W)$ 表示,而且土壤 WFPS 和土壤温度的共同作用,可以解释土壤 CO_2 排放速率季节变化的 50% ~ 88%(表 2.6)。说明在玉米生长季,土壤 WFPS 和土壤温度协同影响土壤 CO_2 的排放通量。

表 2.6 土壤 CO_2 排放通量与土壤温度和土壤孔隙含水量的关系

处理	方程	R^2	P
Control	$\log(f)=1.732+0.018T\log(W)$	0.50	0.007
NPK+MS0	$\log(f)=1.709+0.019T\log(W)$	0.79	<0.001
NPK+MS1	$\log(f)=1.628+0.023T\log(W)$	0.68	<0.001
NPK+MS2	$\log(f)=1.538+0.029T\log(W)$	0.88	<0.001

注: Control 为不施肥对照处理,NPK+MS0 为化肥 NPK 处理,NPK+MS1 为化肥 NPK 配施低量秸秆,NPK+MS2 为化肥 NPK 配施高量秸秆。

降水对土壤呼吸的影响,主要取决于降水之前土壤的水分状况。不同形式的降水,不但可以作为土壤水分最重要的来源,也可以促进地上的有机残体向地下运输,使之成为土壤呼吸重要的营养物质。降水的强度及其分布是土壤呼吸重要的控制因素,但是没有发现土壤 CO_2 排放通量与降水有统计学相关性,只是发现降雨影响作物生长和土壤微生物活性。降水对土壤呼吸可能会产生比较明显的抑制作用;而在干旱的生态系统或有干湿交替季节的生态系统中比较干旱的季节里,降水可能会强烈地激发土壤呼吸。有研究表明土壤经历一段干旱时期后,当降水重新湿润土壤后,CO_2 排放通量急剧增加,但是随着时间的延长,土壤呼吸逐渐下降。

综上所述,在整个玉米生长季中,在 NPK+MS1 和 NPK+MS2 处理下,土壤 CO_2 的最大排放通量为 527 ± 83 mg $CO_2 \cdot m^{-2} \cdot h^{-1}$ 和 507 ± 8 mg $CO_2 \cdot m^{-2} \cdot h^{-1}$,高于其他处理。此外,不施肥处理的 CO_2 排放通量要低于其他的处理,NPK+MS1 和 NPK+MS2 的土壤 CO_2 平均排放通量分别为 271 ± 16 mg $CO_2 \cdot m^{-2} \cdot h^{-1}$ 和 272 ± 22 mg $CO_2 \cdot m^{-2} \cdot h^{-1}$,而对照处理的平均排放通量仅为 215 ± 11 mg $CO_2 \cdot m^{-2} \cdot h^{-1}$,两个秸秆还田处理比对照处理分别高 26% 和 27%。而 NPK+MS0 处理并没有显著改变土壤 CO_2 平均排放通量,平均排放通量为 219 ± 6 mg $CO_2 \cdot m^{-2} \cdot h^{-1}$。土壤温度和土壤含水量可以共同解释土壤 CO_2 排放通量季节变化的 50% ~ 88%,三者的关系可以表示为 $\log(f)=a+bT \log(W)$。

（2）长期有机物料施用对黑土 N_2O 排放的影响

相对于 CO_2,N_2O 具有更大的增温潜势,基于长期定位试验,观测了长期的作物秸秆和有机肥的施用对东北黑土农田土壤 N_2O 原位排放特征的影响及其与土壤温度和湿度的关系（Li et al.,2013a）。土壤 N_2O 排放通量采用野外静态箱收集、室内气相色谱测定的方法。

有机物料（如有机肥、秸秆）与化肥 NPK 配施会促进土壤 N_2O 的排放,而化肥 NPK 对累积 N_2O 排放量没有显著影响,各处理对黑土农田土壤 N_2O 排放量的影响大小分别为 OM>MS>NPK ≈ Control（图 2.4a）。有机物料对土壤 N_2O 排放量的影响主要取决于有机物料的种类（如秸秆或有机肥）,而有机物料施用量的影响较小（图 2.4b）。

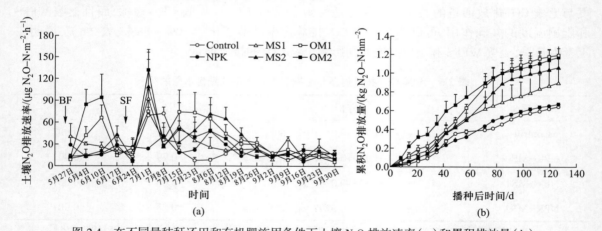

图 2.4　在不同量秸秆还田和有机肥施用条件下土壤 N_2O 排放速率（a）和累积排放量（b）

注:图中箭头（BF、SF）为施肥时间（底肥、追肥）。Control,不施肥对照;NPK,单施化肥;MS1,化肥配施低量秸秆;MS2,化肥配施高量秸秆;OM1,化肥配施低量有机肥;OM2,化肥配施高量有机肥。

另外,随着氮肥输入量的增加,土壤累积 N_2O 排放量有一个临界值（1.2 kg $N_2O-N \cdot hm^{-2}$）,约为土壤 N_2O 排放量背景值的 2 倍（图 2.5）。25% ~ 44% 的 N_2O 是由于有机物料的施用引起的,有机物料对 N_2O 的排放指数（emission index,EI）为 0.07% ~ 1.52%,显著高于 NPK 化肥施用的排放指数（0.03%）。

相对于土壤湿度,土壤温度是影响土壤 N_2O 排放通量的主要因子。土壤温度可以解释土壤 N_2O 排放通量季节变化的 38% ~ 96%,可以很好地用指数模型 $f=a \exp(bT)$ 拟合二者关系,温度敏感性指数为 2.01 ~ 3.48（表 2.7）。

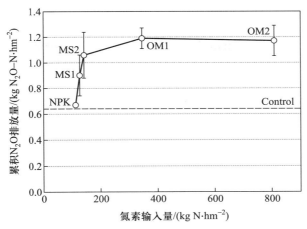

图 2.5　不同有机物料与化肥配施处理下黑土农田中土壤累积 N_2O 排放量（n=3）

注：Control，不施肥对照；NPK，氮磷钾化肥；MS1，化肥配施低量秸秆；MS2，化肥配施高量秸秆；OM1，化肥配施低量有机肥；OM2，化肥配施高量有机肥。

表 2.7　土壤 N_2O 排放通量与土壤温度（T, 5 cm）和土壤含水量（WFPS, 5 cm）的关系

处理		n=18			n=13		
		方程	R^2	Q_{10}	方程	R^2	Q_{10}
Control	T	—	0	—	—	0	—
	WFPS	—	0.03	—	—	0.04	—
NPK	T	f=5.821 exp（0.054T）	0.38**	1.71	f=3.966 exp（0.073T）	0.45*	2.08
	WFPS	—	0.10	—	f=1.984 exp（0.058W）	0.33*	—
MS1	T	—	0.14	—	f=5.595 exp（0.070T）	0.38*	2.01
	WFPS	—	0.03	—	—	0.02	—
MS2	T	—	0.11	—	f=3.048 exp（0.114T）	0.71***	3.14
	WFPS	—	0.06	—	—	0.06	—
OM1	T	f=9.018 exp（0.058T）	0.23*	1.78	f=3.092 exp（0.125T）	0.96***	3.48
	WFPS	—	0.13	—	—	0.07	—
OM2	T	—	0	—	f=6.857 exp（0.077T）	0.49**	2.16
	WFPS	—	0.11	—	—	0	—

注：Control，不施肥对照；NPK，氮磷钾化肥；MS1，化肥配施低量秸秆；MS2，化肥配施高量秸秆；OM1，化肥配施低量有机肥；OM2，化肥配施高量有机肥。*，**，*** 分别表示 P<0.05、0.01、0.001。

（3）种植制度对土壤有机碳和 CO_2 排放的影响

长期连作系统中，作物从土壤吸取相同的养分，引起土壤中某些营养元素的缺失，进而影响微生物的分解作用。以往很多研究认为，与连作相比，轮作的固碳能力较强，长期轮作可以增加土壤有机碳的含量。其原因可能是，由于轮作增加了农田生态系统的生物多样性，从而改变了输入土壤的有机成分、微生物种类以及碳矿化与转化的生物过程。对不同的地上作物进行轮作，可以通过改变根系或残体的数量,进而影响土壤有机碳的数量。而连作可使土壤有机碳降低,随着连作时间的延长,土壤中有机质含量呈下降趋势。

本研究利用海伦站作物长期连作定位试验,研究了不同作物种植对土壤有机碳和 CO_2 排放的影响(You et al., 2014)。结果显示,在三种连作系统(连作玉米,连作大豆,连作小麦)中,土壤有机碳含量与长期玉米 – 大豆 – 小麦轮作系统的土壤有机碳含量无显著差异,这说明长期轮作引起的土壤有机碳的升高可能被增加的土壤 CO_2 排放所抵消,也有可能是由于作物连作和轮作制度变化引起的土壤有机碳变化量相对于有较大库容的土壤有机碳背景值显得不明显。

在连作制度下,玉米在抽雄期、小麦在乳熟期达到土壤 CO_2 排放通量的峰值,出现在 7 月 15 日;连作大豆在鼓粒期与轮作处理在 8 月 6 日出现峰值,同一时间连作小麦和连作玉米也迎来又一个小高峰。随着小麦的收获,土壤 CO_2 排放通量达到最后高峰。在整个生育时期,连作玉米峰值最高,为 596 mg $CO_2 \cdot m^{-2} \cdot h^{-1}$,而连作大豆的峰值最低为 396 mg $CO_2 \cdot m^{-2} \cdot h^{-1}$(图 2.6a)。土壤 CO_2 平均排放通量的顺序为:连作玉米 > 轮作 > 连作小麦 > 连作大豆,与连作玉米相比,连作小麦、连作大豆和玉米 – 大豆 – 小麦轮作的平均排放通量分别降低了 23%、42%、14%。这说明,在不同种植制度下大豆连作在一定程度上可以减少土壤 CO_2 的排放通量。而玉米由于具有较大的根系,而根系呼吸较强,导致土壤 CO_2 排放通量最多。

从图 2.6b 中可以看出,在不同种植制度下,土壤 CO_2 累积排放量的顺序为:连作玉米 > 轮作 > 连作小麦 > 连作大豆。连作玉米的累积排放量最高为 829 g $CO_2 \cdot m^{-2}$,比轮作制度高出 22%。从 7 月 1 日开始,土壤 CO_2 累积排放量的增加幅度逐渐变大,在 7 月 23 日到 8 月 6 日期间,土壤 CO_2 累积排放量的增加幅度达到最大值。在出苗 60 天后,连作玉米的累积排放量变为最大值,并且一直保持到成熟期。连作大豆的累积排放量一直保持在最低值,有利于土壤 CO_2 的固定。结果表明,在连作制度下,不同作物的累积排放量差异显著($P<0.05$)。轮作处理在出苗 60 天前,连作大豆始终保持最大累积排放量,其后 CO_2 累积排放量仅低于连作玉米。

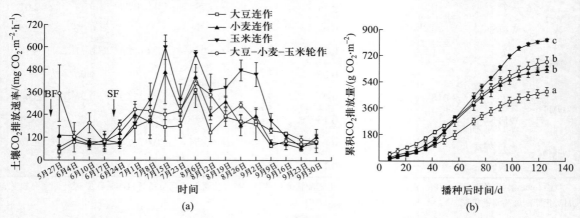

图 2.6　不同种植制度下土壤 CO_2 排放速率(a)及累积排放量(b)的变化

注:图中箭头(BF、SF)为施肥时间(底肥、追肥)。不同字母表示差异显著($P<0.05$)。

季节对土壤微生物生物量碳的影响较大,在整个生长季,连作小麦处理中微生物生物量碳含量最高,玉米 – 大豆 – 小麦轮作次之。6 月小麦进入孕穗期,根系分泌能力增强,分泌物增多,为微生物生长提供碳源,微生物量碳含量最高;7 月玉米和大豆的微生物量碳的含量出现峰值;

8月中旬,作物基本停止生长,根系也已经成熟,微生物量碳呈下降趋势。与玉米 – 大豆 – 小麦轮作相比,连作制度下微生物量与土壤 CO_2 排放通量的相关性较好($R^2=0.419$)。不同种植制度下,作物根系与微生物分泌物的变化影响土壤微生物量碳含量,土壤 CO_2 排放通量与微生物量碳的相关性反映土壤微生物的活性对排放的影响。但是本研究结果的相关性不显著,可能还受到其他一些因素的共同影响。

土壤 CO_2 排放通量的动态变化与土壤温度的季节性动态变化总体上较为一致。一方面,温度通过影响土壤微生物活性而影响土壤微生物呼吸,另一方面温度变化影响根系的生长和活性,从而影响根系呼吸,进而影响土壤 CO_2 排放通量。在本研究中,土壤温度与土壤 CO_2 排放通量相关性不显著,仅在小麦连作和长期玉米 – 大豆 – 小麦轮作系统中,土壤 10 cm 土温与土壤累积 CO_2 排放量的相关性较好。

当同时考虑土壤 WFPS 和土壤温度对土壤 CO_2 排放的影响时,土壤 WFPS 和土壤温度与 CO_2 排放通量的关系可以很好地用函数式 $\log(f)=a+b\log(W)$ 表示,二者可以共同解释土壤 CO_2 排放速率季节变化的 51% ~ 79%。其中,在玉米 – 大豆 – 小麦轮作系统中,土壤温度与 WFPS 对土壤 CO_2 排放通量的贡献最大。因此,在不同种植制度下,土壤温度与土壤 WFPS 共同影响土壤 CO_2 排放的变化。

（4）耕作方式对土壤有机碳和 CO_2 排放的影响

相对于传统耕作(CT),有关免耕对于提升土壤有机质含量,提高土壤团聚结构等方面的积极意义已有大量报道。但对于具有较高碳含量的东北黑土,免耕的效果还不明确。由于中国东北年均温较低,秋收后土壤快速上冻,第二年春季解冻后又要马上春播,因此在免耕条件下,秸秆的腐解状况在很大程度上决定了免耕措施在东北黑土农田生产中的可行程度。另外,黑土质地黏重,长期免耕不利于土壤良好结构的形成。因此,本研究试图探讨东北黑土区在秸秆不还田条件下的免耕措施对土壤有机碳和 CO_2 排放的影响(Li et al., 2013d)。

常规耕作(31.75 ± 0.78 mg·g^{-1})与秸秆不还田免耕处理(30.36 ± 0.88 mg·g^{-1})的有机碳含量差异不显著。有研究表明:由于耕翻可改善土壤通气透水性,增强微生物活性,使土壤与空气充分接触,因此加速了有机质的矿化速率,使有机质含量降低。与常规耕作相比,免耕系统能够减缓土壤侵蚀,促进有机质积累,提高土壤团聚体含量,使土壤有机质的平均滞留时间增加了约1 倍。也有研究表明,常规耕作转变为免耕后可使土壤有机碳储量增加。对于东北黑土来说,由常规耕作方式转变为免耕后,3 年的免耕处理并没有显著增加表层(0 ~ 5 cm)土壤有机碳的含量,且 5 cm 以下耕层的土壤有机碳含量有所减少;而 5 年的免耕处理则显著增加了表层土壤有机碳的含量,增幅为 9.9%,其他土层有机碳的变化不明显。但是长时间免耕,土壤中根系生长受到限制,影响了土壤有机碳含量的增加。因此,本研究发现,在免耕系统与常规耕作制度下,土壤有机碳之间并没有显著差异,可能是与试验处理时间较短有关。

传统耕作与免耕处理相比,土壤 CO_2 排放通量较高,而且平均排放通量增加了 39%。在整个玉米生长季节中,传统耕作土壤 CO_2 排放通量的最高值与免耕处理同时出现在 8 月 6 日,一些研究结果表明,峰值一般出现在拔节孕穗或乳熟期。在本研究中,传统耕作与免耕处理的峰值分别为 691 mg CO_2·m^{-2}·h^{-1} 和 573 mg CO_2·m^{-2}·h^{-1},最低值分别为 83 mg CO_2·m^{-2}·h^{-1} 和 81 mg CO_2·m^{-2}·h^{-1} (图 2.7a)。

从数据中可以看出,免耕处理可以减少土壤 CO_2 的排放通量。这是因为,环境因素对传统耕作影响较大,常规耕翻的土壤孔隙度大,质地较松,使土壤有机碳矿化速度较快,有利于 CO_2 的产生和排放;而免耕的土壤质地紧实,理化反应空间相对较小,能有效减少土壤有机碳的矿化,同时免耕土壤的大团聚体较稳定,最终阻止了 CO_2 的排放。耕作制度对土壤 CO_2 排放速率的影响有明显的季节性,整个生育期土壤 CO_2 排放通量传统耕作 > 免耕。

　　传统耕作的土壤 CO_2 累积排放量明显高于免耕处理,相比高出了 42%。自出苗 57 天后,免耕处理与传统耕作的增加幅度达到最大值。同时在达到最大排放通量之后,两者差距逐渐增大,最终保持在一定水平。整个玉米生长季,传统耕作的累积排放量峰值为 1075 g $CO_2 \cdot m^{-2}$,免耕处理的峰值为 757 g $CO_2 \cdot m^{-2}$(图 2.7b)。研究表明,常规耕翻地处理的土壤为 CO_2 排放"源",免耕处理的净碳释放量为负值,为 CO_2 吸收"汇"。

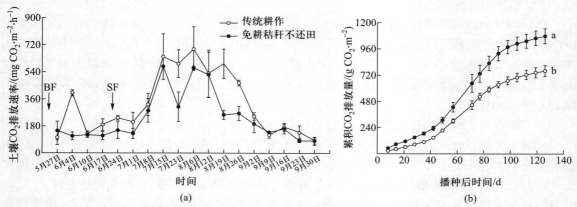

图 2.7　不同耕作方式下土壤 CO_2 排放速率(a)和累积排放量(b)的变化

注:图中箭头(BF、SF)为施肥时间(底肥、追肥)。不同字母表示差异显著($P<0.05$)。

2.3.2　黑土农田土壤有机碳矿化过程

(1)秸秆类型和还田方式对碳矿化的影响

　　在农田生态系统中,秸秆还田能够维持并提高土壤有机碳含量,提升土壤肥力和生物活性。秸秆在碳矿化过程中不仅向大气排放 CO_2,同时还释放作物生长所需部分养分。因此,探讨秸秆还田的碳矿化以及与其紧密相关的氮矿化过程显得非常重要。秸秆类型被认为是碳矿化过程中很重要的一个影响因素。另外,为改善质地黏重的黑土土壤结构,我们建议选择将秸秆翻耕入土的方式还田。而对于秸秆在不同还田方式下黑土碳、氮矿化过程的变化还鲜有报道。鉴于此,本研究以东北黑土为对象,研究秸秆的类型以及秸秆在土壤中的输入方式(覆盖表面、均匀混合)对碳、氮矿化过程的影响,以及大豆和玉米秸秆均匀混合后对碳、氮矿化的影响(Li et al.,2013b)。

　　整个培养期,有作物秸秆添加的土壤有机碳累积矿化量均高于没有添加秸秆的土壤(图 2.8)。重复测量方差分析结果表明,秸秆类型以及添加方式(位置)均对培养期土壤累积矿化量有显著影响($P<0.001$),而二者对累积矿化量没有交互影响($P=0.199$;表 2.8)。取样时间及其与秸秆添加方式的交互作用对碳矿化量有显著影响($P<0.001$ 和 $P=0.007$),而取样时间与秸秆类型对碳矿化量没有交互影响。另外,取样时间、秸秆类型以及还田方式三者的交互作用对碳矿化的影响也不显著(图 2.8 和表 2.8)。

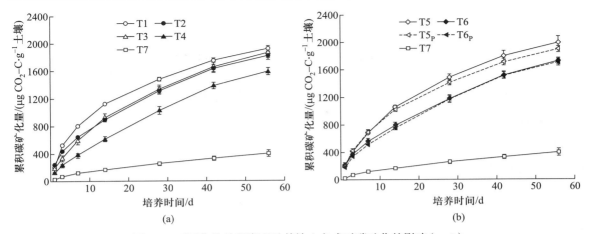

图 2.8　不同作物秸秆类型及其输入方式对碳矿化的影响（n=4）

注：T1，大豆秸秆覆盖土壤表面；T2，大豆秸秆与土壤均匀混合；T3，玉米秸秆覆盖土壤表面；T4，玉米秸秆与土壤均匀混合；T5，大豆与玉米混合秸秆覆盖土壤表面；T6，大豆与玉米混合秸秆与土壤均匀混合；T7，不加秸秆处理；T5$_p$，根据大豆和玉米秸秆分别覆盖土壤表面的预测值；T6$_p$，根据大豆和玉米秸秆分别与土壤均匀混合的预测值。

随着培养时间的碳矿化动态可以很好地用一阶指数方程来拟合，R^2 可达 0.96～0.99（表 2.8 和表 2.9）。不论什么添加方式，在大豆秸秆添加条件下的分解速率常数 k 值均比玉米添加条件下的高（表 2.8）。无论是在玉米秸秆、大豆秸秆还是玉米和大豆秸秆混合添加处理下，秸秆覆盖在土壤表面时碳矿化的常数 k 均高于对应处理下秸秆与土壤混合的处理（表 2.8 和表 2.9）。另外，在两种秸秆混合处理下的碳矿化量实际值与利用两种秸秆单独处理下的矿化量计算得到的预测值并没有显著差异（$P>0.05$，表 2.9）。

表 2.8　添加大豆秸秆和玉米秸秆 56 天后的碳矿化量

秸秆位置	秸秆种类	碳矿化量 /（μg CO₂–C · g⁻¹ 土壤）	分解动态模型		
			C_0/（mg · g⁻¹）	k/d⁻¹	R^2
覆盖土壤表面	对照	401 ± 53	0.45 ± 0.05	0.034 ± 0.007	0.98
	大豆	1928 ± 38	1.85 ± 0.10	0.073 ± 0.012	0.97
	玉米	1866 ± 76	1.96 ± 0.11	0.047 ± 0.006	0.99
与土壤混合	大豆	1825 ± 63	1.85 ± 0.15	0.053 ± 0.011	0.96
	玉米	1592 ± 52	2.03 ± 0.20	0.027 ± 0.005	0.99
变异来源（P 值）					
秸秆类型		<0.001			
秸秆位置		<0.001			
时间		<0.001			
秸秆类型 × 秸秆位置		0.199			
时间 × 秸秆类型		0.458			
时间 × 秸秆位置		0.007			
时间 × 秸秆类型 × 秸秆位置		0.262			

注：C_0，潜在可矿化碳；k，分解速率。

表 2.9　添加大豆和玉米秸秆混合物 56 天后的碳矿化量

秸秆位置	碳矿化量 /（μg CO₂–C · g⁻¹ 土壤）			分解动态模型		
	观察值	预测值	P	C_0/（mg · g⁻¹）	k/d⁻¹	R^2
覆盖土壤表面	1995 ± 94[a]	1897 ± 48	ns	2.02 ± 0.10	0.055 ± 0.007	0.99
与土壤混合	1727 ± 47[b]	1708 ± 53	ns	1.82 ± 0.18	0.044 ± 0.006	0.96

注：C_0，潜在可矿化碳；k，分解速率；ns，表示观测值和预测值差异不显著。同列不同字母表示差异显著。

　　经过 56 天的培养，无论是在秸秆覆盖还是与土壤混合的条件下，在大豆秸秆处理下的土壤累积矿质氮含量都高于玉米秸秆处理的土壤；无论是在玉米秸秆、大豆秸秆还是玉米和大豆秸秆混合添加处理下，秸秆覆盖在土壤表面时的累积矿质氮均高于对应的秸秆与土壤混合的处理（图 2.9）。另外，培养 56 天后，秸秆添加处理的累积矿质氮含量比未添加秸秆的土壤低 22%～93%。

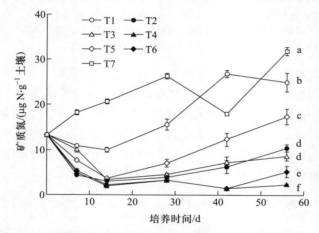

图 2.9　不同作物秸秆类型及其输入方式对氮矿化的影响（n=4）

注：T1，大豆秸秆覆盖土壤表面；T2，大豆秸秆与土壤均匀混合；T3，玉米秸秆覆盖土壤表面；T4，玉米秸秆与土壤均匀混合；T5，大豆与玉米混合秸秆覆盖土壤表面；T6，大豆与玉米混合秸秆与土壤均匀混合；T7，不加秸秆处理。

　　总之，秸秆的类型（质量）和还田方式（秸秆覆盖、翻耕还田）对 CO_2 排放具有显著的影响。利用室内培养实验，研究了大豆秸秆比玉米秸秆覆盖于土壤表面和与土壤均匀混合时的 CO_2 排放情况。研究发现，由于在玉米秸秆分解过程中较低的土壤有效氮素浓度和净氮固定，玉米秸秆处理的土壤有机碳矿化显著低于大豆秸秆处理的土壤。当大豆和玉米秸秆混合后在土壤中分解时，两者对 CO_2 排放的贡献具有加和作用。另外，无论是大豆还是玉米秸秆，覆盖于土壤表面时 CO_2 的排放量均比与土壤均匀混合时排放的多，可能主要原因是秸秆与土壤混合分解时土壤有机碳的矿化收到氧气或者氮素有效性的限制。秸秆类型以及添加方式（位置）均对培养期土壤累积矿化量没有交互影响，说明秸秆还田方式对黑土土壤有机碳矿化的影响不受秸秆类型的影响。研究建议，我们在秸秆还田时选择具有较低氮浓度和高碳氮比的秸秆，并且选择翻耕入土的还田方式而不是覆盖于土壤表面，这不仅降低了氮素损失的风险，而且也可减少碳排放。

　　（2）外源碳有效性和土壤碳对碳矿化及其温度敏感性的影响

　　土壤碳的输入（固定）和输出（矿化）过程的动态决定了土壤碳库的大小。碳矿化的影响因素很多。比如,大量研究表明,温度变化会通过影响微生物代谢活性进一步影响碳矿化过程(Rey and Jarvis, 2006; Yuste et al., 2007; Giardina et al., 2014)。但是,也有研究发现,温度对碳矿化的影响也存在负作用或者没有作用(Giardina and Ryan, 2000; Eliasson et al., 2005),这些差异说明其他很多因素可能会影响温度对碳矿化的作用。外源添加基质的有效性和质量被认为是影响碳矿化的另一重要因素(Hopkins et al., 2014),因此,基质有效性很可能会影响有机碳矿化对温度的响应。另外,有研究显示,土壤有机碳矿化对温度的响应还取决于土壤有机碳含量(Froseth and Bleken, 2015)。因此,外源基质与温度、土壤碳含量都会交互影响土壤有机碳的矿化,但这种影响的大小及其方向还不明确。

利用室内培养实验,在不同温度和不同有效性外源碳输入条件下,研究了土壤有机碳含量对黑土有机碳矿化过程的影响(Dai et al., 2017)。研究发现,外源碳输入可促进土壤有机碳矿化,其影响大小不仅取决于外源碳的有效性,还受土壤初始有机碳含量的控制(图 2.10)。

土壤初始有机碳含量越高,外源碳对总碳矿化量的影响越小(图 2.11),说明具有较高土壤有机碳含量的土壤可能对外源碳具有保护作用,或者外源碳对土壤有机碳的矿化也有抑制作用。

另外,在外源碳输入条件下,碳矿化的温度敏感性也受到土壤有机碳初始含量的影响(图 2.12)。具有较高土壤有机碳含量的土壤,其惰性组分的温度敏感性受外源碳输入的响应更为

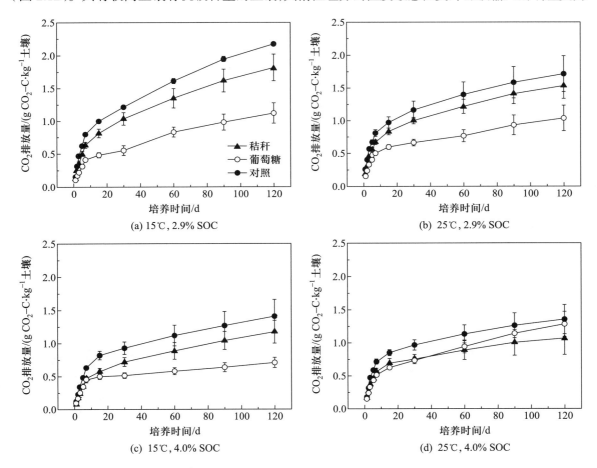

(a) 15℃, 2.9% SOC

(b) 25℃, 2.9% SOC

(c) 15℃, 4.0% SOC

(d) 25℃, 4.0% SOC

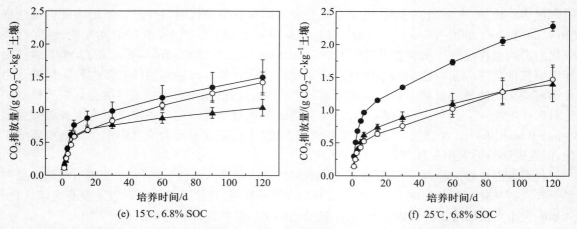

(e) 15℃, 6.8% SOC　　　　(f) 25℃, 6.8% SOC

图 2.10　秸秆、葡萄糖添加对不同有机碳含量土壤有机碳矿化的影响

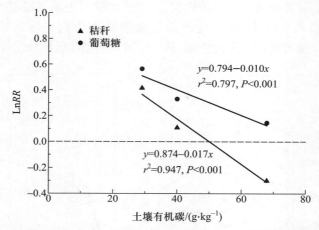

图 2.11　外源碳输入对碳矿化的影响（LnRR）大小与土壤有机碳含量的关系

注：LnRR 为外源碳添加处理与对照中土壤 CO_2 排放量的比值的对数，代表外源碳输入土壤碳截获能力的影响大小。

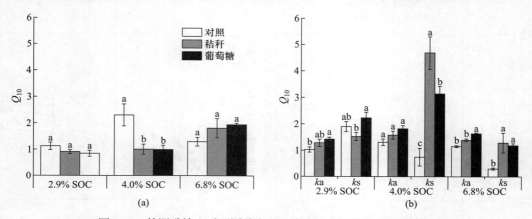

(a)　　　　　　(b)

图 2.12　外源碳输入对不同碳含量土壤碳矿化温度敏感性的影响

注：k_a 和 k_s 分别为活性和惰性碳库的矿化速率常数。在同一土壤中，不同小写字母表示不同处理条件下某活性碳库的温度敏感性差异显著。

剧烈。因此,在增温背景下,碳输入的增加可能会更加促进高碳含量土壤的碳矿化。另外,还发现惰性有机质组分矿化的温度敏感性并不一定比活性有机质组分的高,两者大小关系也取决于土壤有机碳含量。这也证实了黑土有机碳含量对碳矿化及其不同活性组分温度敏感性的控制作用。

2.3.3 长期施肥后黑土供氮能力和氮肥利用效率的变化

氮素作为植物从土壤中吸收量最大的矿质元素,是决定土壤肥力的关键因素,也是人为投入土壤中量最多的营养元素。但是由于人们忽视土壤的肥力现状,单纯地为了追求高产量而盲目进行施肥,造成氮肥利用率低,土壤养分流失严重,产生巨大的环境问题和经济压力。基于海伦站 1992 年设置的长期定位施肥试验,选择三个长期施肥处理(无肥处理,CK;氮磷化肥处理,NP;化肥配施有机肥处理,NPM)进行框栽实验,定量描述长期施肥条件下土壤供氮能力和氮素利用效率的变化(朱霞等,2010),一方面可以为农业生产中科学施肥提供参考,另一方面也为建立良好的生态循环体系提供技术支持,使施肥达到最大的环境与经济效益。

(1)长期施肥后土壤生产力的变化

经过长期施肥的土壤在不施肥和只施磷钾肥情况下种植玉米,研究长期施肥后土壤生产力的变化。结果发现,在不施肥和只施磷钾肥的情况下,三种经过长期施肥处理的土壤生产力高低顺序均依次为:NPM>NP>CK。在不施肥的情况下,NPM 与 NP 和 CK 相比,植株生物量显著增加,增幅分别为 43.6% 和 61.7%;NP 与 CK 相比,植株生物量增幅仅为 12.6%,无显著差异。在只施磷钾肥的情况下,NPM 处理土壤的植株生物量比 NP 和 CK 处理土壤增加了 20.8% 和 44.0%;NP 土壤的植株生物量比 CK 土壤增加了 19.2%。由此可见,长期施肥能够显著增加土壤氮素库容,提高土壤氮素肥力,增强土壤生产力。

(2)长期施肥后土壤供氮能力的变化

土壤矿质氮可反映土壤当前的供氮水平。研究发现,种植玉米前,三种长期施肥土壤的铵态氮、硝态氮含量差异显著,且变化规律均为:NPM>NP>CK。种植玉米后,三种长期施肥土壤铵态氮、硝态氮含量变化规律与种植前一致。三种长期施肥土壤种植玉米前土壤铵态氮、硝态氮含量均高于种植玉米后土壤铵态氮、硝态氮含量,且种植玉米前后土壤铵态氮、硝态氮的变化量差异显著。化肥有机肥配施处理土壤种植玉米前后铵态氮、硝态氮的变化量分别是无肥处理土壤的 2.02 倍和 2.46 倍,分别是化肥处理土壤的 3.26 倍和 1.96 倍。这说明长期使用化肥配施有机肥能够提高土壤的当前供氮能力。

土壤可矿化氮定义为土壤矿化提供给当季植株吸收利用的氮,反映了土壤潜在供氮能力。结果显示,三种长期施肥土壤可矿化氮含量差异显著,表现为:NPM>NP>CK。与无肥 CK 处理土壤相比,NPM 处理和 NP 处理土壤可矿化氮含量分别增加 9.54% 和 3.02%;NPM 处理土壤与 NP 处理土壤相比土壤可矿化氮含量增加 6.34%。说明长期施用化肥、有机肥能够增加土壤潜在供氮能力。

(3)长期施肥处理对氮肥表观利用率的影响

在长期施肥土壤中种植玉米的同时施用氮磷钾肥,植株对氮肥的利用率因长期施肥处理不同而不同。在无肥处理下氮肥利用率为 63.49%,比化肥处理高 45.18%,比化肥配施有机肥处理高 52.03%。因此,长期施肥提高了土壤供氮能力,能够满足下季作物所需,因此在肥力较高的土壤中施用氮肥,其增产效果并不明显。

2.4　黑土农田生态系统水循环

研究农田生态系统水循环是为了更好地促进作物生长,而土壤水是作物唯一能利用的水的形态,所以研究农田生态系统水循环的核心就是研究土壤水分的变化特征。土壤水是土壤 – 植物 – 大气连续体的一个关键因子,是土壤中养分空间移动的载体。不但直接影响土壤理化属性和植物生长,还间接影响植物地理分布以及生态系统内小区域气候的变化。

东北黑土区是我国重要的商品粮生产基地,该地区土壤肥沃,光照热量充足,但是在季风雨水的影响下旱涝灾情时有发生,导致作物产量不稳定,其中在 2013 年 7 月 30 日,单日降水量达到 178 mm,造成严重的涝灾,所以水分成为该地区农业生产主要的限制因子。由于本地区土层深厚,土壤质地黏重,冬季存在季节性冻层,导致土壤透水不良,并且地下水位较深,从而形成了独特的水分循环方式。

本地区属于旱作雨养农业,大气降水是土壤水分的主要来源,因而农田黑土水分调节能力大小取决于大气降水和作物不同生育阶段对水分的需求。如何有效地利用大气降水,对于稳定和提高本地区粮食产量具有重要的意义。本节介绍了黑土农田生态系统大气降水变化趋势、土壤剖面水分季节性变化特征和黑土供水特征。

2.4.1　黑土农田生态系统大气降水规律

东北黑土区 1952—2016 年的大气降水波动范围较大(图 2.13),平均降水量 548.5 mm。最大降水量为 873.2 mm,发生在 2013 年;最小年降水量为 300 mm,发生在 2001 年。

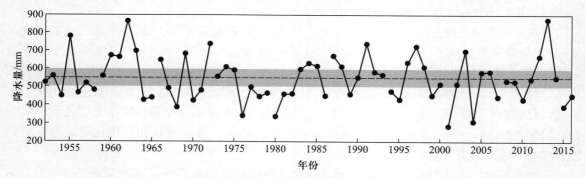

图 2.13　1952—2016 年东北黑土区大气降水变化规律

根据乔樵等(1963)提出的划分降水年型的标准,对研究区 1952—2016 年的大气降水进行分析,得到不同降水格局在时间上的分布。在统计的 65 年中,丰水年有 20 年,占 30.8%;平水年有 18 年,占 27.7%;枯水年有 27 年,占 41.5%,枯水年出现次数较多。但从年降水结果中可以看出,丰水年、平水年和枯水年呈现出一定的周期性,并没有持续的出现丰水年和枯水年。

本地区不仅年际间降水变异很大,而且年内月份间降水分配极为不均匀。以 2005—2015 年降水量数据为研究对象,平均降水量为 550.4 mm,作物生长季内 5—9 月降水量达到 475.5 mm,占总降水量 86.4%。从单月来看,7 月降水量最大,达到 158.1 mm,占总降水量 28.7%;其次是

6月、8月和9月,分别占总降水量的18.6%、18.0%和10.7%。

本地区休闲期是10月到第二年4月末,期间平均降水量74.6 mm。从冰雪融化到播种前地表没有任何覆盖,在风力作用下土壤水分损失很大,所以休闲期的降水量大小成为影响播种期土壤储水量的重要因素。但从图可以看出,各月降水量波动范围很大,作物生长季内降水量变异系数在59.9%~75.7%,在休闲期降水量变异系数在74.0%~104.6%。季节性降水不均衡造成季节性干旱和季节性涝灾,这成为限制本地区农业生产的重要因素之一。而休闲期降水量少,变异程度大,极大地影响了在作物生长初期的土壤储水量,是引起春旱的因素之一;而生长季内降水变异大又会造成旱涝灾害,同样也会影响本地区农业生产。

2.4.2 黑土农田土壤储水量季节性变化规律

选择2012年的土壤储水量结果来描述作物生长季内土壤剖面水分变化规律。从4月5日到10月10日每隔5天连续的观测。以前的研究表明本地区地下水埋深,地下水对土壤水没有补给,土壤水唯一的来源是大气降水。同时由于0~90 cm是作物根系活动层,说明0~90 cm土壤水分变化与作物生长密切相关(邹文秀等,2014)。2012年4月5日到5月初地表没有任何植被,0~90 cm土壤储水量持续减少,而90 cm以下的土层土壤储水量没有变化(图2.14)。

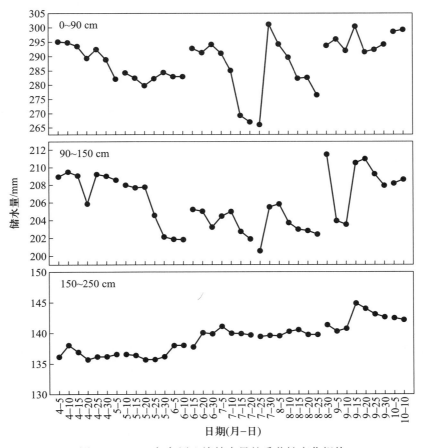

图 2.14   2012 年各层土壤储水量的季节性变化规律

在 5 月初到 7 月 25 日 0～90 cm 剖面土壤储水量总体呈现下降趋势,土壤储水量从 5 月 5 日的 282.4 mm 下降到 7 月 25 日的 266.1 mm。虽然 6 月降水量达到 118.4 mm,土壤储水量得到短暂的回升,但是由于处在作物生长旺盛的阶段,植被大量消耗土壤水分,导致土壤储水量持续下降。同时 90～150 cm 中土壤储水量也呈现下降趋势,但是变化幅度较小,从 5 月 5 日的 208.0 mm 下降到 7 月 25 日的 200.6 mm,可能是上层根系活动活跃土壤水消耗较快,下层土壤水通过毛管上升作用对 0～90 cm 土壤水进行补充。所以土壤储水量也出现了较小的下降。而 150～190 cm 的土壤储水量并没有出现下降的趋势,说明 150 cm 以下土层的水分并没有补充上层土壤水。

在 7 月 25 日到 10 月 10 日这段时间内,0～250 cm 土壤储水量都表现出逐渐增加的趋势,这是由于雨季的到来,更频繁更大量的降水过程超过了作物对水分的消耗。这阶段降水量达到 336.7 mm,占全年降水量的 50.4%,0～90 cm 土壤储水量增加了 32.4 mm,90～150 cm 土壤储水量增加了 8 mm,150～190 cm 土壤储水量增加了 2.76 mm。

2.4.3　黑土农田土壤供水特征

在生长季内,作物消耗的水分来自两个方面:生长季内大气降水和生长季初期存储在土壤中的水分。由于生长季内降水量不同,使土壤供水量发生变化。在生长季内降水量较多的年份 2011 年、2012 年、2013 年和 2014 年土壤供水量表现为正值,即土壤处于储水状态,说明此时的降水量在满足作物生长发育的同时,还有剩余的降水存储在土壤中,供下一季作物利用。而 2010 年和 2015 年由于生长季内降水量很低,无法满足作物生长需求,所以土壤剖面表现出持续供水现象(表 2.10)。

表 2.10　黑土土壤供水特征

年份	生长季初期土壤储水量/mm	生长季末期土壤储水量/mm	土壤供水量/mm	生长季降水量/mm	生长季降水量占全年降水量百分比/%
2010	596.5	519.0	−77.5	345.8	80.1
2011	605.3	617.9	12.6	509.2	94.2
2012	627.1	649.0	21.9	543.6	81.4
2013	669.2	735.10	65.9	825.1	94.5
2014	665.8	675.7	9.9	492.7	89.6
2015	674.1	583.5	−90.6	341.7	86.9

其中 2011 年和 2014 年降水量为 540.6 mm 和 550 mm,都为平水年,但土壤处在储水状态。2000 年处在平水年,但是土壤却处在供水状态,产生这种差别的原因是由于本地区年内降水分布不均,2011 年 7 月单月降水达到 264.8 mm,极大地补充了土壤剖面储水量,而 2014 年 9 月生长季末期单月降水量达到 74.4 mm,远高于平水年平均降水量,导致作物生长季后期降水量大于消耗量,才使土壤处在储水状态。2012 年和 2013 年的降水量是 668.2 mm 和 873.2 mm,远高于平均降水量。生长季内降水达到甚至超过年均降水量,所以使土壤整体处在储水状态。

2009 年降水量为 527.8 mm,2010 年降水量为 431.9 mm,远少于 2009 年;2010 年收获后的

休闲期降水量为 46.9 mm,而 2009 年收获后休闲期降水是 76.3 mm,远高于 2010 年。但是 2011 年生长季初期的土壤储水量却高于 2010 年生长季初期土壤储水量。经分析发现,2009 年 7—9 月降水量仅为 160.4 mm,占全年降水量 30.4%,而 2010 年 7—9 月降水量 210.9 mm,占全年降水量 48.8%,在生长季中后期降水量出现了显著的差异。在 7—9 月 0~200 cm 土体中储水量是持续增加的,但如果这阶段降水较少,土体中储水量得不到补充,那么在进入休闲期后由于气温降低进入冬天,土壤储水量也不会显著增加,因为休闲期降水都是以降雪的形式进行的。在第二年春季温度上升后,积雪虽然会融化进入土壤,但在同时期的风力作用下蒸发强烈,进入表层的水分很大程度会随着风力散失,对土壤储水量产生有限的补充,所以 7—9 月生长季中后期的降水对第二播种期土壤储水量影响非常大。

根据对 1952—2016 年大气降水的分析,得到研究区内年平均降水为 548.5 mm。年际间降水分配极不均衡,枯水年有 27 年,丰水年有 20 年,同时出现多次极端湿润和极端干旱的年份。年内的降水分配也不均衡,对 2005—2015 年降水分析后,作物生长季降水占全年降水的 86.4%,这样的降水分配在丰水年极易造成涝灾,而在枯水年又容易出现旱灾。

黑土土壤储水量随着作物生长发生季节性的变化。在作物生长前期,0~90 cm 土层中土壤储水量呈现缓慢下降趋势。同时 90~150 cm 土层中水分通过毛管上升作用补给上层,所以水分也出现小幅度减少。150 cm 以下的土层中水分并没有受到作物生长的影响。但是在 7 月到生长季末期,由于持续大量的降水,使得 0~200 cm 中的储水量持续增加。

土壤的供水能力受降水影响很大,在年内降水分配不均的情况下,在生长季中后期降水稍大的年份,土壤总体会呈现储水的状态,再经历漫长的休耕期,储存的土壤水较多,有利于第二年的播种。

2.5 黑土农田生态系统区域性变化规律

土壤有机碳对农田土壤生产力的形成及土壤肥力的维持和提升至关重要,提升土壤有机碳储量,也作为增汇减排的一项重要措施,受到国内外的广泛关注。黑龙江省是我国农田面积最大的省份,具有较大的固碳潜力。以松嫩平原三个典型县作为对象,研究了其农田生态系统土壤有机碳近 30 年(1981—2011 年)的动态变化及其影响因素。

2.5.1 黑土区农田土壤有机碳储量及其变化

结合野外调查数据和全国第二次土壤普查数据,估算了黑龙江省农田土壤有机碳储量以及近 30 年土壤固碳速率,并结合野外调查数据和长期定位试验结果,探讨农田土壤固碳的主要影响因素(Li et al., 2016)。根据东北农田类型区主要的土壤利用方式(水田、旱田)、种植模式和土壤类型(黑土、黑钙土、草甸土、白浆土),选择三个典型县研究近 30 年黑土区黑龙江省农田土壤有机碳变化及其主要影响因素。林甸县、海伦市、宝清县三个县代表了黑龙江省农田主要土壤类型和土地利用方式,三个县近 30 年农田土壤固碳速率分别为 -0.22 kg C·hm^{-2}·年$^{-1}$、-0.49 kg C·hm^{-2}·年$^{-1}$ 和 0.19 kg C·hm^{-2}·年$^{-1}$,丢碳面积分别占各县农田总面积的 87%、85% 和 29%(表 2.11)。

表 2.11   黑土区土壤耕层近 30 年土壤有机碳密度 (SOCD) 变化及固碳速率

| | SOCD81 | SOCD11 | Δ | SOCD/t | 丢碳面积 | 固碳面积 |
	/(Mg C · hm^{-2})			/(Mg C · hm^{-2} · 年$^{-1}$)	/%	/%
林甸	44.9	38.3	−6.6	−0.22	87	3
海伦	77.8	63.0	−14.7	−0.49	85	3
宝清	58.2	64.0	5.7	0.19	29	54

注：SOCD81，SOCD11，Δ 分别代表 1981 年和 2011 年的土壤有机碳密度及其变化量。

林甸县和海伦市近 30 年的丢碳量分别占 20 世纪 80 年代农田土壤碳储量的 11.3% 和 19.1%，而宝清县固碳量占 20 世纪 80 年代碳储量的 16.5%，其中，水田的土壤有机碳储量的增加量（ 2.2 Tg C ）占到总固碳量（ 3.7 Tg C ）的 58%。

在黑龙江省农田生态系统中，黑土、黑钙土、白浆土和草甸土总面积占全省耕地面积的 81.3%，依据这 4 种土壤类型土壤有机碳密度及其对应的面积，估算近 30 年松嫩平原黑龙江省农田土壤有机碳储量变化量为 –29.8 Tg。

2.5.2   黑土区农田土壤固碳速率的影响因子

从土壤基本属性（土壤 C/N 值，土壤有机碳密度 SOCD）、环境因素（海拔等）、人为活动（秸秆还田）等方面探讨了影响黑龙江省农田土壤有机碳变化的主导因素。

林甸县和海伦市农田土壤 C/N 值分别从 1981 年的 11.14 和 13.28 下降到 9.58 和 12.50（ $P<0.001$ ），土壤 C/N 值的显著下降将促进有机质的分解矿化速度，不利于有机物质的积累，从而降低了土壤的固碳能力；而宝清县农田土壤的 C/N 值从 9.25 显著增加到 15.30（ $P<0.001$ ），这将有利于土壤碳含量的保持与提高。

1981 年土壤有机碳密度与有机碳变化呈显著的负相关关系（林甸：$R^2=0.842$，$P<0.001$，$n=13$；海伦：$R^2=0.630$，$P<0.001$，$n=43$；宝清：$R^2=0.843$，$P<0.001$，$n=18$），说明土壤初始有机碳密度越高的土壤类型（土种），土壤有机碳降低越多。

从海伦市整个区域角度来分析，西南部平川漫岗农业区土壤有机碳降低速率最大，依次为中部漫川漫岗区以及东北丘陵漫岗区，仅有东北低山丘陵区土壤有机碳变化速率表现为增加（图 2.15a）。从西南到东北的四个区域平均海拔分别为 200 m、225 m、325 m、375 m 左右。各区域不同海拔高度下气候条件（如气温）的差异可能是造成土壤有机碳密度从西南到东北从降低到增加（图 2.15b）的原因之一。

30 年间，宝清县国营农场土壤有机碳密度增加了 11.4 Mg C · hm^{-2}（ $P<0.05$ ），而农户农田的土壤有机碳并没有显著变化。经田间调查，国营农场的机械化程度较高，从而造成其秸秆还田量（包括留茬量）均显著高于农户（图 2.16），这可能是造成国营农场土壤有机碳密度显著增加的重要原因之一。

宝清县近 30 年固碳量占 20 世纪 80 年代土壤碳储量的 16.5%，其中，水田的土壤有机碳储量的增加量（ 2.2 Tg C ）占到总固碳量（ 3.7 Tg C ）的 58%。因此，土地利用方式的改变（旱田改水田）对于增加 SOC 储量具有重要的贡献。

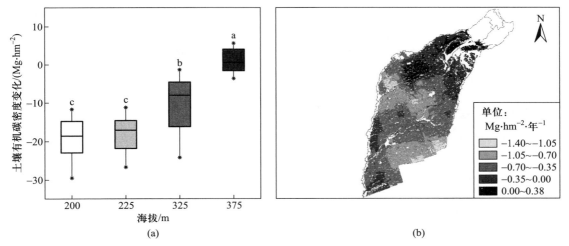

图 2.15　海伦市区域土壤有机碳密度的变化（a）及固碳速率空间分布（b）

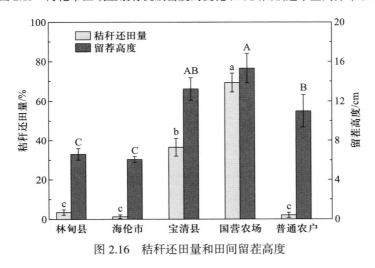

图 2.16　秸秆还田量和田间留茬高度

2.6　黑土农田生态系统关键过程调控模式

针对黑土农田系统中存在的土壤有机质锐减,耕作层变浅、犁底层加厚,肥力下降等问题,以秸秆还田与合理耕作相结合为核心,以遏制黑土退化和培肥地力为目标,建立了退化黑土修复农田循环生产模式和黑土农田肥沃耕层构建创新模式。

2.6.1　退化黑土修复农田循环生产模式

以黑土典型地区海伦市胜利村为研究对象,针对本地区土壤退化、肥力降低、作物产量低、经济效益不高、农村生态环境破坏的实际,提出了退化黑土修复农田循环生产模式。

在传统农田生产环节中,引入奶牛生产单元,通过种植优质高产牧草、采用青贮技术最大限度保存作物养分、经奶牛过腹增值生产高级畜产品、对产生的奶牛粪便进行有机肥处理和有机肥还田培肥地力等环节,达到"牧草肥田、以草代粮、以牛增效、以粪肥田"的目的,实现"草多""牛多""奶多""肥多"的良性循环,建立一套以"牧草 – 奶牛 – 粪肥"为核心的高效生态模式,保证国家"粮食安全"和"生态安全",实现经济效益、生态效益和社会效益的统一。

退化黑土修复农田循环生产模式具有如下优势:① 通过优质牧草的种植可以直接达到培肥地力的目的,因此具有很好的生态效益。同时,优质牧草的品质、单位面积干物质及蛋白质产量(如青贮玉米)均显著高于普通的粮食作物,同等条件下通过奶牛的过腹增值可获得更高的经济效益;② 通过对优质牧草的青贮,可最大限度地保存牧草的营养价值,饲喂奶牛在降低饲养成本、提高牛奶产量的同时,能够产生更多的粪便,进而扩大粪肥来源;③ 采用快速发酵技术,可加快牛粪的熟化,提高粪肥质量,克服自然堆腐牛粪腐熟速度慢、寄生虫多、粪肥质量差等诸多问题,进而减少对周围环境的污染;④ 结合当地的农业生产实际,通过其他农副产品(如甜菜渣)的青贮利用,可以大大降低营养价值极低的秸秆使用量,使得用于还田的秸秆用量增加。通过直接粉碎还田、覆盖还田、腐解还田等诸多方式,培肥地力。可见,农牧结合型农田循环生产模式中涉及牧草 – 奶牛 – 土壤等诸多生物及环境,同时也涉及牧草品种筛选、种植技术、青贮技术、奶牛高效饲养技术、牛粪快速熟化技术、有机肥施用技术等诸多方面。通过对关键技术的集成组装,对提高农田系统养分循环效率、提高土壤肥力、农民经济效益的提高、农村生态环境的改善具有重要意义,可在保证国家粮食安全的基础上,实现持续高效现代农业。

2.6.2　黑土农田肥沃耕层构建创新模式

黑龙江省耕地面积 2.39 亿亩[①],占全国的 12%,是重要的商品粮基地。但是黑土地开垦以来,由于掠夺性的经营方式,土壤有机质锐减,耕作层变浅、犁底层加厚,加之水土流失,部分黑土层变黄,黑土退化导致粮食生产对化肥的严重依赖。为了解决这一问题,海伦站系统研究并创建了黑土农田肥沃耕层构建及其优化模式。确定了黑土地肥沃耕层构建适宜的深度为 35 cm,适宜的频度为 3 年一次;采用螺旋式犁壁犁,将玉米秸秆深混于 0～35 cm 土层中;同时对犁铧进行改进,增加 15 cm 深松铲,可以解决铧犁产生犁底层的问题。

根据黑龙江省玉米和大豆的产业布局和气候条件,以肥沃耕层构建为核心,集成可复制、可推广模式。在黑龙江省南部以三年为一个耕作和轮作周期,建立玉米连作条件下的"翻、免、浅"组合耕作模式;在中部以四年为一个耕作和轮作周期,建立米 – 豆轮作条件下的"一翻一浅加两免"组合耕作模式;在北部以三年为一个周期,建立米 – 豆轮作条件下的"翻、免、浅"组合耕作模式。该项技术模式可为提升黑土地力提供新方法,为解决秸秆还田和畜禽粪污还田提供新途径,为保护黑土、减肥、节水和实现国家"藏粮于地、藏粮于技"的目标提供技术支撑。

---

① 　1 亩 =0.067 hm²。

参 考 文 献

韩晓增,李娜.2012.中国东北黑土农田关键生态过程与调控.哈尔滨:东北林业大学出版社.

韩晓增,邹文秀.2018.我国东北黑土地保护与肥力提升的成效与建议.中国科学院院刊,33:206-212.

郝翔翔,杨春葆,苑亚茹,等.2013.连续秸秆还田对黑土团聚体中有机碳含量及土壤肥力的影响.中国农学通报,29(35):263-269.

乔樵,沈善敏,曾昭顺.1963.东北北部黑土水分状况之研究Ⅰ.黑土水分状况的基本特征及成土过程的关系.土壤学报,20:143-157.

王树起,韩晓增,乔云发,等.2009.寒地黑土大豆轮作与连作不同年限土壤酶活性及相关肥力因子的变化.大豆科学,4:611-615.

朱霞,韩晓增,王凤菊.2010.黑土区长期施肥后土壤供氮能力与氮肥利用特征的研究.农业系统科学与综合研究,26(1):59-62.

邹文秀,韩晓增,陆欣春.2014.施肥管理对农田黑土土壤水分盈亏的影响.土壤与作物,3:132-139.

Dai S S, Li L J, Ye R Z, et al. 2017. The temperature sensitivity of organic carbon mineralization is affected by exogenous carbon inputs and soil organic carbon content. European Journal of Soil Biology, 81: 69-75.

Eliasson P E, McMurtrie R E, Pepper D A, et al. 2005. The response of heterotrophic CO_2 flux to soil warming. Global Change Biology, 11: 167-181.

Froseth R B, Bleken M A. 2015. Effect of low temperature and soil type on the decomposition rate of soil organic carbon and clover leaves, and related priming effect. Soil Biology and Biochemistry, 80: 156-166.

Fuß R, Ruth B, Schilling R, et al. 2011. Pulse emissions of N_2O and CO_2 from an arable field depending on fertilization and tillage practice. Agriculture, Ecosystems & Environment, 144: 61-68.

Giardina C P, Litton C M, Crow S E, et al. 2014. Warming-related increases in soil CO_2 efflux are explained by increased below-ground carbon flux. Nature Climate Change, 4: 822-827.

Giardina C P, Ryan M G. 2000. Evidence that decomposition rates of organic carbon in mineral soil do not vary with temperature. Nature, 404: 858-861.

Hopkins F M, Filley T R, Gleixner G, et al. 2014. Increased belowground carbon inputs and warming promote loss of soil organic carbon through complementary microbial responses. Soil Biology and Biochemistry, 76: 57-69.

Li L J, Burger M, Du S L, et al. 2016. Change in soil organic carbon between 1981 and 2011 in croplands of Heilongjiang Province, northeast China. Journal of the Science of Food and Agriculture, 96: 1275-1283.

Li L J, Han X Z. 2016. Changes of soil properties and carbon fractions after long-term application of organic amendments in Mollisols. Catena, 143: 140-144.

Li L J, Han X Z, You, M Y, et al. 2013a. Nitrous oxide emissions from Mollisols as affected by long-term applications of organic amendments and chemical fertilizers. Science of the Total Environment, 452-453: 302-308.

Li L J, Han X Z, You M Y, et al. 2013b. Carbon and nitrogen mineralization patterns of two contrasting crop residues in a Mollisol: Effects of residue type and placement in soils. European Journal of Soil Biology, 54: 1-6.

Li L J, You M Y, Shi H A, et al. 2013c. Soil CO_2 emissions from a cultivated Mollisol: Effects of organic amendments, soil temperature, and moisture. European Journal of Soil Biology, 55: 83-90.

Li L J, You M Y, Shi H A, et al. 2013d. Tillage effects on SOC and CO_2 emissions of Mollisols. Journal of Food, Agriculture & Environment, 11: 340-345.

Li L J, Zhu-Barker X, Ye R, et al. 2018. Soil microbial biomass size and soil carbon influence the priming effect from carbon inputs depending on nitrogen availability. Soil Biology and Biochemistry, 119: 41–49.

Pinheiro E F M, Pereira M G, Anjos L H C. 2004. Aggregate distribution and soil organic matter under different tillage systems for vegetable crops in a Red Latosol from Brazil. Soil & Tillage Research, 77: 79–84.

Rey A N A, Jarvis P. 2006. Modelling the effect of temperature on carbon mineralization rates across a network of European forest sites (FORCAST). Global Change Biology, 12: 1894–1908.

You M Y, Yuan Y R, Li L J, et al. 2014. Soil CO_2 emissions as affected by 20-year continuous cropping in Mollisols. Journal of Integrative Agriculture, 13: 615–623.

Yuste J C, Baldocchi D D, Gershenson A, et al. 2007. Microbial soil respiration and its dependency on carbon inputs, soil temperature and moisture. Global Change Biology, 13: 2018–2035.

第 3 章　辽河平原农田生态系统过程与变化*

辽河平原因辽河流域得名,属温带大陆性季风气候,面积 12.2 万 km²,四季分明,雨热同期,是我国温带农田生态系统的重要组成部分,也具有较强的农业综合生产能力。

3.1　辽河平原农田生态系统特征

辽河平原位于辽东丘陵与辽西丘陵之间,铁岭 – 彰武之南,直至辽东湾,为一长期沉降区,地势低平,主要分布有草甸土、潮土,砂土主要分布在平原西部,滨海有盐土、沼泽土。辽河平原是东北水稻的重要产区。

3.1.1　自然条件

辽河平原可分为西辽河平原和辽河中下游平原。西辽河平原是指大兴安岭以东、辽河中下游平原以西、松辽分水岭以南、辽西低山以北被沙丘覆盖的冲积平原。该区域沉积了 100 ~ 200 m 第四纪松散沉积物,形成沙丘平原,东西宽约 270 km,南北长约 180 km,面积约 6.5 万 km²。辽河中下游平原位于沉降地带,地势低平,海拔一般在 50 m 以下。北以松辽分水岭为界,南到渤海,西接辽西低山,东接千山,南北长 230 km,东西宽 110 km。下辽河平原地势自北向南倾斜,由北至南,依次分布山前坡洪积扇裙、山前坡洪积倾斜平原、山前坡洪积微倾斜平原、河间冲积平原、海冲积三角洲等。

辽河平原气候四季分明,春秋短促且常伴随大风,夏冬漫长,其中夏季炎热降水丰富,冬季干冷降水较少,雨热同期,日照充足。西辽河平原区的河流多为过境河流,主要河流包括西拉木伦河及其支流新开河、乌尔吉木伦河和教来河。中下游平原区内的河流则主要有辽河 – 双台子水系、浑河 – 太子河水系、大小凌河水系三大相对独立的水系。各河中下游比降小,水流缓慢,多河曲和沙洲,港汊纵横,堆积旺盛,河床不断抬高,汛期常导致排水不畅或河堤决溃,酿成洪涝灾害。滨海地区方圆 5000 km² 范围内,是一片沼泽盐碱地,过去常发生水灾,有东北"南大荒"之称,经不断治理,现已成为东北水稻的重要产区。

　*　本章作者为中国科学院沈阳应用生态研究所陈欣、何红波、宇万太、梁文举、徐慧、张丽莉、李琪、张晓珂、鲁彩艳、马强、郑立臣、叶佳舒。

3.1.2   土地利用方式与农业生产管理

辽河平原区土地资源种类丰富,利用类型复杂多样,具有广阔的开发利用前景。按土地利用情况划分,目前的土地利用类型主要有 6 类:耕地、林地、草地、水域、建设用地和未利用土地。根据 2010 年遥感影像可知辽河中下游平原区耕地面积 1.48 万 km²,占该区土地总面积的 56.02%;林地面积 0.06 万 km²,占该区土地总面积的 2.37%;草地面积 0.3 万 km²,占该区土地总面积的 11.19%;水域面积 0.05 万 km²,占该区域土地总面积的 1.98%;建设用地占该区土地总面积的 23.56%;未利用土地面积占该区土地总面积的 4.88%。

辽河平原旱田是主导的土地利用方式,占总面积的 52.1%,以玉米,大豆为主栽作物;其次为草地、水田和沙地,分别占总面积的 23.9%、8.1% 和 6.5%(张正祥等,2012)。在近年的农业生产与管理中,保护性耕作越来越受到重视。由于相应配套的机械化水平不断提高,综合性可持续技术体系不断完善,传统农业耕作方式向保护性耕作技术转化速度加快。国家的土地政策对农业生产与管理也起到了重要的指导作用。目前辽宁省出台了相应政策,在有效保护耕地、确保粮食等基本农产品生产的前提下,围绕解决农业、农村、农民问题,兼顾经济、社会、生态效益,引导农用地向高效利用调整,因地制宜整理复垦开发宜农后备土地资源,增加农用地面积,不断提高农业综合生产能力。

3.1.3   存在的主要问题

辽河平原坡耕地比重较大,水土流失面积占土地总面积的 29%,近 80% 的耕地缺乏水利配套设施,土壤干旱、污染日趋严重。并且长期无序开发利用,使辽河平原土地面临的问题日趋严峻。一方面由于经济快速发展和城市化规模不断扩大,使耕地资源数量不断减少;另一方面由于长期不合理的施肥管理和土壤高强度利用造成土壤退化严重,土壤板结、盐碱化加剧,土壤有机质含量下降,营养严重不平衡等多种问题,使耕地资源质量不断下降,中低产田占到耕地总量的三分之二,已严重影响辽河平原农业的综合生产能力。

3.2   辽河平原农田生态系统观测与研究

辽河平原是我国重要的商品粮生产基地,为探明辽河平原与农业生产相关的养分循环、收支、转化和迁移的关键过程,以辽宁沈阳农田生态系统国家野外科学观测研究站的试验样地为核心区,自 20 世纪 90 年代开始,开展了长期的多组、多类型的农田生态系统定位试验研究。

3.2.1   旱地雨养农业土壤肥力演变与培肥研究

为模拟我国不同时期养分投入与管理方式,从 1990 年开始,在下辽河平原布置了不同养分管理模式的长期定位试验。其中长期不施肥(CK)和长期只施用循环有机肥(M)处理,分别代表较为原始的没有人为养分输入的养分管理模式和化肥进入我国以前传统的养分管理模式;施用化肥氮(N)、化肥氮磷配施(NP)和化肥氮磷钾配施(NPK)可代表前述不同年代化肥进入我国时相应养分管理模式的时间序列;而化肥氮配施有机肥(N+M)、化肥氮磷配施有机肥(NP+M)和化肥氮磷钾配施有机肥（NPK+M）则分别代表了养分管理不同演化阶段化肥和循环回田有机肥相结合的施肥模式,可更好地对比不同养分管理模式的优劣。

（1）不同养分管理模式下农田土壤综合肥力演变规律

在长期定位试验基础上,通过选择关键肥力指标（土壤有机质、总氮、总磷、总钾、碱解氮、有效磷、速效钾和土壤 pH 等）可分析不同养分管理模式下土壤综合肥力变化趋势。根据模糊数学和多元统计分析原理可分别计算各肥力指标的隶属度和权重系数以及综合肥力指标（integrated fertility index, IFI）。IFI 取值范围为 0～1,其值越高,表明土壤肥力质量越好。通过明确不同养分管理模式对土壤综合肥力变化的影响,可为辽河平原农业生产中施肥制度和耕作模式的优化和改良提供理论依据。

从 20 余年的定位试验结果可见（图 3.1）,农田土壤综合肥力指标除在 NPK+M 模式下呈波动升高外,在其他各养分管理模式下均随试验时间的延长而降低或波动降低,其中降低最为明显的是无养分输入处理和单施氮肥处理。有机肥的施用有利于缓解土壤综合肥力指标的降低,但仅在化肥氮磷或氮磷钾均衡施用并配以循环有机肥的条件下才能使综合肥力得以维持或略为升高。

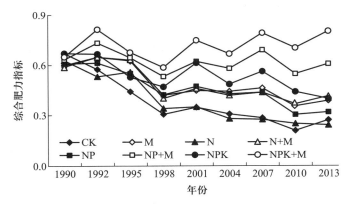

图 3.1　不同养分管理模式下土壤肥力综合指标（IFI）的变化趋势

注:CK 为长期不施肥处理,N、NP 和 NPK 为施用化肥氮、磷和钾及其配施处理,M、N+M、NP+M 和 NPK+M 为单施循环有机肥或循环有机肥与化肥配施处理。

将长期不施肥 CK 处理和施用化肥各处理进行对比发现,土壤综合肥力变化基本呈现两个阶段,即试验初期迅速下降阶段与后期的缓慢下降阶段;与 CK 处理相比,单施氮肥仅在试验初期有利于提高土壤综合肥力指标,而在试验后期与 CK 处理没有显著差别,但就具体肥力指标而言,N 处理土壤全氮、碱解氮和有机质含量均高于 CK 处理,而 pH 却显著低于 CK 处理,表明长期施氮虽可改善土壤氮素肥力水平,在一定程度上提高了土壤有机质含量,却使土壤出现酸化现象。尽管目前酸化程度尚未对产量构成严重影响,但这一趋势也应引起充分重视。氮磷钾均衡施用有利于缓解土壤综合肥力指标降低趋势。

将施用循环有机肥与相应不施有机肥处理对比发现,无论是否配施化肥,有机肥均不同程度提高了土壤综合肥力指标,缓解了农田土壤综合肥力水平下降的进程,M 处理和 N+M 处理土壤综合肥力水平虽然仍呈降低趋势,但其相比于 CK 处理和 N 处理下降趋势明显减缓,且更快地到达新的平衡点。尤其是 M 处理,其土壤综合肥力水平接近 N+M 和 NP 处理。但三者所体现出的肥力特点并不相同，与 M 处理相比，N+M 处理体现出更好的氮素肥力水平，而 M 处理土壤酸化进程减缓；NP+M 处理在土壤氮、磷素肥力水平方面均有较好表现，且由于有机肥中含有大量的钾，因此钾素肥力也保持在较高水平；NPK+M 处理则在除 pH 以外，其他各肥力因素方面均有较好表现；可见，有机肥对于缓解尿素长期施用导致的土壤酸化作用有限。

氮磷钾均衡施用配施循环有机肥有利于作物产量的提高，产量的提升则进一步提高了循环有机肥产量，使之互相促进，形成正反馈；而没有化肥参与的循环有机肥回田处理和氮肥配施循环有机肥处理因产量较低，经喂饲－堆腐过程参与循环的有机肥量亦相对较低，不利于持续稳产高产。

（2）不同养分管理模式下土壤－植物系统养分收支盈亏

长期不同养分管理模式对作物产量影响显著（表 3.1），与对照相比，循环有机肥显著提高玉米和大豆籽实产量，表明我国传统的养分循环再利用在无化肥输入条件下对农业生产意义重大，但单施循环有机肥尚无法达到高产稳产的目的，不符合现代农业要求。随着化学氮肥的施用以及磷、钾肥配合，作物产量有了明显提高，且氮肥对玉米的肥效明显优于大豆，一方面原因是大豆固氮作用降低了其对氮肥的依赖，另一方面当地施肥习惯是对大豆不施或少施氮肥，不足以明显提高大豆产量。可见，系统内养分循环再利用在养分施用不均衡条件下可显著提高作物经济产量，表现出对无机养分的补充作用，有机肥与无机肥配施更利于作物产量的稳定。

表 3.1　长期不同养分管理模式下的作物产量　　（单位：kg·hm^{-2}）

施肥处理	大豆		玉米	
	籽实	秸秆	籽实	秸秆
CK	1516[a]	1379[a]	4097[a]	4541[a]
M	2009[bc]	1887[b]	5575[b]	5476[bc]
N	1532[a]	1458[a]	5985[b]	5054[ab]
N+M	2037[bc]	1990[bc]	7265[cd]	5953[cd]
NP	1786[ab]	1986[bc]	6774[c]	5840[cd]
NP+M	2218[cd]	2420[d]	7611[d]	6403[d]
NPK	2230[cd]	2295[cd]	7589[d]	6296[d]
NPK+M	2418[d]	2532[d]	7997[d]	6994[e]

注：同列不同字母表示各处理间差异显著（$P<0.05$）。

施肥不仅提高了作物产量，亦提高了随作物收获移出的养分量（表 3.2）。施用循环有机肥对作物移出养分量有明显影响，所有循环有机肥处理氮、磷、钾移出量均显著高于相应未施有机肥处理。

表 3.2 长期不同养分管理模式下年均土壤养分移出量

（单位：kg·hm⁻²·年⁻¹）

养分	作物	施肥处理							
		CK	M	N	N+M	NP	NP+M	NPK	NPK+M
N	大豆	36.8^a	48.7^{cd}	37.4^{ab}	49.9^{cde}	45.4^{bc}	54.9^{de}	53.6^{cde}	58.1^e
	玉米	68.3^a	95.1^b	117.9^c	145.6^{de}	136.9^d	156.4^{ef}	154.6^e	168.7^f
	平均	57.8	79.6	91.1	113.7	106.4	122.6	120.9	131.8
P	大豆	7.9^a	11.0^b	7.9^a	10.9^b	10.7^b	13.9^c	13.5^c	15.1^c
	玉米	12.4^a	17.2^{bc}	15.6^b	19.2^{cd}	20.1^d	23.8^{ef}	22.6^e	25.8^f
	平均	10.9	15.1	13	16.4	17	20.5	19.6	22.2
K	大豆	20.0^a	28.3^c	21.3^{ab}	29.6^{cd}	25.4^{bc}	33.6^d	34.3^d	39.4^e
	玉米	29.6^a	37.5^b	37.1^b	44.5^c	39.2^b	45.0^c	48.9^c	58.1^d
	平均	26.4	34.4	31.8	39.5	34.6	41.2	44	51.9

注：同列不同字母表示各处理间差异显著（$P<0.05$）。

根据施肥输入与作物收获移出量计算试验 20 多年的年均养分收支（表 3.3）。对于氮素，无肥条件下年均亏缺最高，养分循环再利用虽可一定程度缓解氮素亏缺，但无法改变土壤氮素肥力

表 3.3 不同养分管理模式下年均养分收支平衡

（单位：kg·hm⁻²·年⁻¹）

养分	项目	施肥处理							
		CK	M	N	N+M	NP	NP+M	NPK	NPK+M
N	施肥输入	0.0	41.4	102.9	151.5	102.9	154.4	102.9	157.9
	作物移出	57.8	79.6	91.1	113.7	106.4	122.6	120.9	131.8
	年收支	−57.8	−38.2	11.8	37.8	−3.5	31.8	−18.0	26.1
P	施肥输入	0.0	8.4	0.0	9.3	22.5	34.2	22.5	35.6
	作物移出	10.9	15.1	13.0	16.4	17.0	20.5	19.6	22.2
	年收支	−10.9	−6.7	−13.0	−7.1	5.5	13.7	2.9	13.4
K	施肥输入	0.0	22.4	0.0	25.1	0.0	28.7	60.0	94.0
	作物移出	26.4	34.4	31.8	39.5	34.6	41.2	44.0	51.9
	年收支	−26.4	−12.0	−31.8	−14.4	−34.6	−12.5	16.0	42.1

注：同列不同字母表示各处理间差异显著（$P<0.05$）。

降低的趋势；单施氮肥可满足较低产量水平下的作物生长对氮的需求，而当氮与磷或磷钾肥配施时，因作物产量的提高，无机氮肥的施用已无法维持土壤氮的收支平衡，进而导致土壤氮素肥力下降，养分循环再利用可使土壤氮素略有盈余，尤其是 NPK+M 处理，更可保证高产，是适合辽河平原的施肥模式。对于磷、钾养分，无化肥条件下循环有机肥的施用仅能缓解其收支亏缺；而磷、钾肥的施用可维持土壤磷、钾养分收支略有盈余；伴随养分循环再利用可使盈余量增加，起到存磷、钾于土壤的作用。氮肥的施用加速了土壤磷、钾消耗，氮肥与磷肥配施更加快了土壤钾素耗竭。每年来自循环有机肥的氮、磷、钾养分已接近或超过化学养分的 50%，是农田生态系统重要的养分供给源。

对于土壤养分收支，在无相应化肥供应时，仅靠保持系统养分循环再利用不能根本改变土壤养分亏缺，但不均衡的化学养分输入模式也无法达到高产、稳产目标，形成"短板"效应，限制农作物产量进一步提高。在单施化肥模式中，单施氮肥无法保持作物的高产，氮磷配施虽可提高作物产量，而钾素的缺失明显降低了大豆和玉米的籽实产量，长此以往势必影响土壤功能的进一步发挥。在施用化肥基础上配以循环有机肥，以有机肥形式补充农田氮、磷、钾及微量养分，在提高农业废弃物利用效率的同时，对于维持土壤养分收支平衡、稳定作物产量、提高肥料利用效率具有明显作用。本研究区供试潮棕壤初始速效磷和速效钾分别为 10.6 mg·kg^{-1} 和 88.0 mg·kg^{-1}，不缺磷且相对富钾，因此磷、钾用量应以满足作物需求为标准，再配合循环有机肥，实现氮磷钾收支略有盈余的施肥模式，构建适宜的土壤养分库。

3.2.2   有机肥管理对土壤生物学特性及生态系统功能的影响

长期以来，关于施肥的土壤生态环境效应以及对土壤质量的影响，一直是农业生态系统可持续发展的一项重要课题（沈善敏，1995）。土壤生物是土壤具有生命力的主要成分，在土壤形成和发育过程中起主导作用，也是评价土壤质量的重要指标之一。土壤生物学性质能敏感地反映土壤环境的变化，在短时间内做出快速响应，因此常被用来反映农业管理措施对土壤质量影响的预警指标。在土壤动物方面，线虫作为最丰富的后生动物，具有数量庞大，代谢活性高和营养多样等特点，土壤中取食微生物的线虫与微生物之间通过竞争和捕食等作用参与土壤有机质的分解作用和养分转化过程，其构成的土壤微食物网在维持生态系统稳定、促进物质循环和能量流动方面起着重要的作用（梁文举等，2001）。长期大量的实验证明，土壤线虫能够对农业管理措施和环境变化做出较为快速和敏感的响应，与土壤的诸多生态过程紧密相关，尤其对土壤碳、氮循环起着重要的调节作用。土壤微食物网结构的改变，能够调节土壤中的营养物质流动、控制植物的养分供应、并通过取食与被取食作用，调控土壤食物网的结构动态，进而影响陆地生态系统的生态功能（Sackett et al.，2010）。

（1）厩肥管理的影响

在棕壤长期定位试验平台以不施肥处理为对照（CK），研究了 3 种农田施肥方式，即单施氮肥（N）、单施有机肥（M）和有机肥配施氮肥（MN）对土壤线虫和微食物网的影响。研究发现长期施用有机肥改变了土壤生物群落结构。施用有机肥和有机肥配施氮肥处理的细菌和真菌的生物量都显著高于对照和单施氮肥处理，且线虫生物量碳与微生物生物量碳呈显著相关。有机肥及其配施氮肥显著增加了食细菌和植物寄生线虫数量以及线虫总数，而单施氮肥则降低了食真菌和捕食－杂食线虫数量。

　　线虫通路比值（nematode channel ratio, NCR）常用来表示食物网中土壤有机质的分解途径。当 NCR 值为 0 时，代表土壤有机质完全依靠土壤真菌分解；若 NCR 值为 1，则表示土壤有机质完全依靠细菌分解。因此，NCR 数值越小，说明以真菌分解为主的食物网结构越占优势；反之，说明以细菌分解为主的食物网结构占优势。有机肥及其配施氮肥显著提高线虫通路比值（NCR）和富集指数（enrichment index, EI），说明长期施用有机肥使土壤养分处于富集状态，以细菌分解为主的分解通道在有机质周转过程中占优势地位，单施氮肥处理中线虫结构指数显著低于对照，表明单施氮肥对土壤环境产生了一定胁迫，导致土壤食物网结构发生退化（图 3.2）。

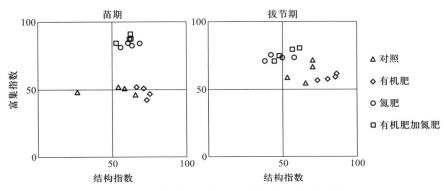

图 3.2　长期施肥条件下土壤线虫的区系分析

（2）保护性耕作（秸秆还田）的影响

　　免耕不仅可提高土壤耕性，保护土壤免受侵蚀，还有利于提高土壤生物活性和改善土壤肥力状况，因此对于免耕措施所引起的生态学效应也成为农业生态学研究的热点问题之一。

　　针对辽河平原特定的气候条件和土壤类型（潮棕壤）开展的长期不同耕作方式下（玉米免耕、常规耕作和撂荒处理）农田土壤生物学特性的研究发现：与常规耕作相比，免耕和撂荒有利于提高表层（0～5 cm）土壤酶活性。免耕土壤蔗糖酶、脲酶、酸性磷酸酶、芳基硫酸酯酶和脱氢酶活性显著高于常规耕作；撂荒处理表层土壤脲酶、酸性磷酸酶、芳基硫酸酯酶和脱氢酶活性在成熟期显著高于常规耕作；同时，免耕土壤表层微生物量碳和氮均高于常规耕作；免耕和撂荒处理土壤表层微生物代谢熵都高于常规耕作，这说明免耕和休耕地土壤微生物对土壤有机碳的转化效率要高于常规耕作（Liu et al., 2008）。

　　在玉米成熟期，免耕和撂荒处理食细菌和食真菌线虫数量要大于常规耕作处理。但是，常规耕作、免耕和撂荒处理土壤线虫通路比值 NCR 都大于 0.5，说明三种耕作方式食物网结构均以细菌分解途径为主。相比之下，在 0～5 cm 土层免耕和撂荒处理线虫通路比值 NCR 显著高于常规耕作（$P<0.05$），说明免耕和撂荒土壤有机质的分解效率更高。与常规耕作系统比，保护性耕作系统减少了作物残体和土壤矿物质的机械混合，因此免耕系统更接近于未受扰动的自然生态系统，更加依赖于土壤生物体的固有作用。在没有土壤机械松动和土壤与残体的机械混合条件下，土壤生物活动和腐屑物质的转化在免耕系统中发挥了更重要的作用；在免耕条件下，土壤温、湿度的变化较小，有利于土壤微生物和一些土壤动物的活动。

　　土壤线虫的丰富度比较系数 V（Index V）能够反映线虫各营养类群对耕作措施的响应（图 3.3）。其中，V = 0 表示不同耕作措施土壤线虫的丰富度无差别，负值表示不同程度的抑制作用，正值表示不同程度的促进作用。通过比较发现常规耕作对线虫总数和不同营养类群的线虫数量均产生了一定程度的抑制作用,其中对捕食/杂食线虫的数量产生的抑制作用最明显。而与免耕相比,撂荒处理对线虫总数、食真菌线虫和植物寄生线虫产生了一定的促进作用,而植物寄生线虫的增加可能对植物的生长产生不利影响。因此基于不同耕作方式,土壤生物学特性和线虫多样性的研究表明:免耕系统土壤生物多样性的增加对于农田生态系统植物生长可能产生积极的正向影响。但由于土壤微生物与土壤动物之间复杂的相互作用,对于土壤生物的这些响应将对养分循环过程以及地上植物生长产生怎样的反馈作用还有待进一步的深入研究,进而从不同角度来认识保护性耕作措施对于地下生态过程的影响机理。

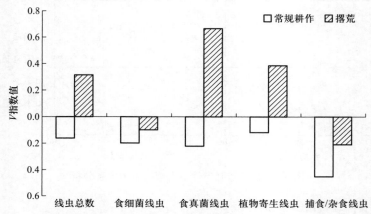

图 3.3　与免耕处理相比常规耕作和撂荒条件下土壤线虫的丰富度比较系数 V

3.2.3　土壤氮、磷养分转化与迁移过程的研究

氮、磷等养分在维持农业生态系统的可持续性中扮演着重要的角色,了解其在土壤中的转化与迁移过程,有助于明确肥料高效利用机制,进而实现农田系统减肥增效和绿色发展。

（1）氮、磷的利用

通过 17 年的长期定位肥料试验研究了不同施肥管理对作物产量及肥料贡献率的影响（表 3.4）。结果表明,化肥氮、磷的施用均能明显提高作物产量,其增产率分别为 32.1% 和 15.1%；循环利用的厩肥养分对作物增产有明显的残效叠加作用,且具有良好的稳产作用。在辽河平原农田生态系统中,施用氮磷钾化肥基础上保持养分循环再利用可视为最佳施肥制度,在保持其他农业技术措施不变条件下,最大施肥贡献率为 0.44。

表 3.4　施肥管理与作物产量增长及施肥贡献率

处理	CK	N	NP	NPK	CK+C	N+C	NP+C	NPK+C
净增产量 /(kg·hm^{-2})	0	1070	1734	2289	1047	2010	2320	2596
施肥贡献率	—	0.24	0.34	0.41	0.24	0.38	0.41	0.44

注:CK,不施肥；N,单施氮肥；NP,氮肥＋磷肥；NPK,氮肥＋磷肥＋钾肥；CK+C,循环猪圈肥；N+C,氮肥＋循环猪圈肥；NP+C,氮磷肥＋循环猪圈肥；NPK+C,氮磷钾肥＋循环猪圈肥。

施用循环有机肥后作物对氮、磷的利用率高于单施化肥处理。氮肥的当季利用率随不同施肥处理差异较大。有机肥处理氮的当季利用率最高,为44.4%,单施氮肥处理的当季利用率最低,平均仅为22.0%。所有施肥处理中17年氮肥累积利用率大小顺序为M>NM>NPK>NP>NK>N,除单施氮肥处理外,其他处理的氮肥累计利用率均呈增加趋势。6种施磷肥处理17年的平均磷肥当季利用率也以有机肥处理最高,为54.6%,而NPK处理磷肥当季利用率最低,平均为13.0%。磷肥累积利用率在各个处理中均有明显的增加,表现出极好的残效,施肥次数越多,残效就越明显(图3.4)。

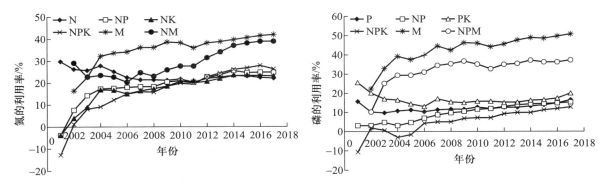

图 3.4 长期施肥管理对氮肥和磷肥累积利用率的影响

注:N,单施氮肥;P,单施磷肥;NP,氮肥+磷肥;NK,氮肥+钾肥;PK,磷肥+钾肥;NPK,氮肥+磷肥+钾肥;M,循环猪圈肥;N+M,氮肥+循环猪圈肥;NP+M,氮磷肥+循环猪圈肥。

施用磷肥并没有显著增加大豆单位籽实养分收获量,而玉米籽实收获的磷量有随着肥料用量增加而增加的趋势,表明施用磷肥促进了玉米对磷的吸收,并与对照间存在显著差异,但不同施磷处理间没有显著差异。磷肥利用率随磷肥用量的增加而逐渐降低,但高量磷肥较低量磷肥处理更能提高残留磷肥转化为有效磷的比例。磷肥施入土壤后,残留磷肥可以转化为潜在养分供作物利用,其转化为缓效磷的比例高达80%,且残留磷肥转化为缓效磷的量随着磷肥用量的增加而增加,这对于提升土壤肥力、构建土壤磷库有重要意义。

(2)氮、磷的迁移和损失途径

① 磷素迁移和损失途径

由于磷肥的当季利用率较低,长期施用化肥、有机肥或其他废弃物,可使农田土壤中磷含量不断积累,累积的磷素可通过地表径流、淋溶等途径随土粒和水流进入地表或地下水体,造成环境污染。模拟培养实验(周全来等,2006)结果表明:潮棕壤对Olsen-P的固定量在一定范围内与施磷量呈正比,显示了很高的固磷潜力。随着施磷量提高,进入土壤缓效磷库的比例增加,而进入速效磷库和可溶性磷库的比例降低,土壤对磷的固定能力也逐渐降低,增加了磷的损失风险。预测结果显示,潮棕壤发生磷素地表和亚表层径流损失的Olsen-P含量"转折点"为81.3 mg·kg^{-1},与其对应的施磷量约为524 kg·hm^{-2}(图3.5)。即该土壤施磷量一旦高于500 kg·hm^{-2},磷流失的可能性大增。高强度淋溶模拟试验显示,施磷量低于400 kg·hm^{-2}时,施入的磷没有淋出耕层土壤;当施磷量高于800 kg·hm^{-2}时,磷从耕层向下移动现象明显。

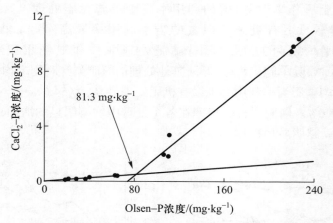

图 3.5   潮棕壤 Olsen–P 和 CaCl$_2$–P 含量之间的关系

② 氮素残留和损失途径

连续运行 9 年（1999—2007）的田间原位 ^{15}N 标记微区试验研究结果表明，随着有机肥施用时间的延长，旱稻对有机肥氮的吸收量显著降低，与低量有机肥施用相比，高量有机肥施用显著增加了旱稻对有机肥氮的吸收利用，这种趋势在试验处理前期比较明显（图 3.6）。有机肥氮的作物利用率和损失率随着其施用时间的延长而逐渐降低，这种变化趋势可大致分为三个阶段：1999—2000 年前期有机肥氮的高效吸收利用和快速损失阶段，2001—2004 年有机肥氮的缓慢吸收利用和损失阶段，以及 2005—2007 年趋于稳定阶段（图 3.7）。低量和高量有机肥处理作物对有机肥氮的 9 年累积利用率分别为 21.5% 和 16.8%，通过氨挥发、硝化 – 反硝化及淋溶等途径发生的氮素累积损失率分别为 41.0% 和 51.7%，有约 30% 以上的有机肥氮残留于土壤中。上述结果说明，农田土壤施用有机肥后，有机肥氮具有一个相对长期的残效，但其氮素的作物有效性较低，氮素损失率较高，只有 30% 可用于增加农田土壤有机质的积累。因此，在农田土壤培肥时必须要合理调控施用比例，尽可能在培肥土壤的同时，减少其氮素损失，提高利用效率。

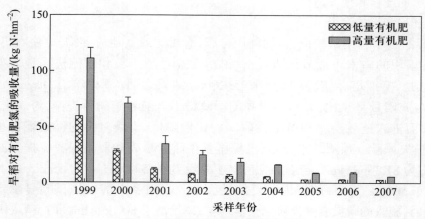

图 3.6   旱稻对有机肥氮的吸收利用

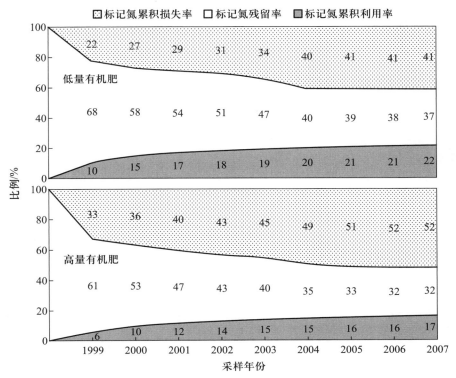

图 3.7 有机肥氮在土壤 – 作物系统中的分配与去向

③ 设施农田氮素转化特征和损失途径

封闭的环境条件、单一的栽培制度和过量的水肥投入使设施农田土壤质量退化严重,不仅造成蔬菜品质的下降,也产生了较为严重的生态环境问题。有机肥已经占到设施蔬菜总氮输入的48%～65%,但仅有18%左右的投入氮素能被当季吸收利用。累积在土壤中的氮磷等养分可随灌溉水流向深层迁移,增加了污染地下水的风险。

通过连续3年监测研究发现(图3.8):单施氮磷钾化肥(CK)、氮磷钾加低量有机肥(LM)和氮磷钾加高量有机肥(HM)三个处理设施农田土壤可溶性有机氮(EON)和铵态氮(NH_4^+–N)含量在蔬菜生长季虽波动明显,但在生长季末期又恢复至起始水平;硝态氮(NO_3^-–N)的季节性波动最为显著,3年后土壤 NO_3^-–N 分别增加了2.0倍、5.5倍和5.4倍,淋失风险加剧。

设施农田随着有机肥施用量的增加(0、20 t·hm^{-2}、30 t·hm^{-2})地上植物氮吸收占总输入氮的比例从76.1%下降到25.6%(表3.5)。CK、LM 和 HM 处理3年表观 N 的盈余分别为394 kg·hm^{-2}、2710 kg·hm^{-2} 和3924 kg·hm^{-2}。有机肥施用导致更大比例的输入氮素累积在土壤(0～120 cm)中,从而降低了氮素的利用效率。虽然三个处理间氮素损失比例差异不显著,但损失的量差异显著,0～120 cm 土壤剖面氮损失分别为152 kg·hm^{-2}·年$^{-1}$、431 kg·hm^{-2}·年$^{-1}$、425 kg·hm^{-2}·年$^{-1}$。随着氮累积量的不断增加,氮素的淋溶风险也随之增加。有机肥施用虽然减缓了耕层土壤的酸化,但导致了更大量氮素的累积,降低了氮的利用效率,也增加了土壤次生盐渍化和随水淋溶的风险。

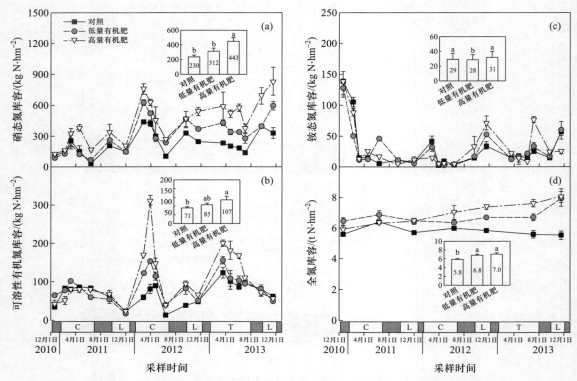

图 3.8   不同施肥处理 0 ~ 60 cm 土壤剖面硝态氮、铵态氮、可溶性有机氮和全氮库容变化

注：图中的小柱状图为 3 年试验期间的平均库容（*n* = 19）。简写 C、L、T 分别指黄瓜、生菜和西红柿生长季。灰色部分为夏季或者冬季休闲。

表 3.5   设施农田施肥管理对氮输入、氮吸收以及氮损失的表观氮平衡的影响

（ 0 ~ 120 cm, kg N · hm⁻²）

处理	氮输入	氮吸收	土壤氮变化	氮损失	氮吸收/氮输入	ΔTN/氮输入	氮损失/氮输入
CK	1653	1258[a]	−60[b]	456[b]	76.1%	−3.7%	27.6%
LM	4069	1360[a]	1416[ab]	1294[a]	33.4%	34.8%	31.8%
HM	5277	1353[a]	2649[a]	1275[a]	25.6%	50.2%	24.2%

注：同列不同字母表示各处理间差异显著（*P*<0.05）。CK，单施氮磷钾化肥；LM，氮磷钾加低量有机肥；HM，氮磷钾加高量有机肥；土壤 ΔTN 为 3 年内全氮库容的变化。氮损失 = 氮输入 − 氮吸收 − 土壤 ΔTN。

3.3   辽河平原农田生态系统碳、氮循环的过程和特征

辽河平原旱田高强度的化肥施用造成土壤有机碳的"收"和"支"严重失衡，土壤有机碳活性降低（老化程度提高），土壤退化日益加重。因而，土壤培肥管理是维持辽河平原农田生态系

统高效生产力,保证农业可持续发展的迫切需要。唯有通过提高土壤有机碳的数量和质量,才能维持高效的生态系统碳氮循环。

3.3.1　培肥管理对土壤有机碳循环特征的影响

有机物质输入是土壤培肥的关键。在土壤培肥过程中,不仅是土壤碳含量发生变化,同时也改变土壤有机碳的组成、活性以及土壤有机碳循环特征。

（1）不同有机培肥模式对土壤有机碳的影响

有机厩肥施用是潮棕壤重要的培肥模式。由不同腐熟猪粪还田试验可见（图 3.9）,中量（腐熟猪粪 25 t·hm^{-2}）和高量（腐熟猪粪 50 t·hm^{-2}）有机肥还田处理试验初期,土壤有机碳含量快速上升,而后逐渐稳定,高量有机肥还田处理更为明显;而低量（腐熟猪粪 10 t·hm^{-2}）有机肥还田处理则未能体现出提升土壤有机碳的作用。

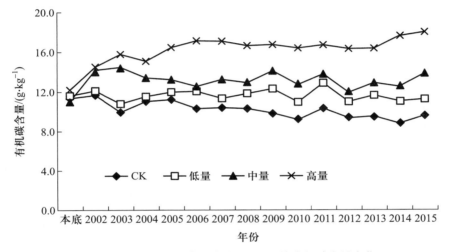

图 3.9　不同有机肥（腐熟猪粪）用量土壤有机碳含量变化

注:CK 为仅施化肥氮磷处理,低量、中量和高量分别使用新鲜腐熟猪粪 10 t·hm^{-2}、25 t·hm^{-2} 和 50 t·hm^{-2}。

不同用量秸秆还田试验结果表明（图 3.10）,秸秆还田初期土壤有机碳提升幅度并不高,而后积累逐渐加速,经过 7 年试验,低量（4 t·hm^{-2}）、中量（8 t·hm^{-2}）和高量（12 t·hm^{-2}）秸秆还田土壤有机碳也可分别提高 11.8%、21.2% 和 31.7%,秸秆中有机碳在土壤中的残留率平均为 24.7%。对于厩肥管理模式而言,低量、中量和高量有机肥还田分别提高土壤有机碳 2.1%、16.8% 和 36.5%。有机肥中有机碳残留率平均为 26.4%,尤其是中量和高量有机肥中有机碳残留率已达 30% 左右,表明不同类型有机物料在培肥土壤提升土壤有机碳方面的作用不尽相同,有必要对不同类型有机物料中有机碳在土壤中的残留情况进行更深入的研究,以明确高效提升土壤有机碳含量的途径。

考虑到粮食产量与有机厩肥资源量的关系,保持中、高量有机肥还田量很难实现,故更应考虑有机厩肥培肥与秸秆还田相结合,通过不同有机物料的配施,高效提升有机碳在土壤中的残留,并降低农业生产过程中养殖业废弃物和秸秆焚烧等对环境的不利影响。

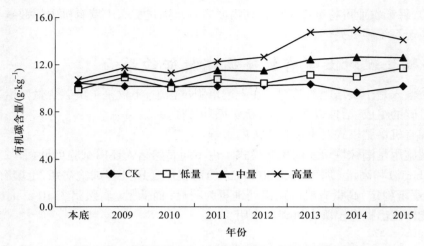

图 3.10　不同用量秸秆还田对土壤有机碳含量的影响

注：CK 为仅施化肥氮磷处理，低量、中量和高量分别代表化肥氮磷配施干基秸秆粉 4 t·hm⁻²、8 t·hm⁻² 和 12 t·hm⁻²。

（2）施用有机肥对土壤有机碳数量和质量的影响

长期施用有机肥可使潮棕壤有机碳显著增加，且等量有机肥施用后土壤有机碳增加幅度显著高于黑土，表明低有机质含量的土壤具有较高的培肥潜力。同时研究也发现，有机肥和化肥配施在潮棕壤有机碳积累过程中交互作用不显著，说明加强有机物料投入是潮棕壤培肥地力的关键。

活性有机碳是土壤中有效性较高、易被土壤微生物分解矿化、对植物养分供应有最直接作用的那部分有机碳。土壤活性有机碳在不同程度上反映了土壤有机碳的有效性，是衡量土壤质量的重要指标之一。其中易氧化有机碳和土壤有机碳的生物化学稳定性有一定的联系，可以反映土壤有机碳矿化的难易。潮棕壤中易氧化有机碳受有机肥、化肥和两者交互作用的显著影响（表 3.6）。随着有机肥施用量的增加，易氧化有机碳含量增加，且与有机肥施用量间呈显著线性相关。化肥以及组合使用对易氧化有机碳的总体效应不同，与不施肥处理相比，氮肥具有显著的增加效应，氮、磷则使易氧化有机碳稍有下降，而氮、磷、钾效应不明显。有机肥、化肥和两者的交互作用显著影响土壤有机碳氧化稳定系数（oxidation resistant coefficient, ORC），与不施有机肥相比，有机肥显著降低土壤氧化稳定系数；化肥的总体效应也使土壤氧化稳定系数降低。但在不施有机肥时，氮磷肥表现出相反的效应，而氮磷钾肥效应不显著。可见平衡施肥可通过增加作物生物产量间接增加作物残体向土壤中的归还量，增加土壤的新鲜有机物质，降低土壤有机碳的氧化稳定性。

（3）秸秆还田对土壤有机碳数量和质量的影响

秸秆还田可显著增加潮棕壤有机碳含量，改善了土壤物理和化学性质（如显著提高了土壤团聚化作用）。秸秆覆盖可显著增加 0～10 cm 土壤层次中有机碳含量（图 3.11）但是土壤有机碳积累速率低于有机肥（厩肥）施用。然而，在 10～20 cm 及 20～40 cm 中，秸秆覆盖处理与单施肥料处理之间没有显著差异（$P > 0.05$）；在土壤 40～60 cm 层次中，秸秆覆盖则表现出显著降低土壤有机碳含量的趋势。因此，和有机肥施用相比，秸秆表面覆盖会造成有机碳在土壤层次中的分布不同，缺乏新碳的输入，也可能会加强深层土壤中有机碳被微生物分解，不利于下层土壤有机碳积累。

表 3.6 不同施肥处理土壤易氧化有机碳、难氧化有机碳及氧化稳定系数

| 处理 | 易氧化有机碳 | | | | 难氧化有机碳 | | | | 氧化稳定系数 | |
| | 含量 /(g·kg^{-1}) | | 比例 /% | | 含量 /(g·kg^{-1}) | | 比例 /% | | | |
	平均	标准偏差	平均	标准偏差	平均	标准偏差	平均	标准偏差	平均	标准偏差
CK	13.26	0.517	64.78	2.736	7.21	0.584	35.22	2.736	0.54	0.065
N	14.42	0.185	69.87	1.804	6.22	0.453	30.13	1.804	0.43	0.037
NP	12.01	0.243	59.99	0.315	8.01	0.057	40.01	0.315	0.67	0.009
NPK	13.23	0.125	64.16	2.007	7.40	0.576	35.84	2.007	0.56	0.049
M1	19.11	0.781	68.33	1.239	8.85	0.145	31.67	1.239	0.46	0.027
M1N	18.25	0.778	72.50	2.264	6.92	0.491	27.50	2.264	0.38	0.043
M1NP	19.78	0.281	76.44	4.034	6.12	1.280	23.56	4.034	0.31	0.069
M1NPK	20.57	0.232	76.05	2.402	6.49	0.782	23.95	2.402	0.32	0.042
M2	22.67	0.555	63.17	1.936	13.22	0.777	36.83	1.936	0.58	0.049
M2N	26.64	0.298	78.51	6.428	7.39	2.705	21.49	6.428	0.28	0.105
M2NP	21.44	0.944	71.63	5.291	8.52	1.839	28.37	5.291	0.40	0.103
M2NPK	20.88	0.174	68.50	0.752	9.60	0.254	31.50	0.752	0.46	0.016

注：CK，无肥；N，单施氮肥；NP，氮肥＋磷肥；NPK，氮肥＋磷肥＋磷肥；M1，低量有机肥；M1N，氮肥＋低量有机肥；M1NP，氮磷肥＋低量有机肥；M1NPK，氮磷钾肥＋低量有机肥；M2，高量有机肥；M2N，氮肥＋高量有机肥；M2NP，氮磷肥＋高量有机肥；M2NPK，氮磷钾肥＋高量有机肥。

玉米秸秆还田增加了土壤水溶性有机碳和可矿化碳含量。秸秆粉碎还田后土壤冷水溶性和热水溶性有机碳显著高于高茬和覆盖还田及无秸秆还田的对照处理，表明土壤有机碳质量显著提高。随着土壤有机碳质量的提高，微生物可以利用新输入的有机物料（活性有机质）进行新陈代谢，并进一步参与土壤碳氮循环。研究发现土壤微生物量碳与冷水溶性有机碳和热水溶性有机碳有很好的相关性，可见土壤有机质活性的提高对土壤微生物活性和土壤碳转化具有显著的影响。

（4）土壤有机碳库矿化特征

土壤有机碳数量和质量的不同必然影响土壤有机碳的矿化。当对土壤进行好气培养时，土壤有机碳的矿化过程遵循一级动力学反应，通过对土壤矿化过程中释放的 CO_2–C 进行模拟计算不同土壤生物活性有机碳库大小、矿化速率常数和半衰期，可研究土壤有机碳的矿化特征。潮棕壤有机碳矿化释放的 CO_2–C 累积量受到有机肥施用量、化肥及两者交互作用的显著影响。随着有机肥施用量的增加，矿化碳积累量增大，所以大量施用有机肥虽然可以增加土壤有机碳的含量，但也使矿化量增加，土壤有机碳的截获效应是同化和矿化过程的综合结果。与对照相比，单

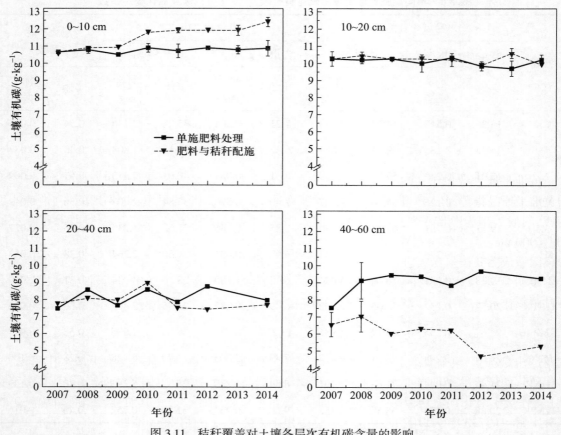

图 3.11 秸秆覆盖对土壤各层次有机碳含量的影响

施化肥时,仅在 NPK 处理下显著增加土壤有机碳矿化量。但是,在和有机肥配施时,化肥的施用都能增加土壤有机碳矿化量;在施用高量有机肥时,氮磷钾化肥的效应更明显(表 3.7)。土壤有机碳矿化速率常数(mineralization rate constant; k)受有机肥施用量的显著影响,但是化肥的作用不显著。增加有机肥的施用量不仅能使土壤有机碳矿化总量提高,而且能加快土壤有机碳的矿化速率。

在以土壤有机碳为基础表示时,土壤矿化 CO_2-C 的累积量也受到不同施肥措施的显著影响(表 3.7),说明土壤矿化 CO_2-C 的积累量不仅仅决定于土壤有机碳含量,不同施肥措施所造成的不同土壤有机碳的组成、土壤微生物的活性、土壤有机碳的循环和转化过程的差异,都可能影响土壤的碳的同化和矿化过程。有机肥施用使土壤矿化碳量占土壤有机碳的比例增加,表明活性组分的输入在促进微生物底物固持的同时,必然增加了微生物的能量消耗,即微生物底物利用效率降低。在中、高量有机肥施用中土壤矿化碳量占土壤有机碳的比例差异不显著,但是显著高于低量有机肥,暗示着有机肥施用量增加对微生物活性和代谢的刺激作用是非线性的,同时也可能和土壤中同化酶的非线性控制作用有关。

表 3.7 潮棕壤有机碳、矿化碳积累量(C_{m})、生物活性碳量(C_0)及矿化速率常数(k)和半衰期($T_{1/2}$)

处理	矿化碳积累量 /($\mathrm{mg \cdot kg^{-1}}$)	生物活性碳量 /($\mathrm{mg \cdot kg^{-1}}$)	单位有机碳矿化量 /($\mathrm{g \cdot kg^{-1}}$)	C_0/SOC	k/$\mathrm{d^{-1}}$	$T_{1/2}$/d
CK	496.3	565.4	24.24	27.62	0.0101	69.3
N	489.2	575.7	23.70	27.89	0.0092	75.6
NP	487.5	562.5	24.36	28.10	0.0098	71.2
NPK	492.6	574.8	23.89	27.87	0.0092	76.3
M1	628.4	696.1	22.48	24.90	0.0110	63.1
M1N	645.8	717.0	25.66	28.49	0.0111	62.7
M1NP	661.6	734.1	25.54	28.34	0.0115	60.4
M1NPK	716.4	779.5	26.48	28.81	0.0122	57.2
M2	768.9	850.2	21.43	23.69	0.0113	61.7
M2N	794.8	861.6	24.39	26.44	0.0122	56.7
M2NP	782.1	859.8	26.10	28.69	0.0119	58.3
M2NPK	809.0	875.1	26.54	28.71	0.0131	52.9
平均	647.7	721.0	24.57	27.46	0.0110	63.8

注:CK,无肥;N,单施氮肥;NP,氮肥 + 磷肥;NPK,氮肥 + 磷肥 + 钾肥;M1,低量有机肥;M1N,氮肥 + 低量有机肥;M1NP,氮磷肥 + 低量有机肥;M1NPK,氮磷钾肥 + 低量有机肥;M2,高量有机肥;M2N,氮肥 + 高量有机肥;M2NP,氮磷肥 + 高量有机肥;M2NPK,氮磷钾肥 + 高量有机肥。

3.3.2 培肥管理对植物 – 土壤系统氮循环特征的影响

土壤有机碳、氮的周转高度耦合,土壤培肥过程中有机碳数量和质量的变化对土壤氮循环具有显著的影响。

(1)土壤植物系统保氮供氮特征及调控

不同养分管理模式直接影响着氮素在土壤与作物系统中循环特征与保存和供给途径,其中微生物对氮的固持及其矿化和黏土矿物对氮的固定与释放分别是氮素在土壤中经生物和非生物过程保存和供给的主要途径,并受到碳源可利用性和碳氮耦合作用的显著影响。

① 秸秆添加对土壤保氮过程的影响

通过始于 1990 年的田间长期定位试验的三个典型处理:长期不施任何肥料的土壤(CK,低肥力土壤)、长期施用氮磷钾化肥的土壤(NPK,中等肥力土壤)和长期施用氮磷钾化肥和循环猪圈肥的土壤(NPK+M,高肥力土壤)作为供试材料,利用肥料氮素 [15]N 标记以及和秸秆氮素 [15]N 交叉标记技术,研究土壤 – 植物系统保氮供氮特征及调控机制。结果表明(表 3.8):无论秸秆添加与否,无机氮被黏土矿物固定的量均表现为 NF>NPK>NPK+M,秸秆配施显著降低了无机氮素黏土矿物固定的量,但被固定的比例则因土壤肥力而异。秸秆配施显著增加了无机氮被微生物固持的量和比例,不同土壤总体表现为 NF<NPK<NPK+M (Pan et al., 2017)。

表 3.8 ¹⁵N 标记肥料被黏土矿物或微生物固持的量和比例

土壤	处理	外源氮的固定/固持			
		固定/固持量/(mg·kg⁻¹)		固定/固持比例/%	
		固定态铵	微生物量氮	固定态铵	微生物量氮
CK 不施肥	¹⁵N– 硫铵	52.99ᵃ	15.03ᵇ	49.46ᵇ	14.03ᵇ
	¹⁵N– 硫铵 + 秸秆	45.15ᵇ	23.62ᵃ	56.20ᵃ	29.39ᵃ
	硫铵 +¹⁵N– 秸秆	2.42ᶜ	3.78ᶜ	9.02ᶜ	14.12ᶜ
NPK	¹⁵N—硫铵	36.95ᵃ	23.24ᵇ	34.49ᵃ	21.69ᵇ
	¹⁵N– 硫铵 + 秸秆	25.58ᵇ	33.98ᵃ	31.83ᵃ	42.28ᵃ
	硫铵 +¹⁵N– 秸秆	1.34ᶜ	4.70ᶜ	4.99ᵇ	17.56ᵇ
NPK+ 有机肥	¹⁵N– 硫铵	31.17ᵃ	27.60ᵇ	29.09ᵃ	25.76ᵇ
	¹⁵N– 硫铵 + 秸秆	23.69ᵇ	35.50ᵃ	29.49ᵃ	44.18ᵃ
	硫铵 +¹⁵N– 秸秆	1.26ᶜ	3.96ᶜ	4.69ᵇ	14.80ᶜ

注:同列不同字母表示同一土壤不同处理间的差异显著(P<0.05)。

由于长期施用氮肥或钾肥可导致土壤黏土矿物晶层内的固铵位点减少,土壤固铵能力下降,因此和 NF 土壤相比,在 NPK 和 NPK+M 处理土壤中,由于氮、钾肥的长期施用,矿物固铵位点较多的被占据,降低了土壤固定新加入外源无机氮能力。此外,土壤中有机物质的存在也会阻碍外源氮进入黏土矿物晶层的通道,影响外源氮的矿物固定,而 NPK 和 NPK+M 土壤中有机质含量较高也可能影响对土壤固定外源氮。另外,秸秆配施虽然显著降低了硫铵来源的固定态铵含量,但并未显著降低硫铵氮被固定的比例,且在 NF 土壤秸秆配施反而显著增加了硫铵氮被土壤黏土矿物固定的比例。一般而言,随施铵量的增加,土壤对铵的矿物固定量呈增加趋势,但对铵的固定比例则下降。在本研究中,硫铵与秸秆配施处理中硫铵氮的施用量仅为单施硫铵处理的 75%,导致在秸秆配施条件下硫铵氮被固定的比例明显高于单施硫铵的处理。同时,因秸秆与硫铵同时混施到土壤中,导致秸秆中的钾并未明显影响黏土矿物对硫铵氮的固定。

与无肥对照相比,化肥均衡施用或配施有机肥可显著提高土壤微生物及酶活性。在供试三种肥力水平土壤中以 NPK+M 对硫铵氮的微生物固持作用最为强烈;与单施硫铵相比,秸秆配施显著增加了硫铵氮进入土壤微生物量氮库中的量和比例,相应降低了硫铵氮进入硝态氮库的量和比例,进而降低土壤硝态氮淋失及进入地表水体的风险。

秸秆来源的微生物量氮和固定态铵含量始终维持在较低水平,说明与矿质肥料氮相比,有机氮的氮素有效性更低;但在三种土壤条件下,秸秆来源的微生物量氮含量均显著高于固定态铵含量,说明因秸秆氮需经微生物矿化释放出 NH_4^+ 后才能被黏土矿物固持进入土壤铵态氮库,使土壤微生物氮库在秸秆氮的转化中发挥更为重要的作用。同时,秸秆氮在土壤固定态铵库中的存在说明土壤不同氮库之间可互为转化。

② 外源氮来源的固定态铵和微生物量氮的释放和矿化

不同施肥处理土壤其硫铵氮的供应途径存在显著差异。单施硫铵处理硫铵来源固定态铵的释放量和释放比例表现为 NF>NPK、NPK+M,而硫铵来源的微生物量氮的矿化量和矿化比例在不同土壤则与前者相反(表 3.9),说明 NF 土壤硫铵来源固定态铵的释放是土壤供氮的主要途径,随着土壤肥力的提高,微生物量氮库在供氮中的作用逐渐增大,在 NPK 和 NPK+M 土壤硫铵来源的微生物量氮的矿化量甚至超过固定态铵的释放量。外源氮供应途径的差异主要是源于不同肥力水平土壤的固铵能力和微生物活性的不同。

表 3.9 ^{15}N 标记肥料来源的固定态铵或微生物量氮的释放或矿化的量及比例

土壤	处理	被固定/固持外源氮的释放/矿化			
		释放/矿化量/($mg \cdot kg^{-1}$)		释放/矿化比例/%	
		固定态铵	微生物量氮	固定态铵	微生物量氮
CK	^{15}N– 硫铵	40.76[a]	12.49[b]	76.90[a]	82.92[a]
	^{15}N– 硫铵 + 秸秆	18.93[b]	18.05[a]	41.36[b]	76.28[b]
	硫铵 +^{15}N– 秸秆	0.99[c]	2.84[c]	41.15[b]	75.02[b]
NPK	^{15}N– 硫铵	18.19[a]	20.73[b]	49.23[a]	89.15[a]
	^{15}N– 硫铵 + 秸秆	5.97[b]	29.57[a]	21.44[b]	86.74[a]
	硫铵 +^{15}N– 秸秆	0.64[c]	2.76[c]	44.16[b]	58.54[b]
NPK+ 有机肥	^{15}N– 硫铵	17.71[a]	25.69[b]	56.77[a]	93.10[a]
	^{15}N– 硫铵 + 秸秆	9.47[b]	30.48[a]	39.94[b]	85.81[b]
	硫铵 +^{15}N– 秸秆	0.71[c]	2.78[c]	55.39[a]	70.17[c]

注:同列不同字母表示不同处理间的差异显著($P<0.05$)。

秸秆配施显著提高了微生物量氮库在供给化肥氮中的作用,相应降低了固定态铵库在供氮中的作用。三种土壤中配施秸秆后 NF 土壤固定态铵释放比例降低最为明显,这主要是因为秸秆中的钾对固定态铵释放的阻碍作用大于秸秆添加后微生物固持增强对固定态铵释放的促进作用。

不同外源氮被黏土矿物固定或微生物固持的比例不同,且被固定或固持的不同外源氮的有效性存在差异(表 3.10)。在硫铵与秸秆配施处理中虽然硫铵氮是微生物固持/矿化和黏土矿物固定/释放的主要氮源,但硫铵来源的固定态铵释放比例小于秸秆来源的固定态铵,这说明秸秆来源的固定态铵的有效性高于硫铵来源的固定态铵。在肥力水平较高的土壤,秸秆氮部分替代化肥氮能在不影响外源氮供应的同时显著降低化肥氮的损失。

表 3.10 不同来源氮的黏土矿物固定或微生物固持及其释放或矿化

处理	外源氮的固定 / 固持				被固定 / 固持外源氮的释放 / 矿化			
	固定 / 固持量 /（mg·kg^{-1}）		固定 / 固持比例 /%		释放 / 矿化量 /（mg·kg^{-1}）		释放 / 矿化比例 /%	
	固定态铵	微生物量氮	固定态铵	微生物量氮	固定态铵	微生物量氮	固定态铵	微生物量氮
^{15}N–硫铵 + 秸秆	31.47^a	31.03^a	39.17^a	38.62^a	11.46^a	26.03^a	34.25^a	82.94^a
硫铵 + ^{15}N—秸秆	1.67^b	4.15^b	6.23^b	15.49^b	0.78^b	2.79^b	46.90^a	67.91^a

注：同列不同字母表示不同处理间的差异显著（$P<0.05$）。

③ 肥料氮保存与供给过程对碳源和抑制剂添加的响应

随着抑制剂引入农业，肥料氮在土壤 – 作物系统中的留存形态与时间均随之改变，此种改变显著影响着肥料氮在土壤中的保存及随后的供给过程。为明确上述过程及其氮对碳源添加的响应，利用 ^{15}N 示踪技术，进一步研究了抑制剂与碳源添加对肥料氮的保存与供给及碳氮耦合效应影响机制。通过氮素平衡法计算发现：在不添加碳源（葡萄糖）条件下，固定态铵库保氮作用平均是有机氮库的 1.5 倍；硝化抑制剂和脲酶抑制剂显著提高了固定态铵库在肥料氮保存与供给中的作用；同时硝化与脲酶抑制剂也有利于提高有机氮库的保氮作用。在氮素释放过程中，固定态铵库供给作用显著高于有机氮库。因此，在评价有机氮矿化释放对土壤供氮影响时，应将微生物量氮与非微生物有机氮分别考虑（Ma et al., 2015）。

模拟试验研究表明（图 3.12），添加葡萄糖后，有机氮库保存肥料氮能力为固定态铵库的 3.6 倍，且该时期非微生物有机氮是微生物量氮的 2.7 倍，表明更多的肥料氮被转化为非微生物有机氮保存于土壤氮库中；硝化抑制剂促进了肥料氮被微生物固持，提高了有机氮库中肥料氮的含量；而脲酶抑制剂则减少了有机氮库中肥料氮的积累，这主要是因为 NBPT 延缓了尿素水解，使肥料氮在活性碳添加初期微生物活性最强时没有更多地被微生物所固持。两种抑制剂均有利于提高固定态铵库在保氮和供氮中的作用，且以脲酶抑制剂更为显著。在氮素矿化释放过程中，有机氮供氮作用显著高于固定态铵库。添加葡萄糖保持了较高的微生物量氮库，是因为矿化比例降低，而非微生物有机氮的矿化释放增强。有机氮库中微生物氮和非微生物有机氮间氮素存在着不断的循环、转化，进而影响着有机氮库的有效性及其在供氮中的作用，而抑制剂的添加则降低了有机氮的矿化释放。

（2）下辽河平原农田 N$_2$O 排放特征

我国生物源温室气体，特别是农田生态系统 N$_2$O 排放研究在 20 世纪 90 年代初期基本上是空白，几乎完全依靠国外的文献资料来估算我国 N$_2$O 的排放量，这使我国参与有关国际谈判和履约都处于被动和不利的地位。自 20 世纪 90 年代初开始，以中国科学院沈阳应用生态研究所陈冠雄研究员为首的温室气体研究团队开展了农田生态系统温室气体排放规律及减排措施的相关研究，在阐明了辽河平原农田 N$_2$O 排放特征的同时，为我国参与有关温室气体排放国际谈判提供了数据支撑。

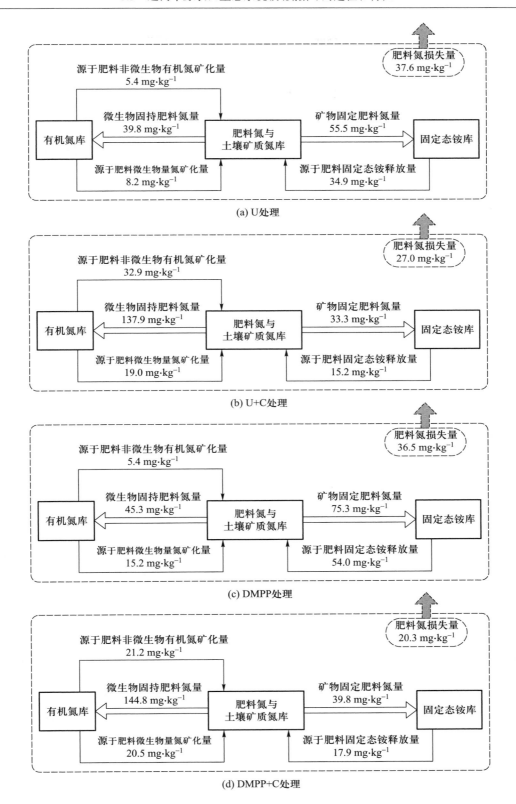

(a) U处理

(b) U+C处理

(c) DMPP处理

(d) DMPP+C处理

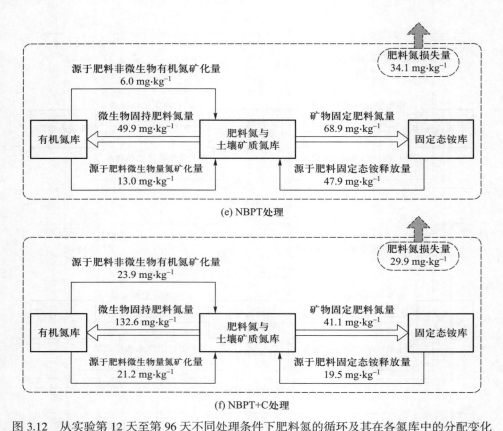

图 3.12 从实验第 12 天至第 96 天不同处理条件下肥料氮的循环及其在各氮库中的分配变化

注：空心箭头表示实验第 12 天已进入有机氮库和固定态铵库的肥料氮；线条与箭头的粗细程度代表各氮库间氮转化通量的量级。U、U+C、DMPP、DMPP+C、NBPT 和 NBPT+C 分别为单施尿素、尿素配施葡萄糖、尿素配施硝化抑制剂 DMPP、尿素配施 DMPP 配施葡萄糖、尿素配施脲酶抑制剂 NBPT 和尿素配施 NBPT 配施葡萄糖。

① 旱地农田 N_2O 排放特征。长期试验研究表明潮棕壤 N_2O 的排放系数较低。农田裸地是一较弱的 N_2O 释放源（于克伟等，1995），种植作物则显著增加了农田 N_2O 的排放通量；但 N_2O 排放总量年际间变异较大，其年际间的变异系数最高可达 77.7%；玉米田 N_2O 排放有明显的季节变化规律，主要排放期是玉米的生长季（黄国宏等，1998）；施肥、降雨和冻融是影响 N_2O 排放的重要因素（Chen et al.，2000）。东北农田土壤冻融交替，研究发现土壤融化过程中出现 N_2O 的排放高峰（黄国宏等，1995）。冰冻前土壤水分含量、冰冻时间、秸秆还田等都对融化时 N_2O 的排放量具有显著影响，不同的施肥管理模式也对 N_2O 排放有显著影响。

② 植物排放 N_2O。在 20 世纪 90 年代初已有研究注意到植物根际土壤 N_2O 可大量并快速释放，当时认为主要与植物根系分泌糖、有机酸、氨基酸等可为土壤微生物活动提供碳源的电子供体有关。但以陈冠雄研究员为首的研究团队在国内外首次发现并报道了植物释放 N_2O 的现象（陈冠雄等，1990），陈欣通过模拟及田间原位实验证实了植物可排放 N_2O（陈欣等，1995，2000）。植物释放 N_2O 速率随不同作物及生长发育阶段而异，光照是影响植物释放 N_2O 非常重要的调控因子（陈欣等，1995；于克伟等，1995）。在强光照条件下，植物光合作用提供了足够的碳源和还原力，将其吸收的 NO_3^-–N 同化还原成 NH_3，用于氨基酸和蛋白质的合成，N_2O 排放

量少,甚至吸收 N_2O;在弱光照条件下,光合作用强度下降,植物体内碳、氮不平衡,造成 NO_3^- 和 NO_2^- 累积,异化还原作用加强,N_2O 排放量增加,以清除过量的 NO_3^- 和 NO_2^- 对植物的毒害。以上研究阐明了影响植物排放 N_2O 的主要环境因子并提出了光调节模式(图 3.13)。

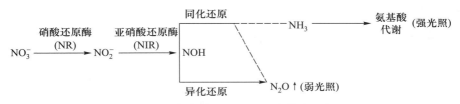

图 3.13 植物排放 N_2O 的光调节模式示意图

利用稳定同位素技术对土壤、大豆植株排放 N_2O 的同位素值($\delta^{15}N$ 和 $\delta^{18}O$)特征进行研究发现:植物排放 N_2O($\delta^{15}N$:$-4.7‰ \sim 33.1‰$);($\delta^{18}O$:$23.7‰ \sim 88.8‰$)与土壤源 N_2O($\delta^{15}N$:$-26.7‰ \sim -5.3‰$;$\delta^{18}O$:$-24.1‰ \sim 22.8‰$)的同位素值存在着显著的差异($P<0.05$),表明植物排放的 N_2O 的产生途径有别于土壤微生物的 N_2O 产生过程,这又为证实植物自身能够产生并排放 N_2O 提供了直接且有力的证据(Xia et al., 2013)。

3.4 辽河平原农田生态系统肥料转化和利用特征

氮素转化、去向尤其是肥料利用效率是农田生态系统可持续发展的核心问题。肥料氮素转化受到土壤物理、化学和生物过程的综合调控。

3.4.1 肥料转化与利用和土壤有效态氮素过渡库的调控作用

(1)肥料氮素在辽河平原土壤 – 植物系统的迁移转化特征

由于碳氮耦合作用的存在,有机物料输入是调控氮素转化过程的重要措施。模拟实验表明:加入氮肥后水溶性有机碳的含量降低,但热水溶性碳和土壤微生物量变化不大,说明在无机氮的固持过程中活性最强的有机碳首先被消耗(图 3.14)。添加玉米秸秆可使土壤中水溶性有机碳含量和微生物量增加,其中秸秆粉碎还田土壤中铵态氮(NH_4^+–N)和硝态氮(NO_3^-–N)的含量最低(图 3.15)。粉碎秸秆矿化期间能够提供更多的活性有机碳,使土壤中水溶性有机碳的含量显著高于高茬和覆盖还田处理,提高了土壤微生物数量和活性,因而有更多的无机氮被土壤微生物固持。因此,活性有机碳的存在是增加氮素固持减少氮素损失的有效保证。

在样地尺度上 6 年 ^{15}N 肥料示踪试验发现:潮棕壤种植玉米的肥料氮素利用率平均为 $35\% \sim 40\%$。连续覆盖秸秆并未提高植物对肥料氮素的吸收,但是显著影响了肥料氮素在土壤中的残留动态(表 3.11)。秸秆覆盖免耕显著提高了肥料氮素在 $0 \sim 10$ cm 土壤中的积累,但在 $10 \sim 20$ cm 土壤中肥料来源的土壤氮含量没有显著差异。在 $20 \sim 40$ cm 及 $40 \sim 60$ cm 土层中连续施用秸秆可显著降低肥料来源土壤氮的积累。虽然秸秆覆盖对肥料氮素在土壤剖面中总的积累影响有限,但秸秆覆盖对肥料氮素在土壤剖面中的运移和分布影响十分显著,产生了明显的表聚现象,促进了肥料氮素的再利用,降低了肥料氮素的淋失风险。

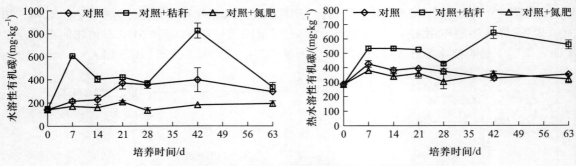

图 3.14 培养期间不同处理土壤中水溶性有机碳的动态变化

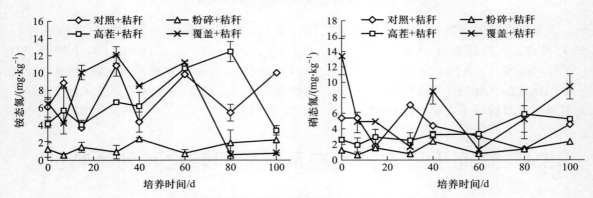

图 3.15 培养期间不同处理土壤中无机态氮的动态变化

表 3.11 在不同处理条件下玉米产量、总吸收氮量及总吸收肥料氮量

处理	年份	产量 /(kg·hm⁻²)	总吸收氮量 /(kg·hm⁻²)	总吸收肥料氮量 /(kg·hm⁻²)
单施氮肥	2007	24.02	244.8 ± 3.7^{d}	90.9 ± 2.1^{abc}
	2008	23.65	241.0 ± 3.6^{cd}	92.6 ± 1.5^{bc}
	2009	20.72	203.2 ± 1.1^{a}	83.1 ± 0.5^{a}
	2010	21.55	208.1 ± 0.3^{a}	84.1 ± 7.2^{a}
	2011	27.61	309.2 ± 6.3^{e}	92.5 ± 6.0^{bc}
	2012	25.52	235.5 ± 2.5^{c}	88.8 ± 7.0^{abc}
氮肥 + 秸秆	2007	23.12	244.6 ± 2.8^{d}	92.1 ± 1.5^{bc}
	2008	23.69	245.6 ± 4.1^{d}	92.6 ± 4.0^{bc}
	2009	20.48	215.5 ± 5.6^{b}	86.6 ± 1.9^{ab}
	2010	21.13	215.7 ± 0.7^{b}	88.1 ± 0.7^{abc}
	2011	28.24	316.3 ± 4.0^{f}	95.8 ± 1.9^{c}
	2012	26.79	239.2 ± 1.8^{cd}	89.8 ± 4.6^{abc}

注: 不同字母表示不同处理间的差异显著($P<0.05$)。

（2）肥料氮转化及土壤微生物过程的调控作用

外加无机氮素（^{15}N 标记）向土壤有机氮的转化需要微生物的参与，因此，微生物的活性和群落特征是土壤有机质转化循环的决定因素。土壤氨基糖作为微生物细胞壁残留物，不同微生物来源的氨基糖同位素富集随时间变化趋势不同，其转化更新特征反映了外源氮素微生物的持续转化特性，称之为"记忆效应"。

当仅有肥料氮素输入时，土壤中氮素的微生物同化比例很低，主要以无机态形式在土壤中积累，使淋失风险大为增加。当加入葡萄糖后微生物对肥料氮素的固持能力显著提高。不同微生物来源氨基糖的 ^{15}N 富集比例随时间变化特征各不相同，说明微生物对外加氮的利用同自身性质密切相关（图 3.16）。土壤中胞壁酸（muramic acid，MurN）唯一来源于细菌，MurN 初始同位素富集很快，说明培养初始即被细菌快速合成，但培养 8 周后即趋于平衡，表明此时细菌对底物的利用已达到饱和。向土壤中加入葡萄糖会对土壤有机质的分解产生正激发效应，细菌在培养初始阶段的快速生长，表明细菌是激发效应的主要贡献者。土壤中氨基葡萄糖（glucosamine，GluN）主要来源于真菌。培养初始 GluN 的 ^{15}N 富集比例缓慢但持续增加，表明真菌对底物的初始利用能力低于细菌，但是产生了细菌和真菌的接替效应，并在外加扰动下不断趋于新的平衡。在培养后期，不仅底物利用效率降低，培养样品内微生物细菌－真菌，生长－死亡，合成－分解也达到了新的平衡，从而表现为同位素比例变化速率的一致性。

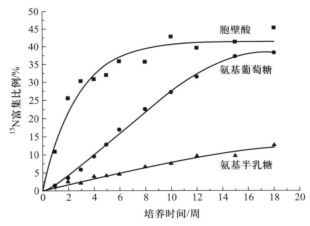

图 3.16　葡萄糖培养条件下土壤氨基糖同位素富集比例变化

作物残体（如秸秆）为微生物的活动提供了营养源，其降解直接影响微生物活性和养分循环。培养初期 ^{15}N 同位素在氨基糖中的富集表明微生物可同化利用外加的氮源进行细胞合成。与活性碳源介导的无机氮转化不同，MurN 和 GluN 的 ^{15}N 富集曲线变化规律趋于一致，表明细菌和真菌利用外加碳源和氮源的速率相近。如碳源受限，即使在培养初期细菌的增长繁殖也不占有优势，表现为真菌分解有机物料的能力大于细菌。与葡萄糖－$^{15}NH_4^+$ 培养相比，添加秸秆培养氨基糖的转化速率及外加氮素的利用效率显著下降（图 3.17）。可见，由于碳源的改变，土壤微生物的种群结构和活性发生了显著变化。相同碳量秸秆对微生物同化的促进作用显著低于葡萄糖，表明促进微生物氮素吸收的关键不是碳的数量，而是碳源的活性。

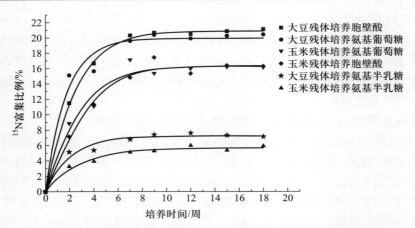

图 3.17　不同有机物料与 $^{15}NH_4^+$ 配施土壤氨基糖 ^{15}N 富集比例

3.4.2　稳定性肥料技术和肥料释放与利用特征

肥料改性技术是以物理、化学和生物化学手段对传统肥料进行升级和改造,使其养分释放特征更加适应作物对养分的需求规律。我国在 2011 年将改性肥料统称为"稳定性肥料"(stabilized fertilizer)。肥料改性后,养分损失减少,利用率提高。化学磷、钾肥因其迁移较困难不致引起太多的环境安全问题,而化学氮肥则因迁移途径较多会对植物生长、人类健康及生态环境带来一系列的影响,因此针对氮素肥料的改性以及功能开展的研发工作较多。

(1)稳定性肥料技术

稳定性肥料的核心技术是生物化学抑制剂,我国自 20 世纪 60 年代开始对抑制剂的研究,它的发展历程由单一型逐渐过渡到复合型,而稳定性肥料则由基础型过渡到专用型。目前国内主要的稳定性肥料品种包括长效碳铵、缓释尿素、大颗粒缓释尿素和缓释复混肥等。在国家大力提倡肥料减施的大背景下,改性肥料的研究工作不断加强。在辽河平原地区开发和使用的改性肥料对肥料利用率的提高和土壤培肥及增产增效贡献显著。

(2)稳定性肥料的养分释放和利用特征

目前,国内外大量应用的氮肥品种为尿素和碳酸氢铵,它们施入土壤后发生氮素的酰胺水解作用、硝化作用和反硝化作用,这几个过程能够生成作物有效态氮——NH_4^+ 和 NO_3^-,而这两种氮形态也是氮素各类损失的"源",以生物化学手段对氮肥进行改性即针对氮素在土壤中的转化特点,使 NH_4^+ 和 NO_3^- 的生成时间能够最大限度地吻合作物对氮素的吸收规律,进而提高作物的氮素利用率并减少氮素损失。脲酶抑制剂是对土壤脲酶活性有抑制作用的化合物或元素,硝化抑制剂是指能抑制亚硝化单胞菌属活性,从而抑制硝化作用的第一步反应的化合物。脲酶抑制剂和硝化抑制剂的施用改变了土壤中 NH_4^+ 和 NO_3^- 的生成时间和数量,对氨挥发、硝化反硝化引起的 N_2O 排放以及 NO_3^- 的淋溶产生显著的影响,进而土壤微生物对氮的固持和黏土矿物对氮素的固定甚或土壤本源有机氮的矿化亦发生改变,由此我们重点关注的氮素损失率和作物对氮素的利用效率亦受到显著影响。

① 稳定性肥料对氨挥发和温室气体排放的影响。辽河平原稻田土壤对不同抑制剂添加的响应具有显著差异。3,5–二甲基吡唑磷酸盐(DMPP)可显著增加 NH_3 挥发(25.8%),而双氰

胺（DCD）则显著降低 NH_3 挥发（25.46%）。稳定性尿素的施用使稻田土壤 N_2O 排放量呈现显著下降趋势，但使稻田土壤 CH_4 和 CO_2 的排放量分别增加了 30.7%～273.4% 和 4.0%～85.8%（孙祥鑫等，2016）。

旱田土壤施用稳定性肥料对温室气体排放的影响与稻田土壤有显著差异。脲酶抑制剂氢醌（HQ）可减少旱田土壤 NH_3 挥发，而硝化抑制剂则增加 NH_3 挥发量；脲酶抑制剂增加旱田土壤的 N_2O 排放量，而硝化抑制剂则减少 N_2O 排放量（孙祥鑫等，2016）。

② 稳定性肥料氮在不同氮库中的分配特征。在辽河平原潮棕壤上结合使用脲酶抑制剂氢醌 HQ 和硝化抑制剂 DCD、CaC_2 或包被碳化钙（ECC）可延缓尿素水解一周左右，而且在随后可保持较高的土壤吸附态 NH_4^+ 含量。施用 HQ+DCD 可使小麦在整个生育时期保持很高的土壤吸附态 NH_4^+。长期施用稳定性尿素显著增加了土壤有机氮组分中氨基糖态氮和酸解未知氮的含量，而降低了铵态氮含量，且酸解铵态氮含量与固定态铵含量呈显著正相关（丁济娜，2014；崔亚兰等，2015）。在无碳源添加条件下，硝化抑制剂和脲酶抑制剂均有助于提高微生物量氮和固定态铵在保氮和供氮中的作用，其中硝化抑制剂效果更明显，可调节固定态铵释放的时间，提高氮素供给时效性。当碳源与氮肥同时施用时，微生物固持氮在保氮、供氮中作用明显提升，固定态铵作用则相对降低；硝化抑制剂与碳源配施可进一步增加微生物固持作用，而脲酶抑制剂则减少了微生物对肥料氮的固持，可在一定程度上缓解氮素有效性低的问题。当碳源与氮肥错时施用时，微生物固持氮在保氮、供氮中作用提高，且固定态铵的作用及土壤中氮素有效性不受明显影响。因此，合理调节碳源用量与施用时间，可进一步发挥脲酶和硝化抑制剂效果，减少肥料氮损失，提高作物产量与氮肥利用效率（Ma et al.，2015）。

③ 稳定性肥料施用对土壤微生物群落的影响。连续施用尿素可显著降低潮棕壤中固氮菌数量，添加抑制剂对固氮菌数量的影响因抑制剂种类的不同而有显著差异。硝化抑制剂可增加氨氧化细菌数量（Gong et al.，2013a），而对反硝化菌则无显著影响（Dong et al.，2013）。

在辽河平原两种典型土壤（潮棕壤和褐土）开展的研究表明：硫酸铵和尿素均能刺激氨氧化细菌的极速生长，而对氨氧化古菌没有效果，表明氨氧化细菌和氨氧化古菌对外源氮的响应不同。与单施硫酸铵和尿素相比，配施 DCD 和 DMPP 均能显著抑制氨氧化细菌的数量，而对氨氧化古菌却没有显著的影响。单施 DCD 和 DMPP 对氨氧化古菌的研究发现：即便土壤氨氧化潜势被抑制，硝化抑制剂用量加倍，也没有观测到氨氧化古菌数量减少的现象（Gong et al.，2013b）。两种土壤的硝酸盐含量与氨氧化细菌 amoA 基因拷贝数均呈显著的线性正相关关系，而与氨氧化古菌 amoA 基因拷贝数没有相关关系。潮棕壤上检测到施用尿素和配施 DCD 或 DMPP 减少了氨氧化细菌的多样性，并改变了其群落结构。而褐土的氨氧化细菌群落和两种土壤的氨氧化古菌群落在处理间没有检测到差异（Gong et al.，2012）。

两种土壤的氨氧化古菌数量均高于氨氧化细菌数量。对比两种土壤的氨氧化细菌数量可发现潮棕壤 < 褐土，而氨氧化古菌数量则呈现潮棕壤 > 褐土的趋势，这表明氨氧化古菌较氨氧化细菌更适合在低 pH 的土壤上生长。潮棕壤和褐土的氨氧化细菌群落都以 Cluster 3 为主，氨氧化古菌群落都属于 Group 1.1b。

④ 稳定性肥料在下辽河平原氮肥减施实践中的可行性。在常规施肥（N_1 180kg $N \cdot hm^{-2}$）、减量施肥（N_2 126kg $N \cdot hm^{-2}$）及减量施肥配施抑制剂（N_2+ 正丁基硫代磷酰三胺 NBPT+3，5- 二甲基吡唑磷酸盐 DMPP）条件下，与 N_1 相比，N_2 处理显著提高了土壤对肥料 ^{15}N 的回收率（提

高 5.02%）（$P<0.05$），N_2+NBPT+DMPP 处理显著提高了土壤和植物对肥料 ^{15}N 的回收率（分别提高 26.9% 和 17.6%）及肥料 ^{15}N 利用率（提高 17.6%）（$P<0.05$），且 N_2+NBPT+DMPP 处理可促进氮向籽粒的转移，提高作物品质。与 N_1 相比，N_2+NBPT+DMPP 处理显著减少了反硝化损失和 N_2O 排放量（分别减少 45.9% 和 34.3%）。其中，减少肥料源 $^{15}N_2O$ 排放量 41.4%。各处理间土壤累计氨挥发量无显著差异，N_2+NBPT+DMPP 处理来源于肥料的 $^{15}NH_3$ 挥发量显著低于 N_1 和 N_2，土壤累计 $^{15}NH_3$ 挥发量占施入肥料总量的 2.4%～3.7%。与 N_1 相比，N_2+NBPT+DMPP 处理的生物量和产量无显著差异，但可减缓 NO_3^--N 向土壤下层（40～60 cm 土层）的移动，且在作物孕穗期和成熟期土壤表层中的 NO_3^--N 含量显著高于 N_1 和 N_2 处理。在辽河平原抑制剂可达到降低脲酶活性，提高硝酸还原酶活性，进而调控土壤氮转化相关酶活性，达到对氮素有效利用的目的（Zhang et al.，2010）。

3.5   辽河平原农田生态系统地力提升管理与调控

为保障退化土壤的可持续利用并进一步实现高产高效，就必须恢复和提高土壤有机质的数量和质量。施肥管理是提高和保持退化土壤有机质的重要手段，影响并决定着土壤有机质的转化和循环过程，维持着土壤养分的持续供给，是保持和提高作物产量的基础。长期实验研究表明：施用有机肥对维持和提高土壤有机质含量具有重要作用，而平衡施肥也可以有效地维持土壤有机碳水平。在土壤肥力提升过程中，施肥管理不仅对土壤总有机碳含量产生影响，而且在物理保护如团聚化、化学组分的微生物转化过程和选择性积累等方面均产生显著影响，调控土壤有机质的积累过程以及土壤有机质的数量、质量和稳定性。退化土壤培肥需要通过提高有机质在微团聚体和大团聚体中的富集，进而提高土壤碳氮的周转和调控能力，促进土壤有机碳截获。土壤退化过程主要是有机质下降所引起的一系列的物理、化学和生物过程的变化，因此提升退化土壤的肥力，需要综合考虑以土壤有机质为主导的"量""质"和"型"的综合调控。"量"是指土壤有机质含量，"质"是土壤有机质的质量（主要是指组成和活性），而"型"是指土壤团聚化过程以及团聚体的组成和特性。低肥力土壤中同化过程的进行显著依赖于底物活性和数量。在生产上，有机－无机配合使用既可以保证高产，也是最有效的培肥手段。增加外源有机物料的输入（例如，使用有机肥、秸秆归还等）是保持和提高潮棕壤肥力质量的根本措施。

参 考 文 献

陈冠雄，商曙辉，于克伟，等．1990. 植物释放氧化亚氮的研究．应用生态学报，1（1）：94–96.
陈欣，沈善敏，张璐，等．1995. N、P 供给对作物排放 N_2O 的影响研究初报．应用生态学报，6（1）：104–105.
陈欣，张璐，吴杰，等．2000. 旱田土壤－作物系统 N_2O 排放通量研究．应用生态学报，11：55–58.
崔亚兰，李东坡，武志杰，等．2015. 水田土壤氮转化相关因子对多年施用缓／控释尿素的响应．土壤通报，4（5）：1208–1215.
丁济娜．2014. 多年施用不同缓释尿素土壤氮库及氮转化微生物特征．北京：中国科学院大学，硕士学位论文．
黄国宏，陈冠雄，吴杰，等．1995. 东北典型旱作农田 N_2O 和 CH_4 排放通量研究．应用生态学报，6：383–386.

黄国宏,陈冠雄,张志明,等.1998.玉米田 N_2O 排放及减排措施研究.环境科学学报,18:344–349.

梁文举,张万民,李维光,等.2001.施用化肥对黑土地区线虫群落组成及多样性产生的影响.生物多样性,9:237–240.

沈善敏.1995.长期土壤肥力试验的科学价值.植物营养与肥料学报,1:1–9.

孙祥鑫,李东坡,武志杰,等.2016.持续施用缓/控释尿素条件下水田土壤 NH_3 挥发与 N_2O 排放特征.应用生态学报,27(6):1901–1909.

于克伟,陈冠雄,杨思河,等.1995.几种旱地农作物在农田 N_2O 释放中的作用及环境因素的影响.应用生态学报,6:387–391.

张正祥,靳英华,周道玮.2012.松嫩、辽河平原地貌特征及其生态土地类别的划分与管理对策.土壤与作物,1(1):34–40.

周全来,赵牧秋,鲁彩艳,等.2006.磷在稻田土壤中的淋溶和迁移模拟研究.土壤,38(6):734–739.

Chen G, Huang B, Xu H, et al. 2000. Nitrous oxide emissions from terrestrial ecosystems in China. Chemosphere–Global Change Science, 2: 373–378.

Dong X X, Zhang L L, Wu Z J, et al. 2013. Effects of the nitrification inhibitor DMPP on soil bacterial community in a Cambisol in northeast China. Journal of Soil Science and Plant Nutrition, 13(3): 580–591.

Gong P, Zhang L, Wu Z, et al. 2013a. Responses of ammonia-oxidizing bacteria and archaea in two agricultural soils to nitrification inhibitors DCD and DMPP: A pot culture experiment. Pedosphere, 23(6): 729–739.

Gong P, Zhang L, Wu Z, et al. 2013b. Does the nitrification inhibitor dicyandiamide affect the abundance of ammonia-oxidizing bacteria and archaea in a Hap–Udic Luvisol？ Journal of Soil Science and Plant Nutrition, 13(1): 35–42.

Gong P, Zhang L, Wu Z, et al. 2012. Laboratory study of the effects of nitrification inhibitors on the abundance of ammonia-oxidizing bacteria and archaea in a Hap–Ustic Luvisol. African Journal of Microbiology Research, 6(48): 7428–7434.

Liu X M, Li Q, Liang W J, et al. 2008. Distribution of soil enzyme activities and microbial biomass along a latitudinal gradient in farmlands of Songliao Plain, Northeast China. Pedosphere, 18(4): 431–440.

Ma Q, Wu Z J, Shen S M, et al. 2015. Responses of biotic and abiotic effects on conservation and supply of fertilizer N to inhibitors and glucose inputs. Soil Biology & Biochemistry, 89: 72–81.

Pan F F, Yu W T, Ma Q, et al. 2017. Influence of ^{15}N-labeled ammonium sulfate and straw on nitrogen retention and supply in different fertility soils. Biology and Fertility of Soils, 53: 303–313.

Sackett T E, Classen A T, Sanders N J. 2010. Linking soil food web structure to above and belowground ecosystem processes: A meta-analysis. Oikos, 119(12): 1984–1992.

Xia Z, Xu H, Chen G, et al. 2013. Soil N_2O production and the $\delta^{15}N–N_2O$ value: Their relationship with nitrifying/denitrifying bacteria and archaea during a growing season of soybean in northeast China. European Journal of Soil Biology, 58: 73–80.

Zhang L, Wu Z, Jiang Y, et al. 2010. Fate of applied urea ^{15}N in a soil–maize system as affected by urease inhibitor and nitrification inhibitor. Plant Soil and Environment, 56(1): 8–15.

第 4 章 黄淮平原农田生态系统过程和变化[*]

黄淮平原大致位于 33°N—35.5°N，狭义的黄淮平原一般包括河南中部和安徽北部，而广义的黄淮平原是指黄河以南、淮河以北之间的所有地区。该区域地势平坦，主要由黄河和淮河冲积而成，气候类型为温带季风气候，夏季高温多雨，冬季寒冷干燥，冬冷夏热，雨热同期，年降水量 600~900 mm，主要集中在 6—8 月，占全年降水量的 45%~65%。由于较大的年际降水变化，使得该区域成为我国旱涝灾害最为严重的地区之一（顾伟宗，2013）。自 1950 年以来，黄淮地区气候变暖明显，其降水量年平均下降了 2.92 mm，气温年平均升高了 0.02 ℃，且最低温度比最高温度升高较快（莫兴国等，2006；Liu et al., 2010）。

黄淮平原地带性土壤主要包括潮土、砂姜黑土和褐土，其中潮土和砂姜黑土是主要的耕作土壤类型。由于耕作历史悠久，各类自然土壤已熟化为农业土壤。潮土作为黄淮海平原分布最为广泛的土壤类型，现有面积约 2570 万 hm²，主要由黄河冲积物发育而成，受地下潜水作用，经过耕作熟化而形成的一种半水成土，因有夜潮现象而得名。潮土腐殖质积累过程较弱，具有腐殖质层（耕作层）、氧化还原层及母质层等剖面层次，沉积层理明显。由于其质地轻、耕性良好、矿物养分丰富，具有较大的利用和改造潜力。砂姜黑土主要受地方性因素（地形、母质、地下水）及生物因素作用，发育于河湖相沉积物上经脱沼泽作用而形成的半水成土，因其土壤剖面中具有"腐泥状黑土层"和"脱潜育砂姜层"两个发生层段，故而称为砂姜黑土。从全国范围来看，砂姜黑土总面积约 400 万 hm²，主要分布在暖温带，其中三分之二分布在黄淮海平原，其余三分之一分布在胶莱平原、沂沭河平原及南阳盆地等地。淮北平原是中国最大的砂姜黑土分布区，从黄淮平原各省来看，安徽最多，为 165 万 hm²；河南次之，为 144 万 hm²；江苏为 23.67 万 hm²。

4.1 黄淮平原农田生态系统特征

4.1.1 区域主要种植制度与粮食生产情况

黄淮平原是我国重要的农业生产区，粮食产量高，农作物单季播种面积占单季作物品种总播种面积比重中，小麦所占比重最大，基本维持在总播种面积的 80% 以上，是黄淮平原冬播作物的主要品种，保持了黄淮平原传统小麦种植的优势。在夏播与秋播作物中，玉米和大豆总量占总播

---

[*] 本章作者为中国科学院南京土壤研究所丁维新、朱安宁、张丛志、马东豪、袁俊吉、信秀丽、杨文亮、刘德燕、张佳宝。

种面积的 50% 以上,并且一直呈上升趋势,水稻播种面积所占比重比较稳定,维持在 10% 以上（李红军,2014）。其他作物包括油菜、甘薯、芝麻、棉花等,由于产量较低,种植面积呈下降趋势。因此,该地区种植制度以冬小麦 – 夏玉米为主,少数为冬小麦 – 水稻和冬小麦 – 大豆轮作,黄河以南地区小麦种植长期遭受渍害影响。

20 世纪 80 年代前后,中国科学院承担了黄淮海平原综合治理与开发国家攻关任务,重点针对黄淮海平原旱、涝、盐碱、风沙等自然灾害展开综合治理与农业开发工作。自 1982 年开始,黄淮海平原盐碱地逐年减少,旱涝保收面积逐年增加,加上高投入和单项技术的突破,使粮食单产急剧上升。与东北黑土区和西北黄土区不同,黄淮海平原是我国冬小麦、夏玉米一年两熟耕作制度的主要实施区域,农业集约化程度高,是我国最大的粮食生产基地,占全国粮食总产的 22% ~ 25%,其中玉米产量占全国的三分之一,小麦产量占全国的 60% 以上。至 2020 年国家新增 1000 亿斤粮食生产能力的三分之一有赖于黄淮海地区贡献,发展新的中低产田治理与地力提升技术,挖掘中低产田的生产潜力,提高养分利用效率,已成为提升粮食产能的最主要战略（张佳宝等,2011）。

4.1.2　区域氮磷肥料的投入特点

20 世纪 80 年代初,多采取施用农家肥的方式进行土壤培肥,但随着耕地集约化利用程度的增加以及社会对粮食作物需求的进一步提升,原本的培肥方式已难以满足作物对土壤养分的需求,特别是在过去 40 年,黄淮平原土壤肥力已退化到中低水平,因此,施用化肥快速补充养分,满足作物生长需求和提高作物产量成为最有效的途径,同时化肥投入种类和数量也存在一定的时空变异。以黄淮平原典型区域河南省为例,对土壤肥力进行定点监测发现,2004 年土壤有机质含量较 1986 年提高了 0.24%,全氮含量增加幅度较大,速效磷（P_2O_5）含量上升趋势明显（提高了 11.46 $mg \cdot kg^{-1}$）,速效钾（K_2O）仍然入不敷出,每年平均下降 1.05 $mg \cdot kg^{-1}$。土壤中微量元素含量尽管稳中有升,但土壤缺锌问题较为突出,且地域间变化幅度大;土壤有效铜、铁和锰在不同区域、不同土壤类型之间差异较大,但一般可以满足作物生长需求;有效硼和钼虽有所提高,但普遍存在缺硼现象（慕兰等,2007）。河南小麦种植每季氮肥用量在 3.9 ~ 861 $kg \, N \cdot hm^{-2}$,平均为 234.6 $kg \, N \cdot hm^{-2}$,调查中氮肥全部用作基肥的样本占总样本数的 54.44%,基肥用量低于氮肥总量 40% 的样本占总样本数的 29.11%。磷肥（P_2O_5）用量在 15.5 ~ 362.1 $kg \cdot hm^{-2}$,平均为 75.2 $kg \cdot hm^{-2}$;钾肥（K_2O）用量为 2.7 ~ 400.5 $kg \cdot hm^{-2}$,平均 70.7 $kg \cdot hm^{-2}$,磷钾肥全部用作基肥（李欢欢等,2009）。大量研究表明,当前化肥施用水平普遍偏高,严重降低了肥料的利用率。中国科学院封丘农业生态实验站长期施肥试验结果表明,有机肥单施或有机肥与化肥混施对提升土壤地力和作物产量效果最为显著,同时也是实现农业可持续发展的重要途径之一（Cai and Qin,2006）。

4.1.3　区域农田生态系统水、碳、氮循环特征

有机质是评估土壤肥力的重要指标之一（曹志洪等,2008）,潮土和砂姜黑土长期试验结果表明,长期施用化肥或有机肥,不仅能保持作物持续高产,而且土壤有机质含量也在稳步上升,土壤生产力与有机质含量存在协同增进的关系。将 2003 年对黄淮海平原潮土区 7 个典型县（原阳、封丘、延津、长垣、冀州、平原、禹城）进行的网格式调查和分析结果与 1981 年的第二次全国

土壤普查、土壤背景值调查以及区域土壤研究资料进行对比研究,发现黄淮海地区潮土经过 20 年的高度集约化种植,耕层土壤基本没有盐分聚集,土壤有机质在逐步提高(朱安宁等,2010)。农业部蒙城砂姜黑土生态环境站对不同有机肥(物)料长期培肥改土定位试验和无机肥长期定位试验结果表明,与不施肥对照相比,施用化肥和有机肥均促进砂姜黑土有机碳累积,并且有机肥较化肥效果更明显(王绍中等,1992)。

中国科学院封丘农业生态实验站控制试验结果表明,潮土不仅具有很高的硝化势,而且存在有利于氨挥发的环境条件。因此,气态和淋溶损失是降低潮土氮肥利用率的两个最主要的过程。灌溉与施肥是控制 NO_3^-–N 迁移的关键因素,随着施氮量的增加,NO_3^-–N 在剖面中的累积量明显增加,显著提高了 NO_3^-–N 的淋失风险;水分补给是 NO_3^-–N 淋溶损失的另一关键控制因素。在黄淮平原,黄潮土的水渗漏和 NO_3^-–N 淋溶状况非常严重,全耕作年土壤水渗漏量达到 273.9 mm,为灌溉水量的 60.6%;NO_3^-–N 淋溶达到 81.8 $kg \cdot hm^{-2}$,为氮输入总量的 15.7%(朱安宁和张佳宝,2003)。作为该地区氮肥损失的另一重要途径氨挥发,主要发生在玉米追肥后,其损失量远远大于小麦季氨挥发损失量(杨文亮等,2012;Yang et al.,2014)。另一方面,氮肥用量、施肥方式、灌溉、降雨、土壤温湿度等是影响土壤反硝化速率和 N_2O 排放通量的主要因素,N_2O 排放通量随氮肥用量增加而增加,反硝化与 N_2O 排放峰主要发生在施肥和灌溉/大雨后的 2~3 天,玉米季反硝化速率显著高于小麦季。

长期水盐运移模拟试验发现,近 20 年来潮土区高强度井灌模式基本上使土壤盐分处于一个淋洗过程,这对于防止土壤次生盐渍化有积极的作用,但对水资源的持续利用和潮土养分的保持存在不利影响。山东禹城农田生态系统国家野外科学观测研究站采用蒸发器研究了黄淮平原主要作物的耗水特性和规律,发现冬小麦生长季耗水量为同期降水量的 2~3 倍,夏玉米的消耗是同期降水量的 70%,有灌溉保证的大豆地,耗水量与蒸发量之比为 1:1.5。作物生长期间,蒸发的水分有一半来自土壤表面。

4.2 黄淮平原典型农田生态系统观测与研究

20 世纪 50 年代中期,根据国务院的指示,中国科学院组建了由著名土壤学家熊毅和席承藩两位院士领导的土壤调查队,对华北平原土壤进行了全面调查。20 世纪 60 年代初,根据周恩来总理的指示,中国科学院组织了由多学科专家组成的研究队伍进军华北平原治盐治碱。中国科学院南京土壤研究所在位于黄河北岸的河南省封丘县建立了试验研究基地,对盐碱土改良和治理进行了长期的定位研究。1983 年 5 月,根据国家区域发展需要,经中国科学院批准,在原有的基础上建立中国科学院封丘农业生态实验站(简称封丘站),隶属于中国科学院南京土壤研究所。1988 年封丘站作为中国科学院首批野外开放台站正式向国内外开放,1992 年被选为中国生态系统研究网络(CERN)的重点站,2001 年又被国家科技部批准为国家重点野外科学观测实验站。因此,封丘站是国家和中国科学院部署在黄淮海平原从事农业、资源、生态和环境研究的一个最主要的野外试验基地。

中国科学院封丘农业生态实验站位于河南省封丘县潘店镇(114°32′54″E,35°01′07″N),代表黄淮海平原典型的农田生态系统,是本区域粮食的主要产区。主要土壤类型为黄河冲积物发育的潮土,并伴有部分盐土、碱土、风沙土和沼泽土的插花分布。封丘站设有 15 个观测试验,30 多个研究样地,长期观测的农作物主要是小麦和玉米。下面对部分试验样地做介绍。

4.2.1　农业综合观测场

始建于 2004 年 6 月,面积为 1750 m^2,共分 16 个正方形采样区,每个采样区面积为 10 m × 10 m。综合观测场采样地包括:① 土壤和生物采样地(土壤和作物性质);② 中子管采样地(土壤体积含水量);③ 烘干法采样地(土壤质量含水量);④ 土壤水水质观测采样地;⑤ 地下水水位观测井。

(1)辅助观测场(不施肥)。用于观测研究长期不施肥条件下生物、水分和土壤。总面积为 21 m × 21 m,共分 16 个正方形采样区,每个采样区面积为 5 m × 5 m,建立前种植粮食作物,小麦 – 玉米轮作为主。采样地包括:① 土壤和生物采样地(土壤和作物性质);② 中子管采样地(土壤体积含水量)。

(2)优化施肥试验。用于观测研究长期优化施肥条件下生物、水分和土壤。优化施肥量为小麦季基肥施尿素 225 kg·hm^{-2}、磷酸二铵 225 kg·hm^{-2} 和硫酸钾 150 kg·hm^{-2},以及返青追肥撒施尿素 225 kg·hm^{-2}。玉米苗肥穴施尿素 75 kg·hm^{-2} 和磷酸二铵 150 kg·hm^{-2},以及大喇叭口追肥穴施尿素 225 kg·hm^{-2}。观测指标与辅助观测场(不施肥)相同。

4.2.2　土壤肥力研究长期试验

(1)有机 – 无机肥长期试验。建有 28 个试验小区,每个小区面积为 5 m × 9.5 m。设置了 7 个处理:① CK(对照,不施肥);② NK;③ PK;④ NP;⑤ 1/2OM(有机肥)+1/2NPK;⑥ OM;⑦ NPK,4 次重复,随机区组排列。

(2)节能型保护性耕作长期试验。共有 20 个试验小区,每个小区面积为 14 m × 6.5 m。试验设 5 个处理:① 玉米和小麦耕翻(秸秆全部还田);② 玉米免耕,小麦耕翻;③ 玉米免耕,小麦每两年耕翻一次;④ 玉米免耕,小麦每四年耕翻;⑤ 玉米、小麦每年都不耕翻(全免耕);4 次重复,随机区组排列。

(3)秸秆还田模式长期试验。试验共有 27 个小区,设置 9 个处理:① 化肥氮 120 kg·hm^{-2};② 化肥氮 160 kg·hm^{-2};③ 化肥氮 200 kg·hm^{-2};④ 秸秆还田 + 化肥氮 120 kg·hm^{-2};⑤ 秸秆还田 + 化肥氮 160 kg·hm^{-2};⑥ 秸秆还田 + 化肥氮 200 kg·hm^{-2};⑦ 秸秆还田 + 氮 120 kg·hm^{-2}(83% 化肥氮 +17% 鸡粪氮);⑧ 秸秆还田 + 氮 160 kg·hm^{-2}(83% 化肥氮 +17% 鸡粪氮;)⑨ 秸秆还田 + 氮 200 kg·hm^{-2}(83% 化肥氮 +17% 鸡粪氮)。3 次重复,随机区组排列。

4.2.3　水分管理长期试验

(1)农田作物耗水试验(群体称重式蒸渗仪)。建有 6 个大型蒸渗仪,单个面积为 1 m × 1.5 m。试验设置 3 个水分处理(雨养、常规和丰水),每个处理 2 次重复。观测内容包括生物、水分、土壤和气象数据。

(2)土壤水分利用效率试验(蒸渗仪)。蒸渗仪试验小区面积为 6 m^2(2 m × 3 m)的长方形田块,建设安装有长 2 m、宽 1.5 m 和深 2 m 的原状土柱构成的蒸渗仪。观测内容包括生物、水分、土壤和气象数据。

（3）农田土壤水分平衡试验。试验区面积为 2500 m²（50 m × 50 m），共分 25 个正方形的采样区，每个采样区面积为 100 m²（10 m × 10 m）。田块四周用水泥砌成宽 20 cm，深 15 cm 的排水渠，将地表径流导入 2.61 m³（1.8 m × 1.45 m × 1 m）径流池中。

4.2.4　养分运筹长期试验

（1）水氮耦合长期试验。建有 48 个矩形小区，小区面积为 6 m × 8 m。试验设置 7 个氮肥水平：0（F1）、50 kg N·hm⁻²（F2）、190 kg N·hm⁻²（F3）、230 kg N·hm⁻²（F4）和 270 kg N·hm⁻²（F5），3 个灌水水平：W1（20 cm 土层达到田间持水量）、W2（40 cm 土层达到田间持水量）和 W3（60 cm 土层达到田间持水量），1 个雨养对照处理（W0），共计 16 个水氮耦合处理，每个处理重复 3 次，随机区组排列。

（2）土壤养分渗漏长期观测试验。建有 18 个体积为 8 m³（2 m × 2 m × 2 m）的渗漏池，在各渗漏池的 20 cm、60 cm、120 cm 和 145 cm 处埋设微孔陶瓷滤管收集土壤渗漏液。

4.3　潮土有机质累积与肥力演变规律

潮土的显著特点之一是土壤有机质含量和肥力水平较低，提高有机质含量是潮土定向培育的核心内容。

4.3.1　施肥和秸秆还田对潮土有机质及其组分的影响

土壤样品取自封丘站 3 个长期定位试验，即长期施肥试验（1989 年—）、碳平衡试验（2006年—）和秸秆还田试验（2010 年—），8 个处理的信息见表 4.1。每个处理重复 4 次。除对照处理外，各处理小麦和玉米季施氮肥（N）、磷肥（P₂O₅）和钾肥（K₂O）量分别为 150 kg·hm⁻²、75 kg·hm⁻² 和 150 kg·hm⁻²。所有处理表层（0 ~ 20 cm）土样均采集于 2013 年玉米收获后。

表 4.1　试　验　处　理

处理	施肥种类	秸秆还田	种植制度	试验地
对照 1（裸地，CK1）	不施肥	否	不种植作物	3
对照 2（CK2）	不施肥	移除	冬小麦 – 夏玉米轮作	1
对照 3（秸秆还田，CK3）	不施肥	还田	冬小麦 – 夏玉米轮作	2
无机肥（NPK）	无机肥	移除	冬小麦 – 夏玉米轮作	1
1/2 无机肥 +1/2 有机肥（1/2NPK+1/2OM）	无机肥 + 有机肥	移除	冬小麦 – 夏玉米轮作	1
有机肥（OM）	有机肥	移除	冬小麦 – 夏玉米轮作	1
无机肥 + 秸秆还田（NPK+S）	无机肥	还田	冬小麦 – 夏玉米轮作	2
有机肥 + 秸秆还田（OM+S）	有机肥	还田	冬小麦 – 夏玉米轮作	2

注：试验地 1 代表长期施肥定位试验（1989 年—），2 代表秸秆还田长期定位试验（2010 年—），3 代表碳平衡长期定位试验（2006 年—）。

（1）施肥和秸秆还田对土壤有机质含量的影响

不同处理土壤有机质含量如图4.1。CK1作为裸地自2006年以来无外源有机碳输入,其活性有机质已几乎分解殆尽,土壤有机质含量逐渐趋于平缓。CK2处理土壤有机质主要来自根系及其分泌物,1989年以来其土壤有机质也趋于稳定。CK3处理从2010年开始至土壤采集时已进行近5年,土壤有机质已趋于稳定或变化较小。

CK1与CK2的差异主要在于CK2有作物根系及其分泌物的输入。CK1和CK2的差异没有达到显著水平。与CK2相比,NPK处理土壤有机质含量提升了45.3%。在CK2的基础上进行秸秆还田（CK3）,土壤有机质含量提升45.0%,可见秸秆还田能显著提升土壤有机质含量,且提升效果接近于NPK处理。

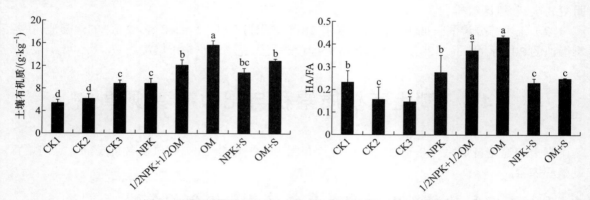

图4.1 施肥和秸秆还田对土壤有机质含量和稳定性的影响

注：不同字母表示处理间差异达到显著水平（$P<0.05$）。

1989年开始的长期施肥定位试验中,NPK、1/2NPK+1/2OM和OM与CK2相比,施肥处理土壤有机质含量显著高于不施肥处理。OM与NPK相比,有机肥比化肥更进一步提升土壤有机质含量。OM与1/2NPK+1/2OM相比,在等氮量条件下,土壤有机质含量随着有机肥输入量增加而显著增加。NPK+S和OM+S处理与CK3相比,土壤有机质含量分别增加了22.5%和45.3%。

（2）施肥和秸秆还田对土壤有机质组分的影响

在不施肥条件下,CK2处理土壤可溶性有机碳（DOC）和富里酸（FA）含量显著高于裸地（CK1）,分别提高了18.99%和57.23%（表4.2）,表明长期的根系及其分泌物输入显著提升了土壤可溶性有机碳和富里酸含量,而这两个处理的胡敏酸（HA）和胡敏素（HM）含量没有差异。与CK2相比,CK3处理可溶性有机碳、富里酸、胡敏酸和胡敏素含量分别增加了28.36%、79.77%、67.82%和38.21%,表明进行秸秆还田（CK3）能显著提升土壤有机质各组分含量。

与NPK相比,1/2NPK+1/2OM处理土壤可溶性有机碳、富里酸、胡敏酸和胡敏素含量分别提高了1.61%、31.79%、77.09%和37.02%,其中胡敏酸和胡敏素差异达到显著水平,有机无机肥料混施能更加有效地提升胡敏酸和胡敏素含量;OM处理土壤中可溶性有机碳、富里酸、胡敏酸和胡敏素含量分别提高了9.93%、76.60%、171.66%和73.35%,全部达到显著水平,表明施用有机肥更加有效地加速土壤有机质各组分的积累。

表 4.2 不同施肥及秸秆还田对土壤有机质各组分的影响

处理	DOC/（g C·kg⁻¹）	FA/（g·kg⁻¹）	HA/（g·kg⁻¹）	HM/（g·kg⁻¹）
CK1	0.19 ± 0.02^d	0.60 ± 0.09^d	0.14 ± 0.05^e	4.52 ± 0.36^d
CK2	0.23 ± 0.01^c	0.95 ± 0.28^c	0.15 ± 0.09^e	4.84 ± 0.33^d
CK3	0.29 ± 0.02^b	1.71 ± 0.13^b	0.25 ± 0.06^d	6.69 ± 0.42^e
NPK	0.29 ± 0.01^b	1.26 ± 0.21^{bc}	0.35 ± 0.15^c	7.05 ± 0.25^e
1/2NPK+1/2OM	0.30 ± 0.03^{ab}	1.66 ± 0.45^b	0.62 ± 0.11^b	9.66 ± 0.43^b
OM	0.32 ± 0.03^a	2.22 ± 0.25^a	0.96 ± 0.12^a	12.22 ± 0.19^a
NPK+S	0.28 ± 0.01^a	2.15 ± 0.33^a	0.50 ± 0.11^{bc}	8.02 ± 0.19^c
OM+S	0.34 ± 0.05^a	2.36 ± 0.18^a	0.59 ± 0.05^b	9.71 ± 0.18^b

注：同一列中不同字母表示处理间差异达到显著水平（$P<0.05$）。

与 CK3 相比，NPK+S 处理显著提高了土壤富里酸和胡敏酸含量，增幅分别为 25.99% 和 99.31%，而胡敏素和可溶性有机碳含量变化不显著。OM+S 处理中土壤可溶性有机碳、富里酸、胡敏酸和胡敏素含量较 CK3 处理分别显著提高了 15.81%、38.28%、133.68% 和 45.10%，表明在秸秆还田叠加施用有机肥能更有效地提高土壤有机质各组分含量。

与裸地（CK1）相比，CK2 的胡敏酸/富里酸（HA/FA）比值显著小于裸地，表明裸地有机质稳定性更高。在 CK2 的基础上进行秸秆还田（CK3），胡敏酸/富里酸值略有降低但不显著。与 CK3 相比，NPK+S 处理土壤胡敏酸/富里酸值显著升高 59.1%。与 CK3 相比，OM+S 处理胡敏酸/富里酸值高出 71%。与 NPK+S 处理相比，OM+S 处理土壤有机质稳定性略高但未达到显著水平。与单施化肥（NPK）处理相比，添加有机肥（1/2NPK+1/2OM）能够显著促进土壤有机质累积并提升土壤有机质稳定性，其中胡敏酸/富里酸值提高 25.1%。在各处理中，施用有机肥（OM）土壤有机质最易累积且稳定性最高，比 NPK 处理 HA/FA 值高 55.7%。

综上所述，秸秆还田能显著增加土壤有机质及其各组分含量，促进有机质的累积并提高其稳定性。秸秆还田的同时施用肥料效果更佳，其中有机肥与秸秆混施效果优于化肥与秸秆混施。长期单施有机肥对土壤有机质累积，可溶性有机碳、富里酸、胡敏酸和胡敏素提升作用显著，有机质稳定性最高，效果最好。

4.3.2 激发式秸秆深还对潮土有机质含量的影响

试验设 3 种秸秆还田方式：① 秸秆移除（NSF0，不施肥；NSFR，施无机肥）；② 常规覆盖还田（SF0，不施肥），将上季玉米秸秆切成 20~50 mm 长条后直接均匀覆盖于土壤表面；③ 常规秸秆深还（ISFR，施无机肥）；④ 激发式秸秆深还，包括秸秆深还 +8% 有机氮（ISOM1），秸秆深还 +16% 有机氮（ISOM2），秸秆深还 +24% 有机氮（ISOM3），秸秆深还 +8% 无机氮（ISF1），秸秆深还 +16% 无机氮（ISF2），秸秆深还 +24% 无机氮（ISF3），共设 10 个处理。氮（N）、磷（P_2O_5）和钾（K_2O）用量分别为 210 kg·m⁻²、157.5 kg·m⁻² 和 105 kg·m⁻²。常规秸秆深还是在小麦播种前于种植行间开挖 40 cm 深、25 cm 宽的条沟埋入经粉碎的秸秆，播种 3 行小麦掩埋 1 行秸秆。激发式秸秆深还则是在行间埋入的秸秆上撒施精制有机肥或无机氮肥后进行掩埋，精制有机肥或无机氮肥设置 3 个施用梯度,分别为占总施氮量的 8%、16% 和 24%。

在同一年份,秸秆还田处理土壤有机质含量高于秸秆移除处理(表 4.3)。在 2014 年,与 NSF0 处理相比,ISOM 和 ISF 处理土壤有机质增幅分别为 49.32%~60.84% 和 42.14%~43.90%。在激发式秸秆处理下,有机肥处理(ISOM)土壤有机质含量显著高于无机肥处理(ISF),且随有机肥用量增加而增加。比较同一处理发现,经过连续 4 年的处理,除 NSF0 处理外,其余处理有机质含量均有不同幅度增加。从 2014 年的 ISFR、ISF1、ISF2 和 ISF3 处理来看,不同处理间土壤有机质呈逐渐增加的趋势。

表 4.3　不同处理对土壤有机质含量(g · kg⁻¹)的影响

处理	测定年份	
	2011	2014
NSF0	7.68 ± 0.09^{d}	7.38 ± 0.22^{g}
SF0	7.81 ± 0.38^{d}	8.73 ± 0.15^{f}
NSFR	7.95 ± 0.21^{cd}	8.75 ± 0.20^{f}
ISFR	7.96 ± 0.10^{cd}	9.93 ± 0.04^{e}
ISOM1	8.58 ± 0.19^{ab}	11.02 ± 0.25^{bc}
ISOM2	8.68 ± 0.13^{a}	11.12 ± 0.33^{b}
ISOM3	8.77 ± 0.17^{a}	11.87 ± 0.11^{a}
ISF1	8.15 ± 0.09^{bc}	10.49 ± 0.42^{d}
ISF2	8.30 ± 0.10^{b}	10.59 ± 0.30^{cd}
ISF3	8.06 ± 0.08^{bc}	10.62 ± 0.30^{cd}

注:同一列中不同字母表示处理间差异达到显著水平($P<0.05$)。

秸秆还田有利于土壤有机质增加,秸秆深还配施氮肥激发效果更佳,可能是由于深层土壤通气性较差,避免了秸秆分解,有利于有机质累积;另外,将秸秆集中深埋入沟,通过添加外源氮提升微生物活性,促进了秸秆向土壤有机质转化,使得秸秆深还有利于土壤有机质累积。随着试验年限增加,有机氮肥激发的秸秆深还提高土壤有机质的效应显著高于无机氮肥,可能是由于:① 有机肥中有机质含量较高;② 有机肥中含有能促进秸秆腐解的微生物。在利用无机氮肥激发时,氮肥配比小于 24% 时,秸秆腐解为有机质的数量随着激发消耗氮肥比例增加而增加,可能是由于秸秆中含碳量较高,施入氮肥调节其 C/N,从而有利于微生物生长,促进秸秆腐解成为有机质。

4.3.3　耕作措施对潮土肥力的影响

保护性耕作试验始于 2006 年玉米季,包括 8 个处理:① 每年翻耕一次、无秸秆还田 ($C_{NT}W_{T}$);② 每年翻耕一次、秸秆还田($C_{NT}W_{T}S$);③ 每 2 年翻耕一次、无秸秆还田($C_{NT}W_{2T}$);④ 每 2 年翻耕一次、秸秆还田($C_{NT}W_{2T}S$);⑤ 每 4 年翻耕一次、无秸秆还田($C_{NT}W_{4T}$);⑥ 每 4 年翻耕一次、秸秆还田($C_{NT}W_{4T}S$);⑦ 长期免耕、无秸秆还田($C_{NT}W_{NT}$)和⑧ 长期免耕、秸秆还田($C_{NT}W_{NT}S$)。每个处理重复 4 次,小区面积为 7 m × 6.5 m。其中少耕、免耕和秸秆还田处理被作为保护性耕作管理体系,而常规耕作管理体系指每年翻耕一次、无秸秆还田。翻耕处理于 10

月玉米收获后进行,翻耕深度为 20 ~ 22 cm。秸秆还田处理是用粉碎机将作物秸秆粉碎(玉米秸秆 2 ~ 3 cm,小麦秸秆 6~7 cm),前茬作物秸秆均匀撒在地表,混入土中;免耕处理前茬作物秸秆均匀撒在地表。

(1)耕作措施对土壤物理性质的影响

耕作管理对土壤容重的影响较为显著。随着翻耕频率减少,土壤容重逐渐增大,0~20 cm 土壤容重最大值为处理 $C_{NT}W_{NT}$,分别比 $C_{NT}W_T$、$C_{NT}W_{2T}$ 和 $C_{NT}W_{4T}$ 增加了 12.86%、13.06% 和 6.58%。完全免耕土壤容重值较高,但少耕如 $C_{NT}W_{2T}$ 降低了表层土壤容重。秸秆还田一定程度减小了土壤容重,但效果不显著(舒馨等,2014)。

土壤饱和导水率是反映管理措施对土壤水分渗透性能影响的指标。$C_{NT}W_{TS}$ 处理土壤的饱和导水率最高,为 32.16 mm · h^{-1}。随着翻耕频率减少,土壤饱和导水率显著降低,$C_{NT}W_{NT}$ 处理分别比 $C_{NT}W_T$ 和 $C_{NT}W_{2T}$ 低 36.33% 和 26.55%,与 $C_{NT}W_{4T}$ 差异不明显。秸秆还田处理土壤的饱和导水率明显高于秸秆移除处理,$C_{NT}W_{TS}$、$C_{NT}W_{2TS}$、$C_{NT}W_{4TS}$ 和 $C_{NT}W_{NTS}$ 分别比秸秆移除处理($C_{NT}W_T$、CN_TW_{2T}、$C_{NT}W_{4T}$ 和 $C_{NT}W_{NT}$)提高了 37.61%、19.69%、49.52% 和 11.49%(舒馨等,2014)。

(2)耕作措施对土壤有机质含量的影响

连续 6 年保护性耕作试验结果表明,由于翻耕频率与秸秆处理方式不同,土壤有机碳和全氮在不同深度土体和不同耕作管理体系下呈现出显著差异(陈文超等,2015)。如表 4.4 所示,除 $C_{NT}W_TS$ 和 $C_{NT}W_{2T}$ 外,其他处理均呈现出随深度增加土壤有机碳含量下降的趋势,0 ~ 5 cm 土层有机碳含量显著高于 10 ~ 20 cm 土层,可能是由于有机肥、作物凋落物和残茬等更多地留在地表,特别是在免耕和间歇性翻耕处理下,土壤扰动较少,有机碳更易在表层积累。不同耕作处理下 0~5 cm 土壤有机碳含量存在显著差异:无秸秆还田条件下,与 $C_{NT}W_T$ 相比,$C_{NT}W_{2T}$、$C_{NT}W_{4T}$ 和 $C_{NT}W_{NT}$ 处理土壤有机碳含量分别提高了 2.40%、2.80% 和 16.00%;在秸秆还田条件下,与 $C_{NT}W_TS$ 相比,$C_{NT}W_{2T}S$、$C_{NT}W_{4T}S$ 和 $C_{NT}W_{NT}S$ 处理土壤有机碳含量分别提高了 1.16%、10.08% 和 12.07%,表明降低翻耕频率或完全免耕一定程度促进了土壤有机碳积累,可能与降低翻耕频率减少土壤有机碳的矿化相关。

表 4.4　不同耕作管理体系下土壤有机碳和全氮含量

试验处理	总有机碳含量 /(g C · kg^{-1})			全氮含量 /(g N · kg^{-1})		
	0 ~ 5 cm	5 ~ 10 cm	10 ~ 20 cm	0 ~ 5 cm	5 ~ 10 cm	10 ~ 20 cm
$C_{NT}W_TS$	6.05^{Abc}	6.08^{Aa}	5.56^{Bb}	0.81^{Ab}	0.84^{Aa}	0.74^{Ba}
$C_{NT}W_{2T}S$	6.12^{Ab}	6.03^{Ba}	5.78^{Ba}	0.80^{Bb}	0.85^{Aa}	0.71^{Ca}
$C_{NT}W_{4T}S$	6.66^{Aa}	5.95^{Ba}	5.67^{Cab}	0.91^{Aa}	0.84^{Ba}	0.69^{Cab}
$CN_TW_{NT}S$	6.78^{Aa}	5.80^{Ba}	5.30^{Cc}	0.90^{Aa}	0.76^{Bbc}	0.71^{Bab}
$C_{NT}W_T$	5.00^{Ad}	4.80^{Ac}	4.60^{Ad}	0.76^{Ab}	0.78^{Ab}	0.66^{Bbc}
$C_{NT}W_{2T}$	5.12^{Ad}	5.30^{Ab}	4.27^{Be}	0.79^{Ab}	0.79^{Ab}	0.63^{Bc}
$C_{NT}W_{4T}$	5.14^{Ad}	5.10^{Ab}	4.29^{Be}	0.82^{Ab}	0.74^{Bcd}	0.68^{Cb}
$C_{NT}W_{NT}$	5.80^{Ac}	4.78^{Bc}	3.94^{Cf}	0.80^{Ab}	0.72^{Ad}	0.64^{Bc}

注:同一行中不同大写字母表示土层间差异达到显著水平,同一列中不同小写字母表示处理间差异达到显著水平(P<0.05)。

除 $C_{NT}W_TS$、$C_{NT}W_{2T}S$ 和 $C_{NT}W_T$ 处理外,其他处理均出现随深度增加土壤全氮含量下降的趋势,0~5 cm 土层氮含量显著高于 10~20 cm 土层。不同耕作处理下 0~5 cm 土壤氮含量存在显著差异:在无秸秆还田条件下,与 $C_{NT}W_T$ 相比,$C_{NT}W_{2T}$ 和 $C_{NT}W_{4T}$ 和 $C_{NT}W_{NT}$ 处理土壤氮含量分别提高了 3.94%、7.89% 和 5.26%;在秸秆还田条件下,与 $C_{NT}W_TS$ 相比,$C_{NT}W_{2T}S$、$C_{NT}W_{4T}S$ 和 $C_{NT}W_{NT}S$ 处理土壤氮含量分别提高了 −1.23%、1.35% 和 11.11%。

不同耕作管理体系下土壤可溶性有机碳(DOC)和有机氮(DON)含量分别为 45.99~89.57 mg·kg^{-1} 和 13.02~58.97 mg·kg^{-1}。在同一土层,不同耕作条件下土壤可溶性有机碳和有机氮含量存在较大差异。在无秸秆还田条件下,与 $C_{NT}W_T$ 相比,$C_{NT}W_{2T}$、$C_{NT}W_{4T}$ 和 $C_{NT}W_{NT}$ 处理土壤可溶性有机碳和有机氮含量有所降低;在秸秆还田条件下,除 $C_{NT}W_{2T}S$ 处理 0~5 cm 土层和 $C_{NT}W_{NT}S$ 处理 10~20 cm 土层外,$C_{NT}W_{2T}S$、$C_{NT}W_{4T}S$ 和 $C_{NT}W_{NT}S$ 处理土壤可溶性有机碳和有机氮含量均较 $C_{NT}W_TS$ 处理有不同程度提高。表明单纯地降低翻耕频率不能增加土壤可溶性有机碳含量,只有耦合秸秆还田才能提高土壤可溶性有机碳和有机氮含量(陈文超等,2015)。

土壤易氧化有机碳(LOC)是指能被 333 mmol·L^{-1} 的 KMnO$_4$ 所氧化的有机碳组分(张瑞等,2013)。与有机碳含量不同,土壤易氧化有机碳含量在不同土层间并没有明显差异(陈文超等,2015)。除 $C_{NT}W_{4T}$ 处理外,间歇性翻耕($C_{NT}W_{2T}S$、$C_{NT}W_{4T}S$ 和 $C_{NT}W_{2T}$)和完全免耕($C_{NT}W_{NT}S$ 和 $C_{NT}W_{NT}$)处理下以 10~20 cm 土壤易氧化有机碳含量最低,降低翻耕频率引起土壤易氧化有机碳向表层聚集。多因素方差分析表示,秸秆还田对易氧化有机碳含量的提升效应主要发生在 0~5 cm 和 5~10 cm 土层。此外,在 $C_{NT}W_{4T}S$ 和 $C_{NT}W_{NT}S$ 处理中,还表现出秸秆还田与耕作模式的交互效应。

(3)耕作措施对土壤团聚体的影响

采用湿筛法,对连续 8 年保护性耕作处理土壤团聚体及其稳定性进行了研究(张先凤等,2015)。不同处理土壤中细大团聚体(0.25~2 mm)的质量比例为 41.9%~63.0%,显著高于其他粒级,而粉黏粒(<0.053 mm)质量比例最小(图 4.2)。与 $C_{NT}W_T$ 相比,$C_{NT}W_{2T}$、$C_{NT}W_{4T}$ 和 $C_{NT}W_{NT}$ 显著提高了 0~5 cm 和 5~10 cm 土层中粗大团聚体(>2 mm)质量比例,提高率为 35.8%~77.0%,以 $C_{NT}W_{NT}$ 处理效果最为明显;10~20 cm 土层中细大团聚体质量比例提高了 28.1%,以 $C_{NT}W_{2T}$ 和 $C_{NT}W_{NT}$ 处理效果最为明显。通过配对样本 t 检验发现,秸秆还田使 0~5 cm、5~10 cm 和 10~20 cm 土层中大团聚体(>0.25 mm)质量比例分别提高了 5.3%、1.6% 和 2.3%,同时 0~20 cm 土层微团聚体(0.053~0.25 mm)和粉黏粒质量比例下降了 12.1% 和 8.2%。

降低翻耕频率或秸秆还田使得不同土层中团聚体稳定性有所提升,前者使 0~10 cm 土壤团聚体平均重量直径(MWD)和几何平均直径(GMD)分别增加了 11.9%~31.6% 和 4.1%~13.7%,后者使 0~20 cm 土层中团聚体的 MWD 和 GMD 分别增加 3.5% 和 4.5%,翻耕频率对团聚体稳定性的影响程度显著高于秸秆还田处理(张先凤等,2015)。

耕作管理对土壤团聚体中有机碳分布的影响明显。由表 4.5 可见,在 8 个处理土壤中,不同粒径团聚体有机碳含量呈:粉黏粒 > 细大团聚体 > 粗大团聚体 > 微团聚体的趋势。0~10 cm 土层中各粒径团聚体有机碳含量随翻耕频率降低而提高,秸秆还田对 0~20 cm 土壤中团聚体有机碳影响明显,耕作模式耦合秸秆还田对团聚体有机碳含量的影响显著大于单独的降低翻耕频率或秸秆还田。

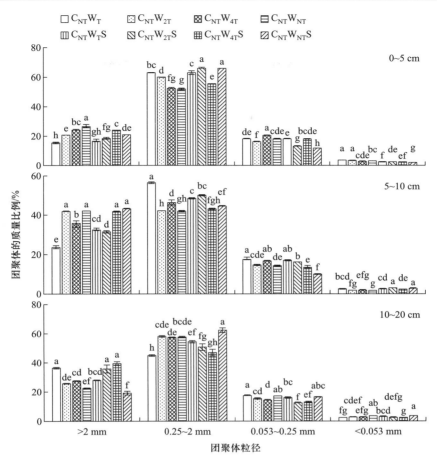

图 4.2　不同耕作管理体系下土壤团聚体的质量比例

注：不同字母表示同一粒级团聚体质量比例在处理间差异达到显著水平（P<0.05）。

表 4.5　不同耕作管理体系下土壤团聚体中有机碳的含量

处理	粗大团聚体 （>2 mm）	细大团聚体 （0.25~2 mm）	微团聚体 （0.053~0.25 mm）	粉黏粒 （<0.053 mm）
	0~5 cm			
$C_{NT}W_T$	7.00 ± 0.55^{fg}	6.55 ± 0.10^{de}	4.46 ± 0.28^{d}	8.14 ± 0.59^{de}
$C_{NT}W_{2T}$	7.27 ± 0.12^{defg}	6.37 ± 0.23^{e}	4.55 ± 0.03^{cd}	8.01 ± 0.58^{e}
$C_{NT}W_{4T}$	7.30 ± 0.25^{cdefg}	7.06 ± 0.12^{cde}	5.37 ± 0.12^{ab}	8.48 ± 0.28^{cde}
$C_{NT}W_{NT}$	6.81 ± 0.24^{g}	7.62 ± 0.10^{bc}	5.17 ± 0.06^{b}	9.39 ± 0.21^{bc}
$C_{NT}W_T S$	8.75 ± 0.28^{a}	8.64 ± 0.11^{a}	5.32 ± 0.11^{ab}	10.04 ± 0.24^{ab}
$C_{NT}W_{2T} S$	8.31 ± 0.23^{ab}	9.36 ± 0.19^{a}	5.68 ± 0.17^{a}	10.59 ± 0.16^{a}
$C_{NT}W_{4T} S$	7.37 ± 0.28^{bcdefg}	8.38 ± 0.11^{ab}	5.43 ± 0.12^{ab}	9.71 ± 0.53^{ab}
$C_{NT}W_{NT} S$	7.24 ± 0.43^{efg}	9.40 ± 0.88^{a}	5.45 ± 0.26^{ab}	10.20 ± 0.21^{ab}

处理	粗大团聚体 （>2 mm）	细大团聚体 （0.25~2 mm）	微团聚体 （0.053~0.25 mm）	粉黏粒 （<0.053 mm）
		5~10 cm		
$C_{NT}W_T$	6.74 ± 0.29^{ef}	5.99 ± 0.34^{cde}	4.44 ± 0.08^{e}	7.63 ± 0.42^{fg}
$C_{NT}W_{2T}$	7.00 ± 0.30^{bcde}	6.56 ± 0.07^{bc}	4.53 ± 0.18^{de}	8.54 ± 0.04^{def}
CN_TW_{4T}	6.81 ± 0.13^{def}	7.71 ± 0.32^{a}	5.22 ± 0.17^{a}	9.81 ± 0.55^{abcd}
$C_{NT}WN_T$	5.58 ± 0.26^{g}	5.61 ± 0.01^{de}	3.79 ± 0.08^{g}	7.12 ± 0.45^{g}
$C_{NT}W_TS$	7.92 ± 0.06^{a}	8.02 ± 0.32^{a}	5.29 ± 0.01^{a}	10.91 ± 0.27^{a}
$C_{NT}W_{2T}S$	7.68 ± 0.20^{a}	7.73 ± 0.50^{a}	4.76 ± 0.06^{bcde}	8.80 ± 0.88^{cdef}
$C_{NT}W_{4T}S$	6.84 ± 0.08^{cdef}	7.19 ± 0.27^{ab}	4.62 ± 0.21^{cde}	9.21 ± 0.24^{bcd}
$C_{NT}W_{NT}S$	6.33 ± 0.29^{f}	5.20 ± 0.09^{e}	3.87 ± 0.08^{fg}	7.70 ± 0.45^{efg}
		10~20 cm		
$C_{NT}W_T$	5.71 ± 0.29^{abcde}	4.74 ± 0.22^{abc}	3.83 ± 0.12^{abcd}	6.53 ± 0.29^{a}
$C_{NT}W_{2T}$	5.36 ± 0.17^{cdef}	4.55 ± 0.33^{abc}	3.84 ± 0.27^{abcd}	6.22 ± 0.44^{a}
$C_{NT}W_{4T}$	5.31 ± 0.18^{ef}	5.33 ± 0.63^{a}	3.65 ± 0.36^{bcde}	7.35 ± 0.63^{a}
$C_{NT}W_{NT}$	5.03 ± 0.16^{f}	4.09 ± 0.22^{c}	3.02 ± 0.14^{e}	6.58 ± 0.62^{a}
$C_{NT}W_TS$	5.35 ± 0.14^{def}	5.05 ± 0.35^{abc}	4.45 ± 0.23^{a}	7.69 ± 0.23^{a}
$C_{NT}W_{2T}S$	5.86 ± 0.31^{abcde}	4.28 ± 0.37^{bc}	3.45 ± 0.47^{cde}	7.31 ± 0.95^{a}
$C_{NT}W_{4T}S$	6.07 ± 0.01^{a}	5.18 ± 0.20^{ab}	3.66 ± 0.07^{abcde}	7.74 ± 0.12^{a}
$C_{NT}W_{NT}S$	5.39 ± 0.19^{bcdef}	4.39 ± 0.16^{abc}	3.24 ± 0.19^{de}	6.13 ± 0.74^{a}

注：同一列中不同字母表示同一土层同一粒级团聚体有机碳含量在处理间差异达到显著水平（$P<0.05$）。

在 0~20 cm 土层中，各粒级团聚体对土壤有机碳的相对贡献依次为：细大团聚体 > 粗大团聚体 > 微团聚体 > 粉黏粒，并且各团聚体之间差异显著，说明潮土有机碳主要积累在大团聚体中。通过降低翻耕频率，提高了 0~10 cm 土层中粗大团聚体和 10~20 cm 土层中细大团聚体对潮土有机碳积累的相对贡献，增幅分别达到 49.2% 和 29.1%。

4.3.4　潮土有机质的累积过程和机制

封丘站有机无机肥长期定位试验建立于 1989 年 9 月，包括单施有机肥（OM 或者 CM）、有机肥 + 无机氮肥混施（HCM 或者 1/2OM）、氮磷钾肥单施（NPK）、氮磷肥单施（NP）、氮钾肥单施（NK）、磷钾肥单施（NK）和长期不施肥（CK）。

（1）土壤有机质的累积特点

18 年的有机肥连续施用显著提高了土壤有机碳含量，CM 和 HCM 处理有机碳含量分别为 9.91 g C·kg^{-1} 和 7.63 g C·kg^{-1}，增幅分别达到 124% 和 72%，而 NPK 处理只增加 27%；相反，长期不施肥处理降低了土壤有机碳含量（Yu et al., 2012a）。潮土有机碳（4.45 g C·kg^{-1}）平衡要求外源有机碳年输入量 2040 kg C·hm^{-2}, CM 处理有机碳年净固定量为 580 kg C·hm^{-2}, HCM 处理是 350 kg C·hm^{-2}, 而 NPK 处理只有 70 kg C·hm^{-2}（Fan et al., 2014）。因此, 施用有机肥或秸秆是提高潮土有机碳含量的关键（Cai and Qin, 2006）。

长期施肥改变了土壤有机质组成, 与 CK 处理相比, 有机肥施用增加了土壤中甲氧基/含氮烷基碳、酚基碳、羧基碳、烷氧碳和含氧烷基碳, 施用化肥更多地增加甲氧基/含氮烷基碳和烷基碳。表明有机肥和化肥提高土壤有机碳的本质存在着很大的差异, 有机肥施用同时提高烷氧碳和芳香碳, 化肥主要提高烷氧碳和烷基碳（郭素春等, 2013; Yu et al., 2015）。

（2）潮土团聚体的形成机制

有机肥施用显著提高了大团聚体（>250 μm）有机碳的累积量, 微团聚体（53~250 μm）组分增加量次之, 粉黏粒（<53 μm）组分增加较少, 从而改变了土壤有机碳在各团聚体中的分布。土壤中有机碳向大团聚体（>250 μm）转移最为明显。NPK 平衡施用与 NP、PK 和 NK 相比, 除大团聚体（>250 μm）有机碳含量增加不明显外, 微团聚体（53~250 μm）和粉黏粒（<53 μm）组分中有机碳都有一定量的增加。导致这种增加的主要原因是有机肥施用促进了大团聚体形成, 相应地减少了微团聚体和粉黏粒组分中所占的比例（Yu et al., 2012a）。相反, NPK 处理并没有改变土壤团聚体质量比。很明显, 土壤有机碳含量增加与团聚体形成之间存在着联动关系, 正是团聚体的形成促进了有机碳的快速积累。

有机肥施用显著促进了团聚体形成, 无机肥则并没有改变团聚体质量分配, 这种变化与不同团聚体中有机碳含量增加有关。有机肥施用不同程度地提高了各团聚体中有机碳含量, 而 NPK 等处理主要增加了粉黏粒组分中有机碳含量。相关分析表明, 大团聚体和大团聚体/微团聚体质量比与粉黏粒组分中有机碳含量密切相关。由此表明, 粉黏粒组分中有机碳含量可能控制着团聚体的形成, 只有其有机碳含量达到一定水平时, 才能有效地促进土壤团聚体的形成（Yu et al., 2012a）。

土壤微团聚体中有机碳最为稳定, 而不是通常认为的粉黏粒组分。因此, 有机肥长期施用, 提高土壤有机碳含量可能与微团聚体有机碳含量提高, 尤其是通过微团聚体进一步形成大团聚体密切相关。要增加土壤有机碳含量, 首先要提高粉黏粒组分中有机碳, 同时需要粉黏粒组分不断地结合形成微团聚体, 进而形成大团聚体（Yu et al., 2012b）。

（3）土壤有机质累积与微生物群落的关系

有机肥长期施用（OM）提高了土壤微生物生物量, 这种增加主要是通过提高细菌数量实现, 相反显著降低了放线菌数量。NPK 处理也主要降低放线菌数量。有机肥（OM）施用降低了单不饱和磷脂脂肪酸含量, 即好氧菌数量, 一定程度增加了支链磷脂脂肪酸含量, 即厌氧菌数量。很明显, 有机肥长期施用通过提高有机碳含量、促进团聚体形成, 形成更加还原的环境条件, 抑制了好氧菌生长, 使得好氧菌/厌氧菌的比例更低, 减少外源有机物质特别是易分解有机物质直接氧化为 CO_2, 并通过活性和难分解有机碳的共同积聚, 加速土壤有机碳累积。土壤有机质累积—团聚体形成—微生物群落结构演替之间存在着互动关系（Zhang et al., 2015a）。

利用高通量测序技术研究了潮土细菌特征, 构建了热图, 并对门水平分类上细菌 OUT 组成进行聚类分析（图 4.3）。聚类显示有机肥处理与化肥处理分别分布于两大分支内, 说明有机肥施入显著改变了潮土细菌群落结构及组成。由细菌物种聚类来看, 与 CK 相比, 长期施用 OM 和 1/2OMN 均能显著提高潮土中厚壁菌门（Firmicutes）的相对含量, 说明 Firmicutes 内的物种对于外源有机碳的长期投入最为敏感（Feng et al., 2015）。

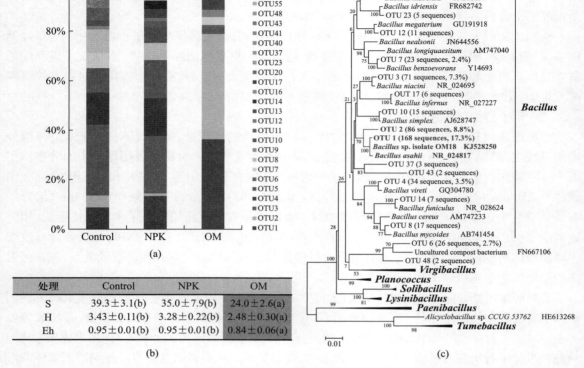

处理	Control	NPK	OM
S	39.3±3.1(b)	35.0±7.9(b)	24.0±2.6(a)
H	3.43±0.11(b)	3.28±0.22(b)	2.48±0.30(a)
Eh	0.95±0.01(b)	0.95±0.01(b)	0.84±0.06(a)

(b)

图 4.3　不同施肥处理下潮土芽孢杆菌群落占比和结构变化（参见书末彩插）

对不同处理进行 LEfSe（least discriminant analysis effect size）分析,发现潮土细菌组成差异主要集中在 OM、1/2OMN、NK 及 Control 四个处理之间。具体表现在菌群 Firmicutes、Chlorofleix、Acidobacteria 和 Nitrospira,其中以 Firmicutes 的差异最为显著。OM 处理主要提高了芽孢杆菌属（*Bacillus*）、微枝形杆菌属（*Microvirga*）、*Arenimonas*、红球菌属（*Rhodococcus*）、链霉菌属（*Streptomyces*）及 *Adhaeribacter* 的比例;1/2OMN 处理也主要提高了 *Bacillus* 的比例。

进一步提高分辨率,聚焦在高通量数据中的 Firmicutes。OM 处理芽孢杆菌纲在 Firmicutes 中占比高达 92%,而其他施肥处理均不超过 85%,说明施用有机肥促进了潮土中芽孢杆菌生长。同时 OM 处理下芽孢杆菌纲的物种组成和其他几个处理也大不同。虽然高通量测序技术明确显示潮土 Firmicutes 中芽孢杆菌内的物种对施用有机肥最敏感,但是由于该技术获得基因片段只有 400 bp 左右,其保存的生物信息不足,故无法明确指示具体物种。因此需进一步利用芽孢杆菌核糖体上 1250 bp 长度的特异性片段来继续跟踪其对有机肥的响应（Feng et al.,2015）。

对潮土中芽孢杆菌群落构建了 1250 bp 长度的克隆文库（覆盖率为 84.6%）（图 4.4）。长期施用有机肥改变潮土中芽孢杆菌群落结构和多样性。例如,Shannon（S）、Richness（H）和 Evenness（Eh）三个多样性指数均在施用有机肥的土壤中下降。但是,OTU1 和 OTU2 从 control 处理的 4.2% 上升到 OM 处理的 23.5% 和 27.6%,而且该两个 OTU 在 NPK 处理和 control 处理中并没有差异。系统发育树分析显示 OTU1 和 OTU2 均隶属于 *Bacillus asahii*。通过改进筛选方案获得的 *Bacillus asahii* 纯菌也证实了它们是潮土中优势微生物。为了明确该物种是由有机肥料带入还是土著微生物被诱导,对有机肥料中芽孢杆菌群落进行了克隆文库分析,发现没有 *Bacillus asahii*(OTU1 和 OTU2),即说明该微生物是潮土中的土著微生物。

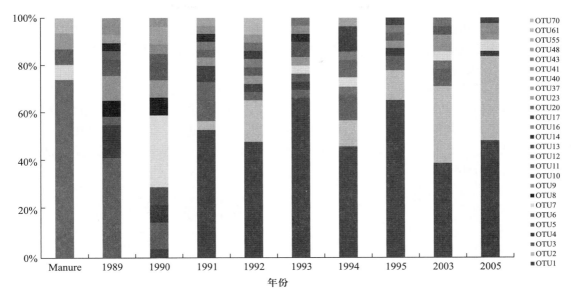

图 4.4 1989—2009 年有机肥处理土壤中芽孢杆菌群落演替的克隆文库分析(参见书末彩插)

聚类分析显示,21 年间芽孢杆菌群落结构经历了 4 个阶段。第一个阶段是 1989 年,有机肥施入使得本底土壤中芽孢杆菌群落结构发生了最大的变化;第二个阶段是 1990—1995 年;第三个阶段是 1996—2003;第四个阶段是 2004—2009 年。其中,第三和第四阶段的群落结构较为相似,形成了一个分支和第二阶段分开,暗示芽孢杆菌群落变化主要发生在 1990—1995 年。对具体条带的分析发现,条带 4 于 1993 年出现,到 1994 年后成为优势条带。系统发育树揭示该条带属于 *Bacillus asahii*。*Bacillus asahii* 在 1991 年成为潮土中优势微生物,并且在随后的近 20 年间,它在芽孢杆菌中的比例在 40% ~ 72% 浮动。为了明确 *Bacillus asahii* 的功能,对获得的 *Bacillus asahii* 野生型菌株进行生理生化测定,该菌有丰富的代谢能力和具有较强的脂类降解能力和解磷能力。该微生物还有别于其他芽孢杆菌,在代谢的时候不产生有机酸。这些独特的性质可能使它在高有机质输入的碱性土壤中成为优势微生物。回接实验进一步发现该微生物可以提高土壤多酚氧化酶和脂肪酶的活性。这两个酶活性的提高有利于有机肥料中养分的释放。

(4)外源有机碳在土壤和团聚体中的累积规律

利用有机 – 无机肥长期定位试验土壤,通过 ^{13}C 标记葡萄糖,研究了外源碳在土壤中的累积规律。在 30 天的培育期内,在 CM 处理土壤中 ^{13}C 标记葡萄糖碳的残留率为 53%,显著高于 NPK 土壤的 42% 和 CK 的 21%。研究结果表明,外源活性有机碳在土壤中的稳定性受其本身肥力水平影响,有机碳含量高的土壤可以更加有效地促进外源活性碳在土壤中的存留(Zhang et al.,2013)。

在有机肥长期施用土壤中外加葡萄糖后,好氧菌数量增加有限,但明显提高了革兰氏阳性菌(G⁺ 细菌)的生长;相反,NPK 土壤刺激了好氧菌的生长,很显然土壤微环境控制了微生物群落结构,通过减少好氧菌数量来促进外源活性有机碳的累积。同时也发现,随着培养时间的延续,细菌数量下降,真菌和放线菌数量逐步增加,表明真菌和放线菌可能利用细菌代谢产物或者死亡后的物质,逐步把易分解有机碳转化为难分解性有机碳,存在着微生物接力利用外源有机碳的机制(Zhang et al.,2013)。由此可见,减缓活性有机碳在土壤中被好氧菌利用,增加被革兰氏阳性菌利用,不仅可以减缓其分解速率,同时也更加有效地把易分解有机碳转化为难分解性有机碳,从而被保留在土壤中。

外源活性碳在土壤团聚体中稳定化的数量随培育时间延长而增加(图 4.5)。有机碳首先进入大团聚体,随着培育时间的延续,大团聚体中有机碳不断向粉沙和黏粒组分转移,而微团聚体中外源有机碳变化不明显,从而实现外源有机碳的稳定化。驱动这种转化的关键是微生物接力利用,实现外源有机碳有机质化。然而,具体的机制目前尚不清楚,有待深入研究(Zhang et al.,2015b)。

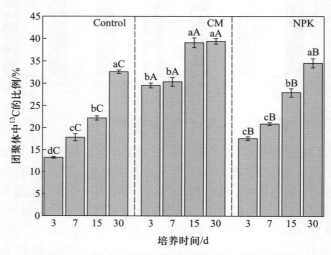

图 4.5 团聚体中外源 ^{13}C 占土壤 ^{13}C 总量的比例

注:不同大写字母表示同一时间不同处理间差异达到显著水平,不同小写字母表示同一处理不同测定时间之间差异达到显著水平($P<0.05$)。

4.4 潮土水、氮循环过程与高效利用

黄淮平原降水较少并且年内分配不均,水分是制约区域粮食生产最为重要的因素之一。

4.4.1 封丘典型县域水分利用效率

(1)小麦和玉米需水耗水规律

从 1996 年起,封丘站逐步建立了大型蒸渗仪系统,对作物需水和耗水规律进行了研究。结果表明(图 4.6),作物需水高峰集中在 3—5 月和 7—8 月,降水主要集中在 7—9 月,与玉米需水高峰重叠,但与小麦需水规律不符。总体而言,要达到高产,作物全年需水量为 830 mm,其中玉米季需水 358 mm,降水基本就能满足作物水分需求;小麦季需水 473 mm,仅靠降水是不够的,必

须通过灌溉获取亏缺的 311 mm 水分。小麦季和玉米季降水的年际变异差不多，均在 40% 左右，但在灌溉条件下，小麦季耗水的变异明显小于玉米季。所以，玉米在丰水年易受水涝影响，枯水年同样需要灌溉。

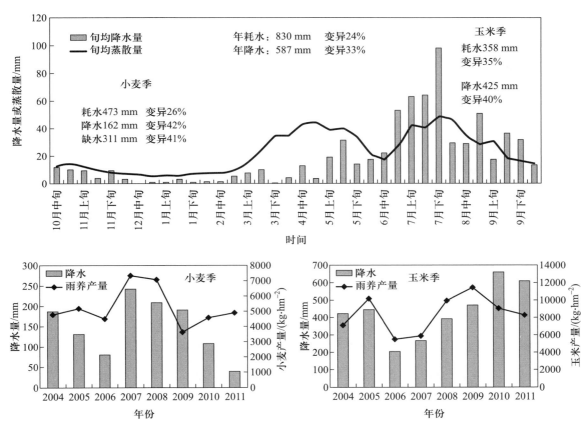

图 4.6　1999—2011 年作物耗水和降水情况以及雨养农田作物产量和降水量

（2）雨养农田水分生产潜力

鉴于目前日益严峻的水资源形势，通过雨养农田长期试验可获知未来无水可灌的情况下本地区农田的生产潜力到底有多大。从 1996 年开始，封丘站开展了雨养农田和常规水肥处理的长期试验。结果表明（图 4.6），即便无水可灌，玉米产量仍可达到 8400 kg·hm^{-2}，与常规处理相当；小麦约为 5246 kg·hm^{-2}，可达到常规农田产量的 60%~70%。不灌溉情况下作物产量与生育期降水量密切相关，尤其是玉米季，降水多、产量高，反之则低。但是同样表明，过多的降水会导致水涝，影响玉米产量。因为降水具有年际波动性，所以不灌溉情况下受降水量年际变化的影响，作物产量的稳定性就得不到保障。小麦和玉米产量的变异多年均值为 25%，波动最大值可达70%，最高值是最低值的 2 倍。

（3）水分生产效率

根据封丘历年粮食产量与农田耗水量，计算可得出本地区几十年来水分利用效率的变化。20 世纪 50 年代初的水分利用率尚在 2.25 kg·hm^{-2}·mm^{-1} 上下，以后逐步下降至 1964 年的 0.579 kg·hm^{-2}·mm^{-1}。随后灌溉用水逐年增加,但没有解决缺磷少氮的障碍因子,反而由于灌排没有协调好而产生次生盐渍化危害,粮食产量下降,水分利用率走向低谷。20 世纪 80 年代以后,随着化肥用量逐年增加,水、肥、土条件优化组合,水分利用率呈现显著上升的趋势。到 2000 年水分利用率已上升到 10.5 kg·hm^{-2}·mm^{-1} 左右(徐富安和赵炳梓,2001)。

封丘站从 2006 年开始布设水氮耦合长期试验,展开了水氮耦合的系统研究。如图 4.7 所示,在不施氮肥的情况下冬小麦的水分利用效率低于 5.0 kg·hm^{-2}·mm^{-1},夏玉米的水分利用效率也仅能达到 6.0 kg·hm^{-2}·mm^{-1};施加氮肥后,即便是 150 kg N·hm^{-2} 的用量,小麦和玉米的水分利用效率能达到 15.0 kg·hm^{-2}·mm^{-1},高于 21 世纪初的水平。在低水分处理下,增施氮量可以提高水分利用效率,高水处理则不明显。随着施氮量的增高,超过临界点,作物水分利用效率反而下降。由此可见,合理的水氮施用和管理水平对提高作物水分利用效率至关重要。此外,雨养条件下,冬小麦的水分利用效率可达 23.3 kg·hm^{-2}·mm^{-1},是各处理中最高的;玉米的水分利用效率也可达到 21.2 kg·hm^{-2}·mm^{-1},与常规水肥处理相当。

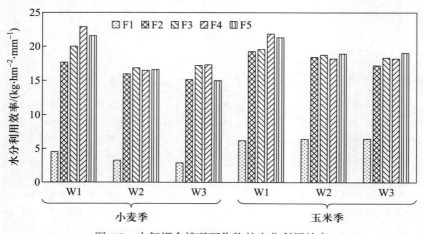

图 4.7　水氮耦合情况下作物的水分利用效率

4.4.2　不同深度土壤水分对小麦产量的贡献

土壤蒸发和植物蒸腾造成土壤和植物体内水分的氢氧同位素分馏。基于封丘站水氮耦合的长期试验,将线性混合模型和 δD–δ^{18}O 曲线耦合起来,利用各水源氢氧同位素组成的差异解析了各可利用水源对冬小麦生长的贡献。

各种水源对冬小麦的贡献随着生育期变化而变化(表 4.6)。在分蘖期、返青期和拔节期,20 cm 处土壤水为冬小麦的主要水源,在孕穗期、开花期和乳熟期则很少被作物利用(<5%);40 cm 处土壤水是冬小麦的重要水源,除了返青期(13.4%)和开花期(14.9%),在其余生育期的贡献均超过了 22.8%,乳熟期甚至高达 47.5%;80 cm 处土壤水在拔节期以前利用较少,但从孕穗到抽雄期,其占全部水源的比例均在 33.0% 以上;180 cm 处土壤水在孕穗期和开花期利用较多(分别为 17.2% 和 31.3%),但在乳熟期利用不多(7.7%);地下水在开花期达到 16.4%,在孕穗和乳熟期利用较少。

表 4.6　不同水源对冬小麦各生育期的贡献　　　（单位：%）

	分蘖期	返青期	拔节期	孕穗期	开花期	乳熟期
P_{S1}	56.7 ± 0.8	76.7 ± 2.8	55.9 ± 8.1	3.3 ± 1.2	4.4 ± 0.1	2.2 ± 2.8
P_{S2}	22.8 ± 0.3	13.4 ± 2.1	34.3 ± 5.6	28.2 ± 6.3	14.9 ± 3.6	47.5 ± 6.8
P_{S3}	20.5 ± 0.3	9.9 ± 0.6	9.8 ± 2.4	42.3 ± 4.8	33.0 ± 7.4	39.5 ± 8.2
P_{S4}	—	—	—	17.2 ± 2.9	31.3 ± 13.5	7.7 ± 0.5
P_{G}	—	—	—	9.0 ± 3.6	16.4 ± 1.2	3.1 ± 3.6

注：表中数据均为平均值 ± 标准误。P 为对小麦的贡献；下标 S1、S2、S3、S4 和 G 分别指 20 cm、40 cm、80 cm、180 cm 土壤水和地下水。

从分蘖期到拔节期，地下水位在 2.7～4.0 m 变化，而冬小麦根系在这 3 个生育期很难达到该深度，冬小麦在此生长阶段没有利用地下水。从孕穗期到乳熟期，冬小麦对地下水的利用与地下水位的变化一致，即从孕穗期（地下水位为 3.3 m，贡献为 9.0%）开始上升到开花期地下水位（3.1 m）及其贡献（16.4%）均达到最大，而乳熟期又呈下降趋势（地下水位为 3.3 m，贡献为 3.1%）。

4.4.3　有机－无机肥长期施用条件下养分利用效率

计算了有机－无机肥长期定位试验各处理的 20 年平均养分利用率，这里的养分利用率（亦称表观利用率）为（施肥处理作物地上部的养分累积量 – 施肥缺素作物地上部的养分累积量）/施肥量，如氮肥利用率，以 PK 处理为对照（图 4.8）。总体来说，平衡施肥处理（OM、1/2OMN 和 NPK）的养分利用率都较高，氮肥利用率在 40% 以上，磷肥利用率在 50% 以上，钾肥利用率也达到 28%，但各处理对不同养分的利用率有所不同。除 NP 处理外，缺素处理养分利用率均很低，甚至是负值。

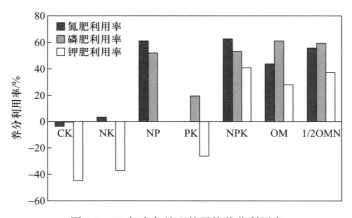

图 4.8　20 年来各处理的平均养分利用率

NPK 处理的氮素利用率达到 63.8%，1/2OMN 处理的氮素利用率在 43%～73%，OM 处理的氮素利用率在 12%～80%，OM 处理的氮素利用率随年份的延长有增加的趋势。NP 处理 20 年平均的结果略低于 NPK，高于 1/2OMN 和 OM 处理。投入氮量减去作物带走的氮和土壤残留氮量后为氮素的损失量。氮素损失率以 NK 处理最高,达到 80% 以上。NPK、1/2OMN 和 OM 处理氮素损失率都在 10% ~ 15%,按以往研究结果,这部分氮素主要为氨挥发损失,并伴有少量反硝化和渗漏损失。与氮素不同,有机肥处理磷肥利用率显著高于平衡施用化肥处理(NPK),OM 处理 20 年平均磷肥利用率达到 61.7%。这主要由于有机肥中的有机磷相对于无机态磷更易被作物吸收利用。NPK 处理磷肥利用率达到 50% 以上,远高于一些短期试验的结果,这是因前期残留在土壤中的磷将增加可溶性磷的潜在储量,并最终被作物吸收利用。

该长期肥料试验布置在相对富钾的潮土上,试验初期耕层土壤速效钾(K_2O)含量为 78.8 mg·kg^{-1},且具有较高的缓效钾含量,故前期钾肥利用率甚至出现负值。自 2001 年后,由于 NP 处理长期不施钾肥,土壤中钾素缓冲体系逐步被破坏并慢慢耗竭,钾肥利用率也逐步增高。NPK 处理的钾肥利用率从 1990 年的 5.0% 增加至 2009 年的 70.7%。NPK 处理的钾肥利用率要高于 OM 与 1/2OMN,达到 40%。钾素缺乏最明显的症状为倒伏,特别是玉米,从而造成产量下降。结果表明,在秸秆不还田和不施钾肥条件下,10 年后该区域需要适度补充钾素或秸秆还田。

4.5   黄淮平原农田生态系统变化趋势

黄淮平原农田生态系统物质循环的特点在时间和空间尺度上都发生了显著变化,与此相伴的是作物产量得到显著提升。

4.5.1   河南省典型县域近 30 年农田土壤有机碳变化趋势

选取典型县(封丘、禹州、方程、潢川)为采样区域,每个县布设 70 个样点,其中 23 个剖面点,共计 280 个样点,92 个剖面点。布设样点以涵盖典型土壤类型、土地利用方式、种植模式和地理分布为原则,根据布点单元类型和面积大小分配点数,考虑地形、河流、道路分布等地理信息调整布点位置,70 个样点按土壤类型面积比例分布,保证布设的样点具有代表性,能够代表全县农田土壤的基本情况。样点数据资料矢量化资料主要考虑土壤类型和农田土壤利用,综合考虑地形地貌、种植模式、管理措施和生物产量高低等,图件最终矢量化投影参数采用中国地图和分省地图经常采用的 Albers 投影,生成野外采样点图,提取样点详细信息,生成样点表以备野外实际采样参照。样点表信息包括:样点编号、行政区、经纬度、土壤类型、土地利用、农田管理等属性信息。

1981 年封丘县土壤有机碳主要含量范围为 6 ~ 9 g C·kg^{-1},其中西部荆隆宫乡、北部黄德镇及东北部赵岗乡有机碳含量较高,而南部沿黄河区域及东南黄陵镇、尹岗乡等有机碳含量较低。2011 年全县土壤有机碳主要含量范围为 6 ~ 9 g C·kg^{-1},与 1981 年不同,2011 年封丘农田土壤有机碳含量在 6 ~ 9 g C·kg^{-1} 的面积明显变大,含量为 9 ~ 12 g C·kg^{-1} 的图斑明显增大、数量增多。1981 年禹州土壤有机碳主要含量范围为 3 ~ 9 g C·kg^{-1},其中东北部浅井乡和无梁镇有机碳含量较高,而西部山地丘陵及南部等地区有机碳含量较低。2011 年全县土壤有机碳主要含量范围为 6 ~ 9 g C·kg^{-1},与 1981 年相比,南部的张北、梁北等乡镇有机碳含量均有较大提高。2011 年有机碳含量整体上比 1981 年高。方城县 1981 第二次土壤普查时土壤有机碳主要含量范围为

$6\sim 9\,\mathrm{g\,C\cdot kg^{-1}}$,其中西部的博望、赵河等乡镇有机碳含量较高,而东部及北部靠近伏牛山等地区有机碳含量较低。2011 年全县土壤有机碳主要含量范围为 $6\sim 9\,\mathrm{g\,C\cdot kg^{-1}}$,与 1981 年相比,该县域范围内少数区域土壤有机碳含量明显增高,表现出颜色较深斑块,且呈片状分布,东北部的杨楼、拐河和古庄店等乡镇有机碳含量均有较大提高。与封丘、禹州、方城相比,潢川县域农田土壤有机碳含量表现出更强烈的变异性,有机碳含量更高。1981 年全县土壤有机碳主要含量范围为 $6\sim 12\,\mathrm{g\,C\cdot kg^{-1}}$,其中北部的新里集、来龙等乡镇有机碳含量较高,而西南部付店、卜塔集等地区有机碳含量较低,2011 年全县土壤有机碳主要含量范围为 $9\sim 12\,\mathrm{g\,C\cdot kg^{-1}}$,总体分布趋势与 1981 年类似,南部地区出现高值区。

以 1981 年与 2011 年样点土壤有机碳含量为起算数据,将两个时间点数据之差作为近 30 年有机碳变化量,由此可得近 30 年农田土壤耕层(0~20 cm)有机碳增量。借助 Arcgis10.0 平台进行空间插值,得到典型县土壤有机碳增量空间分布图,并进行各等级面积统计获得 4 个典型县土壤有机碳不同增量等级占耕地面积比例。

典型县土壤有机碳增量呈片状分布,各县域有机碳增量空间分布差异明显。封丘县域有机碳增量最大,表现出中西部地区增量比较大,中南部比较小,可能是由于该县域中西部地区土壤属于传统农业耕作区域,精耕细作,农田管理水平较高,中南部多分布河滩荒地,后来开垦为农耕地,耕作方式粗放,农业管理水平低,土壤得不到合理保护,导致土壤有机碳积累量小。禹州县域内县界边缘区域农田土壤有机碳增量较高,中部区域增量不明显,甚至有些斑状区域出现零增长或负增长,县域范围内出现零星斑状高值区,但面积较小。方城县域范围内东西部增量偏高,高值区也多出现在该区域,总体上呈自西南至东北方向增量逐渐变高。潢川县域高值区呈斑状分布,但面积较小,其余地区土壤有机碳增量较低。封丘县农田土壤有机碳增加最为明显,借助地理信息技术,采用重分类方法,对空间插值图不同有机碳含量等级进行面积统计,统计结果如表 4.7,不同级别土壤有机碳含量面积所占比例具体为,封丘、禹州、方城和潢川有机碳负增长比例较小,分别为:0.47%、1.39%、2.04% 和 9.59%,典型县农田土壤固碳效应明显,增量范围主要集中在 $2000\sim 6000\,\mathrm{kg\,C\cdot hm^{-2}}$。

表 4.7　典型县土壤有机碳不同增量水平占耕地面积比例　　　　（单位：%）

县	增量/($\mathrm{kg\,C\cdot hm^{-2}}$)							
	<0	0~2000	2000~4000	4000~6000	6000~8000	8000~10000	10000~12000	>12000
封丘	0.47	7.23	13.78	17.56	6.71	32.63	14.11	7.52
禹州	1.39	7.55	50.27	36.48	3.28	0.80	0.19	0.04
方城	2.04	13.60	43.91	35.34	4.02	0.88	0.17	0.03
潢川	9.59	14.79	35.12	22.61	11.51	3.51	1.55	1.31

为了进一步识别研究区域 1981—2011 年间土壤有机碳增减变化特征,将土壤有机碳含量变化分成 3 个等级,即丢碳、固碳和相对平衡,具体为土壤有机碳损失比例大于 5% 标记为丢碳,固碳比例大于 5% 标记为固碳,其他标记为相对平衡。典型县农田土壤固碳区域占主体地位,面积

远大于丢碳区域,相对平衡区域面积最小,大多分布在丢碳与固碳过度地区(表 4.8)。统计数据有力地验证了典型县农田土壤具有明显的固碳效应,同时反映了近年来研究区域内农田土壤有机碳含量不断增加,土壤肥力状况得到一定程度的提升。

表 4.8　典型县土壤固碳、丢碳和相对平衡的面积比例　　　　　　（单位:%）

县	丢碳	相对平衡	固碳
封丘	0.35	0.39	99.26
禹州	0.50	2.02	97.47
方城	0.84	5.52	93.64
潢川	5.87	12.71	81.42

4.5.2　河南省农田生态系统物质投入空间分布特征

根据 2012 年沿河南省公路小麦生物量和秸秆还田等实地考察与调查的 462 个调查点,得到省域范围内复合肥施用量、秸秆还田以及秸秆焚烧与秸秆留茬高度的情况。为减小特异值对数据分析的影响,采用域法识别特异值,以 ArcGIS 10.0 作为 GIS 平台,对收集到的所有图件资料进行配准和数字化,利用地统计分析方法进行 Kriging 插值,生成河南省复合肥用量、秸秆还田量、秸秆焚烧和秸秆留茬高度空间分布图,并对各等级的面积进行统计,得到河南省农田物质投入整体分布情况。

（1）河南省复合肥用量特征

河南省复合肥施用量大致呈片状空间分布,东南部和西部相对较低,其他区域差异不大。根据施肥量各等级所占总耕地面积比例(表 4.9)可知,河南省复合肥用量主要集中在 720～840 kg·hm^{-2},约占总耕地面积的 60.68%,为 480.99 万 hm^2。河南省 77.59% 耕地施肥量为 615～840 kg·hm^{-2},以总耕地面积为 792.64 万 hm^{-2} 计算,河南省每年施肥量为（517～610）万吨。

表 4.9　河南省复合肥用量与耕地面积

施肥量 /(kg·hm^{-2})	150～255	255～375	375～495	495～615	615～720	720～840	840～960	960～1080	1080～1200
占耕地总面积比例 /%	1.15	5.65	3.22	6.27	16.91	60.68	5.12	0.97	0.03
面积 /(×10^4 hm^2)	9.11	44.75	25.51	49.70	134.06	480.99	40.59	7.72	0.23

（2）河南省秸秆还田特征

在进行河南省秸秆还田调查时,每个调查点选择 5～10 个典型田块,秸秆全部还田为秸秆全还田,调查点如果存在有些田块秸秆移除则为秸秆部分还田,并根据调查点秸秆还田、秸秆移除和秸秆焚烧田块数目占整个调查点田块数量的比例计算该调查点秸秆还田比例,秸秆焚烧和秸秆留茬比例也按照此方法进行调查。

河南省秸秆留茬高度空间分布大致呈片状,西、南部区域留茬高度较高,东、北部区域较低。

根据施肥量各等级所占总耕地面积比例(表 4.10),河南省实施秸秆留茬高度在 11~23 cm 面积占多数,约占总耕地面积的 87.46%,为 693 万 hm²。

表 4.10　秸秆留茬高度与耕地面积

留茬高度 /cm	5~8	8~11	11~14	14~17	17~20	20~23	23~26	26~29	>29
占耕地总面积比例 /%	0.05	7.19	38.95	16.31	20.08	12.11	3.88	0.96	0.46
面积 /(×10⁴ hm²)	0.43	56.99	308.76	129.29	159.16	96.01	30.74	7.59	3.66

全还田比例空间分布大致呈带状,中北部区域全还田比例较高,西部区域较低。河南省实施秸秆全还田面积比例大于 55%(表 4.11),约占总耕地面积的 60.81%,为 482 万 hm²。河南省实施秸秆全还田面积比例大于 33%,约占总耕地面积的 88.36%,为 700 万 hm²。

表 4.11　秸秆田面积比例与耕地面积

还田比例 /%	0~11	11~22	22~33	33~44	44~55	55~66	66~77	77~88	88~99
全量还田									
占耕地总面积比例 /%	0.49	1.73	9.41	18.25	9.31	10.53	10.34	15.34	24.6
面积 /(×10⁴ hm²)	3.90	13.74	74.60	144.64	73.77	83.50	81.94	121.57	194.97
部分还田									
占耕地总面积比例 /%	0.37	15.22	9.16	19.78	14.38	28.57	11.4	1.09	0.03
面积 /(×10⁴ hm²)	2.90	120.62	72.64	156.82	114.01	226.45	90.38	8.61	0.22

河南省秸秆部分还田比例空间分布大致呈片状分布,西部和北部区域还田比例较高,其他区域较低。根据施肥量各等级所占总耕地面积比例(表 4.11),河南省实施秸秆部分还田面积比例为 33%~77% 占多数,约占总耕地面积的 74.14%,为 587 万 hm²,这与秸秆全还田空间分布具有一致性,即河南省西、北区域主要实施部分还田,中部带状区域主要采用秸秆全还田。

河南省秸秆焚烧比例空间分布大致呈片状分布,西部区域比例较高,东部区域较低。根据施肥量各等级所占总耕地面积比例(表 4.12),获得河南省焚烧比例在 0~55% 的占多数,约占总耕地面积的 89.49%,为 709 万 hm²。

表 4.12　秸秆焚烧面积比例与耕地面积

焚烧比例 /%	0~11	11~22	22~33	33~44	44~55	55~66	66~77	77~88	88~99
占耕地总面积比例 /%	32.93	12.85	17.96	12.12	13.63	5.86	2.43	1.35	0.87
面积 /(×10⁴ hm²)	260.98	101.87	142.38	96.08	108.02	46.48	19.23	10.69	6.92

4.5.3   黄淮平原降雨量、灌溉量、灌溉面积和地下水位的动态变化

从 2000 年至 2014 年的 15 年间,黄淮地区降水量的多年平均值为 850 mm。但是该区域降水时空分布不均,干旱和洪涝频繁发生。2001 年降水量仅为 596 mm,大范围长时间的严重降水不足,致使河南省遭受新中国成立以来最严重的旱灾,安徽和江苏两省的淮河流域也遭受大面积的干旱。2003 年黄淮地区降水量则高达 1228 mm,本年度降水量大,范围广,强度大,历时长,汛期暴雨集中,造成该区域较严重的洪涝灾害。2003 年至今,黄淮地区降水量为显著下降阶段(河南省水利厅,2015;安徽省水利厅,2015;江苏省水利厅,2015)。

在这一时期,黄淮地区积极推进大中型灌区续建配套与节水改造工作,对中低产田进行连片开发,建设高标准基本农田,打造粮食核心产区,初步形成了田成方、林成网、渠相通、路相连、旱能浇、涝能排、基础设施配套、服务功能完善的连片高标准农田。经过多年投入和建设,农业生产条件得到明显改善,有效灌溉面积持续增加,从 2000 年的 925.4 万 hm² 增至 2014 年的 1060.7 万 hm²,15 年间增长 14.6%(图 4.9)。

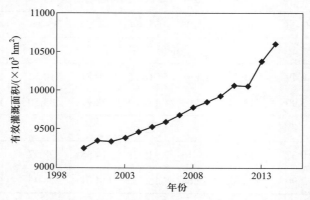

图 4.9   2000—2014 年黄淮平原有效灌溉面积的变化

以河南省为例(图 4.10),1978—2014 年尽管耕地面积变化较小,但有效灌溉面积自 1985 年起持续增加,从 319.0 万 hm² 增长至 520 万 hm²,有效灌溉面积占总耕地面积的比例由 45% 增长至 65%。通过节水改造,农田用水效率提高,农田灌溉亩用水量逐渐降低,因此在有效灌溉面积持续增加的情况下,农田灌溉用水量相对稳定(河南省统计局,2015)。

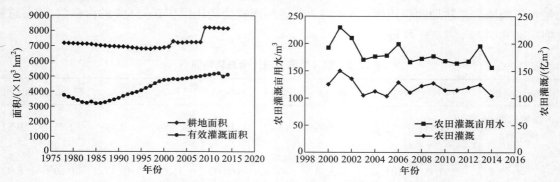

图 4.10   河南省耕地面积、有效灌溉面积和农田灌溉用水量变化

黄淮地区水供应中,地下水资源所占比重较大,尤其是河南省,地下水资源所占比例长期大于55%,地下水超采严重且得不到有效补给,导致地下水资源量萎缩,浅层地下水位大幅降低,与2000年相比,2014年浅层地下水位降低2.84 m(图4.11)。

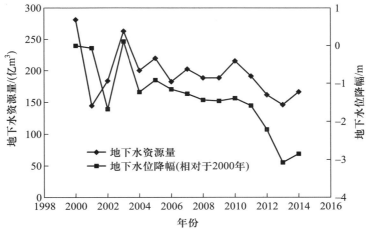

图4.11　2000—2014年河南省地下水资源量和地下水位降幅

4.6　黄淮平原农田生态系统生产力调控技术与模式

黄淮平原是我国重要的商品粮生产基地,目前由于受土壤肥力和管理水平的限制,高产优质作物品种的潜力生产能力有待利用新型调控技术和模式进一步挖掘。

4.6.1　耕作技术

冬小麦–夏玉米一年两熟是黄淮地区农田生态系统的主要种植模式。早期由于农机匮乏,传统耕作模式主要是小麦翻耕播种,玉米人工免耕点播,秸秆大多移除或就地焚烧。随着旋耕机的应用,黄淮地区进入小麦大面积旋耕播种阶段。频繁翻耕或旋耕不仅加速土壤碳的流失,还会导致土壤耕层变薄,以及由于秸秆还田率提高与还田量逐渐增加,旋耕条件下土壤与秸秆的混合影响了作物播种和出苗。因此黄淮地区农田生态系统生产力发展的可持续性问题逐渐凸显。近年来,随着我国农机技术的快速发展,大马力拖拉机、秸秆还田机、免耕播种施肥一体机等的出现,使得一些基于机械化和秸秆还田的新型耕作技术得到长足发展并逐步推广应用,新的耕作技术应用不仅大大提高了农业生产效率,有利于秸秆资源化利用,减少秸秆焚烧造成的环境污染,同时能显著促进耕地地力提升,对黄淮地区农田生态系统生产力的可持续发展有重要的意义。目前,适宜于黄淮地区冬小麦–夏玉米轮作的新型耕作技术主要有深免间歇耕作、肥沃耕层构建等。

（1）机械化深免间歇耕作技术

少耕、免耕是保护性耕作的主要技术模式之一。少免耕保护性耕作能保蓄土壤水分、减少土壤侵蚀、培育地力、降低能耗、提高作业效率、降低劳动力成本,但长期免耕会导致土壤板结、耕层变薄、养分表聚等,从而影响粮食产量。因此封丘站在长期试验的基础上,提出了黄淮地区冬小麦 – 夏玉米轮作的机械化深免间歇耕作技术,即在秸秆机械粉碎还田的条件下,实行玉米长期免耕播种,小麦间歇深翻播种。研究发现,玉米全免耕、小麦 2 ~ 3 年深耕一次的深免间歇耕作能显著促进表层土壤团聚化和有机质积累(Shu et al., 2015;张先凤等,2015),并通过 2 ~ 3 年一次的间歇深翻可有效阻控长期免耕产生的负面影响。该技术模式在保持生产力的同时,最大限度地减少人为对土壤的扰动,减少生产环节,并大大提高了农业作业效率。

（2）肥沃耕层构建技术

常规的浅耕、旋耕作业深度一般在 15 cm 以内,长期浅耕、旋耕会导致土壤耕层变薄,亚表层土壤结构差,严重制约了养分的保蓄与供给和作物根系的发育,同时秸秆在浅表层的聚集影响了作物播种和出苗。为此开展了深耕结合秸秆深还田的耕作技术研究,即在秸秆粉碎还田条件下,利用大型深耕机械将秸秆深翻至 35 cm 以下,构建肥沃亚表层。研究发现,该技术的实施可以显著提高小麦生育后期 20 ~ 40 cm 土层有机碳、速效氮和速效磷含量;通过秸秆深还田,增厚耕层,构建肥沃耕层,可提高土壤耕层缓冲能力。

4.6.2　施肥技术

（1）缓控释肥料

肥料释放养分的时间和强度与作物需求之间的不一致是造成养分利用率低的原因之一。缓控释肥料是采用各种机制对肥料水溶性进行调控,有效延缓或控制了肥料中养分的释放速率,实现肥料养分供应与作物吸收相吻合。缓释肥料起着延缓养分释放、延长肥效的作用。控释肥料则集促释和缓释为一体,能够调控养分供应速度,例如脲醛肥料。

缓控释肥料的作用在于在作物生长初期可以有效减少养分释放,减少养分尤其是氮素淋溶和挥发损失,提高氮肥利用效率和作物产量。但是,缓控释肥料的释放特性受作物营养特性、土壤性质、肥料性质、水分、温度等环境因素的影响,不同控释肥料养分释放的特性存在很大不同,例如,有机氮控释肥开始养分释放很快,而后期释放很慢。因此,需要根据作物需肥特点、土壤性质和气候条件等,研发适宜区域作物、土壤和气候等特点的肥料种类。另外,Ding 等（2015）在封丘站研究发现,由于小麦生长季降水较少,硝基肥料硝酸磷肥替代尿素可以实现小麦产量提高 12.3%,氮肥利用率从 28.8% 增加到 35.9%,同时 N_2O 排放量从尿素处理的 0.49 kg N·hm^{-2} 减少到 0.28 kg N·hm^{-2}。

（2）脲酶抑制剂和硝化抑制剂

尿素是我国施用最多的一种氮肥,占氮肥总用量的一半以上。然而,尿素施入土壤后,在脲酶作用下,水解产生 NH_3,在潮土等碱性土壤上易引起 NH_3 挥发,造成巨大的经济损失和环境污染。脲酶抑制剂通过延缓尿素水解,延长施肥点处尿素的扩散时间,降低了土壤溶液中 NH_4^+ 和 NH_3 浓度,减少氨挥发损失。目前脲酶抑制剂种类有一百多种,包括醌类、酰胺类、多元酸、多元酚、腐殖酸、甲醛等。应用较为广泛的是 n– 丁基硫代磷酰三胺（NBPT）和氢醌（HQ）,NBPT 在碱性土壤上对氨挥发损失抑制效果较好。由于 HQ 与其他脲酶抑制剂相比,价格低廉,受到广泛关注。脲酶抑制剂与硝化抑制剂联用则可以减缓 NH_4^+ 向 NO_3^- 转化,减少氮素淋溶损失,同时也抑制 N_2O 产生,提高氮肥利用率。最常见的硝化抑制剂有双氰胺（Cyanamide 的二聚物,简称 DCD）和 2- 氯 –6–（三氯甲基）吡啶（nitrapyrin）。Owens（1981）对 nitrapyrin 研究发现,施用硝化抑制剂 nitrapyrin 与对照（不施用）相比，NO_3^- 的淋溶损失由 48% 降低到 35%。Ding 等（2011）在封丘站试验表明，脲酶抑制剂 NBPT 和硝化抑制剂 DCD 联用或单用玉米季可以减少 N_2O 排放 37.7% ~ 46.8%。

（3）农田养分精准管理技术

精准农业是根据每一操作单元的具体情况，精细准确地确定田间物资投入量，并进行田间管理，将传统低效型的生产方式转变为低耗、高效的生产方式，从而节约了大量的物质资源，也有效地保护了生态环境。精准施肥是依据作物生长的土壤状况和作物的需肥规律，适时、适量地进行施用，以满足作物不同时期对养分的需求，以最少的肥料投入达到最大的经济效益，提高化肥利用率，改善农业生态环境。精准施肥首先进行土壤养分数据和作物生长状况数据的采集，运用 GIS 作出农田空间属性的差异性，再依据施肥决策分析系统结合作物生长模型得到施肥决策，最后通过全球定位系统和变量施肥控制技术实现精确施肥，达到提高肥料利用效率和作物产量。

参 考 文 献

安徽省水利厅 . 2015. 安徽省水资源公报 .

曹志洪，周健民，等 . 2008. 中国土壤质量 . 北京：科学出版社 .

陈文超，徐生，朱安宁，等 . 2015. 保护性耕作对潮土碳、氮含量的影响 . 中国农学通报，31（9）：224-230.

高旺盛 . 2011. 中国保护性耕作 . 北京：中国农业大学出版社 .

顾伟宗 . 2013. 黄淮地区夏季降水异常成因及降尺度预测方法研究 . 北京：中国气象科学研究院，博士学位论文 .

郭素春，郁红艳，朱雪竹，等 . 2013. 长期施肥对潮土团聚体有机碳分子结构的影响 . 土壤学报，50（5）：922-930.

河南省水利厅 . 2015. 河南省水资源公报 .

河南省统计局 . 2015. 河南统计年鉴 . 北京：中国统计出版社 .

江苏省水利厅 . 2015. 江苏省水资源公报 .

李红军 . 2014. 黄淮地区农业专业化发展现状研究 . 农业科技管理，33：64-66.

李欢欢，黄玉芳，王玲敏，等 . 2009. 河南省小麦生产与肥料施用状况 . 中国农学通报，25：426-430.

莫兴国，林忠辉，刘苏峡 . 2006. 黄淮海地区冬小麦生产力时空变化及其驱动机制分析 . 自然资源学报，21：449-457.

慕兰，郑义，申眺，等 . 2007. 河南省主要耕地土壤肥力监测报告 . 中国土壤与肥料，（2）17-22.

舒馨，朱安宁，张佳宝，等 . 2014. 保护性耕作对潮土物理性质的影响 . 中国农学通报，30（6）：175-181.

宋家永 . 2008. 河南小麦品种演变分析 . 中国种业，（6）：12-14

王绍中，马平民，徐林，等 . 1992. 砂姜黑土的培肥与持续增产研究 . 华北农学报，7：78-84

徐富安，赵炳梓 . 2001. 封丘地区粮食生产水分利用效率历史演变及其潜力分析 . 土壤学报，38（4）：491-497.

杨文亮，朱安宁，张佳宝，等 . 2012. 基于 TDLAS-bLS 方法的夏玉米农田氨挥发研究 . 光谱学与光谱分析，11：3107-3111.

张佳宝，林先贵，李晖 . 2011. 新一代中低产田治理技术及其在大面积均衡增产中的潜力 . 中国科学院院刊，26：375-382.

张瑞，张贵龙，姬艳艳，等 . 2013. 不同施肥措施对土壤活性有机碳的影响 . 环境科学，34（1）：277-282.

张先凤，朱安宁，张佳宝，等 . 2015. 耕作管理对潮土团聚体形成及有机碳累积的长期效应 . 中国农业科学，48：

4639–4648.

朱安宁,张佳宝. 2003. 黄潮土的土壤水渗漏及硝态氮淋溶研究. 生态与农村环境学报,19:27–30.

朱安宁,张佳宝,杨劲松,等. 2010. 集约化种植条件下典型潮土区土壤有机质的演变特征. 土壤通报,41:532–536.

Burgess S S O, Adams M A, Turner N C, et al. 2000. Characterisation of hydrogen isotope profiles in an agroforestry system: Implication for tracing water sources of trees. Agriculture Water Management, 45: 229–241.

Cai Z C, Qin S W. 2006. Dynamics of crop yields and soil organic carbon in a long-term fertilization experiment in the Huang-Huai-Hai Plain of China. Geoderma, 136: 708–715.

Cernusak L A, Pate J S, Farquhar G D. 2002. Diurnal variation in the stable isotope composition of water and dry matter in fruiting *Lupinus angustifolius* under field conditions. Plant, Cell and Environment, 25: 893–907.

Dawson T E. 1993. Hydraulic lift and water use by plants: Implications for water balance, performance and plant-plant interactions. Oecologia, 95: 565–574.

Dawson T E, Ehleringer J R. 1993. Isotope enrichment of water in the woody tissues of plants: Implications for plant water source, water uptake, and other studies which use the stable isotope composition of cellulose. Geochimica et Cosmochimca Acta, 57: 3487–3492.

Ding W X, Chen Z M, Yu H Y, et al. 2015. Nitrous oxide emission and nitrogen use efficiency in response to nitrophosphate, N-(n-butyl)thiophosphoric triamide and dicyandiamide of a wheat cultivated soil under sub-humid monsoon conditions. Biogeosciences, 12: 803–815.

Ding W X, Yu H Y, Cai Z C. 2011. Impact of urease and nitrification inhibitors on nitrous oxide emissions from fluvo-aquic soil in the North China Plain. Biology and Fertility of Soils, 47: 91–99.

Drake P L, Franks P J. 2003. Water resource partitioning, stem xylem hydraulic properties, and plant water use strategies in a seasonally dry riparian tropical rainforest. Oecologia, 137: 321–329.

Fan J L, Ding W X, Xiang J, et al. 2014. Carbon sequestration in an intensively cultivated sandy loam soil in the North China Plain as affected by compost and inorganic fertilizer application. Geoderma, 230–231: 22–28.

Feng Y Z, Chen R R, Hu J L, et al. 2015. *Bacillus asahii* comes to the fore in organic manure fertilized alkaline soils. Soil Biology and Biochemistry, 81: 186–194.

Flanagan L B, Ehleringer J R, Marshall J D. 1992. Different uptake of summer precipitation among co-occurring trees and shrubs in a Pinyon-Juniper woodland. Plant, Cell and Environment, 15: 831–836.

Hassan F U, Ahmad M, Ahmad N, et al. 2007. Effects of subsoil compaction on yield and yield attributes of wheat in the sub-humid region of Pakistan. Soil and Tillage Research, 96: 361–366.

Kalbitz K, Solinger S, Park J H, et al. 2000. Controls on the dynamics of dissolved organic matter in soils: A review. Soil Science, 165: 277–304.

Kushwaha C P, Tripathi S K, Singh K P. 2000. Variations in soil microbial biomass and N availability due to residue and tillage management in a dryland rice agroecosystem. Soil and Tillage Research, 56: 153–166.

Lehmann J. 2003. Subsoil root activity in tree-based cropping systems. Plant Soil, 255: 319–331.

Li S G, Hugo R S, Tsujimura M, et al. 2007. Plant water sources in the cold semiarid ecosystem of the upper Kherlen river catchment in Mongolia: A stable isotope approach. Journal of Hydrology, 333: 109–117.

Liu S X, Mo X G, Lin Z H, et al. 2010. Crop yield responses to climate change in the Huang-Huai-Hai Plain of China. Agricultural Water Management, 97: 1195–1209.

McCole A A, Stern L A. 2007. Seasonal water use patterns of *Juniperus ashei* on the Edwards plateau, Texas, based on stable isotopes in water. Journal of Hydrology, 342: 238–248.

Owens L B. 1981. Effects of nitrapyrin on nitrate movement in soil columns. Journal of Environment Quality, 10(3):

308–310.

Pataki D E, Billings S A, Naumburg E, et al. 2008. Water sources and nitrogen relations of grasses and shrubs in phreatophytic communities of the Great Basin desert. Journal of Arid Environments, 72: 1581–1593.

Revesz K, Woods P H. 1990. A method to extract soil water for stable isotope analysis. Journal of Hydrology, 115: 397–406.

Rose K L, Graham R C, Parker D R. 2003. Water source utilization by *Pinus jeffreyi* and *Arctostaphylos patula* on thin soils over bedrock. Oecologia, 134: 46–54.

Schroth G. 1999. A review of belowground interactions in agroforestry, focussing on mechanisms and management options. Agroforestry Systems, 43: 5–34.

Shu X, Zhu A, Zhang J B. 2015, Changes in soil organic carbon and aggregate stability after conversion to conservation tillage for 7 years in the Huang–Huai–Hai Plain of China. Journal of Integrative Agriculture, 14: 1202–1211.

Snyder K A, Williams D G. 2000. Water sources used by riparian trees varies among stream types on the San Pedro River, Arizona. Agricultural and Forest Meteorology, 105: 227–240.

Taylor H P. 1974. The application of oxygen and hydrogen isotope studies to problems of hydrothermal alterations and ore deposition. Economic Geology, 69: 843–883.

Thorburn P J, Walker G R. 1993. The source of water transpired by *Eucalyptus camaldulensis*: Soil, groundwater, or streams? In: Ehleringer J, Hall A, Farqubar G. (eds). Stable Isotopes and Plant Carbon – Water Relations. San Diego: Academic Press Inc. 511–527.

Thorburn P J, Walker G R. 1994. Variations in stream water-uptake by *Eucalyptus–Camaldulensis* with differing access to stream water. Oecologia, 100: 293–301.

Thorburn P J, Walker G R, Brunel J P. 1993. Extraction of water from Eucalyptus trees for analysis of deuterium and oxygen-18: Laboratory and field techniques. Plant, Cell and Environment, 16: 269–277.

Van Gestel M, Ladd J N, Amato M. 1992. Microbial biomass responses to seasonal change and imposed drying regimes at increasing depths of undisturbed topsoil profiles. Soil Biology and Biochemistry, 24: 103–111.

Welker J M. 2000. Isotope ($\delta^{18}O$) characteristics of weekly precipitation collected across the USA: An initial analysis with application to water source studies. Hydrological Processes, 14: 1449–1464.

White J W C, Cook E R, Lawrence J R, et al. 1985. The D/H ratios of sap in trees: Implications of water sources and tree ring D/H ratios. Geochimica et Cosmochimca Acta, 49: 237–246.

Yang W L, Zhu A N, Chen X M, et al. 2014. Use of the open-path TDL analyzer to monitor ammonia emissions from winter wheat in the North China Plain. Nutrient Cycling in Agroecosystems, 99: 107–117.

Yu H Y, Ding W X, Chen Z M, et al. 2015. Accumulation of organic C components in soil and aggregates. Scientific Report, 5: 13804, doi: 10.1038/srep13804.

Yu H Y, Ding W X, Luo J F, et al. 2012a. Long-term application of compost and mineral fertilizers on aggregation and aggregate-associated carbon in a sandy loam soil. Soil Tillage and Research, 124: 170–177.

Yu H Y, Ding W X, Luo J F, et al. 2012b. Effects of long-term compost and fertilizer application on stability of aggregate-associated organic carbon in an intensively cultivated sandy loam soil. Biology and Fertility of Soils, 48: 325–336.

Zhang H J, Ding W X, He X H, et al. 2014. Influence of 20-year organic and inorganic fertilization on organic carbon accumulation and microbial community structure of aggregates in an intensively cultivated sandy loam soil. Plos One, 9(3): e92733.

Zhang H J, Ding W X, Luo J F, et al. 2015b. The dynamics of glucose-derived ^{13}C incorporation into aggregates of a sandy loam soil fertilized for 20 years with compost or inorganic fertilizer. Soil Tillage and Research, 148: 14–19.

Zhang H J, Ding W X, Yu H Y, et al. 2015a. Linking organic carbon accumulation to microbial community dynamics in a sandy loam soil: Result of 20 years compost and inorganic fertilizers repeated application experiment. Biology and Fertility of Soils, 51: 137–150.

Zhang H J, Ding W X, Yu H Y, et al. 2013. Carbon uptake by a microbial community during 30-day treatment with ^{13}C-glucose of a sandy loam soil fertilized for 20 years with NPK or compost as determined by a GC–C–IRMS analysis of phospholipid fatty acids. Soil Biology and Biochemistry, 58: 228–236.

第5章 华北平原农田生态系统过程与变化[*]

华北平原地处亚热带和中温带过渡带,农业资源条件较为优越,冬季干燥寒冷,夏季高温多雨,是我国重要的农业生产基地,被称为"中国的粮仓"。其土壤类型以潮土为主,土层深厚,肥力较高。然而,随着人口、经济的增长和农业集约化程度的提高,华北平原面临水土资源紧缺、化肥、农药过度施用等严峻挑战,因此,利用长期定位试验、模型模拟及区域观测等手段,全面认识华北平原农田生态系统的特征、过程及其变化可为实现该地区农业资源合理配置、农田生态系统可持续发展提供理论基础和科学依据。

5.1 华北平原农田生态系统特征

华北平原面积约 30 万 km^2,由黄河、淮河、海河、滦河等河流所塑造的地貌构成了华北平原的主体。平原区内地势平坦,人口和耕地面积约占全国的 1/5,是我国重要的粮食生产基地,对粮食安全具有举足轻重的地位。

5.1.1 气候特征

华北平原地处大陆性季风气候暖温带半湿润地区,无霜期 200~220 d,年平均气温 12.0~13.5 ℃,太阳总辐射 5000~5500 $MJ \cdot m^{-2}$,日照时数 2630~2650 h,大于 0 ℃积温 4800~5000 ℃。该地区冬季干燥寒冷,夏季高温多雨,气候和土地适冬小麦、夏玉米一年两熟种植模式,是我国重要的冬小麦、夏玉米高产地区。

华北平原区每年 10 月至翌年 5 月是冬小麦生长季,6 月至 9 月是夏玉米生长季。10 月上旬,夏玉米收获后,日最高气温降至 15.0~18.0 ℃,适合冬小麦播种。在 11 月底 12 月初,气温降至 2.0~0.0 ℃,小麦地上部停止生长,此时段 ≥ 0 ℃积温 570~650 ℃,可以形成冬前壮苗。1—2 月平均气温 –3.0~–1.0 ℃,冬性和半冬性小麦品种可以完成春化并安全越冬。秋冬季节降水偏少,在播种小麦前要适当灌溉造墒。3 月中下旬,在日平均气温稳定到 0 ℃以上后冬小麦开始返青。4—5 月,气温回暖迅速,冬小麦生长旺盛,拔节—抽穗—开花—灌浆主要生育时期都集中在这一时段。该时段灌区光照充足,非常利于小麦生长。3—5 月,然而降水严重不足,只有全年的 10%~15%,需要充足灌溉 2 次才能保证小麦高产。5 月下旬和 6 月上旬,气温升高但降水不

---
* 本章作者为中国科学院地理科学与资源研究所欧阳竹、李发东、孙志刚、黄翀、李静、张旭博、侯瑞星、赵风华、来剑斌。

足,大气湿度偏低,易于发生干热风气象灾害。该地区冬小麦灌浆期干热风的基本特征是:日最高温度 >32 ℃,同时空气相对湿度 <30%,风速 >3m·s^{-1}。在冬小麦生长后期,几乎每年都有干热风出现 1~2 天,造成减产 5%~15%。平原区内年降水量的 70% 集中在 6—8 月,同期气温较高,是典型的雨热同季,比较适宜夏玉米生长。

5.1.2　土壤特征

华北平原地带性土壤为棕壤、黄潮土或褐色土。华北平原耕作历史悠久,各类自然土壤已熟化为农业耕作土壤,其中以潮土为主。其成土过程是由于河流冲积物长期积累形成的。在我国华北平原,潮土形成主要是黄河带来的黄土性冲积发育而来。因此,潮土通常具有地势平坦,土层深厚,肥力较高,通透性好等特点,适宜农业生产。在滨海地带或在低洼地、缓平坡地,由于地下水位较高、排水性较差和季风性气候等原因,土壤主要以盐化和碱化潮土为主,具有明显的盐化过程,表层具有盐积现象。每年春季、秋季土壤表层积盐,盐含量可达 6 g·kg^{-1};夏季由于降水集中而土壤脱盐。

土壤盐分化学组成以重碳酸钠为主,呈碱性反应,pH 高达 9.0,碱化度在 5%~15%。矿质颗粒高度分散,土壤物理性质不良。土壤养分除钾元素外,其他元素含量较低。有机质含量一般低于 5 g·kg^{-1}。

华北平原主要成土过程以富含碳酸盐的黄河冲积物为主,土层深厚,质地均匀,通透性好,地下水埋深较浅,土壤有机质含量较低。受到气候、人类耕作及改造(人工土壤脱盐)等活动的影响,土壤中盐和碱含量较高,肥力较差,制约了当地农作物的健康生长和农业的高效生产。为了保证当地粮食生产和农民增产增收,需要对当地土壤的化学、物理及生物学特性与作物健康生长间的关系进行深入分析,找出调控的关键因子,针对性地进行土壤改良的科研工作,切实改善土壤环境,提高土壤肥力,增强土壤生物功能恢复,达到农田高产、稳产的要求。

5.1.3　水资源特征

华北平原年降水量为 500~900 mm,时空分布不均,河北省中南部的衡水一带降水量小于 500 mm,为易旱地区。黄河以南地区降水量为 700~900 mm,基本上能满足一年两熟作物的需要。华北平原西部和北部边缘的太行山东麓、燕山南麓年降水可达 700~800 mm,冀中的束鹿、南宫、献县一带仅 400~500 mm。各地夏季 7—9 月降水可占全年 50%~75%,且多暴雨。华北平原年人均水资源量仅为 456 m^3,不足全国的 1/6。由于该地区春季干旱少雨,蒸发强烈,大部分耕作区为"无灌溉则无农业",引黄灌溉或抽取地下水灌溉是该地区主要粮食作物——冬小麦稳产高产的重要保证。2000 年华北平原地下水开采量为 212 亿 m^3。其中,浅层地下水开采量为 178.4 亿 m^3,占总开采量的 84.2%。深层地下水开采量为 33.6 亿 m^3,占总开采量的 15.8%。

引黄灌溉为华北平原粮食不断增产做出了巨大贡献。1970 年以来,黄河下游引黄灌区累计引黄水量 2949.52 亿 m^3,年均引水 84.27 亿 m^3,年最大引黄水量 139.74 亿 m^3,年最小引黄水量 40.53 亿 m^3,变差系数 0.24。但自 20 世纪 90 年代以来,受多种因素影响,华北平原内引黄灌区的引黄水量逐年减少,90 年代平均引黄 89.35 亿 m^3,比 80 年代后期减少 25.6%。具体由 90 年代初期的 100.43 亿 m^3 减少到 2003 年的 61.12 亿 m^3 和 2004 年的 47.56 亿 m^3。而且,河南和山东两省农业用水量分别由 90 年代初的 25.53 亿 m^3 和 68.58 亿 m^3 下降到近年来的 13.84 亿 m^3 和 33.13 亿 m^3,下降幅度达 50%。受引黄水量减少的影响,引黄灌溉面积也开始逐步萎缩,对华北平原,特别是引黄灌区内农民增产增收和国家的粮食安全带来了不稳定因素。

华北平原降雨年际变化较大,年相对变率达 20%~30%,且年内分配不均。其中 6—9 月的降水量占全年降水量的 70% 左右,形成了冬春干旱、夏秋多雨、先旱后涝、旱涝交替的气候特点。多年平均来看,河南引黄灌区的 6—8 月降水量小于山东引黄灌区降水量,而其他几个月的降水量均比山东引黄灌区降水量大。冬小麦和夏玉米是华北平原重要的粮食作物,在冬小麦生长季平均降水仅为 150 mm,远远不能满足冬小麦的需水要求,而夏玉米生长季降水量则基本能满足夏玉米的需水要求。

两季作物总耗水量多年平均为 867 mm,而年均降水量为 561 mm,降雨仅可满足 65% 的作物需水量(图 5.1)。尽管每年引 $93 \times 10^8 \, m^3$ 黄河水用于农业灌溉,仍有 $37 \times 10^8 \, m^3$ 的水资源缺口,意味着需要大量开采地下水资源。

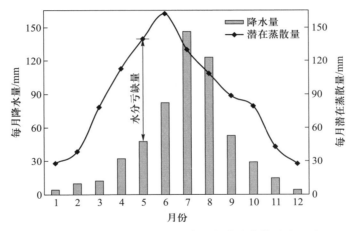

图 5.1 华北平原典型区月均降水与潜在蒸散量(ETp)

5.1.4 农田生态系统结构和功能特征

从 1950 年有统计资料以来,华北平原地区种植制度总的变化趋势是:熟制增加,种植指数提高,复合型高效种植面积扩大。熟制经历了由一年一熟向两年三熟向一年两熟的变化。在 20 世纪 60 年代大规模引黄灌溉之前,以一年一熟为主,主要为春播玉米、谷子、甘薯、大豆和棉花。在进行引黄灌溉之后,冬小麦面积扩大很快,开始出现冬小麦套种夏玉米、冬小麦 – 夏大豆等复种模式。在 20 世纪 80 年代旱涝碱综合治理后,农田质量得到大幅度提升。冬小麦夏玉米一年两熟面积逐渐成为主流。在 20 世纪 80 年代和 90 年代初,该地区还有较大面积的棉花和大豆种植。2000 年后,棉花和大豆面积已经很少。最近十几年来,冬小麦夏玉米一年两熟复种模式成为该地区的主流种植模式。该复种模式可以充分利用光热资源和灌区水资源,出现了很多高产农田、"吨粮田"。山东省德州市成为我国北方第一个吨粮市。华北平原冬小麦主要用于口粮,保障粮食安全;玉米主要用于饲料,供应畜禽生产;蔬菜主要用于当地居民日常消费,并部分供给北京和天津。总体而言,华北平原种植结构是冬小麦夏玉米复种 + 蔬菜 + 少量油料和棉花,粮食作物的生产向统一化、规模化、适应机械化的高效模式方向发展。

华北平原地区在 20 世纪 60 年代大规模引黄灌溉之前,以雨养农业为主,受制于降水条件,该地区以一年一熟为主,主要为春播玉米、谷子、甘薯、大豆和棉花。在进行引黄灌溉之后,冬小麦面积扩大很快,开始出现冬小麦套种夏玉米、冬小麦 – 夏大豆等复种模式。但是受制于盐碱问题,粮食作物产量一直不高,平均低于 3000 kg·hm^{-2}。耐盐碱的棉花种植面积较大,但是受制于夏秋阴雨,产量和品质一般。在 80 年代旱涝碱综合治理后,农田土壤质量得到大幅度提升。另外,随着机械化和新品种的推广应用,冬小麦、夏玉米一年两熟面积逐渐成为主流,棉花和大豆逐年减少。冬小麦、夏玉米产量在旱涝碱综合治理后产量提高很快。

5.1.5 农田生态系统的主要科学问题

(1)农田生态系统关键过程和机理的实验研究

不同作物群体结构的光能利用、光合同化过程和蒸腾耗水过程的耦合机制与作物产量形成机制。研究不同作物群体结构的光合产物积累、干物质分配规律以及对水分和养分的需求。通过对不同作物群体结构的光、CO_2 同化过程、蒸腾过程和光合产物积累分配机制的耦合,揭示作物高产机制和水分利用效率的机制,为高产和高效农田生态系统的调控提供基础理论依据。

作物 – 水 – 氮耦合作用机制与水、氮高效利用机理研究。研究耕作、栽培措施(套种、覆盖、免耕等)条件下的水热传输过程和机理,水分胁迫影响作物生长于过程的机理机制;氮素胁迫影响作物生长发育的机理机制;根系层水分、氮素耦合运移过程;影响作物水分、养分利用效率的主控过程辨识与调控机理;作物 – 水分 – 氮素协同作用机制和高效利用调控机理。

水、氮、盐传输机制与环境效应研究。在田间尺度上,研究农田生态系统水、氮、盐传输过程和机理,突出研究灌溉、降水对氮素淋失和盐分运移的影响和合理的灌溉管理方式;在小流域尺度上,研究氮素和盐分在水平方向和垂直方向的转化与运移过程,评价水循环、氮循环和盐分运移的环境效应。

农田生态系统作物生长、水、氮循环综合模型研究。研究建立小麦、玉米、水稻三大作物的生长过程与水、氮、盐分、气候条件、灌溉管理和栽培措施关系的综合性研究与应用工具。

(2)农田生态系统资源要素利用效率调控技术体系和可持续发展对策研究

华北平原是我国重要的粮食生产基地,对我国粮食安全具有举足轻重的地位。然而华北平原的粮食生产受水资源短缺的严重制约。粮食生产过程中化肥、农药的大量使用,地下水资源的大量开采,造成了一系列的生态环境问题。提高水资源、光能资源的利用效率,提高化肥的利用效率,提高粮食产量,保护生态环境,是急需解决的问题。

在华北平原特别是黄河下游引黄灌区典型的农田生态系统,以野外台站为基地,结合中尺度的生态系统监测网络,研究、示范地表水、地下水、土壤水联合运用,土地资源水资源合理配置,建立高效生态农业的技术体系。评估农田生态系统水、肥、土地优化配置技术使用的经济、社会效益。提出农田生态系统可持续发展管理的对策和模式,建立示范样板,实现作物高产、资源高效利用和环境保护。

5.2 农田生态系统过程观测与研究

禹城站成立于 1979 年,位于山东省德州市,地处黄淮海平原的腹地,地貌类型为黄河冲积平原,土壤母质为黄河冲积物,以潮土和盐化潮土为主,表土质地为轻 - 中壤土,所在地区属暖温带半湿润季风气候区。该地区黄河古道形成的风沙化土地、渍涝盐碱地、季节性积水涝洼地相间分布,历史上干旱、渍涝、盐碱、风沙等自然灾害频繁,生态环境脆弱,但生产潜力很大,是华北平原典型的农田生态系统,是主要的农业生产区。重点研究任务是通过试验观测数据的长期积累,开展长期观测、研究和示范。学术研究方向是以水、土、气候、生物等自然资源的合理利用与区域可持续发展为目标,深入开展地球表层的能量物质输送和转换机制、模型的建立和空间尺度转换方法的实验研究;进行测定方法的革新与仪器的改进和研制;结合地理学、生态学、农学的理论、方法和手段,研究农业生态系统的结构、功能,开展生态系统优化管理模式和配套技术的试验示范。

经过三十年的长期研究积累,在农田生态系统水分和能量转换机理、作物生长过程和生态学机制、实验遥感技术、农田节水技术、农业试区试验示范等方面形成了优势。农业领域成果水平显著提升,试验示范在国家和地方产生重要影响,成为我国地理科学和农业生态学研究的一个重要试验、示范基地。取得的主要研究进展包括:① 华北平原农田生态系统可持续管理和评估。利用长期定位试验、模型模拟及区域观测等手段,在气候变化背景下对粮食作物产量的影响因素、农田碳收支等方面开展了综合研究,取得了创新成果,为优化气候变化背景下农田的综合管理模式提供科学依据;② 华北农田生态系统水和物质循环及其环境效应。以农田 - 滨海生态系统水和物质的生态学过程研究为重点,系统地开展了多方法综合研究农田生态系统水文地球化学过程,进而开辟了解决尺度间耦合问题的途径;③ 农田生态系统生境调控机理和高效生态农业试验示范。建立了环渤海滨海地区盐碱地改造技术;高产农田光、温、水、肥生物调控技术;设施农田土壤障碍消除和无公害生产技术为主体的技术体系,推动了"渤海粮仓"科技示范工程的实施和高效生态农业模式的区域示范。

禹城站现有自主产权的农田和试验土地约 600 亩,设置了一系列的长期定位试验场地。

5.2.1 农田生态系统综合观测试验

观测场中布设有自制的大型称重式蒸发渗漏仪、土壤中子水分测试管、小气候梯度仪、土壤水势仪等再配合作物叶面积测定仪、气孔计和光合作用系统等生理生态测定仪器用以进行农田生态系统中物质能量输送和生产力的综合试验研究。

5.2.2 农田气象观测试验

常规气象观测场,该观测场按国家气象局规范标准设置,有一套全自动气象和太阳辐射观测装置和人工常规观测仪器,用以观测全年的天气气象。

微气象观测场,布设有涡度相关装置和小气候梯度仪,并配合作物光合作用仪、叶面积测定仪等进行农田水分、能量和二氧化碳输送通量的试验研究,并构建了 60 米铁塔以进行边界层气候的试验研究。

5.2.3　农田水分观测试验

水量平衡观测场,其中布设有 TDR 水分测定仪、土壤水势仪、地下水位计等,用以进行农田水分平衡和地表水与地下水运动规律的试验研究。

水面蒸发场,其中布设了 20 m² 蒸发池、5 m² 蒸发池、AG 蒸发器、ГГИ–3000 蒸发器和 E–601 蒸发器等国际上通用的水面蒸发装置,用以进行陆地潜在蒸发和农田蒸散的试验研究。

农田养分平衡观测试验,设立氮钾（NK）、氮磷（NP）、磷钾（PK）、氮磷钾（NPK）和一个不施肥对照等四个施肥处理,设 4 组重复。所施肥料为化肥,不同试验处理的同一养分元素用量均保持一致,进行农田养分平衡的长期定位监测。

5.2.4　农田水分 – 养分 – 作物关系观测试验

水 – 氮 – 作物关系试验研究,设置有灌溉和施氮水平处理,包括 5 个 N 水平：T1（N0,只施 PK 肥）、T2（NM,只施厩肥）、T3（N100）、T4（N200）和 T5（N300）,2 个灌溉水平：高水灌溉和低水灌溉,为寻找作物高产、高效和与环境友好的灌溉和施肥措施。

作物 – 水分关系长期观测实验,设置不同水分胁迫处理：雨养处理、40%fc[①]、60%fc、80%fc 四个试验处理,研究作物土壤 – 水分相互作用过程机理,对作物水分利用效率的研究具有重要意义。

碳 – 氮 – 水样地,碳：^{13}C 标记秸秆还田 / 不还田；氮：^{15}N 标记肥料试验,^{15}N 标记秸秆归还；水：常规 / 少水灌溉。主要通过碳氮水的交叉试验,揭示碳氮水的长期变化过程,为气候变化背景下碳氮水的长期交互作用机理提供研究平台。

人工牧草长期定位实验,研究紫花苜蓿、高丹草、籽粒苋等 10 余种主要饲草生产力、需水量、耗水规律、水分利用效率、土壤碳氮收支平衡、生物多样性等生态功能,为华北平原种植结构调整及资源高效利用提供重要科学依据。

5.2.5　农田增温观测试验

安装 12 对红外不间断加热装置,设置了温度、灌溉和耕作措施处理,开展作物生长、土壤碳氮动态、温室气体排放等研究,为合理评价气候变化对华北平原农业和农田生态系统演变的影响提供科学依据。

5.2.6　农田耕作观测试验

试验设立完全免耕（NT）、传统耕作（CT）、秸秆移走施用有机肥的免耕处理（NT–RR）和两种施肥方式（F1, F2）,共 6 个试验处理,研究免耕条件下土壤结果变化、水分和养分运动过程、碳蓄积过程、生态环境效应和作物产量形成机制。

5.3　农田生态系统水与生产力动态

在华北平原粮食主产区,随着社会经济的快速发展,农业水资源紧缺与粮食高产的矛盾愈演

---

① 　fc 代表田间持水量。

愈烈。水分是作物生长的必备条件,基于作物生理生态发育和高产理论、水分胁迫作用下作物生长反应机制、水肥耦合理论,对作物生长的水分条件适时调控,优化作物生长外部环境条件,激发水肥耦合的最大效应,以实现作物水分的高效利用和高产目的。

5.3.1 农田生态系统主要灌溉模式

多年试验数据表明,冬小麦 – 夏玉米两季作物总耗水量多年平均为 870 mm,而年均降水量不足 600 mm,降雨仅可满足 65% 的作物需水量。尽管每年引 $93 \times 10^8 \text{ m}^3$ 黄河水用于农业灌溉,仍有 $37 \times 10^8 \text{ m}^3$ 的水资源缺口,因此需要大量开采地下水资源,打井灌溉,实施渠灌和井灌相结合的灌溉方式。

自 1998 年以来,国家对大型灌区进行续建配套与节水改造,灌区输水、配水的骨干工程框架已经形成,输水、配水不存在问题,渠系工程不断完善,渠系水利用系数进一步提高。目前,华北平原一般分为正常灌溉区和补源灌溉区。正常灌溉区一般靠近黄河,渠系工程较为完备,饮用水条件好,灌溉保证率高,以自流灌溉模式为主,提水灌溉模式为辅。补源灌溉区一般采用补源灌溉模式,灌溉以地下水为主、黄河水为辅。

5.3.2 农田地下水位和盐分变化

华北平原地下水位变动主要影响因素主要为降水和灌溉。此外,由于渠系渗漏、渠道决口等,也会使局部区域地下水位抬升。目前不少地区地下水埋深大多在 1.5 ~ 2 m(春季),处于临界深度以上或接近临界深度,土地受次生盐碱化的威胁很大。在时间上,年内变动趋势大体为:7—8 月的地下水普遍最高,而最低水位一般出现在春季第一次灌水前的 1 ~ 2 月。在春季第一次灌水以前,由于气候干旱且无灌溉,地下水位最低。春季第一次灌水以后,水位跟着上升,直到8 月,由于连续灌水及降雨,保持较高水位。9—10 月,因作物成熟,停止灌水,加以雨季已过,气候干燥,水位逐渐下降。在空间上,灌溉干渠及支渠渠系附近区域的地下水位普遍抬高,从而使渠系两旁的土地出现盐碱化或盐碱化加重趋势。

地下水矿化度因受地形、土质、河流以及灌溉等因素的影响,其变化较为复杂,大体分布规律是:冲积平原上缘(如豫北地区),一般地下水矿化度在 0.5 ~ 1.5 $\text{g} \cdot \text{L}^{-1}$,冲积平原中部地区(如鲁西南、鲁西北及冀中一带),大部分在 1 ~ 3 $\text{g} \cdot \text{L}^{-1}$;冲积平原下部(如山东无棣和利津以东地区)一般都在 5 ~ 10 $\text{g} \cdot \text{L}^{-1}$ 或 10 ~ 30 $\text{g} \cdot \text{L}^{-1}$,个别地区甚至高达 150 $\text{g} \cdot \text{L}^{-1}$ 以上。另外,低洼地区或封闭洼地的地下水矿化度为 3 ~ 5 $\text{g} \cdot \text{L}^{-1}$,普遍略高于其周边相邻地区。华北平原有灌溉的地区地下水水质类型主要为氯化物硫酸盐型逐渐过渡为硫酸盐氯化物型,而冲积扇末端以重碳酸盐型为主。黄河下游灌区开发投入运行后,当地地下水矿化度一般都呈现淡化的趋势,表现为矿化度低的面积显著增加,而矿化度高的面积大大减少。

5.3.3 农田生产力形成及变化关键过程

冬小麦一般在 10 月上中旬日均气温降至 16 ~ 18 ℃时播种,播种后 7 ~ 12 天出苗;出苗后12 ~ 15 天达到三叶,18 ~ 22 天开始分蘖;为保证形成壮苗,一般要求越冬前积温 500 ~ 600 ℃时,形成2 ~ 3 个分蘖,一般需要经历 26 ~ 32 天;在日均气温低于 3 ℃后分蘖和生长基本停止,0 ℃后冬小麦生长停滞进入越冬期;翌年春季,一般在 2 月下旬或 3 月上旬日均气温回升到 3 ℃,小麦返青,春季分蘖开始;一般在3月中下旬日均温稳定升至10 ℃以上后,小麦生长迅速,小麦进入起身－拔节期;此后,小麦完成孕穗,大致在4月下旬开始抽穗,在5月初开花;开花后进入灌浆期;在5月下旬,籽粒开始进入成熟阶段(乳熟),一般在6月上旬进行收获;整个生育期历时230~240天。另外,冬小麦在冬前地上干物质积累达到全生育期的10%左右。返青后高产群体要求地上干物质累积量要达到1600~2000 g·m^{-2},其中花后达到550~750 g·m^{-2}。冬小麦实现高产的主要指标为:第一,偏重多穗来夺高产;第二,适期播种,保证合适的基本苗密度;第三,保证单株有效分蘖2~3个。

夏玉米一般是继冬小麦收获后复种,播种期一般为6月中旬,播种4~7天出苗;一般在7月中旬进入拔节期,在8月中旬抽雄吐丝;8月中旬至9月中旬是玉米的灌浆期;9月下旬玉米开始成熟,在9月末或10月初收获。夏玉米群体的最大绿叶面积指数一般出现在抽雄－吐丝期。密植的紧凑型玉米群体最大绿叶面积指数可达7.0左右,普通株型的玉米一般也要求达到6.0左右。夏玉米生长速率呈现"慢快慢"的节律。在苗期和穗期随着植株的生长,叶片数目和面积的增加,生长速率逐渐加快;高产夏玉米群体在开花－灌浆期可达30 g·m^{-2}·d^{-1}以上;此后随着叶片的衰老,生长速率逐渐减小。整个生育期地上干物质积累量呈现不断增长趋势,在收获期达到最大。

5.3.4 农田耗水关键过程及水分利用效率

(1)主要作物种植农田的耗水规律

该地区自然降水主要集中在6—9月,因此自然降雨可以完全满足夏玉米的生育期需水(图5.2)。但是冬小麦的耗水量从3月(返青期)开始快速上升,到5月(灌浆期)耗水量达到峰值,而同期自然降雨量很少,对冬小麦需水而言亏缺水量大。禹城站大型称重式蒸渗仪多年观测数据表明,冬小麦全生育期耗水量在400~500 mm,夏玉米耗水量在300~400 mm。两季作物总耗水量多年平均为867 mm,而年均降水量为561 mm,降雨仅可满足65%的作物需水量。在水分充足条件下(85%fc),禹城站农田蒸散量年际变化相对较小,小麦季在469~646 mm,平均为565 mm,灌溉需水量随降雨的年际波动在226~480 mm,平均为37.1 mm,年际变异系数为0.191;玉米季农田最大蒸散量在326~441 mm,平均为39.5 mm,由于降雨量高且年际波动较大,灌溉需水量在0~250 mm,平均为69 mm,年际变异高达0.851。在充分灌溉条件下小麦季农田蒸散可达500 mm,玉米季可达400 mm。受降雨以及灌溉条件的影响,小麦季农田实际蒸散在180~450 mm、玉米季农田蒸散在120~400 mm。

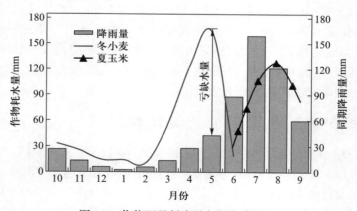

图 5.2 作物逐月耗水量与同期降雨量

（2）农田浅层地下水的潜水蒸发、根系吸水和作物蒸腾过程

地下潜水是土壤水的重要补源之一。在地下水位较高（潜水埋深 1.5 m 内），且无灌溉、无降雨情况下，潜水对冬小麦耗水的贡献率可以达到 80%。随着地下水位下降及在降雨和灌溉补充下，地下潜水对冬小麦耗水的贡献率随之减小。

灌溉对作物水分利用效率的影响最为显著。灌溉包含灌溉量和灌溉时间两个方面，随灌溉量增加，水分对产量的作用并不是线性增长关系，会存在一个饱和现象，作物水分利用系数一般表现为先增加后减少的变化趋势，表明农田灌溉存在一个最优灌溉量。因此需要选择合适的灌溉量，保证水分利用效率在一个较高的水平上。冬小麦生育期内水分利用效率具有随灌水次数的增加而明显下降的趋势，露地种植不灌水、灌溉 1 水和 2 水的水分利用效率分别为 16.2 kg·mm^{-1}·hm^{-2}、14.6 kg·mm^{-1}·hm^{-2} 和 14.4 kg·mm^{-1}·hm^{-2}；而在秸秆覆盖种植下不灌水、灌溉一次和两次的水分利用效率分别为 20.5 kg·mm^{-1}·hm^{-2}、17.7 kg·mm^{-1}·hm^{-2} 和 17.0 kg·mm^{-1}·hm^{-2}。秸秆覆盖有显著增加水分利用效率的作用，不灌水、灌溉一次和两次的水分利用效率分别增加 4.3 kg·mm^{-1}·hm^{-2}、3.1 kg·mm^{-1}·hm^{-2} 和 3.3 kg·mm^{-1}·hm^{-2}。另外，冬小麦灌水一次时，在孕穗期灌溉可获得较高的产量和水分利用效率；当灌溉两次时，在拔节期和孕穗期灌溉可获得最高的产量和水分利用效率；当灌溉 3 水时冬小麦产量增加即不明显。以上结果同时表明，孕穗期为需水关键期，其次为拔节期。因此，灌溉时间对于作物水分利用系数也有重要影响。

另外，温度对作物水分利用效率也具有重要影响。温度的变化通过影响叶片的气孔导度和土壤蒸发速率来影响作物蒸散过程。在一定阈值以下，温度升高，增加了叶片气孔导度，而且净光合速率提高幅度大于蒸腾速率增加幅度，从而造成作物水分利用效率提高；而当超过某一阈值，温度升高增加了水分蒸腾，又导致作物水分利用效率降低。地表覆盖、种植密度等都会影响作物微环境温度，进而影响作物水分利用效率。

5.4 农田生态系统水与盐分、养分耦合过程及其生态环境效应

水体是一个氧化还原的混合系统，通常 pH 反映水体酸碱度；电导率（EC）综合反映水体各离子含量；溶解氧（DO）反映水体自净能力；氧化还原电位（ORP 值）反映水溶液氧化还原能力。流域内地表水和地下水的阴阳离子组成为区域水质演化提供了定性和定量研究方法。水体中普遍存在的主要阴离子有 HCO_3^-、SO_4^{2-}、Cl^-、NO_3^-，阳离子有 Ca^{2+}、Mg^{2+}、Na^+、K^+、NH_4^+。受人类活动的影响，水体硝酸盐的含量急剧增加，而水化学中 Cl^- 可以辅助追溯硝酸盐的污染来源。另外，由于该区地下水埋深较浅，施入农田的氮肥容易淋洗进入地下水中，引起地下水的硝态氮含量升高。

5.4.1 水盐关键过程及其变化

2012—2013 年在华北平原潘庄灌区 8 个县市内，采集地表水样 47 个和地下水水样 40 个。地表水主要取自引黄灌溉水、境内河流和水塘，地下水主要取自民用井。研究结果显示（图 5.3），地表水阳离子的平均浓度值 Na$^+$（227.78 mg·L^{-1}）>Ca^{2+}（86.57 mg·L^{-1}）>Mg^{2+}（69.45 mg·L^{-1}）>K$^+$（9.87 mg·L^{-1}）；阴离子平均浓度值 HCO$_3^-$（377.32 mg·L^{-1}）>SO$_4^{2-}$（321.77 mg·L^{-1}）>

Cl^-（235.38 mg·L^{-1}）>NO_3^-（43.99 mg·L^{-1}）。pH 为 7.71～9.74，均值为 8.37，属碱性水质。EC 含量为 510～5130 μS·cm^{-1}，主要为淡水、微咸水和咸水三种类型。引黄水的水化学类型是 $Na^+·Ca^{2+}-HCO_3^-$，当地河水的水化学类型大部分也属于 $Na^+·Ca^{2+}-HCO_3^-$。前人的研究结果表明，黄河水的水化学类型是 $Ca^{2+}-HCO_3^-$ 型（Hendricks and White，1991）。阴离子中 HCO_3^- 占优势，表现为补给区大气降水淋滤水特征（Chen et al.，2009）；阳离子中 Na^+ 占优势，表明在径流过程中或产生阳离子交换，Na^+ 置换出大量的 Ca^{2+}、Mg^{2+}（Lee et al.，2008）。

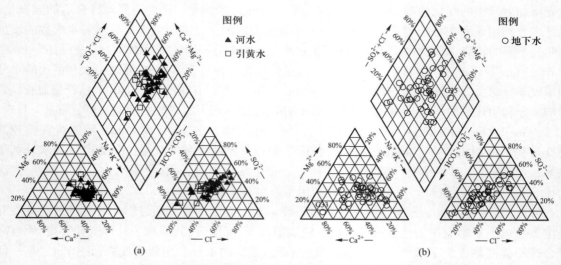

图 5.3　华北平原潘庄引黄灌区地表水（a）和地下水（b）水化学 Piper 图

地下水的 pH 为 6.99～8.28，均值为 7.48，属偏碱性水质。较当地河水的 pH 有所下降，表征了引黄灌溉的稀释作用。EC 含量为 770～7090 μS·cm^{-1}，涉及淡水、微咸水和咸水三类。地下水中阴离子以 HCO_3^- 为主（294.50～1259.40 mg·L^{-1}），SO_4^{2-} 和 Cl^- 次之；阳离子以 Na^+ 离子为主（48.66～627.20 mg·L^{-1}），Ca^{2+} 离子次之。水化学类型主要为 $Na^+-HCO_3^-$ 型水占优势。阴离子中 HCO_3^- 占优势，表现为补给区大气降水淋滤水特征（Chen et al.，2009）；阳离子中 Na^+ 占优势，表明其在径流过程中或产生阳离子交换，Na^+ 置换出大量的 Ca^{2+}、Mg^{2+}，或遭遇多次海进干扰（Lee et al.，2008）。降水直接渗入导致石灰岩等岩石溶解进而发生阳离子交换。

黄河水的水化学类型为 $HCO_3^--Ca^{2+}$ 型。沿引黄水的方向，地下水水化学类型由 $HCO_3^--Ca^{2+}$ 型演变成 $HCO_3^--Na^+·Mg^{2+}$，然后演变成 $SO_4^{2-}-Na^+·Mg^{2+}$，最后演变成 Na^+-Cl^- 型（图 5.4）。同时 EC 含量也呈增加的趋势，说明引黄水补给地下水，多年的引黄灌溉稀释了地下水中的盐分。

根据禹城站大气降水氢氧同位素观测数据，计算得出研究区的当地大气降水线（LMWL）为：$\delta D=6.30\delta^{18}O-7.45$（$R^2=0.97$）。所有的地表水都落在全球大气降水线下方，说明地表水经历了强烈的蒸发。引黄水与当地河水中 δD 和 $\delta^{18}O$ 的拟合关系曲线分别是 $\delta D=5.49\delta^{18}O-16.20$（$R^2=0.97$）和 $\delta D=4.74\delta^{18}O-22.58$（$R^2=0.96$），其斜率分别为 4.9 和 5.5，均小于当地大气降水线的斜率 6.15。这是因为地表水受到蒸发影响，且当地河水的蒸发最为强烈。地下水的拟合关系曲线是 $\delta D=6.07\delta^{18}O-10.79$（$R^2=0.87$）。其 $\delta D-\delta^{18}O$ 关系图中，地下水样点落在大气降水线附近，受大气降水的补给的影响为主。根据质量守恒定律，用二元混合模型计算得出，大气降水补给地下水的比例为 53.25%，地表水补给地下水的比例为 46.75%。

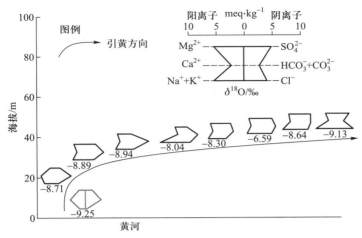

图 5.4 地下水水化学和 δ^{18}O 随引黄方向变化的概念模型

5.4.2 农田水氮耦合关键过程及其变化

2010 年起至今,隔年采集华北引黄灌区主要河流、渠道、支流等的地表水样(图 5.5),研究结果显示区域上 NO_3^--N 的平均含量为 6.91 mg·L^{-1}。2011 年 NO_3^--N 污染情况稍有好转,在山东德州、聊城及河南地区的 50 多个样点中,NO_3^--N 的平均值为 3.46 mg·L^{-1}。其中,7% 的样点 NO_3^--N 含量超过 20 mg·L^{-1};21% 的样点 NO_3^--N 含量超过 10 mg·L^{-1}。虽然 NO_3^--N 部分来源于农田施肥,然而,上游省市污染源超标排污,是造成河流污染严重,NO_3^--N 含量严重超标的最主要原因。南运河及漳卫新河近 20 年来水污染形势严峻,化工厂、造纸厂、煤矿、电厂、钢铁厂、屠宰厂等工业污水的排放量占排污总量的近 90%,对河流造成严重影响。卫运河、漳卫新河水质均劣于 V 类,中下游河道已经成为排污沟。NO_3^--N 除了漳卫新河污染较重外,还呈中游稍大,下游降低的趋势。其可能原因是,中上游有机氮、氨氮等废水排放量大,水体自净能力而引起的下游污染偏轻。

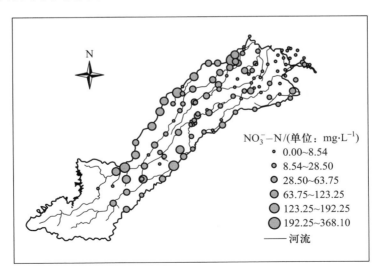

图 5.5 2010 年地表水体中硝酸盐含量分布图

为分析探讨地下水 NO_3^- 含量随井深的变化规律,依据所取地下水样的埋藏深度,将水样划分为 3 个范围:井深 <30 m,30~60 m 和 >60 m 的地下水。不同井深的地下水 NO_3^- 平均含量情况为:井深 <30 m 的地下水,NO_3^- 含量平均含量为 25.85 mg·L^{-1};井深在 30~60 m 范围内,NO_3^- 平均含量最高,达到 39.69 mg·L^{-1};井深 >60 m 的地下水,NO_3^- 含量平均含量最小,为 20.06 mg·L^{-1}。

选择禹城市 5 个地表水样和 5 个地下水样作为定位观测点,探究水体硝态氮的季节动态。研究结果显示,所有样品中 NO_3^--N 浓度显著高于 NH_4^+-N。地表水 NO_3^--N 浓度为 0.2~29.6 mg·L^{-1}(11.9 mg·L^{-1});地下水 NO_3^--N 含量为 0.1~19.5 mg·L^{-1}(2.82 mg·L^{-1})。硝态氮在地表水和地下水中出现了明显的季节变化,地表水中高硝酸盐含量出现在 5 月,而地下水中最高值出现在 6 月。除 6 月外,五个地下水监测点在其他月份检测的硝态氮含量均低于 2.0 mg·L^{-1}。这表明硝酸盐污染受农田施肥和灌溉等措施的强烈影响。禹城市最大降雨集中在 6—9 月。华北平原 5 月是夏玉米播种的底肥和灌溉期,造成地表水硝酸盐含量增加。此外,由于地下水位浅,土壤的壤土土质导致高透水性。地表水和地下水水力学联系紧密,交换频繁。6 月随着灌溉和高强度降雨,NO_3^--N 淋溶到地下水造成地下水 NO_3^--N 浓度升高。这一结论与 Ju 等(2006)的研究相一致。由此可见,农业活动是重要的硝酸盐污染来源。

5.4.3 农田氮利用效率及其变化

用丰度为 10%、纯度为 98.5% 的 $Na^{15}NO_3$ 作为氮肥,设置三个施肥梯度,即对照(不施氮肥)、低施氮处理(120 kg N·hm^{-2})和高施氮处理(240 kg N·hm^{-2})。相当于每个处理分别施用 ^{15}N 含量分别为 0、339.12 mg 和 678.24 mg。每个梯度三个重复。分两次施氮肥,即总用量的 40% 种植前一天作基肥,剩余 60% $Na^{15}NO_3$ 在大喇叭口时期作追肥。磷肥和钾肥作基肥(与大田用量相同),施用的肥料分别为过磷酸钙(P_2O_5 12%)和硫酸钾(K_2O 50%),用量分别为 120 kg P_2O_5·hm^{-2} 和 80 kg K_2O·hm^{-2}。

从土壤剖面整体来看,在玉米的每个生长期,土壤深度 20~30 cm 处硝态氮的含量最低。土壤深度为 60~80 cm 处硝态氮含量出现了不同程度的累积峰值。土壤各层硝态氮含量与三种因子(Eh、TC 和 TN)显著相关,这三种因子可解释硝酸盐变量的 74.6%。NO_3^--N 含量 = 45.675+846.757×Eh+3531.291×TN-199.801×TC。玉米收获后,土壤每层 N 累积量以 60~80 cm 累积量最多,其次是 40~60 cm 土壤。同时,土壤氮 ^{15}N 残留与土壤 N 累积量分布不同(图 5.6),^{15}N 残留以 40~60 cm 累积量最多,其次是 60~80 cm。

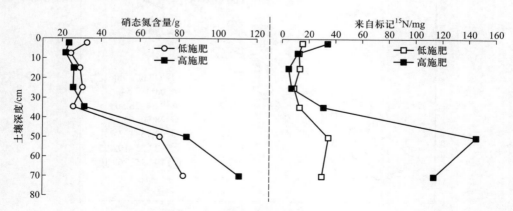

图 5.6 土壤氮累积和来自标记 ^{15}N 量

据报道,世界上很多农田氮肥利用率普遍低于 50%,而禾谷类作物生产中农田氮肥利用率只有 33%(Fageria and Baligar, 2005)。未被植物吸收的氮残留在土壤中,随着降雨和灌溉淋洗到地下水中造成地下水硝酸盐的污染。本研究中,高施肥和低施肥处理土壤 ^{15}N 残留总量分别为 341.98 mg 和 123.86 mg,残留率为 50.42% 和 36.52%。不同施肥量处理中,玉米地上部各部位氮累积量随氮肥施用量增加而增加,即共同趋势为高施氮处理 > 低施氮处理 > 对照。施氮肥量地增加有利于增加玉米各部分的吸氮量。与对照相比,高施肥量和低施肥量籽粒氮累积量分别是对照的 255.71% 和 203.30%。0~20 cm 根系、20~40 cm 根系和地上部分 ^{15}N 吸收量趋势与籽粒相同,高施肥处理约为低施肥处理的 2~3 倍。同时,^{15}N 标记氮肥吸收量分别为 195.75 mg 和 105.63 mg,回收率为 28.86% 和 31.15%。当季进入地下水中 ^{15}N 量分别为 28.93 mg 和 2.32 mg,当季淋失率为 4.27% 和 0.68%。^{15}N 的其他损失量分别为 111.58 mg 和 109.63 mg,损失率为 16.45% 和 32.33%。研究表明,在半干旱地区,玉米生育期内氮肥的损失途径与降水和氮肥用量关系密切,降水越多,淋失量大;氮肥用量越多,淋失量也越大。本研究中高施肥量 240 kg N·hm^{-2} 处理比低施肥量 120 kg N·hm^{-2} 处理当季进入地下水的 ^{15}N 多 25.59 mg·L^{-1},高施肥处理施入的 N 淋失进入地下水的比率是低施肥的 6.28 倍。

5.4.4 农田生态系统与生态环境关系

（1）NO_3^--N 污染及来源解析

国内外学者对不同来源 NO_3^- 的 $\delta^{15}N$ 和 $\delta^{18}O$ 典型域值做了大量研究。本研究中实地调查了华北潘庄灌区地表水和地下水硝酸盐的潜在污染源,包括大气降水、含氮化肥、土壤、粪便、工业污水和生活污水(表 5.1)。利用三元混合模型量化三种主要污染源(粪便或污水、化肥和大气降水)对整个区域上引黄水、当地河水和地下水硝酸盐的贡献率。粪便或污水来源的硝酸盐对引黄水、当地河水和地下水的硝酸盐贡献率分别高达 81.21%、62.61% 和 79.03%。大气降水来源的硝酸盐对引黄水和地下水的硝酸盐贡献率约为 11.47% 和 4.26%,而对当地河水的贡献率几乎为 0。化肥来源的硝酸盐对黄河水和地下水的硝酸盐贡献较小,贡献率分别仅为 7.32% 和 16.78%。来自化肥的硝酸盐对当地河水的贡献率达到 37.36%。

表 5.1　潘庄灌区不同污染源的 $\delta^{15}N$ 和 $\delta^{18}O$

污染源	$\delta^{15}N$/‰				$\delta^{18}O$/‰			
	最大值	最小值	平均值	标准差	最大值	最小值	平均值	标准差
大气降水	6.57	−3.91	3.24	2.42	61.42	26.33	43.96	9.09
化肥	4.72	−6.14	0.91	1.98	24.82	4.91	11.54	10.27
土壤	7.18	1.35	4.99	1.47	8.15	0.63	3.27	1.44
粪便	17.32	3.86	9.78	4.16	12.29	1.77	4.76	3.01
工业污水	23.08	10.45	17.39	4.77	9.30	2.82	7.23	2.64
生活污水	19.95	7.41	15.87	7.23	10.08	3.25	6.02	2.71

（2）重金属的分布特征及生态风险

根据 2011 年对华北平原引黄灌区整个区域上的调研,地表水重金属平均质量浓度范围基本为 $10^{-2} \sim 10^{-1}$ mg·L^{-1},与 Song 等（2012）水样于 2010 年 9 月采集相比,样品中 Fe、B、Ba 和 Al 含量的平均值均超过了前一年的重金属平均值,并呈增加趋势。根据国家生活饮用水卫生标准（GB 5749—2006）,Al、B、Ba、Fe、Mn、Zn、Se 和 Pb 超标的样点分别占总样点的 47%、2%、1%、17%、24%、17%、20% 和 11%。地下水的重金属污染高值空间分布没有完全耦合地表水高值分布区域,这可能是因为地表水向含水层下渗过程中有一定的时间滞后,也可能在下渗过程中重金属有一部分被土壤物理吸附或者微生物作用分解掉（Cánovas et al, 2012; Gibbs, 1973）。地下水中 Al、B、Ba、Fe、Mn 和 Sr 都表现为顺着黄河水游方向浓度增加,下游河口区重金属含量大于上游重金属含量。地表水和地下水中重金属（Al、Ba、B、Fe、Mn 和 Sr）空间分布特征总体显示自中游向下游递增的趋势,北部和东部的河口湿地有较高含量。

（3）有机氯农药的分布特征及生态风险

黄三角地区土壤和沉积物中 OCPs（α–HCH,β–HCH,γ–HCH,δ–HCH,op'–DDT,pp'–DDT,pp'–DDE,pp'–DDD）的检出率分别为 95.5% 和 95.7%,地表水和地下水中全部检出,但整体含量相对于国内外报道值相对较低。$\sum$ HCH 在土壤、地表水、地下水和沉积物中的含量分别为 $0.51 \sim 208.48$ ng·g^{-1},$1.10 \sim 62.15$ μg·L^{-1},$3.95 \sim 154.45$ μg·L^{-1} 和 $0.56 \sim 232.60$ ng·g^{-1},同时 $\sum$ DDT 的含量分别为 nd ~ 109.16 ng·g^{-1},$1.46 \sim 35.52$ μg·L^{-1},$1.16 \sim 30.89$ μg·L^{-1} 和 nd ~ 52.03 ng·g^{-1},与国家环境质量标准相比较,仅有 1.5% 的土壤和 8.4% 的沉积物超标。DDTs 和 HCHs 的组分构成表征,黄三角地区的 DDTs 主要来自历史上农业施用三氯杀螨醇及远距离传输的大气沉降,HCHs 主要来自工业 HCHs 和林丹的混合源。运用 USEPA 的健康风险评价模型计算,结果显示,直接摄食土壤和水体是居民最主要的暴露 OCPs 途径,其中 α–HCH 的风险贡献最大。地表水和地下水中 OCPs 的致癌风险超过了 USEPA 提出的可接受风险值（10^{-6}）。

（4）多环芳烃的分布特征及生态风险

黄河三角洲地区土壤中 16 种多环芳烃（PAHs）变化范围为 $70.80 \sim 1285.35$ ng·g^{-1},平均值为 280.72 ng·g^{-1}。根据 Maliszewska-Kordybach 于 2007 年制定的土壤 PAHs 污染标准,轻污染、污染和重污染的样点分别为 47.54%、6.55% 和 3.28%。造成研究区农田土壤污染主要与油田直接排放污水灌溉低洼农田,化工厂排放大气污染物沉降有关。水体中 16 种 PAHs 均能检测出来。地下水 PAHs 含量变化为 $8.51 \sim 402.84$ ng·L^{-1},平均值为 118.18 ng·L^{-1}。地表支流的 PAHs 含量变化范围是 $13.26 \sim 296$ ng·L^{-1},平均值为 128.02 ng·L^{-1}。黄河干流和黄河故道 PAHs 含量变化分别为 $11.89 \sim 393.12$ ng·L^{-1} 和 $13.64 \sim 346.11$ ng·L^{-1},平均值分别为 181.77 ng·L^{-1} 和 155.48 ng·L^{-1}。大尺度、大流量的调水工程能够促进研究区 PAHs 从地表水向地下水的迁移,这主要体现在调水工程不仅带来更多的悬浮颗粒物,在迁移过程主要受有机质（以 DOC 和 POC 为主）、悬浮颗粒物浓度以及颗粒物的种类和性质的综合影响,使得 PAHs 在各相中的分配产生差异。由于高低环 PAHs 迁移能力的差异,具体表现为 2 ~ 3 环 PAHs 有较强的迁移能力（图 5.7）,因此在下游入海口沉积物中其比重相对于地表土壤和上游沉积物要高,而 5 ~ 6 环 PAHs 容易被颗粒物吸附,更多的是随颗粒物迁移而迁移,迁移能力相对较弱,其在入海口沉积物中的相对密度明显低于在地表土壤和上游沉积物中的比例。

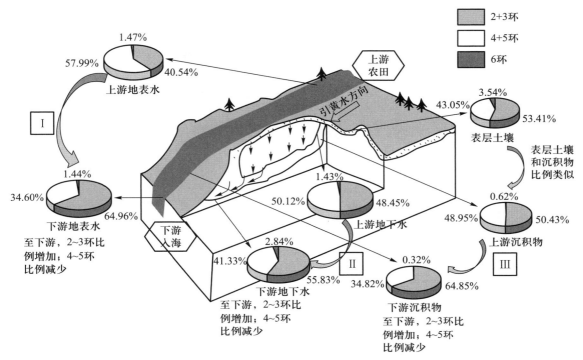

图 5.7　黄河三角洲 PAHs 迁移过程示意图

5.5　农田生态系统生产力及相关要素的区域变化规律

目前,华北平原山东境内共建成万亩以上引黄灌区 72 处。引黄灌区规划总土地面积 $4.41 \times 10^6 \, hm^2$,耕地面积 $2.60 \times 10^6 \, hm^2$。总设计灌溉面积 $2.37 \times 10^6 \, hm^2$,其中正常灌溉面积 $1.74 \times 10^6 \, hm^2$,补源灌溉面积 $0.63 \times 10^6 \, hm^2$,有效灌溉面积 $1.89 \times 10^6 \, hm^2$。华北平原引黄灌区为我国重要的商品粮生产基地,主要作物有小麦、玉米、棉花、水稻、油料、蔬菜等,复种指数 1.75(张会敏和黄福贵,2009)。

5.5.1　农田生产力时空变化

(1)农田生产力空间分布特征

根据农业气象站点记录和各县市统计的作物产量数据(2000—2011 年),收集整理制成华北引黄灌区农田生产力空间分布图(图 5.8)。由图可知,该区农田生产力水平存在显著的空间差异性。

冬小麦高产田中,山东省齐河县平均单产最高,达 $6861 \, kg \cdot hm^{-2}$,其次是高青县、博兴县和邹平县,其平均单产均在 $6084 \, kg \cdot hm^{-2}$ 以上;中高产田主要分布黄河下游的北岸地区,包括阳谷县、惠民县、东阿县、东营区、济阳县,平均单产在 $5652 \, kg \cdot hm^{-2}$ 以上;中产田主要分布于鲁西南黄河南岸区域,包括梁山县、东明县和牡丹区,平均单产 $5309 \sim 5652 \, kg \cdot hm^{-2}$;中低产田和低产田均分布于黄河南岸区域,包括郓城县、章丘区、长清区、鄄城县、平阴县、历城区和垦利县,其中垦利县冬小麦的平均单产最低,为 $4706 \, kg \cdot hm^{-2}$。相对南岸灌区,北岸农田生产力普遍较高,以中高产田为主。

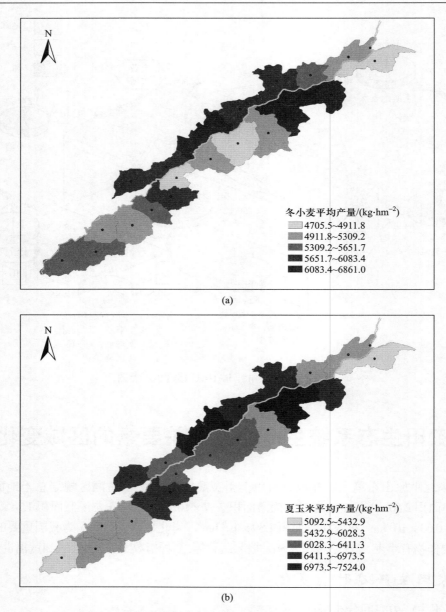

图 5.8   华北平原冬小麦（a）与夏玉米（b）多年平均产量

夏玉米平均单产的空间分布整体上呈现出中间高两端低的特征。其中，齐河县的平均单产最高，高达 7524 kg·hm^{-2}，其次是位于下游南岸的高青县和邹平县，其平均单产均在 6974 kg·hm^{-2} 以上；中高产田对称分布于黄河南北两岸，平均单产在 6411 kg·hm^{-2} 以上；中产田集中分布于鲁西平原区平均单产 5309～5652 kg·hm^{-2}；中低产田和低产田主要分布于东部沿海地区和鲁西南黄河南岸区域，其中垦利县夏玉米的平均单产最低，为 5093 kg·hm^{-2}。

（2）农田生产力的时间变化特征

根据农业部种植业管理司的县级作物数据库，提取到山东灌区内 10 个典型县市自 20 世纪

80 年代末以来的长时间序列粮食产量变化数据集。20 世纪 80 年代末以来,灌区内农田生产力水平整体呈上升趋势(图 5.9),但同时存在着显著的时空差异性。

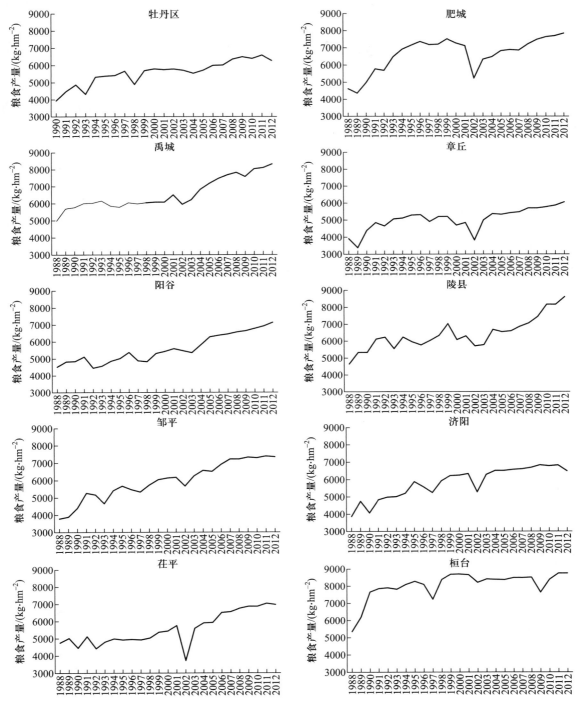

图 5.9　华北平原引黄灌区典型县域农田粮食产量变化

牡丹区粮食单产变化呈现增长—停滞—再增长的特征。其单产从 1990 年的 1310 kg·hm^{-2} 增长到 2000 年的 5790 kg·hm^{-2}，此后 5 年维持在 5700 kg·hm^{-2} 左右，自 2005 年又开始增长，到 2011 年其单产已达 6585 kg·hm^{-2}。而阳谷县、陵县、邹平县和济阳县的农田粮食单产均呈现前期波动增长，后期快速持续增长的两段式变化特征。

此外，各县农田粮食单产在不同年份均有不同程度的波动，但茌平县、肥城县和章丘区均在 2002 年产生较严重的减产（图 5.9）。茌平县在 2002 年的粮食单产为 3690 kg·hm^{-2}，相较 1988 年的 4755 kg·hm^{-2}，减少了 22.4%。章丘区同样在 2002 年的粮食单产（3765 kg·hm^{-2}）低于 1988 年的水平（3900 kg·hm^{-2}）。据调查，2002 年山东省发生了严重的干旱灾害，年降水量仅有 417.38 mm，其中汛期降水仅为 289.1 mm，为 1949 年以来同期降水最少的年份。旱情严重，使得农业生产受灾严重。

（3）生产力遥感监测与评估

基于遥感影像进行作物估产成为快速、准确地获取作物产量数据的有效方式，协同气象数据与植被指数共同构建估产模型能够收到更好的效果。

选取关键生育期 NDVI 均值、月均降水量、月均温作为参数，对研究区冬小麦、夏玉米、棉花构建了遥感气象估产模型。本研究区主要包括德州、滨州和东营所辖市、县、区，农作物种植习惯基本相同，统计模型方法可以满足遥感估产的需要。综上，本研究基于 2012—2014 年 MODIS 影像 NDVI 值、气象数据和农户调查产量数据，利用逐步回归法构建遥感气象估产模型。可表示为：

$$Y=(\text{NDVI}, P, T) \tag{5.1}$$

式中：Y 代表平均亩产（kg·hm^{-2}），NDVI 代表各农作物生育的关键期 NDVI 均值，P 代表关键生育期每月平均降水量（0.1 mm），T 代表关键生育期每月平均温度（0.1 ℃）。

参照 2011 年 6 月中华人民共和国农业部制定、中华人民共和国国家统计局批准的《全国土壤肥料专业统计报表制度》，将冬小麦和夏玉米产量加和作为该地块的产量指标。同时，为消除年际变动的影响，取各作物三年内单产的平均值，作为高中低产田划分的指标。通过计算得到研究区内 2012—2014 年冬小麦 – 夏玉米农田平均单产为 14625 kg·hm^{-2}，棉花平均单产为 2858 kg·hm^{-2}。利用平均单产法，以遥感估产结果中各作物平均单产 ±10% 位标准对高中低产田进行划分。最终得到黄河三角洲高中低产田分布格局如图 5.10 所示。

结果显示研究区域冬小麦 – 夏玉米高产田比例为 28.8%，中产田比例为 59.7%，低产田比例为 11.5%。其中冬小麦 – 夏玉米低产田主要分布于庆云县、无棣县和利津县。棉花高产田比例为 27.3%，中产田比例为 41.4%，低产田比例为 31.3%。其中，棉花高产田主要集中于无棣县、夏津县和沾化县西北部，低产田集中分布于垦利县。

5.5.2 农田土壤盐分时空变化

（1）华北平原引黄灌区盐碱地改造过程农田盐分变化

20 世纪 50 年代末、60 年代初华北平原发展引黄灌溉、河库引水灌溉、平原蓄水灌溉，曾引发大面积灌区次生盐碱化。盐碱化面积从 1958 年的 2.72 万 hm^2，扩展到 1961 年的 4.13 万 hm^2。

华北平原第一大型引黄灌区——河南人民胜利渠灌区，在大引大灌后地下水埋深由 1958 年的 3~4 m 上升到 1961 年 1.3~1.5 m，盐碱地面积扩大了两倍。随着对水盐运动理论认知的不断深入，在控制引黄水量的同时，发展井灌，井渠结合，地表水、地下水联合运用，采取"深沟浅井、强排强灌、灌排结合"等一系列工程措施后，地下水开采量与引黄水量之比为 42∶58，灌区地下

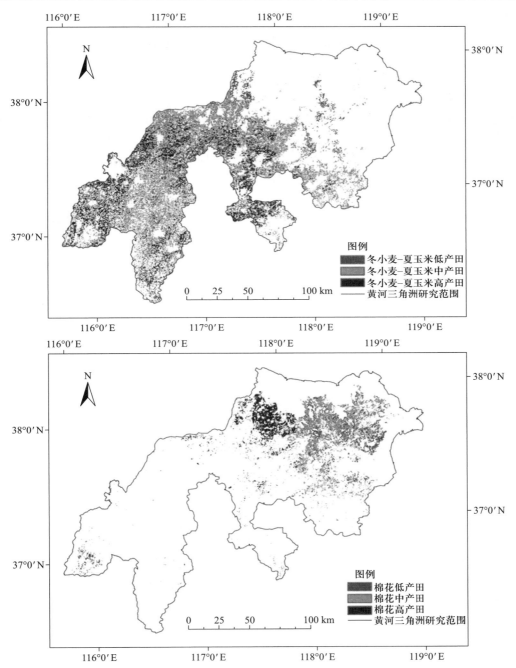

图 5.10　冬小麦 – 夏玉米（a）和棉花（b）高中低产田分布图（参见书末彩插）

水埋深控制在 2 m 以下，使次生盐碱化得到改良。区域农田生态系统土壤水盐分布保持了长期动态平衡，耕层土壤含盐量长期稳定在较低水平。

（2）滨海盐碱地典型区土壤盐分时空动态——以无棣县为例

滨州地处黄河三角洲腹地，环渤海耕地 44.73 万 hm²，大部分是不同程度盐渍化的土地，属于典型的耕地面积大、耕地质量差的农业类型区。在黄河三角洲典型区域——无棣县域内,在东北—西南方向,沿河流方向或由海岸向内陆纵深方向,设置 3 条监测线;在西北—东南方向,由海岸线向内陆区形成 4 个监测阶梯,共布设了 11 个土壤盐分采样调查点,组成一个土壤盐分动态监测网,揭示了黄河三角洲典型区的土壤盐分时空变化规律。

土壤盐分采样分析结果表明(图 5.11),在垂直剖面上,既有表聚型分布也有底聚型分布。在空间分布方面,土壤盐分表现为由滨海向内陆方向逐渐减少的趋势,靠近内陆的土壤剖面呈现表聚型分布,然后向滨海方向逐渐转变为滨海土壤剖面的底聚型分布形式。在时间动态方面,所有土壤剖面盐分均呈现出脱盐－积盐周期性反复变化过程。然而,通过 2013 年到 2016 年三年多的连续采样测定,土壤剖面尚未显示出脱盐或积盐的趋势,年际间土壤盐分含量没有显著差异。

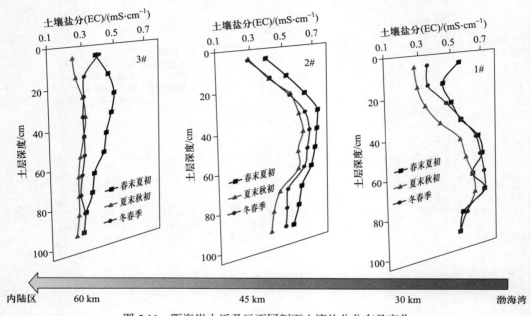

图 5.11　距海岸由近及远不同剖面土壤盐分分布及变化

(3)黄河三角洲土壤盐分时空动态

基于 2011 年 4 月的采样分析数据(三个层次:0 ~ 20 cm、20 ~ 40 cm、90 ~ 100 cm,101 个样点),在不划分土壤类型前提下对土壤盐分组成的离子含量进行分析。结果显示,pH 的平均值大于 8,呈较明显的碱性。从层位来看,中层的最小,底层最大,表层居中,这与土壤盐渍化的碱化有关;从土壤中八大离子(CO_3^{2-} 只有若干点检出)的数据来看,阴离子主要为 Cl^- 和 SO_4^{2-},其中 Cl^- 占 80% 左右,几乎为其他阴离子的 6 ~ 8 倍,具体次序为 $Cl^- > SO_4^{2-} > HCO_3^- > Br^-$;阳离子主要为 Na^+ 和 Ca^{2+},百分比占 75% 以上,具体排序为 $Na^+ > Ca^{2+} > Mg^{2+} > K^+$。

基于 2003 年和 2011 年的土壤野外调查数据,分析了土壤盐渍化空间特征。2003 年非盐化、轻度盐渍化、中度盐渍化、强度盐渍化和盐土五种类型的面积占比分别为 9.4%、9.3%、19.7%、56.7% 和 4.9%。非盐化土体主要分布于河流两岸,黄河、刁口河最为明显;2003 年盐土分布面积最少,集中分布于两区域,即孤北水库东北部和河口区正北沿海地区。

2011 年非盐化、轻度盐渍化、中度盐渍化、强度盐渍化和盐土五种类型的面积占比分别为

1.6%、3.0%、16.2%、62.6% 和 16.6%。与 2003 年相比较,土壤盐渍化明显增加,非盐化和轻度盐渍化大量减少,而盐土面积显著增加。非盐化土壤分布范围缩小,仅在位于利津县内的黄河沿岸小范围分布,而原河流沿岸的非盐化土壤被轻度和中度盐渍化取代;面积最大的依然为强度盐渍化土壤,且较 2003 年稍有增加,同样在主要分布于东部和北部,黄河以南地区原来的轻度和中度盐渍化转变为 2011 年的强度盐渍化;盐土分布范围增加,孤东圈及其南部和北部、孤北水库西部和北部以及挑河西部都新增大量盐土。

(4)华北平原灌区农田潜在盐渍化风险

长期试验监测结果显示(图 5.12),灌溉对农田土壤盐分淋洗作用显著。在无灌溉(雨养)情况下,土壤剖面盐分波动幅度最大,0~40 cm 耕层土壤平均盐分增加速率约为每年 0.24 g·kg^{-1},据此速率推算,耕层土壤保守估计在 8 年左右将退变为轻度盐渍化土,冬小麦等作物会受影响而减产;而经过 15 年的持续波动累积,耕层土壤可能发展成为中度、甚至重度盐渍化土,即使棉花等耐盐碱作物也将无法正常生长。另外,考虑到浅层咸水的广泛分布,土壤盐渍化速率要快得多。

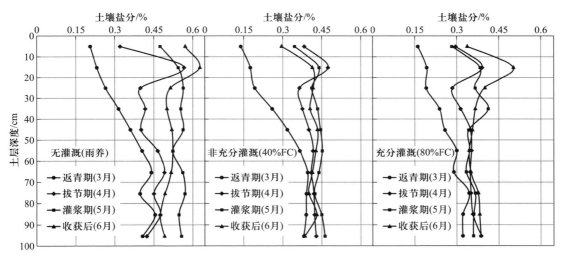

图 5.12　不同灌溉情况土壤盐分分布及变化

5.5.3　农田土壤养分时空变化

(1)土壤有机质含量

华北平原在 20 世纪 80 年代初,耕层土壤有机质的含量约为 10.03 g C·kg^{-1}(Pan et al, 2004)。但 1980—2000 年,其含量呈增长趋势,幅度达 19%(于严严等,2006)。2000 年后,随着灌溉和农业政策的支持,该地区土壤有机质含量显著提升(Liao et al., 2015)。1980—2012 年,华北农田 0~20 cm 土层中的土壤有机质含量由(7.5±2.5)g·kg^{-1} 增加至(17.5±3.5)g·kg^{-1},相当于增长了 1.33 倍。另外,土壤有机质含量以 0.31~0.35 mg C·hm^{-2}·年$^{-1}$ 的速率持续增长(Han et al., 2017)。禹城站长期试验结果表明,长期平衡施化肥条件下土壤有机质含量持续增加,在 0~40 cm 土层中每年的增加速率达到 182.8 kg C·hm^{-2},农田有机质提升潜力可达到 1.6~2.4 Tg C·年$^{-1}$(赵广帅等,2012)。

其中,德州市土壤有机质含量最高,其次是淄博市,然后是泰安市、济南市和济宁市,含量较低的为东营市和菏泽市,其余各市则介于 13.3~13.8 g·kg^{-1}(表 5.2)。

表 5.2 华北引黄灌区地级市耕层土壤养分含量

地级市	点位数/个	有机质			总氮			有效磷			速效钾		
		均值 /(g·kg⁻¹)	标准差 /(g·kg⁻¹)	变异系数 /%	均值 /(g·kg⁻¹)	标准差 /(g·kg⁻¹)	变异系数 /%	均值 /(mg·kg⁻¹)	标准差 /(mg·kg⁻¹)	变异系数 /%	均值 /(mg·kg⁻¹)	标准差 /(mg·kg⁻¹)	变异系数 /%
滨州市	465	13.3	3.4	34.8	0.97	0.27	27.44	23.38	11.89	50.86	112	42	37.4
菏泽市	1176	12.0	2.6	21.4	0.83	0.19	22.92	21.43	11.20	52.26	102	38	37.1
济南市	521	14.8	4.0	26.7	0.74	0.40	53.70	23.33	16.32	69.98	118	42	35.2
济宁市	703	14.7	4.4	29.7	0.95	0.32	33.57	27.31	15.28	55.94	128	50	39.3
聊城市	1382	13.8	3.7	27.0	1.02	0.30	28.98	27.63	17.30	62.60	121	39	32.5
泰安市	321	14.8	5.2	35.0	0.90	0.22	24.48	34.56	20.59	59.59	119	36	30.7
淄博市	224	15.4	4.5	29.2	1.17	0.37	31.61	28.01	16.74	59.76	135	45	33.1
临沂市	72	13.6	3.3	24.3	0.90	0.2	22.7	33.70	22.90	68.00	122	28.3	23.2
烟台市	72	13.5	3.6	26.7	0.90	0.2	19.9	32.60	19.30	59.10	133	45.4	34.1
德州市	72	16.3	4.0	24.6	1.00	0.2	21.4	33.10	27.10	81.90	202	78.8	38.9
东营市	69	9.9	3.8	39.1	0.60	0.2	36.3	19.10	16.20	85.10	159	61.9	38.9

注：滨州市、菏泽市、济南市、济宁市、聊城市、泰安市、淄博市数据来自《华北小麦玉米轮作区地力》；临沂市、烟台市、德州市、东营市数据来自最新采样调研。

（2）土壤总氮含量

最新采样调查数据显示,淄博市的全氮含量最高,其次是聊城市,然后是德州市、滨州市和济宁市,含量较低的为东营市和济南市,其余各市则介于 $0.83 \sim 0.90$ g · kg^{-1}（表5.2）。

（3）土壤有效磷含量

结果显示,泰安市的有效磷含量最高,其次是临沂市和德州市,然后是烟台市、淄博市和聊城市,含量较低的为东营市和菏泽市,其余各市则介于 $23.33 \sim 27.31$ mg · kg^{-1}（表5.2）。

（4）土壤速效钾含量

黄河下游引黄灌区不同地区中,德州市的速效钾含量最高,其次是东营市,然后是淄博市和烟台市,含量较低的是菏泽市,其余各市则介于 $112 \sim 128$ mg · kg^{-1}（表5.2）。

5.6　农田生态系统调控模式

农作物可持续的健康生长与土壤有机质含量密切相关,而土壤有机质的维持和提升需要从有机质投入和土壤微生物的保护两方面来实现。目前华北平原养分资源投入巨大,但利用不合理,造成浪费和环境污染。对作物进行水、盐、养分调控,大幅度提高作物产量,同时提高秸秆或有机肥向土壤有机质转化的效率,建立农田生态系统资源要素利用效率调控技术体系,也是国家粮食安全和可持续发展的重大需求。

5.6.1　微生物肥料提升土壤有机质技术模式

试验结果表明,合理施用固态微生物有机肥（ME、HE 处理）比传统的施用牛厩肥（FM）能更明显地提高土壤有机质含量。小区试验以 1800 kg · hm^{-2} 的微生物有机肥用量配合施用化肥（总施氮量为 225 kg N · hm^{-2}）可以达到稳产效果,并提高土壤有机质含量 20% ~ 30%,即土壤有机质由原来的 1.2% 提高至 1.5%（图5.13）。示范试验施用固态微生物有机肥量为 3000 kg · hm^{-2},可提高土壤有机质含量 30%,即土壤有机质由原来的 1.25% 提高至 1.75%。固态微生物有机肥的施用季节在冬小麦季在播种前撒施翻地,有利于土壤有机质的积累。

技术要点及效益分析:

冬小麦 – 夏玉米轮作条件下,每季作物控制总施 N 肥量为当地常规施肥量（N 肥以 225 kg · hm^{-2} 计）,其中在冬小麦季播种前施用固态微生物有机肥,微生物有机肥施用量为 1800 kg · hm^{-2}（由此带入土壤 N 量约为 24 kg · hm^{-2}）,施用微生物有机肥同时喷洒土壤调理剂（黑白液,亩推荐用量为 1 kg,稀释 150 ~ 200 倍后喷施）,然后再进行翻地耕作。

投入的微生物有机肥等新型肥料,不仅可以降低化学氮肥的投入,由此降低化肥带来的面源污染,而且促进土壤理化性状的改善,有利于肥沃土壤耕层的发育和构建。微生物肥料和土壤调理剂不仅可以促进土壤有机质的形成,而且提高了原有机质形成的速度和效率,有助于土壤健康系统的形成。

减少化肥投入,提高化肥利用率,降低化肥带来的环境污染,如,气体排放和淋溶损失。通过微生物肥料中微生物种群的生命活动,可以形成大量的腐殖质,改善土壤理化性,避免化肥在土

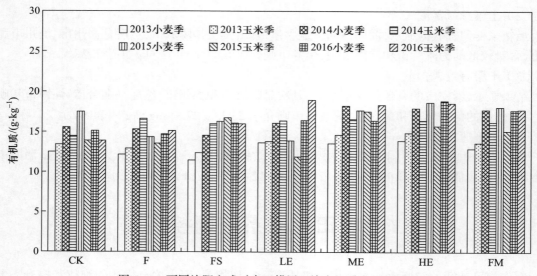

图 5.13   不同施肥方式对农田耕层土壤有机质含量的影响

注：空白对照（CK），常规化肥＋秸秆不还田（F），常规化肥＋秸秆还田（FS），低量化肥＋秸秆还田＋微生物有机肥（LE），常规化肥＋秸秆还田＋微生物有机肥（ME），高量化肥＋秸秆还田＋微生物有机肥（HE），常规化肥＋秸秆还田＋传统农家肥牛厩肥（FM）。

壤中的大量固定和流失，从而提高肥效，减少肥料损失带来的环境风险。相对于通过耕作，其他有机无机配施等管理措施，通过投入固态微生物有机肥和土壤调理剂，具有节省农事和操作简便的特点。

试验中，土壤有机质由原来的 $13\ g\cdot kg^{-1}$，提升至 $16\ g\cdot kg^{-1}$ 以上，土壤有机质提高 20% 以上，由此可间接提高粮食产量约 5%，节约化肥用量约 10%，减少化肥损失约 10%，提高肥料利用率约 8%。每公顷平均农资投入的成本节约 459～750 元。

5.6.2   水盐调控与作物高产模式

东部的黄河三角洲地区地下水埋深一般都在 1.5 m 以上，地下水矿化度高，西部陆区一般为 $3\sim9\ g\cdot L^{-1}$，东部黄河三角洲地区由于受海水入侵的影响，地下水矿化度更高，可达 $9\ g\cdot L^{-1}$ 以上。该地区土壤类型主要是盐化潮土或脱盐潮土，即使目前是高产的农田，由于次生盐渍化的条件仍然存在，维持该地区的作物高产稳产，土壤水盐运移的科学调控是关键。

（1）水盐调控的原理

该地区的农田土壤春秋季蒸发量大，是土壤返盐的主要季节，特别是春季。高的地下水位和矿化度、春秋蒸发强度大、夏雨降雨和灌溉淋溶以及土壤毛细管的作用，为土壤的水盐上行和下行垂直运动模式提供了驱动条件，在该地区的气候和土壤条件下，土壤毛管水的上升高度大约在 2.2 m。因此，该地区水盐调控是作物高产稳产的关键技术。关键技术的原理是：降低地下水位到毛管水上升高度以下，通过灌溉和降雨洗盐促进盐分下降；切断土壤毛细管，控制盐分上升到耕作层和抑制蒸发将少返盐；利用耐盐作物冠层覆盖和根系作用改良土壤结构。

依据水盐运动的规律，水盐调控的关键技术包括：

土壤快速脱盐技术：最常用的方法是降低地下水位、灌溉洗盐、化学脱盐剂、土壤结构改良等工程和土壤改良技术。需要解决的关键问题是快速改良和低投入。

春秋抑制返盐技术：常用技术包括覆盖（地膜、秸秆、作物）、种植制度、降低地下水位、耕层土壤团粒结构改良、耕作切断毛细管、地下水淡化、改善小气候等。需要解决的关键问题是高效、稳定、易操作。

土壤碱化控制技术：脱盐后土壤会表现碱化现象，主要技术有增加土壤有机质、施用磷石膏或脱硫石膏等。需要解决的关键问题是原料来源、重金属污染等问题。

耐盐作物种植：耐盐作物配合土壤改良技术是盐碱地水盐综合调控的有效措施，特别是小麦等秋播作物还具有使土壤水盐向脱盐趋势调节的作用。需要解决的关键问题是具备高产稳产优质特性的较高耐盐阈值。

（2）水盐调控关键技术和配套技术

该区域的农田水盐调控主要以高产农田的次生盐渍化防控，重盐碱荒地改造和中轻度盐渍化的中低产田改良重点，提高土地的生产能力是关键。针对内陆盐碱、滨海盐碱两种不同类型盐碱地的特征，利用工程技术、生物技术、土壤改良技术等，构建以土壤快速脱盐，耕层土壤结构快速改良，土壤肥力快速提升的盐碱地水盐调控和生产力提升的技术模式。根据发展目标，构建粮食连作、粮-棉轮作和草-棉轮作、耐盐牧草种植等种植制度。

盐碱地改造的农田基本建设。由于该地区地下水位和地下水矿化度高，土壤脱盐效果不好，且容易返盐。因此，盐碱地改造的基础是要建设完善的农田灌排系统和平整土地，达到降低地下水位，灌溉洗盐和排盐的效果。排盐排水沟深度要求达到 2 m，灌排分开，控制地下水埋深大于 1.5 m。

针对中轻度盐碱地（土壤含盐量 0.4%~0.5%），采用淡水或微咸水灌溉洗盐，将耕层盐分降到 0.2% 以下，结合微生物土壤改良材料快速改良耕层土壤，形成团粒结构，控制返盐。第一年盐碱地可以得到初步改良，形成一定的生产力，通过 2~3 年的耕作，粮食产量可以达到中高产量水平。

针对地下水矿化度超过 5.0 g·L⁻¹ 以上，表层土壤盐分达到 1.0% 以上，地下水埋深小于 1.5 m 的重盐碱地，特别是滨海盐碱地，采用高效脱盐剂和 2 次灌溉洗盐，每次每亩① 灌水 80 方以上，土壤盐分从 0.6% 以上下降到 0.2% 以下。之后每亩施用 6000 kg·hm⁻² 的生物有机土壤改良材料，当年种植耐盐小麦品种（小偃 60 等）可获得 5250 kg·hm⁻² 的产量。以后每年正常种植，每公顷施用 3000 千克生物有机肥即可逐步促进产量的不断提高。

一般通过灌溉方式脱盐后的土壤其结构差，肥力低，极易返盐，因此一般盐碱地通过水利方法改造土壤结构恢复慢，季节性次生盐渍化严重，时间较长，一般要 4~5 年。土壤脱盐后采用生物有机土壤改良材料可以快速改良土壤结构，可将治理时间缩短到 1~2 年。在土壤脱盐后当季改善耕层的土壤团粒结构，提升土壤肥力，当季恢复农作系统，形成生产力，通过农业耕作管理措施的调控，可稳定抑制土壤返盐。该技术已经在山东禹城市、黄河三角洲的利津县和无棣县得到试验验证。在山东东营利津县毛坨村的表层土壤含盐量达到 1.4% 的重盐碱荒地进行试验，灌一水压盐的基础上，施用 4500~6000 kg·hm⁻² 微生物有机

---

① 1 亩 =0.067 hm²。

肥,当季棉花出苗率达 60%。该技术是一项快速、便捷、高效的盐碱地综合治理和地力提升方法。

对于滨海盐碱地的水盐调控,该技术和模式的试验结果表明:土壤盐分随土层深度增加而增加,从 1～1.5 g·kg⁻¹(0～5 cm)增加至 2～3 g·kg⁻¹(10～20 cm)。与传统种植(CK)相比,施用普通有机肥对三个土层土壤盐分无显著影响;而施用微生物调节材料在三种用量(4200 kg·hm⁻², 6000 kg·hm⁻² 和 7800 kg·hm⁻²)处理下均显著低于 CK 和普通有机肥处理,而且在不同土层均表现出盐分的显著降低。三种施用量的 ETS 措施在三个土层盐分平均降低 26%(0～5 cm),35%(5～10 cm)和 34%(10～20 cm);比较三种用量 ETS 的处理的结果,ETS400 含盐量就可以显著降低 0～20 cm 土层含盐量,和 CK 相比,5～10 cm、10～20cm 土壤含盐量分别降低了 44% 和 47%(图 5.14)。

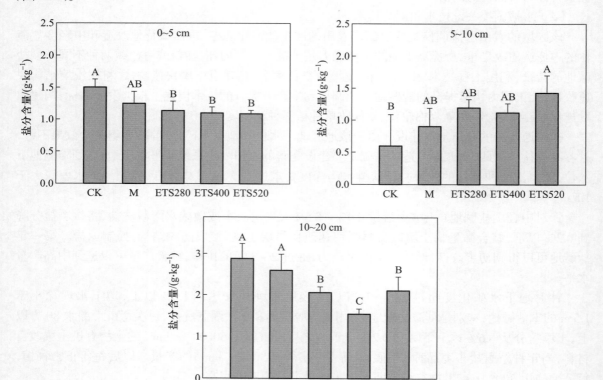

图 5.14　重盐碱荒地改良第一年的土壤含盐量

小麦产量受到处理的显著影响。表现为 ETS 施用后,小麦产量显著提高。与 CK 相比,三个水平施用量的 ETS 分别提高产量 89%(ETS280),113%(ETS400)和 129%(ETS520)。其中 ETS520 措施下产量最高,达到 5100 kg·hm⁻²。施用有机肥与 CK 相比同样显著提高了产量,达到 60%。处理后,ETS400 和 ETS520 显著高于其他处理。

玉米的产量结果和小麦相似,由于玉米季没有使用 ETS 微生物土壤改良的固体材料,仅喷施了液体的微生物土壤改良菌剂,可以看出,在上季小麦季土壤改良的基础上,玉米季仍然有比较好的效果,在玉米季加喷施菌剂措施增产效果更明显(图 5.15)。

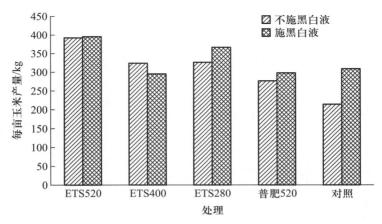

图 5.15　重盐碱荒地改良第一年的玉米产量

5.6.3　秸秆还田高产农田保育模式

（1）农田秸秆还田状况

近年来随着农业机械化水平的不断提高，秸秆机械化还田和覆盖还田比例不断增高，特别是在黄淮海平原地区。华北地区秸秆还田的比例最高（杨璐，2014）。华北平原是我国重要的粮食生产区，主要种植结构为冬小麦 – 夏玉米，近年来随着粮食产量的不断提高，黄淮海地区秸秆产量不断增加，小麦秸秆和玉米秸秆是该地区主要秸秆来源。

随着机械化作业的普及，小麦、玉米秸秆还田主要以机械化粉碎还田，因此，秸秆还田的技术和模式以及对潮土地区的土壤质量和产量的影响成为该地区研究的关键问题。

（2）秸秆还田的关键技术和模式

根据华北平原农田秸秆还田的状况，秸秆机械直接还田是主要方式。其中，随着近期研究和示范的开展，翻耕秸秆还田和免耕秸秆覆盖还田是两种主要的模式。

免耕秸秆覆盖还田模式：免耕秸秆覆盖模式具有节能、农田保护、提高土壤肥力、提高产量等作用，面积也逐渐扩大。根据华北平原的农田特点和兼顾免耕前几年产量略有下降的现象，生产上更适合的是秸秆还田的带状旋耕保护性耕作。该技术和模式的要点是采用自行研发的小麦免耕播种机和玉米清垄免耕精密播种机、玉米种穴补水播种机（图 5.16）。玉米种穴播种机主要包括机架和机架上的排种器、主动机构和传动机构，主动机构通过传动机构与排种器连接。种穴补水系统包括水箱、电磁阀和种子入土检测器，水箱通过一水管与电磁阀连接，电源通过种子入土检测器与电磁阀连接，种子入土检测器检测玉米落入种穴的时间并同时产生表示种子落入种穴时间的时间信号，该时间信号控制所述电磁阀的打开以将所述水管中的水喷响种穴，种穴间歇式同步补水（0.54 ~ 1.1 秒内完成一次种穴补水过程），与玉米排种高度同步。该播种机将秸秆覆盖地表，不扰动或少扰动土壤，播种、施肥、补水（或者菌剂、液体肥）一次完成，有效解决了出苗慢、出苗和生长不齐，影响到玉米高产的问题，在土壤相对含水量 55% ~ 30% 范围内，每穴补水量 8 ~ 15 mL，确保"一播全苗"。储水容量一次可播种 4 ~ 5 亩，省水、省力、节能、省时。节能潜力表现在改传统耕作为统一保护性耕作，节约燃油 15% 左右，再改一家一户分散作业为联合作业，可降低无效作业 10%，节约燃油 25% 左右，改家庭分户常规耕作为中型免耕联合作业，可节约燃油 60% 左右。产量潜力主要是通过机械化联合作业缩短农事作业时间,因而延长玉米生长 15 天,提高作物光热资源利用效率,增产 10%。

(a)　　　　　　　　　　　　　　　　　(b)

图 5.16　小麦免耕播种机(a)和玉米种穴补水播种机(b)

　　翻耕秸秆还田模式:秸秆还田和氮肥配合模式,采用了目前常规的施氮模式(氮的施用量高)、氮肥减量模式和低量模式。从小麦、玉米的 4 个生长季试验产量结果表明,秸秆还田加高、中、低量化肥的模式产量表现差异不显著,从投入与产出来看,秸秆还田加中量化肥(化肥减施)的模式较为合理,C/N 可以调节在 16 左右,氮肥的利用效率较高(李涛等,2016)。

参 考 文 献

国家统计局农村社会经济调查司 . 2006. 中国农业统计资料汇编:1949—2004. 北京:中国统计出版社 .

李涛,何春娥,葛晓颖,等 . 2016. 秸秆还田施氮调节碳氮比对土壤无机氮、酶活性及作物产量的影响 . 中国生态农业学报,24(12):1633–1642.

杨璐 . 2014. 中国大田作物茬高 – 茬重模型的建立及东北、华北和西北地区秸秆能源利用可获得性 . 北京:中国农业大学,博士学位论文 .

于严严,郭正堂,吴海斌 . 2006. 1980—2000 年中国耕作土壤有机碳的动态变化 . 海洋地质与第四纪地质,26 (6):123–130.

赵广帅,李发东,李运生,等 . 2012. 长期施肥对土壤有机质积累的影响 . 生态环境学报,21(5):840–847.

张会敏,黄福贵 . 2009. 黄河干流灌区节水潜力及水权转换理论探索 . 郑州:黄河水利出版社 .

Cánovas C R, Olias M, Vazquez-Suñé E, et al. 2012. Influence of releases from a fresh water reservoir on the hydrochemistry of the Tinto River (SW Spain). Science of The Total Environment, 416(0):418–428.

Chen F, Jia G, Chen J. 2009. Nitrate sources and watershed denitrification inferred from nitrate dual isotopes in the Beijiang River, south China. Biogeochemistry, 94:163–174.

Fageria N K, Baligar V C. 2005. Enhancing nitrogen use efficiency in crop plants. Advances in Agronomy, 88:97–185.

Gibbs R J. 1973. Mechanisms of trace metal transport in rivers. Science, 180(4081):71–73.

Han D, Wiesmeier M, Conant R T, et al. 2017. Large soil organic carbon increase due to improved agronomic management in the North China Plain from 1980s to 2010s. Global Change Biology, 24 (3): 987–1000.

Hendricks S P, White D S. 1991. Physicochemical patterns within a hyporheic zone of a northern Michigan river, with comments on surface water patterns. Canadian Journal of Fisheries and Aquatic Sciences, 48: 1645–1654.

Ju X T, Kou C L, Zhang F S, et al. 2006. Nitrogen balance and groundwater nitrate contamination: Comparison among three intensive cropping systems on the North China Plain. Environmental Pollution, 143: 117–125.

Lee K S, Bong Y S, Lee D, et al. 2008. Tracing the sources of nitrate in the Han River watershed in Korea, using δ^{15}N–NO_3^- and δ^{18}O–NO_3^- values. Science of the Total Environment, 395: 117–124.

Liao Y, Wu W L, Meng F Q, et al. 2015. Increase in soil organic carbon by agricultural intensification in northern China. Biogeosciences Discussions, 11 (11): 1403 – 1413.

Pan G, Li L, Wu L, et al. 2004. Storage and sequestration potential of topsoil organic carbon in China's paddy soils. Global Change Biology, 10 (1): 79–92.

Song S, Li F, Li J, et al. 2012. Distribution and contamination risk assessment of dissolved trace metals in surface waters in the Yellow River Delta. Human and Ecological Risk Assessment: An International Journal, 19 (6): 1514–1529.

第6章 长江三角洲农田生态系统过程与变化*

长江三角洲跨越江苏、浙江、上海三省市,位于 28° N—33° N, 118° E—123° E,既是我国经济最发达地区,也是高度集约化的农业主产区。20 世纪 90 年代起,过量化学氮磷肥的投入、城郊区集约化种植业和养殖业的迅猛发展极大地扰乱了该地区氮磷养分循环转化过程,引发了诸如土壤酸化、地表水水体富营养化、地下水硝酸盐污染、温室效应和大气污染等生态环境问题,使之成为农业与环境研究的热点区域。

6.1 长江三角洲农田生态系统特征

长江三角洲河网纵横,物产丰饶,具有丰富的农业自然资源,且开垦历史悠久,农业发达,是我国重要的农产品商品基地。地处亚热带雨热资源丰富的特点和近年来不断增加的农用化学品投入强度,促使这一地区以稻田为主的农田生态系统的结构功能和物质循环强度及其对大气、水体等影响明显不同于我国其他地区农作生态系统。

6.1.1 自然条件与农业种植结构

长江三角洲是长江入海之前的冲积平原,是我国和世界著名河口三角洲之一,由长江带来的泥沙冲淤而成,具体包括:里下河平原南缘、河口沙洲区以及太湖平原。其中太湖平原是我国开发历史较早的地区之一。根据《国务院关于进一步推进长江三角洲地区改革开放和经济社会发展的指导意见》(国发〔2008〕30 号),广义上长江三角洲地区指上海、江苏和浙江。该地区属我国东部北亚热带季风气候,温暖湿润,雨热同期,年均温 15 ~ 16 ℃,年降水量 1000 ~ 1400 mm,季节分配较均匀。

得益于优越的水热条件和完善的灌溉系统,该地区复种指数高,大部分地区的种植条件可以满足作物一年两熟 / 三熟制的种植。该地区一年多熟制实行以水稻为中心的水旱轮作制,包括水稻 – 小麦、水稻 – 油菜、水稻 – 绿肥、水稻 – 蔬菜、水稻 – 马铃薯、水稻 – 棉花、水稻 – 烟草、水稻 – 豆类及水稻 – 饲料等多种形式的轮作复种制。

长江三角洲盛产稻米、蚕桑和棉花,是我国著名稻米产区。2016 年,该地区粮食产量占

---

* 本章作者为中国科学院南京土壤研究所颜晓元、赵旭、林静慧、夏永秋、单军、汪玉、王书伟、逯超普、周伟、夏龙龙。

全国总产量 7.0%，粮食尤其是水稻的单位面积产量远高于国家平均水平（表 6.1）。目前，该地区的部分田块的水稻产量可以达到 8000 kg·hm^{-2}·年$^{-1}$，甚至更高（Ma et al., 2013）。另外，苏州和杭嘉湖地区是我国重要蚕桑基地之一，而山地丘陵地区则是著名的茶叶、毛竹基地。

表 6.1　长江三角洲地区农业生产情况

	氮肥用量（2016 年）/（10^7 kg）	粮食总产量（2016 年）/（10^7 kg）	耕地面积（2016 年）/（10^3 hm^2）	单位面积产量（2012 年）/（kg·hm^{-2}）	
				粮食	水稻
上海	5.65	99.16	19.7	6523.64	8598
江苏	186.58	3466.01	4571.1	6319.58	8520
浙江	51.4	752.2	1974.7	6150.77	7028.9
全国	2972.63	61625.05	134920.9	5301.8	6891.3

6.1.2　水旱轮作农田生产管理特点及农业环境问题

水旱轮作系统是长江三角洲重要的作物生产系统，对于增加粮食产量、缓解人口压力、保障粮食安全具有十分重要的战略意义。施肥是保证水旱轮作生产力可持续的重要因素，有研究指出该地区稻麦轮作系统化学氮肥（以纯氮计，下同）的投入量为 550～600 kg·hm^{-2}，其中稻季氮肥的用量就高达 300 kg·hm^{-2}（Ju et al., 2009），而蔬菜系统的化学氮肥投入量更是高达 1000 kg·hm^{-2}（Shi et al., 2009）。而根据夏永秋和颜晓元（2011）的研究，该地区麦季推荐施氮量为 205 kg·hm^{-2}，另外，他们的研究同时指出该地区水稻的推荐化学氮肥用量为 202 kg·hm^{-2}（Xia and Yan, 2012）。

水旱轮作系统的一个显著特征就是作物系统的水旱交替轮换导致了土壤系统季节间的干湿交替变化。由于水田对水分的需求，水旱轮作体呈现水分灌排频繁、干湿过程交换强烈的特点。卞新民等（2000）指出，该地区有效灌溉面积比显著高于黑龙江、吉林、内蒙古、山西。以 2016 年为例，江苏、上海、安徽 3 省（市）的农业灌溉面积占全国总灌溉面积的 13%（中华人民共和国国家统计局，2017）。

然而近年来该地区水旱轮作系统由于大量施用化肥，未被作物吸收利用的养分，通过径流淋溶的形式进入水体，导致该地区地表水体富营养化、地下水硝酸盐含量过高、受纳水体抗生素污染等问题。全为民等（2005）指出，长江口及邻近水域营养盐含量十分丰富，平均 56% 水域无机氮含量已超过海水水质四类标准，磷酸盐也有 40% 以上已达到或超过海水水质四类标准，长江口及邻近水域大约 60% 水域已达到重污染水平。同样由于化肥的过量施用，大量的未被作物利用的肥料流入地下和地表水，该地区地下水的硝酸盐（NO$_3^-$）含量高于 50 mg·L^{-1}（Shi et al., 2009），远高于饮用水标准（10 mg·L^{-1}）。

另外，该地区水旱轮作系统通过施肥与秸秆露天焚烧释放到大气中的各种气态污染物和颗粒物,是造成该地区大气污染的重要原因。有研究显示,长江三角洲地区生物质燃烧对大气 PM2.5 的贡献高达 37%,其中大部分来源于当地小麦、油菜、玉米、棉花等秸秆的焚烧(Cheng et al.,2014)。而水旱轮作体系特有季节间干湿交替变化,不合理的水分管理和灌溉导致该地区温室气体排放量较大,占我国农田 CH_4 和 N_2O 排放量的 16.7% 和 6.1%(王效科等,2001)。

6.2 水旱轮作农田生态系统观测与研究

20 世纪 50—60 年代,中国科学院南京土壤研究所老一辈科学家就在长江三角洲开展低产水稻土改良工作,探索出"以磷增氮"的白土改良新途径,同时进行水稻丰产试验,著有《水稻丰产的土壤环境》一书。20 世纪 70—80 年代,由熊毅院士主持承担的"六五"国家科技攻关项目"太湖地区高产土壤的培育与合理施肥的研究",在太湖地区布置 20 个试验点,进行土壤肥力与肥料合理施用的研究,取得了丰硕的研究成果,该研究获得了 1987 年国家科学技术进步二等奖。项目结束后,为了便于成果更好的示范推广,决定建立一个长期实验站,经过综合比较选点,确定了常熟站现在的位置,位于常熟市辛庄镇(北纬 31° 33′,东经 120° 42′)。

常熟站在建站之初就提出以水稻土为主要研究对象,在总结三十余年水稻土研究的经验基础上,针对长江三角洲地区经济快速发展、农业生产方式改变、生态环境问题突出的特点,提出建站的主要使命是及时监测该地区农业与生态环境的变化,提出农业持续发展的对策,同时满足农田生态学科研究的需要。1992 年,被选为中国生态系统研究网络(CERN)第一批野外研究台站;2005 年,被国家科技部批准为国家重点野外科学观测实验站。因此,常熟站在水稻土基础上开展长江三角洲稻麦轮作体系下土壤肥力、物质循环迁移转化及生态环境效应方面的长期观测和研究。

目前,常熟站有综合、辅助等各类观测场地 7 处,面积约 7400 m^2,各类观测设施 14 个,主要开展"水、土、气、生"等生态要素长期观测;有各类研究样地资源 15 个,面积约 20000 m^2,主要开展土壤肥力、土壤环境及土壤元素生物地球化学循环过程研究。

6.2.1 "水、土、气、生"生态要素长期观测

常熟站"水、土、气、生"等生态要素长期观测主要在以下各类观测场地上进行。

(1)综合观测场

始建于 2004 年 6 月,面积为 1388 m^2,实行冬小麦–水稻轮作体系,每季作物氮、磷、钾肥(分别以纯氮、P_2O_5 和 K_2O 计,下同)施用量分别为 200 kg·hm^{-2}、60 kg·hm^{-2}、90 kg·hm^{-2},共分 6 个正方形的采样区,每个采样区面积为 15 m × 15 m。综合观测场采样地包括:① 土壤、生物采样地,长期监测土壤肥力及作物产量变化;② 中子管采样地,长期监测土壤体积含水量变化趋势;③ 烘干法采样地,长期监测土壤质量含水量变化趋势;④ 土壤水水质观测采样地,长期监测土壤在不同剖面深度下土壤水水质变化趋势;⑤ 地下水水位观测井,长期监测地下水位变化趋势。除此之外还布置了 1 处空白样地(不施肥料),2 处站区调查点,共 3 个辅助观测场,用于土壤、

生物及水分的辅助监测。

（2）气象观测场

按国家气象局规范标准设置,有一套全自动气象和太阳辐射观测装置和人工常规观测仪器,用以观测全年的天气气象要素。M520 自动气象监测系统 2004 年 9 月开始运行;Vaisala 自动气象监测系统 2014 年 6 月开始运行。主要监测大气中温湿度,风速、降雨量、大气压、海平面气压、露点温度,不同层次土壤温度,总辐射、净辐射、光合有效辐射,日照时数等。

（3）土壤肥力长期观测样地

1988 年开始监测,主要在秸秆还田模式下对土壤肥力变化趋势和作物产量进行长期观测。共设置四个处理,分别为空白处理;NPK 处理(氮肥 180 kg·hm^{-2},磷肥 60 kg·hm^{-2},钾肥 150 kg·hm^{-2});NPK+ 半量秸秆还田(150 kg·hm^{-2},干重);NPK+ 全量秸秆还田(300 kg·hm^{-2},干重)。

（4）土壤养分渗漏长期观测样地（排水采集器）

主要观测不同施肥处理下,不同土壤剖面层次土壤养分淋洗状况及作物生物量变化趋势。1998 年开始观测,每个排水采集器面积是 4 m^2,土壤剖面深度 100 cm,实行冬小麦 – 水稻轮作,共设置 5 个处理,分别为空白处理;C1+M 处理(氮肥 225 kg·hm^{-2},磷肥 40 kg·hm^{-2},钾肥 90 kg·hm^{-2},鲜猪粪 15 t·hm^{-2});C2 处理(氮肥 300 kg·hm^{-2},磷肥 50 kg·hm^{-2},钾肥 120 kg·hm^{-2});C2+S 处理(干秸秆 2.25 t·hm^{-2});C3 处理(氮肥 375 kg·hm^{-2},磷肥 60 kg·hm^{-2},钾肥 150 kg·hm^{-2})。

6.2.2　长期研究试验

（1）典型污染物的环境归趋与生态效应试验

利用原位土柱,研究典型有机污染物(多环芳烃和多溴联苯醚)以及新兴纳米颗粒的环境归趋及生态效应。有机污染物研究于 2007 年 11 月开始,研究对象为萘,菲和 BDE-209。纳米颗粒研究于 2009 年 9 月开始,研究对象为纳米 ZnO、纳米 TiO$_2$ 和纳米 CeO$_2$。

（2）集约化养殖场畜禽粪便农用风险长期研究试验

2006 年开始,研究粪肥携带的病原菌和抗性细菌以及抗性基因在土壤中存留、扩散及其环境行为,评价长期粪肥农用对土壤、地下水可能产生的生物安全性影响。有 5 个实验处理,包括新鲜猪粪(fresh pig manure)、发酵猪粪(composted pig manure)、灭菌猪粪(sterilized manure)、化肥(NPK control)、不施肥(no fertilizers)。

（3）稻田土壤反硝化原位监测试验

2015 年开始,研究不同氮肥梯度及生物炭和硝化抑制剂对稻田土壤反硝化的影响。每个小区面积是 42 m^2,实行冬小麦 – 水稻轮作,共设置 6 个处理,分别为 N0 处理;N270 处理(270 kg N·hm^{-2});N270+C(25 t·hm^{-2})处理;N270+Ni(2- 氯 -6- 三氯甲烷 – 吡啶,1.35 kg N·hm^{-2});N300 处理(300 kg N·hm^{-2});N375 处理(375 kg N·hm^{-2})。所有处理一次性施入 90 kg P$_2$O$_5$·hm^{-2} 和 120 kg K$_2$O·hm^{-2}。

（4）轮作方式对稻田土壤生产力及环境的影响长期试验

不同轮作和施肥方式对水稻土供氮能力和作物产量的影响实验处理:4 种轮作模式,配合不同化肥施用量,共 16 个处理。紫云英 – 水稻:冬紫云英还田 +7 种施肥方式;蚕豆 – 水稻:冬蚕豆还田 +7 种施肥方式;小麦 – 水稻;休闲 – 水稻。

（5）稻田固碳减排措施长期研究试验

研究不同氮肥施用、轮作 – 休耕和秸秆还田方式对稻田土壤碳氮循环影响实验处理：2011年开始实验，共设置冬小麦 – 水稻、蚕豆 – 水稻、休耕 – 水稻三种轮作方式和秸秆直接还田和发酵处理还田两种方式，0、120 kg·hm^{-2}、180 kg·hm^{-2}、240 kg·hm^{-2} 和 300 kg·hm^{-2} 五种氮肥施用梯度，所有处理一次性施入磷肥 30 kg·hm^{-2} 和钾肥 60 kg·hm^{-2}。

（6）稻田肥料氮去向、损失过程与调控原理研究

研究不同氮肥梯度和施肥模式对稻田氨挥发、径流、淋溶和氮氧化物排放的影响。实验处理：每个小区面积 42 m^2，实行水稻 – 冬小麦轮作，共设置 6 个处理，分别为 N0 处理、N150 处理、N210 处理、N210 一次性根施处理、N270 处理和 N330 处理。所有处理一次性施入 90 kg P$_2$O$_5$·hm^{-2} 和 120 kg K$_2$O·hm^{-2}。

（7）氮肥残留与迁移监测

利用 ^{15}N 同位素示踪方法监测稻田氮肥残留与迁移，本研究从 2003 年开始，利用大型原状土柱排水采集器，采用高中度 ^{15}N 尿素为供试材料研究稻田氮素循环过程。

（8）稻麦高产与环境友好的氮磷钾适宜用量试验

本试验始于 1998 年，研究长江三角洲地区稻麦生产中化肥高投入带来化肥利用率低与环境污染问题，探讨该区稻麦高产与环境友好的氮磷钾肥适宜用量。

6.2.3 水旱轮作农田生态系统长期观测与研究成果

（1）实物资源和生态要素数据资源的积累与长期保存

常熟站已建立标准的土壤和植株样品库，保存了自建站以来的土壤样品和部分植株样品，截至 2017 年年底，土壤样品有 7243 个，植株样品有 2155 个，每年土壤样品和植株样品的增量分别为 504 个和 342 个；常熟站按照国家生态系统观测研究网络的监测指标和技术方法对本站长期生态系统监测样地进行了综合观测，获取了符合监测规范的、有质量保障的水分、土壤、生物和气象长期定位观测数据，已建立 120 多个标准数据集，包括自 1998 年以来的农田生态系统生物、土壤、水分、大气数据。长期积累的实物资源和数据资源很好地支撑了各类科学研究项目及政府决策咨询。

（2）示范推广优秀成果，服务于社会

积极示范推广常熟站在农业、生态环境长期监测研究方面的成果，服务于社会：① 基于常熟站稻麦体系下的熟制实验，提出了常熟地区熟制改革建议，由单纯追求"麦稻稻"三熟制改为适合当地光热条件下的"麦稻"两熟制。② 基于不同氮肥施用梯度与农学效应长期定位试验，得到常熟地区最佳氮肥施用量，推荐常熟稻季最佳氮肥用量在 180～220 kg·hm^{-2}。在此氮肥用量下，不仅能获得高产，还能获得最优的经济环境效应。从长期试验示范结果指导当地农业生产，优化当地施肥制度。③ 针对常熟城镇内河因水体富营养化造成了黑臭问题，开展狐尾藻生物治理示范推广，取得了很好的示范效果和社会影响力。④ 基于常熟站对蚕豆、红花草、油菜与水稻长期轮作试验结果，提出在当前种植小麦收益下降情况下，适当地调整与水稻的轮作方式，可获得比较好的水稻季收益及生态环境效应，已在苏州地区进行示范推广。

（3）开展生态学前沿问题研究

借助常熟站 Lysimeter 平台，秸秆还田长期定位试验等场地开展生态毒理、固碳减排、土壤抗

性基因等生态学问题研究,取得了野外农田生态系统中全生命周期一手数据资料,相关成果发表在 *Global Change Biology*、*Environmental Science & Technology*、*Soil Biology & Biochemistry* 等国际期刊上。

6.3　水旱轮作农田氮磷养分利用效率变化趋势

从 20 世纪 80 年代至今,我国化肥工业蓬勃发展,稻田化学肥料的投入量不断增加,逐渐取代了以往以绿肥、草塘泥、畜禽粪便堆肥等养分投入配以少量化学氮肥施用的模式。化学肥料的施用虽然极大地提升了土壤生产力和作物产量,也导致土壤氮磷养分盈余量不断增加,肥效持续下降,同时也造成氮磷的流失和环境问题。下面主要从水稻土氮磷含量和利用率的变化方面对这一问题做一简要陈述。

6.3.1　近 30 年来土壤氮磷供应水平变化

（1）近 30 年来土壤供氮水平变化趋势

长江三角洲地区主要为水稻土,因此该地区土壤有机质及氮含量较高,土壤供氮能力较大。有研究显示,该地区表土有机质和全氮含量分别为 22.3 g·kg^{-1} 和 1.05 g·kg^{-1}（胡海波和项卫东,1999）。在耕作土壤中供氮强度的变化趋势是旱地土壤高于水田土壤。潮土的供氮强度在 10 左右,与以旱作为主的砂姜黑土相近,水稻土的供氮强度为 7.35 ~ 9.39,明显低于旱作的潮土（李庆逵,1992）。

尽管 1980—2010 年这 30 年间我国农田土壤中氮含量并无显著变化,但根据颜晓元等（2018）的研究,我国作物从土壤中吸收的氮从 1980 年的 4.1 kg·hm^{-2} 增加到了 2010 年的 32.1 kg·hm^{-2},增加了约 7 倍。除栽培品种改变的因素以及当前来源于环境氮的大量增加之外,作物氮素土壤残留吸收量的增加与土壤氮素肥力的提高密切相关。而在长江三角洲地区水旱轮作系统下无氮区水稻的平均产量由 20 世纪 80 年代初的 5.2 t·hm^{-2} 增加到 2004—2006 年的 6.4 t·hm^{-2},20 年间增加了 23.1%,进一步表明了该地区土壤氮供应水平的提高。

另外,根据吴新民等（2006）的研究,长江三角洲地区 1981—2000 年间土壤肥力质量总体呈上升趋势,土壤有机质先降后升,土壤全氮含量呈"S"形趋势变化,而速效氮呈直线上升增长趋势。其中太湖地区土壤有机质、全氮含量与第二次普查相比平均增幅分别为 6.57% 和 0.24%。同时期内,该地区稻田土壤碳、氮含量与 1985 年相比分别提高了 8.85% 和 10.23%（王绪奎等,2007）。由于土壤全氮、速效氮和有机质可以用于评价土壤的供氮水平的指标,因此进一步说明了该地区近 30 年的土壤供氮能力有所提高。

（2）近 30 年土壤供磷水平变化趋势

近 30 年来,在水旱轮作区,农田有机肥投入量逐渐减少,为满足作物高产需求,农田化学磷肥的投入量持续增加,磷肥工业也因此不断发展,导致我国农田土壤磷收支特征自 20 世纪 80 年代开始由亏缺扭转为盈余,盈余面积不断扩大。由于磷在土壤中极易被固持,致使作物对磷肥的当季利用率很低,大多仅在 10% ~ 25%,大部分施入土壤的磷转变为难溶、作物难利用形态在土壤中迅速积累。长期过量施用磷肥导致土壤有效磷甚至全磷含量增加。以长江下游江苏省宜兴市为例（汪玉等，2014），以1982年土壤普查资料为参照，归纳高超和张桃林（2000）以及王慎强等（2012）的调查结果，该市主要类型稻麦轮作水稻土全磷及速效磷（Olsen-P）含量在过去30年间不断提高。与第二次土壤普查结果相比，1999年三种主要类型水稻土（黄泥土、白土以及乌泥土，占全市水稻土面积55.71%）全磷含量平均提高了0.1 g·kg⁻¹，速效磷含量增加了4~5 mg·kg⁻¹；而滨湖的主要水稻土类型——湖白土全磷和速效磷含量提高幅度更大，分别达0.2 g·kg⁻¹和17.7 mg·kg⁻¹。2009年上述三种类型水稻土磷含量进一步增加，其中全磷含量达到0.53~0.72 g·kg⁻¹，速效磷含量也增加到15.3~37.3 mg·kg⁻¹。若以土壤速效磷含量 <3、3~5、5~10和 >10 mg·kg⁻¹ 分别作为土壤严重缺磷、缺磷、轻度缺磷和基本不缺磷作为标准，上述水稻土均不缺磷。

6.3.2 氮肥当季利用率与累积利用率

氮肥利用率通常是指植物吸收的肥料氮量占所施肥料总氮量的百分率，作为评价农田氮肥施用经济效益和环境效应的重要指标，通常采用差减法和¹⁵N标记法计算。然而差减法并不能正确反映作物对施入土壤中肥料氮的利用效率，而¹⁵N示踪法测定的结果也仅是¹⁵N的利用效率，并不能反映肥料意义上真实的氮肥利用率（杨宪龙等，2015）。并且当前的氮肥利用率计算方法并没有考虑化学氮肥在土壤中的残留效应，即当季施在土壤中的氮肥可以被下季作物生长继续吸收利用。Yan等（2014）指出，1980—2010年，我国土壤氮肥残留量增加，如果将化学氮肥的残留效应考虑在内，我国化学氮肥的累积利用率明显高于化学氮肥的当季利用率。

因此根据Yan等（2014）的研究，长江三角洲地区化学氮肥的当年利用率可通过作物地上部吸氮量与化学氮肥投入量的百分比来显示，氮肥的残留率则可通过以下公式计算：

$$(REN{-}in{-}year \times FN_{rate} + N_{soil} \times FN_{rate}/TN_{rate})/FN_{rate} \tag{6.1}$$

式中，REN-in-year为当年的化学氮肥利用率；FN_{rate}为化学氮肥投入量；N_{soil}为作物从土壤中吸收的氮；TN_{rate}为总氮投入量。

根据我们的计算，1980—2010年间，该地区两省一市的平均化学氮肥利用率为35.8%~66.5%（图6.1），高于同时期内我国平均水平（Yan et al.，2014；颜晓元等，2018）。其中1980—1988年该地区化学氮肥利用率呈增加的趋势，而1989—1996年出现降低的趋势，1997—2000年期间又有一个显著的上升，之后又出现降低的趋势，整体体现"高-低-高-低"的变化。如果将化学氮肥的残留效应考虑在内，1980—2010年，该地区化学氮肥的累积利用率的变化范围为43.8%~68.4%（图6.1），变化趋势与当年氮肥利用率变化一致，但显著高于化学氮肥的当年利用率，并略高于我国平均水平。同时，随着时间的推移，化学氮肥的累积利用率效果呈现增加的趋势。

综合考虑总氮肥投入，即化学氮肥、有机肥（秸秆+粪便）、生物固氮大气沉降，1980—2010年间，该地区总氮肥投入增加了26.9%，非化学氮肥对总氮投入的贡献为24.5%~34.3%。尽管非化学氮投入近30年间所占总氮投入比例波动不大，但其投入量增加了39.3%。因此，长江三角洲地区氮肥，特别是非化学氮肥的合理利用，并考虑氮肥的累积效率，是该地区合理利用氮肥、减缓环境污染的途径之一。

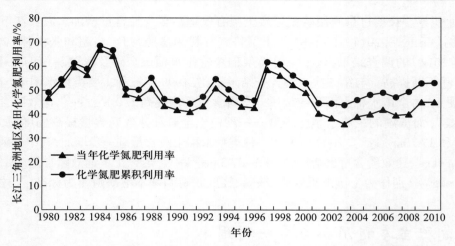

图 6.1　1980—2010 年长江三角洲农田化学氮肥当年和累积利用率变化趋势

6.3.3　磷肥当季利用率与累积利用率

由于受作物、土壤类型和性质,磷肥种类和用量等一系列因素的影响,磷肥的当季利用率很低,磷肥进入土壤后多以 Fe-P、Al-P、Ca-P 以及闭蓄态磷、有机磷等形态储备起来,而以上形态的磷溶解度均较低,远不能满足一般作物的生长需求。农田磷肥利用率随农田磷投入量的增加呈下降趋势,当投入量较低时,农田磷肥利用率较高,而当投入量较高时,农磷磷肥利用率则较低。农业部 2013 年发布的《中国三大粮食作物肥料利用率报告》显示,我国水稻、玉米、小麦三大粮食作物磷肥当季平均利用率仅有 24%。尽管磷的当季利用率低,但却有相当长的后效,残留在土壤中的大部分磷是可以逐渐被作物所利用的。目前,在水旱轮作体系中对磷肥的累积利用率的研究相对较少。后期可以依据长期定位点来进行磷肥当季利用率与累积利用率的比较。

6.4　水旱轮作农田氮磷污染物发生与温室气体排放规律

氮磷不仅是作物生长发育所必需的营养元素和农田土壤肥力中最活跃的因素,同时也是全球气候变化或水、气环境污染的重要贡献因子。稻田生态系统多采用周期性干湿交替(夏秋季淹水植稻,冬春季种植旱作或休闲等),这种独特水分管理特点促使氮磷养分损失过程的发生规律也明显不同于其他农田,进而对环境质量产生不同影响。

6.4.1　氮素气态损失与随水流失特征

氨挥发是稻田活性氮排放的重要途径,这与淹水稻田光照强、温度高等有关(Cai et al., 1988)。但是稻麦轮作体系由于水分管理不同,其氨挥发特征也有一定差异。尽管淹水水稻有较高的氨挥发,但是越冬小麦氨挥发却低很多(Zhao et al., 2009)。Yao 等(2018)于 2014—2016

年在常熟站进行了为期两年的稻麦农田氨挥发观测（图 6.2 和图 6.3），其结果较系统地反映了氨挥发的稻麦季差异以及在各生长季普遍规律和年季变异。当地常规处理（300 kg N·hm⁻²）的稻季氨挥发总量最高，为 30.09 kg N·hm⁻²（28.74～49.44 kg N·hm⁻²），占施氮量的 13%（10%～17%）；而减氮 25% 处理（225 kg N·hm⁻²）的稻季氨挥发总量为 26.69 kg N·hm⁻²（22.44～30.94 kg N·hm⁻²），占施氮量的 11%（10%～14%）。对于稻季，与当地常规处理相比，减氮 25% 处理的稻季氨挥发总量减少了 30%（22%～37%）。对于施肥处理而言，氨挥发日通量受施肥的显著影响，在氮肥表施后的第 1～3 天内迅速升高并出现峰值，然后逐渐下降至与 CK 接近；基肥期和第一次追肥期的氨挥发量对稻季氨挥发总量的贡献最大。不施氮肥的 CK 处理稻季氨挥发日通量始终维持在较低水平，无峰值。氨挥发主要发生在稻季的基肥期和第一次追肥期，是因为此时水稻的根系尚未完全建立起来，作物的氮的吸收效率不高，加上水稻冠层盖度还很低，不能有效阻止光照和风。2014 年稻季的第一次追肥期的氨挥发最高，而 2015 年稻季的基肥期的氨挥发最高，这一差异主要是由于年际之间的降雨、气温及田面水 pH 不同造成的。而两个麦季的实验结果表明：麦季的氨挥发总量明显低于稻季的，当地常规处理（210 kg N·hm⁻²）的麦季氨挥发总量最高，为 10.26 kg N·hm⁻²（7.16～13.36 kg N·hm⁻²），占施氮量的 5%（3%～6%）；而减氮 25% 处理（157.5 kg N·hm⁻²）的麦季氨挥发总量为 5.52 kg N·hm⁻²（4.51～6.53 kg N·hm⁻²），占施氮量的 4%（3%～4%）。与当地常规处理相比，减氮 25% 处理的麦季氨挥发总量减少了 44%（37%～51%）。对于施肥处理而言，在氮肥表施后的第 3～4 天内迅速升高并出现峰值，然后逐渐下降至与 CK 接近；3 个施肥期的氨挥发量对麦季氨挥发总量的贡献区别不大（表 6.2）。

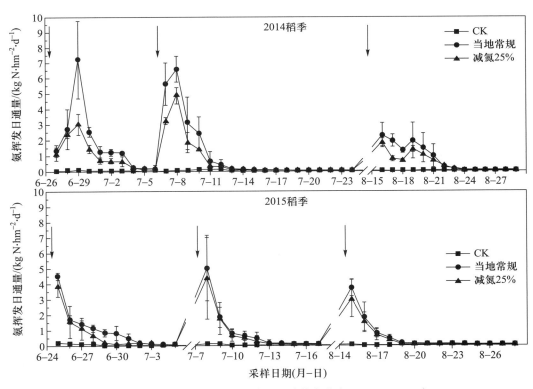

图 6.2　淹水稻田氨挥发排放通量季节变化（Yao et al., 2018）

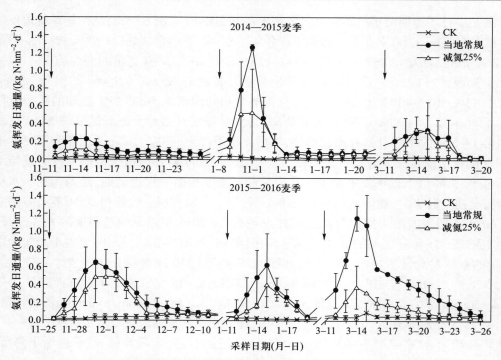

图 6.3　越冬小麦氨挥发排放通量季节变化（Yao et al., 2018）

表 6.2　稻麦体系 2 年 4 季氨挥发量比较

处理	施氮量 /(kg N·hm⁻²)	累积氨挥发量 /（kg N·hm⁻²）				占施氮量的 比例 /%	与当地常规处理相 比减少的比例 /%
		BF	T1	T2	Total		
2014 水稻							
CK	0	0.71ᵃ	1.72ᵃ	0.68ᵃ	3.11ᵃ		
当地常规	300	18.36ᵇ	20.14ᵇ	10.94ᵇ	49.44ᵇ	17	—
减氮 25%	225	10.68ᶜ	12.88ᶜ	7.38ᶜ	30.94ᶜ	14	37
2015 水稻							
CK	0	0.86ᵃ	0.58ᵃ	0.45ᵃ	1.90ᵃ		
当地常规	300	11.40ᵇ	9.36ᵇ	7.97ᵇ	28.74ᵇ	10	—
减氮 25%	225	8.18ᵇ	8.00ᵇ	6.26ᵇ	22.44ᶜ	10	22
2014/2015 小麦							
CK	0	0.42ᵃ	0.32ᵃ	0.24ᵃ	0.98ᵃ		
当地常规	210	1.90ᵇ	3.54ᵇ	1.72ᵇ	7.16ᶜ	3.4	—
减氮 25%	157.5	0.85ᵃ	2.32ᵇ	1.35ᵇ	4.51ᵇ	2.9	37
2015/2016 小麦							
CK	0	0.71ᵃ	0.17ᵃ	0.74ᵃ	1.62ᵃ		

续表

处理	施氮量 /(kg N·hm^{-2})	累积氨挥发量 /(kg N·hm^{-2})				占施氮量的 比例 /%	与当地常规处理相 比减少的比例 /%
		BF	T1	T2	Total		
当地常规	210	4.42[b]	2.33[b]	6.60[c]	13.36[c]	6.4	—
减氮 25%	157.5	3.08[b]	1.40[a]	2.05[b]	6.53[b]	4.1	51

注：三次施肥比例 4：3：3；根据 Yao 等（2018）制表；不同字母代表处理间差异显著（$P<0.05$）。

稻麦体系水稻生长季有泡田、烤田－复水、收获排水等水分管理过程，小麦生长季又往往采用开沟排涝等措施，因此氮素径流也是稻麦轮作农田不可忽视的氮肥损失途径。Tian 等（2007）连续两年在常熟稻麦轮作稻田的径流氮观测结果显示，稻麦季径流氮数量有很大不同，麦季高于稻季（表 6.3）。稻季平均为 6.72 kg N·hm^{-2}，占施氮的百分率为 1.70%。而麦季平均 18.4 kg N·hm^{-2}，占施氮量的比例为 6.11%。在相同施氮量下，麦季径流氮高出稻季 3 倍多。Zhao 等（2012a）在太湖流域宜兴的稻麦轮作区连续进行了 3 个稻－麦轮作周期农田径流带走的氮量观测。稻

表 6.3　不同施氮量对稻麦农田径流氮量的影响

年份	作物季	施氮水平 /(kg N·hm^{-2})	径流氮量 /(kg N·hm^{-2})	比例 /%
2002	水稻	0	1.34	—
		180	1.91	0.32
		225	1.02	—
		330	2.57	0.37
2003	水稻	0	4.81	—
		180	10.4	3.11
		225	6.49	0.75
		330	17.9	3.97
		245	6.72	1.7
2002/2003	小麦	0	6.71	6.33
		180	18.1	7.01
		225	22.6	9.66
		330	38.6	
2003/2004	小麦	0	5.22	2.99
		180	10.60	4.48
		225	15.30	6.21
		330	25.70	6.11
		245	18.40	

注：根据 Tian 等（2007）在常熟试验站研究结果制表；小区试验结果。

表 6.4　稻麦轮作农田田块尺度径流氮量

年份	作物季	施氮水平 /（kg N·hm⁻²）	径流氮量 /（kg N·hm⁻²）	比例 /%
2007	水稻	300	21.8	
2008	水稻	300	2.65	
2009	水稻	300	19.2	
平均		300	14.55	4.85
2007—2008	小麦	200	33.4	
2008—2009	小麦	200	42.8	
2009—2010	小麦	200	58.7	
平均		200	44.97	22.49

注：根据 Zhao 等（2012a）在常熟试验站宜兴基地研究结果制表；田块试验结果。

季平均为 14.55 kg N·hm⁻²，占施氮量的百分比平均为 4.85%，而麦季平均带走的氮量平均为 44.97 kg N·hm⁻²，占施氮的百分比平均为 22.49%，远远高于水稻生长季，而小麦季施氮量却低于水稻季，但稻麦轮作稻田随径流进入水环境的氮，麦季高于稻季 4 倍多（表 6.4）。表明麦季径流氮高于稻季，不是由于施氮肥的多少，而是稻麦季稻田水分管理的不同所致。越冬作物季较高的径流氮数量与太湖平原稻田冬季开沟排涝密切相关。这是因为，地处亚热带的太湖平原河网区冬季往往有很高的降雨量（近 500 mm，占全年 40% 以上），地下水位较高，农户通常采用开挖排水沟，这一措施尽管可以防止小麦涝渍害，却在一定程度上加剧了氮素径流风险。研究表明（图 6.4），麦季的径流系数可占到全年的约 40%，高于稻季的 37%，降水极易将旱作麦季耕层高浓度硝态氮从排水沟带走，造成较高数量的氮素流失。

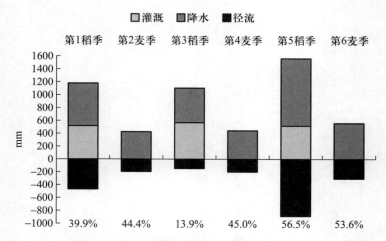

图 6.4　稻麦季灌溉、降水与径流水发生量比较

注：图中数字为径流发生系数，即径流水量占灌溉和降水总量的百分数；根据 Zhao 等（2012a）结果绘制。

　　淋溶是氮素损失的另一途径。不同于旱地生态系统,稻田有犁底层,因此太湖平原稻麦体系淋溶氮损失,在一般情况下要低于径流。稻田土壤剖面淋溶氮浓度容易获取,通过埋设渗漏管即可实现,但是淋溶水量的计算是个难题。通常的做法是通过水量平衡法或土柱模拟法来估算。由于太湖平原稻田普遍实行稻麦水旱轮作制,水分管理不同,因此在淋溶水量估算上也有不同的方法。Zhao 等(2012a)在淹水稻田利用无扰动渗漏计、在越冬小麦旱作季利用原状土柱的方式分别获取稻麦生长季渗漏水量,并结合田间埋设渗漏管收集淋溶液测定氮浓度的方法,在常熟站宜兴基地农户习惯耕作地块观测了稻麦体系淋溶氮的规律。仅以 2009—2010 年轮作季数据为例,强调稻麦季氮素淋溶特征的差异。从表 6.5 可以看出,0~100 cm 土层内,水稻季渗漏液平均氮浓度相对比较均匀,低于 1 ppm,而小麦季氮浓度则有明显的剖面变异,20~40 cm 土层最高,可达 10 ppm 以上,且以硝态氮为主。由于稻田淹水季节较长,总体渗漏水量要高于旱作小麦季。因此,仍有一定的淋溶氮量(该研究中约为 5 kg N·hm⁻² 左右),主要集中在前提泡田和中期烤田后复水期间由干变湿过程导致化肥氮的直接淋溶。而旱作小麦季氮素的淋溶主要受降水

表 6.5　稻麦轮作农田土壤剖面淋溶液氮浓度与淋溶氮量估算

作物	土壤深度 /cm	平均氮浓度 /(mg N·L⁻¹)			生长季天数	淋溶水量 /(m³·hm⁻²)	淋溶氮量 /(kg N·hm⁻²)		
		NO_3^-	NH_4^+	总 N			NO_3^-	NH_4^+	总 N
水稻	20~40	0.29 ± 0.06	0.93 ± 0.52	2.28 ± 0.60					
	40~60	0.38 ± 0.18	0.28 ± 0.10	1.13 ± 0.33					
	60~80	0.34 ± 0.23	0.35 ± 0.21	1.15 ± 0.26					
	80~100	0.37 ± 0.14	0.77 ± 0.25	2.20 ± 0.14	141	2180	0.81 ± 0.55	1.68 ± 0.55	4.79 ± 0.30
小麦	20~40	13.7 ± 3.83	0.40 ± 0.21	16.1 ± 5.03					
	40~60	11.3 ± 4.12	0.52 ± 0.40	14.1 ± 5.77					
	60~80	8.52 ± 1.03	0.56 ± 0.59	10.0 ± 2.25					
	80~100	7.40 ± 1.02	0.34 ± 0.26	8.83 ± 0.73	210	1180	8.73 ± 1.20	0.40 ± 0.31	10.4 ± 0.87

　　注:根据 Zhao 等(2012a)在常熟试验站宜兴基地研究结果制表;田块试验结果平均值 ± 标准差;平均氮浓度为作物生长季相应土层渗漏水氮浓度的季节加权平均浓度;淋溶水量在水稻季通过渗漏计测定下渗量(研究田块为每天 2 mm)和淹水天数估算,旱作季则通过一米深种植小麦的原状土柱直接获得。

过程驱动,降水可得到土壤耕层高浓度硝态氮的向下迁移。该研究中,对于淋溶氮均是按照 80~100 cm 土层渗漏液中氮浓度来计算。实际上,这一界定条件对水稻季的淋溶氮损失估算并无太大影响,但对于旱作小麦季影响较大,因为不同剖面深度淋溶氮浓度差异明显。因此,根据多次深土层考察稻麦体系氮素淋溶值得商榷。要在充分考虑这一地区地下水位变化的基础上才能准确估算淋溶氮的数量。尽管存在这一方法学上的问题,普遍认为,稻麦体系淋溶氮损失在肥料氮损失中占比很小,与旱地、菜地、果园等其他养分超高投入农田类型相比,其对地下水环境的影响不大。

6.4.2 甲烷和氧化亚氮排放

稻田生态系统是温室气体(甲烷和氧化亚氮)的重要排放源。据估算,我国稻田生态系统的年甲烷(CH_4)排放量为 7.7~8.0 Tg,氧化亚氮(N_2O)排放量为 88~98.1 Gg(Yan et al., 2003; Zheng et al., 2004)。太湖地区是我国主要的集约化水稻生产区之一,夏季水稻-冬季小麦轮作是此地区水稻生产的主要轮作制度。目前,太湖地区部分田块的水稻产量可以达到 8000 kg·hm^{-2}·年$^{-1}$,甚至更高(Ma et al., 2013)。水稻高产的代价却是环境问题的加剧(温室气体的大量排放)。高度的机械化使太湖地区的作物籽粒被收割机收割后,秸秆部分往往被直接还田。稻季大量的秸秆还田促进了土壤有机碳的积累,却同时激发了 CH_4 的大量排放(Xia et al., 2014)。除此之外,该地区水稻生产中的高氮投入所引起的 N_2O 排放同样不容忽视。据统计,太湖地区水稻-小麦轮作系统的氮肥投入量为 550~600 kg·hm^{-2}·年$^{-1}$ N,其中稻季氮肥的用量就高达 300 kg N·hm^{-2}·年$^{-1}$(Zhao et al., 2012b)。大量的氮肥投入以及不合理的氮肥管理措施,使得该地区的氮肥当季利用率仅为 30% 左右,从而意味着包含 N_2O 在内的活性氮的大量损失。因此,全面评价太湖地区稻田生态系统温室气体的排放特点,并采取合理的农业管理措施减少温室气体的排放迫在眉睫。

对于太湖地区稻田 CH_4 的排放,Xia 等(2016a)通过对常熟站三种水稻轮作制度(水稻-小麦,水稻-蚕豆和水稻-休闲)为期两年的原位观测发现,不同水稻轮作制度稻季 CH_4 的排放模式相似:水稻移栽后,伴随着稻田淹水的进行,CH_4 排放通量逐渐增加,大约在水稻移栽后 30 天达到排放峰值,CH_4 排放峰值的大小取决于水稻轮作制度。CH_4 排放通量通常在达到峰值后逐渐降低,伴随着中期烤田的进行逐渐降至零,然后随着烤田后覆水稍微增加随后降低,并保持较低的排放水平直到水稻收获。旱地作物季(麦季、蚕豆季以及休闲季)基本没有观测到 CH_4 的明显排放。N_2O 的排放则呈现出了同 CH_4 排放相反的排放模式:N_2O 的排放呈现脉冲式的特点,其排放峰仅发生在施肥、降雨后,或者是发生在稻季烤田期间,而且稻季的 N_2O 的排放量远远小于旱地作物季。

秸秆的直接还田是影响稻季 CH_4 排放的主要因素(Yan et al., 2009)。Xia 等(2014)通过对常熟站长期定位秸秆还田试验的观测发现,与只施用化肥的处理相比较,秸秆与化肥配合施用的处理显著促进了稻田 CH_4 排放 154%~248%。与此同时,秸秆还田处理的土壤有机碳固定速率是只施用化肥处理的 18~24 倍。但是,就温室气体的净增温潜势而言,Xia 等(2014)发现秸秆直接还田对于有机碳积累的促进效应远远小于对于稻田 CH_4 排放的促进效应。这意味着,稻季的秸秆还田促进了温室气体的净排放。因此,采取合理的秸秆还田方式是减少秸秆对于稻田 CH_4 排放促进效应的关键。Xia 等(2014)的研究还发现长期秸秆还田并没有对太湖地区的稻麦

轮作系统的 N_2O 排放产生明显的影响。毫无疑问,氮肥的施用是促进稻田生态系统 N_2O 排放的关键因素。Xia 等(2016a)的研究表明,常熟站三种水稻轮作制度的稻季以及稻麦轮作系统的麦季的 N_2O 排放量随着氮肥用量的增加,均呈现出了指数增加的模式(图 6.5)。这一结果与太湖地区乃至全球范围内的(N_2O 排放与氮肥用量关系)荟萃分析的结果一致(Xia and Yan, 2012; Shcherbak et al., 2014; Xia et al., 2016b)。因此,合理减少氮肥用量是降低稻田生态系统 N_2O 排放的关键。

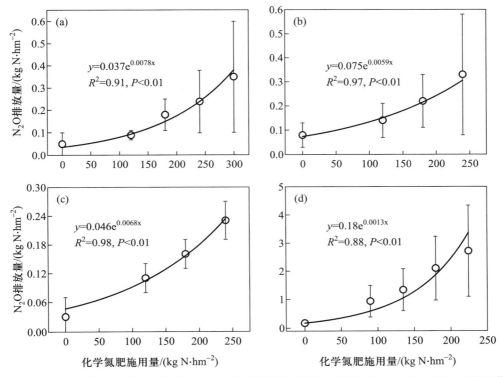

图 6.5　2013—2015 年常熟站稻季和麦季 N_2O 的平均排放量与氮肥施用量的关系:(a)水稻 – 小麦轮作稻季;(b)水稻 – 蚕豆轮作稻季;(c)水稻 – 休闲轮作稻季;(d)水稻 – 小麦轮作麦季

对于稻田生态系统 CH_4 的减排,优化秸秆还田方式是关键策略。Xia 等(2016a)的研究表明,与水稻 – 小麦轮作系统的秸秆直接还田相比较,将秸秆发酵以后还田(水稻 – 蚕豆轮作系统)能够显著降低稻季 CH_4 的排放量 6% ~ 33%(表 6.6)。原因在于,在好氧发酵过程中作物秸秆中容易被分解的碳组分,如半纤维素和纤维素等,被微生物所分解利用进而产生 CO_2。这使得发酵秸秆的 C/N 降低,并提高了难分解碳组分(如木质素)的含量。这些存留在发酵后秸秆中难分解的碳组分,不易被土壤中的产甲烷菌所利用,从而使得 CH_4 的排放量降低(Xia et al., 2016a)。而且,与新鲜秸秆相比较,在发酵后的秸秆中较高含量的木质素和酚类化合物能够促进木质纤维素和半纤维素聚合物的形成,从而能够抵制微生物的分解,并能够减少土壤原有有机质矿化,进而促进土壤有机碳的积累,提高土壤碳库的大小(Xia et al., 2016b)。

表 6.6　2013—2015 年常熟站水稻 – 小麦（RW）和水稻 – 蚕豆轮作（RB）各处理
CH_4 和 N_2O 排放量及作物产量

处理	稻季			非稻季		
	CH_4 排放量 /(kg·hm^{-2})	N_2O–N 排放量 /(kg·hm^{-2})	产量 /(kg·hm^{-2})	CH_4 排放量 /(kg·hm^{-2})	N_2O–N 排放量 /(kg·hm^{-2})	产量 /(kg·hm^{-2})
RW0	306.7a[A1]	0.05c[A1]	5374d[B1]	0.35a	0.17cd[A1]	1137d
RW120	334.6a[A2]	0.09bc[A2]	7339c[A2]	1.42a	0.93bc[A2]	3394c
RW180	289.5a[A3]	0.18bc[B3]	7711bc[B3]	0.86a	1.33bc[A3]	4305b
RW240	295.5a[A4]	0.24ab[B4]	8576a[A4]	0.61a	2.09ab[A4]	4840a
RW300	324.5a	0.35a	8395abc	1.81a	2.71a	5121a
RB0	178.5b[B1]	0.08bc[A1]	6409c[A1]	0.54a	0.21a[A1]	2144a
RB120	186.5b[B2]	0.14bc[A2]	7536b[A2]	0.63a	0.31b[A2]	2136a
RB180	212.3a[B3]	0.22ab[A3]	8199a[A3]	0.65a	0.35a[B3]	2219a
RB240	210.3a[AB4]	0.33a[A4]	8364a[A4]	2.16a	0.39a[B4]	2421a

注：不同小写字母代表同一水稻轮作制下各个处理的差异；带有相同上标数字的大写字母代表不同水稻轮作制下相同稻季氮肥施用量的处理间的差异（$P<0.05$）。其中水稻 – 小麦轮作秸秆直接还田，水稻 – 蚕豆轮作中稻季秸秆直接还田，蚕豆秸秆好氧发酵以后还田。处理代号的数字代表稻季的氮肥施用量，麦季各处理的氮肥施用量分别为 0、90 kg N·hm^{-2}、135 kg N·hm^{-2}、180 kg N·hm^{-2}、225 kg N·hm^{-2}，蚕豆季各处理不施用氮肥。

　　对于稻田生态系统 N_2O 的减排，在不影响作物产量的前提下合理减少氮肥用量，从而提高氮肥利用率是关键策略。Xia 等（2016a，b）的研究表明，与太湖地区稻麦轮作传统的氮肥用量（稻季 300 kg N·hm^{-2}，麦季 225 kg N·hm^{-2}；RW300 处理）相比较，减少氮肥用量 20%（RW240处理）可以在提高水稻产量以及不影响小麦产量的前提下，提高氮肥利用率 3%，进而降低 N_2O 排放量 25.7% ~ 31.4%，与此同时能够显著地降低其他活性氮（如氨挥发，氮淋溶以及氮径流）的损失。就活性氮足迹而言（总活性氮排放 / 作物产量），将稻麦轮作传统氮肥用量减小 20% 能够显著减少活性氮足迹 20%，进而能够减少面源污染等环境问题。如果能够进一步将氮肥合理减量与其他氮肥优化管理措施相结合，例如，氮肥深施，减少基肥的比例，配施脲酶或者硝化抑制剂等，能够进一步减少稻田生态系统的 N_2O 排放及其他活性氮的损失。通过对全国大量的田间数据进行系统的整合分析，Xia 等（2017）发现，与传统氮肥管理措施相比较，氮肥优化管理措施能够显著地提高我国水稻产量 1.3% ~ 11.1%，提高氮肥利用率 5.5% ~ 46.1%，从而显著减少稻田 N_2O 排放 4.0% ~ 51.4%。因此，采用合理的秸秆还田方式以及氮肥优化管理措施是太湖地区乃至全国稻田生态系统温室气体减排的关键。

6.4.3 磷素径流与淋溶

当土壤磷素过量累积时,磷可通过地表径流、土壤侵蚀以及渗漏淋溶等途径流失,进而加重水环境污染负荷。据估计全世界每年有 300 万~400 万 t P_2O_5 从土壤迁移到水体中。Chen(2007)报道,2004 年中国从农田排入水体的总磷含量达到 4.679 亿 t,其中径流流失占 69.3%;在 1978—2005 年,农田进入水体中的磷素含量增加了 3.4 倍,并预测 2005 年至 2050 年将会持续增加 1.8 倍。据报道,来自农田的总磷对太湖水体富营养化的贡献率已达到 19%。地表径流是农田土壤磷素流失的主要途径。地表径流中的磷包括溶解态(dissolved P, DP)和颗粒态(particulate P, PP)。其中溶解态磷是可被藻类直接吸收利用的,主要以正磷酸盐形式存在;颗粒态磷则是藻类能持续生长的潜在磷源,包括含磷矿物、含磷有机物以及被吸持在土壤颗粒上的磷。田间试验证明太湖流域农田径流迁移的土壤磷素主要是颗粒态磷,占总流失磷的70% ~ 80%,可溶态磷仅占总流失磷量的 20% ~ 30%。土壤磷素随径流流失的量在其他条件相同的前提下,可随土壤有效磷含量增加而提高,但在土壤有效磷含量达到一定累积水平之前,径流流失的磷量随有效磷的增加非常有限,一旦达到临界值后径流流失的磷量便会迅速增加,这个临界值称为土壤磷素的环境警戒值(break point)。曹志洪等(2005)研究结果表明,太湖地区水稻土磷素环境警戒值为 25 ~ 30 mg·kg^{-1}(以 Olsen–P 为准)。

6.5 近 30 年来水旱轮作农田氮磷收支的变化与环境影响评估

近 30 年来,肥料投入稻田的氮磷养分量持续增加,尽管农作产量也有所增加,随农作收获带走的养分量也相应提升。但是后者增加的幅度远低于投入量的增加,加之沉降、河水等环境来源养分输入农田量的提高,导致稻田氮磷的状况由以往的亏缺到盈余,并且盈余量还在不断加大。充分了解当前化学肥料完全主导下的氮磷平衡状况,对于水旱轮作农田养分高效利用和环境影响控制有重要意义。下面结合常熟站在田块尺度的多年定点监测结果,分述当前水旱轮作农田氮磷收支的变化,并在此基础上介绍了氮磷肥的农学效益和环境效应的经济学评价方法。

6.5.1 氮素收支变化

20 世纪 80 年代以来,随着绿肥、堆肥等有机氮源的逐渐退出和化学氮肥的大量投入,太湖平原稻田氮素平衡途径发生了很大的变化。过量化学氮肥进入稻田也导致整个系统的氮素投入与产出比不断加大,氮素盈余量明显增加。这一情况虽然表明稻田氮养分状况获得改善,同时也导致氮肥肥效持续下降,氮素的环境负面效应凸显。由于太湖平原稻田普遍实施稻麦水旱轮作制,其"施肥高,灌排频"的水肥管理特点决定了该区农田氮肥损失、氮素平衡和对环境的影响有别于其他农区。明确稻麦农田氮素来源去向是该区氮素优化管理及污染控制的必要前提。以往关于该区农田氮损失的诸多观测均是基于单一作物季的某一或若干途径,氮素收支的有限研究也往往仅考虑稻田氮素输入扣除作物收获的表观盈余量,并未详细分解各氮收支项,或基于文献调查参数的汇总输入和输出结果。在当前化学氮肥主导下,稻麦体系尚缺乏基于轮作周期定量评价氮肥去向和氮素收支的系统研究工作,这在很大程度上限制了降低氮肥损失和环境影响对策的研发。

　　基于此,Zhao 等(2012b)曾于 2006—2012 年在苏南传统稻麦体系中选点,对氮肥的主要损失途径以及农田氮素完整输入/输出途径进行了田间原位观测。对于氮素收支,主要考虑了化肥、固氮、种子、河水和干湿沉降等氮素输入项和作物收获带走、氨挥发、径流、淋失和反硝化等氮素输出项,由此获得了稻麦轮作周年的氮素收支平衡定量观测结果。稻麦各季氮素收支结果显示(图 6.6),3 个水稻季氮输入总量为 363 ~ 375 kg N·hm^{-2},输出总量为 338 ~ 378 kg N·hm^{-2};3 个小麦季氮素输入和输出量相对较低,分别在 232 ~ 240 kg N·hm^{-2} 和 236 ~ 259 kg N·hm^{-2}。将 3 个轮作年重复结果进行平均,可得到稻麦农田轮作年的清晰的氮素收支结果和比例(表 6.7),可看出,农户传统化肥氮仍是稻麦体系最大的氮输入源,占总输入氮(606 kg N·hm^{-2})的 83%;随后依次为生物固氮、河水和沉降等环境来源氮以及种子带入氮,其贡献分别为 10%、7% 和 1%。作物收获尽管是稻麦体系最大的氮支出项,但仅占总输入氮的 48%,而经过反硝化、氨挥发、径流和淋失等损失途径输出的氮累积超过 52%,其中对环境有影响的活性氮量达 180 kg N·hm^{-2},已占到输入氮的 30%。

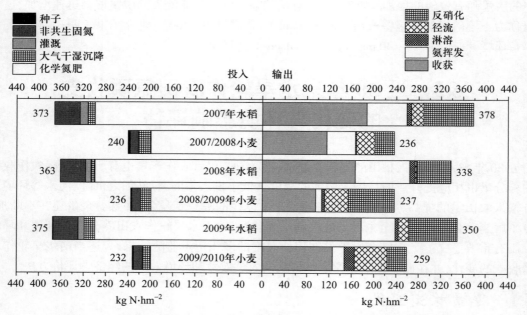

图 6.6　太湖平原稻麦农田 3 年 6 季氮素投入与支出量(Zhao et al., 2012b)

注:观测地点位于常熟农田生态系统国家野外科学观测研究站宜兴基地,田块试验,农户习惯水肥管理。

　　徐琪等(1998)曾基于文献调查汇总了 20 世纪 80 年代该区仍有有机肥源投入下稻麦农田氮素的收支状况。通过比较可以发现(图 6.7):过去 30 多年间,化肥氮投入总量和输出总量均有了大幅提高,增幅为 54% 和 61%;表观年平均氮盈余量(输入输出差值)降低仅为 7 kg N·hm^{-2};重回环境的氮增加了 11%(总输入氮),活性氮量甚至超过 80 年代反硝化、氨挥发、淋溶和径流等氮素损失之和。这一结果实际上揭示了当前在化肥主导下的太湖平原稻麦农田已经是一个"高投入、高损失、高污染"系统,暗示氮的环境管理应与其他农区区别对待,对氮素关键损失过程的控制是实现太湖平原稻田氮素优化管理及污染减排的关键。

表 6.7　太湖平原稻麦农田在当前化肥主导下的氮素收支平衡状况　（单位：kg N·hm^{-2}）

氮投入 / 输出		水稻季	小麦季	轮作年
投入项	化肥氮	300（81.1）	200（84.7）	500（82.5）
	大气干湿沉降氮	12.5（3.37）	18.0（7.64）	30.5（5.03）
	灌溉水带入氮	11.8（3.18）	0.00（0.00）	11.8（1.94）
	非共生固氮	45.0（12.2）	15.0（6.35）	60.0（9.90）
	种子带入氮	0.90（0.24）	3.00（1.27）	3.90（0.64）
	投入量合计	370（100）	236（100）	606（100）
输出项	作物收获带走	177（49.9）	113（46.4）	290（48.4）
	氨挥发	76.4（21.5）	27.4（11.2）	104（17.3）
	淋溶	7.65（2.15）	8.40（3.44）	16.1（2.68）
	径流	14.6（4.10）	45.0（18.4）	59.5（9.93）
	反硝化 [c]	79.4（22.3）	50.5（20.6）	130（21.6）
	输出量合计	355（100）	244（100）	599（100）
投入－输出		14.9	−8.19	6.74

注：3 年田间监测平均结果，根据 Zhao 等（2012b）整理；括号中数字为各投入项或输出项占总投入或输出的百分数；水稻和小麦非共生固氮量引自 Zhu 等（1997）；反硝化利用 ^{15}N 微区通过氮肥总损失扣除氨挥发、淋溶和径流氮等可测氮损失途径估算。

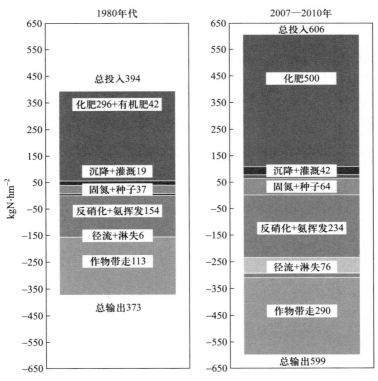

图 6.7　近 30 年来太湖平原稻麦农田氮收支变化比较

注：1980 年代数据引自徐琪等（1998）文献调查结果；2007—2010 年结果根据 Zhao 等（2012b）绘制。

6.5.2　磷素收支变化

随着磷肥使用量的增加，我国农田由 20 世纪 60 年代的土壤磷亏缺，逐渐转变为农田土壤磷积累，且进入 90 年代以后，我国农田呈现出严重土壤磷积累状态。在田块尺度上，土壤磷收支与农田磷投入量呈线性增加关系，当农田磷投入量为 10.5 kg·hm^{-2}·年$^{-1}$ 左右时，农田处于土壤磷平衡状态，低于该值，农田处于土壤磷损失状态，高于此值，农田处于土壤磷积累状态（伦飞等，2016）。而当土壤磷素过量累积时，磷可通过地表径流、土壤侵蚀以及渗漏淋溶等途径流失，进而加重水环境污染负荷。

6.5.3　氮磷的农学、环境和经济效益综合评估

农田系统氮磷大量投入导致的环境风险持续增加。氮磷的径流和淋失是造成农业面源污染的主要原因，除此之外，氮素还通过氨挥发、氮氧化物排放等多种途径对水体、大气和土壤造成环境影响，由此造成的富营养化效应、温室气体效应、酸雨效应等一系列环境问题。"欧洲氮评估"项目应用经济指标评价了氮素对人类健康、生态系统和气候变化造成的经济损失，研究发现氮污染每年在欧洲造成的损失可能高达 2800 亿英镑（约合 4577 亿美元），是农业收益的两倍多。由于氮素过程较磷过程复杂，本节以氮素为例，收集长江下游地区近 20 年来的田间观测结果，利用数学统计方法，分别建立施氮量与稻麦产量以及施氮量与各种氮素损失（如 N$_2$O 排放、总氮淋洗与径流、氨挥发等）之间的数学关系，构建协调氮肥农学和环境效应的统一经济指标和评价方法，以期为该区生态适宜施氮量的确定提供科学依据。

（1）方法构建

在稻麦生产体系中，随着施肥量的增加，除了氮肥的成本会增加外，稻麦的产量也随之增加。但是增加幅度会越来越小，超过一定的量，产量甚至会降低；而环境损失如 N$_2$O 排放、总氮淋洗与径流、氨挥发速率等会随施氮量的增加而增大，环境负荷变大。因此，氮肥对农学、环境和经济的综合效益（N_{NB}）可以用氮肥的产量收益扣除氮肥成本和环境代价进行计算：

$$N_{NB}=M_{yield}\left(F_{yield}\left(N_{rate}\right),P_{wheat}\right)-M_N\left(N_{rate},P_N\right)-\sum_{i=1}^{3}M_{loss_i}\left(F_{loss_i}\left(N_{rate}\right),P_{loss_i}\right) \qquad (6.2)$$

式中，M_{yield} 为稻麦的边际产量效益（元·hm^{-2}），是边际产量（$F_{yield}\left(N_{rate}\right)$，kg·hm^{-2}）与稻麦价格（$P_{wheat}$，元·kg^{-1}）的函数；$N_{rate}$ 为稻、麦季施氮量（kg N·hm^{-2}）；M_N 为肥料成本（元·hm^{-2}），是肥料价格（P_N，元·kg^{-1}）与施氮量 N_{rate} 的函数；M_{loss_i} 氮素边际损失环境效应 i 的代价（元·hm^{-2}），是环境效应损失当量 $F_{loss_i}\left(N_{rate}\right)$ 和该效应的环境成本（P_{loss_i}，元·kg^{-1}）的函数；在本研究中，共区分了 3 种环境效应：温室气体效应、酸雨效应和富营养化效应。边际产量 $F_{yield}\left(N_{rate}\right)$ 和边际环境效应损失当量 $F_{loss_i}\left(N_{rate}\right)$ 都是施氮量 N_{rate} 的函数。

因此，通过建立氮素农学与环境效应统一的经济评价指标，应用氮肥的边际产量与边际损失函数，就可以计算稻麦季氮素的净收益。对氮素净收益函数求一阶导数，当一阶导数为 0 时得到最大净收益及其推荐施肥量。

（2）数据收集与统计

为了构建稻麦季氮肥的边际产量与边际损失函数，收集了长江下游地区近 20 年来稻麦季氮肥用量与产量的田间试验数据。同步收集其氮素损失如 N$_2$O 排放、总氮淋洗与径流、氨挥发的

量。通过数学统计软件 SPSS 11.5 寻找相关系数最高的函数关系式。为了保证数据具有可比性，田间试验的农业管理程序和当地农民常规基本一致，氮肥以尿素为主，N_2O 的测定方法为密闭箱法，氨挥发测定方法为密闭室法，TN 淋洗和径流测定方法为 PVC 流出液收集法。

（3）经济评价指标

边际环境价格评估：评价不同形态氮素的同一种环境效应，需要对各种氮素损失乘以一定的系数进行转化。按照 Eco-indicator 95 转化程序，1 kg NH_3 挥发相当于 0.33 kg PO_4^{3-} 的富营养化效应和 1.88 kg SO_2 的酸雨效应；1 kg 径流或淋洗损失的 TN 相当于 0.42 kg PO_4^{3-} 的富营养化效应；1 kg N_2O 在 100 年尺度上相当于 310 kg CO_2 的温室气体效应（Goedkoop，1995）。

根据中国环境科学研究院和清华大学等单位的研究结果，酸雨污染给我国造成的损失每年超过 1100 亿元，即每排放 1 kg SO_2 将造成超过 5 元的损失。由于氨挥发会在近距离内沉降下来（Aneja et al，2001），而长江下游地区有 16% 的陆地面积是自然湿地（河流、湖泊、沼泽地等），因此只有 84% 的氨挥发会通过干湿沉降至土壤表面造成酸化效应，沉降至水面的氨对水体有富营养化效应。施氮产生氨挥发酸雨效应的边际环境损失（$M_{loss-NH_3}$，元·hm^{-2}）可表示为

$$M_{loss-NH_3}=84\% \times 1.88 \times F_{NH_3}(N_{rate}) \times P_a \times (17/14) \qquad (6.3)$$

式中：1.88 为 1 kg NH_3 挥发等量 SO_2 酸雨效应的转换系数，P_a 为 SO_2 导致的酸雨损失（元·kg^{-1}），在本文中为 5 元·kg^{-1}；$F_{NH_3}(N_{rate})$ 为氨挥发的边际损失量，是施氮量的函数（kg·hm^{-2}）；17/14 是 N 对 NH_3 的转换系数。

已有研究表明，水体富含活化氮对渔业、饮用水源、旅游业以及居住环境的环境损失约为 0.41 元·kg^{-1} N（向平安等，2006）。根据《污水排污费征收标准及计算方法》，每 0.25 kg 总磷相当于 1 kg 污染当量值，而长江下游地区每当量污染物的处理成本为 0.9 元。因此，如果处理这些废水需要成本 3.6 元·kg^{-1} PO_4^{3-}，总和折算成富营养化损失相当于 3.8 元·kg^{-1} PO_4^{3-}。因此，从径流和淋失的总氮富营养化效应的边际环境损失可表示为

$$M_{loss-E}=\{0.42 \times [(FL_{TN}(N_{rate})+FR_{TN}(N_{rate})]+0.33 \times F_{NH_3}(N_{rate}) \times (17/14)\} \times P_e \qquad (6.4)$$

式中：P_e 为 PO_4^{3-} 的富营养化损失（元·kg^{-1}）；$FL_{TN}(N_{rate})$ 和 $FR_{TN}(N_{rate})$ 分别为施氮后被淋洗和径流产生的 TN 边际损失量（kg·hm^{-2}），均是施氮量 N_{rate} 的函数；0.42 和 0.33 为 1 kg TN 和 NH_3 等量 PO_4^{3-} 富营养化效应的转换系数；17/14 为 N 对 NH_3 的转换系数。

N_2O 是一种重要的温室气体，每千克 N_2O 的温室效应在 100 年时间尺度上相当于 310 kg CO_2。根据国际上 2008 年的碳交易价格，每吨 CO_2 的市场价格为 20.4 美元，折合人民币约 145.8 元。因此，施氮产生 N_2O 温室效应的边际环境损失为

$$M_{loss-N_2O}=310 \times FE_{N_2O}(N_{rate}) \times P_{gh} \times (44/28) \qquad (6.5)$$

式中：$FE_{N_2O}(N_{rate})$ 为施氮后 N_2O-N 的边际排放量（kg·hm^{-2}），是施氮量 N_{rate} 的函数；310 为 1 kg N_2O 等量 CO_2 温室气体效应的转换系数；P_{gh} 为国际上 CO_2 的市场价格（元·kg^{-1}），44/28 是 N 对 N_2O 的转换系数。

长江下游地区氮肥主要以尿素为主（含氮量 46%），当前尿素的价格为 1.75 元·kg^{-1}，折合成氮为 3.8 元·kg^{-1}。氮肥成本（M_N，元·hm^{-2}）为氮肥的价格（P_N，元·kg^{-1}）与施氮量（N_{rate}，kg·hm^{-2}）的乘积。

边际农学效益评估：在一定的范围内，随着施氮量的增加，水稻、小麦的产量也随之增

加。在本研究中,边际农学效益主要考虑增加单位氮肥用量所能增加的水稻和小麦产量效益。2010 年小麦的平均价格为 1.5 元·kg^{-1},边际农学效益即为水稻、小麦增产量与其单价的乘积。

（4）稻麦产量与施氮量的关系

根据文献研究数据的统计结果,得到施氮量与稻麦产量的关系如图 6.8 所示。小麦、水稻边际产量（$Y_w(N_{rate})$,$Y_R(N_{rate})$,kg·hm^{-2}）可以用施氮量（N_{rate},kg N·hm^{-2}）的二次函数表示:

$$Y_w(N_{rate}) = (-0.039 \pm 0.005)N_{rate}^2 + (20.1 \pm 1.9)N_{rate} \qquad (6.6)$$

$$Y_R(N_{rate}) = (-0.032 \pm 0.005)N_{rate}^2 + (16.6 \pm 1.8)N_{rate} \qquad (6.7)$$

由图 6.8 可知,当施氮量分别为 263 kg·hm^{-2} 和 258 kg·hm^{-2} 时,水稻、小麦产量最高。此后,水稻、小麦产量反而随施氮量的增加而下降。

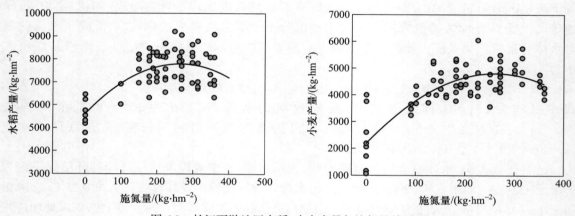

图 6.8 长江下游地区水稻、小麦产量与施氮量关系图

（5）氮素损失与施氮量的关系

氨挥发量与施氮量的关系:小麦、水稻边际氨挥发[$V_w(N_{rate})$,$V_R(N_{rate})$,kg·hm^{-2}]与施氮量呈显著线性相关（图 6.9）:

$$V_w(N_{rate}) = (0.077 \pm 0.012) \times N_{rate} \qquad (6.8)$$

$$V_R(N_{rate}) = (0.18 \pm 0.03) \times N_{rate} \qquad (6.9)$$

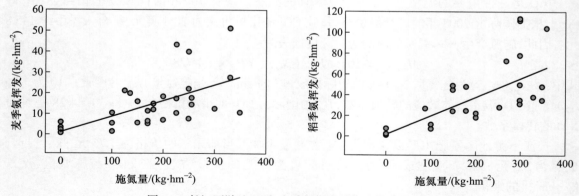

图 6.9 长江下游地区稻、麦季氨挥发量与施氮量关系图

由此可知,长江三角洲地区稻季和麦季氨挥发损失占总施氮量的比例分别约为 18% 和 7.7%。

N_2O 排放与施氮量的关系:稻、麦季 N_2O 边际排放量随施氮量增加成指数相关关系(图 6.10),N_2O 排放的边际损失量 [$F_W(N_{rate})$, $F_R(N_{rate})$, kg·hm^{-2}] 可表示为

$$F_W(N_{rate}) = (0.21 \pm 0.11) \exp[(0.0048 \pm 0.0005)N_{rate}] \quad (6.10)$$

$$F_R(N_{rate}) = (0.31 \pm 0.05) \exp[(0.0048 \pm 0.0005)N_{rate}] \quad (6.11)$$

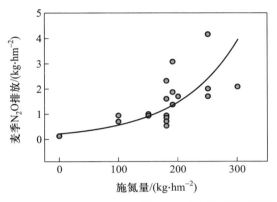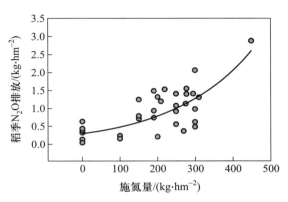

图 6.10　长江下游地区稻、麦季 N_2O 排放量与施氮量关系图

径流和淋洗中总氮损失量与施氮量的关系:硝态氮和铵态氮均会通过径流和淋洗过程从田间损失。文献中往往缺少硝态氮和铵态氮的数据,而只有总氮的损失量。麦季、稻季淋洗和径流液中总氮损失(分别为 $TL_W(N_{rate})$ 和 $TR_W(N_{rate})$,$TL_R(N_{rate})$ 和 $TR_R(N_{rate})$, kg·hm^{-2})和施氮量的关系分别如图 6.11 所示,其相关关系式如下:

$$TL_W(N_{rate}) = (0.0021 \pm 0.004)N_{rate} \quad (6.12)$$

$$TL_W(N_{rate}) = (5.36 \pm 1.95) \exp[(0.006 \pm 0.001)N_{rate}] \quad (6.13)$$

$$TL_R(N_{rate}) = (1.10 \pm 0.21) \exp[(0.0038 \pm 0.0006)N_{rate}] \quad (6.14)$$

$$TR_R(N_{rate}) = (8.29 \pm 2.11) \exp[(0.0042 \pm 0.0009)N_{rate}] \quad (6.15)$$

(6)推荐施肥量

通过以上施氮量与边际产量和环境损失的关系式,联合构建的农学和环境统一经济评价指标,就可以应用公式计算氮肥的净收益以及边际产量收益、氮肥成本和边际环境损失。如图 6.12 所示,当麦季施氮量为 258 kg·hm^{-2} 时,边际产量的收益最大为 3885 元·hm^{-2},但是氮肥成本和环境损失之和高达 1444 元·hm^{-2},净收益为 2441 元·hm^{-2}。而当施氮量为 205 kg·hm^{-2},虽然产量收益要略低(3722 元·hm^{-2}),但是氮肥成本和环境损失大大降低(1101 元·hm^{-2}),此时净收益达到最大为 2621 元·hm^{-2},各环境损失大小依次为酸雨效应损失 151 元·hm^{-2},温室效应损失 119 元·hm^{-2},富营养化效应损失 52 元·hm^{-2}。因此,长江下游地区麦季的推荐施氮量为 205 kg·hm^{-2}。

基于以上认识,氮磷的农学、环境和经济效益综合评估可以概括为三个步骤:① 建立施肥量与稻麦产量以及施肥量与各种环境损失之间的数学关系;② 构建各种环境损失对大气、水体和土壤的统一经济指标;③ 应用以上数学关系和指标,对化肥的农学、环境和经济效益进行综合评估,提出肥料推荐施用量。

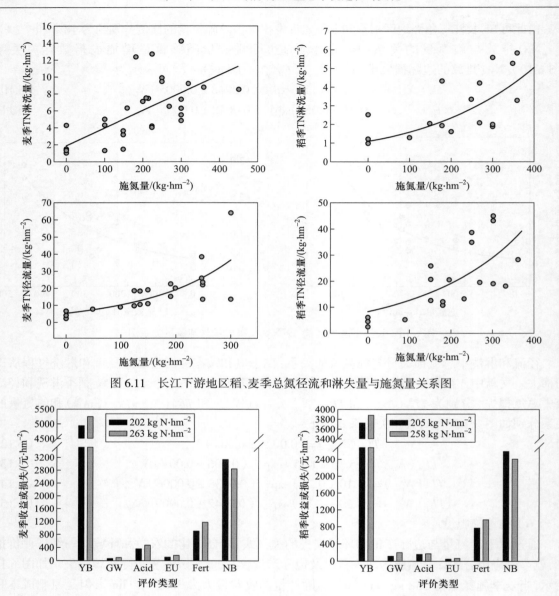

图 6.11　长江下游地区稻、麦季总氮径流和淋失量与施氮量关系图

图 6.12　长江下游地区麦季常规施肥与本研究推荐施肥收益与损失比较

注：YB：产量收益；GW：温室效应损失；Acid：酸雨效应损失；EU：富营养化效应损失；Fert：肥料成本；NB：净收益。

6.6　长江三角洲经济发达区稻田氮磷高效利用与污染调控

如何协调化肥的农学效应与环境影响一直是太湖平原地区研究的热点主题。鉴于当前稻麦体系氮磷肥施用普遍过量的问题，通过化肥科学减量无疑是最有效和直接的办法。朱兆良

（2009）曾针对水稻提出了推荐氮肥适宜施用量的区域总量控制方法,主要基于氮肥施用量的多点多年田间试验网的结果为基础,确定田块适宜施氮量和区域平均适宜施氮量进行施氮量的推介,可在保持高产的同时,明显减少了氮肥的施用量,提高了氮肥利用率,并大量减少氮肥的损失,是区域协调水稻高产与环境保护的较好方法,这里不再赘述。以下主要介绍常熟站围绕太湖平原普遍实施的稻麦体系,充分考虑稻麦季水分和养分运移规律及损失特征,从周年角度提出氮磷化肥投入减量、高效利用与损失控制的有效技术方法。

6.6.1 基于水稻专用控释肥和冬季豆科替代的氮高效利用与减排技术

众所周知,揭示高氮投入下稻麦农田主要活性氮损失过程的发生规律及影响因素,可为氮损失靶向控制提供重要依据。实际上,由于耕作管理和气候不同,稻田和旱作小麦季氮素行为完全不同。Zhao 等（2012b）连续 3 年原位考察了稻麦农淋溶、径流等对环境产生影响的活性氮的数量。结果表明,稻季和麦季活性氮排放的主要途径,分别可达 76 kg N·hm^{-2} 和 45 kg N·hm^{-2},占施氮量约 20% 和 10%;而淋溶低于 5%。稻田氨挥发是主要氮素损失途径容易理解,前人已经做了充足研究,主要与淹水稻田光照强、温度高等有关（Cai et al., 1988）。而越冬作物季较高的径流氮数量则与太湖平原稻田冬季开沟排涝密切相关。这是因为,地处亚热带的太湖平原河网区冬季往往有很高的降水量,地下水位较高,农户通常采用开挖排水沟,这一措施尽管可以防止小麦涝渍害,却在一定程度上加剧了氮素径流风险。研究表明,麦季的径流系数可占全年的约40%,高于稻季的 37%,降水极易将旱作麦季耕层高浓度硝态氮从排水沟带走,造成较高数量的氮素流失。因此,从降低氮素损失和水气环境影响角度出发,稻麦体系内部优化施氮对策的着力点应在减少稻季氨挥发和麦季径流氮。

淹水稻田氨挥发与田面水氨浓度密切相关。因此,如何有效控制田面水氨浓度是减少氨挥发的关键。近年来,除了优化施氮,合理降低水稻施氮外,施用缓控释肥料也成为减少水稻季氨挥发损失、提高氮肥利用效率的有效举措之一。控释肥料,顾名思义,即是通过特定的机制控制和延迟其包裹养分的释放速率,延长养分释放周期,从而实现作物对肥料养分的有效吸收利用与肥料的释放速率近似一致,从而达到减少养分损失的一类新型肥料。因此,与速效矿质肥料相比,控释肥料可以提高肥料利用率,具有减轻水体富营养化和有害气体排放造成的环境胁迫的潜力,是当前农业面源污染防治的重要措施之一。与脲甲醛、异丁叉二脲等缓释肥料（slow-released fertilizers）以及脲酶、硝化抑制剂等抑制类肥料（stabilized fertilizers）不同,包膜肥料对生物和化学作用等因素不敏感,大多只对温度、水分等环境条件反应敏感,因此,实际农田应用中其养分释放的控制和调节相对较易（Shaviv et al., 2001）。相对于其他旱作系统,稻田水稻生长期较短（一般为 4 个月）,且水分（长期淹水）和温度（夏季）相对恒定,为基于膜材料、厚度等高效调控养分释放提供便利。前期尽管有零散研究评估不同类型控释肥料稻田应用效果,结果也证明了,与普通尿素相比,控释肥可以通过延缓氮素释放,减少田面水氨浓度,抑制氨挥发,从而表现出一定的提高氮肥利用率和水稻增产的作用（Cui et al., 2006; Ye et al., 2013; Yang et al., 2012, 2013）。Wang 等（2015）基于田间试验结合同位素 ^{15}N 示踪技术观测了树脂包膜尿素对水稻产量、氮肥利用率和损失率的影响。结果显示,8% 树脂包膜尿素一次施用与普通尿素分三次施用相比,可提高氮肥利用率 12%,降低总损失 13%,同时促进水稻产量增加约 8%。同时进行的氨挥发监测显示,包膜尿素可将田面水氨浓度控制在 5×10^{-6} 以下,进而有效降低氨挥发 85%以上(表 6.8)。

表 6.8　树脂包膜尿素一次基施(12%;质量比)下的水稻产量和 ^{15}N 利用率

肥料类型	水稻产量/($kg \cdot hm^{-2}$)	利用率 /%	残留率 /%	损失率 /%	氨挥发 /($kg\ N \cdot hm^{-2}$)			
					0 ~ 20 天	21 ~ 27 天	50 ~ 56 天	总量
尿素	7433 ± 185	25.7 ± 5.12	24.3 ± 3.86	50.0 ± 1.95*	12.9 ± 3.76	23.8 ± 6.73	7.29 ± 2.37	44.0 ± 0.38
包膜尿素	8067 ± 57.7*	37.9 ± 1.84*	25.2 ± 7.14	36.9 ± 5.44	3.85 ± 2.09	2.59 ± 1.15	0.31 ± 0.05	6.75 ± 3.21*

注:根据 Wang 等(2015)研究结果整理;* 表示两种肥料处理下结果差异显著($P<0.05$);产量为小区试验结果;氮肥利用率、土壤残留率与总损失率通过 ^{15}N 包膜尿素和微区试验得到;尿素按照农民习惯 3:4:3 施用。

　　稻麦体系中发现较高的小麦季径流氮损失,太湖平原越冬作物季降水丰富(约 480 mm,占全年降水的 2/5),如实施冬小麦种植,维持产量需施肥和排涝,高的径流氮就不可避免。考虑小麦产量普遍不高的事实,每公顷大多在 5 t 左右,远低于水稻和北方冬小麦,经济效益有限,而农民撒肥撒种和开沟排水现象却十分普遍,导致氮素径流量大,环境污染风险极高。依据豆科作物或绿肥无需或仅需少量氮肥,其残体及绿肥还田可代替水稻季部分化学氮肥,Zhao 等(2015)曾提出种植豆科作物或绿肥替代小麦削减氮径流的思路,并根据田块尺度的监测结果,评估了稻 – 蚕豆、稻 – 紫云英替代传统稻 – 麦轮作的氮素减排潜力和农业环境经济效益。三年田间观测结果证实了冬季豆科替代小麦的高效化学氮肥减投和减排作用:稻 – 蚕豆和稻 – 紫云英可在稳定或小幅提高水稻产量前提下,减少氮肥投入 50% ~ 60%,有效削减氨挥发和径流 38% ~ 43%和 70% ~ 74%,降低氮素淋失和 N_2O 排放 15% ~ 22% 和 49% ~ 53%(图 6.13)。产量与环境经济效应分析(表 6.9)表明,尽管种植豆科是以牺牲小麦产量为代价,但豆科作物因其目前市场的需求和较高的价格,可在一定程度弥补小麦收益损失。由此看来,基于豆科作物或绿肥多元化轮作搭配应是实现太湖平原稻区水稻高产和环保双赢的有效方法之一。不仅可以维持水稻高产和保证农民收益,也可大幅削减农田氮素外排量,显著降低农田氮素环境损失,同时具有一定的生态服务价值。将来,要进一步从长期稻 – 麦 – 豆科作物或绿肥等多元化轮作模式下的碳氮减排潜力和生态系统净效益进行分析,为稻作区减氮增效和污染控制提供有效的解决方案和可行途径。

　　除此之外,氮高效和节水品种、肥料运筹方法、水分耕作管理、栽培等针对太湖平原稻田氮肥高效利用和损失控制策略也有长足进展,进一步的技术融合和衔接将可能实现该区稻田高产条件下氮素的农学效应与环境影响的高度协调。

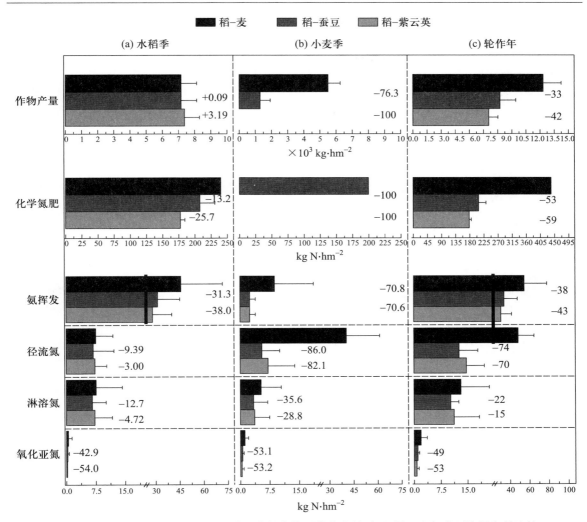

图 6.13　稻－麦、稻－蚕豆和稻－紫云英轮作体系作物产量、氮肥投入和氮素环境损失量比较

注：数据引自 Zhao 等（2015）；数据为 3 年 6 季平均结果；图中数字为稻－蚕豆和稻－紫云英轮作体系相对于稻麦体系的产量、氮投入或活性氮损失量增减百分数。

6.6.2　基于"稻季不施磷"的稳产减排策略

在长江下游，农田最主要的轮作制度为水旱轮作，由于水稻季在淹水条件下土壤磷的有效性会提高，而旱作磷的有效性从淹水到落干的过程则会降低。因此，需在一个轮作周期中统筹考虑不同作物季磷肥的分配，充分利用残留磷肥的后效。20 世纪 60 年代鲁如坤等（1965）利用盆栽试验得出：磷肥施用于旱作时水稻利用后效的产量，比磷肥施用于水稻时旱作利用后效的产量增加了 80%，并且提出了"旱重水轻"的施磷理念。然而近几十年来，水旱轮作区在生产实践中并未普遍采用这种施磷方法，而是在磷素已经盈余的情况下，仍旧大量施用化学磷肥或者复合肥。因此，在当前高磷投入以及土壤磷富集的情况下，重新讨论和实践"旱重水轻"科学施磷的措施具有重大意义。

表 6.9   稻 – 麦、稻 – 蚕豆和稻 – 紫云英轮作体系产量与环境经济效益核算 （单位：元·hm^{-2}）

成本收益	稻 – 麦	稻 – 蚕豆	稻 – 紫云英
农户净收益（A–B）	29,618 ± 3,869^a	36,379 ± 4,584^a （+22.8%）	21,250 ± 3,579^b （−22.3%）
产量收益（A）	32,009 ± 3,869^{ab}	37,512 ± 4,627^a	22,219 ± 2,565^a
水稻	21,533 ± 2,884^a	21,552 ± 2,814^a	22,219 ± 2,565^a
冬作	10,476 ± 1,350^b	15,960 ± 2,385^a	0 ± 0^c
肥料成本（B）	2,391 ± 0^a	1,133 ± 31^b	969 ± 31^c
氮素损失环境成本 （C+D+E）	1107 ± 24^a	569 ± 147^b （−48.6%）	555 ± 75^b （−49.9%）
土壤酸化（C）	529 ± 216^a	329 ± 130^a	300 ± 102^a
水体富营养化（D）	447 ± 108^a	172 ± 33^b	194 ± 12^b
温室效应（E）	131 ± 116^a	67 ± 27^a	61 ± 25^a

注：数据引自 Zhao 等（2015）；不同字母表示轮作制度间结果差异显著（$P<0.05$）；括号内数字为相对于稻 – 麦轮作的净收益或环境成本降低或增加百分数。

2009 年起，针对太湖流域农田磷肥施用过量、利用率低、环境风险加剧等问题，常熟站相关团队在前人的研究基础上重新践行并量化了"重旱轻水"的磷肥管理优化措施，在太湖地区宜兴和常熟建立了稻麦农田磷肥减施长期定位实验，优化磷肥施用的周年运筹，实施"稻季不施磷"的稳产减排策略。经过四年 10 种水稻土盆栽试验以及迄今八年田间定位试验，可以在保证稻麦作物产量（图 6.14）的同时提高磷肥平均周年利用率 5.42%，径流总磷排放量减少 20.6%，磷输入输出总体平衡。据此推论，如果一个稻季不施磷，每公顷每年可节省 60 kg P$_2$O$_5$，太湖流域 1530 万亩水稻土每年可节约 6.16 万 t P$_2$O$_5$。按当前过磷酸钙价格计算（12% P$_2$O$_5$，600 元·t^{-1}），每年可直接节约肥料投入成本 3.06 亿元。进一步按照修正的 Hedley 分级方法，结合 ^{31}P–NMR、土壤磷酸盐氧同位素、高通量测序等技术阐明了"减磷措施可持续的机理"问题。稻麦周年稻季不施磷，土壤中有效态磷源（包括活性磷及中活性磷）充足，且主要来源于无机磷库 NaHCO$_3$–Pi（活性磷源）及 NaOH–Pi（中活性磷源），磷循环快速，微生物活动高效；与土壤磷素转化相关的细菌为变形杆菌及鞘脂杆菌。同时针对水稻根际土壤利用薄膜扩散梯度技术（DGT–P）结合高分辨率分布，原位动态地反映了磷肥减施下磷在土 – 水界面和水稻根际微区的有效性变化，根际土中有效磷源足够水稻生长，且磷的移动与释放受铁循环控制。该结果为当地生产实践提供了理论依据。

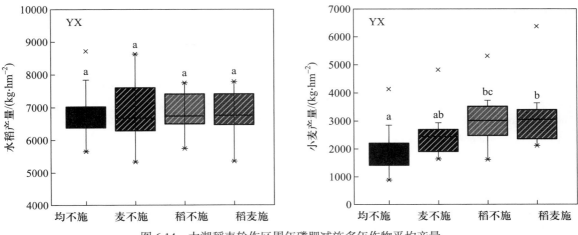

图 6.14　太湖稻麦轮作区周年磷肥减施多年作物平均产量

参 考 文 献

卞新民,冯金侠,张卫建.2000.加速南方农业发展迎接新世纪粮食挑战.南京农业大学学报,23:89-92.

曹志洪,林先贵,杨林章,等.2005.论"稻田圈"在保护城乡生态环境中的功能Ⅰ.稻田土壤磷素径流迁移流失的特征.土壤学报,42(5):97-102.

陈怀满.2010.环境土壤学(第二版).北京:科学出版社.

胡海波,项卫东.1999.长江中下游环境特征与洪灾的关系.南京林业大学学报,23:37-41.

高超,张桃林.2000.太湖地区农田土壤磷素动态及流失风险分析.农村生态环境,16(4):24-27.

李庆逵.1992.中国水稻土.北京:科学出版社.

鲁如坤,蒋柏藩,牟润生.1965.磷肥对水稻和旱作的肥效及其后效的研究.土壤学报,13(2):152-160.

伦飞,刘俊国,张丹.2016.1961—2011年中国农田磷收支及磷使用效率研究.资源科学,38(9):1681-1691.

全为民,沈新强,韩金娣,等.2005.长江口及邻近水域富营养化现状及变化趋势的评价与分析.海洋环境科学,24:13-16.

汪玉,赵旭,王磊,等.2014.太湖流域稻麦轮作农田磷素累积现状及其环境风险与控制对策.农业环境科学学报,33(5):829-835.

王慎强,赵旭,邢光熹,等.2012.太湖流域典型地区水稻土磷库现状及科学施磷初探.土壤,158-162.

王效科,欧阳志云,苗鸿.2001.DNDC模型在长江三角洲农田生态系统的CH_4和N_2O排放量估算中的应用.环境科学,22:15-19.

王绪奎,张林钱,芮雯奕,等.2007.近20年江苏省环太湖稻田土壤碳氮及速效磷钾含量的动态特征.江苏农业科学,6:287-296.

吴新民,潘根兴,李恋卿.2006.长江三角洲土壤质量演变趋势分析.地理与地理信息科学,22:88-91.

夏永秋,颜晓元,2011.太湖地区麦季协调农学、环境和经济效益的推荐施肥量.土壤学报,48:1210-1218.

向平安,周燕,江巨鳌,等.2006.洞庭湖区氮肥外部成本及稻田氮素经济生态最佳投入研究.中国农业科学,39(12):2531-2537.

徐琪,杨林章,董元华,等.1998.中国稻田生态系统.北京:中国农业出版社,29-49

颜晓元,夏龙龙,遆超普.2018.面向作物产量和环境双赢的氮肥施用策略.中国科学院院刊,33:177-183.

杨宪龙, 同延安, 路永莉, 等. 2015. 农田氮肥利用率计算方法研究进展. 应用生态学报, 26: 2203-2212.

中华人民共和国国家统计局. 2017. 中国统计年鉴 2017. 北京: 中国统计出版社.

朱兆良. 2006. 推荐氮肥适宜施用量的方法论刍议. 植物营养与肥料学报, 12(1): 5-11.

朱兆良, 张福锁等. 2010. 主要农田生态系统氮素行为与氮肥高效利用的基础研究. 北京: 科学出版社, 264-294.

Aneja V P, Malik B P, Tong Q, et al. 2001. Measurement and modelling of ammonia emissions at waste treatment lagoon-atmospheric interface. Water, Air and Soil Pollution: Focus, 1(5-6): 177-188.

Cai G X, Freney J R, Humphreys E, et al. 1988. Use of surface film to reduce NH_3 volatilization from flooded rice fields. Australian Journal of Agricultural Research, 39: 177-186.

Chen M. 2007. Nutrient Balance Modelling and Policy Evaluation in China Farming-feeding System (PhD Thesis). Beijing: Tsinghua University.

Cheng Z, Wang S, Fu X, et al. 2014. Impact of biomass burning on haze pollution in the Yangtze River delta, China: A case study in summer 2011. Atmospheric Chemistry and Physics, 14: 4573-4585.

Cui J, Ma Y, Zhao Y, et al. 2006. Characteristic and countermeasures for control and prevention of multiple area-pollution in agriculture. Chinese Agricultural Science Bulletin, 1: 93-102.

Goedkoop M. 1995. The eco-indicator 95: Weighting method for environmental impact analysis for clean design. Computer and Chemical Engineering, 20: 1377-1382.

Ju X T, Xing G X, Chen X P, et al. 2009. Reducing environmental risk by improving N management in intensive Chinese agricultural systems. Proceedings of the National Academy of Sciences of the United States of America, 106: 3041-3046.

Ma Y C, Kong X W, Yang B, et al. 2013. Net global warming potential and greenhouse gas intensity of annual rice-wheat rotations with integrated soil-crop system management. Agriculture Ecosystems & Environment, 164: 209-219.

MacDonald G K, Bennett E M, Potter P A, et al. 2011. Agronomic phosphorus imbalances across the world's croplands. Proceedings of the National Academy of Sciences, 108: 3086-3091.

Shaviv A. 2001. Advances in controlled-release fertilizers. Advances in Agronomy, 71: 1-49.

Shcherbak I, Millar N, Robertson G. 2014. Global metaanalysis of the nonlinear response of soil nitrous oxide (N_2O) emissions to fertilizer nitrogen. Proceedings of the National Academy of Sciences, 111: 9199-9204.

Shi W M, Yao J, Yan F. 2009. Vegetable cultivation under greenhouse conditions leads to rapid accumulation of nutrients, acidification and salinity of soils and groundwater contamination in South-Eastern China. Nutrient Cycling in Agroecosystems, 83: 73-84.

Wang S Q, Zhao X, Xing G X, et al. 2015. Improving grain yield and reducing N loss using polymer-coated urea in southeast China. Agronomy for Sustainable Development, 35: 1103-1115.

Wang Y, Zhao X, Wang L, et al. 2016. Phosphorus fertilization to the wheat-growing season only in a rice-wheat rotation in the Taihu Lake region of China. Field Crops Research, 198: 32-39.

Xia L, Lam S, Chen D, et al. 2017. Can knowledge-based N management produce more staple grain with lower greenhouse gas emission and reactive nitrogen pollution? A meta-analysis. Global Change Biology, 23: 1917-1925.

Xia L, Wang S, Yan X. 2014. Effects of long-term straw incorporation on the net global warming potential and the net economic benefit in a rice-wheat cropping system in China. Agriculture, Ecosystems and Environment, 197: 118-127.

Xia L, Xia Y, Li B, et al. 2016a. Integrating agronomic practices to reduce greenhouse gas emissions while increasing the economic return in a rice-based croppiong system. Agriculture, Ecosystems and Environment, 231: 24-33.

Xia L, Xia Y, Ma S, et al. 2016b. Greenhouse gas emissions and reactive nitrogen releases from rice production with simultaneous incorporation of wheat straw and nitrogen fertilizer. Biogeosciences, 13: 4569-4579.

Xia Y, Yan X. 2012. Ecologically optimal nitrogen application rates for rice cropping in the Taihu Lake region of China. Sustainable Science, 7: 33–44.

Yan X, Akiyama H, Yagi K, et al. 2009. Global estimations of the inventory and mitigation potential of methane emissions from rice cultivation conducted using the 2006 Intergovernmental Panel on Climate Change Guidelines. Global Biogeochemical Cycles, 23(2), doi: 10.1029/2008GB003299.

Yan X, Ohara T, Akimoto H. 2003. Development of region-specific emission factors and estimation of methane emission from rice fields in the East, Southeast and South Asian countries. Global Change Biology, 9: 237–254.

Yan X Y, Ti C P, Vitousek P, et al. 2014. Fertilizer nitrogen recovery efficiencies in crop production systems of China with and without consideration of the residual effect of nitrogen. Environmental Research Letters, 9: 095002.

Yang Y C, Zhang M, Li Y C, et al. 2012. Controlled release urea improved nitrogen use efficiency, activities of leaf enzymes, and rice yield. Soil Science Society of America Journal, 76: 2307–2317.

Yang Y C, Zhang M, Zheng L, et al. 2013. Controlled release urea for rice production and its environmental implications. Journal of Plant Nutrition, 36: 781–794.

Yao Y L, Zhang M, Tian Y H, et al. 2018. Urea deep placement in combination with Azolla for reducing nitrogen loss and improving fertilizer nitrogen recovery in rice field. Field Crops Research, 218: 141–149.

Ye Y, Liang X, Chen Y, et al. 2013. Alternate wetting and drying irrigation and controlled-release nitrogen fertilizer in late-season rice. Effects on dry matter accumulation, yield, water and nitrogen use. Field Crops Research, 144: 212–224.

Zhao X, Wang S Q, Xing G X. 2015. Maintaining rice yield and reducing N pollution by substituting winter legume for wheat in a heavily-fertilized rice-based cropping system of southeast China. Agriculture Ecosystems & Environment, 202: 79–89.

Zhao X, Xie Y X, Xiong Z Q, et al. 2009. Nitrogen fate and environmental consequence in paddy soil under rice–wheat rotation in the Taihu lake region. China. Plant and Soil, 319(1–2): 225–234.

Zhao X, Zhou Y, Min J, et al. 2012a. Nitrogen runoff dominates water nitrogen pollution from rice–wheat rotation in the Taihu Lake region of China. Agriculture Ecosystems & Environment, 156: 1–11.

Zhao X, Zhou Y, Wang S Q, et al. 2012b. Nitrogen balance in a highly fertilized rice-wheat double-cropping system in the Taihu Lake region, China. Soil Science Society of America Journal, 76: 1068–1078.

Zheng X, Han S, Huang Y, et al. 2004. Re-quantifying the emission factors based on field measurements and estimating the direct N_2O emission from Chinese croplands. Global Biogeochemical Cycles, 18(2), doi: 10.1029/2003 GB002167.

Zhu Z L, Wen Q X, Freney J R. 1997. Nitrogen in Soils of China. Kluwer Academic Publishers, Dordrecht.

第7章　长江中游鄱阳湖流域农田生态系统过程与变化*

我国最大的淡水湖泊——鄱阳湖为主体的鄱阳湖流域是长江中下游流域生态系统的重要组成部分。鄱阳湖流域由赣江、抚河、信江、饶河、修水五大河流流域与鄱阳湖区域组成,总面积为 $16.2 \times 10^4 \text{ km}^2$,其中在江西省的流域面积为 $15.7 \times 10^4 \text{ km}^2$,占整个流域面积的 96.9%。鄱阳湖流域是一个水陆交互的巨大生态系统,其在流域防洪、水土资源、生物多样性和生态系统服务功能方面发挥了突出作用。鄱阳湖流域是我国主要商品粮、油、棉、水产品的重要生产基地,对江西省社会经济发展具有重要作用。

7.1　长江中游鄱阳湖流域农田生态系统特征

鄱阳湖流域位于长江南岸,属于亚热带湿润季风气候,分布土壤以红壤为主。红壤虽然贫瘠、有机碳库低,但气候生产潜力巨大。同时又由于红壤本身具有的酸化等特征以及长期不合理的土地利用导致了土壤退化问题,制约了农田生态系统的功能和作用。

7.1.1　鄱阳湖流域气候、植被、地形和土壤分布特征

我国东南红壤分布区包括云贵高原(巴山、巫山)以东、大别山以南的地区,涉及湘、赣、浙、闽、桂、粤、琼及鄂、苏、皖南部,土壤面积约 118 万 km^2,约占全国陆地总面积的 12.3%。鄱阳湖流域是亚热带红壤集中分布的地区,几乎囊括了整个江西省全境,红壤成为江西省农业自然资源中最重要的组成部分。

红壤区属于热带和亚热带季风气候区,水热资源丰富(年均温 15~28 ℃, ≥ 10 ℃积温 5000~9500 ℃,年均降水量 1200~1500 mm,高温多雨,湿热同季),是我国现代农业的主产区(华南和长江流域)和热带亚热带经作经果的主产区(橡胶、油棕、咖啡、可可、柑橘、茶叶、油茶、油桐、蚕桑),其中粮食和油料作物播种面积分别占全国总播种面积的 32% 和 43%,茶园和果园面积分别占全国茶果园总面积的 57% 和 42%。红壤区以光、温、水为指标的气候生产潜力是三江平原的 2.63 倍,黄土高原的 2.66 倍,黄淮海平原的 1.28 倍。2014 年,东南红壤区 9 省人口总数约 5.79 亿人(约占全国总人口的 42.3%),国内生产总值(GDP)约占全国的 18.2%,在我国农业

---

* 本章作者为中国科学院南京土壤研究所孙波、刘晓利、蒋瑀霁,四川农业大学张世熔,中国科学院南京土壤研究所周静,水利部太湖流域水土保持监测中心站张玉刚,中国科学院南京土壤研究所梁音。

可持续发展中发挥着重要作用。

红壤区跨越热带雨林和季雨林、南亚热带雨林、中亚热带常绿阔叶林和北亚热带常绿落叶混交林 4 个植被带。在长江以北,以壳斗科的栎属树种最多;长江以南,南岭以北,以壳斗科、山茶科、冬青科等常绿树种为主;南岭以南的天然植被以喜暖的厚壳科、栲栗、红栲以及樟科和茶科树种为建群种。根据 2004 年遥感监测,常绿阔叶林占 23.3%,落叶阔叶林占 13.0%,混交林占 1.1%,针叶林占 0.4%,灌丛和灌草丛占 31.4%,草甸占 0.1%,其他用地占 30.8%。

红壤区主要位于第二、三阶地,山地、丘陵、平原面积分别为 22.9×10^4 km^2、56.3×10^4 km^2、7.48×10^4 km^2,分别占本区总面积的 26.4%、64.9% 和 8.6%。山地总体走向为北东向或北北东向。自北向南地貌结构顺序为:淮阳山地—长江中下游平原(洞庭湖和鄱阳湖平原)—江南低山丘陵和南岭山地—南部平原(南宁盆地和珠江三角洲)。自西向东的地貌结构顺序为:武陵山地、雪峰山地—湘江谷地、洞庭湖区—幕阜山、罗霄山脉—赣江谷地、鄱阳湖平原—武夷山地—东部沿海平原(包括闽江三角洲)。

红壤区主要分布着地带性的砖红壤、赤红壤、红壤、黄壤和黄棕壤,以及非地带性的紫色土、石灰(岩)土和水稻土,此外还分布着燥红土、棕壤、暗棕壤、漂灰土、山地草甸土、火山灰土、滨海盐土、滨海砂土、潮土等土壤。由于红壤丘陵区丘陵、谷地、平原交错分布,土壤分布也呈现不同的组合(图 7.1)。丘陵台地是红壤、赤红壤、砖红壤的主要分布区,高山地区易于发育黄壤,干热河谷主要分布燥红土、褐红壤、赤红壤和紫色土(何永彬等,2000),冲积平原是水稻土和潮土的主要分布区。

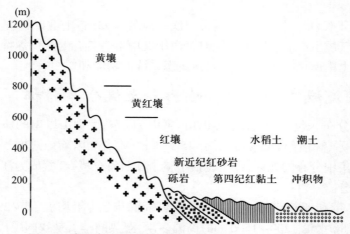

图 7.1 鄱阳湖流域从高山到平原地形断面上土壤分布图

受生物气候和地形条件的影响,红壤区土壤分布表现出明显的水平地带性和垂直地带性。从热带(年均降水量 1200~2000 mm,年均温 22~27 ℃)到南亚热带(年均降水量 1500~2000 mm,年均温 19~21 ℃)和中亚热带(年均降水量 1000~1600 mm,年均温 22~27 ℃)依次分布着砖红壤、赤红壤、红壤和黄壤 3 个纬度带,土壤中 <1 mm 黏粒的 SiO$_2$:Al$_2$O$_3$ 分别为 1.5~1.7、1.7~2.0 和 2.0~2.2。在不同的土壤纬度带中,土壤的垂直地带性分布也有差异。在砖红壤地带的海南五指山东北坡垂直带谱是:砖红壤(<400 m)—山地赤红壤(400~800 m)—山地黄壤(800~1200 m)—山地表潜黄壤(1200~1600 m)—山地灌丛草甸土(腐棕土)(>1600 m);在赤红壤地带的广西十万大山南坡垂直带谱是：赤红壤（<300 m）—山地红壤（300~700 m）—山地黄壤（700~1300 m）；在红壤地带的江西武夷山西北坡依次垂直带谱是：红壤（<700 m）—山地黄壤（700~1400 m）—山地黄棕壤（1400~1800 m）—山地灌丛草甸土（>1800 m）（赵其国，2002）。

7.1.2 鄱阳湖流域农田生态系统主要特征

红壤区有着丰富的光、温、水、土资源，在作物生长季节（4—10月），光、热、水资源量占全年总量的70%~86%，有利于多熟种植。但降水量时空分布，大部分都集中在3—6月，且多暴雨，导致水土流失，水分资源利用率低。由于7—8月蒸发量大，经常出现伏旱、伏秋连旱等季节性干旱问题，影响作物生长和复种指数提高。此外，春季多雨和低温也影响冬季作物（如油菜）成熟和早稻的生长。江西省余江县45年的统计结果表明，气候有向冷、湿、少日照和旱涝年频繁交替变化的趋势（王明珠等，1997；王明珠，1997），同时季风气候的年际变异增大，导致灾害的频率和强度增加。主要表现为炎夏年与凉夏年频繁出现，干旱与洪涝频繁发生，冷冬年与暖冬年交替发生，作物生长发育临界温度的初终日变异大。

红壤区地形地貌复杂，素有"七山一水两分田"之谓，山地、丘陵与平原之比大体为7:2:1。长期以来，农业生产活动主要局限于丘间、盆地和沟谷地区，而对于面积比沟谷大2~4倍的低丘红壤的利用重视不够，随意开垦、重用轻养。由于不合理的土地利用和水热、地形等自然条件的综合影响，长江中游鄱阳湖流域土壤退化严重，主要包括局部水土流失加剧、土壤肥力和生态功能退化、土壤酸化加速、森林生态系统退化、水体富营养化以及土壤污染等。这些退化过程影响了土壤的化学过程（如吸附、交换、沉淀、扩散等）、物理学过程（如土壤结构形成、气体扩散、水分运动等）和生物学过程（微生物分解和合成、酶促反应等），最终表现为红壤物理、化学与生物学特性的退化。上述退化过程造成红壤区土地生产力下降，限制了气候生产潜力的发挥，严重制约了红壤区域特色经济作物和经济林果的发展，导致农业经营效益下降，阻碍了农民增收，阻碍了红壤区农业的可持续发展和新农村的建设。

7.1.3 鄱阳湖流域农田生态系统主要问题

土壤侵蚀是红壤区农田生态系统面临的主要问题之一，侵蚀导致大量的土壤有机质和矿质养分流失、土壤有效水储量和通透性降低，部分剧烈侵蚀的坡耕地最终演变为无法耕种的光石山，丧失生产能力。土壤侵蚀主要包括面状侵蚀、沟状侵蚀、崩岗侵蚀、滑坡、泥石流和工程侵蚀。调查表明，红壤区水土流失总的现状是："面积减少，强度减弱，总体好转，局部破坏"，水土流失的特点是：侵蚀隐蔽性强，以轻度为主（平均侵蚀模数3420 t·km^{-2}·年$^{-1}$），但潜在危害大；崩岗侵蚀剧烈，崩岗总数超过23万个，崩岗侵蚀面积达12.2万 km^2；人工林下水土流失严重，特别是马尾松林、油茶林和桉树林，普遍存在"远看青山在，近看水土流"景象；随着基础设施建设和农业大规模开发，新增水土流失加速（水利部等，2011）。

2005年，我国红壤区水土流失面积约为19.15万 km^2，分别占土地面积和山丘面积的16.8%和23.2%，每年因水土流失带走 N、P、K 的总量约为1.28×10^6 t（赵其国，2002）。侵蚀导致土壤质量恶化（侵蚀红壤的有机质含量大多低于5 g·kg^{-1}，水解氮大多低于50 g·kg^{-1}，速效磷大多低于5 g·kg^{-1}），土地生产力降低。从我国东南8省近50年来水土流失的演变过程看，水土流失面积从20世纪50年代初的10.5万 km^2 增加到2002年的19.6万 km^2；其中1986年后侵蚀面积呈逐步减少趋势,1996 年实现了治理面积大于破坏面积的转变;2002—2005 年,东南 8 省水土流失面积减少约 4500 km²(梁音等,2009)。根据水利部水土保持中心基于 2001—2002 年卫星遥感数据对东南 8 省的调查(表 7.1),红壤水土流失面积约为 13.12 km²,以中、轻度流失为主(占流失总面积的 83.5%),强度流失较少(占总流失面积的 12.8%)。江西省近 50 年来水土流失面积从 1950 年的 1.1 万 km² 增加到 2002 年的 3.3 万 km²。水土流失较为严重的区域主要分布在赣南山地丘陵区、湘西山区、湘赣丘陵区、闽粤东部沿海山地丘陵区(水利部等,2010)。

表 7.1　东南 8 省水土流失考察区的水土流失变化[*]

流失等级	土壤侵蚀模数 /(t·km⁻²·年⁻¹)	1986 年		2002 年	
		面积/(×10⁴ km²)	比例/%	面积/(×10⁴ km²)	比例/%
轻度	500~2500	6.34	7.3	6.13	7.0
中度	2500~5000	4.92	5.6	4.83	5.5
强度	5000~8000	1.67	1.9	1.68	1.9
极强度	8000~15000	0.30	0.3	0.36	0.4
剧烈	>15000	0.16	0.2	0.12	0.1
合计		13.38	15.4	13.12	15.1

注:考察区包括湘、赣、浙、闽、粤、琼、鄂、苏,实际考察面积为 87.2×10⁴ km²。

强烈的风化和土壤淋溶作用也是长江中游鄱阳湖流域农田系统面临的主要问题,土壤的养分贫瘠化及肥力衰减过程被加剧,表现为红壤耕地有机质含量低,氮、磷、钾养分供应不足,有效态钙、镁含量低,硼、钼等微量元素贫乏。红壤区土壤肥力大多处于中下水平,中、低肥力土壤的面积比例分别为 40.8% 和 33.3%;林旱地土壤中 53.2% 的有机质和 62.7% 的全氮处于中度贫瘠化水平,77.8% 的速效磷处于严重贫瘠化水平;耕地土壤中 90% 缺硼和钼,49% 缺锌。同时,红壤区的大部分酸性土壤 pH 小于 5.5,江西、福建、湖南 3 省 pH 在 5.5 以下的强酸性土壤面积分别占 71.0%、53% 和 42%。2001 年对江西武夷山—鄱阳湖 9 县(市)的调查表明,与 80 年代第二次土壤普查相比,虽然水稻土的土壤有机质含量上升,但红壤旱地的土壤有机质含量下降,土壤 pH 普遍下降,土壤酸化加剧,土壤质量仍在退化(何园球和孙波,2008)。

7.2　长江中游鄱阳湖流域农田生态系统观测与研究

长江中游鄱阳湖流域水热资源丰富,生产潜力巨大,在我国生态安全及粮食安全建设中具有极其重要的地位,是进行农田生态系统长期观测和研究的理想场所。在典型红壤区江西省鹰潭市余江县(中国科学院红壤生态实验站)进行长期定位观测。探明灌溉、施肥等措施对红壤区农业和生态环境的长期影响,作为一个应用研究的平台,为解决国家和区域农业和环境问题提供参考。

7.2.1　典型红壤区农田生态系统长期观测

农田生态系统的长期观测是在不同的时空尺度下,观测我国主要农田生态系统结构的长期变化趋势和重要生态学过程。2000 年开始,在红壤丘陵区建立了典型农田生态系统水分、土壤、气象和生物四个方面的长期观测样地,常年严格按照中国生态系统研究网络观测规范的要求,进行水、土、气、生各项指标的长期观测。

（1）水分监测

针对红壤旱地农田生态系统进行了剖面土壤水分含量的长期监测,为监控土壤水分的迁移过程提供了基础数据。在每年的 7—8 月,红壤区蒸发量大、降雨量减少,出现伏旱、伏秋连旱等季节性干旱问题。观测不同深度土层水分含量随时间变化的趋势,为解决红壤区季节性干旱问题提供了数据支撑。同时,对红壤区地上、地下水、静止水和流动水等进行了流域尺度的调查取样,采集相关水体流速、清澈度、溶解氧等水质指标的调查数据,分析水体中养分物质的迁移过程,为鄱阳湖流域水体状况和水质评估提供基础数据。

（2）土壤监测

在红壤区旱地和水稻农田生态系统中设置综合和辅助观测样地,对常规施肥和典型种植模式下的土壤 NO_3^--N、NH_4^+-N、碱解氮、速效磷、速效钾、pH、有机质等指标进行长期观测,旨在揭示红壤肥力和酸化的演变过程和机理。同时,以红壤区典型种植作物花生为下垫面,对红壤旱地生态系统大气 CO_2 和 H_2O 的动态进行实时监测,进一步探明红壤区旱地农田生态系统的水、碳循环和水、碳通量。

（3）气象监测

红壤区属于季风气候,水热资源丰富,但资源利用率低,降雨量和土壤积温均会影响作物的成熟生长。在典型红壤区设置小型气象观测场完成大量气象数据的观测,包括温度、湿度、降水、辐射、蒸散、风速、风向等 40 多个指标,为红壤区农田生态系统的相关研究提供了大量辅助数据。

（4）生物监测

针对典型红壤区农田生态系统,观测水稻（水田）和花生（旱地）的作物长势和物候观测。通过对不同生育期作物生长情况的调查,以及在收获期进行生物量的测产和统计,揭示当地作物产量的变化趋势和规律。同时,对作物进行了养分吸收状况的长期观测,分析作物各部分养分含量,了解不同作物对养分的吸收规律和养分分配状况。调查肥料品种和用量,探明红壤农田系统养分投入状况,进而探讨红壤养分的输入输出平衡和养分循环。

7.2.2　农田生态系统土壤养分循环和地力提升长期试验

红壤旱地施肥对作物生产力和土壤肥力演变的长期试验始于 1989 年,并于 1990 年进行正常的田间试验观测且持续至今。试验采用花生田间小区试验,研究有机肥与化肥、大量元素和微量元素配施对退化红壤养分库恢复重建和土壤物理性质改善的综合效应,以及对作物产量和品质的影响,为红壤区的培肥地力提供科学依据和实际调整措施。

1989 年,在该区同时设置了红壤水稻田养分循环和有机质周转试验,包括不同化肥、有机肥用量和种类以及有机无机配施的 19 个处理,共 57 个小区。重点研究不同施肥制度下红壤水稻土的养分循环特征和肥力演变动态,观测红壤水稻土有机质积累过程和平衡演变趋势,为优化施肥模式的建立和红壤水稻土固碳潜力的评价提供科学依据。同时从 2005 年开始，在该区采用置换方式，开展黑土、潮土、红壤在热量梯度驱动下的土壤养分转化、微生物和地上生物量的变化研究，综合分析和预测热量变化条件下土壤功能型和生产力的变化趋势。

为评价长期施用化肥对土壤养分转化过程的影响，1997 年建立了红壤旱地养分循环长期试验，研究化肥和有机肥对土壤养分转化和淋失的影响，评价红壤旱地养分迁移损失的环境风险，建立红壤旱地养分迁移模型，制定红壤旱地环境安全的施肥量。

7.2.3　农田生态系统水土流失和水文变化长期试验

对于土壤侵蚀的研究始于 1990 年，主要包括土壤可蚀性季节变化及其预测和植被水土保持效应的定量表征研究，旨在揭示影响土壤侵蚀的主导因素，为南方红壤侵蚀区的生态修复提供理论依据。针对具体恢复措施的研究，设置了 2 个自然径流小区，分别为植被恢复区和对照区，面积分别为 562.5 m² 和 146.3 m²。在恢复区实施了小型谷坊、鱼鳞坑和营养穴法等工程措施，并在陡坡上运用种植刺梨、胡枝子、刺槐等植物措施。在小区下方设置了径流池观测降雨、径流和泥沙量，探索植被恢复过程对土壤侵蚀的影响。结合乔、灌、草及地被物逐步"去除"后的水沙过程响应试验，研究植被结构对集水区水沙过程的影响规律。

孙家小流域关键水文过程及其物质迁移长期试验：试验始于 2001 年。孙家小流域面积50.5 hm²，海拔为 34～55 m，坡度小于 8°。该流域内的土壤母质为第四纪红黏土与红砂岩。该流域主要土地利用方式为花生（48.7%）、稻田（24.8%）、橘园和葡萄园（19.8%）等。花生主要种植于坡地，主要生育期为 4 月上旬至 8 月上旬；沟谷中长期种植双季稻，早稻生育期一般为 4 月上旬至 7 月中旬，晚稻生育期一般为 7 月中旬至 11 月中旬。灌溉方式为自流漫灌，灌溉水源为来自信江支流白塔河上游水库。在剖面、坡面和小流域等多尺度监测关键水土过程中，着重分析土壤水分的时空格局及其主控因素，关键水文过程（地表径流、壤中流等）及其驱动因素，物质迁移及其对气候变化和人为活动的响应等。

7.2.4　农田生态系统连作障碍防治与污染修复长期试验

红壤花生连作障碍的生物防治长期试验：试验始于 1996 年，针对红壤地区花生连作障碍问题，采用不同农艺措施开展长期定位试验，旨在寻找缓解和克服花生连作障碍的有效途径，发挥土壤微生物生态功能，提高障碍土壤的生产力，为其生物修复及农业可持续发展提供理论依据和技术支撑。

重金属在红壤 – 植物系统中迁移转化和污染土壤修复的长期试验：试验始于 1991 年。试验区分小区和大区两组，小区组分成水旱两大片，每片建成 2 m×2 m 小区 16 个。水田小区内上层 50 cm 换成第四纪红色黏土发育的土壤。大区组将一块小山丘平成梯田，建成 100 m² 的大区 6 个，大区采用红条石砌成（地上部分 25 cm，地下部分平均 50 cm，为防止下陷，在土质较松的梯田下部为 75 cm）。将它们分别划为水田、旱地、草地和林地，并相应种上水稻、花生、牧草和湿地松及白杨。肥料用量按 600 kg·hm⁻² 尿素、1500 kg·hm⁻² 过磷酸钙及 750 kg·hm⁻² 氯化钾计算。1993 年按不同处理浓度各选一个试验小区加入包括 Pb、Cd、Cu、Zn 和 As 的 5 种重金属化合物，投入量分为高、低两种浓度和对照，并继续种植相应的作物，而旱地改种绿豆，牧草改种香根草。

7.3　红壤区农田生态系统土壤养分和生产力变化

红壤区就肥力状况而言,一方面由于强烈的风化和淋溶作用,该地区土壤呈酸性,阳离子交换量小,矿质养分贮量少,土壤自然肥力低下,尤其是 N、P 养分供应能力极低。另一方面长期不合理的土地利用和土壤侵蚀,加剧了土壤养分贫瘠化和肥力衰减过程。红壤地区有机质和全钾处于轻度缺乏状态,磷素处于中等至严重缺乏状态,而氮素多处于轻度至中度缺乏状态。针对这些问题,在红壤区农田生态系统的典型类型和耕作模式基础上,开展了红壤养分状况和肥力演变的长期观测和研究。

7.3.1　常规施肥模式下红壤养分状况和生产力变化

红壤旱地农田生态系统以种植花生为主。当地农民常规种植模式为:花生 – 冬闲,主要生育期为 4 月上旬至 8 月上旬。施肥模式采取播种前撒施基肥,按照当地农民的习惯施肥用量进行管理。其中,复合肥 375 kg·hm^{-2},尿素 150 kg·hm^{-2},钙镁磷肥 750 kg·hm^{-2}。在此施肥和管理的基础上,对土壤养分状况和作物产量进行了长期数据监测。同时,针对土壤养分状况和产量的演变趋势进行了长期的探索和研究。

从连续 13 年的研究结果来看(图 7.2a),土壤 pH 出现过几次较大的波动。其中,2005—2007年,土壤 pH 发生了较大幅度的降低,2014 年以后数值趋于平稳。与 2005 年相比,2017 年土壤 pH 降低了 0.08 个单位,这可能与长期施用化肥导致的土壤酸化效应有关,但土壤 pH 下降并不显著。这与长期种植过程中施用一定量的石灰来调节土壤酸化过程有关,因此,减缓了土壤酸化的进程。有研究表明,连续施用化学氮肥 10 ~ 20 年后,耕层土壤 pH 下降幅度可超过 1.0 个单位(孟红旗等,2013)。

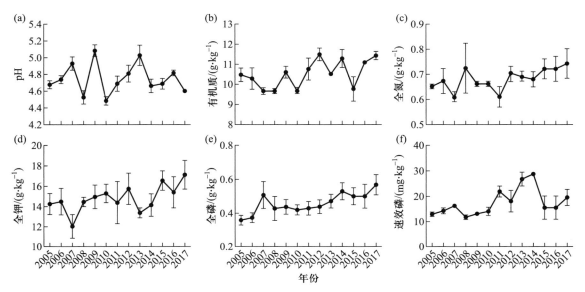

图 7.2　常规施肥模式土壤 pH、有机质、全氮、全磷、全钾、速效磷含量变化

土壤有机质含量最高值为 11.42 g·kg⁻¹，最低值为 9.65 g·kg⁻¹，平均值为 10.50 g·kg⁻¹。与 2005 年相比，土壤有机质含量增加了 0.96 g·kg⁻¹，年平均增加率为 7%，增长幅度较低。说明化肥的投入相应地提高了土壤中各种养分含量，但并不能高效地提高有机质含量（图 7.2b）。

土壤全氮含量与 2005 年相比提高了 14%，但年均增长率仅有 1%（图 7.2c）。高温多雨的红壤地区氮素通过氨的挥发和硝态氮的淋失等途径损失量较大，不利于土壤氮的积累（王家玉，1997）。因此，通过施用化肥来恢复重建土壤氮库困难较大（Gami and Ladha, 2001）。

土壤全磷平均值为 0.46 g·kg⁻¹，年平均增长率为 2%（图 7.2e）。红壤地区的全磷养分匮乏，长期的习惯性施肥措施未使土壤全磷含量得到显著提高。

土壤速效磷含量整体呈增长趋势，但增长趋势不明显（图 7.2f）。化肥施用的第 6 年到第 10 年，土壤速效磷含量表现出了较大幅度的增加，土壤速效磷含量进入了快速增长期。13 年间，土壤速效磷的平均值为 17.56 g·kg⁻¹，年平均增长速率达 50.0%。因此，在南方磷素缺乏地区，化肥对土壤有效磷含量有一定提高作用，但不能长期有效地提供植物吸收所需的磷素养分。

红壤钾素养分的自然供给源是各种含钾矿物，红壤为富钾土壤，因此，红壤对钾素具有较强的供应能力。连续施肥后土壤全钾含量有一定程度的增加，平均值为 14.79 g·kg⁻¹，年平均增长率达 22.0%（图 7.2d）。

常规施肥条件下，旱地花生产量并未呈现出明显的增加趋势（图 7.3）。这可能与常规施肥模式未能显著提高土壤肥力、旱地花生连坐障碍等问题均有关系，影响了作物产量的提高。因此，优化红壤旱地作物施肥模式和管理方式，才可提高肥料利用效率，进而提高作物产量。

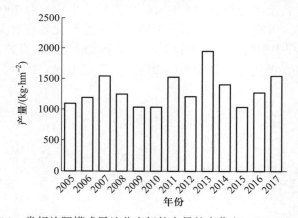

图 7.3　常规施肥模式旱地花生籽粒产量的变化（2005—2017 年）

7.3.2　优化施肥模式下红壤养分状况和生产力变化

长江中游鄱阳湖流域农田生态系统的长期监测研究表明，常规施肥对土壤养分和作物产量均未见显著提高。有研究表明，长期施用化肥使土壤交换性铝的含量明显增加，酸化加重，不能有效提高土壤肥力。而有机肥料与化肥配合施用，可以控制土壤酸化，在提高土壤有机质、NPK 养分、作物产量和改良土壤酸性方面具有显著优势 [1]（王伯仁等，2007；鲁如坤等，2000）。

---

① 孙好 . 2009. 长期定位施肥对红壤肥力及作物的影响 . 福建农林大学硕士学位论文 .

1989年起,在长江中游鄱阳湖流域农田生态系统设置了化肥和有机肥配合施用的优化模式试验,研究不同有机肥与化肥配施对红壤肥力演变的影响。试验选择红壤区三种代表性有机物料(厩肥、绿肥和秸秆)与化肥进行配施,针对秸秆钾素再循环设置本田秸秆还田处理,共设置5个施肥方式:① 对照(施NPK),② 厩肥和化肥配施,③ 绿肥和化肥配施,④ 秸秆和化肥配施,⑤ 本田秸秆还田和化肥配施5个处理方式。种植制度在1995年以前主要是花生–油菜轮作,1996年起改为一季花生。有机肥用量按当地习惯用量即:厩肥(猪粪)30000 kg·hm^{-2},绿肥(花生藤、油菜秸等)15000 kg·hm^{-2}(鲜基),秸秆(稻草)3000 kg·hm^{-2},猪厩肥的含水率为74%,绿肥的平均含水率为88%,故折合为风干重量厩肥为7633 kg·hm^{-2},绿肥为1823 kg·hm^{-2};1990—2000年化肥用量减至原用量的1/3,1993年后有机肥中的厩肥(猪粪)用量减至原来的1/2,其他用量不变;2001年开始只施用有机肥。

从对有机质含量的影响来看(表7.2),施肥13年后各处理中土壤有机质含量均有增加,不同有机肥和化肥配施对土壤有机质增长的贡献有如下次序:厩肥 > 绿肥 > 秸秆 > 本田秸秆还田 > 对照。即厩肥和化肥配施对红壤有机质的增加最显著,其次是绿肥和秸秆。施用厩肥、绿肥、秸秆和本田秸秆还田使土壤有机质分别增加了169%、97%、77%、59%,说明不同有机肥对土壤有机质积累速度的影响也不同,即:厩肥 > 绿肥 > 秸秆 > 本田秸秆还田 > 对照,这与国内外的其他研究结果一致(Chen and Lian,2002;吴槐泓,2000)。

从红壤氮素平均含量看(表7.2),有机肥和化肥配施土壤全氮的含量高于对照,其中厩肥和化肥配施效果最好,其次是绿肥,秸秆类有机肥效果最差。化肥和有机肥配合施用后,红壤旱地全氮的绝对含量和试验前相比提高了0.36~0.56 g·kg^{-1},增长了106%~165%,年增长率为8.1%~12.7%,显著提高了红壤旱地全氮含量。化肥和厩肥配合施用的增长幅度最大为12.7%,其次是化肥和绿肥配合施用,而秸秆类有机肥和化肥配合施用增长量最低。有机肥所能提供的有效氮的数量与其自身的C/N值有关(艾天成等,2002)。猪粪C/N值小,养分含量高,促进氮素土壤中的积累。厩肥在提高土壤全氮中的作用优于绿肥和秸秆(沈善敏,1984;张林康等,1995),故厩肥和化肥配施最有利于红壤旱地全氮的积累。旱地红壤秸秆的氮利用率主要受其C/N所制约,当C/N>30时,秸秆对当季作物不能供应氮,甚至会出现有效氮固持作用(Sharpley et al.,1992;鲁如坤和时正元,1993)。

表7.2　不同化肥和有机肥配施处理下表层(0~20 cm)
有机质和全氮含量的变化　　　　　　　　（单位:g·kg^{-1}）

年份	对照		厩肥(猪粪)		秸秆(稻草)		绿肥(花生藤 + 油菜秸)		本田还田(花生藤)	
	有机质	全氮	有机质	全氮	有机质	全氮	有机质	全氮	有机质	全氮
1989	6.0	0.4	14.3	0.7	7.5	0.5	7.8	0.5	6.8	0.5
1990	8.0	0.6	15.1	1.3	11.2	0.7	10.8	0.7	9.9	0.6
1992	8.0	0.5	16.5	0.8	11.0	0.5	12.0	0.6	10.0	0.5
1993	8.9	0.5	16.9	1.1	12.2	0.6	13.5	0.7	10.9	0.6
1994	8.3	0.6	17.4	1.1	12.1	0.7	13.9	0.8	12.1	0.7
1998	8.3	0.7	18.5	1.1	12.7	0.8	14.6	0.8	12.4	0.6
2001	9.1	0.7	20.6	0.9	12.3	0.7	15.4	0.8	11.5	0.7
平均	8.3[c]	0.56[b]	17.2[a]	0.98[a]	11.3[b]	0.63[b]	12.5[b]	0.72[b]	10.3[b]	0.58[b]

　　从全磷含量看,厩肥和化肥配合施用显著增加了红壤旱地全磷含量,施肥 13 年后,全磷含量从 0.53 g·kg⁻¹ 增加到 1.08 g·kg⁻¹(表 7.3)。厩肥和化肥配施两年后即 1990 年土壤全磷的含量就升高到 1.03 g·kg⁻¹,说明厩肥和化肥配施可以快速提高土壤全磷含量,而且厩肥和化肥配施对土壤全磷积累的促进作用显著高于其他施肥处理。绿肥和秸秆提供的有机磷数量较少,对红壤磷库的提升作用较小。

　　从全钾含量看,化肥和有机肥配施对土壤全钾含量的影响不显著(表 7.3),这主要与土壤钾储量充足有关。其他研究也表明,长期施用化肥以及化肥和有机肥配施对土壤全钾量影响不大(吴良欢等, 1996)。

表 7.3　不同化肥和有机肥配施处理下表层(0～20 cm)
全磷和全钾含量的变化　　　　　　　　(单位: g·kg⁻¹)

年份	对照		厩肥（猪粪）		秸秆（稻草）		绿肥（花生藤 + 油菜秸）		本田还田（花生藤）	
	全磷	全钾	全磷	全钾	全磷	全钾	全磷	全钾	全磷	全钾
1990	0.48	13.2	1.03	12.6	0.54	12.3	0.53	12.5	0.52	12.5
1992	0.73	10.4	1.04	10.7	0.68	10.8	0.74	10.5	0.79	10.5
1993	0.51	10.4	1.06	10.6	0.48	10.7	0.55	11.2	0.52	11.2
2001	0.52	9.39	1.08	9.47	0.44	9.61	0.48	9.25	0.45	9.25
平均值	0.56[b]	10.8[a]	1.05[a]	10.9[a]	0.54[b]	10.8[a]	0.58[b]	10.9[a]	0.57[b]	10.9[a]

　　从花生产量变化看(图 7.4),三种不同类型的有机肥与化肥配施对花生籽实(带壳)的增产效果为: 厩肥(1573 ± 530 kg·hm⁻²)> 秸秆(1428 ± 521 kg·hm⁻²)> 绿肥(1316 ± 522 kg·hm⁻²);花生籽实的年均产量分别是对照的 1.18 倍、1.07 倍和 0.98 倍。因此,厩肥的培肥和增产效果最好。

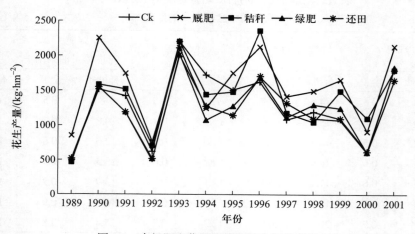

图 7.4　有机肥和化肥配施下花生籽粒产量

7.4 矿区周边红壤农田生态系统污染因子迁移过程

江西赣江及饶河流域铜矿区周边存在大量重金属污染农田,重金属污染物很难被土壤微生物降解,严重破坏了土壤结构和功能,威胁到粮食安全和人体健康。如何修复重金属污染耕地土壤,已经成为环境修复的一项重要内容。

7.4.1 矿区周边红壤农田生态系统污染现状

我国南方有色金属矿区(如湘江流域铅、锌、钨矿区,江西赣江及饶河流域钨、铜矿区,湖北大冶铁矿区,安徽铜陵黄铜矿区)以及中南、长三角和珠三角地区存在大量重金属污染农田。湖南省重金属污染面积达 2.8 万 km² (朱佳文等, 2012),部分矿区土壤 Hg、As、Pb、Cd 超标造成农作物重金属污染(郭朝晖等, 2007)。珠三角地区有近 40% 的菜地土壤重金属污染,其中 10% 属严重超标(杨国义等, 2008)。

以江西贵溪冶炼厂所在的贵溪市滨江乡为例,大约 260 hm² 农田遭受重金属污染,土壤 Cu、Cd 超标率接近 100%,部分稻谷镉超标(胡宁静等, 2004; Li et al., 2009; Cui et al., 2013)。

孙波等(孙波和曹尧东, 2006;陈守莉和孙波, 2008)调查了江西贵溪冶炼厂周边土壤重金属污染的空间分布,采样区面积为 1.40 km²,地形为低丘,坡度 5° ~ 8°。研究区属于亚热带季风湿润气候,年均温 18.2 ℃,年均降水量 1836 mm(集中在 4—6 月,占全年总降水量的 48.3%)。土壤为红砂岩母质冲积物发育的水稻土和红砂岩母质发育的红壤(图 7.5)。

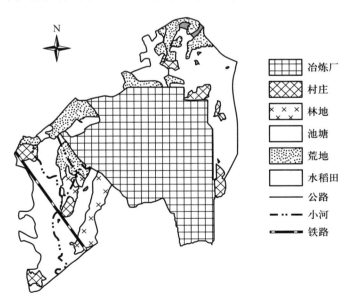

N

	冶炼厂
	村庄
	林地
	池塘
	荒地
	水稻田
	公路
	小河
	铁路

图 7.5 江西贵溪铜冶炼厂周边土地利用和采样点分布

表层水稻土有效态 Cu 的空间分布表明(图 7.6),有效态 Cu 与全 Cu 含量的分布相似,但其长短轴的变程大于全 Cu 含量的变程(711 m 和 309 m),说明其空间变异程度低于全 Cu。有效态 Cu 的长轴方位角为西北—东南方向。而研究区地势由东北角点污染源（废水、废气排放口）向西南方向地势逐渐降低，这也是灌溉渠的走向，因此有效态 Cu 的长轴方位角与污灌渠道相一致。说明从北向南沿灌溉渠道，随离开污染源的距离增加有效态 Cu 含量下降，表现出污染物的扩散分布特征。这说明 Cu 污染在随污水灌溉扩散迁移的过程中，土壤不断吸附积累导致了含量逐渐下降（陈守莉和孙波，2008）。

表层土壤有效态 Cd 和 Pb 的空间分布与有效态 Cu 不同，在地势最低的南部（灌溉渠的下游）含量最高（图 7.6）。说明污染源中 Cd 的迁移过程与 Cu 不同，污水灌溉中 Cd 的迁移性较高，随地形的起伏向低洼处聚积，然后在土壤中积累，导致土壤中有效态 Cd 含量增加。

由于 Pb 不是污染源中的主要污染物，其空间变异可能受土壤长期地质迁移过程的影响，而地势低洼的南部是地表径流导致的土壤沉积区，因此土壤有效态 Pb 的含量较高。而在靠近铜冶炼厂的北部其含量的增加则是由污染物扩散在土壤中吸附导致的。

土壤有效态 Zn 的空间分布与其他 3 个元素不同（图 7.6），其在污染源的西北方含量增加，说明其污染可能受到飘尘中 Zn 的迁移和积累的影响；另一方面，土壤交换态 SO_4^{2-} 含量在这个方向上增加，也可能是吸附使其有效态含量增加。在东南方向，土壤有效态 Zn 含量也增加，这可能是由于土壤 Zn 的迁移和积累导致的。而在西南方含量较低，这与土壤 pH 在这个方向较高，而 SO_4^{2-} 含量较低等综合因素影响有关。综上所述，水稻土中有效态重金属的迁移都受灌溉、飘尘、地势和土壤理化性质的影响。

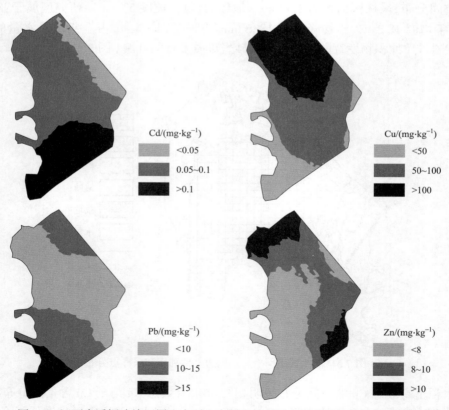

图 7.6　江西贵溪铜冶炼厂周边水稻土表层有效态重金属含量的空间分布插值图

　　相关分析表明（表 7.4），污染源到采样点的距离与有效态 Cu、Cd、Pb、Zn 都表现为极显著相关性，表明污染源中污染重金属的迁移过程是影响水稻土有效态重金属含量的主要因素。有效态 Cu、Zn 随距污染源距离的增加而减少，尤以有效态 Cu 更显著；而有效态 Cd 和 Pb 随污染源距离的增大而增大，说明有效态 Cd、Pb 具有迁移性，这与土壤 Cd 全量的影响因素一致。

表 7.4　污染区水稻土有效态重金属含量与土壤和环境因子之间的相关性系数

重金属	污染源与采样点之间的距离	高程	土壤 Cl⁻	土壤交换态 SO_4^{2-}	土壤 pH	土壤有机质
有效 Cd	0.465**	−0.392**	−0.12	0.056	−0.12	0.035
有效 Cu	−0.711**	0.161	−0.19	0.478**	−0.386**	−0.083
有效 Zn	−0.382**	0.016	−0.107	0.315**	−0.183	−0.016
有效 Pb	0.335**	−0.207	0.013	−0.034	−0.271*	0.193

　　土壤中 Cl⁻ 含量的高低代表了土壤通透性的程度。相关分析说明，水稻土有效态重金属含量与其相关性不显著，土壤有机质含量也没有表现出显著的相关性，这说明土壤孔隙和有机质不是影响其分布的主要因素。

　　与水稻土重金属含量不同，土壤有效态 Cu 和 Pb 与土壤 pH 呈显著的负相关，说明土壤 pH 影响了 Cu 和 Pb 的形态分布，从而影响了其有效态含量的空间分布。虽然土壤有效态 Cd 和 Zn 含量的分布与土壤 pH 没有显著相关，但土壤酸性变化仍然影响了其有效态含量的变化，只是其他过程（如水土流失导致的重金属迁移）掩盖了其相关性。

　　高程仅与有效态 Cd 含量呈极显著负相关（表 7.4），进一步说明 Cd 的迁移性较强，其有效态含量的变化主要受污染物迁移过程的影响。土壤 SO_4^{2-} 含量反映了土壤对重金属的专性吸附能力，其含量与土壤表层有效态 Cu、Zn 的分布相关性极显著，而与土壤有效态 Cd 和 Pb 相关不显著。说明土壤吸附性能对土壤表层有效态 Cu、Zn 的影响很大。

7.4.2　矿区周边红壤农田生态系统 Cu、Cd 污染修复技术

　　重金属污染土壤修复技术主要包括客土、土壤淋洗、固定化、稳定化、电动修复、热脱附和植物修复技术等（Marques et al.，2011）。稳定化技术是通过添加改良剂（又称钝化剂）将土壤重金属向低溶解、被固定的、低毒形态转化的技术（Kumpiene et al.，2008）。无机改良剂包括磷酸盐类（磷矿粉、羟基磷灰石等）、黏土矿物类（沸石、凹凸棒石和蒙脱石等）以及一些工业副产品等（石膏、赤泥等），其稳定化机制包括吸附、络合、沉淀或共沉淀。有机改良剂包括猪粪和秸秆等有机肥，其稳定化机制是通过增加土壤阳离子交换量，形成重金属 – 有机复合物，降低水溶态和离子交换态重金属含量（王立群等，2009）。植物修复的目的是通过植物提取、植物稳定和植物根际过滤等去除土壤中的重金属等污染物。近年来，稳定化和植物修复技术因为低成本和操作简单的优点，成为当前大面积重金属污染土壤修复技术研究的重点。

　　研究表明，针对江西鹰潭市典型重金属污染土壤，可以利用磷灰石、木炭和石灰等化学改良剂进行快速修复。从改良剂对黑麦草生物量的影响看（表 7.5），第一年总体上表现为石灰 > 木

炭＞磷灰石,第二年所有改良剂的效果均降低,其中木炭处理黑麦草无法生长,磷灰石处理的黑麦草物量均高于石灰处理。

表 7.5　2010 年到 2011 年黑麦草生物量

处理	2010 年生物量 /g				
	第一茬	第二茬	第三茬	根	总
对照	n.d.	n.d.	n.d.	n.d.	n.d.
磷灰石	833 ± 102^{ab}	562 ± 56^{b}	309 ± 58^{a}	715 ± 58^{c}	2418 ± 173^{b}
石灰	952 ± 144^{a}	649 ± 57^{a}	372 ± 41^{a}	1123 ± 100^{b}	3096 ± 276^{a}
木炭	654 ± 56^{b}	589 ± 88^{ab}	344 ± 68^{a}	896 ± 59^{a}	2482 ± 263^{b}
处理	2011 年生物量 /g				
	第一茬	第二茬	第三茬	根	总
对照	n.d.	n.d.	n.d.	n.d.	n.d.
磷灰石	541 ± 61^{a}	353 ± 63^{a}	158 ± 33^{a}	285 ± 59^{a}	1338 ± 197^{a}
石灰	332 ± 46^{b}	234 ± 60^{b}	99 ± 28^{b}	154 ± 25^{b}	820 ± 124^{b}
木炭	n.d.	n.d.	n.d.	n.d.	n.d.

注:n.d. 无黑麦草生长;字母不同表示处理间存在显著性差异($P<0.05$)。

从表 7.6 可以看出,黑麦草根部 Cu 的含量均大于 $1400 \text{ mg} \cdot \text{kg}^{-1}$,接近茎部含量的 9 倍;根部 Cd 含量总体上大于 $8 \text{ mg} \cdot \text{kg}^{-1}$,接近茎部 Cd 含量的 4 倍。随着黑麦草收获茬口增加,其茎部 Cu 和 Cd 的重金属含量也增加;在黑麦草种植第二年,石灰和磷灰石处理下植株 Cu 和 Cd 的重金属含量较第一年有增加趋势,特别是在第三茬。与木炭和石灰相比,磷灰石联合黑麦草去除土壤重金属的效果更好。

表 7.6　黑麦草吸收 Cu 和 Cd 的含量

	处理	2010 年黑麦草重金属含量 /($\text{mg} \cdot \text{kg}^{-1}$)			
		第一茬	第二茬	第三茬	根
Cu	对照	n.d.	n.d.	n.d.	n.d.
	磷灰石	125 ± 19^{a}	128 ± 20^{b}	179 ± 31^{b}	1529 ± 166^{ab}
	石灰	137 ± 20^{a}	146 ± 19^{a}	197 ± 18^{ab}	1613 ± 164^{a}
	木炭	125 ± 11^{a}	127 ± 18^{b}	230 ± 50^{a}	1435 ± 76^{b}
Cd	对照	n.d.	n.d.	n.d.	n.d.
	磷灰石	0.76 ± 0.16^{b}	0.94 ± 0.09^{a}	1.80 ± 0.09^{c}	9.81 ± 1.51^{ab}
	石灰	0.95 ± 0.24^{a}	1.05 ± 0.32^{a}	2.15 ± 0.10^{a}	8.92 ± 0.83^{b}
	木炭	0.91 ± 0.21^{a}	1.19 ± 0.24^{a}	2.05 ± 0.07^{b}	10.4 ± 1.16^{a}

续表

处理		2011 年黑麦草重金属含量 /(mg·kg⁻¹)			
		第一茬	第二茬	第三茬	根
Cu	对照	n.d.	n.d.	n.d.	n.d.
	磷灰石	95 ± 26^b	125 ± 30^a	382 ± 58^b	1580 ± 104^a
	石灰	150 ± 28^a	131 ± 43^a	430 ± 70^a	1613 ± 78^a
	木炭	n.d.	n.d.	n.d.	n.d.
Cd	对照	n.d.	n.d.	n.d.	n.d.
	磷灰石	1.04 ± 0.28^a	1.36 ± .16^b	4.68 ± 0.56^a	7.68 ± 0.41^a
	石灰	1.19 ± 0.22^a	1.70 ± 0.18^a	4.75 ± 0.78^a	8.50 ± 0.55^a
	木炭	n.d.	n.d.	n.d.	n.d.

注：n.d. 无黑麦草生长；字母不同表示处理间存在显著性差异（ $P<0.05$ ）。

与对照相比，磷灰石、石灰和木炭添加后，土壤溶液中 Cu 和 Cd 的含量均显著降低。添加改良剂后的 3~6 个月，木炭处理土壤溶液中 Cu 和 Cd 的含量均低于磷灰石和石灰处理，但到了 9~24 个月，木炭处理土壤溶液中 Cu 和 Cd 的含量逐渐增加，并高于石灰和磷灰石处理。总体上看，磷灰石和石灰处理土壤溶液中 Cu 和 Cd 的含量比较接近，对 Cu 和 Cd 的降幅达到 90% 和 80% 左右，且各处理对 Cu 和 Cd 的降幅大小表现为：磷灰石 > 石灰 > 木炭（图 7.7 和图 7.8 ）。

施用三种改良剂修复后提高了土壤酶活性、微生物生物量和碳代谢功能。与对照相比，土壤过氧化氢酶活性分别比对照提高了 45%、70% 和 25%，但脲酶和酸性磷酸酶活性变化不显著（表 7.7 ）。施用磷灰石、石灰和木炭处理中微生物生物量碳的含量分别比对照提高了 36.9%、64.3%

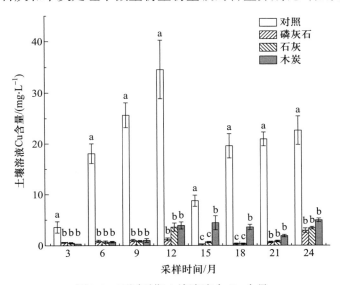

图 7.7 不同时期土壤溶液中 Cu 含量

注：字母不同表示处理间存在显著性差异（ $P<0.05$ ）。

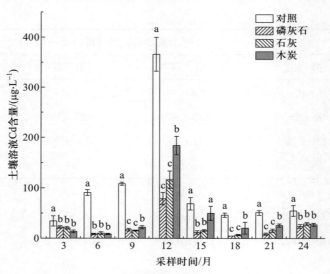

图 7.8　不同时期土壤溶液中 Cd 含量

注：字母不同表示处理间存在显著性差异（$P<0.05$）。

和 10.8%，微生物生物量氮含量分别提高了 17.3%、24.7% 和 1.1%（表 7.5）。利用 Biolog 测定平均吸光值（AWCD，192 h）表明，磷灰石、石灰和木炭处理土壤 AWCD 值分别是对照的 1.52 倍、1.65 倍和 1.33 倍，表明改良剂处理后增加了土壤微生物利用碳源的能力。

表 7.7　土壤酶活性和微生物量碳氮含量

处理	过氧化氢酶 /（mL·g^{-1}）	脲酶 /（mg·g^{-1}·24 h^{-1}）	酸性磷酸酶 /（mg·g^{-1}·24 h^{-1}）	微生物量碳 /（mg·kg^{-1}）	微生物量氮 /（mg·kg^{-1}）
对照	0.2 ± 0.06^{d}	0.19 ± 0.04^{b}	0.28 ± 0.03^{a}	55.8 ± 11.4^{b}	5.54 ± 1.31^{a}
磷灰石	0.29 ± 0.02^{b}	0.36 ± 0.08^{a}	0.31 ± 0.04^{a}	76.4 ± 13^{ab}	6.5 ± 0.54^{a}
石灰	0.34 ± 0.03^{a}	0.22 ± 0.03^{b}	0.31 ± 0.03^{a}	91.7 ± 10.5^{a}	6.91 ± 0.63^{a}
木炭	0.25 ± 0.04^{c}	0.21 ± 0.02^{b}	0.31 ± 0.03^{a}	61.8 ± 13.3^{b}	5.6 ± 1.01^{a}

注：字母不同表示处理间存在显著性差异（$P<0.05$）。

7.5　红壤流域土壤养分的分布与迁移过程

江西省兴国县濂水河流域水土流失严重，是我国土壤侵蚀最剧烈的地区之一。流域内部土壤主要是水稻土、棕红壤，局部有红壤、黄红壤、石灰岩等。在此流域开展土壤养分时空分布以及采取水土流失治理的相关研究，以期为水土流失的治理规划和水土保持效益评价提供科学依据。

7.5.1 激水河流域土壤氮素空间分布

红壤丘陵区长期侵蚀导致土壤养分下降,开垦利用后,随着耕垦熟化土壤养分不断提高。江西省兴国县激水河流域(115°30′50″E—115°52′12″E,26°18′04″N—26°36′48″N)是红壤丘陵的典型分布区。近20年,激水河流域森林覆盖率从28.8%提高到56.5%,区域生态环境明显改善。激水河流域面积为579 km²,流域内水系发达,呈树枝状。地形东北高、西南低,最大高差965 m。流域内各地貌复杂,其中低丘占21%,中丘占27%,高丘和低山占42%,河谷平原10%。流域属中亚热带季风湿润气候,多年平均降水量1500 mm,夏季高温多雨,7月平均气温29.3℃,1月平均气温7.2℃,年均温18.9℃。土壤母质主要是花岗岩残坡积物和第四纪近代河流冲积物。其土壤主要是水耕人为土、湿润铁硅铝土、湿润铁铝土等。

在小尺度区,土壤全氮含量的空间分布以该区中北部的低值(<0.30 g·kg⁻¹)带为中心(图7.9a),向北、南两个方向逐渐呈带状增加至1.00~1.20 g·kg⁻¹(北部)或>1.20 g·kg⁻¹(南部)。其分布变化趋势表明土壤全氮从丘陵顶部随地势降低至丘脚或沟谷而逐渐增加。

在中尺度区,土壤全氮含量的空间分布特征表现为区域中部及中南部是0.30~0.60 g·kg⁻¹的低值区(图7.9b),并从该低值区向东或向北两个方向呈带状或块状增加至1.00~1.20 g·kg⁻¹。

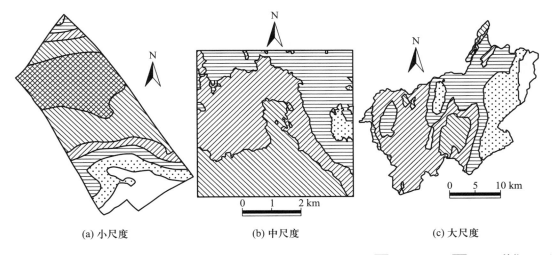

(a) 小尺度　　　　　　　(b) 中尺度　　　　　　　(c) 大尺度

▨ <0.30　▧ 0.30~0.60　▨ 0.60~0.80　▤ 0.80~1.00　▨ 1.00~1.20　▢ >1.20　单位:g·kg⁻¹

图7.9　江西省激水河流域不同尺度下土壤全氮的空间分布

在大尺度区,激水河流域土壤全氮含量的空间分布呈现以区内中南部古龙岗镇南郊为低值中心(0.30~0.60 g·kg⁻¹)的环状或条带状分布(图7.9c),并从该低值中心向四周逐渐增加。其中,从该低值中心向东,土壤全氮分别从0.30~0.60 g·kg⁻¹逐渐增至>1.20 g·kg⁻¹,流域东部大面积分布全氮含量>1.00 g·kg⁻¹的土壤;从该低值中心向西,土壤全氮含量则明显低于流域东部,主要为0.60~0.80 g·kg⁻¹级别分布,仅局部小区有0.80~1.00 g·kg⁻¹级别分布。

土壤侵蚀显著影响了全氮含量,强度、中度和轻度侵蚀之间土壤全氮的差异显著。在小尺度区内,强度侵蚀分布于丘陵顶部和中上部,其植被多为马尾松疏林地,植被盖度小于30%;中度侵蚀分布于丘坡中部及中下部,植被盖度略高;轻度侵蚀分布于丘脚和冲沟,地势平缓,土层深厚。统计表明,轻度侵蚀($1.00~g \cdot kg^{-1}$)和中度侵蚀($0.75~g \cdot kg^{-1}$)均极显著高于强度侵蚀($0.23~g \cdot kg^{-1}$)。中尺度区是激水河流域内典型的农林交错带,也是整个流域中生态恢复较差的区域,3 种侵蚀程度之间土壤全氮含量是轻度侵蚀($1.13~g \cdot kg^{-1}$)极显著高于中度侵蚀($0.62~g \cdot kg^{-1}$)和强度侵蚀($0.20~g \cdot kg^{-1}$)。在大尺度区(整个激水河流域),植树造林和封山育林产生的生态修复成效较明显,强度侵蚀和中度侵蚀的面积比例明显减少,轻度侵蚀的面积比例相应提高,全氮含量表现为轻度侵蚀($1.13~g \cdot kg^{-1}$)极显著高于中度侵蚀($0.58~g \cdot kg^{-1}$)和强度侵蚀($0.21~g \cdot kg^{-1}$)。

7.5.2 激水河流域水土流失治理对氮素迁移的影响

流域监测和 SWAT 模型研究表明(任盛明等,2014),激水河流域年均总氮输出量为 638.5 t,单位面积年均总氮输出量为 $1.10~t \cdot km^{-2} \cdot$ 年$^{-1}$,流域总氮输出量年际间变异系数均值(CV)为 74.3%(图 7.10)。激水河流域水土输出治理从 1983 年开始,主要经历了两个阶段。第一阶段为 1983—1990 年,治理总面积为 $128.6~km^2$;第二阶段为 1993—2002 年,治理总面积为 $23.6~km^2$,两个阶段治理面积占流域总面积的 26%。利用 1975 年、1991 年和 2005 年的遥感解译数据提取三个时期(治理前、第一阶段治理、第二阶段治理)流域土地利用方式信息,然后利用 SWAT 模型反演流域氮磷输出量的年度变化,治理前(1978—1982 年)流域年均总氮输出量为 1182.2 t,治理第一阶段和第二阶段流域年均总氮输出量分别为 664.7 t 和 476.4 t,说明水土流失治理持续降低了流域氮素输出(图 7.10)。

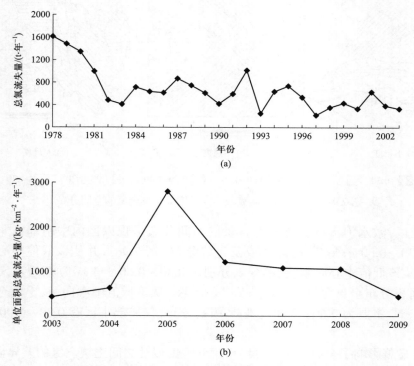

图 7.10   激水河流域 1978—2009 年氮素年输出量

对于 1978—2009 年流域总氮输出量的变化,气候因素(降水、蒸发)解释了 23.2%,人为因素(人口、植被指数、水田面积、氮肥施用量等)解释了 48.7%,气候与人为因素的交互作用解释了 16.5%。ABT 分析表明,人为因素中影响氮素输出的主要因子(剔除了相对影响小于 5% 的因子)排序为人口 > 氮肥施用 > 疏林地 > 植被指数 > 土地利用指数。人为因素中人口因子对氮素输出的相对影响最大。流域氮素输出来源包括耕地施肥、土壤有机物矿化、居民生活以及畜禽养殖,特别是农村生活源和畜禽养殖的氮素输出已成为农业面源污染的主要来源,而这两个来源都与流域人口密度有关。激水河流域人口密度从 1978 年的 181 人·km^{-2} 上升到 2005 年的 235 人·km^{-2},增加了 22.8%,因此人口对流域氮素输出影响较大。我国化肥的过量施用已成为农业面源污染的主要来源之一。激水河流域中耕地以水田为主,如果流域氮素输出量全部折算到水田,其单位面积总氮流失量为 57.77 kg·hm^{-2}。因此氮肥施用因子对流域氮素输出的相对影响为 15.2%。

流域的土地利用 / 覆盖、坡度、土壤属性影响着流域水文和水质变化,从而控制着产沙和化学物质浓度。植树造林增加了对径流和泥沙的拦截能力,从而影响了土壤侵蚀和养分传输。ABT 分析结果中,除去人口和化肥施用两个人为因子外,其余三个因子(疏林地、植被指数、土地利用指数)都与流域土地利用结构变化有关,而激水河流域 30 多年土地利用格局变化最大的利用类型是由长期大规模的水土流失治理带来的林地面积的变化,经过长期水土保持治理,激水河流域林地占总面积的比例由 1975 年的 43.8% 上升到 2005 年的 76.0%。这种变化一方面极大地减少了流域泥沙的输出(减少了 28.5%),另一方面又起到了涵养水源的作用(减少 7.7%),最终导致了氮素等污染负荷输出的减少。因此,在控制人口密度和科学合理利用化肥的基础上,通过水土流失治理,增加流域森林面积、改善森林质量,调整土地利用方式是保护南方红壤丘陵区流域生态环境、促进经济社会发展的重要政策选项。针对红壤丘陵区水土流失过程的特征,首先在源头减少产流和产沙,然后加强"乔 – 灌 – 草"和"林 – 果 – 农"等丘陵立体模式的构建,增加对径流泥沙的截留和再利用,实现对流域养分流失的有效控制。

7.6 红壤区农田生态系统管理与调控

红壤区兼有生态脆弱区和农业主产区(水稻、油菜、柑橘等)特色,面临生态文明先行示范区建设的发展机遇,应不断创新红壤区域集约化现代生态农业模式的发展原则、关键技术体系、配套政策法规和管理体系,提高农业综合生产能力,保障粮食供给,注重农业绿色发展、循环发展、低碳发展。

7.6.1 红壤区农田生态系统土壤改良利用区划

我国南方红壤生态系统面临水土流失、土壤酸化、土壤肥力和生态功能退化、人工林衰退等过程,造成土地生产力下降,限制了气候生产潜力的发挥,制约了红壤区域特色经济作物和经济林果的发展。因此,需要基于红壤资源调查、退化阻控和生态系统恢复重建理论和技术的成果,制定土壤利用改良区划,提出合理的土壤改良途径与土地利用方向,因地制宜地促进区域农业的可持续发展。南方红壤分布区的土壤利用改良区划是以土壤特性及分布规律为基础,以土壤资源适宜性与生产力为依据,以发挥区域综合生产潜力和保护生态环境为目标,将南方红壤分布区的土壤改良利用区划分为 3 个地带和 18 个土区（表 7.8）。其中地带是按土壤地带性原则划分，不同地带的代表性土类和一定的农业发展方向及土壤生产力相联系；土区是在土壤地带中按大地貌与土类或亚类组合划分，同一土区其农业生产配置，大的作物布局与利用改良方向较为一致（红黄壤改良利用区划协助组，1985；赵其国，2002）。

表 7.8　南方红壤分布区土壤改良利用区划（赵其国，2002）

地带	土区
红壤黄壤地带（Ⅰ）	Ⅰ1　江南丘陵红壤、水稻土粮、经作、经果区 Ⅰ2　江南山地红壤、黄壤林、茶、粮区 Ⅰ3　江湖平原水稻土、潮土粮区 Ⅰ4　滇、桂、黔片岩溶丘陵盆地石灰土粮、林区 Ⅰ5　云贵高原红壤、黄壤粮、林、经作区 Ⅰ6　四川盆地紫色土、黄壤粮、经作区 Ⅰ7　西部山地黄壤、黄棕壤林、牧结合区（包括东部湘、鄂、桂低中山地黄壤、红壤、水稻土区，西部四川盆周山地黄壤、黄棕壤、紫色土区） Ⅰ8　藏东南高山谷地黄红壤、黄壤林、农亚区
赤红壤地带（Ⅱ）	Ⅱ1　台西、台东山丘平原赤红壤粮、林、经作区 Ⅱ2　珠江、榕江平原丘陵水稻土、赤红壤粮亚区 Ⅱ3　华南低山丘陵赤红壤林、粮、果区 Ⅱ4　桂中西、滇东南熔岩山盆赤红壤、石灰土粮、经作亚区 Ⅱ5　滇西南中山谷地赤红壤、燥红土林、粮区
砖红壤（磷质石灰土）地带（Ⅲ）	Ⅲ1　台南丘陵平原砖红壤、水稻土粮、经作区 Ⅲ2　琼雷台地砖红壤、水稻土粮、热作区 Ⅲ3　琼东、中、西山丘台地砖红壤、燥红土热作、热林区 Ⅲ4　滇南山地河谷砖红壤、燥红土热作、热林区 Ⅲ5　南海诸岛磷质石灰土区

红壤黄壤地带（Ⅰ）位于中亚热带，面积 152 万 km²，占全区 75%。年均温 14 ~ 18 ℃，≥ 10 ℃积温 5400 ~ 6500 ℃，年降水量 1000 ~ 1500 mm。植被为常绿阔叶林，地形以山地丘陵为主，母质为花岗岩、石灰岩、紫色岩及第四纪红色黏土。土壤以红壤、黄壤为主，自然植被下的土壤有机质含量为 3% ~ 5%，pH 为 5.0 ~ 5.5。本地带是我国粮食及亚热带经济作物的重要基地，水稻年可两熟，盛产油茶、油桐、柑橘、毛竹、杉木、樟、松等。本地带山地及丘陵占 80%，土地利用特色是：低山以林为主，森林资源丰富，生态平衡遭破坏；高丘农林结合，土壤侵蚀严重，生产潜力大；低丘岗地平原以农为主，耕作集约，土地利用率较高。本区山地林业生产有很大潜力，特别是西南山区的森林。在土壤利用上，应防治水土流失，培育土壤肥力，减缓季节性干旱威胁。此外需要针对江南红壤区农业建立垂直或层状布局。

赤红壤地带位于南亚热带，面积 40.91 万 km²，占全区的 20.1%。年均温 22 ~ 24 ℃，≥ 10 ℃

积温 6500 ~ 8000 ℃,年降水量 1200 ~ 1800 mm。植被为亚热带季雨林,有部分热带植物混生其中。地形以丘陵台地为主,母质为花岗岩、砂页岩及石灰岩。土壤为赤红壤,由于地处亚热带向热带的过渡带,水稻年可 2 ~ 3 熟,亚热带及部分热带作物均可种植,盛产油茶、柑橘、荔枝、龙眼、蕉、木瓜、甘蔗等,是我国发展粮食及热带亚热带经济作物的重点地区。土壤利用应注意防治水土流失、提高土壤肥力及抗灾能力。合理安排粮食作物与经济作物的比例,大力发展热带、亚热带作物与林木。

砖红壤(磷质石灰土)地带地处热带,面积 10.5 万 km²,占全区 5.17%。均温 22 ~ 28 ℃,≥ 10℃积温 8200 ~ 9200 ℃,年降水量 1800 ~ 2500 mm。植被为热带季雨林及雨林,地形以丘陵台地为主,母质为花岗岩、砂页岩、变质岩、玄武岩、浅海沉积物等。土壤为砖红壤、水稻土及磷质石灰土等。土壤质地黏重,富铝化特征明显。总的利用方向应以发展橡胶为重点,同时大力发展热带林木及热带水果,如香蕉、咖啡、油棕、槟榔、金鸡纳和三七等热作和果、药植物;合理安排热作与粮食,橡胶与其他热作的比例,逐步建立起橡胶为主体的热作基地。本地带共分 5 个土区。

7.6.2 红壤区农田生态系统土壤退化综合治理技术和模式

在土壤退化综合治理体系方面,南方红黄壤地区综合治理与农业可持续发展技术研究、中国红壤退化机制与防治、南方红壤区旱地的肥力演变调控技术及产品应用成果分别获得 2002 年、2004 年和 2009 年国家科学技术进步奖二等奖,从防酸控蚀、保水增肥、建立高效农林复合生态系统等方面推进了红壤退化的治理水平:① 阐明了南方 6 类区域(红壤岗地、红壤低丘、红壤中高丘陵、紫色土丘陵、赤红壤丘陵、黄壤高原)水土流失规律、允许侵蚀量和生态整治技术,提出了发挥工程水库 – 土壤水库作用的防御旱涝灾害对策,以及基于坡地集水 – 节水灌溉 – 避旱栽培抵御季节性干旱的原理,揭示了低产田(渍潜田和贫瘠旱地)障碍因素与土壤因侵蚀、酸化和肥力衰减的退化机理,提出了以多元多熟间套种技术、高效三元结构种植技术和调整鱼塘水体氮磷比技术为代表的优质高产高效种养技术,建立了基于优质粮经饲主导产业与产业化经营的农业高效开发模式,基于信息技术提出南方红黄壤地区的农业发展战略。② 提出红壤退化防治技术体系,包括侵蚀红壤的快速绿化与水土保持技术,退化土壤肥力恢复与优化施肥技术,丘陵岗台地的立体种养模式及配套土壤管理技术,酸性土壤改良治理技术,蓄、保、灌结合防御季节性干旱的综合配套土壤管理技术,带动了地方农业结构的调整和特色农业的发展,加快了水土流失治理和土壤肥力的恢复。③ 明确了红壤旱地酸化、盐基流失和养分贫瘠与非均衡化特征,建立了基于土壤母质的旱地分类施肥管理新思路,构建了红壤区旱地改土培肥与生产力提升的综合调控技术体系,研发了抵御干旱和平衡供应养分的旱地专用复合肥、多功能调理型复合肥和生物 – 化学复合调理剂。

"十一五"期间实施了国家科技支撑计划"红壤退化的阻控和定向修复与高效优质生态农业关键技术研究与试验示范",针对红壤区特色经济作物和经济林果生态系统的建设,在 4 个区域(赣东北和湘东低丘岗地、闽西南中高丘陵区、粤东低山丘陵区和桂西岩溶丘陵区)研究了红壤退化过程及其阻控原理,研发了退化坡地生产力的培育理论和技术体系,建立了红壤丘陵区绿色农产品的安全生产技术和高效生产模式。

(1)基于红壤物质循环的调控机制,有效集成化学、生物和工程技术,建立了阻控侵蚀、酸

化、肥力退化的协同技术体系和模式

通过研究,重点发展了丘陵红壤水土保持技术和崩岗治理模式:① 基于红壤坡面产沙和径流形成机制,建立了以保护团聚体和减缓径流为核心的侵蚀阻控理论和技术;针对不同坡度旱地,建立了减缓径流的工程和生物配套措施体系。② 基于崩岗形成机制,建立了"治坡、降坡、稳坡"三位一体的崩岗治理模式,根据崩岗功能区分区匹配了工程治理技术;基于 GIS、RS、GeoCA 模型模拟,制定了县域尺度水土流失强度监测和治理规划。

根据影响红壤区水土流失的自然因素(地形地貌、降雨、岩性、土壤可蚀性、坡度等)和土壤侵蚀发生的类型与强度大小,划分水土流失治理区,分区制定水土流失治理方案。东南红壤区划分为 4 种水土流失治理类型区:自然修复区、预防保护区、防治并重区和重点治理区。自然修复区分布在湖南怀化、邵阳、永州、益阳、常德、长沙、衡阳、岳阳,安徽宣城、池州、芜湖,浙江湖州、嘉兴、舟山等地区,包括 61 个县(市、区),总土地面积为 8.94 万 km^2,平均侵蚀模式为 2446 $t \cdot km^{-2} \cdot$ 年 $^{-1}$。预防保护区集中分布在广东清远、韶关、河源、广州、惠州、江门,海南大部分地区,湖南郴州东部、永州南部,福建龙岩、三明、宁德,浙江温州、台州、丽水、金花,安徽黄山、池州,江西景德镇、上饶北部等地,涉及 126 个县市,土地总面积为 23.59 万 km^2,平均侵蚀模式为 2824 $t \cdot km^{-2} \cdot$ 年 $^{-1}$。防治并重区分散在 8 个省内,主要分布在江西南昌、九江东部、新余、抚州中部、宜春,湖南怀化中部、永州中部、益阳东部,浙江宁波南部、金花东部、丽水东北和西北部,福建龙岩、漳州、三明、南平,广东肇庆、云浮、河源中部、潮州,海南万宁,安徽宣城东部,湖北鄂州、咸宁北部等地区的 146 个县(市),土地总面积为 26.12 万 km^2,平均侵蚀模式为 3160 $t \cdot km^{-2} \cdot$ 年 $^{-1}$。重点治理区涉及 143 个县(市、区),土地总面积为 28.46 万 km^2,平均侵蚀模式 3736 $t \cdot km^{-2} \cdot$ 年 $^{-1}$。根据地域分布规律,重点治理区分为 5 个二级区,即浙闽沿海与粤北重点治理区、湘西重点治理区、湘中丘陵重点治理区、赣南丘陵重点治理区、鄂东南与赣北重点治理区。根据"因区制宜、因类实施、因害设防、分类指导"的总体治理原则,制定和实施分区治理和土地利用开发规划。

在治理措施体系方面,应加强林业建设和矿区综合治理,加强坡耕地农田基本建设,实行山、水、田、林、路综合治理,注重水保效益与土地效益的结合。以小流域为单元,基于气候、地形、土壤和植被条件集成耕作措施、生物措施和工程措施,建立了以"猪 – 沼 – 果"为代表的小流域循环立体种养优化模式。在基本水土流失治理措施配置方面,首先要优化农村能源结构,保护森林植被;加强建设项目管理,减少建设工程的水土流失。其次配合水土保持工程措施分类实施生物措施。防治强度水土流失的工程措施包括坡改梯、建立水平台地、建设竹节水平沟、对侵蚀沟道建立谷坊,同时采用小型蓄排引水工程措施减少水土流失危害。对强度、极强度和剧烈侵蚀区,分别实行乔灌混交、草 – 灌 – 乔混交和草本先行的植被重建措施;对崩岗治理结合"上截、下堵、中绿化"原则,对沟头集水区、崩塌冲刷区和沟口冲积区,分别采取治坡、降坡、稳坡三位一体的措施,实施经济开发型治理,将崩岗侵蚀劣地改造成农业用地和经济林果园地,在治理水土流失、改善生态环境的同时,增加了治理的经济收入,提高区域人口承载量。在坡耕地系统中,实施防治土壤侵蚀的保土耕作措施体系,主要包括:① 改变小地形、增加地面糙度为主的措施,包括横坡耕作、等高耕作、等高沟垄、等高植物篱等;② 增加地面覆盖为主的措施,如间作套种、宽行密植、草粮轮作等;③ 提高土壤入渗与抗蚀能力为主的措施,如覆盖耕作、免耕、少耕、深耕、增施有机肥等(梁音等,2008;水利部等,2011;孙波,2011)。

（2）基于土壤生物群落结构的调控机制，建立了修复土壤生物功能、阻控连作障碍的生物和化学综合调控技术体系

通过研究，建立了有机与无机结合的土壤酸化长效阻控关键技术体系：① 筛选了环境安全的碱渣复合改良剂，基于碱渣研发低成本的有机无机复合改良剂以及基肥型改良剂；针对林地土壤酸度改良，研发了坡顶集中施用改良剂 – 自然扩散修复法。② 研发了基于豆科植物和硝化抑制剂的高效改良剂；研发了生物质炭改良剂和制备技术，确定了生物炭的最佳制备温度，研制了野外型生物炭改良剂的制备设备，制定了施用技术规程。

建立了土壤养分和生物功能协同提升技术：① 基于南方土壤肥力评价体系和离散型施肥模型，建立了油菜 – 花生平衡施肥技术规程，研制了配套花生专用磷石膏复混肥。② 基于红壤团聚体的生物物理调控机制，确定了红壤旱地秸秆 – 猪粪合理配比；研发了秸秆田间腐熟剂和无害化添加剂；研制了菇渣有机肥配方。③ 基于红壤土著微生物筛选和复壮研发了混合接种和配套施肥技术，建立了防治花生连作障碍的复合菌剂和中药材间作技术。

（3）基于红壤生物协同机制，建立了农林牧复合生态系统的快速重建技术和模式

首先，建立了红壤丘陵林地立体植被重建模式：① 基于群落构建理论确定了侵蚀红壤劣地马尾松林植被恢复重建的群落指标，针对不同侵蚀程度的花岗岩红壤劣地，从剧烈侵蚀到轻度侵蚀构建了 4 种快速恢复群落模式，包括剧烈侵蚀的水保草覆盖模式、乔灌草混交模式、补植乡土植物模式、经济林生草覆盖模式。② 针对大面积人工纯林生态改造，确定了 80% 速生丰产林和 20% 生态乡土林的林分改造模式，建立了林下植被管理配套技术。

其次，建立了红壤流域综合经营的林果草 – 作物 – 牧 – 沼模式：① 基于养殖废弃物养分循环过程和线性规划模型，建立了小流域循环立体种养优化模式，包括江西、湖南、福建、广西和广东的葡萄 – 花生 – 猪 – 沼、油茶 – 柑橘（西瓜）– 猪 – 沼、杨梅 – 茶树 – 猪 – 沼、任豆树 – 牧草 – 牛 – 沼、脐橙（番木瓜、金柚）– 猪 – 沼等模式。② 基于泵吸式水肥一体化技术，建立了亚热带特色水果的标准化生产和管理技术体系，解决了病害频发和劳力短缺问题。

我国红壤区兼有生态脆弱区和农业主产区（水稻、油菜、柑橘等）特色，人均耕地面积小，面临巨大的资源 – 环境 – 人口压力，针对红壤区域保障粮食安全、保护生态环境和应对全球变化的多重目标，应以常规化学农业为基础，广泛融合生态农业、循环农业、低碳农业和智慧农业等农业发展模式的科学理念，基于红壤不同区域的自然和社会经济条件，充分发挥区域水热资源丰富的优势，着力强化中低产田改良，不断创新红壤区域集约化现代生态农业模式的发展原则、关键技术体系、配套政策法规和管理体系，提高农业综合生产能力，促进区域农村经济发展和农业生态环境建设，保障区域粮食安全和农产品有效供给。

红壤区丘陵、谷地、平原交错分布，由于地形、母质、土壤和生态系统的不同组合，导致红壤的复合退化过程存在显著的时空差异。在发展红壤区域适度规模的现代高效农业模式过程中，需要针对不同区域红壤的复合退化特点进行分区治理，改善区域的农业生产的基本条件和农业综合生产能力。第一，以红壤流域作为区域生态系统退化综合治理和农业适度规模经营的基本单元，把重点地区生态环境退化的综合治理和生态功能修复作为发展现代高效生态农业模式的突破口，通过工程治理、技术集成、模式带动、政策引导、部门协作和法规保障，按区域气候 – 土壤 – 生物类型、分阶段地建设红壤流域高效生态农业体系。第二，结合新技术的发展（新能源、新材料、新装备、新信息技术、新生物技术），建立流域尺度智慧农业模式，不断创新红壤区域农业生态

系统构建模式和管理体系,保障流域复合农业生态系统生产力和生态环境质量的协同提高,促进红壤区域的农业现代化和绿色发展。第三,以耕地地力提升和化肥养分高效利用为重点,进一步强化区域中低产田改良研究,提升耕地地力和水肥资源利用效率,充分利用区域水热资源,协同提高粮食产能和特色林果茶供给能力,支撑红壤区域"藏粮于地、藏粮于技"战略的实施。

参 考 文 献

艾天成,李方敏,万健民,等.2002.不同有机肥对土地平整后土壤肥力及水稻生育的影响.湖北农学院学报,22(3):206-209.

陈守莉,孙波.2008.污染水稻土中有效态重金属的空间分布及影响因子.土壤,40(1):66-72.

郭朝晖,宋杰,陈彩,等.2007.有色矿业区耕作土壤、蔬菜和大米中重金属污染.生态环境,16(4):1144-1148.

何永彬,卢培泽,朱彤.2000.横断山-云南高原干热河谷形成原因研究.资源科学,22(5):69-72.

何园球,孙波.2008.红壤质量演变与调控.北京:科学出版社.

红黄壤改良利用区划协助组.1985.中国红黄壤地区土壤利用改良区划.北京:农业出版社.

胡宁静,李泽琴,黄朋,等.2004.贵溪市污灌水田重金属元素的化学形态分布.农业环境科学学报,23(4):683-686.

梁音,张斌,潘贤章,等.2009.南方红壤区水土流失动态演变趋势分析.土壤,41(4):534-539.

梁音,张斌,潘贤章,等.2008.南方红壤丘陵区水土流失现状与综合治理对策.中国水土保持科学,6(1):22-27.

鲁如坤,时正元,赖庆旺.2000.红壤长期施肥养分的下移特征.土壤,1:27-29.

鲁如坤,时正元.1993.农田养分的再循环研究Ⅱ某些有机物料的养分有效系数.土壤,25(6):286-291.

孟红旗,刘景,徐明岗,等.2013.长期施肥下我国典型农田耕层土壤的 pH 演变.土壤学报,50(6):1109-1116.

任盛明,曹龙熹,孙波.2014.亚热带中尺度流域氮磷输出的长期变化规律与影响因素.土壤,46(6):1024-1031.

沈善敏.1984.国外长期肥料试验.土壤通报,15(3):134-138.

水利部,中国科学院,中国工程院.2010.中国水土流失防治与生态安全(南方红壤区卷).北京:科学出版社.

水利部,中国科学院,中国工程院.2011.中国水土流失防治与生态安全(总卷).北京:科学出版社.

孙波.2011.红壤退化阻控与生态修复.北京:科学出版社.

孙波,曹尧东.2006.丘陵区水稻 Cu、Cd 污染的空间变异与影响因子.农业环境科学学报,25(4):922-928.

王伯仁,徐明岗,文石林.2007.长期施肥对红壤磷组分及活性酸的影响.中国农学通报,23(3):254-259.

王家玉.1997.应用缓效氮肥提高氮肥利用率的研究.氮肥产量环境,北京:中国农业科学出版社.

王立群,罗磊,马义兵,等.2009.重金属污染土壤原位钝化修复研究进展.应用生态学报,20(5):1214-1222.

王明珠.1997.我国南方季节性干旱研究.农村生态环境,13(2):6-10.

王明珠,姚贤良,张佳宝,等.1997.低丘红壤区伏秋旱的成因特征及抗旱体系的研究.自然资源学报,12(3):250-256.

吴槐泓.2000.长期施用不同肥料对红壤稻田产量和红壤有机质品质的影响.土壤通报,31(3):125-126.

吴良欢,方勇,陶勤南,等.1996.长期施用化肥与有机肥对土壤肥力影响的回归分析.浙江农业学报,8(6):335-339.

杨国义,罗薇,高家俊,等.2008.广东省典型区域蔬菜重金属含量特征与污染评价.土壤通报,39(1):133-136.

张林康,张益农,王雪根,等.1995.有机肥和化肥在长期三熟制中的作用.土壤肥料,(6):5-8.

赵其国.2002.红壤物质循环及其调控.北京:科学出版社.

朱佳文,邹冬生,向言词,等.2012.不同修复方式对铅锌尾尾矿砂微生态的改良作用.水土保持学报,26(5):

139—143.

Chen C L, Lian S. 2002. Modeling of organic matter turnover in some Taiwan soils and estimation of organic manure application. ABSTRACTS, Congress of International Soil Science, volume I symposia: 1–126.

Cui H B, Zhou J, Zhao Q G, et al. 2013. Fractions of Cu, Cd, and enzyme activities in a contaminated soil as affected by applications of micro-and nanohydroxyapatite. Journal of Soils and Sediments, 13 (4): 742–752.

Gami S K, Ladha J K. 2001. Long-term changes in yield and soil fertility in a twenty-year rice–wheat experiment in Nepal. Biol Ferti Siols, 34: 73–78.

Kumpiene J, Lagerkvist A, Maurice C. 2008. Stabilization of As, Cr, Cu, Pb and Zn in soil using amendments—A review. Waste Management, 28 (1): 215–225.

Li P, Wang X X, Zhang T L, et al. 2009. Distribution and accumulation of Copper and Cadmium in soil–rice system as affected by soil amendments. Water Air and Soil Pollution, 196 (1–4): 29–40.

Marques A P G C, Rangel A O S S, Castro P M L. 2011. Remediation of heavy metal contaminated soils: An overview of site remediation techniques. Critical Reviews in Environmental Science & Technology, 41 (10): 879–914.

Sharpley A N, Meisinger J J, Power, J F, et al. 1992. Root extraction of nutrients associated with long-term soil management. Advances in Soil Science, 19: 151–200.

第8章 长江中游洞庭湖流域农田生态系统过程与变化[*]

洞庭湖是长江流域重要的集水湖盆与调洪湖泊,横跨湘、鄂两省,地处湖南北部,长江中游南岸,西南接湘、资、沅、澧四水,北纳荆江四口分流。洞庭湖流域集水面积 26.3 万 km²,湖南省境内面积 20.4 万 km²,湖北省境内 5.9 万 km²。洞庭湖流域为我国重要的农业生产区,以"鱼米之乡"著称。

8.1 长江中游洞庭湖流域农田生态系统特征

长江中游处于北亚热带地区,水热条件适宜,土地资源丰富,适合农业生产,农业发达。长江中游平原土壤种类丰富,主要是黄棕壤或黄褐土,南缘为红壤,平地大部为水稻土。区域农作物种类丰富,农作物产量高。伴随着现代农业高投入高产出的特征,农田生态系统原有平衡被打破,土壤质量下降,水土流失严重,农业面源污染加剧。

8.1.1 长江中游洞庭湖流域气候特征

长江中游大部分属北亚热带,小部分属中亚热带北缘。年均温 14~18℃,最冷月均温 0~5.5℃,绝对最低气温 −10~−20℃,最热月均温 27~28℃,无霜期 210~270 天。农业一年两熟或三熟,年降水量 1000~1500 mm,季节分配较均,但有"伏旱"。无霜期 210~270 天,10℃以上活动积温达 4500~5000℃。

8.1.2 长江中游洞庭湖流域土壤特征

长江中游平原土壤主要是黄棕壤或黄褐土,南缘为红壤,平地大部为水稻土。红壤生物富集作用十分旺盛,自然植被下的土壤有机质含量可达 70~80 g·kg⁻¹,由于不合理的耕作,土壤侵蚀严重,土壤肥力下降。黄棕壤有机质含量也比较高,但经过耕垦明显下降。紫色土有机质含量普遍较低,通常林草地 > 耕地。该地区的红壤、黄壤、黄棕壤与石灰土一般质地黏重,透水性差,地表径流量大,若植被消失、土壤结构破坏,极易发生水土流失;而紫色土和粗骨土透水性虽好,但土层多浅薄,在失去植被保护和降雨强度较大的情况下,亦易发生强烈侵蚀。

---

* 本章作者为中国科学院亚热带农业生态研究所魏文学、秦红灵、陈安磊、侯海军、尹春梅、盛荣、王卫、张文钊、刘毅、陈春兰。

长江中游洞庭湖流域主要包括湖南、湖北两省。

湖南的土地退化类型主要有水土流失、土地潜育化、土地贫瘠化、土地污染和土地损毁等。由于大面积的毁林开荒、陡坡垦殖等导致大范围的水土流失,全省水土流失面积由 1949 年的 1.48 万 km^2 上升到目前的 4.53 万 km^2,其中强度流失面积达 8800 余 km^2,全省 100 多个县(市)中,除安乡、南县两个纯湖区县外,其余均有不同程度的水土流失发生。湖北省耕地利用结构以生产粮食、经济作物为主,饲料作物发展不足,绿肥等养地作物播种面积下降;林地中用材林比重大,经济林、薪炭林、防护林比重小;草地中天然草地面积大,人工建设草地少。湖北省土地利用率为 88.6%,未利用土地面积 211.62 × 10^4 hm^2,大量的荒山荒水未得到开发利用。在已利用土地中,利用不充分、利用效益低下的现象也极为普遍,低产田、低产园和低产林大量存在。

8.2　长江中游洞庭湖流域农田生态系统观测与研究

农田生态系统观测研究关注的基本科学问题是农田生态系统的结构和功能、过程与格局变化的驱动机制、演变趋势及其社会影响和适应性管理策略。长期以来本区域农田生态网络一直关注自然和人为活动对农田生态系统和环境所造成的影响,生物地球化学循环及其环境效应,农田生态水文效应与水循环过程。

8.2.1　农田生态系统水土气生长期监测与研究

水、土、气、生是组成陆地生态系统的四大部分,对陆地生态系统水、土、气、生要素的监测是陆地生态系统野外长期定位观测的主要内容。中国生态系统研究网络(CERN)自 1998 年正式开展生态系统野外长期定位观测,桃源农业生态试验站在陆地生态系统水环境、土壤要素、气象(气象辐射以及大气环境化学成分等要素)、生物等方面积累了大量的科学数据。

8.2.2　土壤肥力演变长期监测与研究

土壤肥力是反映土壤肥沃性的一个重要指标,它是衡量土壤能够提供作物生长所需的各种养分的能力。是土壤各种基本性质的综合表现,是土壤区别于成土母质和其他自然体的最本质的特征,也是土壤作为自然资源和农业生产资料的物质基础。

土壤肥力是土壤的基本属性和本质特征,是土壤为植物生长供应和协调养分、水分、空气和热量的能力,是土壤物理、化学和生物学性质的综合反应。四大肥力因素有:养分因素、物理因素、化学因素、生物因素。

长期定位试验是土壤学、生态学和环境学领域中的基础研究平台,它采用既"长期"又"定位"的独特设计方式,具有短期常规试验无可比拟的优点。作为研究长期人类干预对土壤演变和土壤质量影响准确可靠的方式,土壤长期定位试验多年来一直备受土壤界重视。这些试验,在"长期定位"的特殊研究条件下,主要揭示:长期使用化肥对地力和作物产量的影响;在作物高产条件下如何定量施肥与肥料配合;土壤肥力长期演变规律;施肥、土壤与作物间的循环定量关系;气象因子对作物产量的影响以及长期施用有机肥的贡献等。

8.2.3 红壤坡地利用与水土流失长期监测与研究

红壤地区山地丘陵面积达 106 万 hm², 是我国南方水土流失的主要发生地, 也是我国南方发展生产潜在的土地资源。长期以来, 由于红壤坡地区域人口密度大, 人类活动频繁, 自然降雨量大, 受土地资源的不合理利用等因素的影响, 区域生态环境破坏严重, 生态系统退化现象突出, 水土流失成为该区域不容忽视的重大环境问题。开展红壤坡地利用与水土流失长期试验监测研究主要有以下目的: 为南方红壤地区的生态环境建设提供决策依据, 为制定防洪减灾规划提供理论依据, 为制定水土保持技术规范和标准提供科学依据。

依托桃源站于 1995 年建立的 "红壤丘岗坡地不同生态系统结构 – 功能及其演替的观测研究" 长期定位试验, 模拟具有红壤丘陵区代表性的生态系统类型构建不同生态系统。利用此系统, 发现不同土地利用类型间地表径流量大小依次为: 农作区 > 甜柿区 > 茶园区 > 湿地松区 > 干扰恢复区 > 恢复区。坡地的 Ca^{2+} 流失量显著高于 Mg^{2+}、K^+、TN 和 TP; 大量的 Ca^{2+} 流失可能是导致我国亚热带地区酸性土壤进一步酸化的主要影响因素之一 (Zhang et al., 2016)。陈安磊等 (2015) 发现, 径流量是导致土地利用方式间氮迁移通量产生差异的主要驱动因素。

8.2.4 耕作制度长期监测与研究

耕作制度又称农作制度, 是指一个地区或生产单位的农作物种植制度以及与之相适应的养地制度的综合技术体系。种植制度丰富多样, 代表一个地区或生产单位的作物组成、配置、熟制与种植方式的结合。合理的种植制度, 能促进农田生态系统的良性循环, 对培肥土壤具有积极作用。复种指数较低, 对有一定的休闲期的土地恢复地力比较有利。也有研究结果支持随着土壤为植被连续覆盖程度增加, 土壤中微生物氮量也随之增加, 可以改善土壤质量。20世纪 60—70 年代我国大力推广冬季绿肥, 以补充化肥资源, 借助绿肥的固氮、富磷、富钾能力, 实现土壤肥力的恢复。豆科作物轮套作模式、水稻田水旱轮作模式等均是提高土壤肥力的有效耕作制度, 现已得到证明。在亚热带紫色土多熟制条件下, 汪运滨等开展长期定位试验研究的结果表明复种不会降低土壤肥力, 结合长期均衡施肥, 可使稻田一年三熟持续增产, 不会影响土壤肥力 (汪运滨等, 1996)。连作农田有机质含量低, 水旱轮作对有机质的积累比较有利; 连作对氮素的维持不利, 轮作换茬、秸秆还田对土壤氮素消耗的缓解作用非常明显; 加之增施磷肥及水旱轮作, 使得土壤速效磷、速效钾含量逐年提高。轮作对土壤肥力的影响与耕作制度存在密切关系。国内外学者在种植制度对土壤培肥的影响方面的研究范围较广, 大多集中在种植制度对土壤有机质、氮和磷的研究上, 缺少对土壤钾、pH、水分及结合耕作制度对土壤培肥的影响研究。随着种植制度进一步丰富和发展, 今后应加强研究力度, 从障碍因素和积极因素两个方面研究种植制度对土壤培肥的影响, 并结合农业措施, 综合研究其对土壤培肥的作用和效果。

桃源站于 2010 年建立的 "长江中游亚热带红壤区耕作制度" 长期定位试验, 建有四个处理, 分别为中稻、双季稻 (早稻 – 晚稻)、中稻 – 油菜、中稻 – 白露菜 – 油菜, 主要研究不同耕作制度土壤肥力的演变规律、单位面积的经济效益, 以及温室气体的排放规律。

8.3 双季稻田生产力及土壤肥力的演变规律

南方亚热带红壤丘陵区稻田主要问题有：中低产田面积大，土壤肥力普遍偏低；总降雨量充沛，但降水时间分布不匀，季节性干旱严重，尤其是夏秋伏旱已成为该区农业可持续发展的关键性障碍因子；农业资源利用不合理，如有机资源利用率低，绿肥面积年年递减，耕地土壤有机质缺乏，化肥高投入量过量；农业面源污染越来越严重，农田土壤环境负荷呈增加趋势，直接影响该区域的整体环境质量。

为解决上述问题，在该区域设置了不同水、肥和有机资源管理模式的长期和短期大田定位试验，主要目的在于揭示区域稻田生态系统土壤肥力质量、生产力持续性和生态环境的变化趋势，为区域水、肥和有机资源的合理利用提供技术支撑，为本地区农业的持续发展提供理论支持。

8.3.1 水肥管理对水稻产量的影响

（1）水分管理对水稻产量的影响

为优化红壤丘陵区水稻生产的水分管理模式，中国科学院桃源农业生态试验站设置了水分长期定位试验，模拟研究红壤丘陵区 4 种不同灌溉模式［天灌（也称雨养）、配灌、淹灌和湿灌］对稻田生产力的影响。

从 9 年平均产量可以看出（图 8.1），水分管理模式对早稻产量影响较小，产量大小顺序为淹灌 > 配灌 > 雨养 > 湿灌，各年份规律相同。主要是因为早稻期间降水丰富，且时间分布较为合理，足以满足水稻生长期间的水分要求。晚稻雨养产量显著低于其他处理，年均产量与配灌相比低 721 kg·hm^{-2}，淹灌与配灌产量持平，湿灌产量略低。这是由于晚稻期间多为阵性大雨或暴雨，容易发生地表强径流，雨养田块雨水利用率低，又极易遭遇季节性干旱（多发生在 9 月）。年际结果也表明，雨养产量受降雨影响年际波动较大，波动范围为 3540~6240 kg·hm^{-2}。如以 2001 年为代表的少雨年，晚稻生产期间降水量低（181.2 mm），不能满足水稻生长需要，雨养稻谷产量约为其他处理的 50%；而在丰雨年份（如 1998 年），晚稻生产期间降雨充足（625.4 mm），其产量高于配灌和湿灌；平雨年，雨养产量则与其他几个处理持平（尹春梅和谢小立，2010）。配灌、湿灌与淹灌相比，产量并没有显著差异。

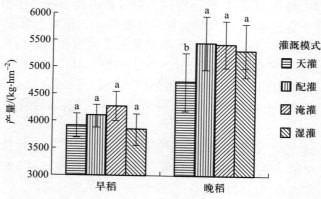

图 8.1 不同灌溉模式对双季稻产量的影响（1998—2006 年）

　　总体来看,红壤丘陵区降雨资源丰富,早稻期间雨量充沛,蓄水条件差的高岸田早稻可充分利用雨水资源进行生产。本研究区域晚稻产量占年产量60%左右,晚稻雨养稻田水分缺口严重,因此晚稻水分管理就显得尤为重要。而对水资源丰富,灌溉模式良好的高产稻田则宜采用早稻天灌、晚稻配灌或湿灌的方式,既能充分利用资源优势获取水稻高产,又能有效节约灌溉用水(尹春梅和谢小立,2010)。

　　(2)施肥管理对水稻产量的影响

　　为研究长江中游红壤丘陵区施肥对水稻生产力及肥力的影响,中国科学院桃源农业生态试验站设置了稻田施肥长期定位试验,施肥模式主要有化肥、化肥配合有机物还田的处理。

　　研究表明,即使长期不施肥稻田也能维持较高的背景生产力。本区域稻谷产量能维持在 $4.3 \sim 8.0 \ \text{t} \cdot \text{hm}^{-2}$,平均为 $6.0 \ \text{t} \cdot \text{hm}^{-2}$。随着稻作年限的增加,年际产量呈现上升的变化趋势(图8.2)。已有的文献和资料表明,中国稻田土壤无氮区对照水稻产量通常能达到 $5.0 \sim 6.0 \ \text{t} \cdot \text{hm}^{-2}$ 甚至更高,而其他产稻国通常为 $3.0 \sim 4.0 \ \text{t} \cdot \text{hm}^{-2}$,背景养分含量高是中国稻田对照区产量较高的重要因素。本定位试验中,不施肥处理(CK)背景环境供氮量高达 $90 \ \text{kg} \cdot \text{hm}^{-2}$ 以上(陈安磊等,2010),其中每年通过灌溉水带入稻田的 K 最多($16.3 \sim 32.6 \ \text{kg} \cdot \text{hm}^{-2}$),N 为 $2.4 \sim 11.5 \ \text{kg} \cdot \text{hm}^{-2}$,P 最少($0.3 \sim 1.8 \ \text{kg} \cdot \text{hm}^{-2}$)。另外,试验选用的品种抗逆性(抗寒,抗病害)的逐渐提高也是产量持续性的关键原因之一。平衡施肥(NPK)能显著提高稻谷产量,与 CK 相比产量提高幅度为64.0%,而化肥配合有机物还田产量处于最高水平,与 CK 相比产量提高幅度为81.8%。随着 NPK 养分的平衡投入,有机物还田的增产效应逐渐降低,如有机物还田处理(C)与 CK 相比产量增长幅度为48.1%,而在 NPK 基础上有机物还田的产量增益作用仅为10.9%。另外,在 NPK 肥的基础上,有机物还田反而增加了产量的年际变异系数。可见适量和平衡地提供水稻所需的营养元素是水稻稳产的物质基础,至于这些养分是来自化肥或有机肥源并不重要,而大量的有机物的施用反而降低了稳产性能(陈安磊等,2010)。

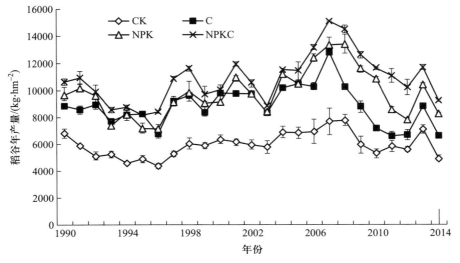

图 8.2　长期施肥对稻谷产量的影响

（3）稻草还田对化肥替代的长期产量效应

为研究稻草等有机物还田对化肥的替代性,桃源稻田长期定位试验设置了减量施肥（NPKC）R 处理,与 NPK 处理相比,此处理减少了 1/3 的 NP 肥、2/3 的钾肥、1/2 的稻草还田量和全量紫云英还田。同时设置了稻草替代养分的定位试验,即在 1/3 的 NP 肥, 2/3 的钾肥的基础上,稻草全量还田,以下本章节中简称为稻草替代养分定位试验。

稻田施肥长期定位试验数据证实,稻田系统内的稻草、紫云英等有机物资源的还田利用能起到对化学养分的替代作用。25 年的产量数据表明,（NPKC）R 与 NPK 相比产量高 1.7%,稻谷产量没有显著差异。其中（NPKC）R 处理有 12 年的稻谷产量低于 NPK,降低幅度为 0.3%～6.5%（平均降低幅度为 2.6%）,有 13 年的产量高于 NPK 处理,增加幅度为 1.1%～14.4%（平均为 6.4%）。可见,稻田生态系统内的有机物（稻草、紫云英等有机资源）长期被施用,可以在保持产量稳定性的情况下适量减少化学氮肥等肥料的施用量。而仅仅稻草还田也能起到养分的替代作用,稻草替代养分田间试验（2005—2015 年）结果表明长期稻草替代养分与 NPK 相比年际均产无显著差异。其中减肥处理（2/3NP+1/3K+ 稻草还田）产量高的有 5 个年份（幅度为 0.3%～9.0%）,7 个年份低于全量 NPK 处理（幅度为 3.0%～14.2%）。

在目前环境背景下,在产量无显著变化的情况下长期或短期时间内适量减少化肥施用量是可行的。区域减量施肥措施要在达到区域目标产量的前提下进行,首先减少过量施用的化肥,其次考虑在利用稻田系统内的有机物资源可替代养分进一步减少化肥的投入量。

8.3.2　水肥管理对土壤肥力的影响

水肥管理优化模式的评价不仅体现在稻谷产量、生产力持续性及养分利用效率上,还需要考虑土壤肥力提升及土壤环境的健康。具体表现为土壤物理性质变化、土壤肥力演替及养分储量的变化特征。

（1）水分长期定位试验 9 年数据表明,稻田表层土壤有机质与全氮质量分数排序为:淹灌 > 配灌 > 湿灌 > 雨养（图 8.3）。淹灌表层（0～20 cm）土壤有机质含量较雨养和湿灌分别高 7.0% 和 6.1%。原因可能是淹灌长期处于水层掩盖条件下,土壤通气性差,还原性强,微生物在厌氧状态下对稻根残茬分解较慢,土壤有机质含量高。而雨养和湿灌土壤表面大部分时间处于无水层,

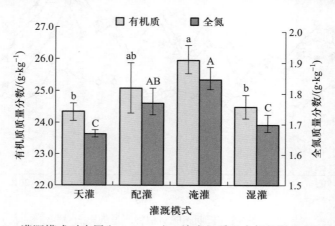

图 8.3　灌溉模式对表层（0～20 cm）土壤有机质和全氮的影响（2006 年）

土壤通气性好,氧化性强,微生物在好氧状态下对稻根残茬分解较快,土壤有机质含量较低。淹灌表层土壤全氮含量较雨养和湿灌分别高 10.8% 和 8.8%。原因是长期淹灌下氨挥发较少、硝化、反硝化作用较弱以及氮的淋溶损失较少。而雨养和湿灌恰恰相反,土壤水分干湿交替频繁,硝化、反硝化作用明显,促进土壤氮素的周转和损失。

水分长期定位试验结果表明,不同灌溉模式对土壤物理性状影响主要体现在表层土壤(0~20 cm),20~40 cm 以下处理间各土壤物理性状均无显著差异(表 8.1)。淹灌和配灌处理与试验前相比容重(1.10 g·cm⁻³)无显著差异,9 年淹水灌溉稻田表层土壤体积质量降低 19.1%,而雨养表层土壤体积质量增加 17.3%。淹灌由于表层土壤容重小,土壤总孔隙度和毛管孔隙度多,结构性好,持水力强,田间持水量显著高于其他处理,土壤物理性状有利于保蓄水分;而雨养表层(0~20 cm)土壤容重大,土壤总孔隙度和毛管孔隙度少,持水力弱,田间持水量最低,土壤物理性状不利于保蓄水分;配灌和湿灌处理的表层土壤物理性状比较接近。

表 8.1 不同灌溉模式对土壤物理特性的影响(2006 年)

处理	体积质量 /(g·cm⁻³)		总孔隙度 /%		毛管孔隙度 /%		田间持水率 /%
	0~20 cm	20~40 cm	0~20 cm	20~40 cm	0~20 cm	20~40 cm	0~20 cm
雨养	1.29*	1.51	51.5	43.0	39.1	29.4	29.4
配灌	1.08*	1.51	59.4	43.1	37.5	29.2	31.0
淹灌	0.89	1.45	66.6*	45.2	47.6	30.6	35.9*
湿灌	1.08*	1.50	59.3	43.3	44.3	29.5	31.0

注:* 表示差异显著($P<0.05$)。

(2)施肥管理对土壤肥力的影响

黄威等(2012)以长江中下游 3 个长期定位试验点(桃源、宁乡、桃江)为研究对象,系统分析了施肥管理,即化肥及与不同有机物还田量,对表层土壤有机碳和全氮的影响。试验结果表明,稻作是一种有效保持土壤有机碳积累持续性的土地利用方式,即使长期不施任何肥料(CK 处理),稻田有机碳(SOC)含量并没有出现降低现象,其中桃源(20 年)和宁乡试验点(24 年)SOC 分别增加了 18.1% 和 11.5%,桃江(24 年)基本没有变化。单施化肥(NPK)能提高 SOC 含量,各试验点分别上升了 10.8%~37.7%。而长期配施有机肥能显著提高 SOC 含量,如高量有机肥处理(NPK+HM)与试验前相比 SOC 提高了 58.5%~102.1%,显著高于低量有机肥处理(NPK+MM)的提高幅度(28.9%~65.1%)。总体来看,3 个定位试验点的土壤 SOC 变化规律一致,且 SOC 随着有机肥投入量的提高而逐渐升高,且差异达到显著水平($P<0.05$)。

土壤有机质是氮素存在的主要场所,土壤表层中约有 80%~97% 的氮存在于有机质中。土壤全氮研究结果表明,3 个试验点土壤全氮(TN)含量变化趋势一致,与土壤 SOC 有显著的正相关关系($r=0.977^{**}$,$n=12$)。与试验前相比,长期不施肥土壤 TN 含量出现下降现象(宁乡除外),桃源和桃江土壤 TN 的含量平均降低了 9.6%,而宁乡略有上升(提高幅度为 3.6%);长期施用化肥能提高土壤 TN 含量(提高幅度为 1.7%~11.0%),其中宁乡和桃江土壤 TN 含量显著高于对应的 CK 处理;长期有机肥配合化肥施用对 TN 的积累作用高于单施化肥处理,与对应的 NPK 处理相比提高幅度为 14.4%~86.2%,差异达显著水平($P<0.05$)。随着有机肥投入量的提高,土壤 TN

含量也呈现快速上升趋势,高量有机肥处理(NPK+HM)TN 含量平均比低量有机肥(NPK+MM)处理高 16.4%。

　　土壤有机碳年累积速率与年均有机碳输入量相关分析表明,两者呈显著的正相关关系(y=0.309x+0.055,r=0.720**,n=12)(P<0.01),土壤全氮年累积速率与有机碳的输入也有密切关系(y=0.385x-1.025,r=0.846**,n=12)(P<0.01)。在同一试验点,随有机碳投入量的增加,土壤 SOC、TN 的累积速率明显增加,有机肥处理土壤 SOC 和 TN 累积速度最快,即 NPK+HM>NPK+MM>NPK>CK,与各施肥处理活性有机碳、氮的含量变化一致。

　　不同试验点土壤有机碳的年累积速率大小顺序为桃源 > 宁乡 > 桃江,试验点的有机碳投入量大小顺序为桃江 > 宁乡 > 桃源,桃江和宁乡的投入量相差不大,都远大于桃源的有机碳投入量。可见,外源碳输入量高,土壤有机碳的积累速率并不一定高,有机碳的积累速率还受土壤的其他性质影响。进一步的分析表明,水稻土有机碳累积速率还受土壤黏粒含量的影响,土壤黏粒含量高有利于土壤有机碳的积累,3 种土壤中桃源试验点的土壤黏粒含量(32.5%)远高于其他两个点的黏粒含量(分别为 25.1% 和 26.0%),可能是桃源点有机碳积累速率较高的重要原因。对于宁乡和桃江两个试验点,桃江的有机碳投入量略高于宁乡点,但是桃江的有机碳积累速率远低于宁乡点,这可能与桃江点有较高的初始有机碳水平有关(桃江初始有机碳水平高出宁乡 13.5%)。可见,初始有机碳水平是影响土壤有机碳累积速率的一个重要限制因子,初始有机碳含量越高,相同管理措施下有机碳的增加量就越小,从而抑制了外源碳输入对土壤碳积累的贡献。桃源和宁乡试验点的土壤活性氮含量相差不大,约是桃江的 1.8 倍。TN 的积累速率与土壤活性有机氮关系密切,两者间有极显著的相关关系(P<0.01)。农田土壤有机碳的累积必然伴随着氮的累积,土壤 TN 年累积速率与 SOC 年累积速率显著正相关(y=0.912x-1.426,r=0.862**,n=12),SOC 累积速率的影响因子同时影响 TN 的累积速率。

　　桃源稻田施肥长期定位试验研究表明,长期稻作土壤容重一直处于下降趋势(图 8.4)。25 年土壤容重平均降低幅度为 24.9%,其中有机物还田处理(有 C 处理)降低幅度最大(平均为 27.1%),在开始试验的 5 年后明显降低(降低幅度平均为 11.8%),而 NPK 处理土壤容重在 9 年后显著降低,CK 处理约在 13 年后才出现显著降低现象(P<0.05)。红壤长期施用化肥没有恶化土壤物理性质,秸秆等有机物的投入能显著改善土壤物理性质。容重变化主要受有机碳含量的

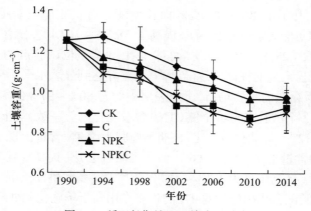

图 8.4　稻田长期施肥土壤容重动态

影响,两者有极显著的负相关关系(r=0.889, n=28, P<0.01)。土壤团聚体组成改变是土壤微观结构组成发生变化的具体体现。长期有机物还田明显增加耕层土壤 >50 μm 的团聚体体积百分含量,增强了土壤的结构化程度。可见长期稻作有利于改善土壤物理性状,对消除红壤黏闭障碍有积极作用,而有机物的投入加快了这种培育速度。

(3)稻草还田对化肥替代的土壤肥力效应

评价稻草等有机资源对化肥的替代作用,不仅要考虑产量稳定性及目标产量的实现,还需评价在养分替代下土壤肥力的持续性。桃源稻草替代养分定位试验数据分析显示,11 年间减量化肥处理有机碳年增长速率(2.24%)略大于施用化肥(NPK)的处理(1.86%),有机碳年增长速率分别为 0.38 g·kg^{-1}、0.31 g·kg^{-1}(图 8.5)。不施肥处理全氮含量 11 年间降低 21.8%,年降幅为 0.04 g·kg^{-1};只施化肥的 NPK 处理 11 年间全氮略有下降(2.9%),而稻草还田配合化肥施用土壤全氮含量提高了 3.3%。可见稻草替代化学养分处理促进稻田土壤碳、氮含量的提升。

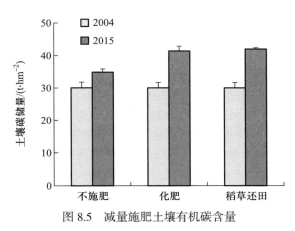

图 8.5 减量施肥土壤有机碳含量

8.4 双季稻田水肥管理与土壤碳氮循环过程

田间水分管理是农业生产的基本措施之一,也是影响土壤碳循环的重要因素之一,尤其在稻田生态系统中显得格外突出。长江中游洞庭湖流域地区是我国水稻的重要生产地,然而由于地形海拔与灌溉条件的差异,不同稻田的水分环境相差很大。随着海拔的降低,稻田能够蓄积较多的径流和壤中流,低洼处的稻田几乎一直淹水,而高处的稻田面临缺水危险。为了提高水分利用效率,农业科学家们提出了干湿交替、湿润灌溉等节水灌溉模式。

施肥是影响土壤碳氮循环的重要田间管理措施,同时肥料也是保证作物高产的基础。土壤微生物是土壤中物质循环的主要动力,它既是土壤有机质和养分转化与循环的动力,又可作为土壤中植物有效养分的储备库。土壤微生物量碳、土壤微生物量氮、微生物熵和微生物功能活性等的变化均与土壤碳氮转化过程有着直接的关系。因此,研究不同施肥制度对农田土壤碳氮转化过程的影响及其关键微生物作用机制具有深远意义。

8.4.1　稻田水分管理对土壤碳氮循环的影响机制

水分管理一方面可以影响灌溉效率和农作物产量,同时也能影响稻田的碳氮循环过程,其中稻田碳氮温室气体产生和排放是这一过程的重要组成部分。

（1）稻田水分管理对 CH_4 排放的影响及微生物作用机制

对试验站的水分管理方式田间试验监测,发现水分管理是影响稻田甲烷排放的重要因素。甲烷排放受到水分管理的影响($F=22.09$, $P<0.01$),秸秆还田处理对水田甲烷排放影响不显著($F=3.76$, $P=0.09$)。不管秸秆还田与否,长期淹水均增加稻田土壤甲烷的排放。在秸秆不还田条件下,长期淹水处理（CF）甲烷排放量是常规灌溉处理（IF）排放量的 10 倍;在秸秆还田条件下,两种水分管理的处理（HS+IF）和（HS+CF）之间的差异性也很显著($P<0.05$),但两个处理排放量的比值没有不加秸秆还田的两个处理大。两种水分管理条件下,秸秆还田的处理虽然比没有秸秆还田处理的甲烷排放量大,但差异并不显著($P<0.05$)。

稻田排放的甲烷只是其生成量的一小部分,而大部分甲烷在排放之前已被氧化消耗掉。约有 50%～90% 生成的甲烷被氧化,只有很少部分可以通过水稻植株、气泡和分子扩散 3 种途径向大气排放,其中水稻植株这一途径所占比重最大（55%～73%）,气泡途径次之（20%～40%）,分子扩散最小（3%～5%）。不同水分管理条件下稻田水分状况对稻田中 CH_4 产生的厌氧环境和 CH_4 氧化的有氧环境以及 CH_4 的植株传输过程的影响不同。

实时荧光定量 PCR 分析结果表明,水分管理和秸秆还田显著影响产甲烷菌的数量,却对甲烷氧化菌数量没有影响。不同水分管理和秸秆还田水平影响了土壤中的产甲烷菌基因丰度（DNA 水平）和表达丰度（cDNA 水平）。在没有秸秆还田条件下,长期淹水处理（CF）产甲烷菌 *mcrA* 的基因丰度和表达丰度较常规灌溉处理（IF）显著增加($P<0.05$);在有秸秆还田条件下,长期淹水处理（HS+CF）增加了产甲烷菌 *mcrA* 的基因丰度（DNA 水平）,减少了基因表达丰度（cDNA 水平）。在间歇灌溉条件下,秸秆还田增加了产甲烷菌基因丰度（DNA 水平）,减少了表达丰度（cDNA 水平）;在长期淹水条件下,秸秆还田增加了产甲烷菌表达丰度（cDNA 水平）,对基因丰度（DNA 水平）没有影响。而甲烷氧化菌基因 *pmoA* 在基因丰度和表达丰度上各处理间的差异都不显著。

比较 *mcrA* 和 *pmoA* 基因丰度和表达丰度与 CH_4 排放量之间的关系,发现两者间不存在显著的相关性。分析甲烷排放量与 *mcrA* 和 *pmoA* 基因丰度及其表达丰度的比值（*mcrA/pmoA*）之间的关系,发现甲烷排放量与基因丰度比值（*mcrA/pmoA*）呈显著正相关关系而与表达丰度没有明显的相关性关系,相关系数分别为 0.682（$P<0.05$）和 -0.121（$P>0.05$）。

（2）稻田水分管理对 N_2O 排放的影响及微生物作用机制

经过 30 天的培养试验发现,淹水处理（CF）的土壤 N_2O 排放通量保持在一个较低水平,并随着淹水时间的延长呈下降的趋势。与淹水处理（CF）相比,淹水 – 落干处理（FD）土壤 N_2O 排放通量增加。在落干的前 5 天 FD 处理 N_2O 排放通量缓慢增加,在落干后第 7 天（培养 24 天）两个水稻土的 N_2O 排放通量均显著增加,约是落干第 5 天（培养 22 天）的 4 倍,并且 FD 处理 N_2O 排放通量高于 CF 持续到培养结束。两个水稻土 N_2O 排放通量均从 20 天开始 FD 处理与 CF 相比差异显著($P<0.05$),在水稻土 A 中一直到 30 天仍差异显著;水稻土 B 中在 24 天和 27 天差异不显著,但在 30 天时差异显著。水稻土 B 的 FD 与 CF 处理在 24 天和 27 天差异不

显著主要是由于样品的 3 个重复之间误差较大。在水稻土落干的过程中,两个水稻土 N_2O 释放的能力明显不同,水稻土 A 比水稻土 B 产生 N_2O 的能力要高。在培养的第 24 天、27 天和第 30 天,水稻土 A 中 N_2O 的排放量分别比水稻土 B 高 3 倍、37 倍和 52 倍。两个水稻土 N_2O 排放高峰出现的时间也不同,水稻土 B 中高峰出现在培养的第 24 天,之后逐渐下降;而水稻土 A 中 N_2O 排放通量在排水后持续增长,一直到培养结束的第 30 天。这些结果表明两个水稻土 N_2O 排放的驱动机制可能有所不同。

在淹水 – 落干试验中,两个水稻土在淹水 1 天时 *narG* 基因的拷贝数分别为 4.6×10^8 和 5.0×10^8 拷贝数每克干土。淹水 7 天时显著下降($P<0.05$),并在以后淹水过程中一直保持较低的水平。在排水前的 13 天时,水稻土 A 和水稻土 B 中分别为 2.6×10^8 和 1.6×10^8 拷贝数每克干土。开始落干后,含 *narG* 基因的细菌反应快速,在淹水 – 落干处理 18 天(落干 1 天)土样中,拷贝数增加到 4×10^8 每克干土,并且与长期淹水处理相比差异显著($P<0.05$)。随着落干时间的延长,淹水 – 落干处理中 *narG* 基因的拷贝数在第 22 天和第 27 天逐渐增加(落干 5 天和 10 天)。尤其是在第 27 天时,*narG* 基因拷贝数显著增加($P<0.05$),并在土壤 A 和 B 中分别比 22 天时高 2.20 倍和 2.76 倍。尽管 *narG* 基因在两个水稻土中对落干的反应比较相似,水稻土 B 中 *narG* 基因拷贝数的增加更加快速,在第 18 天、22 天和 27 天落干处理 *narG* 基因拷贝数分别是长期淹水对照的 2.75 倍、4.81 倍和 12.43 倍,而在水稻土 A 中则分别是 1.47 倍、1.83 倍和 4.79 倍。另外,在长期淹水处理中水稻土 A 的 *narG* 基因拷贝数要高于水稻土 B,而在淹水 – 落干处理中水稻土 B 的 *narG* 基因拷贝数在 18 天、22 天和 27 天分别是水稻土 A 中的 112%、153% 和 193%。表明含 *narG* 基因的群落在水稻土 B 中对落干的反应比在水稻土 A 中敏感。

与 *narG* 基因相比,*nosZ* 基因对淹水 – 落干的反应不同。淹水 – 落干试验中,淹水 1 天时,两个水稻土中 *nosZ* 基因拷贝数分别为 1.7×10^7 和 2.3×10^7 拷贝数每克干土。淹水 7 天时明显下降,在水稻土 B 中差异显著($P<0.05$),并在以后的淹水过程中保持相对稳定。水稻土 A 中 *nosZ* 基因丰度始终高于水稻土 B。在淹水 13 天时,水稻土 A 和 B 中分别为 9.7×10^6 和 6.2×10^6 拷贝数每克干土。淹水 – 落干处理 *nosZ* 基因丰度在第 18 天时急剧增加(落干 1 天),相当于是长期淹水处理的 4 倍,但随后的落干过程 *nosZ* 基因的拷贝数基本比较稳定。

水稻土中 *narG* 基因丰度与土壤 N_2O 排放通量呈显著正相关,并且与土壤 Eh、含水量和 pH 之间均有显著相关性,而 *nosZ* 基因丰度与土壤含水量和 pH 之间呈显著负相关,表明 *narG* 基因丰度与 N_2O 排放通量之间的关系较 *nosZ* 基因丰度紧密。落干 1 天,使 *narG* 和 *nosZ* 基因的丰度均显著增加,表明水稻土中反硝化微生物对落干的反应都非常敏感,并在干湿交替试验中得到了很好的验证。在两个反硝化基因种群中,*narG* 基因丰度对落干的反应是由渐变到突变的,而 *nosZ* 基因丰度的反应则是由突变到渐变的。落干使 *narG* 和 *nosZ* 基因丰度占 16S *rRNA* 的比率均增加,在落干前期增加幅度小,后期显著增加($P<0.05$),并且 *narG* 基因丰度占 16S *rRNA* 的比率明显高于 *nosZ* 基因,表明在水稻土落干过程中含 *narG* 基因的反硝化微生物逐渐成为土壤细菌的优势群落。在落干过程中,*narG* 基因丰度与 N_2O 排放通量和 Eh 之间均呈显著正相关,而 *nosZ* 基因丰度与 N_2O 排放通量和 Eh 之间无显著相关性,但 *nosZ* 基因丰度与含水量之间显著相关,表明在干湿交替过程中含 *narG* 基因群落对调控 N_2O 排放起到重要作用,而含 *nosZ* 基因反硝化微生物对调控 N_2O 排放的作用不明显。

8.4.2　稻田施肥制度对土壤碳氮循环的影响机制

（1）施肥制度对土壤碳转化过程的影响和机制

稻田土壤有机碳的储存对于缓解大气温室效应具有不可忽视的作用。对湖南省稻田生态系统在不同有机物投入方式下土壤有机碳变化的模拟研究表明,常规施肥(现状)方式下稻田表层土壤有机碳的饱和固碳量为 $39.75 \sim 64.90\ t \cdot hm^{-2}$, 50% 秸秆还田效果低于常规施肥方式,而 50% 秸秆 + 绿肥效果高于常规方式(平均高 $10.94\ t \cdot hm^{-2}$);在全量秸秆还田(冬闲)情况下稻田表层土壤饱和固碳量为 $55.57 \sim 94.25\ t \cdot hm^{-2}$,与稻田现有碳储量比较有 $4.15 \sim 33.46\ t \cdot hm^{-2}$ 的潜在提高幅度(刘守龙等,2006)。如果全量秸秆还田结合冬季种植绿肥,土壤饱和固碳量则可以在稻田土壤现有碳储量的基础上平均提高 65.77%。说明稻田土壤的饱和固碳量可以通过人为措施予以调控,增加有机物质的投入量(秸秆还田)和冬季绿肥种植是提高稻田土壤固碳能力的有效途径。

长江中下游多点联合定位实验研究也表明(黄威等,2012),长期水稻种植具有维持和持续积累土壤有机碳的特性。长期不施任何肥料(CK 处理),稻田 SOC 含量并没有出现降低现象,其中桃源、宁乡试验点 SOC 分别增加了 18.1%(25 年)和 11.5%(21 年),桃江维持稳定(25 年)。单施化肥(NPK)能提高 SOC 含量,各试验点分别上升了 $10.8\% \sim 37.7\%$。而长期配施有机肥能显著提高 SOC 含量,且随着有机肥的投入量的提高逐渐升高。如高量有机肥处理(NPK+HM)与试验前相比,SOC 提高 $58.5\% \sim 102.1\%$,显著高于低量有机肥处理(NPK+MM)的提高幅度($28.9\% \sim 65.1\%$)。但不同试验点 SOC 比较结果表明,外源碳输入量高土壤有机碳的积累速率并不一定高,其积累速率还受土壤黏粒含量的影响,如桃源试验点的土壤黏粒含量(32.5%)远高于其他两个点的黏粒含量(分别为 25.1% 和 26.0%),可能是桃源点有机碳积累速率较高的重要原因之一。研究还表明,初始有机碳水平是控制土壤有机碳累积速率的一个重要的限制因子,初始有机碳含量越高,在相同管理措施下有机碳的增加量就越小,从而抑制了外源碳输入对土壤碳积累的贡献(黄威等,2012)。

微生物量碳(MBC)是土壤微生物生物量的表征指标,能敏感指示土壤 SOC 的变化趋势,对施肥响应敏感。黄威等(2012)以长江中下游 3 个长期定位试验点(桃源、宁乡、桃江)为研究对象,系统分析了施肥制度对表层土壤 MBC 的影响。总体分析发现,3 个试验点各施肥处理土壤 MBC 变化趋势一致,施用化肥及配施有机肥均能提高土壤 MBC 的含量。与长期不施肥(CK)相比,NPK 处理能提高稻田土壤 MBC 含量,提高幅度为 $3.4\% \sim 22.9\%$,其中桃江提高幅度达到显著水平($P<0.05$)。有机肥的投入对土壤 MBC 提升作用显著高于 NPK 处理,与 NPK 相比低量有机肥处理(NPK+MM)提高幅度为 $37.9\% \sim 58.0\%$,高量有机肥处理(NPK+MM)为 $47.4\% \sim 95.8\%$。不同试验点 MBC 含量差异达极显著水平($P<0.01$),桃源稻田土壤 MBC 含量最高(均值为 $1301\ mg \cdot kg^{-1}$),宁乡次之(均值为 $1048\ mg \cdot kg^{-1}$),桃江平均含量最低,仅为 $569\ mg \cdot kg^{-1}$。

在同一试验点,土壤活性有机碳含量与土壤有机碳含量呈显著的正相关关系($P<0.05$)。而综合 3 个试验点来看,土壤有机碳含量高,其 MBC 含量并不一定高,如桃江试验点 SOC 含量显著高于桃源试验点,但 MBC 低于桃源点。相关关系分析表明,土壤 MBC 与 SOC 含量无显著相关关系,而与土壤有机碳的积累速率有极显著的相关关系($P<0.01$),表明有机碳累积速度越快,其土壤 MBC 也较高。

微生物固碳在减缓全球气候变化、实现人类可持续发展方面具有重要的意义。袁红朝等（2012）以湖南宁乡国家级稻田肥力变化长期定位试验为平台,采用 PCR-克隆测序和实时荧光定量（Real-time）PCR 技术,研究不施肥（CK）、氮磷钾肥（NPK）和氮磷钾加秸秆还田（NPKS）3种长期施肥制度对稻田土壤固碳细菌群落结构及数量的影响。结果发现,长期施肥导致土壤固碳细菌种群结构产生了明显差异,NPK 和 NPKS 处理中兼性自养固碳菌群落优势增加而严格自养固碳菌生长受到抑制（图 8.6）。施肥后,土壤细菌 *cbbL* 基因数量增加,其中 NPKS 处理 *cbbL* 数量最多,是 CK 处理的 1.5 倍左右。此外,长期施化肥还导致细菌 *cbbL* 基因多样性高于 NPKS,而NPKS 高于 CK。由此可见,长期施肥对土壤固碳细菌群落结构,多样性及数量均有显著的影响。

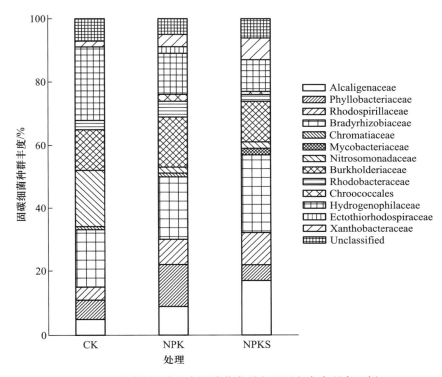

图 8.6 不同施肥处理中固碳菌类群在基因文库中所占比例

CH$_4$ 排放是造成土壤碳素损失的重要途径。对湖南典型红壤双季稻田系统的研究表明,与施化肥处理相比,猪粪和化肥配施对稻田 CH$_4$ 排放的季节变化模式无明显影响,但影响其排放量大小。猪粪替代 50% 化学氮肥处理（1/2N+PM）在两个稻季的 CH$_4$ 累积排放量较不施氮肥处理（0N）、50% 化学氮肥处理（1/2N）、100% 化学氮肥处理（N）分别提高 54.83%、33.85% 和 43.30%（王聪等,2014）。混施有机肥的处理甲烷排放量大于单施氮肥处理,但同施用稻草相比,发酵猪粪处理的甲烷排放较少。由此可见,稻田有机肥配施化学氮肥较单施化学氮肥会增加CH$_4$ 排放,其对温室气体排放的影响需在区域温室气体排放清单中加以考虑。

土壤微生物是驱动土壤 CH$_4$ 排放的引擎,它们对土壤碳素的生物地球化学循环过程起重要的推动和调节作用。以中国科学院桃源农业生态试验站水稻长期施肥定位试验为对象,研究施肥制度影响稻田土壤 CH$_4$ 排放的微生物驱动机理。结果发现,缺磷显著抑制了产甲烷菌的表达活性,但对甲烷氧化菌的表达活性无影响,从而减少了 CH_4 排放。长期氮肥施用虽对产甲烷菌活性无显著影响,但显著抑制了甲烷氧化菌活性,最终导致 CH_4 排放量增加。

（2）施肥制度对土壤氮转化过程的影响和机制

生物固氮是指在固氮微生物的作用下将空气中的氮气还原成氨的过程,是大气氮素进入生态系统物质循环的主要途径之一,土壤中古菌和细菌等多种类群都有固氮能力。在陆地生态系统中,每年由微生物介导的固氮量平均达 90～130 Tg。因此,土壤固氮微生物是陆地生态系统利用大气氮素的主要贡献者,研究其群落结构及其与环境因子的关系对认识土壤氮素循环过程具有重要的意义。中国科学院桃源农业生态试验站长期定位施肥试验的监测数据显示:与不施肥对照（CK）相比,稻草还田（C、NPK+C）和单施化肥（NPK）处理均显著增加 *nifH* 基因的丰度,NPK+C 处理中含 *nifH* 基因的微生物数量最高,*nifH* 基因组成也受到长期施肥的影响,其中 C 处理 *nifH* 基因组成与各施肥处理明显不同,C 与 NPK 处理间 *nifH* 基因组成存在一定差异,而 NPK 与 NPK+C 处理间无显著差异,但长期施肥并未引起含 *nifH* 基因微生物群落多样性的显著改变（张苗苗等,2013）。在此基础上,Tang 等（2017）的研究发现,在红壤性水稻土中,土壤磷素和钾素的缺乏,尤其是磷素的缺乏也会显著降低 *nifH* 基因的表达活性和土壤固氮酶活性。与单施化肥处理相比,长期稻草还田虽然可显著增加 *nifH* 基因丰度,但其表达丰度和固氮酶活性却显著降低,说明在养分较充足的稻草还田条件下,土壤的固氮微生物可以大量繁殖,但其固氮活性却可能受到抑制。

硝化作用是在有氧条件下微生物将氨氧化成亚硝酸根,进而氧化成硝酸根的过程。硝化作用广泛存在于土壤中,主要由自养硝化微生物完成。近年来,桃源站围绕氨氮加氧酶（ammonia monooxygenase）基因（*amoA*）和羟胺氧化还原酶（hydroxylamine oxidoreductase）基因（*hao*）与土壤养分的关系开展了研究。研究主要以中国科学院桃源农业生态试验站水稻长期定位试验为平台,重点选取四种不同施肥处理［不施肥对照（CK）、施氮肥（N）、平衡施化肥（NPK）、稻草还田配施化肥（NPKOM）］的土壤样品为研究对象,采用克隆文库构建等分子生物技术研究长期施肥对水稻土亚硝化基因 *amoA*、*hao* 多样性以及菌群组成的影响（陈春兰等,2010）。结果显示,长期施用氮肥降低了 *amoA* 的多样性而略微增加了 *hao* 基因多样性（陈春兰等,2011）,施用 NPK 增加了 *amoA* 的多样性而对 *hao* 几乎没影响,NPKOM 处理对 *amoA* 没影响却降低了 *hao* 基因多样性,长期施肥处理不同程度地改变了亚硝化基因 *amoA* 和 *hao* 的多样性以及群落组成,特别是稻草还田处理对群落组成的改变更加明显（表 8.2）。

表 8.2　不同处理文库中 *amoA* 和 *hao* 基因的多样性

基因处理	*amoA*				*hao*			
	CK	N	NPK	NPKOM	CK	N	NPK	NPKOM
序列数	70	70	70	70	70	70	70	70
可操作分类单元数目	48	38	61	48	44	47	46	37
Shannon 指数	3.743	3.340	3.996	3.715	3.637	3.742	3.688	3.200
均匀度指数	0.967	0.918	0.972	0.959	0.961	0.967	0.963	0.851
库容值 /%	51	60	17	48	61	59	56	77

反硝化作用是造成土壤氮素损失的重要途径之一,施入土壤中的氮肥有很大部分通过这一途径转化为 N_2O 和 N_2 释放到大气中,其中 N_2O 是重要温室气体。参与反硝化作用的微生物包括细菌、古菌和真菌,它们对土壤氮素的生物地球化学循环起重要的推动和调节作用。桃源站以水稻长期施肥定位试验为对象,系统研究了长期施肥制度对土壤反硝化作用、土壤反硝化功能微生物种群的组成、多样性变化和丰度等的影响并取得了重要进展。结果表明,与不施肥和施用化肥处理相比,化肥配施稻草可显著提高土壤潜在反硝化速率,硝酸还原酶活性和反硝化细菌数量(表 8.3)。与不施肥的处理相比,两种化肥制度(N、NPK)也可显著提高土壤潜在反硝化速率和反硝化细菌数量,但对硝酸还原酶活性的改变不明显(Chen et al., 2010; 2012)。含有反硝化基因的功能细菌种群组成对施肥制度的响应不尽相同,其中施肥明显改变了含 narG、nirK 和 nosZ 基因的反硝化细菌的群落组成,但对 nirS 种群影响不明显。此外,施肥制度对含有反硝化基因的细菌多样性也有影响,其中不同施肥制度对 narG 和 nirS 基因多样性的影响不明显,NPK 和 NPKOM 增加了 nirK 基因的多样性,而 nosZ 基因在单施氮肥处理中的多样性最高(罗希茜等,2010)。

表 8.3　在不同施肥处理中反硝化基因的数量

处理	基因数量[拷贝数/g(干土)]				
	narG	nirK	nirS	qnorB	nosZ
CK	3.2×10^8 c (5.5×10^7)	2.2×10^8 bc (1.9×10^7)	1.4×10^7 c (2.4×10^6)	1.2×10^8 b (5.80×10^6)	3.1×10^6 c (1.1×10^6)
N	1.2×10^9 b (5.9×10^7)	3.8×10^8 b (7.2×10^7)	4.2×10^7 b (3.6×10^5)	1.4×10^8 b (3.5×10^6)	5.6×10^6 bc (1.2×10^6)
NPK	9.1×10^8 b (2.8×10^8)	5.2×10^8 b (4.9×10^7)	3.6×10^7 b (3.9×10^6)	2.3×10^8 a (2.4×10^7)	8.0×10^6 b (8.8×10^5)
NPKOM	2.6×10^9 a (8.9×10^8)	1.2×10^9 a (8.0×10^7)	1.01×10^8 a (3.0×10^6)	3.9×10^8 a (1.7×10^7)	1.5×10^7 a (2.7×10^6)

注:括号中的数字代表三个重复小区的标准误差(SME)。

8.5　坡地土壤养分转化与迁移过程

我国红壤缓坡地占我国亚热带可利用土地面积的 28%,达到 $2.1 \times 10^7 \, hm^2$,红壤坡地已经成为亚热带地区发展农业生产的重要资源。目前,红壤坡地利用类型繁多,有农耕地、茶园、果园和林地等。桃源站红壤坡地不同利用模式长期定位试验始于 1995 年,利用 20 余年长期积累数据系统分析了坡地土壤及径流水中元素转化和迁移特征,并利用现代分子生物技术和方法解析了土壤及径流水元素转化微生物调控机制。

8.5.1　坡地土壤养分转化过程

桃源站红壤坡地不同利用模式长期定位试验,试验区为一典型的自然集雨区,面积 $11.8 \, hm^2$,

海拔 92.2～125.3 m，其中有坡地 6.06 hm²。1995 年秋在场内选一坡面（南偏东 15°，坡长 62 m，坡度 8°～11°，投影面积 1 hm²），作为坡地不同经营生态系统长期定位观测试验区（简称径流场）。建有（7+1 个）经营模式，其植被类型分别为：自然植被（恢复生态系统）、自然茅草植被（退化生态系统）、常绿灌丛植被（人工茶园生态系统）和常绿灌木植被（人工果园生态系统），茶园和柑橘园系统靠雨水和提水灌溉。观测场建立前以油茶、板栗为主要的经济作物。每个模式（小区）投影面积 20 m×50 m，上方及两侧用地上 30 cm、地下 50 cm 的钢筋混凝土板（顶部为 5 cm 高的三角形）围隔。底线是地下 50 cm 的钢筋混凝土板，外方建导流沟，沟深 10～20 cm，两头向中部倾斜。中部下方建沉沙池 1 m×1 m×1 m、标准池 3 m×3 m×1 m（钢筋混凝土现浇）等集水测流设施。

（1）土壤碳、氮、磷等养分含量变化规律

从 2005—2015 年坡地不同土地利用方式土壤全量养分含量变化规律可以发现，在坡地不同土地利用方式中，土壤有机碳均有增加趋势，其中土壤自然恢复区和茶园土壤有机碳增长速率较快；全氮含量在不同土地利用方式中均有增长趋势，其中在自然恢复区全氮含量增长最快；土壤全磷含量在农作区增长最快，在不施肥的恢复区和退化区有下降趋势（图 8.7）。

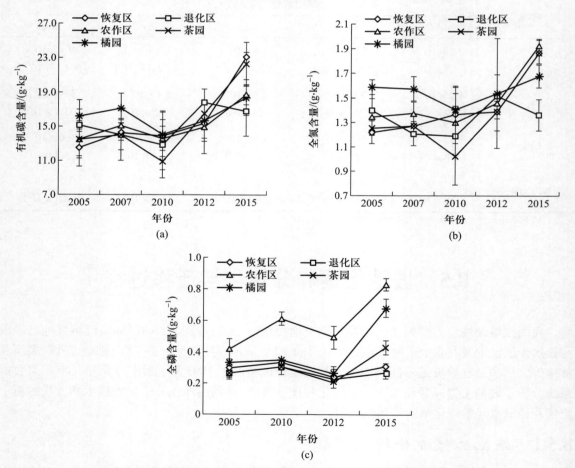

图 8.7　不同土地利用方式土壤有机碳（a）、全氮（b）和全磷（c）含量变化

分析 2005—2015 年坡地不同土地利用方式土壤速效氮磷养分含量变化规律可以发现,速效氮含量随年际存在波动变化,其变幅与施肥有关,在施肥最多的农作区,波动范围最大。土壤速效磷的变化受施肥影响比速效氮更明显,农作区表层土壤速效磷含量极显著大于其他几种土地利用方式(图 8.8)。

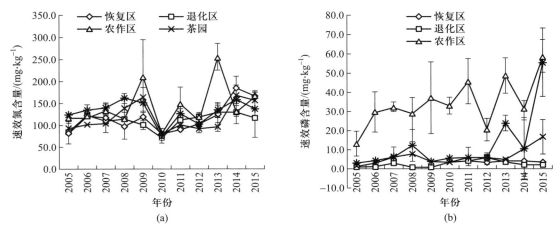

图 8.8　不同土地利用方式土壤速效氮(a)、速效磷(b)含量变化

（2）坡地 NO_3^- 累积的微生物驱动机制

采集中国科学院桃源农业生态试验站红壤坡地农田、自然恢复和茶园土壤样品,采用 DNA 提取、PCR 扩增、末端限制性酶切片段长度多态性分析技术、克隆文库构建等分子生物学技术,研究不同利用方式,对土壤氨氧化古菌和氨氧化细菌 *amoA* 基因多样性以及菌群组成的影响,分析硝化功能微生物与土壤硝化势之间的关系。

用实时荧光定量 PCR 对坡地不同土地利用方式氨氧化细菌的丰度进行分析,研究结果表明茶园氨氧化细菌数量:茶园 > 农田 > 自然恢复,茶园最多,分别是自然恢复和农田土壤的 8.3 倍和 3.5 倍。与氨氧化细菌不完全一致,氨氧化古菌数量:农田 > 茶园 > 自然恢复,农田最多,分别是自然恢复和茶园土壤的 4.2 倍和 3.6 倍。土壤氨氧化细菌和氨氧化古菌多样性指数差异不显著,且在 3 种不同土地利用方式中呈现相同的趋势,均为农田 = 茶园 > 自然恢复。利用好气培养法测定了红壤坡地三种利用方式下土壤的硝化势。研究结果表明,土壤硝化势在坡地不同利用方式下明显不同,硝化势强弱依次为农田 > 茶园 > 自然恢复。利用 SPSS 软件分析硝化势与古菌、细菌、氨氧化古菌和氨氧化细菌多样性和数量之间的关系。研究结果显示,氨氧化古菌与氨氧化细菌多样性指数呈极显著正相关关系,但是硝化势只与氨氧化古菌多样性指数呈极显著正相关关系,与氨氧化细菌多样性指数之间的关系不显著。另外,与多样性指数相似,硝化势只与氨氧化古菌拷贝数呈极显著正相关关系,与氨氧化细菌拷贝数之间的关系不显著。

总体来说,红壤坡地不同利用方式改变了土壤氨氧化古菌和氨氧化细菌的多样性以及群落组成。并进一步证实土壤氨氧化古菌和氨氧化细菌积极参与了土壤的硝化过程,且 AOA 在氨氧化微生物群落生态功能中占有重要地位,氨氧化古菌比氨氧化细菌与硝化势的关系更为密切。

8.5.2 坡地径流水养分迁移过程

（1）坡地径流水碳、氮、磷等养分含量和微量元素含量变化规律

选取桃源站红壤坡地不同利用模式长期定位试验中5个试验区：恢复区、退化区、农作区、茶园区和柑橘园区，分析2004—2016年径流水碳氮磷等养分含量变化规律可以发现，坡地不同土地利用方式多年地表径流变化：年均径流量大小排序农作系统 > 茶园系统 > 柑橘园系统 > 退化系统 > 恢复系统。不同坡地利用方式处理雨季和旱季径流水pH均有降低的趋势，恢复系统的pH最低。

氮素流失量排序为：农作系统 > 茶园系统 > 柑橘园系统 > 退化系统 > 恢复系统。农作系统的磷素流失量相对于其他几种坡地利用方式更多，且年际变异也较大。恢复系统的磷素流失量最小。从径流水养分流失量情况来看，恢复系统径流水养分含量较高，但由于径流少，年度流失量并不大；而农作系统虽径流水氮磷钾含量均为中等水平，但因其年度径流量大，故而养分流失量最多。不同坡地利用方式径流水 Ca^{2+} 流失量年际差异较大，Ca^{2+} 的年均流失量排序为：恢复系统 > 柑橘园系统 > 农作系统 > 茶园系统 > 退化系统；且 Ca^{2+} 流失量显著高于 Mg^{2+}、K^+、TN 和 TP；大量 Ca^{2+} 流失可能是导致我国亚热带地区酸性土壤进一步酸化的主要影响因素之一。相对于雨季，旱季各处理径流水的 Mg^{2+} 含量差异更明显，年际间的变异也更大（图8.9）。

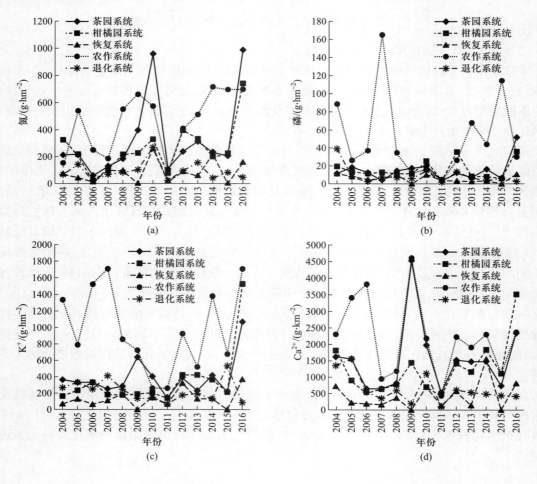

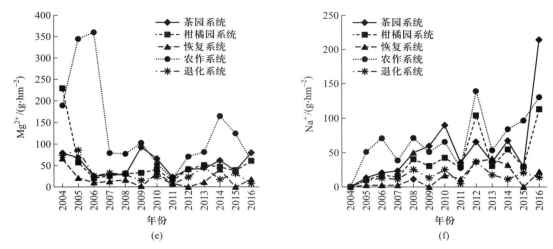

图 8.9　坡地不同利用方式径流水氮(a)、磷(b)、K^+(c)、Ca^{2+}(d)、Mg^{2+}(e)和Na^+(f)流失量变化

（2）土地利用方式对坡地氮素流失的影响及微生物驱动机制

以红壤坡地长期定位试验为研究对象,研究了自然林、草地、农作、油茶林和湿地松 5 种土地利用方式对坡地径流及氮素组分流失的影响。结果表明：不同土地利用方式径流中全氮浓度差异不明显,但自然林中铵态氮、溶解性有机氮和颗粒态氮浓度都比其他利用方式低。全氮流失量为 $71.33 \sim 489.30$ g·hm^{-2},在利用方式之间排序为：农作区 > 油茶林 > 湿地松 > 草地区 > 自然林。其中铵态氮和硝态氮流失量在农作区中显著高于自然林和草地区,溶解性有机氮在油茶林与农作区中显著高于自然林。不同氮素组分在月份之间的动态变化表明,全氮流失量主要集中在 4 月和 7 月,与降雨、径流呈显著相关。

分析不同土地利用方式对随经流水流失氨氧化细菌和氨氧化古菌数据可以发现,氨氧化古菌流失量自然恢复区最高,而氨氧化细菌农田区最高。进一步分析径流水氮素流失与氨氧化古菌和氨氧化细菌的数量之间的关系发现,土壤氮素流失只与土壤氨氧化古菌拷贝数及径流水中氨氧化古菌数量呈极显著正相关关系($P<0.05$),与氨氧化细菌相关关系不显著($P>0.05$)。因为研究认为,在中国南方红壤丘陵区,只要调控氨氧化古菌的数量才有可能有效减控土壤氮素流失。

8.6　长江中游洞庭湖流域双季稻田生态系统碳氮调控模式

目前,在长江中游洞庭湖流域双季水稻生产中存在两个突出问题,一是氮肥的过量施用和利用效率低,二是由于劳动力短缺,稻草不合理还田或焚烧成为普遍现象,造成农业资源的极大浪费和环境污染。减少稻田施肥对环境不良影响及提高氮肥利用效率的有效途径之一是减少氮肥投入量,而减少投入量的前提是保障粮食安全,不仅仅是减少过量的氮肥用量,而是在满足水稻需求基础上,有效利用稻田有机废弃物中养分替代氮肥来进一步减少氮肥用量。为此,我们有针对性地提出两套长江中游农田碳氮循环过程调控模式。

8.6.1 双季稻田生态系统碳循环过程调控模式

在长江中游地区,稻田休闲期长及休闲面积不断扩大,绿肥紫云英的种植潜力变大,紫云英作为稻田养分的天然来源,使得化肥部分养分被紫云英替代成为可能。为充分利用稻田有机资源,我们提出了一种长江中游稻田碳氮循环过程调控模式,其主要操作步骤如下:

(1)确定目标产量:调研红壤双季稻区域近 5 年来双季稻产量,以平均产量的 95%～105% 作为减量化肥施用方法的目标产量。

(2)确定区域平均适宜施肥量:调研区域施肥量、产量及其养分利用效率确定不同目标产量的推荐施肥量,以研究中达到该目标产量的推荐施肥量的 90%～100% 作为区域平均适宜施肥量。推荐施肥量具体确定方法同朱兆良等提出的推荐施肥的方法。

(3)施用有机肥:利用农户自然还田方式下的农田有机物资源作为有机肥来部分替代化肥养分,根据区域试验报道结果来确定有机肥资源量,有机物资源稻草中的养分按如下方式计算:N、P、K 养分量分别占稻草干物量的 0.826%、0.119%、1.708%,有机物资源紫云英中的养分按如下方式计算:N、P、K 养分量分别占紫云英干物量的 3.085%、0.301%、2.065%,因稻草和紫云英还田后 P、K 易于从有机物中释放而被作物利用,可全量替代化学养分(化肥中 P、K 的养分),而有机物中含有的 N 可用性差,按半量来替代化学养分量(化肥中 N 的养分),得到稻草和紫云英 N、P、K 养分量对化学养分的替代量,即得到化肥的减施量。此时,有机物资源化学养分替代量中 K 养分量一般大于早稻平均适宜施肥量中 K 养分施用量,因此早稻不施化学钾肥。

(4)化肥施用:步骤 2 中的区域平均适宜施肥量减去步骤 3 中的化学养分替代量即为减量化肥施用方法中的化肥施用量,其中早稻化学氮肥总施用量占化学氮肥总施用量的 25%～35%;早稻氮肥按基肥、蘖肥(基肥与蘖肥比例为 1∶3 至 2∶3)施用,晚稻氮肥按基肥、蘖肥和穗肥(基肥、蘖肥与穗肥比例为 4∶5∶1 至 5∶6∶1)施用。磷肥作为早稻基肥一次性施入;早稻不施钾肥,钾肥作为晚稻基肥一次性施入。

上述的氮、磷和钾肥分别为尿素、过磷酸钙、氯化钾。上述的基肥为在水稻移植前施用的肥料,蘖肥为水稻分蘖初期施入农田的肥料,穗肥为水稻抽穗初期施入农田的肥料。在上述的农田有机物资源农户自然还田方式中,自然弃田的稻草为晚稻稻草,早稻稻草不还田。

8.6.2 双季稻田生态系统氮循环过程调控模式

在我国南方双季稻区,化肥高投入和撒施极为普遍,且稻季降雨充沛,水稻施肥期间降雨频繁,稻田排水和地表径流导致的化肥损失较为严重。因此,在不降低水稻产量的前提下,通过合理降低化肥投入和改变施肥方式是解决该地区稻田施肥对环境不良影响及提高肥料利用效率的有效途径之一。为此,我们提出了一种双季稻田氮素循环过程调控模式。其主要操作步骤如下:

(1)确定水稻的化肥减量深施方法的目标产量

目标产量确定为当地水稻稻谷前三年平均产量的 110%～115%。

(2)确定目标产量下的 N、P、K 养分需求量

目标产量下的 N、P、K 养分需求量可以根据如下公式求得:

$$NR_{N,P,K} = Y \times GNC_{N,P,K} + SY \times SNC_{N,P,K} \qquad (8.1)$$

式中：$NR_{N,P,K}$ 为目标产量下水稻的 N、P 或 K 养分需求量，Y 为目标产量，$GNC_{N,P,K}$ 为目标产量下水稻稻谷的 N、P 或 K 养分含量，SY 为目标产量下水稻秸秆干物质量，$SNC_{N,P,K}$ 为目标产量下水稻秸秆干物质的 N、P 或 K 养分含量，其中 Y、$GNC_{N,P,K}$、SY 和 $SNC_{N,P,K}$ 均可以在水稻收获后实测获得。

（3）确定目标产量下的施肥量

依据作物施肥基本原理"养分归还学说"，作物收获后带走的养分要以施肥的方式归还，以维持土壤养分平衡。因此，目标产量下的施肥量可以根据如下公式求得：

$$AF_{N,P,K}=NR_{N,P,K}/NC_{N,P,K} \tag{8.2}$$

式中：$AF_{N,P,K}$ 为目标产量下的 N、P 或 K 肥的施用量，$NR_{N,P,K}$ 为步骤（2）中所获得的目标产量下的养分需求量，$NC_{N,P,K}$ 为肥料中的 N、P 或 K 的含量；

（4）施用化肥

早、晚稻的肥料均按提苗肥和基肥施用，早稻提苗肥：氮、磷肥用量分别为 $30 \sim 35 \ kg \ N \cdot hm^{-2}$、$25 \sim 30 \ kg \ P_2O_5 \cdot hm^{-2}$，晚稻提苗肥：氮肥用量 $25 \sim 30 \ kg \ N \cdot hm^{-2}$，早、晚稻的基肥用量均等于早、晚稻目标产量下的施肥量减去早、晚稻提苗肥，早、晚稻的提苗肥均在插秧前撒施，基肥先做成肥球，在插秧后深施。

上述的氮、磷和钾肥分别为硫酸铵、磷酸二氢铵和氯化钾。基肥做成肥球的方法为：先将确定施肥量的氮、磷和钾肥充分混匀，再加入过 $2 \sim 3 \ mm$ 筛后的红色黏土，充分混匀得到混合肥料，然后喷水至混合肥料，用手捏成团为止，放置 $10 \sim 15$ 分钟后用手捏成直径为 $1 \sim 1.5 \ cm$ 的肥球。基肥深施可人工进行，深施深度为 $5 \sim 7 \ cm$，隔行点状深施。

参 考 文 献

陈安磊, 王卫, 张文钊, 等 . 2015. 土地利用方式对红壤坡地地表径流氮素流失的影响 . 水土保持学报, 29（1）: 101–106.

陈安磊, 谢小立, 文菀玉 . 2010. 长期施肥对红壤稻田表层土壤氮储量的影响 . 生态学报, 30（18）: 5059–5065.

陈春兰, 陈哲, 朱亦君 . 2010. 水稻土细菌硝化作用基因（amoA 和 hao）多样性组成与长期稻草还田的关系研究 . 环境科学, 31（6）: 1624–1632.

陈春兰, 吴敏娜, 魏文学 . 2011. 长期施用氮肥对土壤细菌硝化基因多样性及组成的影响 . 环境科学, 32（5）: 1489–1496.

黄威, 陈安磊, 王卫, 等 . 2012. 长期施肥对稻田土壤活性有机碳和氮的影响 . 农业环境科学学报,（9）: 1854–1861.

刘守龙, 童成立, 张文菊, 等 . 2006. 湖南省稻田表层土壤固碳潜力模拟研究 . 自然资源学报, 21（1）: 118–125.

罗希茜, 陈哲, 胡荣桂, 等 . 2010. 长期施用氮肥对水稻土亚硝酸还原酶基因多样性的影响 . 环境科学, 31（2）: 423–430.

汪运滨, 朱兴明, 曾庆曦, 等 . 1996. 不同施肥制度对三熟制产量及土壤肥力的影响 . 耕作与栽培,（1）: 40–42.

王聪, 沈健林, 郑亮, 等 . 2014. 猪粪化肥配施对双季稻田 CH_4 和 N_2O 排放及其全球增温潜势的影响 . 环境科学, 35（8）: 3120–3127.

尹春梅, 谢小立 . 2010. 灌溉模式对红壤稻田土壤环境及水稻产量的影响 . 农业工程学报, 26（6）: 26–31.

袁红朝, 秦红灵, 刘守龙, 等 . 2012. 长期施肥对稻田土壤固碳功能菌群落结构和数量的影响 . 生态学报, 32（1）: 183–189.

张苗苗, 刘毅, 盛荣, 等. 2013. 稻草还田对水稻土固氮基因 (*nifH*) 组成结构和多样性的影响. 应用生态学报, 24 (8): 2339–2344.

Chen Z, Luo X Q, Hu R G, et al. 2010. Impact of long-term fertilization on the composition of denitrifier communities based on nitrite reductase analyses in a paddy soil. Microbial Ecology, 60 (4): 850–861.

Chen Z, Liu J B, Wu M N, et al. 2012. Differentiated response of denitrifying communities to fertilization regime in paddy soil. Microbial Ecology, 63 (2): 446–459.

Tang Y F, Zhang M M, Chen A L, et al. 2017. Impact of fertilization regimes on diazotroph community compositions and N_2-fixation activity in paddy soil. Agriculture, Ecosystems and Environment, 247: 1–8.

Zhang W, Yin C, Chen C, et al. 2016. Estimation of long-term Ca^{2+} loss through outlet flow from an agricultural watershed and the influencing factors. Environmental Science & Pollution Research International, 23 (11): 10911–10921.

第 9 章　长江上游四川盆地农田生态系统过程与变化[*]

　　四川盆地地处长江上游,具有优越的水热资源,非地带性高肥力岩性土 – 紫色土广泛分布,且与亚热带湿润季风气候形成农业最佳时空组合,该区农业历史悠久,物产丰富,历来是长江上游农业的主体区域,也是我国的重要粮食生产基地。

9.1　四川盆地农田生态系统特征

　　四川盆地包括成都平原、盆地丘陵和盆周山地三部分,农业以成都平原和盆地丘陵为主,特别是自 1998 年退耕还林以来,盆周山地农业逐渐向林果发展,传统农田生态系统以盆地丘陵区和成都平原为主。

9.1.1　四川盆地耕地资源与区域农业特征

　　四川盆地地处长江上游,是我国著名的红层盆地。地表岩石主要为紫红色砂岩和页岩,这两种岩石极易风化发育成紫色土,紫色土富含钙、磷、钾等营养元素,是我国最肥沃的非地带性岩性土。盆地气候属于亚热带季风性湿润气候,气温东高西低,南高北低,盆底高而边缘低,等温线分布呈现同心圆状。夏季平均温度在 24 ~ 28 ℃,极端高温 36 ~ 42 ℃;冬季平均温度 4 ~ 8 ℃,极端低温 −8 ~ −2 ℃。四川盆地年降水量 1000 ~ 1300 mm,但冬干、春旱、夏涝、秋绵雨,年内分配不均,70% ~ 75% 的降雨集中于夏季(6—10 月)。因此,四川盆地亚热带湿润季风气候与高肥力非地带性紫色土成为农业最佳组合,使得盆地农业较发达,是我国重要的农业区。四川盆地生产了占四川 63% 的食物,99.5% 的棉花,60% 的菜籽油,83% 的柑橘,64% 以上的猪肉,养活了约 9000 万人口(含重庆市)。

　　有资料表明,1995 年四川盆地耕地资源 1007.32 万 hm²,2010 年耕地面积 828.98 万 hm²(表 9.1),旱地集中分布在四川盆地中部、南部丘陵区和盆周山地的低山丘陵区,以紫色土为主,水田分布面积较大的区域主要在成都平原、川东平行岭谷区和四川盆地北部与南部的低山山谷地区。除成都平原约 80 万 hm² 外,其余均为紫色土分布地区,地域上称紫色土丘陵区。紫色土丘陵区耕地面积达 746.94 万 hm²(表 9.1),1995 年耕地占四川盆地的 91.6%,2010 年占 90.1%,可见紫色土丘陵区的农业在四川盆地占据优势地位。自 1995—2000 年,紫色土丘陵区旱地面积减少

---

[*]　本章作者为中国科学院・水利部成都山地灾害与环境研究所朱波、唐家良、汪涛、王小国、高美荣、况福虹、宋玲。

4.7万 hm^2，水田减少1.77万 hm^2，耕地总面积减少6.47万 hm^2（表9.1）。自1998年9月国家首先在四川省开展25°以上坡耕地的退耕还林工作后，在长江上游全面实施陡坡耕地的退耕还林（朱波等，2004）。至2010年，四川盆地丘陵区耕地总面积较1995年减少179.32万 hm^2。其中，旱地较1995年减少171.23万 hm^2，占所有耕地减少面积的95.5%（表9.1）。

表 9.1　四川盆地及紫色土丘陵区 1995—2010 年的耕地面积　　（单位：$10^4\,hm^2$）

区域	耕地类型	1995 年	2000 年	2010 年
四川盆地	旱地	594.19		447.15
	水田	413.13		381.83
	合计	1007.32		828.98
紫色土丘陵区	旱地	589.02	584.32	417.79
	水田	337.24	335.47	301.92
	合计	926.26	919.79	746.94

9.1.2　四川盆地丘陵区气候特征

依托位于四川盆地中部的中国科学院盐亭紫色土农业生态试验站（以下简称盐亭站）的长期观测数据，分析所代表的四川盆地紫色土丘陵区近30年的气象要素变化，为紫色土坡地农田生态系统的养分管理提供基础数据。

（1）气温及极端气温变化

盐亭站的气象观测数据年限为1985—2015年，图9.1为1985—2015年的年平均气温趋势图，紫色土丘陵区的气温分布范围在2.10~29.40 ℃，多年平均气温16.45 ℃。利用 Mann–Kendall 秩次相关检验能有效区分某一气象过程是处于自然波动范围还是存在确定的变化趋势（简虹等，2011）。对1985—2015年气温数据的均温进行 Mann–Kendall 秩次相关检验得到年均温的 Z 绝对值为0.138，检验结果是趋势极不显著（Z 的绝对值在 ≥ 1.28、1.64、2.32 时表示分别通过了置信度90%、95%和99%的显著性检验），说明1985—2015年的年均气温没有上升或下降趋势，在正常范围波动。

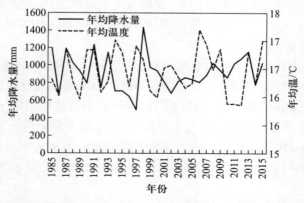

图 9.1　四川盆地丘陵区 1985—2015 年均温与年均降水量变化

1999—2015 年的年均温、年最高、最低气温变化趋势见图 9.2。1999—2015 年间,年最高气温在 35.3 ~ 41.1 ℃,年最低气温为 –1.6 ~ –5.6 ℃。

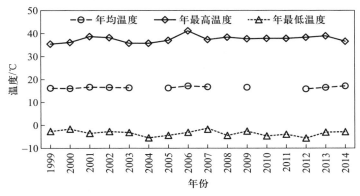

图 9.2　1999—2015 年的年均温、年最高和年最低气温变化

将大于 35 ℃或小于 0 ℃的定义为极端高温和极端低温温度,对 1998—2015 年间逐日气温数据分别进行极端高、低温出现频次统计,结果见表 9.2。对极端温度出现次数随年份变化进行 Mann-Kendall 秩次相关检验,>35 ℃出现次数的 Z 值为 2.27,$Z>1.64>0$,表明极端高温(>35 ℃)的出现呈上升趋势,且通过 95% 的显著性检验;<0 ℃出现次数的 Z 值为 0.804,表明极端低温天气为无明显变化。

表 9.2　1998—2015 年气温 >35 ℃和 <0 ℃气温出现次数

年份	1998	1999	2000	2001	2002	2003	2004	2005	2006
>35℃次数	0	1	6	16	10	1	4	6	27
<0℃次数	8	19	11	17	11	11	13	16	11
年份	2007	2008	2009	2010	2011	2012	2013	2014	2015
>35℃次数	14	12	15	13	22	13	25	22	8
<0℃次数	12	21	11	13	21	7	21	23	10

(2)降水变化

1985—2015 年多年平均降水量为 919.9 mm,范围为 494.5 ~ 1437.5 mm(图 9.1),最低和最高年降水量分别出现在 1997 年和 1998 年;5—9 月的降水量总和占全年的 64.02% ~ 89.33%;对 1985—2015 年的降水量进行 Mann-Kendall 秩次相关检验,年降水量的 Z 绝对值为 0.697,表明无明显上升或降低趋势(黄嘉佑,1995),1985—2003 年波动幅度较大,2003—2015 年波动幅度趋缓(图 9.1)。

9.1.3　紫色土耕地土壤肥力特征

紫色土是四川盆地第一大土壤资源,其农业利用在四川盆地具有特殊的重要意义。紫色土是亚热带气候条件下由紫色母岩发育而成的一种岩性土,其母质肥力最早受到关注,其实质在于紫色母岩快速风化过程中的养分释放（朱波等，1996），紫色土肥力特征主要表现在个体肥力和区域肥力两个方面（李仲明，1991）。其中个体肥力与母质类型、矿质胶体和腐殖质有关，尤其是母质的组成特性（唐时嘉等，1984）。侯光炯院士最早提出母质肥力的概念，他根据紫色母岩层次类型对土壤肥力的影响，将其母岩划分为：① A 式层次：全部为厚砂岩（厚度 > 50 m）；② B 式层次：厚层砂岩（厚度 1 ~ 10m）夹薄层页岩（10 ~ 100 cm）；③ C 式层次：薄层砂页岩互层（各数厘米或数十厘米厚）；④ D 式层次：厚层页岩（1 ~ 100m）夹薄层砂岩（10 ~ 100 cm）（侯光炯，1990）。紫色母岩类型多样，大都为河湖相沉积物，主要有三叠系的飞仙关组，侏罗系的自流井组、沙溪庙组、遂宁组、蓬莱镇组，白垩系的城墙岩群和夹关组，其基础肥力为：夹关组 > 飞仙关组 > 沙溪庙组 > 蓬莱镇组 > 遂宁组 > 城墙岩群（周大海，1992）。紫色母岩基础肥力的差异，主要受岩石组成性状的影响，与岩石的沉积时期、环境、物源的差异相关。其中，除磷钾等大量元素和微量元素外，以碳酸盐、pH、粉粒量和活性铁含量的影响最大。根据作物生长势、生物量和产量的级差，可将 6 种紫色母质分为三个类型，高肥力型为飞仙关和夹关组，中肥力型为沙溪庙和蓬莱镇组，低肥力型为遂宁组和城墙岩群。一般高肥力型母质无碳酸盐，pH 较低，养分有效性高，活性铁含量最多，粉粒含量最少；低肥力型母质则相反；中肥力型母质的粉粒与活性铁的含量介于二者之间，但沙溪庙组的碳酸盐与 pH 较蓬莱镇组低，养分较易有效化（周大海，1992）。

　　紫色母岩养分风化释放有两个显著特点，其一，很大一部分养分的释放首先由母岩所形成的土壤带来，P、K 尤为突出，占 70% ~ 95%，然后经土壤向植株缓慢供给。因此，不管有无人为影响，自然和耕作紫色土的风化进程都将持续。母岩母质风化释放的养分源源不断地补偿土壤，反映出紫色土具较强的养分自调能力，这是紫色土肥力的一大特点。其二，由风化渗漏液所释放的养分也较可观，表现了紫色母岩养分的高淋溶性，说明紫色母岩发育的土壤养分流失较为突出，这是紫色土肥力的又一重要特征（朱波等，1996，1999）。受母质的影响，紫色土亚类呈区域性分布（唐晓平，1997）。四川盆地南部与东部以中性紫色土为主，中、北部以石灰性紫色土为主，盆地西南以酸性紫色土为主。其肥力高低呈中性紫色土 > 石灰性紫色土 > 酸性紫色土的顺序。同一地层的母质，由于微地形的变化，不仅使土壤类型呈现阶梯状分布，其肥力水平也相应发生变化。从丘顶到谷地，紫色土类型顺次出现油石骨土或沙土、夹沙土、大眼泥土（唐晓平，1997）。这些类型紫色土的土壤肥力表现为随土层厚度逐渐增大；黏粒含量、有机质、全氮、全磷、有效养分、阳离子交换量以及作物产量相应增加；全磷含量与母质及土壤的发育程度有关，紫色泥、页岩的全氮含量比紫色砂岩高，土壤发育度低的油石骨土比发育度高的大眼泥土全磷含量高（唐晓平，1997）。盆栽结果说明，发育于不同紫色岩的紫色土肥力主要受颗粒组成，活性铁、磷、锌、铜以及黏粒矿物种类等诸因素的影响。各种紫色母岩发育的紫色土的肥力水平大体可按以下顺序排列：沙溪庙组、飞仙关组、蓬莱镇组、夹关组、遂宁组、城墙岩群（唐时嘉等，1984）。王振健等根据中国土壤养分分级标准，发现四川盆地中部典型紫色土土壤养分除全钾含量较丰富外，一般处于中等以上水平，其他养分含量都处于不同程度的缺乏或极缺乏状态（王振健等，2005）。

9.1.4　四川盆地农田生态系统格局与问题

（1）四川盆地农田生态系统格局

　　四川盆地农业主要由成都平原的水旱轮作农田生态系统和盆地丘陵旱作农田及水旱轮作农田生态系统组成。成都平原位于四川盆地西部，面积约 80 万 hm²，水稻土是成都平原最重要的耕地资源,总面积 41.3 万 hm²,是全国稻谷和油菜籽的重要生产基地。而四川盆地丘陵区,西起四川盆地内龙泉山,东止华蓥山,北起大巴山麓,南抵长江以南,地处中国地势第二、三阶梯的过渡地带,位于长江上游生态屏障的最前沿,具有特殊的生态敏感性。盆地丘陵土地面积 1 200 万 hm²,其中耕地占 29.5%,林地占 21.3%,水域占 7.5%(朱波等,2003),是长江上游乃至西南地区最重要的农业生产区,也是全国六大商品粮基地之一,这也是四川盆地俗称"天府之国"的重要原因,以较少的土地养活全国约十分之一的人口(含重庆)。该区紫色岩抗风化力弱,降雨丰富,河川切割深,地形起伏,因此四川盆地丘陵区农业表现为突出坡地农业特征,其中旱坡地农田生态系统面积约 420 万 hm²。主要耕作土壤为紫色土,主要种植结构为玉米 – 小麦、玉米 – 油菜轮作体系,并与花生、甘薯和大豆套作;稻田生态系统面积约 300 万 hm²,稻田土壤主要紫色土水耕而成,主要种植结构为稻 – 麦和稻 – 油轮作和单季水稻田。小流域顶部自 1970 年代以来持续的生态建设形成了大面积人工水土保持林,因此已基本形成坡顶林地、坡腰旱坡地和沟谷稻田的农林复合生态格局(朱波等,2003)。

(2)农田生态系统结构与功能问题

四川盆地是长江上游人口最密集的区域,耕地资源严重不足,人均耕地面积不足 0.1 hm²,导致农田种养失衡,且农田生态系统结构简单,旱地多年玉米 – 小麦轮作,陡坡耕地种植未得到抑制。该区地形起伏,坡耕地面积大,加之紫色土抗蚀力弱,耕作频繁和降水集中,水土流失严重,坡耕地侵蚀模数高达 3000 t·km⁻²·年⁻¹ 以上,造成土层浅薄化、结构粗骨化和养分贫瘠化的肥力退化问题突出,导致农田生态系统生产力低而不稳。同时,农业过分依赖化肥、农药,土壤有机质含量持续降低,土壤蓄水能力弱,季节性干旱与洪涝灾害交替发生,农田抗逆能力下降,对区域粮食安全造成重大威胁。此外,农业基础设施落后,农业机械化水平低,且坡地农作技术进步缓慢,土地产出率和农业劳动生产率低下是盆地丘陵区农业发展和农业现代化的主要瓶颈。最后,严重的水土流失将大量农业化学物质携带进入江河,造成日益突出的面源污染问题,不仅影响当地水环境,而且对三峡水库水环境造成重大压力,威胁长江流域水环境安全。

9.2 四川盆地农田生态系统结构与功能观测试验

为系统研究四川盆地主要农田生态系统结构、水分运移和养分循环过程及其对农田生态系统生产力的影响,盐亭站开展了大量农田生态系统生产力、水土过程与养分迁移及小流域生态水文与面源污染的长期定位观测试验。

9.2.1 紫色土农田生态系统综合观测场

该观测场始建于 1998 年 9 月,面积为 2150 m²,共分 16 个正方形的采样区,每个采样区面积为 10 m × 10 m。农田生态系统综合观测场包括以下样地:① 土壤、生物采样地(土壤和作物性质);② 土壤水分观测样地(土壤剖面 TDR 含水量自动观测);③ 农田水气通量观测(土壤水、大气降水与作物蒸腾和作物 CO_2 排放通量自动观测);④ 坡地农田水文过程观测(土壤水、地表径流与壤中流观测)。

9.2.2　坡地农田系统水土过程观测

为系统查明紫色土坡地农田生态系统的水土过程、影响因素及其对生产力的影响,盐亭站设计建设了大型坡面水土过程及养分迁移的观测试验(图9.3),包括5种紫色土土壤类型(蓬莱镇组、沙溪庙组、遂宁组、夹关组、飞仙关组)与黄壤、土层厚度(20 cm、40 cm、60 cm、80 cm、100 cm)、坡长(1 m、3 m、5 m、8 m、10 m、15 m、20 m)和坡度(6.5°、10°、15°、20°、25°)等观测小区,所有小区均按独立水系的自由排水采集器(free-drain lysimeter)建造,均开展了玉米 – 小麦轮作系统的土壤水分、地表径流、入渗、壤中流和泥沙运移及养分迁移及农田生产力、土壤肥力变化的试验观测研究,从而为以土壤圈为核心的四川盆地坡地农田生态系统可持续管理提供基础观测数据。

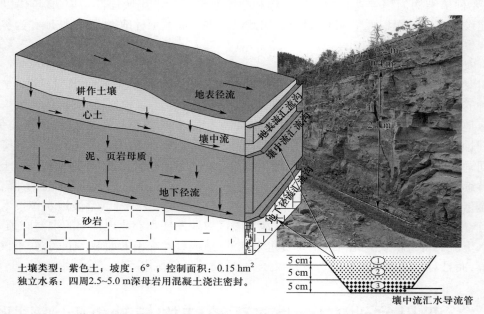

土壤类型：紫色土；坡度：6°；控制面积：0.15 hm²
独立水系：四周2.5~5.0 m深母岩用混凝土浇注密封。

图9.3　紫色土坡面水文路径与大型坡地自由排水采集观测系统(参见书末彩插)

9.2.3　紫色土养分迁移与循环长期定位试验

为查明紫色土坡地农田生态系统施肥(施肥方式与施肥量)的作物长期效应、紫色土土壤质量演变、农田碳氮磷钾等养分循环规律,筛选生态经济优化及与环境友好的养分资源管理措施。因此设计通过不同施肥试验,模拟代表我国农业历史、现代与未来施肥制度、肥料管理措施为基础,研究紫色土农田生态系统养分循环特征及其长期变化,分析农田养分的径流、渗漏与作物吸收等去向,为农田生态系统提供植物营养、环境与作物效应的长期观测数据。该试验自2002年开始,迄今已有15年,主要施肥处理有:不施肥(CK)、有机肥(OM)、化肥(氮肥:N、氮磷钾混施:NPK)、秸秆还田(纯秸秆:CR,秸秆加氮肥:CRN,秸秆加氮磷肥:CRNP,秸秆加氮磷钾肥:CRNPK)、无机 – 有机肥(猪粪与氮肥:OMN,猪粪与氮磷肥:OMNP,猪粪与氮磷钾肥:OMNPK)、生物炭(BCNPK)、硝化抑制剂(NPKI)等。主要观测土壤肥力、水分、生物、温室气体、地表流、壤中流、泥沙及其养分等指标。

9.2.4 农田生态系统温室气体排放观测

采用静态暗箱采样,结合气相色谱离线分析气体浓度的方法测定紫色土旱地和水稻田土壤 – 植物系统的 N_2O、CH_4 和土壤呼吸通量(Re)。每个箱子密闭 0.5 小时期间,用注射器采气样 5 次。采样箱带气压平衡装置,底面积 ≥ 0.25 m^2,根据作物行、穴距设计采样箱长宽尺寸,依植物高度选定适宜箱高(0.5 m 或 1.0 m)。利用紫色土养分平衡长期试验平台,开展不同施肥方式下的 N_2O、CH_4 排放通量和土壤呼吸通量的观测。采样频率依据施肥和降雨,施肥后应每天采样,一周后可隔天采样,一月后每周测定 2 次,遇明显温度变化或降雨事件,临时加密采样。另外采用静态暗箱采样,化学发光法人工观测农田生态系统氮氧化物(NO、NO_2)排放通量的观测,且与 CH_4 或 N_2O 观测同步进行,采样与测定频率也与其相同。

9.2.5 稻田生态系统水碳氮迁移、转化与管理定位试验

为查明四川盆地水稻田在不同的水分、养分管理措施和耕作制度下农田生态系统生产力长期变化,阐明水稻土土壤质量演变规律和水分与生源要素(C、N、P、K)的迁移、转化与循环规律,为稻田管理提供植物营养、环境与作物效应的长期科学数据,提出四川盆地与环境友好的稻田高产与养分管理技术和可持续利用模式。该试验开始于 2015 年,在耕作与作物轮作制度上,设置了常规平作(中稻:冬水田、水旱轮作:稻 – 油、稻 – 麦、稻 – 菜)和旱作(玉米 – 小麦)5 个处理;在养分管理上,在常规平作(稻 – 麦)模式下,设置了① 不施肥(NF);② 化肥 NPK(NPK);③ 有机农业(OM);④ 有机 – 无机结合(OMNPK);⑤ 秸秆 + 化肥 NPK(CRNPK);⑥ 生物炭 + 化肥 NPK(BCNPK)及⑦ 养分优化管理(3RNPK+ 有机肥:准确的形态、量、时间)。主要观测土壤肥力、水分、生物、温室气体、地表流、淋溶、泥沙及其养分等指标。

9.3　紫色土坡耕地水土流失过程

紫色土是四川盆地最主要的农耕土壤类型,坡耕地约占耕地资源的 50%,紫色土坡耕地是四川盆地代表性农田生态系统,而水土流失是该类型农田生态系统的基本过程之一。

9.3.1 紫色土坡耕地降雨 – 产流 – 产沙过程

坡面径流是养分流失的前提条件,紫色土坡地径流主要由地表流和壤中流组成。由于紫色土土层浅薄,区内雨季降雨集中,土壤易发生蓄满产流,地表径流与壤中流均易发生。但不同降雨条件(暴雨、大雨和小雨)径流过程有所不同,暴雨地表径流产流快,小雨可能不产生地表径流(图 9.4)。地表径流初始产流时间短,径流深随降雨强度而变化,径流过程呈多峰,而壤中流滞后于地表径流,径流过程为单峰型,且径流过程持续时间长(图 9.4)。

紫色土丘陵区降雨丰富,土层浅薄,雨季土壤水分易蓄满,坡地蓄满产流特征明显,多年平均径流深为 291 mm,径流系数为 33%(表 9.3)。由于土质疏松,导水率高,下渗水很快抵达紫色土母质 – 母岩层,而透水性较弱的紫色泥页岩阻碍了水分继续下渗,迫使水分侧向移动形成壤中流,因此紫色土壤中流极为发育,年均流量 210 mm,占雨季径流的 72%,远高于地表径流的 28%

（表 9.3）。地表径流、壤中流径流深与降雨量之间有良好的对应关系，相关分析表明，产流量与降雨量呈极显著线性相关（ $r=0.883^{**}$, $n=13$ ）。

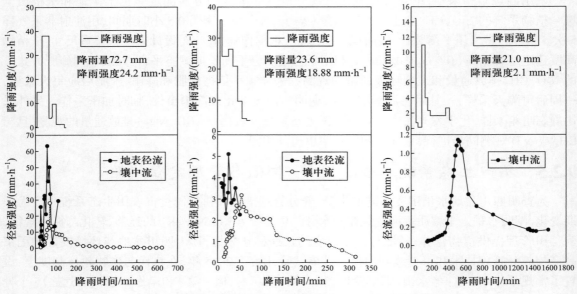

图 9.4 紫色土坡面径流（地表径流与壤中流）产流过程

紫色土坡耕地 2004—2006 年的产沙过程相关分析表明，产沙量与降雨量显著线性相关关系（ $r=0.867^{**}$, $n=15$ ），回归方程为 $y = 0.7628x + 19.109$（ x 为降雨量，y 为产沙量）。可见，紫色土坡耕地产沙量随着降雨量的增加而增加（徐泰平等，2006a）。

表 9.3 紫色土坡耕地径流量及其分配特征（2004—2013 年）

年份	降雨量 /mm			径流量 /mm			径流系数 /%
	年	夏季	冬季	壤中流	地表流	总量	
2004	860	647（75%）	213（25%）	106（54%）	92（46%）	198	23
2005	835	668（80%）	167（20%）	132（62%）	82（38%）	214	26
2006	806	619（77%）	187（23%）	126（51%）	121（49%）	247	31
2007	892	712（80%）	180（20%）	102（69%）	46（29%）	148	17
2008	1024	833（81%）	191（19%）	172（77%）	51（23%）	222	22
2009	951	842（89%）	109（11%）	292（80%）	83（20%）	365	39
2010	845	737（87%）	108（13%）	263（84%）	49（16%）	312	38
2011	1025	860（84%）	165（16%）	296（83%）	60（17%）	356	35
2012	1080	918（85%）	162（15%）	300（81%）	69（19%）	369	34
2013	1157	1023（88%）	134（12%）	309（65%）	169（35%）	478	41
平均	948	786（83%）	162（17%）	210（72%）	81（28%）	291	33

注：括号内百分数为占当年的比例。

9.3.2　紫色土坡地径流 – 泥沙过程及其主要影响因素

紫色土坡地径流 – 泥沙过程受降雨量、降雨强度的影响很大,同时也受到土壤性质、地表覆盖、坡度等因素影响。辛伟等(2008)的研究结果表明,在相同降雨事件和坡度下,降雨雨强是决定产沙量的主要因子,产沙量在 23.4～972.3 g·m^{-2}·h^{-1} 变化。雨强增加,地表径流产流加快,流量增大,地表径流系数增加。地表径流累积流量与雨强、坡度均成正比关系,壤中流累积流量随坡度和雨强的增大呈现减小趋势。陈正维等(2016)研究也表明,随坡度增加,紫色土坡地年径流总量表现出先增加后再减少的趋势,在坡度为 20°的径流小区上达到最大;紫色土坡面侵蚀产沙规律与径流变化相一致,土壤侵蚀量与坡度的正弦值呈二次曲线关系。Tang 等(2012)对紫色土坡地壤中流过程的研究表明,壤中流的产生与裂隙优先流紧密相关,干燥的前期土壤条件和短历时暴雨有利于优先流的发生。汪涛等(2009)研究也表明,坡度、降雨、施肥都能影响紫色土坡地壤中流流量。在缓坡条件下,壤中流径流系数更大。降雨量与壤中流流量之间的线性相关关系十分显著,但降雨强度与壤中流流量的关系不明显。

9.3.3　紫色土坡耕地水土流失变化

紫色土坡地降雨径流、侵蚀泥沙量对坡度呈明显响应(陈正维等,2016),随坡度增加,紫色土坡地年径流总量表现出先增加后再减少的趋势,在坡度为 20° 的径流小区上达到最大;紫色土坡面侵蚀产沙特征与径流变化相一致,土壤侵蚀量与坡度的正弦值呈二次曲线关系;在不同坡度条件下,坡面年径流总量与年侵蚀产沙量存在显著的正相关,年径流总量与年侵蚀产沙量之间的变化关系具有较好的二次多项式关系。王先拓等(2006)研究结果表明,紫色土细沟流(Darcy–Weisbach)阻力系数 f 介于 0.19～0.97;曼宁糙率系数 n 在 0.022～0.044;阻力系数与雷诺数之间存在着幂函数关系。细沟水流阻力不仅受地面条件影响,在很大程度上还取决于水流作用后的侵蚀形态本身的影响。紫色土的细沟侵蚀性系数 K_r 为 0.002(s·m^{-1}),发生细沟侵蚀的临界切应力 τ_0 为 5.25(Pa)。根据实验结果,建立了细沟侵蚀模型:

$$W=K_r(\rho \cdot g \cdot h \cdot \sin(\theta)-\tau_0) \cdot (\rho_r \cdot A) \tag{9.1}$$

式中:W 为细沟侵蚀量;K_r 为细沟可蚀性;ρ 为水密度;g 为重力加速度;h 为细沟水深;θ 为坡面坡度;τ_0 为临界剪切力;ρ_r 为细沟发育密度;A 为坡面面积。

9.3.4　紫色土坡耕地水土保持技术

常规坡地顺坡耕作易发生水土流失,造成紫色土坡耕地土层浅薄化、土壤养分贫瘠化、土壤干旱化及土壤结构劣化等土壤肥力退化问题,进而影响坡地农田生态系统生产力。长期田间试验结果(朱波等,2002;Tang et al.,2015)表明,常规耕作的多年平均径流与土壤侵蚀模数分别为 1754.0 m^3·hm^{-2} 和 3122.0 t·km^{-2},以坡耕地耕作措施为核心的土壤肥力恢复与重建试验,比较聚土免耕和常规耕作(平作)的水土保持效益及生产力(朱波等,2002)。聚土免耕通过垄沟网状结构可保持土壤水分,分别蓄水 657.7 m^3·hm^{-2},并保持土壤 530.0 t·km^{-2}。通过聚土与改土结合,聚土免耕活土层厚度平均增加 11.8 cm,聚土免耕还通过垄沟强化培肥降低土壤容重,增加土壤有机质及 N、P、K 含量,改善土壤理化性状,恢复土壤肥力。长期的聚土免耕试验结果表明(图 9.5),聚土免耕产量高于平作,垄作 12 年的平均产量比平作高 15%;经过垄沟互换后,聚土免耕产量达 13.3 t·hm^{-2},比平作高 30%。可见,典型退化旱地经过长期垄作与免耕及垄沟互换等技术为核心的聚土免耕措施后,农田生态系统生产力得到恢复(图 9.5)。

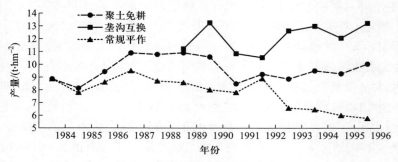

图 9.5 水土保持耕作技术作物产量

9.4 紫色土农田养分迁移过程

养分迁移是紫色土农田生态系统最活跃的过程之一,不仅影响紫色土养分供给与平衡,是生态系统生产力的关键驱动过程,也为紫色土农田生态系统管理的提供科学基础。

9.4.1 紫色土坡地农田氮素迁移过程与通量

(1)径流携带土壤氮素迁移过程

地表径流的总氮(TN)、颗粒态氮(PN)含量前期随径流量增大,TN、PN 迅速升高,表明表层土壤累积的氮素迅速流失,到产流后 20 min,TN、PN 均达到最高,随后径流量升高,TN、PN 含量下降,但变化幅度较小(图 9.6a)。壤中流的氮素迁移过程实际上是硝态氮(NN)的迁移过程(Zhu et al.,2009),NN 随着径流过程的变化呈先快速上升,然后基本稳定,并能持续较长时间(图 9.6b)。典型降雨事件中 NN 含量较高,均高于 10 mg·L^{-1} 的饮用水安全标准。

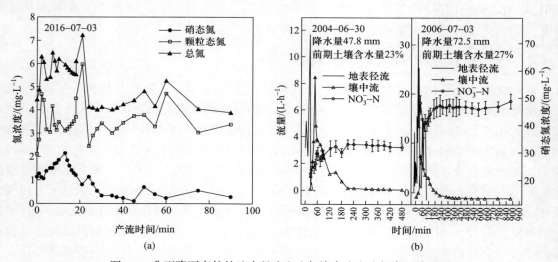

(a)   (b)

图 9.6 典型降雨事件的地表径流(a)与壤中流(b)氮素迁移过程

（2）地表径流与壤中流氮素迁移通量

2004—2006 年的监测表明,次降雨产流导致的地表径流 TN 流失通量为 $0.05 \sim 0.32$ $g \cdot m^{-2}$。2004 年、2005 年、2006 年通过地表径流流失的 TN、PN、NN、AN 平均值分别为 3.59 $kg \cdot hm^{-2}$、2.01 $kg \cdot hm^{-2}$、0.82 $kg \cdot hm^{-2}$、0.25 $kg \cdot hm^{-2}$（表 9.4）。次降雨事件的 NN 含量与迁移通量因径流量不同有很大差异,NN 含量呈明显的季节变化特点（Zhu et al.,2009）。每年降雨前期降雨少,土壤硝酸盐趋于累积,土壤 NN 含量较高,一旦降雨产流,积累在土壤剖面的硝酸盐便以很高的浓度通过壤中流流出。次径流事件的硝态氮淋失通量为 $0.1 \sim 0.3$ $g \cdot m^{-2}$（Zhu et al.,2009）,计算获得 2004—2006 年壤中流氮素迁移通量（表 9.4）,发现壤中流迁移的总氮分别为 23.2 $kg \cdot hm^{-2}$、28.4 $kg \cdot hm^{-2}$、42.6 $kg \cdot hm^{-2}$,平均 31.4 $kg \cdot hm^{-2}$,而 NN 迁移量为 $20.2 \sim 39.3$ $kg \cdot hm^{-2}$,平均 28.7 $kg \cdot hm^{-2}$。氮素流失负荷的年际差异明显,主要是地表径流流量与浓度差异所致。

表 9.4　地表径流与壤中流氮素迁移通量　　（单位:kg N·hm⁻²）

氮形态	2004 年		2005 年		2006 年		平均总负荷
	地表流	壤中流	地表流	壤中流	地表流	壤中流	
NN	0.59 ± 0.06	20.2 ± 2.3	0.68 ± 0.07	26.6 ± 2.88	1.20 ± 0.32	39.3 ± 2.96	29.52
AN	0.18 ± 0.02	0.1 ± 0.02	0.19 ± 0.03	0.1 ± 0.01	0.39 ± 0.09	0.1 ± 0.01	0.35
PN	2.63 ± 0.16	1.8 ± 0.16	1.05 ± 0.05	1.7 ± 0.08	3.24 ± 0.51	2.7 ± 0.35	2.01
TN	3.46 ± 0.18	23.2 ± 2.08	1.92 ± 0.07	28.4 ± 3.92	5.38 ± 0.92	42.6 ± 5.64	35.0

（3）坡面水文路径对紫色土氮素迁移通量的贡献

计算水文路径（地表径流、壤中流和泥沙）对养分迁移的贡献,发现地表径流、壤中流和泥沙对农田氮素迁移的贡献有较大差异。壤中流对坡地氮素迁移通量的贡献在 $87\% \sim 93\%$,平均 89%,而泥沙的平均贡献为 7%,地表径流的贡献仅 4%。可见,壤中流及淋溶是紫色土氮素流失的主要途径（Zhu et al.,2009;Wang and Zhu,2011）。因此,在常规面源污染评估之中,仅测定地表径流的氮素损失,而忽略壤中流（淋溶）的测定或仅用固定系数估算,将导致巨大的误差。

9.4.2　紫色土坡地农田磷迁移过程与通量

（1）土壤磷随地表径流与壤中流迁移过程

次降雨事件（2004 年 6 月 30 日）的 30 min 最大雨强为 19.8 $mm \cdot h^{-1}$,累计降雨量为 46.5 mm。常规施肥条件下在径流总磷（TP）与颗粒态磷（PP）的时间 – 浓度曲线一直比较接近（徐泰平等,2006a）,统计分析表明在该次产流过程中 TP 与 PP 呈极显著的正相关（$r=0.961^{**}$,$n=12$）,说明泥沙结合态是紫色土坡耕地磷在暴雨下随地表径流迁移的主要形式。在产流后期,径流溶解态总磷（DTP）的时间 – 浓度曲线与 TP 的几乎重合,说明后期降雨减少,径流已没有足够的挟沙能力,径流中磷以溶解态为主。现场采集的壤中流泥沙极少,初步认定随壤中流迁移的磷仅为溶解态,即 DTP,其具体化学形态是磷酸盐（$PO_4^{3-}-P$）与溶解性有机磷（DOP）。原因可能是因为土体内水流动力较小、而土壤内部阻力较大的,泥沙磷难于随壤中流迁移。典型降雨事件的可溶性磷随壤中流的 DTP 与 DOP 均较低（徐泰平等,2006a）。

（2）紫色土坡地农田磷迁移形态与负荷

地表径流与壤中流的 TP、DTP、PP 浓度变化较大，地表径流的 TP 与 DTP 浓度明显高于壤中流（徐泰平等，2006a）。紫色土坡耕地磷素流失主要发生在每年的 6—9 月，其中 7—8 月最多，也是该区降雨最充沛的时期。三年的试验结果表明，地表径流 PP 的平均浓度达到了 0.45 mg·L^{-1}，年平均负荷为 0.24 kg·hm^{-2}·年$^{-1}$，DTP 的平均浓度达到了 0.09 mg·L^{-1}，年平均负荷为 0.08 kg·hm^{-2}·年$^{-1}$（表 9.5）。紫色土磷迁移负荷是化学因素（土壤磷含量）与水文因素（径流量）共同作用的结果。地表径流中 PP 负荷主要取决于土壤侵蚀过程，而 DTP 负荷不仅受土壤养分与水流的物理化学过程，也在很大程度取决于径流量的大小。而壤中流 DTP 的平均浓度仅 0.024 mg·L^{-1}（徐泰平等，2006a）。

表 9.5　2004—2006 年地表径流磷平均浓度（mg·L^{-1}）及负荷（kg·hm^{-2}）

形态	2004 年		2005 年		2006 年		次最高浓度	次最大负荷	三年平均浓度	三年平均负荷
	浓度	负荷	浓度	负荷	浓度	负荷				
TP	0.58	0.54	0.40	0.15	0.61	0.92	1.11	0.25	0.53	0.53
PP	0.37	0.34	0.38	0.14	0.59	0.87	0.80	0.15	0.45	0.45
DTP	0.21	0.20	0.02	0.01	0.05	0.05	0.42	0.09	0.09	0.08
DPP	0.18	0.17	0.00	0.00	0.01	0.04	0.39	0.09	0.07	0.07

注：磷形态平均负荷皆为当年的历次产流降雨的累加值，单次指次降雨。

（3）紫色土坡地农田磷流失途径比较

紫色土坡地农田磷素养分在随地表径流、壤中流和泥沙三种途径下的流失分配中，磷流失负荷的顺序为：泥沙迁移 > 地表径流迁移 > 壤中流迁移，其中泥沙磷所占比例为 66.7%。地表径流中可溶性磷以 PO$_4^{3-}$-P 为主，而壤中流磷则以 DOP 为主（徐泰平等，2006b）。

9.4.3　农田生态系统温室气体排放特征

（1）小麦 – 玉米轮作农田的土壤呼吸

利用静态箱 – 气相色谱法研究紫色土小麦 – 玉米轮作系统碳氮气体排放过程特征，发现紫色土土壤呼吸速率呈夏季 > 秋季 > 春季 > 冬季的季节特点，土壤呼吸速率随气温和土温而变化。施肥也会产生激发效应，促使呼吸峰值出现（图 9.7）。

（2）农田土壤 N$_2$O 排放速率

紫色土农田生态系统 N$_2$O 排放速率动态变化如图所示（图 9.8）。整个轮作周期内 N$_2$O 表现为净排放。N$_2$O 排放速率呈现一定的季节变化，在高温高湿的夏季（玉米季），N$_2$O 排放速率大，波动明显；在气温较低的秋冬季，N$_2$O 排放速率较低，且变化不大。进入 3 月后，随着土壤温度回升，小麦开始旺盛生长，同时土壤微生物的活性增强；土壤水分含量也有利于 N$_2$O 的排放，在温度、水分以及植株生长三者的共同影响下，N$_2$O 排放速率有明显的增加。降雨、施肥以及伴随降雨的施肥导致了几次较大的 N$_2$O 排放。在轮作周期内，N$_2$O 排放速率变化范围为 –1.9 ~ 319.8 μg N·m^{-2}·h^{-1}，波动很大；平均排放速率为 46.5 μg N·m^{-2}·h^{-1}。

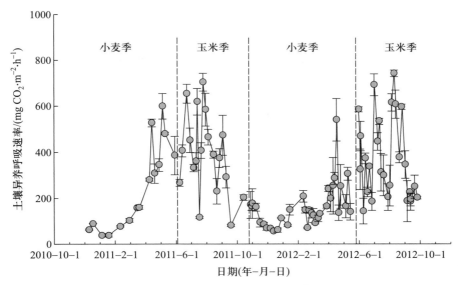

图 9.7　小麦 – 玉米轮作农田系统的异养呼吸过程

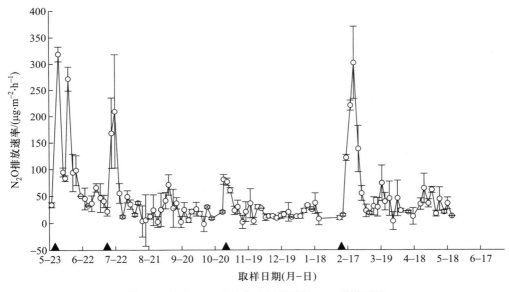

图 9.8　小麦 – 玉米轮作农田系统的 N_2O 排放过程

注：▲施肥日期。

（3）紫色土坡地农田碳氮损失的途径与通量

紫色土坡地农田碳氮损失路径比较复杂，主要通过气体和径流损失，而有机碳损失主要通过异养呼吸和径流损失。异养呼吸损失的通量远高于径流损失（表 9.6），但有机碳的径流损失主要通过泥沙和壤中流（淋失），分别占径流总损失的 65.0% 和 30.1%（表 9.6）。农田活性氮损失的路径主要是氨挥发和淋溶损失（表 9.6），分别占全年施氮量的 24.5% 和 15.6%。N_2O 排放比例不高，但因其温室效应的贡献备受关注。

表 9.6   紫色土坡地农田有机碳与活性氮损失路径、通量及其贡献

碳氮损失	损失路径					
	地表流	泥沙	壤中流	NH$_3$ 挥发	N$_2$O（CO$_2$）	累计
有机碳损失 /（kg·hm^{-2}）	1.81	23.89	10.93		6377	6382
比例 /%	4.9%	65.0%	30.1%			
氮损失 /（kg·hm^{-2}）	1.8	3.2	43.8	68.5	3.3	120.6
比例 /%	0.6%	1.1%	15.6%	24.5%	1.2%	43.9%

（4）坡地碳氮气体排放与径流损失的响应关系

分析次降雨事件中径流损失通量与气体排放通量的关系,发现地表径流、壤中流损失的有机碳与农田生态系统总呼吸缺乏明显关系,但可溶性有机碳（DOC）淋失（壤中流损失）与土壤异养呼吸存在相反趋势,若降雨导致 DOC 淋失通量高,土壤异养呼吸速率低;反之,土壤异养呼吸高时,则淋失 DOC 量下降（图 9.9a）。进一步统计发现,DOC 淋失通量与土壤异养呼吸速率之间存在显著的指数衰减关系（图 9.9b）,说明 DOC 淋失与土壤异养呼吸之间存在通量消长关系。而土壤活性有机碳反应底物（DOC）与土壤异养呼吸和 DOC 淋失通量均呈及显著正相关关系,表明二者的响应关系通过 DOC 相联系（Hua et al.,2015,2016）。

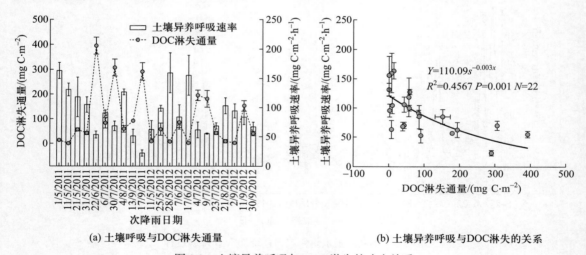

(a) 土壤呼吸与DOC淋失通量　　　　(b) 土壤异养呼吸与DOC淋失的关系

图 9.9   土壤异养呼吸与 DOC 淋失的响应关系

而另一方面,农田氮的径流损失与气体排放之间也存在响应关系。尽管地表径流、壤中流（淋失）损失氮与氨挥发之间没有显著相关关系,而降雨事件中的氮淋失（壤中流损失）通量与 N$_2$O 旬排放之间存在此消彼长的趋势（图 9.10）。进一步统计发现,N$_2$O 旬累积排放量与土壤硝态氮淋失量呈显著的指数衰减关系（图 9.10）,表明氮淋失与 N$_2$O 排放通量也存在消长关系。而二者与土壤活性氮反应底物（土壤硝酸盐）含量呈显著正相关关系,说明土壤硝酸盐是 N$_2$O 排放与氮淋失的关联物质基础（Zhou et al.,2012）。

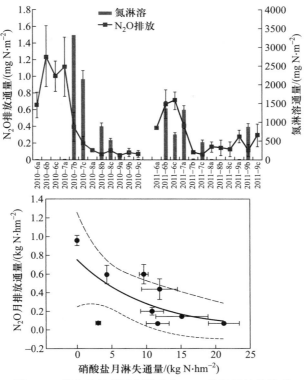

图 9.10 紫色土坡耕地氮淋失与 N_2O 排放的计量关系

实际上，DOC、CO_2、NO_3^- 和 N_2O 等均是碳氮生物地球化学循环的底物、反应物或中间体，是碳氮复杂链式反应中的一环，DOC 淋溶与土壤异养呼吸及硝酸盐淋溶和 N_2O 排放等过程在降雨时同步发生，但因底物的平衡存在在数量上的消长关系。本文利用田间大型自由排水采集系统结合气体排放同步观测，证实了碳氮径流迁移与 N_2O 或土壤 CO_2 排放的消长关系。

9.4.4 紫色土坡地农田氮、磷迁移通量的影响因素

（1）降雨对紫色土坡地氮磷流失的影响

通过对 2004—2006 年紫色土坡地农田地表径流流失量、壤中流流失量与降雨量的统计分析表明，地表径流氮素流失量与降雨量呈显著线性相关，其回归方程为 $y = 0.0116x-0.0955$（$R^2=0.951^{**}$，$n=23$；y 为总氮流失量，x 为降雨量）。壤中流总氮流失量与降雨量也呈显著线性相关，其回归方程为 $y=0.1537x-2.365$（$R^2=0.818^{**}$，$n=17$；y 为总氮流失量，x 为降雨量）（徐泰平等，2006a）。可见，紫色土坡耕地氮素迁移受降雨量影响较大，地表径流、壤中流流失量均随降雨量的增加而增加。降雨量对磷流失的影响主要体现在地表径流和泥沙的影响，降雨量愈大，径流量大、泥沙量高，磷流失负荷愈高，泥沙磷流失量与径流量呈显著正相关（$r=0.741^*$，$n=26$），说明径流量控制泥沙量，进而决定了泥沙磷流失量，而径流量则是由雨强及降雨时间所共同决定的。

（2）坡度对紫色土氮磷流失的影响

表 9.7 列出了不同坡度下随地表径流、壤中流迁移的 TN 量占总径流损失量的比例。在相同的雨强条件下，随着坡度的增加，地表径流总氮流失量所占的比例越来越大，而壤中流总氮淋失

量占总径流总氮流失量的比例越来越低(表 9.7)。在大雨强(53.95 mm·h⁻¹)条件下,这种趋势表现得更为明显。可见,紫色土坡地壤中流总氮淋失量随坡度的增加而减少。产生这种情况的原因也可能是随着坡度的增加,坡地径流分配发生变化,地表径流增大,壤中流减少,从而导致地表径流总氮流失量增多,而壤中流总氮淋失量变小(表 9.7)。

表 9.7   地表径流、壤中流总氮流失量占总径流流失量的比例

雨强 /(mm·h⁻¹)	5°		10°		15°	
	地表径流 /%	壤中流 /%	地表径流 /%	壤中流 /%	地表径流 /%	壤中流 /%
19.62	11.90	88.10	26.00	74.00	57.39	42.61
34.72	16.61	83.39	40.15	59.85	75.91	24.09
53.95	19.06	80.94	58.53	41.47	88.41	11.59

徐泰平等(2006b)通过观测研究了坡度 5°、10°、15°、20°、25°对磷素养分流失的影响,地表径流泥沙磷、地表径流 DTP 的历时随坡度增加有增大的趋势,但是陡坡(25°)的流失率却有所下降,说明在 20°与 25°之间存在一个临界坡度,当坡面坡度小于该临界坡度时,磷素流失随坡度增大而增大,而当大于此坡度时,磷素流失则随坡度的增大而减小。Liu 等(2018)认为 15°~ 20°是坡面泥沙侵蚀的临界坡度,将此临界坡度应用于磷素流失较为吻合。坡度对壤中流磷的流失同样具有很大影响,坡度越陡,越有利于地表径流形成,而降雨下渗越少,壤中流的产流量也必然减少。试验结果表明,10°以上的陡坡,无论是中雨还是特大暴雨(降雨历时 1h 内),均无壤中流产生。缓坡延缓了径流的移动速度,更利于雨水入渗,故 5°坡地的壤中流流量比 10°大,壤中流磷流失量也更大(徐泰平等,2006b)。

(3)施肥方式对坡地氮磷流失的影响

在各施肥方式下,紫色土农田地表径流总氮年均流失量在 1.82 ± 0.21 ~ 7.54 ± 0.85 kg·hm⁻²·年⁻¹(表 9.8),占当季施氮量的 1.21%~5.03%。其中,单施氮肥(N)处理总氮流失量最高,单施有机肥处理(OM)总氮流失量次之,其次为化肥氮磷钾配施(NPK)、有机肥与化肥氮磷钾配施处理(OMNPK),秸秆还田(CR)处理的总氮流失量最低。但 OM 处理的总氮流失量仅低于 N 处理,这可能与该处理颗粒态氮流失量较高有关(表 9.8)。NPK、OMNPK 较 N 的总氮流失量分别降低21.8%、21.5%,说明氮磷钾配施、有机肥与氮磷钾混施有助于减少农田氮素地表流失。

表 9.8   施肥方式对地表径流氮流失量的影响   (单位:kg·hm⁻²·年⁻¹)

处理	硝态氮(NN)	铵态氮(AN)	颗粒态氮(PN)	总氮(TN)
N	1.22 ± 0.07	0.37 ± 0.05	6.05 ± 0.52	7.54 ± 0.85(5.1)
OM	0.61 ± 0.07	0.25 ± 0.04	5.90 ± 0.71	6.88 ± 0.52(4.6)
CR	0.43 ± 0.02	0.16 ± 0.01	1.14 ± 0.14	1.82 ± 0.21(1.2)
NPK	0.69 ± 0.08	0.23 ± 0.02	4.37 ± 0.89	5.89 ± 0.43(4.0)
OMNPK	0.54 ± 0.02	0.22 ± 0.02	5.14 ± 0.51	5.92 ± 0.65(4.0)
CRNPK	0.40 ± 0.01	0.18 ± 0.01	2.84 ± 0.35	3.65 ± 0.41(2.4)

注:括号中为氮素流失总量占当季施肥量的百分比。

紫色土坡地农田的氮淋失量在 $4.05 \pm 0.37 \sim 37.82 \pm 0.86$ kg·hm⁻²·年⁻¹（表 9.9），占当季施氮量的 2.7% ~ 25.2%。N 处理的总氮淋失量最高，NPK 处理的总氮淋失量次之，其次为 CRNPK 与 OMNPK 处理。与常规施肥（NPK）相比，OMNPK 及 CRNPK 处理的总氮淋失量分别降低34.8%、20.0%。可见，有机肥与秸秆还田有助于减少坡耕地氮素淋失。

表 9.9　施肥方式对农田氮淋失量（kg·hm⁻²·年⁻¹）及其占施肥量的比例（%）的影响

处理	硝态氮（NN）		铵态氮（AN）		总氮（TN）	
	淋失量	比例	淋失量	比例	淋失量	比例
N	32.17 ± 3.35	21.5	0.21 ± 0.03	0.1	37.82 ± 0.86	25.2
OM	3.45 ± 0.40	2.3	0.25 ± 0.03	0.2	4.05 ± 0.37	2.7
CR	3.66 ± 0.05	2.4	0.26 ± 0.06	0.2	5.28 ± 0.97	3.5
NPK	28.73 ± 3.54	16.3	0.12 ± 0.01	0.1	31.43 ± 4.76	16.5
OMNPK	12.47 ± 0.29	8.3	0.21 ± 0.02	0.1	14.37 ± 0.96	9.6
CRNPK	14.97 ± 3.61	10.0	0.26 ± 0.03	0.2	18.92 ± 1.94	12.6

各施肥方式下的总磷年平均流失量在 $0.396 \sim 0.878$ kg·hm⁻²·年⁻¹（表 9.10）。单施氮肥（N）处理的总磷流失量最高，氮磷配施（NP）处理总磷流失量次之，其次为氮磷钾（NPK）处理、农家肥配施氮磷钾（OMNPK）处理，秸秆配施氮磷钾（CRNPK）处理总磷流失量最低。与单施氮肥相比，氮磷配施处理、氮磷钾配施处理、农家肥配施氮磷钾处理、秸秆配施氮磷钾处理总磷流失量分别降低 23.1%、39.4%、38.5%、54.9%，这说明氮磷钾合理配施、增施有机肥均有助于减少坡耕地地表径流磷素流失，而秸秆配施氮磷钾的效果最佳。

表 9.10　各处理地表径流磷流失量　　　（单位：kg·hm⁻²·年⁻¹）

处理	DP		PP		$PO_4^{3-}-P$		TP	
	通量	标准差	通量	标准差	通量	标准差	通量	标准差
N	0.072	0.007	0.724	0.250	0.055	0.011	0.878	0.116
NP	0.064	0.006	0.532	0.110	0.054	0.012	0.675	0.023
NPK	0.058	0.003	0.474	0.150	0.056	0.004	0.532	0.021
OMNPK	0.062	0.020	0.477	0.150	0.039	0.005	0.540	0.016
CRNPK	0.027	0.002	0.369	0.120	0.024	0.005	0.396	0.008

9.4.5　紫色土坡地农田养分去向

（1）农田生态系统碳氮磷的去向

常规施肥情况下，紫色土坡耕地生源要素碳、氮的去向主要为植物吸收、土壤存留、流失和排放到大气之中，秸秆还田（CRNPK）的土壤固定碳较 NPK 处理显著增加。施肥方式对 C、N 气体损失和通过径流损失的影响较大，OMNPK 和 CRNPK 可能促进土壤 CO_2 的排放，但却能有效降低通过径流损失的 C、N（表 9.11），CRNPK 可在一定程度上抵消 CO_2 排放的增加。同时，CRNPK 还减少约 30% 的氮素气体损失。而土壤磷主要通过径流损失，OMNPK 和 CRNPK 能够有效降低磷的损失。

表 9.11　不同施肥方式下紫色土农田碳氮磷的去向

处理	碳 /（t C·hm⁻²·年⁻¹）				氮 /（kg N·hm⁻²·年⁻¹）				磷 /（kg P·hm⁻²·年⁻¹）		
	植株	土壤	流失	气体	植株	土壤	流失	气体	植株	土壤	流失
NPK	11.6	6.95	18.5ᵃ	12.1	225.3	4.95ᵇ	35.1	57.5	3.9	5.11ᵇ	4.3
OMNPK	12.0	7.35	16.3	13.9	236.2	4.96	19.7	64.8	4.3	5.11	3.2
CRNPK	12.3	8.32	20.7	14.7	242.9	4.93	22.6	40.4	4.8	5.11	2.5

（2）肥料利用率

计算不同施肥方式下的肥料 N、P 的养分利用率（表 9.12），结果表明，紫色土施氮、磷肥的效应显著，常规 NPK 施肥方式下的氮肥利用率为 35.0%，OMNPK 和 CRNPK 的氮肥利用率分别较 NPK 提高 9.4% 和 18%，秸秆还田（CRNPK）显著提高农田氮肥利用率。紫色土磷肥利用率较低，常规 NPK 施肥方式下的磷肥利用率不足 15%，OMNPK 和 CRNPK 施肥方式显著提高磷肥利用率。可见秸秆还田与有机 – 无机配施可显著提高化肥利用率。

表 9.12　施肥方式对紫色土养分肥料利用率的影响

施肥方式	N		P_2O_5	
	作物吸收 /（kg·hm⁻²）	利用率 /%	作物吸收 /（kg·hm⁻²）	利用率 /%
CK	30.7 ± 0.3	/	8.1 ± 1.0	/
N	73.5 ± 9.8a	23.6 ± 6.4a	9.4 ± 0.6a	1.9 ± 0.4a
NP	98.0 ± 9.5b	36.3 ± 6.3b	20.4 ± 2.4b	13.6 ± 3.7b
NPK	94.8 ± 7.3b	35.0 ± 4.7b	19.5 ± 0.9b	12.6 ± 1.2b
OMNPK	101.7 ± 5.5b	38.3 ± 4.3b	21.8 ± 5.5b	18.7 ± 0.9c
CRNPK	107.4 ± 3.2c	41.3 ± 3.0c	25.3 ± 1.4c	19.0 ± 2.4c

9.5　四川盆地农田土壤养分累积变化趋势

四川盆地自 20 世纪 50 年代以来，施肥量持续增加，特别是近年来耕地面积下降，农田化肥用量仍未下降，农田生态系统养分投入持续增加，必然对生态系统和农田环境造成深刻影响。

9.5.1 四川盆地肥料用量变化

四川盆地泛指除阿坝藏族羌族自治州、甘孜藏族自治州和凉山彝族自治州的四川其他地区,也是紫色土分布区域。按 2015 年计,凉山彝族自治州的施用量占全省的 5.4%,其他阿坝、甘孜两个州的化肥用量仅 0.01%,上述 3 个地区化肥用量不足全省 5.5%,因此在统计四川盆地的肥料用量采用全省数据作为统计基础。化肥用量包括氮肥、磷肥、钾肥和复合肥用量之和(图 9.11)。

四川省 1952—2015 年氮肥、磷肥、钾肥、复合肥以及化肥用量变化见图 9.11,化肥用量自 1980 年的 80.4 万 t 增长到 2015 年的 252.1 万 t,增幅达 213.56%;1975—1990 年的化肥施用量快速增长,增幅达 525.65%;1990—2014 年施用量稳步增长,增幅为 75.19%。

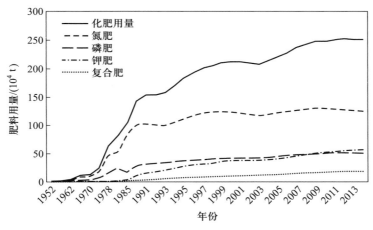

图 9.11　四川省 1952—2015 年化肥用量变化

9.5.2 四川盆地农田养分利用率与养分损失的区域特征

化肥对农业生产的增产作用在 50% 左右,联合国粮食与农业组织估计,发展中国家粮食的增产作用有 55% 以上来自化肥(李生秀,2008)。据预测,到 2030 年,要满足人口增长对农产品的需求,我国化肥需求总量为(6600 ~ 7000)万吨(李家康等,2001)。从单位面积来看,四川省化肥氮年均投入量呈增长趋势,从 20 世纪 80 年代到 21 世纪初,四川盆地氮肥用量平均从 108 kg N·hm^{-2}·年$^{-1}$ 增加到 323 kg N·hm^{-2}·年$^{-1}$(四川省统计局,1981—2011;重庆市统计局,2000—2011)。到 21 世纪初,四川年使用化肥总量近 300 万吨,约占全国化肥使用总量的 6.3%(图 9.11),单位播种面积平均施肥量为 231 kg·hm^{-2}·年$^{-1}$。盆地内对不同作物的化肥投入水平存在较大差异,表现为果树(831 kg·hm^{-2}·年$^{-1}$)>蔬菜(512 kg·hm^{-2}·年$^{-1}$)>经济作物(296 kg·hm^{-2}·年$^{-1}$)>粮食作物(248 kg·hm^{-2}·年$^{-1}$),化肥占养分投入总量百分比为粮食作物(70.3%)>蔬菜(67.8%)>果树(64.9%)>经济作物(62.8%),化肥氮磷钾分别占投入氮磷钾养分总量的 66.7%、62.1% 和 27.8%,氮磷养分投入均以化肥为主,重无机轻有机现象明显。

四川盆地的农业生产除了成都平原地区外,主要集中在四川盆地紫色丘陵区(何毓蓉,

2002）。在四川盆地的种植业中，丘陵区粮食播种面积 553.9×10^4 hm^2，占作物总播种面积的 79.9%。在粮食总产量中，水稻、小麦、玉米和红薯各占 50.4%、17.0%、14.0% 和 12.9%，其产量则分别平均为 6.4 t·hm^{-2}、3.2 t·hm^{-2}、4.1 t·hm^{-2} 和 3.4 t·hm^{-2}，是水稻为主兼营旱作的种植业体系。成都平原包括成都、德阳、绵阳、雅安、乐山、眉山等区域，川中丘陵区包括内江、自贡、遂宁、南充、资阳等十余个市和地区，从 1990 年、2010 年和 2015 年的统计结果来看（图 9.12），四川盆地丘陵区的施肥量长期高于成都平原，2015 年的结果也显示，农作物种植面积、粮食播种面积和粮食总产量也高于成都平原，粮食总产量达到成都平原的 2.1 倍，是四川盆地的粮食主产区域，但丘陵地区由于坡耕地集中，加之紫色土结构松软，易被水侵蚀，在坡地上种植无疑会增加水土流失和养分流失的风险。

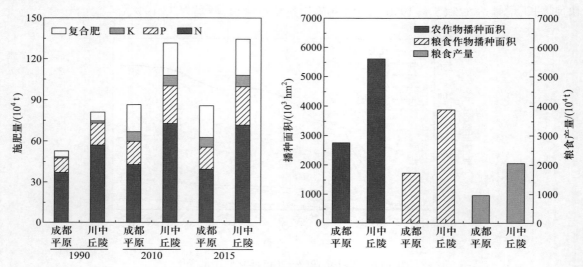

图 9.12　四川盆地与成都平原的施肥变化与农业种产比较

四川盆地旱作农田玉米 – 小麦生态系统的氮肥利用率为 35% ~ 40%（表 9.12），磷肥利用率为 13% ~ 19%，氮磷肥利用效率受施肥方式影响，可以推断，四川盆地旱作土壤氮素迁移量高，而磷累积量大。稻麦轮作体系长期定位试验结果显示，稻麦体系中氮磷钾配合使用，小麦和水稻对化肥氮的 10 年平均利用率为 34.5% 和 37.7%，作物带走的氮占氮肥用量的 30% ~ 38%，平均 35.3%。氮磷钾施肥不均衡会使氮在土壤中残留很低，仅 –5.9% ~ 7.1%，损失率则高达 54.6% ~ 75.6%。在石灰性紫色土上气态损失的氮可占到氮肥用量的 37% ~ 74%，主要通过氨挥发和反硝化脱氮损失，而稻麦轮作体系的氮淋失量很低，仅占施氮量的 3% ~ 6%[1]。土壤硝化 – 反硝化作用和氨挥发被认为是农田生态系统氮素气态损失的两大主要途径，稻田的氮肥利用率通常为 10% ~ 50%，很少能超过 50%。旱地土壤多为石灰性，pH 较高，且多施用尿素和铵态氮肥，施入土壤后容易引起氨挥发损失。在石灰性土壤中，氨挥发损失有时能达到氮肥施用量的 55%（Al-Kanani et al., 1991）。朱兆良（2000）研究认为，在有利于氨挥发的条件下，氨挥发损失率可以达到施氮量的 40% ~ 50%，成为氮素损失的主要途径，氨挥发损失在旱地土壤的氮

① 石孝均. 2003. 水旱轮作体系中的养分循环特征. 中国农业大学, 博士学位论文.

损失途径中占有重要地位。张翀等(2015)对川中丘陵地区玉米 – 小麦轮作体系氨挥发的研究结果显示,石灰性紫色土冬小麦季土壤氨挥发损失占施氮量的 7.1% ~ 9.1%,而夏玉米季则占 31% ~ 34.6%。

对紫色土坡地的研究表明,紫色土坡耕地在施氮量为 280 kg N·hm^{-2}·年$^{-1}$ 的情况下,小麦 – 玉米季氮素淋失量可以达到 36.9 kg N·hm^{-2},占全年氮素施用量的 13.2%(朱波等,2013;汪涛等,2010)。紫色土坡耕地氮淋失以硝态氮为主,年平均随壤中流淋失的硝态氮可达 28.0 kg N·hm^{-2}(朱波等,2008)。四川盆地坡耕地在 2004—2009 年间,硝酸盐淋溶损失量变化较大,平均值为 32.8 kg N·hm^{-2},变化范围在 19.2 ~ 53.4 kg N·hm^{-2}(Zhou et al.,2012)。但可以肯定地讲,四川盆地是硝酸盐淋失的敏感地区。

9.5.3 四川盆地农田土壤养分超载与面源污染特征

(1)计算方法

利用土壤肥力监测的全氮、有效磷、速效钾等肥力要素指标的变化作为衡量农田土壤养分超载的重要依据。针对不同地区特点,将全氮、有效磷、速效钾、缓效钾含量水平划分为丰富、较丰富、中等、较缺乏、缺乏、极缺乏共 6 个级别。

根据四川省肥力监测数据,分别确定期初年 2006 年、期末年 2015 年各单项指标值,并按照土壤肥力分级标准,确定指标等级,计算单项指标级别变化情况。

(2)四川盆地农田土壤养分超载情况空间特征

计算结果表明,四川盆地农田土壤养分超载较为严重的是氮素养分,氮素超载县(市、区)共 39 个,占总数的 22.29%,人口总数 1109.97 万,耕地面积共计 1068.33 万 hm^2,主要发生在成都平原、盆地丘陵和盆周山地区。四川盆地 2015 年土壤有效磷平均值 21.64 ± 13.73 mg·kg^{-1},中位数 18.33 mg·kg^{-1},最大值 97.33 mg·kg^{-1};其中有 18 个区县属超载,13 个属临界超载,130 个属不超载,超载较为严重的地区为盆地丘陵区和盆周山区。

(3)四川盆地农业面源污染特征

四川盆地农田施肥量近年来快速上升,土壤养分呈累积状态,但对整个区域的耕地养分超载分析结果表明,主要农区如四川盆地(川中丘陵区和川南丘陵区)的土壤养分下降明显,养分超载突出,同时从养分利用率未见明显提高,说明大量施用肥料通过各种途径损失了(Zhou et al.,2016),而这种损失与四川省第一次污染源普查结果相呼应,耕地酸化面积占 39%,农业源 COD、TN、TP 占总排放量比例分别为 28.4%、52.6%、57.1%(四川省环保厅,2012),说明四川盆地农业面源污染态势严重,特别是以氮磷为主的农田面源污染是当前农业绿色发展的主要矛盾。四川省农业面源污染较为突出的地方是紫色土丘陵区和盆周山地的坡地农田,不仅因为该区域水土流失严重,而且因为氮磷养分的保持机制不完整(Wang et al.,2015)。

9.6 四川盆地农田生态系统模式与调控

农田生态系统结构受自然和人为经营管理的影响,尤其在四川盆地特有的丘陵地貌、土壤资源与气候条件驱动下,形成了显著的区域农业特点。

9.6.1　农田生态系统生产力主要限制因子

四川盆地农田生态系统生产力主要受到气候、土壤、经营管理措施等方面的制约。由于紫色土区人口压力大,平均人口密度为 560 人·km^{-2},土地过度垦殖以及不合理的荒地开垦导致严重的水土流失,土壤侵蚀模数为 3000 t·km^{-2} 以上,大量表土流失,约 40% 的旱坡地土层厚度小于 20 mm,大量泥沙下泄,造成河塘、江、湖淤积与堵塞,引发或加剧了 1981 年和 1998 年的长江洪水,同时也降低了抗御区域干旱的能力,因此紫色土坡地农田生产力低而不稳。作为控制植物生长的主要养分元素,土壤氮、磷养分输入及其土壤养分水平体现了土壤肥力高低和土壤质量好坏(Zhu et al., 2009, 2012;杨小林等, 2013)。周明华[①] 将施氮量为 225 kg N·hm^{-2}、施肥深度为 10 cm、秸秆还田比例为 60% 的组合措施定为紫色土坡耕地氮素管理的最佳措施,可以显著减少氮素损失、提高作物产量。朱波等(2009)通过对紫色土坡地土层厚度的调查与不同土层厚度的小区对比试验,发现约 73% 的紫色土坡耕地土层厚度为 20~60 cm。土层厚度是紫色土生产力的基本限制条件。土层越薄,作物株高、生物量和产量愈低,生产力愈低;土层越厚,生物量、产量愈高,生产力愈高,土层厚度的影响在玉米季尤为突出,20 cm、40 cm 小区夏玉米产量仅为 60 cm 小区的 50%、74%,为 80 cm 小区的 28%、40%,为 100 cm 小区的 23%、34%。当土壤厚度超过 60 cm,小麦、玉米的株高、生物量及根重差异不显著,而土壤蓄水可抵御紫色丘陵区连续 20 天的夏旱,因此,可初步判定 60 cm 土层为紫色土生产力临界土层。60 cm 以上厚度的紫色土可维持基本稳定的生产力水平。土壤生产力的恢复应致力于增厚土层,改善土壤结构以保持水土,增强抗旱能力。

紫色土坡地土壤退化较为突出,单位面积旱地的粮食作物产量明显下降,其主要原因是侵蚀和养分亏缺造成耕地肥力退化和土壤生产力丧失(朱波等, 2002)。而土壤有机质含量不仅对于土壤养分活化、土壤结构形成与维护均发挥十分重要的作用,也是退化紫色土旱地肥力恢复与重建的关键限制指标(朱波等, 2002)。

9.6.2　四川盆地丘陵区土地利用/覆盖变化

（1）土地利用/覆盖类型、面积及结构变化

四川盆地 2000 年与 2010 年耕地总面积分别占川中丘陵地区总面积的 77.15%、62.65%(表 9.13),耕地是四川盆地丘陵区最主要的土地利用/覆盖类型,可看出 2000—2010 年耕地减少比例较大。其中 2000 年、2010 年旱地占有量为 49.01%、35.04%,水田占有量为 28.14%、27.61%。耕地主要类型为丘陵耕地,其中坡度大于 25° 的耕地中仅有少量旱地。2000 年、2010 年林地占有量分别为 17.30%、32.18%,林地占有量较低,但逐年增长,且 2000—2010 年增长速率较大,高达 86%。2000 年、2010 年草地覆盖度分别为 2.68%、0.50%。2000 年、2010 年城乡、工矿、居民用地占有量分别为 0.93%、2.35%,总体呈增长趋势(表 9.13)。

---

① 周明华. 2010. 紫色土坡耕地氮素平衡的模拟研究. 中国科学院大学,硕士学位论文.

表 9.13　四川盆地丘陵区 2000—2010 年土地利用／覆盖类型面积及结构变化

一级分类	二级分类	2000 年		2010 年	
		面积 /km²	比例 /%	面积 /km²	比例 /%
耕地	旱地	58432.01	49.01	41778.74	35.04
	水田	33547.37	28.14	32915.69	27.61
林地	有林地	6671.30	5.59	30191.45	25.32
	灌木林	2525.96	2.12	2021.07	1.70
	疏林地	10887.89	9.12	6152.71	5.16
	其他林地	565.07	0.47	2.73	0.00
草地	高覆盖度草地	271.92	0.23	584.19	0.49
	中覆盖度草地	2837.20	2.38	8.18	0.01
	低覆盖度草地	79.14	0.07	0.59	0.00
水域	河渠	1307.76	1.10	1490.11	1.25
	湖泊	68.62	0.06	106.44	0.09
	水库坑塘	616.52	0.52	790.67	0.66
	滩地	262.87	0.22	380.13	0.32
城乡、工矿、居民用地	城镇用地	447.72	0.38	943.00	0.79
	农村居民点	582.79	0.49	1676.45	1.41
	其他建设用地	76.75	0.06	183.36	0.15
未利用土地		46.73	0.04	2.13	0.00

（2）四川盆地土地利用／覆盖时空转移与耕地调整

通过对 2000 年与 2010 年土地利用与覆盖类型图进行两两叠加,建立土地利用变化（LUCC）转移矩阵的方法（罗怀良,2009）,分析四川盆地土地利用与覆盖类型相互转换的内在机制,结果表明,该区土地利用／覆盖的整体结构变化不明显,局部地区互相转化,转化具有规律性。土地利用结构仍以耕地（旱地、水田）为主,林地（有林地、灌木林、疏林地、其他林地）次之,其他结构类型占有量较少。土地利用／覆盖动态变化最大的是水田,其次是旱地、有林地、灌木林地。2000—2010 年水田面积减少 631.68 km²,同期旱地面积减少 16653.27 km²,耕地总面积减少 17284.95 km²,耕地的主要转移方式是耕地内部的旱地和林地之间的相互转化,耕地减少的主要原因是耕地向林地的转化;在一级分类中面积转移量最大的是林地,2000—2010 年林地增加 17717.74 km²,该时期林地的主要转出方向为旱地、水田和建设用地,同时旱地转为林地的面积远大于林地转为旱地的面积,故林地的面积增加速率较大;2000—2010 年草地减少 2595.30 km²,草地减少主要为草地转向林地。2000—2010 建设用地面积总体呈增长趋势,2000—2010 年增加 1695.56 km²。10 年间水域面积增加 511.57 km²,增加的面积主要来源于旱地水田,水域的主要转出方向为水田。10 年间未利用土地减少 44.60 km^2,主要源自 2000—2010 年未利用土地向耕地的转化。2000—2010 年耕地面积减小且转向林地和建设用地,同时该时间段建设用地大量增加。表明 2000—2010 年该地区农村人口较多,农业的开垦力度更大,环境破坏较为严重,林地面积减小,社会经济发展缓慢(王秀兰,2000)。随着 2000 年后社会经济持续改善,农村人口向城镇转移,城镇面积持续增加,同时对耕地的开垦力度减小,耕地面积减小并耕地转向林地,因生态环境得到恢复草地逐渐转变为林地。

9.6.3　坡地水土流失与面源污染防控措施

(1)水土流失与面源污染的流域控制思路

应用生态学、环境学原理,设计应用自然、生态的轻简、高效技术体系,遵循"减源、循环、增汇、生态拦截、全程控制"的治理理念和流域控制思路。

(2)主要技术措施

水土流失与面源污染防控的主要措施包括源头管理、过程阻断和末端治理技术。其中,源头控制主要通过不同农田管理措施减少化肥农药的施用来控制面源污染输出(Sharpley et al.,2000;张维理等,2004);过程阻断是指在面源污染物向受纳水体的迁移过程中利用生态净化原理消纳面源污染物,如植被过滤带、生态沟渠等(罗专溪等,2008);末端控制是指在面源污染物进入受纳水体前,通过设置大型人工湿地、前置库或稳定塘对面源污染物进行拦截(单保庆等,2006)。随着对面源污染认识的深入,仅靠单一的技术及工程措施或政策措施无法有效防控农业面源污染(杨林章等,2013)。因此,紫色土区农业面源污染防控依据水土流失与面源污染的产生、迁移特点,遵循小流域"减源、增汇、循环、生态净化、全程控制"的综合治理理念,构建丘坡农林复合、坡地节肥增效、坡面水系改造、沟谷稻田等有机衔接的小流域面源污染控制技术体系与优化模式(朱波等,2010)。

① 源头控制技术。控制水土流失和降低农药化肥施用量是源头控制技术的核心。首先,通过聚土垄作、等高横坡耕作等技术减少坡耕地水、土、肥流失;其次,在测土配方基础上优化施肥方案,从而直接减少氮、磷施用量;此外还通过施用较易被土壤持留的有机物料(如秸秆、沼渣等),减少化肥施用量的同时提高土壤结构性能,从而通过提升土壤基础地力,间接减少化肥施用量,达到从源头监控面源污染的目标。农药优化管理技术的主要目标是降低农药直接进入水体的风险。

② 过程阻控技术。延长污染物在向受纳水体迁移过程中的滞留时间是本技术的重点。针对紫色土小流域土地利用与空间分布特征,在坡耕地下游设置生态沟渠植被拦截吸收系统,降低径流污染负荷;其次通过各级地埂和路边植物篱拦截来自坡耕地的侵蚀泥沙;在平缓沟道设置多级沉沙池则能达到更好的泥沙拦截效果;依据紫色土区自然沟道地势起伏的特征通过跌水曝氧则可有效减少铵态氮,对改善下游水体水质起到重要作用。过程阻控技术的难点在于植物的选择、处理和规避洪水。

③ 末端治理技术。末端治理技术主要应用于小流域下游沟谷末端,利用小流域低洼处广泛分布的水田、塘(库),构建湿地系统,消纳面源污染物。水田 – 塘(库)系统能极大地延长水力停留时间,一方面系统内水体的自净作用能消减大量污染物,另一方面水力停留时间的延长增加了系统内植物对污染物的吸收,也促进了反硝化作用。末端治理技术的难点在于湿地植物的无害化、资源化处理。

（3）小流域水土流失与面源污染控制模式

通过小流域面源污染控制集成技术体系的不断运行与调试,在盐亭县林山乡截流村建立了小流域坡顶农林复合、村落环境整治、坡耕地粮经弹性种植和养分高效利用、沟谷稻田鸭稻共栖的"农林水"复合生态系统,并与生态沟渠有机衔接的"农林水"实体模式,同时总结提出了紫色土丘陵区坡地节肥增效、村落减源控污、山区生态沟渠系统和人工湿地有机衔接的农村面源污染控制的"减源、循环、增汇、生态拦截、全程控制"的理论观点与技术体系,并在川中丘陵区、三峡库区开展了大量试验示范,取得明显的控污效果。

9.6.4　四川盆地典型流域复合农田生态系统模式

（1）与路、沟、池配套的坡面水系改造技术

通过对四川盆地典型流域的田间道路、山边沟、渠系和蓄水池等的现状和问题的系统分析,优化流域的路、沟、池配套布局和灌溉量,进行池、沟、灌溉的综合配套与效益优化;依据"理顺坡面水系,路沟池配套,实行综合治理",建立路、沟、凼、窖、池、塘、坊、坝、渠系统配套技术体系,并与小型机械化配套道路建设相衔接,建立流域内坡面水系改造技术,为流域内农业排水、水土保持和农田灌溉用水提供有利条件。

（2）农田土壤肥力快速提升技术

土层厚度已成为四川盆地农田生产力的主要限制条件,土层越薄,土壤水肥保障能力越差,生产力愈低。利用紫色土母岩风化快,成土迅速,新鲜母岩暴露后,每年可通过自然风化形成15 mm 的土壤。因此,利用紫色土母岩松脆、易于风化分解、成土较快、矿质养分丰富的特点,增加土层厚度的方式有深翻增厚土层、全层爆破,深啄深翻底土或利用工程机械增厚土层。但改土厚度达到 60 cm 以上即可,土层越厚更好,但投资更高。土壤有机质低是四川盆地农田土壤肥力退化的重要特征,本区的长期试验表明,有机物料处理（OMNPK、CRNPK）的土壤有机质均有不同程度增加,其中秸秆还田（CRNPK）处理经过 10 年的连续本田秸秆还田,土壤有机质增加了75%。因此,在土层增加基础上,增施有机肥与秸秆还田可作为农田土壤地力提升的主要措施。

（3）坡耕地粮经弹性结构种植与农业结构调整

首先,建立坡地水土保持耕作体系,以解决坡耕地"跑水、跑土、跑肥"的问题。具体做法是横坡作垄,垄、沟与土挡配套,建立由垄、沟和土挡形成的横坡网格耕作体系;其次,为防止暴雨对土表的直接冲击,减缓表土溅失,实施全土秸秆覆盖,由此建立垄沟网格耕作与秸秆覆盖相结合的水土保持耕作体系。利用农林复合系统原理,根据垄沟的立地条件和作物的需光性差异,实行高秆与矮秆作物套作、好光与喜阴间作相结合,沟内浅坑定植果树苗或经济效益高的作物,垄上种粮食作物（小麦与玉米）,垄基还可利用季节时差种植花生和豌豆,垄上不种粮食可退粮还草,发展果草牧模式,根据市场可调节粮食作物与经济作物比重,弹性种植与管理。特别是利用坡耕地退耕还林的时机,建立超宽的垄沟体系,构筑田间农林复合结构,并根据植物的选择与冠幅调控,可以形成坡地农林复合系统,既寓粮于地,又可调整农业结构,提高农业收入,同时可逐步推进退耕还林。而且,本技术具有良好的水土保持效益,较普通平作植果树减沙 96.5%,较常规平作种植粮食作物减沙 97%,而且增收在 50% 以上。

（4）沟谷稻田生态系统水肥优化调控技术

利用沟谷水稻田的低洼位置汇集径流与泥沙,并在汇流区搭建相应的径流、泥沙与养分的

"汇"功能结构,结合坡面水系改造,合理配置灌溉塘堰与水稻田的空间格局,充分利用水稻田保水、保肥基础能力突出的资源优势,选择发挥作物与光热资源特点及水肥优化管理技术,构建沟谷水稻田高效农田生态系统调控模式,实现水稻田的水旱轮作高效生产,提高当地粮食作物的保障能力。

（5）流域水土流失与面源污染控制技术体系

首先建立好坡顶林地的乔灌草植被体系,即具备基本的水土保持功能,控制好源头的侵蚀与泥沙;利用沟谷水田、塘库和自然沟渠的湿地功能,控制侵蚀泥沙的输出,同时合理利用水稻田的高产保障小流域粮食供给;在此基础上,大力推进坡耕地业结构调整,并采用坡地粮经弹性结构种植技术,既可发展农村经济,又能建立良好的坡地水土保持耕作体系。同时合理配置台地间的坡坎林地生态系统,并与农地形成农林镶嵌的空间格局,由此建立丘陵上部的农林复合系统和沟谷稻田湿地系统相呼应的农林水系统复合的小流域侵蚀泥沙控制的生态经济体系。

参 考 文 献

陈正维,朱波,唐家良,等.2016.自然降雨条件下坡度对紫色土坡地土壤侵蚀的影响.人民珠江,37(1):29–33.

重庆市统计局.2000—2011.重庆市统计年鉴.北京:中国统计出版社.

何毓蓉.2002.中国紫色土(下篇).北京:科学出版社.

侯光炯.1990.侯光炯土壤学论文选集:北培土壤志.成都:四川科学技术出版社,158–174.

黄嘉佑.1995.气候状态变化趋势与突变分析.气象,21(7):51–58.

简虹,骆云中,谢德体.2011.基于 Mann–Kendall 法和小波分析的降水变化特征研究.西南师范大学学报(自然科学版),36(4):217–222.

李家康,林葆,梁国庆.2001.对我国化肥使用前景的剖析.植物营养与肥料学报,7(1):1–10

李生秀.2008.中国旱地土壤植物氮素.北京:科学出版社.

李仲明.1991.中国紫色土(上篇).北京:科学出版社,9–10.

罗怀良.2009.川中丘陵地区近 55 年来农田生态系统植被碳储量动态研究——以四川省盐亭县为例.自然资源学报,24(2):251–258.

罗专溪,朱波,汪涛.2008.紫色土丘陵区农村集镇降雨径流污染特征.环境科学学报,28(9):1823–1831.

单保庆,陈庆锋,尹澄清.2006.塘–湿地组合系统对城市旅游区降雨径流污染的在线截控作用研究.环境科学学报,26(7):1068–1075.

四川省环保厅.2012.四川省第一次全国污染源普查成果汇编.成都:西南财经大学出版社.

四川省统计局.1981—2011.四川省统计年鉴.北京:中国统计出版社.

唐晓平.1997.四川紫色土肥力的 Fuzzy 综合评判.土壤通报,28(3):107–109.

唐时嘉,孙德江,罗有芳,等.1984.四川盆地紫色土肥力与母质特性的关系.土壤学报,21(2):123–133.

汪涛,罗贵生,朱波,等.2009.施肥对紫色土坡耕地氮素淋失的影响.农业环境科学学报,28(4):716–722.

汪涛,朱波,罗专溪,等.2010.紫色土坡耕地硝酸盐流失过程与特征研究.土壤学报,47(5):962–970.

王先拓,王玉宽,傅斌,等.2006.水土保持学报,5:9–11.

王秀兰.2000.土地利用–土地覆盖变化中的人口因素分析.资源科学,22(3):39–42.

王振健,张保华,李如雪,等.2005.四川典型紫色土肥力特征及可持续利用研究.西南农业大学学报(自然科学版),27(6):918–921.

辛伟,朱波,唐家良,等.2008.紫色土丘陵区典型坡地产流及产沙模拟试验研究.水土保持通报,28(2):31-35.

徐泰平,朱波,汪涛,等.2006a.秸秆还田对紫色土坡耕地养分流失的影响.水土保持学报,1:30-32.

徐泰平,朱波,汪涛,等.2006b.不同降雨侵蚀力条件下紫色土坡耕地的养分流失.水土保持研究,13(6):139-141.

杨林章,施卫明,薛利红.2013.农村面源污染治理的"4R"理论与工程实践——总体思路与"4R"治理技术.农业环境科学学报,32(1):1-8.

杨小林,李义玲,朱波.2013.紫色土小流域不同土地利用类型的土壤氮素时空分异特征.环境科学学报,33(10):2807-2813.

张翀,韩晓阳,李雪倩.2015.川中丘陵区紫色土冬小麦/夏玉米轮作氨挥发研究.中国生态农业学报,23(11):1359-1366.

张维理,武淑霞,冀宏杰.2004.中国农业面源污染形势估计及控制对策 I. 21 世纪初期中国农业面源污染的形势估计.中国农业科学,37(7):1008-1017.

周大海.1992.四川盆地 6 种紫色母质基础肥力的研究.西南农业大学学报,14(2):162-166.

朱波,陈实,游祥,等.2002.紫色土退化旱地的肥力恢复与重建.土壤学报,39(5):743-749.

朱波,高美荣,刘刚才,等.2003.川中丘陵区农业生态系统的演替.山地学报,21(1):56-62.

朱波,况福虹,高美荣,等.2009.土层厚度对紫色土坡地生产力的影响.山地学报,27(6):735-739.

朱波,李同阳,张先婉.1996.耕作制度对紫色土养分循环的影响.山地研究,14(增刊):51-54.

朱波,罗晓梅,廖晓勇.1999.紫色母岩养分的风化与释放.西南农业学报,12(s1):63-68.

朱波,汪涛,况福虹.2008.紫色土坡耕地硝酸盐淋失特征.环境科学学报,28(3):525-533.

朱波,汪涛,王建超.2010.三峡库区典型小流域非点源氮磷污染的来源与负荷.中国水土保持,10:34-36.

朱波,王道杰,孟兆鑫,2004.长江上游退耕还林合理规模与模式,山地学报,22(6):675-678.

朱波,周明华,况福虹.2013.紫色土坡耕地氮素淋失通量的实测与模拟.中国生态农业学报,21(1):102-109.

朱兆良.2000.农田中氮肥的损失与对策.土壤与环境,9(1):1-6.

Al-Kanani T, Mackenzie A F, Blenkhorn H. 1991. Soil water and ammonia volatilization relationship with surface applied nitrogen fertilizer solution. Soil Science Society of America Journal, 55: 1761-1766.

Hua K, Zhu B, Wang X G. 2015. Soil organic carbon loss from carbon dioxide and methane emissions, as well as runoff and leaching on a hillslope of Regosol soil in a wheat-maize rotation. Nutrient Cycling in Agroecosystems, 103: 75-86.

Hua K, Zhu B, Wang X G, et al. 2016. Forms and fluxes of soil organic carbon transport via overland flow, interflow, and soil erosion. Soil Science Society of America Journal, 80: 1011-1019.

Liu Q, Zhu B, Tang J L, et al. 2018. Hydrological processes and sediment yields from hillslope croplands of Regosol under different slope gradients. Soil Science Society of America Journal, 81: 1517-1525.

Sharpley A, Foy B, Withers P. 2000. Practical and innovative measures for the control of agricultural phosphorus losses to water: an overview. Journal of Environmental Quality, 29: 1-9.

Tang J L, Cheng X Q, Zhu B, et al. 2015. Rainfall and tillage impacts on soil erosion of sloping cropland with subtropical monsoon climate—A case study in Hilly Purple Soil area, China. Journal of Mountain Science, 12(1): 134-144.

Tang J L, Zhu B, Wang T, et al. 2012. Subsurface flow processes in sloping cropland of purple soil. Journal of Mountain Science, 9(1): 1-9.

Wang J, Zhu B, Zhang J B, et al. 2015. Mechanisms of soil N dynamics following long-term application of organic fertilizers to subtropical rain-fed purple soil in China. Soil Biology & Biochemistry, 91: 222-231.

Wang T, Zhu B. 2011. Nitrate loss via overland flow and interflow from a sloped farmland in the hilly area of purple soil, China. Nutrient Cycling in Agroecosystems, 90: 309-319.

Zhou M H, Zhu B, Butterbach-Bahl K, et al. 2012. Nitrate leaching, direct and indirect nitrous oxide fluxes from sloping cropland in the purple soil area, southwestern China. Environmental Pollution, 162: 361-368.

Zhou M H, Zhu B, Brüggemann N, et al. 2016. Sustaining crop productivity while reducing environmental nitrogen losses in the subtropical wheat−maize cropping systems: A comprehensive case study of nitrogen cycling and balance. Agriculture, Ecosystems and Environment, 231: 1−14.

Zhu B, Wang T, Kuang F H, et al. 2009. Measurements of nitrate leaching from a hillslope cropland in the Central Sichuan Basin, China. Soil Science Society of America Journal, 73: 1419−1426.

Zhu B, Wang Z H, Zhang X. 2012. Phosphorus fractions and release potential of ditch sediments from different land uses in a small catchment of the upper Yangtze River. Journal of Soils and Sediments, 12: 278−290.

第10章 黄土高塬沟壑区农田生态系统过程与变化[*]

黄土高塬沟壑区位于黄土高原的南部,横跨山西、陕西、甘肃三省。黄土塬地,地面平坦,土层深厚,土壤水库的调蓄能力强,形成以旱农占主导地位的富有特色的黄土塬区农业生态系统。在传统农业的基础上,着眼于农田生态系统发生的若干变化,长武站依托轮作和施肥长期定位试验场,系列观测样地与试验地及野外大型观测设施等条件,对高塬沟壑区农田水土资源的保持与可持续利用进行了系统研究。

10.1 黄土高塬沟壑区农田生态系统特征

黄土高塬沟壑区包括塬面与沟壑两大地貌单元,"黄土高塬沟壑区"在名称上常常与"黄土高原沟壑区"通用,最早出现在 20 世纪 50 年代的黄河中游流域的土壤侵蚀区域划分中,后来不同学者的分区研究给出的结果,"塬"和"原"用词虽然有别,但在空间范围上大体一致。

黄土高塬沟壑区处于半湿润与半干旱过渡地带,属暖温带大陆性季风气候。年降水量 500~600 mm,年际和季节间波动很大,但因海拔较高(大部分地区为 800~1300 m),昼夜温差很大;又因土层深厚,具有类似水库的水分调蓄能力,所以农田水分生产效率相对较高。这个系统一般采用豆禾(豆科与禾本科)轮作和农畜结合维持肥力平衡;采用夏季休闲达到水分调蓄;实施一整套耕耱耙压栽培技术,构成了我国传统农业的精髓,具有极高的典型性。该区域长期以来是陕、甘、晋三省的主要旱作粮食产区,20 世纪 80 年代以来,又发展成为我国最大的优质苹果产区。历史上,以从事农业著称的周族由后稷开始,兴起于关中西部台塬区,后迁居黄土高塬沟壑区的陇东与渭北西部一带,人们常说的"五谷"当时都已种植。该地区农民所创造的丰富的农耕经验,成为古农书经典《氾胜之书》的重要源泉(李玉山,1990)。

以"固沟保塬"为主导思想,在过去几十年中,特别是实施"退耕还林还草"工程以来,经过农业水土工程和植被重建等综合治理,黄土高塬沟壑区生态环境已发生根本改观。与传统农业相比,当今农业生态系统已经发生了若干变化,表现为农田作物结构趋向简单,但系统类型呈现多元;以苹果林为主的果园面积增大,农田面积减少;以大棚蔬菜为主要类型的设施农业渐成规模;农用化学物质大量使用;机械化耕作水平不断提高;覆盖、雨水收集与节水灌溉进入水分调控;作物产出量水平大幅度增加;物质循环水平持续强化,等等。如何在这样的变化之中,在生

---

* 本章作者为中国科学院·水利部水土保持研究所刘文兆、郭胜利、党廷辉。

态建设不断加强的背景之下,着眼区域农、果复合系统中农田结构特点,做好水土资源的保持与可持续利用,便成为学界特别关注与农田生态系统研究需要深化之处。

长武农业生态试验站(简称长武站)位于黄土高塬沟壑区中部,年均降水 578 mm,年际和季节间降水变率较大,年均气温 9.1 ℃,无霜期 171 天,地下水位 50~80 m。地带性土壤为黑垆土,母质是深厚的中壤质马兰黄土,土质均匀疏松,通透性好。长武站所在的王东沟小流域,其塬面与沟壑的土地面积分别为 35% 与 65%,沟壑分梁(沟间地)与沟谷两个亚单元,其面积分别为 35.6% 与 29.4%。如果整体上以塬、梁、沟三大类型分之,则各约占 1/3(李玉山和苏陕民,1991)。农田生态系统主要分布于塬面与梁顶上,主要农作物有冬小麦、春玉米等。

10.2   黄土塬区农田长期定位观测与试验研究

长武站通过 30 余年的建设,已在黄土高塬沟壑区建成由综合观测场、辅助观测场、站区调查点以及系列长期定位试验与大型试验设施组成的比较完整的观测试验体系,形成从地块(农田)–小流域–区域三个层面,在不同立地条件和利用类型上,全方位、系统化、网格式的观测试验分布格局。

长期轮作与培肥定位试验是长武站最具代表性的试验设施,包括"轮作施肥定位试验"和"肥料定位试验",始建于 1984 年,是目前国内外涉及轮作系统与施肥处理都较多的长期定位试验之一。

该试验着力于研究旱地农田生态系统高产、高效与可持续发展模式、环境效应及其演变趋势。主要内容为不同轮作与施肥方式下农田生态系统的结构、功能和生产力演变过程,水分、养分与生产力的关系及其高效利用途径,土壤物理、化学和生物性质的时空演变及其环境效应等。

试验地位于陕西省长武县十里铺村旱塬上,海拔 1200 m。在雨养旱作条件下试验。所处塬面平坦宽阔,黄土堆积深厚,土壤为黑垆土,试验前 1984 年耕层 0~20 cm 土壤含有机质 10.4 g·kg^{-1},全氮 0.60 g·kg^{-1},碱解氮 37.0 mg·kg^{-1},速效磷 3.0 mg·kg^{-1},速效钾 129 mg·kg^{-1},pH 8.3。试验土壤有机质含量低,贫氮缺磷,钾素较为丰富。

10.2.1   轮作施肥定位试验

本试验包括轮作与施肥 2 个系统,以及 1 个裸地对照处理。

(1)轮作系统:包括粮–粮轮作与粮–草轮作 2 个系统。所有轮作地块均施 N$_{120}$P$_{60}$(指 N 120 kg·hm^{-2}+P$_2$O$_5$ 60 kg·hm^{-2},其余类同)。

粮–粮轮作:包括粮–饲 3 年轮作(玉米–小麦–小麦+糜子)、粮–豆 3 年轮作(豌豆–小麦–小麦+糜子)、粮–饲–豆 4 年轮作(豌豆–小麦–小麦–玉米)三个系统。

粮–草轮作:包括粮–草长周期(8 年)轮作(苜蓿–苜蓿–苜蓿–苜蓿–马铃薯–小麦–小麦–小麦+苜蓿)、粮–草短周期(3 年)轮作(红豆草–小麦–小麦+红豆草)二个轮作系统。

作物连作:包括小麦连作、玉米连作和苜蓿连作三个系统。

（2）施肥系统：包括作物连作施肥与作物轮作施肥 2 个系统，肥料施用包括化肥（氮肥、磷肥）单施与配施以及厩肥单施与化肥配施。

作物连作施肥系统：包括小麦连作施肥系统（CK，N_{120}，P_{60}，$N_{120}P_{60}$，M_{75}，$M_{75}N_{120}$，$M_{75}P_{60}$，$M_{75}N_{120}P_{60}$）；玉米连作施肥系统（$M_{75}N_{120}P_{60}$）和苜蓿连作施肥系统（CK，P_{60}，$N_{120}P_{60}$，$M_{75}N_{120}P_{60}$）。CK，M_{75}，N_{120}，P_{60} 分别指不施肥，每公顷施用有机肥 75 t，每公顷施用氮素 120 kg，每公顷施用磷素 60 kg，其余类同。

作物轮作施肥系统包括粮－豆轮作施肥系统（CK，P_{60}，$N_{120}P_{60}$，$M_{75}N_{120}P_{60}$）；粮－饲（玉米）轮作施肥系统（$N_{120}P_{60}$，$M_{75}N_{120}P_{60}$）。

（3）裸地：不种作物不施肥，只清除地面杂草（F）。

试验处理数共计 36 个。重复 3 次，共有 108 个小区。小区长 10.26 m，宽 6.5 m。小区间距 0.5 m，区组间距 1 m。全试验区（不含保护行）长 127.5 m，宽 68.56 m，占地 0.87 hm^2。

肥料于作物播种前撒施地表，翻入 0～20 cm 土中。试验所用厩肥为奶牛圈粪或农户厩肥，氮肥为尿素，磷肥为三料磷肥或过磷酸钙，土壤喷洒农药（3911 或 1605 等）进行消毒灭菌，防治地下害虫。作物栽培技术及管理措施与一般大田相同。

10.2.2　肥料定位试验

为小麦连作肥料定位试验。供试养分因子有氮（N）、磷（P）、钾（K）、硼（B）、锌（Zn）、锰（Mn）、铜（Cu）。其中 N 与 P 两因子上限为 180 kg·hm^{-2}、下限为 0，等间距分为 5 个水平，采用修改的回归正交设计，共计 17 个处理。另外，K 肥处理（$N_{90}P_{90}K_{90}$）1 个，B、Zn、Mn、Cu、PK（磷酸二氢钾）及对照处理 6 个，共 24 个处理。重复三次，共有小区 72 个。小区面积 5.5 m×4 m。小区间距 0.5 m，区组间距 1.0 m。氮、磷、钾肥均作基肥于播前撒入地表，翻入 0～20 cm 土中。氮肥和磷肥类型同轮作试验，钾肥为硫酸钾。微肥分别用硼砂、硫酸锌、硫酸锰和硫酸铜，用量分别为硼砂 11.25 kg·hm^{-2}、$ZnSO_4·7H_2O$ 15.00 kg·hm^{-2}、$MnSO_4·H_2O$ 22.50 kg·hm^{-2}、$CuSO_4$ 15.00 kg·hm^{-2}。微肥采用土施法，随播种施入播种沟中。小麦播种与管理措施与一般大田相同。

10.3　旱塬农田水分平衡与作物－水分关系

黄土塬区农业生产以旱农为主。分析旱塬农田水分平衡与作物－水分关系，不懈追求旱地农田水分利用效率的增加，提升农田生产力水平，是长武站长期以来坚持的主要研究工作之一。

10.3.1　旱塬农田水分平衡与作物生产力特征

在黄土塬区，绝大部分农田中地下水埋深在几十米之下，不易上移补给作物利用；在旱作条件下，研究时段内农田水量平衡式可简化为，

$$T+E=P-R-D-\Delta W \tag{10.1}$$

式中：各量习惯上以水的厚度（mm）表示。土体深度取作物蒸散作用层范围，这通常是指根系吸

水所影响到的土层位置。土体水量的变化 ΔW 可正可负,表现着计算时段内土壤水库的调节作用,在多年平均条件下,ΔW 趋于 0。E 为土面蒸发量,T 为作物蒸腾量,二者之和即 ET,为农田蒸散量,也常称为耗水量。P 为降水量。黄土塬区地面平坦,农田上常为区垄交织,地面排出径流量 R 可略去不计。降雨条件给定时,向下排出蒸散作用层的水量 D 的有无与多少主要取决于作物根系吸水所影响的土层深度,作物健壮、根系发达,则蒸散作用层就厚,降水入渗形成深层渗漏的可能性就降低。因此多年平均下,黄土塬区农田上在品种、施肥等措施优化下,降水入渗转化成的土壤水资源尽可能多地被农田蒸散消耗掉,ET 就趋近于降水量 P,即 P 表现为 ET 的上限。与此同时,若要进一步增加与作物生长直接相关的蒸腾量 T,则需要降低作物棵间土面蒸发量 E,这在生产实践中即表现为各类地面覆盖措施的运用。在这一过程中,一定品种下,作物产量就不断趋近于相应的作物降水生产潜力。

旱地作物耗水量因水文年份不同而有变化,根据在长武塬区 1985—1991 年的田间试验(李开元和李玉山,1995),冬小麦耗水量平均为 456.9 mm。生育期降水所占比例平均 64.4%,亦即冬小麦土壤供水量占耗水量的比例平均为 35.6%,冬小麦平均产量为 4929.9 kg·hm⁻²。春玉米耗水量平均为 444.6 mm。生育期降水所占比例平均为 88.9%,土壤供水量占耗水量的比例平均为 11.1%,春玉米平均产量为 7694.5 kg·hm⁻²(表 10.1)。

表 10.1　旱作冬小麦与春玉米产量、农田耗水量及降水占耗水的比例,长武(1985—1991 年)

内容		时期							
		1985	1986	1987	1988	1989	1990	1991	平均
冬小麦	耗水量 /mm	467.9	478.6	344.3	373.9	565.1	484.9	483.7	456.9
	生育期降水量 /mm	272.6	285.4	275.4	340.0	268.1	328.9	288.7	294.2
	降水占耗水 /%	58.3	59.6	80.0	90.9	47.4	67.8	59.7	64.4
	旱作产量 /(kg·hm⁻²)	3060.0	5895.0	4209.0	5064.0	6343.5	5158.5	4779.0	4929.9
春玉米	耗水量 /mm	389.5	451.9	419.6	505.5	494.1	421.2	430.4	444.6
	生育期降水量 /mm	352.3	326.7	358.5	586.6	399.6	538.2	204.2	395.2
	降水占耗水 /%	90.4	72.3	85.4	116.0	80.9	127.8	47.4	88.9
	旱作产量 /(kg·hm⁻²)	7575.0	8424.0	5734.5	9054.0	7083.7	8431.5	7558.0	7694.5

在系统研究黄土高原、王东沟试验区旱作粮食产量发展过程后,旱作粮食生产力发展三规律被提了出来(李玉山,1990;钟良平等,2004),即产量徘徊 – 新台阶规律;旱作产量波动性规律和养分水分主导作用转化规律。旱作粮食产量在一定时段内呈现徘徊状态,只有新的因素注入,产量才会跃上新的台阶。旱作粮食产量的年度波动性是难以消除的,好的技术措施只能减缓其变化,高产田的产量波动性并不小于低产田,甚至波幅更大。20 世纪 90 年代以前,黄土塬区粮田增产是养分投入起主导作用,随后一部分高产区和高产田,由于土壤养分积累和高量施肥,转化为水分条件起主导作用。在水分条件主导的阶段,覆盖栽培(地膜、秸秆等)成为农田生产力跃升和稳定的主要驱动力。

10.3.2　旱塬农田玉米产量－水分关系及水肥耦合效应

（1）春玉米产量、水分消耗与水分利用效率间的关系

以作物产量（Y）与全生育期耗水量（ET）的关系为基础,考虑产量随耗水量的变化率,引入边际水分利用效率（$MWUE$）的概念,由其与一般意义上的水分利用效率（WUE）之比构成水分生产弹性系数（EWP）这一判定指标,可揭示具有动态特征的水分利用效率－耗水量－产量间的内在联系。当 Y-ET 关系表现为线性时,WUE 随 ET 的变化趋势直接受常数项的取值条件的影响;当 Y-ET 表现为二次抛物线时,随着 ET 的增加,WUE 的最大值要先于 Y 的最大值而提前达到,使 WUE 达到最大值的 ET 值等于常数项与二次项系数之比的算术平方根,在其之前,WUE 渐增,在其之后,WUE 渐降。如果 Y-ET 关系表现为其他函数形式,则可通过对其具体的 EWP 的求算,据以分析 WUE-ET-Y 间的内在关联。

长武站通过不同供水处理对春玉米产量与耗水量关系进行了研究,高肥及低肥水平下 Y-ET 关系均可用二次抛物线拟合。对 WUE-ET-Y 的内在联系的分析表明:在同一水分供应条件下,高肥田块具有较高的 WUE 和 ET 值。1987 年,在高肥水平下,当 ET=472 mm 时,WUE 达到最大,为 16.3 kg·hm^{-2}·mm^{-1};当 ET=524 mm 时,产量达到最大,为 8111 kg·hm^{-2}（图 10.1）。

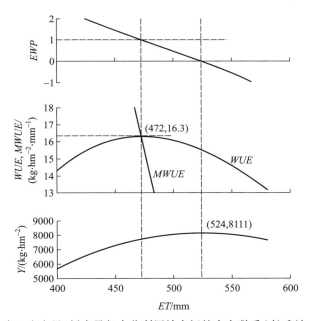

图 10.1　春玉米产量、耗水量与水分利用效率间的内在联系（长武站, 1987 年）

（2）春玉米水肥产量优化耦合区域

当水肥各自水平同时变化时,Y 与 ET 不能以 ET 为自变量直接建立关系模型,但 Y 与 ET 可分别与水、肥水平建立关系模型,进而相互联系。以 x_1、x_2 分别表示养分水平与水分水平,即有,$Y=Y(x_1, x_2)$,$ET=ET(x_1, x_2)$。

此时,在限定水肥供养变动方向,即给定 dx_1/dx_2 后,可求得该方向下的 EWP,从而分析相应的 Y-ET-WUE 关系与特征。

$$EWP = \frac{\dfrac{\partial Y}{\partial x_1}\dfrac{\mathrm{d}x_1}{\mathrm{d}x_2} + \dfrac{\partial Y}{\partial x_2}}{\dfrac{\partial ET}{\partial x_1}\dfrac{\mathrm{d}x_1}{\mathrm{d}x_2} + \dfrac{\partial ET}{\partial x_2}} \times \frac{ET}{Y} \tag{10.2}$$

考虑物理意义,这里 $\mathrm{d}x_1/\mathrm{d}x_2$ 的方向有两种选择:① 所在点与 Y_{max} 的连线方向;② 所在点单位水肥投入下产量增加最大的方向。

长武站 1990 年设计"米"字形结构,把以往水肥两因子三水平试验扩展成水肥两因子五水平试验,以使作物水肥产量效应在更大的区间内有更充分的表现,并在构造水肥生产函数的基础上,揭示作物水肥耦合效应特征(刘文兆和李玉山,2003)。试验地在站区塬地上,有如下结果,

$$Y = 2437.0 + 2919.15x_1 + 588.68x_2 - 375.09x_1^2 + 5.27x_1x_2 - 67.91x_2^2 \tag{10.3}$$

$$ET = 349.3 + 3.71x_1 + 33.81x_2 \tag{10.4}$$

1990 年年降水量为 675.1 mm,对于长武塬而言,降水相对充沛,超过正常年份,在试验范围内,水分因素对产量的影响仅及养分因素影响的 1/5,但对耗水量的影响依然为主。交互项对产量的影响很小,其系数与水肥因素各自的系数不成比例,交互作用没有得到显示。

分析 1990 年长武春玉米水肥试验,由弹性系数指标解析二种 $\mathrm{d}x_1/\mathrm{d}x_2$ 方向下 EWP 分别等于 1 和 0 的坐标点,表明其水肥优化耦合区域呈椭圆形,如图 10.2 示。Y 最大的点与 WUE 最大的点是椭圆的两个特征点,从图形上看,二者分别处在椭圆长轴的两个端点上。我们称以与 Y_{max} 的连线为方向而得到的椭圆为第一类椭圆;以 Y 曲面的梯度方向而得到的椭圆为第二类椭圆。二类椭圆长轴对 x 轴的倾角对同一试验而言,保持一致,且长度未变,而短轴长度明显缩短。在椭圆的中心点,N、P_2O_5、有机肥的投入量分别为 213.5 kg·hm^{-2}、101.1 kg·hm^{-2}、53381 kg·hm^{-2};总供水量(灌水量、降水量与播前 2 m 土层贮水量之和)为 795.2 mm。同样设计的试验随后亦在安塞试验站进行,结果相似(刘文兆等,2002),但安塞的结果中椭圆长轴的倾角加大。

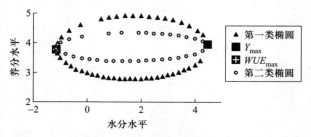

图 10.2　春玉米水肥优化耦合区域(长武站,1990 年)

10.3.3　冬小麦产量及水分利用效率对播前底墒变化与生育期差别供水的响应

(1)底墒与生育期供水对冬小麦产量及水分利用效率的影响

试验地位于长武站塬面农田上。试验时间为 2015 年 7 月至 2016 年 6 月,其中 7—9 月为夏闲期,10 月到次年 6 月为冬小麦生育期。从播种到收获,冬小麦生育期降水量为 207.8 mm。田间每小区面积 6 m × 4.5 m,于 2015 年夏闲期通过覆盖保墒与玉米不同密度种植差别耗水形成不

同底墒基础。在播种前采用混土法把所有小区耕层土壤混合匀平，消除养分差异。

　　不同处理麦田 2 m 底墒、水分消耗、产量、WUE 等如表 10.2 示。在黄土塬区降水季节分布特征下，播前底墒对冬小麦产量具有决定性作用，产量随底墒线性增加。在做好夏闲期蓄水保墒的基础上，旱作冬小麦产量可达到充分供水情况下能够取得产量的 88%～90% 水平。与 2 m 土层底墒为 500 mm 且生育期无补充灌溉的处理比较，供水增加同为 40 mm 的三个处理中，表现为底墒增加处理的产量提高了 11.8%，次之是在拔节期与孕穗期分别补灌的处理，但三者间产量无显著差异；播前底墒较高并在拔节期及孕穗补充灌溉的处理冬小麦产量达到试验年份较高水平（李超等，2017）。

表 10.2　麦田 2 m 底墒、水分消耗、产量、WUE 与产量，长武，2015—2016 年

处理	底墒 /mm	总耗水量 /mm	土壤耗水量 /mm	产量 /（kg·hm^{-2}）	（灌溉水＋降水）利用效率 /（kg·hm^{-2}·mm^{-1}）	WUE /（kg·hm^{-2}·mm^{-1}）
CK	358.2[e]	293.5[e]	85.7[e]	3183[e]	15.32[f]	10.85[ab]
WT1	444.8[d]	364.2[d]	156.4[cd]	4088[d]	19.67[d]	11.22[ab]
WT2	500.4[c]	437.1[c]	229.3[b]	4820[c]	23.20[b]	11.03[ab]
WT3	543.8[ab]	535.1[b]	327.3[a]	5388[b]	25.93[a]	10.07[ab]
WT4	501.4[c]	446.9[c]	199.1[bc]	5279[b]	21.30[c]	11.81[a]
WT5	497.5[c]	428.5[c]	180.7[d]	5157[b]	20.81[cd]	12.03[a]
WT6	507.9[bc]	474.1[c]	226.3[b]	5043[bc]	20.35[cd]	10.64[ab]
WT7	542.3[ab]	508.4[b]	220.6[b]	6120[a]	21.26[c]	12.04[a]
WT8	571.6[a]	656.0[a]	303.2[a]	6073[a]	17.21[e]	9.26[b]

注：同列不同小写字母表示处理间差异显著（P<0.05）；土壤耗水量指 5 m 土层贮水播前与收获时之差；CK 和 WT1～WT8 为 9 个水分水平。

　　（2）冬小麦产量、WUE 与水分消耗的关系

　　把未灌水处理与灌水处理分开进行分析，其 Y-ET 关系都表现为线性趋势。未灌水处理生育期除降水外无额外水分投入，与灌水处理相比其耗水量与产量总体上要小一些，但 Y-ET 趋势线较之于灌溉处理者，其斜率较大，说明在此情况下，增加单位水分消耗的产出效率较高。

　　全部处理的 Y-ET 关系可由 Logistic 曲线拟合，拟合方程如图 10.3 标示。Y 的变化表现为随 ET 增加先快速、后缓慢的上升趋势。WUE-ET 曲线分为明显上升，趋于稳定以及逐渐下降 3 个阶段，当冬小麦总耗水量处于 402 mm 左右时，WUE 达到最大 11.60 kg·hm^{-2}·mm^{-1}；当耗水量超过 402 mm 后，WUE 随着耗水量的增加逐渐减小。

　　总供水水平（WS）与耗水量（ET）间存在显著的线性关系（$R^2=0.91^{**}$），ET=0.974WS−262.9。表明在试验条件下耗水量随着供水量的增加而线性增加。这里总供水量是指生育期降水量、补充灌溉量与 2 m 土层底墒贮水量之和。当处理不同，但总供水量相同时，其耗水量在统计上也是相同的。由图 10.3 给出的产量与耗水量的拟合曲线可知，其产量在统计上也是相同的。这与前面对不同时段增加等量供水，包括播前底墒或生育期补灌，在总供水水平相同时，增产效果基本一致的结论相同。

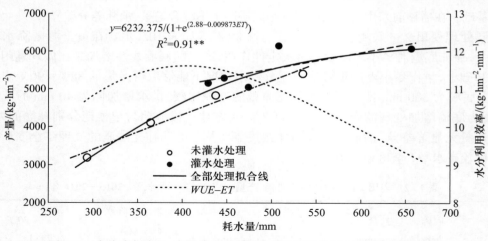

图 10.3　冬小麦耗水量、产量及水分利用效率之间的关系（长武站，2016 年）

　　在已有研究中（刘昌明等，2005；房全孝等，2004；Kang et al.，2002；刘文兆，1998），作物产量与耗水量间的关系大都采用直线型或二次抛物线型曲线进行研究，在水分较差时，两者表现为直线关系；在水分条件良好时表现为二次抛物线关系。在二次抛物线中随着耗水量的增加，产量会出现下降趋势，但产量下降的原因与显著性，以及相应的 *ET* 测算的可靠性仍是问题。在该试验中着力显示的是水分胁迫差别对冬小麦生长的影响，在其他因素胁迫的影响一致或者不凸显时，当产量达到最高水平后，再加大水分供应，随着耗水量的继续增加，产量保持稳定，未出现达到显著水平的升降差别。冬小麦产量（*Y*）与全生育期耗水量（*ET*）表现为 Logistic 曲线关系，呈现出先快速、后缓慢的上升趋势。在水分状况较差时，增加麦田水分投入的增产效应较为明显；而当水分条件较好时，水分投入的边际效率降低。*WUE* 则随着冬小麦水分消耗的增加表现为先快速上升、相对稳定和逐渐下降 3 个阶段，且先于产量达到其最高值。关于作物产量与耗水量的关系，通过边界线的方法表现为随 *ET* 先线性增加而后呈平台稳定的特征（Lin et al.，2016）。Logistic 曲线可由单一函数较好地体现这一特点。图 10.3 中，*Y-ET* 拟合线以与 *ET* 轴平行的直线 *Y*=6232.4（kg·hm^{-2}）为渐近线，便具有平台效果。

10.3.4　旱塬农田土壤水资源的可持续利用

　　（1）丰水年旱塬高产麦田土壤干层的变化及其对生产力的影响

　　作物蒸散作用层深度与降水入渗深度是农田水量平衡计算中确定土层厚度的基本因素。在一般降水年份黄土高原作物蒸散作用层深度要大于降水入渗深度，所以水量平衡计算的土层厚度就由作物蒸散作用层深度定之。对一年生作物讲，包括小麦、玉米、高粱、棉花等，计算供水层深不宜少于 2 m，在田间条件下，这个深度包括了耗水量的 90% 以上（李玉山等，1985）。由此，并考虑一般年份降水的入渗深度，在黄土高原农田水量平衡计算中，土层厚度通常取 2 m 到 3 m。但对丰水年而言，当入渗深度超过 2 m 甚或 3 m，且深层渗漏量较大时，水量平衡计算用土层厚度则须另行确定。与养分投入加大、栽培措施优化、旱作粮食产量提高相伴随的是农田土壤的干燥化，或曰干层的出现（李玉山，2001）。那么，在丰水年，尤其是特大降水年，土壤剖面含水量分布又会如何？降水入渗会到多少深度？高产农田的土壤干层又会发生什么变化？

2003 年长武县气象局测全年降水量为 959.2 mm，为 1957 年有观测记录以来降水量最多的一年，高出多年均值 64.6%。2003 年长武生态站气象场测全年降水量为 830.4 mm，E601 测全年水面蒸发量为 725.5 mm。7 月之前，降水量小于水面蒸发量，从 7 月开始，降水量则高于水面蒸发量，一直到 11 月。

土壤含水量是前期土壤贮水、降水多寡、天气条件与作物状况等因素的综合反映。其量随深度的变化，是水分垂向运动与作物根系吸水过程

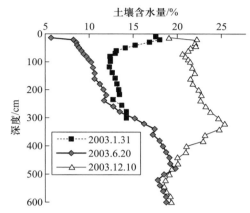

等共同作用的结果。图 10.4 表示了 *CERN* 综合试验场 2003 年 1 月、6 月与 12 月三次测定的土壤含水量（重量百分数）的剖面分布。种植方式为冬小麦－冬小麦（+糜子）－玉米轮作，2003 年 6 月小麦收获，夏闲之后再种小麦。到 6 月土壤湿度显著减少的层次主要在 0~250 cm。这个深度反映了土壤对于作物的供水层的深度，亦即蒸散作用层的深度。分析 6 月与 12 月两次测定的土壤湿度剖面，可以认为供试农田，在 2003 年降水丰沛的条件下，降水入渗补充超过 500 cm 深度。进一步计算表明，从 10 月上旬到 12 月底 3 m 到 6 m 土层土壤贮水增加 90 mm。

图 10.4　2003 年 *CERN* 综合试验场农田土壤水分含量的剖面分布及其年内变化

在长期轮作施肥试验场小麦连作条件下，到 12 月底，NP 配施与 NPM 配施时，降水入渗达到 4.5~5.0 m，而当不施肥时，降水入渗则超过 6 m。NPM 配施条件下，小麦－豌豆－玉米轮作地与小麦连作地的土壤湿度剖面相近，12 月底时，5 m 深度土层内土壤水分均有增加；但对于苜蓿连作地土壤水分增加的深度仅到 3.5 m。在裸地条件下，12 月底时，6 m 深度处土壤湿度已超过田间持水量水平，水分入渗到 6 m 之下则是必然发生了（图 10.5）。

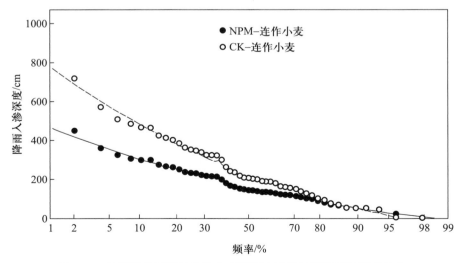

图 10.5　长期定位试验地连作小麦降雨入渗补给深度累计频率分布

作为特大降水年的2003年,雨季超过600 mm的丰沛降水使0~500 cm厚度的土层的含水量达到接近田间持水量的水平,使高产农田因水分亏缺而出现的2~3 m干燥化土层得到了水分补充,干层成为临时性现象。

年最大降雨入渗深度频率分析结果表明,降雨入渗到1.5 m、2 m、2.5 m和3 m所需要的时间间隔对于高产麦田而言,分别是2.0年、3.1年、5.4年和9.8年,对于低产麦田则是1.5年、1.9年、2.4年和3.1年。对于一个给定的入渗深度,与高产农田相比,在低产条件下降水入渗到这一深度的次数会更多,这种差异随着深度的加大而增加;平均说来,高产农田每10年中会有1年的降水入渗补给到3 m以下,而对于低产农田这个重现期是3年。

长武塬区的旱作农田,除采取措施尽可能减少夏闲期土壤蒸发与作物生长季棵间蒸发外,要优化栽培与养分投入,以提高雨水利用效率。与养分投入加大、栽培措施优化、粮食产量提高相伴随的是土壤的干燥化,然而这种干燥化尚不至于构成作物生产的长期性的障碍因素,在丰水年,干燥化的土层将会消失。

（2）施肥、土壤有机碳含量与夏闲期降水蓄存率

通过施肥形成的高产麦田,在收获期土壤贮水量低于不施肥处理的低产麦田,定位试验20多年后,施肥处理N、NP、NPM休闲期雨水下渗深度分别减小了10 cm、30 cm和60 cm,4年平均（2005—2009年）作物生育期土壤水分消耗分别增加了17%、23%和23%,但休闲期土壤水分恢复量分别提高了12%、22%和17%,休闲期降水储存效率则分别从28%增加至32%、34%和33%。试验年份年际尺度的土壤水分平衡在处理间有差别,但不显著。与对照相比,NP和NPM均显著提高了冬小麦籽粒产量和水分利用效率。单从氮肥施用的效果而论,5年（2005—2010年）试验数据表明,与不施氮相比,增施氮肥后休闲期降水储存率和作物生育期土壤水分消耗分别提高了19%~22%和21%~25%,冬小麦籽粒产量和水分利用效率分别增加了140%~244%和127%~220%。增施氮肥显著提高了土壤有机碳含量,且土壤有机碳含量的增加在一定范围内也与休闲期降水储存率间存在显著正相关关系（Wang et al., 2013）。

总体来看,长期连续施肥后,旱作麦田高肥处理作物生育期内消耗了更多的水分以提高产量和水分利用效率。但施肥同时增加了有机物质的输入,能通过提高土壤有机碳含量来改善土壤持水能力,从而提高休闲期降水蓄存率和水分补给,土壤水分平衡得以维持。这种土壤水分利用和平衡模式有助于长期施肥条件下旱作冬小麦连作系统生产力的可持续性。

（3）地膜覆盖条件下春玉米生产与土壤水分利用

黄土塬区春玉米栽培实践中,地膜覆盖已被广泛应用。地膜覆盖能有效地增加土壤温度,促进春玉米的出苗、全苗和壮苗,同时抑制土表蒸发,有效保持土壤水分。随着玉米植株的迅速生长,土壤水分的消耗强度也增加了。长期使用地膜覆盖,在增加产量的同时,是否会形成如高产麦田那样的土壤干层,是否会影响到后续的作物生产,也是重要问题。

连续定位进行7年（2009—2015年）的春玉米试验表明（Lin et al., 2016）,按年度平均,在对照（CK无覆盖）、秸秆覆盖和地膜覆盖条件下,春玉米收获时较之于播种时0~300 cm土壤贮水量分别平均增加18.0 mm、19.3 mm和-1.6 mm;休闲期结束较之于开始时则分别平均增加-29.0 mm、-26.1 mm和0.5 mm。

7年春玉米连作,地膜覆盖处理与无覆盖处理的平均产量分别是10260.1 kg·hm^{-2}、7960.3 kg·hm^{-2},增加了28.9%;平均WUE分别是26.1 kg·hm^{-2}·mm^{-1}、21.3 kg·hm^{-2}·mm^{-1},增加

了 22.5%。从全年时段上分析,把春玉米生育期和休闲期结合起来,地膜覆盖在生育期增加耗水量,而在休闲期降低水分支出。经过 7 年春玉米连作之后,地膜覆盖 0～300 cm 土层土壤贮水量减少 8 mm,而无覆盖的 CK 却减少了 51 mm。因此,从土壤水资源供应角度考虑,春玉米地膜覆盖是一种可持续的栽培方式。

10.4　旱塬农田养分循环过程及特征

黄土旱塬受传统农业的影响,农田在 20 世纪 80 年代之前投入普遍较低,土壤供肥能力差,土地生产力低而不稳。为了充分开发该区的生产潜力,研究农作物的科学施肥措施,探讨旱塬不同施肥方式对土壤肥力的影响趋势,长武站围绕作物高产施肥及土壤养分循环与调控进行了深入研究。

10.4.1　农田小麦氮磷肥料利用率

冬小麦是黄土旱塬主要的粮食作物。在目前生产水平下,农田土壤氮磷不足,仍然严重制约着小麦产量的提升。增施氮磷肥是本地区冬小麦增产的主要措施。雨养农业区肥料利用率年际变化很大。另外,供肥水平的变化,也会引起肥料利用率的变化。

（1）氮磷利用率随年度的变化

根据 15 年轮作定位试验中小麦连作几个处理（N_{120},P_{60},$N_{120}P_{60}$）求得氮磷利用率,并与年份作关系图（图 10.6）可知,由于降水等因素的影响,肥料利用率年际间变化很大,氮肥利用率（NUE）变幅为 6.4%～61.0%;磷肥利用率（PUE）变幅为 3.7%～36.9%。由肥料利用率与生育年降水的线性相关性看,氮肥利用率与降水关系密切,其相关系数为 0.658[**]（$n=15$）,达到了 1% 的显著水平。而磷肥利用率与降水关系不大。

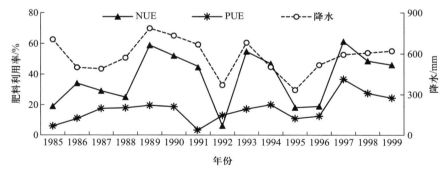

图 10.6　不同试验年度肥料利用率与生育年降水量

（2）氮磷肥利用率与肥料用量的关系

肥料利用率与其用量有关,通常在同一底肥基础上,氮、磷利用率随其用量的增加而降低。通过分析三年的小麦氮素吸收和肥料利用率结果,在配施磷肥的基础（P_{90}）上,氮肥用量在 45～180 kg·hm^{-2} 范围内,小麦氮肥利用率随其用量增加由 42.9% 降低到 25.4%（平均为 36.3%）。而在配施氮肥的基础（N_{90}）上,磷肥的利用率随其用量增加则由 10.8% 下降为 3.2%

（平均为 7.2%）。

从小麦吸收氮磷数量来看，在同一氮或磷用量下，由于配施磷或氮数量的增加，小麦吸收氮或磷的数量显著增加，表现出明显的正效应。氮肥用量为 90 kg·hm^{-2} 时，在 P_{45}、P_{90}、P_{135} 和 P_{180} 条件下，小麦吸收氮量分别比对照增加 37.1%、69.5%、57.4% 和 127.9%。在磷肥用量为 90 kg·hm^{-2} 时，配施氮 45 kg·hm^{-2}、90 kg·hm^{-2}、135 kg·hm^{-2} 和 180 kg·hm^{-2}，小麦吸收磷素分别比对照增加 95.7%、126.1%、134.8% 和 121.7%。说明氮磷配施是提高其相互利用率的有效途径。

10.4.2 农田系统中氮素去向

农田土壤中施入氮肥，除了作物吸收和土壤残留外，很大一部分则从土壤 - 作物系统中损失。这不仅增加了生产成本，还带来环境问题。因此，对农田系统中氮肥的去向，特别是损失程度和途径，以及减少损失、增加效益的对策研究，一直受到国内外学者的广泛关注。

（1）不同氮肥用量下的氮肥当季去向

对冬小麦施用氮肥进行了同位素示踪研究，结果表明（表 10.3），旱塬冬小麦上尿素作基肥混施时其当季利用率为 36.6% ~ 38.4%，土壤残留率为 31.8% ~ 33.6%，总回收率为 70.1% ~ 70.5%，故亏缺在 29.5% ~ 29.9%。新复极差法统计结果表明，低氮用量（N_1，尿素氮 100 kg·hm^{-2}）、化学氮肥与有机肥配施（N_1M，尿素氮 100 kg·hm^{-2} + 有机肥氮 50 kg·hm^{-2}）以及高氮用量（N_2，尿素氮 150 kg·hm^{-2}）3 个处理之间，氮肥的作物吸收利用率，肥料氮在土壤中的残留率以及亏缺都没有显著差异。但结果有这样的趋势，氮肥用量增大，其氮素利用率降低；氮肥与有机肥配施，降低氮素利用率。然而氮素利用率的降低，并不是氮素损失增多，而是残留在土壤中氮素比例增加。

表 10.3 标记 ^{15}N 尿素氮的去向（占施氮量的百分比）

处理	小麦吸收 /%				土壤残留 /%			总回收 /%	亏缺 /%
	籽粒	茎叶	根	全株	0 ~ 20 cm	20 ~ 40 cm	0 ~ 40 cm		
N_1	17.6	16.9	3.9	38.4	27.2	4.6	31.8	70.2[a]	29.8
N_1M	16.4	16.5	4.0	36.9	28.7	4.9	33.6	70.5[a]	29.5
N_2	16.2	16.1	4.3	36.6	27.0	6.5	33.5	70.1[a]	29.9

由表 10.3 看出，冬小麦吸收的尿素氮分配在小麦籽粒与茎叶中数量相当，各占总吸收尿素氮的 44.3% ~ 45.8% 和 44.0% ~ 44.7%；而分配在根中仅占总吸收尿素氮的 10.2% ~ 11.7%。尿素用量高低，是否与有机肥配合，对冬小麦各部分吸收尿素氮的比例影响不大。各处理不同土层残留的肥料氮比例不同，0 ~ 20 cm 残留量占总残留量的 85.5% ~ 80.6%，20 ~ 40 cm 残留量仅占 14.4% ~ 19.4%。标记氮肥在土壤剖面中残留率随土壤深度的加深而迅速降低。

（2）不同氮肥用量下氮肥残效与土壤剖面残留氮的分布

试验采取了当地习惯的轮作系统，即小麦 - 小麦 - 豆子 - 玉米轮作，来研究氮肥的残效。结果显示（表 10.4），土壤残留的氮素，部分可以被后继作物逐渐利用。第二季小麦吸收利用 ^{15}N 占施入 ^{15}N 量的 2.1% ~ 2.8%，第三季黑芸豆利用 2.3% ~ 2.8%，第四季玉米利用 1.6% ~ 2.2%。后继作物总共利用 6.0% ~ 7.8%，相当于 0 ~ 40 cm 土壤残留氮的 17.9% ~ 23.2%，或者 0 ~ 20 cm 残留氮的 22.2% ~ 27.2%，表明土壤中残留氮肥的后效是比较明显的。氮肥的叠加利用率达到 42.6% ~ 45.1%，远远高于用当季作物指示的氮肥利用率。

表 10.4　肥料 ^{15}N 的后效与叠加利用率

处理	氮肥后效 /%				第一季小麦利用率 /%	叠加利用率 /%
	第二季 小麦	第三季 黑芸豆	第四季 玉米	合计		
N_1	2.5	2.3	1.9	6.7	38.4	45.1
N_1M	2.8	2.8	2.2	7.8	36.9	44.7
N_2	2.1	2.3	1.6	6.0	36.6	42.6

从土壤剖面残留氮的分布来看,第二年土壤中的残留氮仍然主要集中在 0 ~ 20 cm,并没有向下大量移动。这可能与试验年度降水较少有关。但在 20 ~ 200 cm 范围内依然检测到不同程度少量 ^{15}N 的存在,而且随土壤深度的增加而迅速减少。土壤下层 ^{15}N 的存在,估计主要是作物根系吸收养分再分布引起的,但也可能与土钻采样上下层交叉污染有关。

10.4.3　农田系统中长期施肥条件下硝态氮的淋溶

土壤中硝态氮(NO_3^--N)含量和分布是在作物、施肥、土壤、降雨等环境条件下,土壤中氮素的转化和移动等过程的综合表现。在高塬沟壑区,由于降水较少而多变,NO_3^--N 的淋失没有灌区和多雨区那么严重。但旱塬长期试验表明,不合理施肥依然可以导致土壤中硝态氮的深层累积。

(1)施肥对土壤剖面硝态氮分布的影响

长期不同施肥条件下,14 年后土壤 0 ~ 200 cm 剖面中 NO_3^--N 的含量分布出现显著差异(图10.7)。施用化肥氮肥的处理都出现了不同程度的 NO_3^--N 累积。其中以氮磷有机肥配施(NPM)处理累积峰最高,深度在 60 ~ 160 cm,峰值出现在 120 cm。单施氮肥(N)处理峰值较小,但累积深度增加到 200 cm 以下,峰值出现在 160 cm 处。氮磷配施(NP)处理累积深度和峰值变浅,分别为 80 ~ 160 cm 和 120 cm。结果说明施用磷肥有减弱 NO_3^--N 向更深层淋溶的作用。单施有机肥不会产生 NO_3^--N 的淋溶累积。

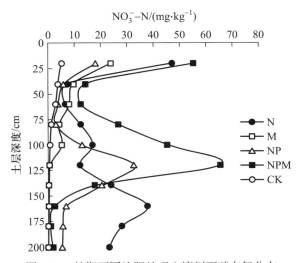

图 10.7　长期不同施肥处理土壤剖面硝态氮分布

对于小麦连作系统，NO_3^-–N 的剖面积累与分布除了与施肥措施有关外，还与肥料类型和用量有关。在氮肥单独施用的条件下，15 年后测定 0~400 cm 土壤剖面 NO_3^-–N 含量，发现无论氮肥用量高低，土壤剖面中都存在 NO_3^-–N 的明显积累。15 年连续单施 N 90 kg·hm^{-2}，NO_3^-–N 在 100~200 cm 累积，峰值为 29.6 mg·kg^{-1}。单施 N 180kg·hm^{-2}，NO_3^-–N 在 80~300 cm 严重累积，峰值达到 67.9 mg·kg^{-1}。说明随氮肥用量增加，NO_3^-–N 的累积范围与深度增加，峰值升高。但峰值位置都出现在 140 cm 深度处。

在配施磷肥基础上，硝态氮的深层累积与氮肥施用量密切相关。四个磷肥水平（45 kg P_2O_5·hm^{-2}、90 kg P_2O_5·hm^{-2}、135 kg P_2O_5·hm^{-2} 和 180 kg P_2O_5·hm^{-2}）配施氮肥，在低氮水平（45 kg N·hm^{-2} 或 90 kg N·hm^{-2}）时均未出现 NO_3^-–N 的累积，而高氮水平（135 kg N·hm^{-2} 或 180 kg N·hm^{-2}）时则出现 NO_3^-–N 的明显累积（图 10.8）。氮肥用量越大，NO_3^-–N 累积越多，累积峰同样出现在 140 cm 深度。

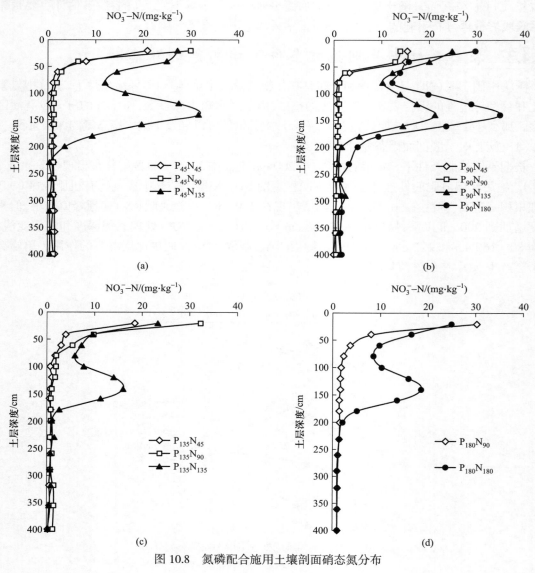

图 10.8 氮磷配合施用土壤剖面硝态氮分布

在发生硝态氮累积时，同一氮肥用量下，NO_3^--N 的累积峰或累积量均随磷肥用量的增加而降低或减少（图10.8）。在施用 135 kg N·hm^{-2} 条件下，配施磷肥 135 kg P$_2$O$_5$·hm^{-2} 和 90 kg P$_2$O$_5$·hm^{-2}，峰值分别比配施磷肥 45 kg P$_2$O$_5$·hm^{-2} 时减少 44.7% 和 18.4%。对施肥量与土壤剖面 0~400 cm NO_3^--N 总含量进行相关分析，NO_3^--N 累积量与氮肥用量呈极显著正相关（$r=0.7190^{**}$，$n=14$），而与磷肥用量呈负相关（$r=-0.5025$，$n=14$）。

（2）施肥－硝态氮累积－氮肥利用率关系

不同施肥条件下，作物产量、NO_3^--N 的累积量及累积率、氮肥利用率有较大差异（表10.5）。施用氮肥能明显地提高作物产量，但随着氮肥用量的增加，氮肥利用率随之降低，硝态氮在土壤剖面中的累积量、累积率随之增加。可以看出，氮磷比例愈失调，即在相同磷肥基础上，氮磷比例越高，氮肥利用率越低，硝态氮的累积越严重。15年后，土壤剖面硝态氮累积最严重的处理为连续每年施用纯氮 180 kg·hm^{-2}，对应的硝态氮累积量、累积率分别为 1142.6 kg·hm^{-2} 和 42.3%，其氮肥利用率最低，仅 32.5%。

表 10.5　不同施肥处理小麦产量、硝态氮累积及氮肥利用率

P$_2$O$_5$/(kg·hm^{-2})	N/(kg·hm^{-2})	平均产量/(kg·hm^{-2})	硝态氮累积量/(kg·hm^{-2})	硝态氮累积率/%	氮肥利用率/%
0	90	2351.8	370.3	27.4	42.3
0	180	2513.4	1142.6	42.3	32.5
45	45	2233.1	40.5	6.0	52.6
45	90	3010.7	64.4	4.8	51.2
45	135	3184.0	418.7	20.7	45.3
90	45	2494.3	38.9	5.8	65.2
90	90	3045.1	29.5	2.2	57.7
90	135	3354.2	316.9	15.7	54.1
90	180	3495.4	459.9	17.0	47.3
135	45	2509.8	19.9	3.0	66.0
135	90	3099.6	88.6	6.6	53.4
135	135	3264.1	197.6	9.8	51.5
180	90	3173.5	81.5	6.0	58.4
180	180	3728.8	265.4	9.8	50.6

10.4.4　长期施肥对土壤磷素淋失突变点的影响

在农业生产上施用磷肥是提高作物产量的有效措施之一，然而磷肥的当季利用率一般很低（<25%），大量磷肥在土壤中积累，尽管大部分以难以利用的形态存在，但在土壤磷素累积时，一

般土壤中可溶性形态也相应增多。土壤水溶性磷（$CaCl_2$-P）是指土壤固相中容易进入液相中的磷，代表在一定条件下易溶磷从土壤进入溶液或地表径流的难易程度。土壤中 $CaCl_2$-P 含量会随着土壤速效磷（Olsen-P）含量的增加而增加，但 Olsen-P 含量超过某一特定值（即：突变点）后，$CaCl_2$-P 含量会急剧增加，增加土壤磷素淋溶或随水迁移风险。

（1）土壤速效磷与水溶性磷的关系

选择轮作与培肥试验中小麦连作的 8 个处理：CK、P_{60}、N_{120}、$N_{120}P_{60}$、M_{75}、$M_{75}N_{120}$、$M_{75}P_{60}$ 和 $M_{75}N_{120}P_{60}$，以及肥料定位试验中 5 个处理：$N_{90}P_0$、$N_{90}P_{45}$、$N_{90}P_{90}$、$N_{90}P_{135}$ 和 $N_{90}P_{180}$，共 13 个处理。通过分析 26 年后土壤中 $CaCl_2$-P（y）与 Olsen-P（x）含量关系，发现两者呈极显著的指数关系，$y=0.1649EXP(0.0402x)$（相关系数 $R^2=0.968^{**}$，$n=13$）。根据曲线变化可估算出当地黑垆土中速效磷高于 55 $mg \cdot kg^{-1}$ 时，土壤水溶性磷含量急剧增加，土壤磷素的移动性增强，对环境有污染风险。

（2）长期不同施肥对土壤磷素淋失突变点的影响

通过向特定土壤添加不同浓度的 KH_2PO_4 溶液方法，经过三次再平衡，分别测定土壤 Olsen-P 和 $CaCl_2$-P，采用数学方法，以不偏离突变点为基础，使高 Olsen-P 含量与 $CaCl_2$-P 含量之间的线性方程斜率最大，相关系数最高，而低 Olsen-P 含量与 $CaCl_2$-P 含量之间的线性方程斜率最小，根据 Olsen-P 与 $CaCl_2$-P 之间的关系图，再根据这两个线性方程计算各处理土壤磷素淋失的 Olsen-P 突变点（表 10.6）。个别处理的突变点值未获得（其 Olsen-P 含量与 $CaCl_2$-P 含量之间存在极显著线性关系，不存在突变点），这可能与这些处理的 Olsen-P 含量已经超过了当地土壤磷素淋失突变点有关。从表 10.6 中可以看出，经过 26 年的长期定位施肥，不同处理的突变点都发生了变化，其中 CK、N_{120} 和 $N_{90}P_0$ 处理的突变点值最大，而施用有机肥和磷肥处理的突变点值都明显降低，一些处理甚至未测得突变点。在同等施氮条件下，随着磷肥用量的增加，突变点值呈减低趋势。因此，长期大量施用磷肥、有机肥或者有机肥与磷肥配施会降低土壤磷素淋失的临界值，即增加土壤磷素的环境风险。

表 10.6　长期施肥对土壤磷素淋失突变点的影响

处理	突变点 Olsen-P/（$mg \cdot kg^{-1}$）	处理	突变点 Olsen-P/（$mg \cdot kg^{-1}$）
CK	96	$M_{75}N_{120}P_{60}$	ND
N_{120}	91.2	$N_{90}P_0$	91.3
P_{60}	58.7	$N_{90}P_{45}$	75.2
$N_{120}P_{60}$	69	$N_{90}P_{90}$	61.7
M_{75}	ND	$N_{90}P_{135}$	ND
$M_{75}N_{120}$	60.3	$N_{90}P_{180}$	ND
$M_{75}P_{60}$	ND		

注：ND 表示未测得结果。

10.5 旱塬农田长期施肥条件下土壤有机碳变化及其影响因素

黄土高原农田土壤有机碳含量只有全国平均水平的一半（杨文治和余存祖，1992）。20 世纪 80 年代以来，随着肥料的大量投入，该区域农田土壤生产力大幅度提高。农田土壤生产力的提高显著地影响着作物的固碳能力、土壤有机碳积累与平衡以及土壤的理化性状。本节基于长武站黄土旱塬区长达三十余年肥料定位试验（始于 1984 年），结合 CERN 监测结果，以不同施肥措施为对象，从碳在农田生态系统中的循环的角度，研究了黄土旱塬区农田作物固碳能力，土壤有机碳积累和 CO_2 排放变化特征，并讨论了施肥措施对这一过程的影响。

10.5.1 冬小麦地上部碳同化与固定能力

在农田生态系统中，作物地上部碳的固定和地下部碳变化都与作物本身光合作用密切相关。作物对碳同化的速率和能力是影响农田生态系统固碳潜力的重要因素。在冬小麦的种植系统中，施肥措施显著（$P<0.05$）促进小麦整个生育期叶片光合碳同化作用。对照（CK，不施肥处理）在整个测定过程中均处于最低水平，整个生育期平均为 16.8 $\mu mol\ CO_2 \cdot m^{-2} \cdot s^{-1}$，变化幅度为 15.8 ~ 18.2 $\mu mol\ CO_2 \cdot m^{-2} \cdot s^{-1}$；与 CK 相比，化肥（NP）、有机肥处理（M）、化肥有机肥配施（NPM）显著（$P<0.05$）提高了小麦叶片的光合碳同化速率，NPM 提高量最大，达到 29.2%；NP、M 次之，分别提高了 20.2%、19.6%。此外，不同生育期，施肥措施对小麦光合碳同化速率影响也存在显著（$P<0.05$）差异。返青期、拔节期，NP 与 M、NP 与 NPM 之间无明显差异（$P>0.05$），而 NPM 显著（$P<0.05$）高于 M。由此可知，施肥，特别是化肥与有机肥配施可显著提高小麦叶片光合碳同化作用。

在整个生育期内，不施肥处理（CK）小麦地上部分碳积累最低（2129 $kg\ C \cdot hm^{-2}$）（表 10.7）。施肥显著（$P<0.05$）提高了地上部分碳积累。与 CK 相比，单施化肥处理（NP）、单施有机肥处理（M）和化肥有机肥处理（NPM）小麦地上部分碳积累分别提高了 130%、167%、184%。但在不同生育期，施肥对小麦地上部分碳积累的影响不同。苗期，NPM 显著（$P<0.05$）高于其他处理，其他处理间无明显差异。其他生育期各处理间差异性均达到显著水平（$P<0.05$），其中 NPM 积累量最大，M 次之，NP 稍低。

表 10.7 化肥有机肥配施对小麦地上部分碳积累的影响 （单位：$kg\ C \cdot hm^{-2}$）

施肥处理	苗期（11/11）	返青期（3/24）	拔节期（4/17）	扬花期（5/11）	灌浆期（5/28）	成熟期（6/21）
CK	75 ± 23[a]	378 ± 35[a]	432 ± 17[a]	1284 ± 89[a]	2079 ± 77[a]	2129 ± 57[a]
N	87 ± 52[a]	380 ± 34[a]	415 ± 93[a]	1489 ± 42[a]	2144 ± 71[a]	2502 ± 47[b]
NP	110 ± 7[a]	521 ± 55[b]	1138 ± 91[b]	3123 ± 313[b]	4165 ± 49[b]	4887 ± 61[c]
M	120 ± 10[a]	593 ± 27[c]	1178 ± 31[b]	3160 ± 309[b]	4926 ± 51[c]	5688 ± 50[d]
NPM	124 ± 22[b]	869 ± 172[d]	1383 ± 58[c]	4532 ± 335[c]	5406 ± 70[d]	6053 ± 90[e]

　　施肥条件下,随着土壤供肥水平的改善,小麦光合碳同化速率呈增加趋势。化肥有机肥配施(NPM)对促进小麦光合碳同化作用优于单施化肥(NP)和单施有机肥(M)。与对照相比,施肥显著提高小麦地上部分碳积累。施肥水平的碳同化边际效益与施肥量有关。施肥量越大,其值越低。有机肥(M、NPM)和化肥(NP)的施用显著提高了小麦地上部分碳积累,NPM 积累量最大,M 次之,NP 稍低。

10.5.2　土壤有机碳平衡及其变化

　　(1)不同施肥条件下土壤有机碳积累特征

　　从表 10.8 可以看出,施肥措施显著($P<0.05$)影响作物产量(23 年平均值)。与不施肥处理 CK 相比,N 处理和 M 处理提高 33.3% 和 73.3%,NP 和 NPM 则提高 120% 和 170%。与此相似,与对照相比,N、M、NP、NPM 处理地上部生物量依次提高了 33%、73%、120%、167%。依据生物量估算根茬还田量。CK 处理根茬碳还田量仅为 $0.56\ \mathrm{t\cdot hm^{-2}\cdot 年^{-1}}$,施肥处理则较 CK 显著($P<0.05$)提高;但不同施肥处理提高幅度存在差异;N 和 NP 处理较 CK 提高 33.9% 和 119.6%,而 M 和 NPM 则提高 73.2% 和 166.1%。以上结果表明,黄土塬区农田施肥措施可显著提高作物产量、地上部生物量和根茬碳还田量,而有机无机肥配施效果更为明显(郭胜利等,2005)。

表 10.8　长武长期定位试验不同施肥条件下冬小麦产量和作物根茬碳还田量

处理	产量 /($\mathrm{t\cdot hm^{-2}}$)	地上部分生物量 /($\mathrm{t\cdot hm^{-2}\cdot 年^{-1}}$)	根茬碳还田量 /($\mathrm{t\cdot hm^{-2}\cdot 年^{-1}}$)	外源碳的输入量 /($\mathrm{FYM\ t\cdot hm^{-2}\cdot 年^{-1}}$)
F	0[a]	0[a]	0.0[a]	0
CK	1.5[b]	3.45[b]	0.56[b]	0
N	2.0[c]	4.60[c]	0.75[c]	0
NP	3.3[e]	7.59[e]	1.23[e]	0
M	2.6[d]	5.98[d]	0.97[d]	0.8
NPM	4.0[f]	9.20[f]	1.49[f]	0.8

注:有机肥含碳量 1.07%。同列数据后不同小写字母表示 $P<0.05$ 水平上差异显著。

　　与 1984 年的 SOC($6.50\ \mathrm{g\cdot kg^{-1}}$)相比,长期休闲处理(F)因无有机物质的输入,到 2007 年,随着土壤原有 SOC 的不断矿化分解,耕层 SOC 含量($5.9\ \mathrm{g\cdot kg^{-1}}$)降低 9%,SOC 积累量为负值。这一结果表明,23 年期间休闲处理的土壤一直是大气 CO_2 的源。CK 处理 23 年后耕层 SOC 积累量($0.8\ \mathrm{t\cdot hm^{-2}}$)略有提高,表明在不施肥的条件下,小麦根茬的输入量与土壤有机碳的矿化量基本处于平衡状态。单施 N 肥处理,尽管可以提高 SOC 的积累,但幅度有限($1.0\ \mathrm{t\cdot hm^{-2}}$)。氮磷配施则可以显著($P<0.05$)提高 SOC 的积累量($3.4\ \mathrm{t\cdot hm^{-2}}$),达到 106%。在直接添加外源有机肥的条件下,SOC 含量得到显著提高,M 和 NPM 则提高 1.57 倍和 1.59 倍($P<0.05$)。与长期休闲相比,耕作种植有助于维持较低水平的 SOC;NP 配施、有机肥或化肥有机肥配施可显著提高耕层 SOC 储量水平。

　　土壤有机物输入、SOC 各组分的分解和矿化、SOC 各组分在分解过程中的相互转化,这三个要素的相互作用决定 SOC 的积累水平。生产力提高是促进有机物输入,提高 SOC 的重要因素。作物产量与 SOC 含量呈显著的正相关关系(R^2=0.633)。作物根茬有机碳的输入量可以解释 SOC 变化的 63%(y=1.2x+5.6, R^2=0.63),土壤外源有机碳的输入量占到了总碳输入量的 30%~50%。根茬碳与外源碳之和可以解释 SOC 变异的 94%(y=2.6x+5.6, R^2=0.94)。由此表明,外源有机碳的输入也是提高 SOC 的重要措施,外源有机碳的最终来源也是作物或植物光合作用的产物,只有提高作物产量才能获取更多的外源有机物和根茬有机碳。

（2）不同施肥措施条件下作物固碳和土壤固碳的差异

在农田生态系统中,作物固碳和 SOC 变化密切相连。但施肥措施对作物固碳和 SOC 影响存在显著差异。相对于对照,同样施肥措施对作物固碳的提高量明显高于 SOC。例如,N 处理的作物产量相对于对照提高了 33%,但与对照相比,N 处理的 SOC 基本上没有明显变化(只提高了 1%)。NP 处理,作物产量较对照提高 73%,SOC 较对照仅提高 17%。作物的固碳能力与品种、养分水分的供应、耕作管理等密切相关。SOC 积累与有机物输入量、土壤的固碳效率等有关。

长期施用有机肥和化肥对 SOC 的影响因土壤类型,管理和气候而呈现差异。在黄土高原地区 SOC 变化速率与碳年输入量存在极显著的相关关系(y=0.231x−0.0813, R^2=0.9582)。每年输入 1 吨的有机碳,其转化为 SOC 的量大约为 0.23 吨,与此区域有机物料矿化模拟试验所得到的腐殖化系数(0.21~0.37)基本一致(刘耀宏等,1989),但明显高于同纬度的黄淮海地区试验结果(孟磊等,2005)。在黄土区采用高留茬等秸秆还田措施对提高 SOC 积累,发挥区域土壤固碳能力具有一定的实践意义。

黄土塬区农田施肥可显著提高作物产量和根茬碳还田量。与对照相比,施氮肥(N)、有机肥(M)、氮磷肥(NP)、氮磷有机肥(NPM)处理小麦平均产量分别提高了 33.3%、73.3%、120% 和 166.7%(P<0.05);根茬碳还田量分别提高了 33.9%、73.2%、119.6% 和 166.1%。与休闲地相比,耕作种植有助于维持较低水平的 SOC;施肥在不同程度上促进了 SOC 积累,氮磷配施、有机肥或化肥有机肥配施可显著(P<0.05)提高耕层 SOC 含量。外源有机碳的输入是黄土高原提高 SOC 的重要措施。SOC 与土壤碳的输入之间呈显著线性关系。

10.5.3　农田土壤呼吸变化及其影响因素

（1）土壤呼吸的动态特征

不同施肥管理措施下土壤呼吸速率昼夜变化特征均呈单峰曲线,但具有明显的波动性。冬小麦拔节期土壤呼吸速率高峰值出现在 12:00 左右,随后逐步降低,在夜间 0 时到 3 时之间降至最低值,随后逐步回升。成熟期峰值出现在 14:30 左右;最低值出现在凌晨 06:00 左右。与日温度变化基本同步,其原因一方面随着温度的升高微生物活性增强,土壤有机碳的分解和 CO_2 产生的强度提高;另一方面可能是由于气体的扩散和对流速度的加快(杨文治和余存祖,1992)。一日之内不同施肥处理土壤呼吸速率大小顺序为:NPM>M>NP>N>CK>F。相对于作物小区,休闲处理(F)的土壤呼吸值最低,一天中的变化趋势跟其他处理一致,但高峰值出现时间存在一定的延迟效应。

在返青期到收获期的观测期间,土壤呼吸生育期变化总体表现为返青后迅速增加,到拔节期达到整个观测期间的最高值,随后逐渐降低,至扬花期降低到最低,灌浆期又迅速升高,之后进一步降低直至收获。与种植作物小区相比,休闲地(F)土壤呼吸的生育期变化相对稳定。从作物返青期一直到 5 月下旬,其土壤呼吸速率一直在 0.8~1.2 μmol $CO_2 \cdot m^{-2} \cdot s^{-1}$ 波动,6 月初开始升高,中旬达到最高值($2.2\ \mu mol\ CO_2 \cdot m^{-2} \cdot s^{-1}$)。冬小麦种植小区的土壤呼吸包括植物根呼吸、土壤微生物呼吸和土壤动物呼吸三个生物过程和含碳物质化学氧化作用的非生物过程,而休闲地土壤呼吸则主要是土壤微生物呼吸和含碳物质氧化产生的 CO_2 的释放。因此,所有处理中,休闲处理的各时期土壤呼吸速率最低。各生育期不同施肥处理间的大小顺序一直是有机肥处理(NPM,M)> 化肥处理(N,NP)> 对照处理(CK)> 休闲处理(F)。施肥显著影响土壤呼吸速率。整个观测过程平均,CK 处理为 $1.8\ \mu mol\ CO_2 \cdot m^{-2} \cdot s^{-1}$,N 处理($2.1\ \mu mol\ CO_2 \cdot m^{-2} \cdot s^{-1}$)较 CK 提高 17%、NP 处理($2.4\ \mu mol\ CO_2 \cdot m^{-2} \cdot s^{-1}$)提高 30%,有机肥处理(M,NPM)($3.0\ \mu mol\ CO_2 \cdot m^{-2} \cdot s^{-1}$)提高 66%。有机肥处理土壤呼吸速率表现较高的原因可能是:① 有机肥为土壤微生物提供丰富的碳源,促进微生物活动和生长繁殖,提高酶的活性,从而促进土壤微生物的生物化学过程和根系的分泌活动;② 有机肥中含有大量的微生物,增加土壤微生物数量。

（2）土壤呼吸和生育期变化

农田生态系统土壤呼吸动态变化与生育期密切相关。本研究中,3 月中旬后,随着气温回升,土壤水分含量较高,小麦进入返青期,生长旺盛,小麦根呼吸作用增强;由于水热条件的好转,土壤微生物的活性增强。这两个方面的共同作用使得小麦地的土壤呼吸速率在 4 月中下旬小麦拔节期达到高峰值。随后由于土壤含水量急剧下降(0～20 cm 土层含水量低于 10%),接近甚至低于该土壤凋萎湿度(9%～12%),导致土壤呼吸速率拔节期后呈下降趋势;5 月中旬,小麦进入旺盛生长的抽穗灌浆时期,土壤呼吸速率逐渐升高;在小麦成熟期,作物叶片枯黄,光合作用能力下降,土壤呼吸减弱,但水分的恢复使得土壤呼吸又重新活跃起来。因此,在雨养农业区,农田土壤呼吸的动态变化不仅与生育期有关,土壤水分的影响不容忽视。在具有灌溉条件的农田生态系统,土壤呼吸峰值与当地的热量条件和作物生育期具有很好的耦合关系。

（3）土壤呼吸与有机碳组分的关系

在整个测定期间,同一生育期不同处理间可溶性有机碳(DOC)含量(除扬花期外)与土壤呼吸之间存在显著的正相关关系,微生物量碳(MBC)含量(除返青期和灌浆期外)与土壤呼吸之间也存在显著的正相关关系,且土壤呼吸与 DOC 的相关性稍高于与 MBC 的相关性。扬花期和灌浆期碳组分与土壤呼吸相关性不显著可能与此生育期根系对土壤呼吸的贡献率高于其他生育期有关。

同一处理不同生育期的土壤呼吸与 MBC、DOC 的相关性不显著,在整个生育期,DOC 和 MBC 高低值出现的时期与土壤呼吸高低值出现的时期也不一致。例如,各处理土壤的土壤呼吸最大值出现在拔节期,而 DOC 最大值出现在灌浆期,MBC 的最高值出现在收获期。其原因有待进一步研究。

施肥措施显著影响根呼吸作用的强弱。在整个生育期,施肥促进了根系呼吸速率,其大小顺序表现为 NP>N>CK。在整个测定过程中,CK 处理根呼吸速率为 $0.16～0.87\ \mu mol\ CO_2 \cdot m^{-2} \cdot s^{-1}$,贡献率为 16%～48%;N 处理根呼吸速率为 $0.23～1.50\ \mu mol\ CO_2 \cdot m^{-2} \cdot s^{-1}$,贡献率为 21%～62%;NP 处理根呼吸速率为 $0.67～1.82\ \mu mol\ CO_2 \cdot m^{-2} \cdot s^{-1}$,贡献率为 43%～67%。施肥影响根呼吸在总呼吸中的贡献率,基本上都表现为在拔节和扬花期较高,前期和后期略低的趋势。NP 处理对根呼吸的影响返青期最为显著,提高了约 3 倍;N 处理在拔节期和扬花期提高了 0.8 倍。在灌浆期,处理间没有差异,这可能与此时的土壤水分较低有关。

黄土塬区,冬小麦连作系统 CO_2 排放存在明显的日变化和季节变化规律。土壤水分状况也是雨养农田土壤呼吸的一个重要影响因子。土壤 DOC 和 MBC 存在季节性变化,总体趋势大体是:各处理 DOC 含量表现为灌浆期 > 抽穗期 > 成熟期 > 返青期 > 拔节期,除有机肥处理(M,NPM)MBC 含量拔节期 > 灌浆期外,各处理 MBC 含量表现为成熟期 > 抽穗期 > 灌浆期 > 拔节期 > 返青期。施肥显著影响根系呼吸的强弱,各生育期根呼吸强度大小顺序为 NP>N>CK。施肥影响根呼吸在总呼吸中的贡献率,基本上表现为在拔节和抽穗期较高,前期和后期略低的趋势,不施肥处理冬小麦根系呼吸的比例平均为 36%,N 处理为 45%,NP 为 54%。整个生育期 SOC 组分的平均值与土壤呼吸速率的平均值存在极显著的相关关系。

10.5.4 土壤有机碳在团聚体中的分布

(1)施肥方式对土壤团聚体的影响

相对不施肥(CK)而言,单施化肥(NP)显著(P<0.05)提高了 >0.5 mm 各级别水稳性团聚体含量,其中 5~2 mm 水稳性团聚体增加最多,2~1 mm 次之。单施有机肥(M)主要增加了土壤中大级别(>1 mm)水稳性团聚体含量(P<0.05),其中 5~2 mm 水稳性团聚体增加最多,>5 mm 次之。化肥有机肥配施(NPM)显著(P<0.05)增加了 >5 mm、5~2 mm、2~1 mm 水稳性团聚体含量,但以 5~2 mm 和 2~1 mm 水稳性团聚体为主。NP、M、NPM 对 >5 mm、2~1 mm 水稳性团聚体影响差异均不显著(P>0.05);对 5~2 mm 团聚体含量增加最高,且 M 显著(P<0.05)高于 NP、NPM。M 处理粒径 1~0.5 mm 团聚体与 CK 无明显差异(P>0.05),而 NP、NPM 显著(P<0.05)高于 CK,NP 与 NPM 无明显差异(P>0.05)。施肥对 0.5~0.25 mm 水稳性团聚体无明显影响(P>0.05)。施肥显著(P<0.05)降低粒径 <0.25 mm 团聚体含量。可以看出,长期施肥,尤其是长期施用有机肥或化肥有机肥配施可以显著增加土壤大级别水稳性团聚体含量,其中,以 >5 mm、5~2 mm、2~1 mm 为主。

(2)施肥方式对土壤团聚体碳的影响

由图 10.9 可知,施肥显著(P<0.05)提高土壤水稳性团聚体有机碳含量,化肥(NP)、有机肥

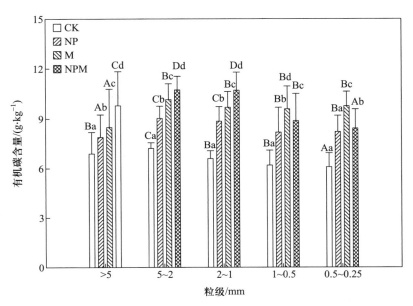

图 10.9 在不同施肥条件下各级别团聚体中(湿筛)有机碳含量

（M）、化肥有机肥配施（NPM）均在级别 5~2 mm 水稳性团聚体上含碳量最高（7.2~10.7 g·kg^{-1}）；相对对照（CK）而言，NP 对 0.5~0.25 mm 水稳性团聚体碳含量提高量最高（34.8%），>5 mm 最低（14.5%），其他级别水稳性团聚体碳的提高量在 25.0%~34.4%；M、NPM 对各级别水稳性团聚体碳的提高量较大（23.2%~62.4%）：M 处理中 0.5~0.25 mm 水稳性团聚体碳的提高幅度最大（60.1%），1~0.5 mm 次之（54.9%），>5 mm 提高量较低（23.2%）；而 NPM 对 2~1 mm 水稳性团聚体碳提高量最大（62.4%），且显著（P<0.05）高于其他处理，5~2 mm 次之（48.6%），对 0.5~0.25 mm 水稳性团聚体碳提高量较低（38.2%）。

相关分析表明，耕层土壤 >5 mm 和 5~2 mm 水稳性团聚体含量与 SOC 含量呈显著正相关关系（P<0.05），2~1 mm 水稳性团聚体与 SOC 含量呈正相关关系，但尚未达显著水平（P>0.05）；SOC 含量与耕层土壤 <1 mm 水稳性团聚体含量存在负相关关系，其中，与 <0.25 mm 水稳性团聚体含量呈极显著负相关关系（P<0.01）。

长期休闲（F）、不施肥（CK）处理 1~0.5 mm 水稳性团聚体碳对 SOC 的贡献率最大，>5 mm 次之，5~2 mm 贡献率最低。化肥、有机肥的施用显著（P<0.05）提高水稳性团聚体碳对 SOC 的贡献率。NP、M、NPM 处理 >5 mm 水稳性团聚体碳对 SOC 含量的贡献率最大，1~0.5 mm 次之。在施肥处理中，M 处理各级别水稳性团聚体碳对 SOC 的贡献率低于 NP、NPM，NP 最高，NPM 居中。表明在培肥试验中，各处理 >5 mm 和 1~0.5 mm 团聚体对 SOC 的贡献率起主导作用。虽然所选处理中 5~2 mm 团聚体碳含量在各级别团聚体碳含量较高，但由于该级别团聚体在土层中占有的组分较低，使得对 SOC 含量贡献低于其他级别团聚体。

耕层土壤水稳性团聚体以 >5 mm 和 1~0.5 mm 粒径为主。不同的施肥处理主要影响这两个粒径的水稳性团聚体含量，使得较大粒径的团聚体含量明显增加，较小粒径的团聚体含量降低。施肥提高了作物生物量，从而增加了新鲜有机物的输入和根系代谢物，使得土壤中较小颗粒胶结成大的水稳性团聚体；同时，有机肥或有机–无机肥配施处理的效果明显比单施化肥好，这可能与有机肥分解过程中形成的腐殖质胶结有关。本研究中，耕作并种植作物促进了土壤 >5 mm 水稳性团聚体的形成，改善了土壤结构。由于耕作土壤每年都有农作物通过根系、秸秆残茬等有机物质归还于土壤，使其 SOC 含量（6.9 g·kg^{-1}）基本保持原来水平，而休闲土壤却因无有机物质归还使土壤有机质含量明显降低（5.9 g·kg^{-1}），进而减弱了水稳性团聚体的有机胶结作用，从而导致休闲土壤大团聚体含量低于耕作土壤。

本研究中，5~2 mm 和 2~1 mm 水稳性团聚体有机碳含量较高，但有机碳主要分配在 >5 mm 和 1~0.5 mm 的团聚体上。单施化肥对团聚体赋存碳的能力有增加趋势，且在大团聚体（>5 mm）上表现更为明显，说明在化肥处理下团聚体对有机碳的物理保护主要通过大团聚体来实现。诸多研究表明，大团聚体比微团聚体含有更多的有机碳，其原因可能是由于大团聚体内含有不同组分的碳，如颗粒有机碳、轻组碳和微团聚体碳等，其中只有微团聚体碳较稳定，其他组分的碳相对活跃。

总之，长期施肥主要增加了土壤中大级别水稳性团聚体含量，其中以 5~2 mm 水稳性团聚体含量增加最多，>5 mm 次之；长期休闲不利于土壤结构的改善。高氮肥处理、化肥有机肥处理能显著增加大级别（>1 mm）水稳性团聚体含量。SOC 与 >5 mm、5~2 mm 团聚体含量呈显著正相关，与 <0.25 mm 团聚体含量呈极显著负相关。低氮肥处理（N$_0$、N$_{45}$、N$_{90}$）和休闲（F）、不施肥（CK）处理 1~0.5 mm 团聚体碳对 SOC 的贡献率最大，氮磷配施（NP）、有机肥处理（M、NPM）>5 mm 团聚体碳对 SOC 的贡献率最大。

10.6　旱塬农田生态系统生产力提升的途径与措施

水资源亏缺,迫使我国农业必须走依靠科技创新大幅度提高水的利用效率、发展节水型高效农业的内涵式增长道路(许迪等,2003)。以黄土高塬沟壑区农业发展为己任的长武农业生态试验站,近年来大力推进节水型生态农业的研究与实践。节水型生态农业是具有综合性的包括节水型灌溉农业与节水型旱作农业在内的节水农业,它面对的是一个区域或者流域,强调从农业生产到生态环境建设,合理配置水资源,有效用好水资源,其中对旱作农业以提高雨水利用效率为要求,对灌溉农业则以提高灌溉水的利用效率为要求,对林草植被建设则强调适地性和水分 – 生态关系的协调与优化,从整体上追求区域或流域生态 – 经济的可持续发展。

黄土旱塬农田生态系统的调控管理着力于生产力的稳定与不断提升,以及农田水资源的可持续利用。前文中的式(10.1)给出了黄土旱塬农田水量平衡的计算式,其中 ΔW 为蒸散作用层内时段末与时段初土壤贮水量之差。就一个作物生育期而言,旱作条件下农田可供水量为播前土壤贮水量(底墒,SW_{begi})与生育期降水量 P 之和,就多年平均情况而论,农田可供水量趋同于降水量,农田水分利用效率($FWUE$)趋同于降水利用效率($PWUE$)。旱地农田水分利用效率可表达为如下链式形式,

$$FWUE=\frac{SW}{SW_{\text{begi}}+P}\times\frac{ET_{\text{c}}}{SW}\times\frac{T}{ET_{\text{c}}}\times\frac{Y}{T} \tag{10.5}$$

$$SW=SW_{\text{begi}}+P-R-D \tag{10.6}$$

式中:SW 为分析时段内蒸散作用层内的土壤累计有效贮水量,ET_{c} 为有作物生长时的农田耗水,T 为作物蒸腾量,Y 为作物产量。实行合理有效利用土壤水资源的农作制度,并取适当的蒸散作用层厚度,深层渗漏 D 可近似为 0。在多年平均条件下,

$$\overline{FWUE}=\overline{PWUE}=\alpha\cdot\frac{1}{1+\beta}\cdot\frac{1}{1+\gamma}\cdot\overline{WUE_{T}} \tag{10.7}$$

或

$$\overline{FWUE}=\overline{PWUE}=\alpha\cdot\frac{1}{1+\beta}\cdot\overline{WUE_{ET}} \tag{10.8}$$

式中:α 为平均有效降雨系数((P–R)$/P$),β 为休闲期土壤失水量与作物生长季农田耗水量的平均比率($E_{\text{fal}}/ET_{\text{c}}$),$\gamma$ 为有作物生长时的棵间蒸发与作物蒸腾的平均比率(E_{c}/T)。

$FWUE$ 及 $PWUE$ 链式表达,从作物利用降水的过程的角度上. 阐释了制约 $PWUE$ 大小的若干比率及效率间的内在联系。当给定降水量时,渐次使降水收存率($SW/$($SW_{\text{begi}}+P$)),农田水分消耗率(ET_{c}/SW)、作物蒸腾占农田耗水的比率(T/ET)及作物水分利用效率(Y/T,即 WUE_{T})达到最大,即可使 $PWUE$ 达到最大。在一定作物品种条件下,降水量、作物降水生产潜力及作物潜在水分利用效率是互相对应的。在黄土高原,就多年均值而言,$PWUE$ 通常小于 WUE_{ET}(即 Y/ET),只有当无地表径流和无休闲时,二者才有可能相等;与合理的轮作制度相适应,$PWUE$ 的提高首先在于强化降雨就地就近入渗拦蓄与抑制土壤物理蒸发;其次在于优化的包括养分供应在内的栽培措施。从长远看,抗旱高产品选育则是进一步提高 $PWUE$ 的潜力所在。

在兼顾水土资源保持与利用的旱地农业技术方面,基于农田水分利用效率链的思想,在一定的耕作制度或者说农作制度条件下,解析从降水到土壤水,再到蒸腾水,最后到作物生产的转化过程,从调控的角度讲,降水利用效率的提高概括于蓄、保、调、用几个方面,通过施肥、轮作及覆盖等措施体现出来。

（1）增施有机肥料,合理施用化肥,注重氮磷搭配,实行轮作制度

有机肥具有明显的改善土壤理化性状的作用。长武站的试验表明,施用有机肥,不仅增加土壤养分的绝对数量,提高土壤养分有效性,而且可以增强土壤贮水性能。黄土塬区有机肥数量不足以满足农田土壤培肥的需要,而且由于不合理的堆存、施用方式,有效养分损失严重。为了提高有机肥的质量和使用效率,应改湿粪晒干进地为直接掺土进地,改表施为深施,改露天存放为泥封存放。另外,应适度发展畜牧业,增加秸秆过腹还田。充分利用硬地面产流水,发展秸秆堆沤,开辟肥源。

黄土塬区土壤贫氮缺磷,施用氮磷肥是补充协调土壤氮磷营养元素的有效途径。氮磷合理搭配是提高肥料利用率,维持土壤养分平衡的有力措施。

豆科作物（或牧草）在培肥改良土壤方面具有独特的功效,尤其在作物轮作过程中,增加豆科作物的比例,培肥作用更加显著。如试验中的苜蓿（4年）–马铃薯（1年）–小麦（2年）–小麦＋苜蓿（1年）轮作系统,比其他轮作系统土壤养分增幅更大。

（2）秸秆及地膜覆盖,改善土壤水肥条件

地膜栽培是提高旱地玉米产量的重要措施。长武站的田间试验与大田调查表明,在同一施肥条件下地膜栽培玉米比露地栽培增产显著,大旱之年的1997年增产达46.7%~52.4%,平水年份增产28.6%（钟良平等,2004）。在陕西渭北合阳旱塬上10余年的研究与示范表明,通过对旱作麦田留茬秸秆全程覆盖,有效地减少了水分蒸发和流失,把自然降水的保蓄率由传统耕作法的25%~35%提高到50%~65%,可为每公顷农田增加600~1200 m^3 的水分,冬小麦产量较不覆盖的传统耕作法提高75.6%（李立科等,2002）。

（3）优化作物品种结构

黄土塬区主要粮食作物冬小麦和春玉米品种几十年来已经多次更新,由传统农业的旱薄型发展到旱肥型、旱肥高产型阶段。长武县旱作冬小麦产量由20世纪50年代初的低于1000 kg·hm^{-2}提升到近年的4500 kg·hm^{-2}水平,总体呈波动上升的趋势,上升速率大致为每10年600 kg·hm^{-2},品种更新在其中发挥了重要作用。

（4）以肥调水、量水施肥及适度生产力

20世纪70年代在陕西东部旱塬农田的调查表明,增施肥料,提高地力是经济使用有限水源、充分利用土壤储水的有效措施,在这个意义上讲,可称为"以肥调水"（西北水土保持生物土壤研究所土壤水分组,1975）。"以肥调水"简洁明了地阐明了肥、水两要素适当配合所具有的正向耦合的效果。施用磷肥能显著地促进作物根系的生长,有助于植物"提水"作用的发挥,是以肥调水功能的重要承担者（吕家珑等,2000）。

降水资源的有限性和季节分布的不均衡性对作物产量和肥料效应影响很大。长期小麦连作试验表明,产量高低、增产幅度、氮肥利用率都与年度降水量呈正相关。干旱年磷肥增产幅度比丰水年要高。旱地施肥应该根据土壤底墒和来年降水预测情况做适当调整,"量水施肥"是发挥肥料增产效果的关键措施。从长期试验的产量趋势分析,氮磷配施、有机无机肥料配施、施用有

机肥可以保持旱作产量在高水平波动,而氮或磷单施、不施肥只能维持产量在低水平波动。钾肥、微肥增产有限。

底墒、休闲期降水与小麦产量关系密切。旱地休闲期通过各种手段蓄水保墒是夺取次年小麦丰收的重要举措。施肥能改善水分利用效率,不同施肥处理对土壤水分利用影响有显著差异。有机肥有利于土壤蓄水保墒,氮肥有利于提高水分利用效率,磷肥有利于增加土壤深层水分的利用。

大量施肥在增加产量的同时,也带来了土壤水分和肥料的不良环境效应。长期的高量施肥,既可能增加土壤水分的过度消耗,造成"土壤水库"入不敷出,产生深层土壤干燥化,也可能产生土壤深层硝态氮的大量累积。从而导致作物产量对降水的依赖性增强,产量的年度波动幅度增大。从旱地作物产量的持续发展考虑,适量肥料投入实现作物适度生产应该是可供选择的有效措施。

参 考 文 献

陈培元,詹谷宇,谢伯泰.1980.冬小麦根系的研究.陕西农业科学,(6):1–6,49.

党廷辉.1998.黄土旱塬轮作培肥试验研究.土壤侵蚀与水土保持学报,4(3):44–47,66.

党廷辉.1999.施肥对旱地冬小麦水分利用效率的影响.生态农业研究,7(2):28–31.

党廷辉.2000.旱塬冬小麦氮磷肥效及其利用率的变异性研究.生态农业研究,8(4):43–46.

党廷辉,蔡贵信,郭胜利,等.2002.黄土旱塬黑垆土 – 冬小麦系统中尿素氮的去向及增产效果.土壤学报,39(2):199–205.

党廷辉,蔡贵信,郭胜利,等.2003a.用 ^{15}N 标记肥料研究旱地冬小麦氮肥利用率与去向.核农学报,17(4):280–285.

党廷辉,郭胜利,樊军,等.2003b.长期施肥下黄土旱塬土壤硝态氮的淋溶分布规律.应用生态学报,14(8):1265–1268.

党廷辉,戚龙海,郭胜利,等.2009.旱地土壤硝态氮与氮素平衡、氮肥利用的关系.植物营养与肥料学报,15(3):573–577.

樊军,郝明德,党廷辉.2000.旱地长期定位施肥对土壤剖面硝态氮分布与累积的影响.土壤与环境,9(1):23–26.

房全孝,陈雨海,李全起,等.2004.灌溉对冬小麦水分利用效率的影响研究.农业工程学报,20(4):34–39.

郭胜利,党廷辉,郝明德.2005.施肥对半干旱区小麦产量、NO_3^--N 累积和水分平衡的影响.中国农业科学,38(4):754–760.

郭胜利,吴金水,党廷辉.2008.轮作和施肥对半干旱区作物地上部生物量与土壤有机碳的影响.中国农业科学,41(3):744–751.

郭胜利,周印东,张文菊 等.2003.长期施用化肥对粮食生产和土壤质量性状的影响.水土保持研究,10(1):16–22.

郝明德,党廷辉,刘冬梅.2003.黄土高原沟壑区生态系统适度生产力与生态环境协调发展研究.干旱地区农业研究,21(1):94–97.

郝明德,梁银丽.1998.长武农业生态系统结构、功能及调控原理与技术.北京:气象出版社.

郝明德,张俊兴,胡克昌.1995.高原沟壑区农田生态系统中的肥料投入.水土保持通报.15(6):16–21.

黄明斌,李玉山.2000.黄土塬区旱作冬小麦增产潜力研究.自然资源学报,15(2):143–148.

李超,刘文兆,林文,等.2017.黄土塬区冬小麦产量及水分利用效率对播前底墒变化与生育期差别供水的响应.中国农业科学,50(18):3549–3560.

李开元,李玉山. 1995. 黄土高原农田水量平衡研究. 水土保持学报, 9 (2): 39-44.

李立科,王兆华,赵二龙,等. 2002. 蒸发水——西部开发的新水源. 干旱地区农业研究, 20 (3): 97-100.

李玉山. 1983. 黄土区土壤水分循环特征及其对陆地水分循环的影响, 生态学报, 3 (2): 91-101.

李玉山. 1989. 土壤 – 作物水分关系及其调节, 见黄土高原土壤与农业, 朱显谟主编. 北京: 农业出版社, 342-365.

李玉山. 1990. 旱作农业作物生产力若干规律性及提高途径. 土壤通报, (5): 194-197.

李玉山. 2001. 旱作高产田产量波动性和土壤干燥化. 土壤学报, 38 (3): 353-356.

李玉山,韩仕峰,汪正华. 1985. 黄土高原土壤水分性质及其分区, 中国科学院西北水土保持研究所集刊, (2): 1-17.

李玉山,苏陕民. 1991. 长武王东沟高效生态经济系统综合研究. 北京: 科学技术文献出版社.

李玉山,张孝忠,郭明航. 1990. 黄土高原南部作物水肥产量效应的田间研究. 土壤学报, 27 (1): 1-7.

刘昌明,周长青,张士锋 等. 2005. 小麦水分生产函数及其效益的研究. 地理研究, 24 (1): 1-10.

刘文兆. 1997. 旱地作物雨水利用效率统一性表达式的构造及其意义. 土壤侵蚀与水土保持学报, 3 (2): 62-66.

刘文兆. 1998. 作物生产、水分消耗与水分利用效率间的动态联系. 自然资源学报, 13 (1): 23-27.

刘文兆,李玉山. 2003. 渭北旱塬西部作物水肥产量耦合效应研究. 水土保持研究, 10 (1): 12-15.

刘文兆,李玉山,李生秀. 2002. 作物水肥优化耦合区域的图形表达及其特征. 农业工程学报, 18 (6): 1-3.

刘耀宏,戴鸣钧,余存祖. 1989. 施加有机物料对土壤有机质影响的研究. 中国科学院·水利部西北水土保持研究所集刊, (1): 117-123.

吕家珑,张一平,刘思春,等. 2000. 施磷水平对 SPAC 水分能量特征的影响. 生态学报, 20 (02): 255-263.

孟磊,蔡祖聪,丁维新. 2005. 长期施肥对土壤碳储量和作物固定碳的影响. 土壤学报, 42 (5): 769-776.

孟晓瑜,王朝辉,李富翠,等. 2012. 底墒和施氮量对渭北旱塬冬小麦产量与水分利用的影响. 应用生态学报, 23 (2): 369-375.

戚瑞生,党廷辉,杨绍琼,等. 2012. 长期定位施肥对土壤磷素吸持特性与淋失突变点影响的研究. 土壤通报, 43 (5): 1187-1194.

王朝辉,李生秀. 2002. 不同生育期缺水和补充灌溉对冬小麦氮磷钾吸收及分配影响. 植物营养与肥料学报, 8 (3): 265-270.

西北水土保持生物土壤研究所土壤水分组. 1975. 陕西东部旱塬农田墒情调查. 土壤, (6): 279-285.

许迪,吴普特,梅旭荣,等. 2003. 我国节水农业科技创新成效与进展. 农业工程学报, 19 (3): 5-9.

杨文治,邵明安. 2000. 黄土高原土壤水分研究. 北京: 科学出版社.

杨文治,余存祖. 1992. 黄土高原区域治理与评价. 北京: 科技出版社.

张春霞,郝明德,谢佰承. 2006. 不同化肥用量对土壤碳库的影响. 土壤通报, 37 (5): 861-864.

赵生才. 2005. 我国农田土壤碳库演变机制及发展趋势——第 236 次香山科学会议测记. 地球科学进展, 20 (5): 587-590

中国科学院黄土高原综合科学考察队. 1991. 黄土高原地区农林牧综合发展与合理布局. 北京: 科学出版社, 1-12.

钟良平,邵明安,李玉山. 2004. 农田生态系统生产力演变及驱动力. 中国农业科学, 37 (4): 510-515.

Domanski G, Knzyakov Y, Siniakina V, et al. 2001. Carbon flows in the rhizosphere of ryegrass (*Lolium perenne*). Journal of Plant Nutrion and Soil Science, 164: 381-387.

Graham R J, Haynes J, Meyer H. 2002. Soil organic matter content and quality: Effects of fertilizer applications, burning and trash retention on a long-term sugarcane experiment in South Africa. Soil Biology and Biochemistry, 34 (1): 93-102.

Kang S Z, Zhang L, Liang Y L, et al. 2002. Effects of limited irrigation on yield and water use efficiency of winter wheat in the Loess Plateau of China. Agricultural Water Management, 55 (3): 203-216.

Li Z, Zhao Q G. 1998. Carbon dioxide fluxes and potential mitigation in agriculture and forestry of tropical and subtropical

China. Climatic Change, 40: 119–132.

Lin W, Liu W Z. 2016. Establishment and application of spring maize yield to evapotranspiration boundary function in the Loess Plateau of China. Agricultural Water Management, 178: 345–349.

Lin W, Liu W Z, Xue Q W. 2016. Spring maize yield, soil water use and water use efficiency under plastic film and straw mulches in the Loess Plateau. Scientific Reports, 6.

Liu W Z, Zhang X C, Dang T H, et al. 2010.Soil water dynamics and deep soil recharge in a record wet year in the southern Loess Plateau of China. Agricultural Water Management, 97(8): 1133–1138.

Robinson C S, Cruse R M, Ghaffarzadeh M. Cropping system and nitrogen effects on Mollisol organic carbon. Soil Scienci Society of American Journal, 1996, 60(1): 264–269.

Sherrod L A, Peterson G A, WestfallL D G, et al. 2003. Cropping intensity enhances soil organic carbon and nitrogen in a no-till agroecosystem. Soil Scienci Society of American Journal, 67(5): 1533–1543.

Wang J, Liu W Z, Dang T H. 2011. Responses of soil water balance and precipitation storage efficiency to increased fertilizer application in winter wheat. Plant and Soil, 347(1–2): 41–51.

Wang J, Liu W Z, Dang T H, et al. 2013. Nitrogen fertilization effect on soil water and wheat yield in the Chinese Loess Plateau. Agronomy Journal, 105(1): 143–149.

第11章 黄土丘陵沟壑区农田生态系统过程与变化*

黄土丘陵沟壑区是我国黄土高原地区的主要地貌形态之一,黄土丘陵沟壑区分布广,涉及7省(区),面积21.18万 km²,其主要特点是地形破碎,沟壑纵横,土地利用类型多样,15°以上的坡面面积占50% ~ 70%。黄土丘陵沟壑区是中国乃至全球水土流失最严重的地区。水土流失不仅成为困扰该区农业可持续发展和人民脱贫致富的主要问题,而且也为黄河中下游地区带来一系列的生态环境问题。

11.1 黄土丘陵沟壑区农田生态系统特征

黄土丘陵沟壑区土地类型多养,耕地即包括水热条件较好的川谷地,也包含水热条件较差的梯田和坡耕地。其农田生态系统的主要特征是干旱少雨和水土流失并存。

11.1.1 黄土丘陵沟壑区生态系统特征

(1)地形

安塞试验站所处的延安市位于黄土高原中部,属典型的丘陵沟壑区。区内沟壑纵横、地形支离破碎、气候干旱、植被稀少、水力重力侵蚀剧烈、水土流失严重,是黄河上中游水土流失最严重的地区之一。地形地貌属于鄂尔多斯地台的组成部分,在中生代基岩和新生代红土层构成的古地形上覆盖了深厚的风成黄土。由于新构造运动的升降和长期内外营力的作用,特别是近代人类活动加速了土壤侵蚀,形成了梁峁状起伏、沟谷深切、地形破碎的黄土梁峁状丘陵沟壑地貌,沟壑密度3 ~ 4 km·km⁻²。

(2)气候

本区气候处于暖温带大陆性季风气候,处于半湿润区向半干旱区的过渡带。多年平均降水量530 mm,年平均气温9.2 ℃,无霜期平均163天。春季干燥少雨,气温回升迅速,有大风、扬沙天气,季内降水占年总量的17%,最高气温可达36.5 ℃,遇较强冷空气侵袭时,最低气温可降到0 ℃左右,易出现霜冻。夏季炎热多雨,季内降水量占年总量的57%,多为阵性天气,有时伴有冰雹,季内月平均气温21.1 ~ 22.9 ℃,7月平均温度22.9 ℃,季内最高气温39.7 ℃,无酷热期。秋季降温迅速,湿润,多阴雨大雾天气,季内降水量占年总量的22%,9月下旬至10月上旬出现初

---

* 本章作者为中国科学院·水利部水土保持研究所王仕稳、陈云明、刘国彬、吴瑞俊、姜峻。

霜,11月上旬土壤冰结。冬季雨雪稀少,明朗干冷,多西北风,季内降水仅占年总量 4%,1 月最冷,极端最低气温 –25.4 ℃。

（3）土壤

区域内成土母质以第四纪黄土为主,分布的主要土壤类型为黄绵土。黄绵土质地疏松,通透性好,无侵蚀状态下为良好的农业土壤。但由于侵蚀作用、耕作粗放和投入较低,土壤肥力普遍偏低,生产力不高。研究区内大部分地区土壤有机质含量低于 1%,0～30 cm 耕层的平均有机质含量仅为 0.66%。农耕地土壤有机质含量与坡度成反比关系,耕地坡度越大,有机质含量越低。研究区农耕地以坡地、梯田为主,川、台、坝地面积较小。由于受到自然因素的影响,不同土地类型的土壤肥力差异很大,各土地类型的土壤有机质和氮、磷养分俱缺,速效钾含量相对较高。

（4）植被

研究区地处森林带向典型草原的过渡带,即森林草原带,其南部属于森林带,北部属于典型草原带。在人口压力和经济活动影响下,森林植被遭到了严重破坏,南部的森林主要是以辽东栎、油松为优势种的天然次生林,林内有较多的伴生树种和灌、草植物种;中部的森林草原带,由于地形原因,造成水热条件的分异,梁峁坡天然植被为以长芒草、白羊草、铁杆蒿等优势种组成的草原或草甸草原植被,水分条件较好的沟谷可生长一些乔木和灌木组成的林分,主要乔木树种为非地带性森林建群种,如小叶杨、榆树、杜梨等;灌木多为森林地带的一些优势种和次优势种,如狼牙刺、灰栒子、黄刺玫等。北部的典型草原地带则为以长芒草、大针茅、铁杆蒿、茭蒿、冷蒿等组成的草原植被,乔木呈零散分布。

（5）水土流失

区内在历史上由于长期的落后的土地利用方式,滥垦、滥伐、滥牧致使区内水土流失严重。水土流失面积占土地总面积的 76%,侵蚀模数达到 5000～10000 t·km^{-2} 是我国水土流失最严重区域之一（田均良等,2003）。

11.1.2　黄土丘陵沟壑区农业资源条件与制约因素

黄土丘陵沟壑区是我国典型的农牧交错区和生态环境脆弱区,资源和环境问题一直是困扰该区稳定发展的瓶颈,而这一矛盾导致的直接后果就是系统生产力水平低下。其农业资源条件与环境制约因素如下:

（1）土地资源丰富,利用改造难度较大

黄土丘陵沟壑区土地资源较广,黄土性土壤及区内形成的其他地带性土壤适合多种农作物生长。然而,土地资源的地面切割严重,地形破碎。东部晋、陕地区沟壑密度为 5～7 km·km^{-2},沟壑面积占总土地面积的 40%～50%;西部宁南、陇中地区,沟壑密度为 2～5 km·km^{-2},沟壑面积占总土地面积的 30%～50%,水土流失致使土地资源遭到严重破坏。

（2）光热条件较好,风冻雹灾害频繁

本区具大陆性季风气候特点,空气干燥,云量少,光照较好。全区平均气温 ≥ 0 ℃总积温为 3000～4000 ℃,≥ 10 ℃ 的活动积温为 2000～3400 ℃。无霜期 120～200 天,气温日较差大,积温有效性高,利于光合作用干物质形成及糖分的积累。本区雨热基本同期,能够较充分地发挥光、热、水等气候资源的作用。然而,由于季风气候的不稳定性,除旱灾频繁外,冻害、冰雹和大风等灾害频率高,严重影响农业稳产。

（3）水资源较贫乏,干旱威胁严重

本区的年均降水量在 300~600 mm 范围内,由东南向西北递减。降水分配不均,年变率达 15%~50%,年内变化更大,7—8 月变率达 30%~70%,春季 ≤ 5 mm 的无效降水占到同期降水总量的 60%,夏季 ≥ 25 mm 易产生径流的低效降水约占 40%。故有"十年九春旱""三年两伏旱"之说,对农业生产威胁大。

11.2 黄土丘陵沟壑区农田生态系统观测与研究

中国科学院安塞水土保持综合试验站选取位于黄土丘陵沟壑区的安塞县主要土地类型中川谷地、坡地和梯田中的生物和土壤为主要的观测研究对象,研究不同栽培耕作方式和施肥措施对农田土壤的物理、化学及生物学性质的动态变化过程影响,为认识该区域农田生物土壤性质的变化规律提供系统的、长期的、可靠的观测数据,从而揭示施肥、土壤质量和作物产量的相互关系,明察土壤肥力质量和作物产量的演变,阐明土壤肥力和作物产量的现状及变化趋势,为评价农田生态系土壤管理的效应、实施土壤保护、提升土壤肥力与生产力和区域农业的可持续发展提供基础依据。

11.2.1 川谷地农田水分养分综合试验

川谷地农田水分养分综合试验建于 2004 年,布设于安塞试验站内（109°19′24.15″E—109°19′24.95″E, 36°51′25.64″N—36°51′27.54″N）,面积为 1449 m²（23 m × 63 m）。观测场共分为 16 个小区（7 m × 10 m）。该川谷地综合观测场的土壤类型为堆积型黄绵土,种植制度为玉米→玉米→大豆轮作,一年一熟,仅施用化肥,施肥量:施氮（纯 N）80 kg·hm⁻²,磷（P_2O_5）45 kg·hm⁻²。作物生长所需要的水分依靠天然降水,无灌溉条件。主要监测作物生长发育、生物量、作物产量、物候、植物元素含量与热值、土壤微生物区系等。作物收获后,用畜力或机耕翻耕土壤,进行冬季休闲,在春季整地施肥,人工播种作物。其中 1 区~16 区为表层土壤生物采样区,15 区和 4 区为剖面样品采集区。土壤样品在作物收获后采样一次,深度 0~20 cm、20~40 cm 共 2 层。植物采样时,在小区选长势均匀、能代表该区作物 1 m² 样本。进行株高、叶面积、生物量测定。根系生物量采用挖掘发采样,取样深度 30 cm,面积为 40 cm × 50 cm。

11.2.2 梯田长期耕作培肥试验

梯田长期耕作培肥试验始于 1997 年,在安塞站山地试验区选代表性梯田（109°18′58.13″E—109°18′58.56″E, 36°51′22.24″N—36°51′22.89″N）。面积为 720 m²（20 m × 36 m）。该观测场土壤类型为堆积型黄绵土。在试验场内设有 19 个区（4 m × 4 m）,每个小区的施肥处理均为化肥 + 有机肥（羊粪）。施肥量:有机肥 12000 kg·hm⁻²,施氮（纯氮）98.5 kg·hm⁻²,磷（P_2O_5）75 kg·hm⁻²,有机肥和磷肥在播种时一次性施入,氮肥分二次施入,其中总量的 20% 作种肥,其余作追肥施用。作物种植制度大豆→谷子轮作,一年一熟,无灌溉条件。作物收获后,用机械翻耕土壤,进行冬季休闲。于每年春季进行人工整地,施肥播种。主要观测指标同川谷地农田养分综合试验场。

11.2.3　坡地养分长期试验

坡地养分长期定位试验开始于1995年,地点位于安塞试验站后山上(109°18′51.47″E—109°18′52.89″E,36°51′20.14″N—36°51′21.46N)。试验场土壤类型为侵蚀型黄绵土,面积为740 m²(37 m×20 m)。试验场内分为2个区组,每个区组有10个小区,共计20个区。小区为长方形(3 m×7 m),投影面积为20 m²。设有10个施肥处理,重复2次,处理在试验场内区组中的小区随机排列。其中11~20号小区为土壤生物样品采集区。作物种植制度为谷子→糜子→谷子→大豆轮作,一年一熟。无灌溉条件,作物收获后,用人力翻耕土壤,进行冬季休闲。于每年春季进行人工整地,施肥并播种作物。施肥处理为2个氮(N)2个磷(P)水平(N_2P_2、N_2P_1、N_2P_0、N_1P_2、N_1P_1、N_1P_0、N_0P_2、N_0P_1、N_0P_0),氮(纯N):N_1 为 55 kg·hm^{-2},N_2 为110 kg·hm^{-2};磷(P_2O_5),P_1 为 45 kg·hm^{-2},P_2 为 90 kg·hm^{-2}。施肥方法:磷肥做种肥一次施入,尿素种肥 N_1、N_2 施总量的20%,余下的尿素做追肥施入。土壤在每年秋季作物收获后(10月中下旬),在每个采样小区利用土钻采集表层(0~15 cm,15~30 cm)土壤土样。植物采样时,在小区选长势均匀能代表该区作物的地块 1 m² 植物做样本。用剪刀将植株的地上部分齐地剪下,带回供考种、测产用。考种完后,将植物风干,谷糜按茎、叶、糠秕、籽粒四部分分别进行称重。

11.3　黄土丘陵沟壑区农田土壤结构、有机质和养分演变

土壤质量是农业生产的物质基础,黄土丘陵沟壑区耕地种类多样,既包括水热条件较好的川谷地,也包括水热条件较差的梯田和坡耕地。同时由于黄土丘陵沟壑区土壤侵蚀严重,导致土壤质量较差,有机质含量较低,养分流失严重和利用效率低下等问题。如何通过耕作和培肥提高土壤质量,是提高农业生产能力的关键。在长期耕作和培肥后,区域耕地质量演变也是需要回答的科学问题。本研究以安塞试验站长期定位试验为主,研究长期耕作和培肥措施对不同耕地类型土壤结构、有机质和养分含量等的影响,旨在为当地合理耕作和施肥,提高土壤质量,促进农业可持续生产提供理论依据。

11.3.1　长期耕作培肥对黄土丘陵沟壑区坡耕地的土壤结构、有机质和养分含量的影响

试验设在安塞试验站坡耕地上,于2009年10月(定位试验开展17年后)谷子收割研究长期耕作和培肥措施对土壤质量的影响。采样时将每个小区划分为两个微区,每个微区挖取一个土壤剖面,然后将每个剖面按15 cm间隔从上到下分为3层,即0~15 cm、15~30 cm、30~45 cm,每个处理挖4个剖面。实验共10个处理,即:BL、N_0P_0、N_0P_1、N_0P_2、N_1P_0、N_1P_1、N_1P_2、N_2P_0、N_2P_1、N_2P_2。其中 BL 为裸地,不种作物也不施肥。N 为氮肥,N_0 为不施氮,N_1 每年施氮(纯氮)

55 kg·hm^{-2}，N$_2$ 每年施氮（纯氮）110 kg·hm^{-2}。P 为磷肥，P$_0$ 为不施磷肥，P$_1$ 每年施磷肥（P$_2$O$_5$）45 kg·hm^{-2}，P$_2$ 每年施磷肥（P$_2$O$_5$）90 kg·hm^{-2}。种植方式为谷子 – 糜子 – 谷子 – 大豆轮作。

（1）长期耕作与培肥对土壤物理结构的影响

长期耕作与土壤培肥对土壤容重的影响。如图 11.1，与裸地（BL）相比，长期种植作物但未施肥处理（N$_0$P$_0$）的 0～15 cm、15～30 cm 和 30～45 cm 土层容重分别下降了 2.4%、1.6% 和 7.2%，反映了种植作物在一定程度上可以降低土壤容重，具有疏松土壤的作用。与不施肥（N$_0$P$_0$）相比较，长期施用化肥表层（0～15 cm）土壤容重均有不同程度的增加，增幅为 0.8%～3.2%，平均增加 1.6%，表明长期施用化肥表层土壤有硬化趋向。就中层（15～30 cm）土壤而言，和不施肥相比较，施肥处理土壤容重均有不同程度的减小，减幅为 0.8%～5.5%，平均减小 2.4%。其中以 N$_2$P$_1$ 配施处理土壤容重下降最大，降幅达 8.4%；不同施肥处理对降低中层土壤容重的效应依次为 N$_2$P$_1$>N$_1$P$_2$>N$_2$P$_2$> 其他；氮磷配施对疏松中层土壤效果好于单施，可能与氮磷配施促进根系发育有关。对于下层（30～45 cm）土壤，与不施肥相比较，N$_1$P$_2$ 和 N$_2$P$_1$ 处理都不同程度地增加了该层土壤容重。总之与裸地相比，长期种植作物能降低土壤容重。和不施肥相比较，长期施用化肥后表层和下层土壤容重略有增加，而中层土壤容重减小，其中氮磷单施在每个土层均随着施肥量的增加，土壤容重先增大后减小；而氮磷配施，显著降低了中层土壤容重。

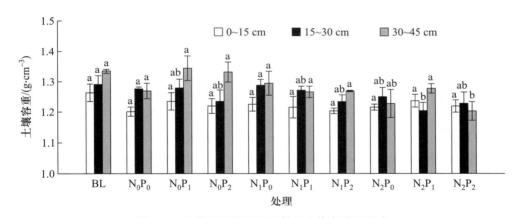

图 11.1 长期施用化肥对坡耕地土壤容重的影响

注：柱上不同字母表示差异达 5% 显著水平；BL 代表裸地（李强等，2011）。

长期施用化肥对坡耕地土壤孔隙度的影响。由图 11.2 看出，与裸地（BL）处理相比，种植作物土壤表层、中层和下层土壤孔隙度均略有增加（增幅分别为 4.3%、1.2% 和 5.4%），可能是作物根系疏松土壤，而土壤容重的下降进一步引起土壤孔隙度的增加。长期施用化肥和不施肥相比，0～15 cm 和 30～45 cm 土层孔隙度略有下降（0.8% 和 0.7%）；而 15～30 cm 土层则略有增加（1.0%）。氮或磷肥单施，表层土壤孔隙度随着施肥量的增加均呈现出先下降后升高的趋势，可能与不同化肥施用量下的作物生长及有机质的积累有关；在氮磷配施处理下，与单施处理相比，孔隙度略有增加（0.3%）。总之，长期种植作物和施用化肥能够通过影响孔隙度。单施化肥会略微降低表层土壤孔隙度，而化肥配施土壤孔隙度略有增加。对中层和下层土壤，施用化肥后土壤孔隙度整体保持稳定或增加趋势。

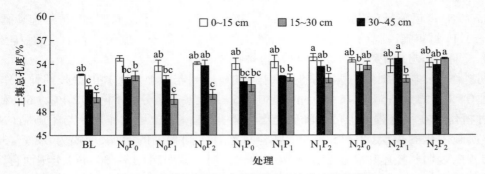

图 11.2　长期施用化肥对坡耕地土壤孔隙度的影响

注:柱上不同字母表示差异达 5% 显著水平;BL 代表裸地(李强等,2011)。

　　长期施用化肥对土壤团聚体的影响。由图 11.3 看出,与裸地(BL)相比,种植作物(N_0P_0)土壤团聚体含量在土壤剖面(0~45 cm)表现出增加趋势,尤以 0~15 cm 土层增幅最大,达 97%。主要是作物不仅通过根系及其残留物培肥土壤,而且作物本身对阻碍径流冲刷表层土壤起着重要作用,反映了种植作物在培肥土壤、保持水土方面的重要性。与不施肥相比,长期施用化肥后,>0.25 mm 水稳性团聚体在 0~15 cm、15~30 cm 和 30~45 cm 土层分别增加了 89%~226%、143%~289% 和 88%~481%,其中氮磷配施大于氮磷单施。就中层和下层土壤而言,N_2P_1 处理团聚体含量分别为 N_0P_0 处理的 3.4 倍和 3.3 倍,说明氮磷配施在土层 0~15 cm 内对增加团聚体含量比单施处理(N 或 P)效果好。如 N_2P_1 与氮、磷单施(N_2P_0 或 N_0P_1)相比,土壤团聚体含量分别增加约 1.4 倍和 1.2 倍。在单施化肥的条件下,不同施肥水平土壤团聚体含量在表层土壤中也表现出差异,如处理 N_2P_0 比 N_1P_0 增加了 21%,而处理 N_0P_2 比 N_0P_1 降低了 1.0%。可能是氮肥施用量与土壤中的有机质积累有关,而长期单施磷肥容易引起氮素亏缺,土壤结构退化。

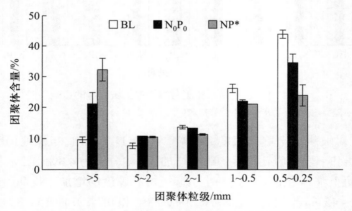

图 11.3　在不同处理下各级团聚体分布

注:各级团聚体含量按照深度权重转化得到;NP* 为 8 种施肥处理的平均值;BL 代表裸地(李强等,2011)。

　　团聚体质量好坏主要是通过各级团聚体比例来反映,良好的土壤结构往往依赖于 1~10 mm 水稳性团聚体。由图 10.3 可知,相对于裸地(BL),种植作物后 >5 mm 和 5~2 mm 大粒级团聚体含量分别增加了 119% 和 43%;而粒径 2~1 mm、1~0.5 mm、0.5~0.25 mm 团聚体含量有不同程度的下降,降幅分别为4%、17%和22%,反映了作物对土壤结构的改善主要是作物根系及其残留物通过增加有机质含量将小粒径团聚体胶结为大粒径团聚体的过程。和不施肥相比较,>5 mm和5~2 mm团聚体含量分别增加了54%和3%;而粒径2~1 mm、1~0.5 mm、0.5~0.25 mm团聚体分别下降13%、0.5%、29%。可见长期施用化肥后,水稳性团聚体以小团聚体为主改变为大团聚体占绝对优势,说明施用化肥改善了土壤结构,使团聚体的稳定性增强。因此在黄土高原丘陵区坡耕地上长期种植作物和施用化肥主要是通过提高大粒径团聚体含量(>2 mm),降低其他级别(2~0.25 mm)团聚体含量而使土壤结构得到改善,氮磷配施优于氮磷单施。

(2)长期耕作与培肥对黄土丘陵沟壑区坡地土壤有机质和土壤养分的影响

与不施肥相比,长期施用化肥后土壤养分含量均有不同程度的增加。其中土壤有效磷增幅最大(平均增幅约3.5倍)。土壤有机质和全氮也显著增加,分别增加了18%和19%。土壤有效氮、速效钾略有增加。表明即使在侵蚀严重的黄土高原坡耕地上长期施用化肥也能够促进土壤养分的缓慢积累。单施化肥处理,随着施肥量的增加,土壤有机质、速效氮含量均有不同程度的提高。与单施磷肥相比,施用氮肥更有利于有机质的积累。单独高水平施氮土壤有机质比单施磷土壤中高出7%(表11.1)。与单施化肥处理相比,氮磷配施处理对土壤养分的累积效果更加明显,平均增加有机质3%、全氮7%、有效氮131%和速效磷66%。结果表明长期施用化肥在一定程度上能够改善土壤养分状况,单施氮/磷肥容易导致土壤磷/氮亏缺,氮磷配施处理后土壤养分保持稳定增加趋势。

表 11.1 长期配肥和耕作对土壤养分的影响

处理	有机质 /(g·kg⁻¹)	全氮 /(g·kg⁻¹)	全磷 /(g·kg⁻¹)	有效氮 /(mg·kg⁻¹)	有效磷 /(mg·kg⁻¹)	速效钾 /(mg·kg⁻¹)
N_2P_2	4.68(0.23)	0.34(0.02)	0.5(0.02)	28.56(4.72)	23.2(4.31)	70.50(5.23)
N_2P_1	5.18(0.17)	0.38(0.03)	0.6(0.01)	30.52(0.52)	13.0(2.23)	68.03(4.88)
N_2P_0	5.34(0.14)	0.38(0.03)	0.6(0.01)	31.36(0.94)	1.99(0.21)	62.98(5.07)
N_1P_2	5.76(0.26)	0.41(0.01)	0.7(0.03)	32.20(1.37)	24.6(4.02)	61.83(4.21)
N_1P_1	5.40(0.21)	0.36(0.02)	0.5(0.02)	30.80(1.66)	9.36(1.02)	65.21(3.22)
N_1P_0	4.88(0.19)	0.32(0.02)	0.6(0.02)	25.76(3.15)	1.50(0.00)	64.02(2.23)
N_0P_2	5.03(0.10)	0.34(0.01)	0.9(0.05)	22.96(1.83)	20.9(3.02)	64.15(1.00)
N_0P_1	5.06(0.22)	0.33(0.02)	0.5(0.03)	24.36(0.42)	10.8(0.87)	77.06(6.02)
N_0P_0	4.39(0.26)	0.30(0.02)	0.6(0.02)	26.04(2.21)	2.92(0.12)	65.48(2.98)
BL	4.13(0.08)	0.29(0.01)	0.54(0.01)	21.00(0.73)	1.72(0.16)	62.68(3.79)
临界值	5.17	0.36	0.65	28.32	13.21	66.72
P 值	0.04	0.02	0.07	0.03	0.02	0.49
变异系数 CV/%	6.49	8.56	19.35	12.40	68.65	7.54

注:BL 为裸地;括号中的数据为标准误(李强等,2012)。

11.3.2 长期耕作和培肥对黄土丘陵沟壑区梯田的土壤结构、有机 质和养分含量的影响

梯田是黄土丘陵沟壑区的基本农田,坡改梯也是黄土丘陵沟壑区农业生产力提升的重要措施之一。为了解长期耕作和培肥对梯田土壤质量的演变影响,安塞试验站开展了长期梯田耕作和培肥研究。处理分别为:MP、MNP、MN、M、NP、NK、PK、NPK、CK,其中 M 为有机肥(羊粪 7500 kg·hm^{-2});N 为氮肥(纯氮,97.5 kg·hm^{-2}),P 为磷肥(P_2O_5,75 kg·hm^{-2}),K 为钾肥(K_2O,60 kg·hm^{-2}),CK 为对照。作物种植制度是谷子→糜子→谷子→大豆 4 年轮作。试验开始于 1997 年,于 2013 年收获后(持续了 17 年,该年度种植糜子)分析长期培肥和耕作对梯田土壤质量的影响。

(1)长期耕作和培肥对黄土丘陵沟壑区梯田土壤结构的影响

长期培肥对梯田土壤团聚体含量的影响,各处理中土壤水稳性团聚体含量(>0.25 mm)表现为 M>MN>MNP>MP>NPK>NP>NK>CK>PK(图 11.4)。施用化肥处理均较对照高,表现为 MN>M>MNP>MP>NPK>PK>NK>NP>CK。而 1~2 mm、0.5~1 mm 和 0.25~0.5 mm 均表现出 CK 最高。

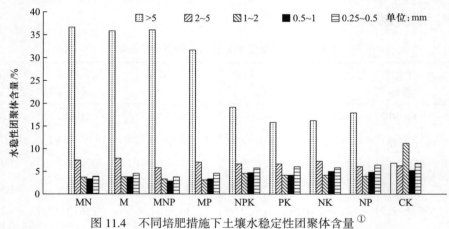

图 11.4 不同培肥措施下土壤水稳定性团聚体含量[①]

(2)长期耕作和培肥对黄土丘陵沟壑区梯田土壤有机质和养分的影响

与对照相比,长期培肥后不同培肥措施的土壤养分含量(除有机质)均有不同程度的增加,土壤养分中速效磷的增幅最大(约 26 倍)。土壤有机质、全氮、碱解氮和速效钾的最大增幅分别达到了 122%、114%、247% 和 128%。表明长期培肥措施能够促进土壤养分的积累。土壤有机质、全氮和碱解氮含量在不同培肥措施下的总变化趋势一致,但施用有机肥较施用化肥增加显著。与对照相比,施用有机肥(MNP、MN、MP 和 M)的土壤有机质、全氮和碱解氮含量分别增加了 119%、107% 和 239%,而施用化肥(NPK、NP、PK、NK)的上述指标分别增加了 9%、19% 和 42%,其中单独施用化肥(NPK、NK、PK)的土壤有机质含量较对照小幅度降低。土壤速效磷的含量随施用磷肥而显著提高,有机肥的施用可促进磷肥的吸收;施用钾肥后速效钾含量均有所

---

① 丁少男 . 2016. 长期施肥对黄土丘陵区农田土壤质量的影响 . 杨凌:西北农林科技大学,博士学位论文 .

增加,有机肥中含有丰富的钾素营养,经有机肥处理的土壤速效钾含量始终维持在较高的水平(表 11.2)。

表 11.2 不同培肥措施下土壤养分含量

处理	有机质 /(g·kg⁻¹)	全氮 /(g·kg⁻¹)	碱解氮 /(mg·kg⁻¹)	速效磷 /(mg·kg⁻¹)	速效钾 /(mg·kg⁻¹)
CK	6.95^{d}	0.37^{c}	15.69^{c}	1.76^{g}	83.09^{e}
PK	6.67^{d}	0.41^{c}	16.28^{c}	29.87^{c}	168.75^{ab}
NK	6.70^{d}	0.43^{bc}	26.31^{b}	2.62^{fg}	175.90^{ab}
NP	7.27^{d}	0.45^{b}	25.55^{b}	30.50^{c}	74.60^{e}
NPK	6.85^{d}	0.47^{b}	21.26^{bc}	19.89^{d}	113.39^{d}
MN	11.84^{c}	0.75^{a}	54.38^{a}	6.39^{ef}	162.79^{ab}
MP	13.37^{c}	0.77^{a}	53.81^{a}	56.78^{a}	149.59^{bc}
MNP	14.60^{ab}	0.79^{a}	53.68^{a}	41.36^{b}	129.95^{cd}
M	15.43^{a}	0.76^{a}	50.88^{a}	7.47^{e}	189.83^{a}

注:同一列中所带字母不相同,表明培肥处理之间达到 5% 的显著差异[1]。

11.3.3 长期耕作和培肥对黄土丘陵沟壑区川谷地的土壤结构、有机质和养分含量的影响

安塞试验站墩滩川谷地养分长期试验样地从 1997 年开始设置,于 2011 年和 2012 年(试验开始 14 年后)研究了不同耕作和栽培措施对川地土壤质量的影响。轮作方式为大豆 – 玉米 – 玉米,三年一个轮作周期。试验共有 9 个处理,分别为 N(氮肥)、P(磷肥)、M(有机肥,羊粪),N+P,N+M,P+M 及 N+P+M 处理,另加空白对照 CK(种植作物,不施肥)和裸地 BL(无作物,不施肥),随机区组排列。施肥量分别为氮(纯氮)97.5 kg·hm⁻²;磷(P₂O₅)75.0 kg·hm⁻²;有机肥(M)7500 kg·hm⁻²。施肥方法是将有机肥和磷肥作为基肥一次施入,氮肥的 20% 为基肥,剩余 80% 在玉米大喇叭口期与抽雄期之间追施,其他管理措施一致。样品采集,待作物收获后取表层 0~20 cm 土壤分析。

(1)长期耕作和培肥对黄土丘陵沟壑区川谷地土壤结构的影响

不同施肥处理对土壤表层微团聚体粒径的分布存在着显著的差异(表 11.3)。氮和磷单单独处理对土壤各个粒径的微团聚体影响不显著,氮磷配合对土壤 0.01~0.02 mm 粒径、0.25~0.5 mm 粒径的微团聚体有显著增加。有机肥施用除了对 0.02~0.05 mm 有显著影响外,对其余粒径的微团聚体的影响没有显著性差异。下层土壤中,与对照相比,只有单施氮肥处理对 0.02~0.05 mm 粒径的微团聚体有着显著的影响,其他处理对剩余的粒径的影响则没有显著差异。整体上氮磷配施在 0.002~0.05 mm 粒径的微团聚体中含量最高,有机肥则在 0.1~0.25 mm 粒径的微团聚体中含量较高。在各个粒径分布中,表层和下层都以 0.02~0.05 mm 粒径的含量最多,分别占到整个粒径分布的 36% 和 38%。

---

① 丁少男. 2016. 长期施肥对黄土丘陵区农田土壤质量的影响. 杨凌:西北农林科技大学,博士学位论文.

表 11.3　不同施肥处理下 0 ~ 20 cm 微团聚体百分含量　　　　（单位：%）

	<0.002	0.002 ~ 0.005	0.005 ~ 0.01	0.01 ~ 0.02	0.02 ~ 0.05	0.05 ~ 0.1	0.1 ~ 0.2	0.2 ~ 0.25
BL	13.21[a]	3.57[ab]	5.28[ab]	14.94[ab]	36.50[a]	20.05[c]	4.86[d]	0.22[d]
CK	12.01[ab]	3.31[abc]	4.91[abc]	13.96[bc]	35.88[ab]	20.93[abc]	5.45[bcd]	0.32[cd]
N	11.80[b]	3.28[abc]	4.90[abc]	14.22[abc]	36.48[a]	20.98[abc]	5.36[cd]	0.28[cd]
P	11.65[b]	3.18[c]	4.68[c]	13.51[c]	36.33[a]	21.82[a]	6.02[bc]	0.35[bcd]
NP	12.75[ab]	3.62[a]	5.47[a]	15.30[a]	36.19[a]	20.01[c]	4.86[d]	0.20[d]
M	11.70[b]	3.24[bc]	4.76[bc]	13.28[c]	34.99[b]	21.55[ab]	6.78[a]	0.64[a]
MN	11.91[b]	3.31[abc]	4.94[abc]	14.13[bc]	35.67[ab]	20.52[bc]	5.85[bc]	0.48[abc]
MP	11.66[b]	3.24[abc]	4.81[bc]	13.81[c]	35.52[ab]	20.79[abc]	6.11[b]	0.59[a]
MNP	11.68[b]	3.25[abc]	4.80[bc]	13.77[c]	35.70[ab]	20.86[abc]	6.07[b]	0.56[ab]

注：同一列不同字母表示处理之间差异达到显著水平（$P<0.05$）。

（2）长期耕作和培肥对黄土丘陵沟壑区川谷地土壤有机质和养分含量的影响

多年裸地的有机质含量维持在 8.5 g·kg⁻¹ 上下，并无显著变化。而多年耕作不施肥，表层（0 ~ 20 cm）有机质含量从开始时 1998 年的 9.07 g·kg⁻¹ 增加到 2013 年的 10.47 g·kg⁻¹，多年平均值为 9.84 g·kg⁻¹；经过多年有机肥的投入，有机肥参与处理（M，MN，MP 和 MNP）的有机质含量整体趋势是增加的，各有机肥处理多年平均值为 12.82 g·kg⁻¹，2010 年以后，有机质含量达到 14 g·kg⁻¹；而对于只施用化肥（N，P 和 NP），其增加趋势并不明显，多年平均值在 10 g·kg⁻¹ 左右。不同处理间有机质含量多年平均值大小顺序为 MP>MN>MNP，M>NP，P>CK>N>BL，变异系数分别为 15.6%、15.0%、13.9%、15.5%、7.1%、9.9%、7.1%、7.1%、8.8%，说明有机肥处理相比化肥处理，年际间的变化更频繁，也说明了土壤施入有机肥后，有机质含量迅速提高，增加效果显著大于化肥。相比与不施肥，有机肥和化肥土壤有机质多年平均增加幅度分别为 30% 和 1%（图 11.5）。

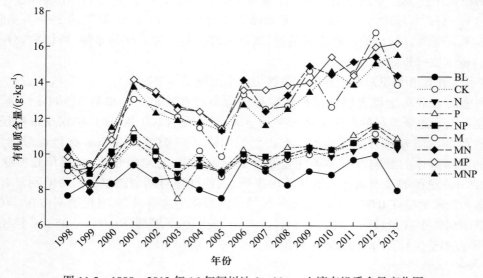

图 11.5　1998—2013 年 16 年间川地 0 ~ 20 cm 土壤有机质含量变化图

川谷地多年裸地的全氮含量维持在 0.52 g·kg^{-1} 上下,并无显著性变化。经过多年的不施肥耕作,耕层全氮含量基本维持在 0.57 g·kg^{-1} 左右,年际间变化并不大;经过多年有机肥的投入,有机肥参与的处理(M,MN,MP 和 MNP)全氮含量整体呈现增加趋势,各有机肥处理之间并无显著差异,多年平均值为 0.75 g·kg^{-1},2010 年以后,全氮含量超过 0.80 g·kg^{-1};而对于只有化肥(N,P 和 NP)参与的处理,其增加趋势并不明显,多年平均值基本维持在 0.59 g·kg^{-1} 左右。相比于不施肥,有机肥和化肥处理多年平均增加幅度分别为 31% 和 3%(图 11.6)。川谷地多年裸地的碱解氮含量平均值为 38 mg·kg^{-1},经过多年不施肥耕作,碱解氮含量维持在 40 mg·kg^{-1} 左右;碱解氮含量在施肥的第一年即迅速升高,有机肥与化肥处理间虽然含量差异显著,但随年际的变化趋势基本一致。有机肥参与的处理(M,MN,MP 和 MNP)碱解氮含量整体要高于化肥处理,各有机肥处理多年平均值为 55 mg·kg^{-1},而化肥处理多年间平均值为 41.5 mg·kg^{-1}。相比于不施肥,有机肥和化肥多年平均增加幅度分别为 27% 和 4%。

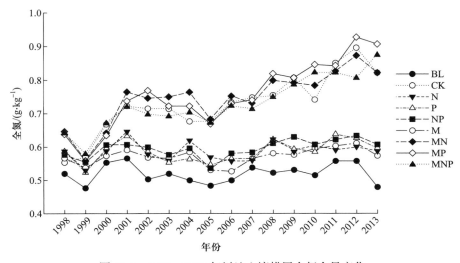

图 11.6　1998—2013 年川地土壤耕层全氮含量变化

长期施肥对土壤全磷的影响表现为在施肥的前三年,各处理耕层全磷含量都有一个急剧的升高,之后化肥处理趋于稳定,而有机肥处理全磷含量逐年升高(图 11.7)。不施磷肥多年平均值为 0.65 g·kg^{-1};氮肥处理、有机肥处理和对照之间并没有显著性差异,而磷肥参与的处理全磷则显著高于其他施肥处理,平均增幅为 23%,其中以磷肥有机肥配施处理(MP)含量最高,其含量保持在 0.69~0.92 g·kg^{-1},多年平均值为 0.82 g·kg^{-1}。多年不施磷处理有效磷含量平均值仅为 4.64 mg·kg^{-1},而磷肥参与的处理多年平均值为 29 mg·kg^{-1},是不施磷处理的 6~7 倍。以上结果说明施磷后,可以有效地提高土壤耕层中速效磷含量。

裸地多年间速效钾平均含量为 131 mg·kg^{-1},随年际的变化幅度较小。多年耕作不施肥速效钾平均含量为 91.8 mg·kg^{-1}。施用有机肥与氮磷化肥后,速效钾含量差异显著,施用有机肥多年平均值为 170 mg·kg^{-1},化肥多年平均为 91 mg·kg^{-1}。本结果说明多年耕作后,土壤速效钾消耗较大,含量显著低于裸地(BL),无机肥的施入并不能增加土壤表层速效钾含量,而有机肥可以显著增加土壤耕层速效钾含量。对于不施钾肥的黄土丘陵沟壑区农田来说,有机肥对于速效钾的补充非常重要。同时,在无有机肥条件下,适当补充钾肥也是必要的(图 11.8)。

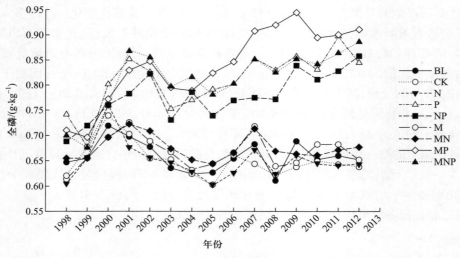

图 11.7　1998—2013 年川地土壤耕层全磷含量变化图

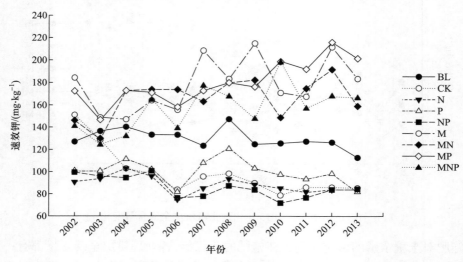

图 11.8　2002—2013 年土壤耕层速效钾含量

11.4　黄土丘陵沟壑区农田养分循环特征

　　农业生态系统受人为因素影响很大,农田养分循环更是如此。农田养分平衡是依赖养分循环实现的,因此研究农田生态系统中养分循环特征,加强对养分循环的调控在可持续农业中具有极其重要的意义。该区农地类型主要为川谷地、梯田和坡地,在提高粮食产量的同时,如何保持和提高土壤肥力是可持续农业面临的重要问题。本研究定量研究川谷地、梯田、坡地不同类型农地氮磷养分循环特征,对养分资源管理及不同农地类型的养分调控有重要意义,可在养分循环平衡角度为今后该区不同农田类型调整提供科学建议。

11.4.1 黄土丘陵沟壑区川谷地养分循环特征

本研究选取安塞试验站长期定位川谷地 2001—2005 年的试验用于开展养分平衡研究。其中川地 2001—2005 年度种植分别为大豆 – 玉米 – 玉米 – 大豆 – 玉米;9 个不同处理,其中玉米播量为 5.25 t·km^{-2},大豆播量为 3.75 t·km^{-2}。播前取种子样品以分析全 N、全 P 养分含量,有机肥样品分析有机质、全 N、全 P 含量。收获时,各小区统计产量、秸秆量,并分析籽粒、秸秆全氮、全磷含量。分析计算不同处理养分循环平衡特征,在 8 月取雨水样品分析 NO$_3^-$–N、NH$_4^+$–N,以及磷含量。经过多年的长期肥料定位试验,有机肥和氮磷肥配合施用,对川地供试作物增产效果最为明显,平均产量高出对照 71%;单施氮肥也可使供试作物平均产量增产 29%;单施磷肥对供试作物起到增产的作用很小,平均产量增产仅 3%。这可能是由于连续多年的磷肥使用,土壤中磷水平较高。氮磷肥配合施用也可使供试作物平均产量增产 55%;单施有机肥较单施氮、磷肥对供试作物的增产有更明显效果,平均产量比对照增产达到 50%。不同施肥处理对秸秆生物量的影响较对籽粒产量影响趋势略有不同,各处理秸秆产量由大到小的顺序为有机无机配施 > 氮磷肥配施 > 大于氮磷肥单施 > 不施肥。从不同处理籽粒、秸秆 N 素、磷素(P$_2$O$_5$)含量可以看出,施用氮肥、有机肥对籽粒、秸秆 N 素含量有不同程度的提高,施用磷肥、有机肥对籽粒、秸秆中磷含量也有不同程度的提高。

不同处理川地养分循环平衡特征。对于川谷地养分循环平衡来说,输入农田的养分主要是有机肥、化肥、种子、雨水沉降 4 个主要分量,输出农田的养分主要有籽粒、秸秆的携出,氮肥的氨挥发、反硝化损失 3 个分量。黄绵土氨挥发以施入肥料氮的 30% 计,表观反硝化以 15% 计(郑剑英等,1996),由于土层深厚和地下水位很低,硝态氮淋溶渗漏一般可忽略不计,所以氮肥损失以投入氮肥的 45% 计。川地施用的有机肥含氮 1.44%,含磷(P$_2$O$_5$)量 0.22%;该区每年平均降雨量 500 mm,雨水 NO$_3^-$–N 含量 0.470 mg·kg^{-1},NH$_4^+$–N 含量 0.747 mg·kg^{-1},P$_2$O$_5$ 含量 1.069 mg·kg^{-1};玉米种子含氮 1.41%,P$_2$O$_5$ 含量 0.575%,玉米播种量 5.25 t·km^{-2};大豆种子含氮 5.29%,P$_2$O$_5$ 含量 1.143%,大豆播种量 3.75 t·km^{-2}。计算 5 年试验期间各个分量,不同处理养分循环结果如表 11.4 所示。

在川地玉米的 9 个处理中,只有有机肥和氮磷肥配合施用处理与裸地处理相比氮磷养分略有盈余,有机肥和氮磷肥配合施用处理氮素 5 年盈余 3.076 t·km^{-2},磷 5 年盈余 25 t·km^{-2};裸地处氮素 5 年盈余 3 t·km^{-2},磷素 5 年盈余 2.7 t·km^{-2},裸地盈余的养分全部来自降雨。其他处理氮磷养分均有不同程度的亏损。其中不施肥、单施有机肥、单施氮肥、有机肥和氮肥配合施用 4 个处理氮磷俱亏损;单施磷肥氮素亏损;氮磷配合施用,氮素亏损;有机肥和磷肥配合施用,氮素亏损。这说明,在耕作条件、肥力和产量都相对较好的黄土丘陵沟壑区川谷地,要想获得高产和培肥土壤,氮磷肥和有机肥配合施用是一种有效的途径(图 11.9)。

11.4.2 黄土丘陵沟壑区坡耕地养分循环特征

本研究选取安塞试验站长期定位试验 2001—2005 年的试验数据用于开展养分平衡研究。坡耕地 2001—2005 年度分别为谷子 – 大豆 – 谷子 – 糜子 – 谷子;坡地谷子播量 2.25 t·km^{-2},糜子播量 2.25 t·km^{-2},大豆播量 5.25 t·km^{-2};坡地小区安装径流桶,于每次产流后收集径流,分析计算侵蚀泥沙含量及养分流失量。播前取种子样品以分析全 N、全 P 养分含量,有机肥样品分析有机质、全 N、全 P 含量。收获时,各小区统计产量、秸秆产量,并分析籽粒、秸秆全氮、全磷含量。

表 11.4　川谷地不同处理 5 年养分循环特征（赵护兵等，2006）

处理	养分	输入量/(t·km⁻²)					输出量/(t·km⁻²)				5 年盈亏量/(t·km⁻²)
		O.M	化肥	种子	雨水	合计	籽粒	秸秆	N 肥损失	合计	
MP	N	54.00		0.619	3.04	57.659	48.178	13.938		62.116	-4.457
	P_2O_5	8.25	37.50	0.176	2.67	48.591	17.980	3.338		21.318	27.273
MNP	N	54.00	48.75	0.619	3.04	106.409	62.317	19.076	21.94	103.333	3.076
	P_2O_5	8.25	37.50	0.176	2.67	48.591	20.155	3.404		23.559	25.032
NP	N		48.75	0.619	3.04	52.409	51.902	17.501	21.94	91.343	-38.934
	P_2O_5		37.50	0.176	2.67	40.346	16.196	3.058		19.254	21.092
N	N		48.75	0.619	3.04	52.409	42.914	17.047	21.94	81.901	-29.492
	P_2O_5			0.176	2.67	2.846	9.784	2.295		12.079	-9.233
CK	N			0.619	3.04	3.659	30.808	8.538		39.346	-35.687
	P_2O_5			0.176	2.67	2.846	9.483	1.963		11.446	-8.600
P	N			0.619	3.04	3.659	31.076	10.947		42.023	-38.364
	P_2O_5		37.50	0.176	2.67	40.346	12.291	4.744		17.035	23.311
MN	N	54.00	48.75	0.619	3.04	106.409	59.099	28.830	21.94	109.869	-3.460
	P_2O_5	8.25		0.176	2.67	11.091	17.156	4.388		21.544	-10.453
M	N	54.00		0.619	3.04	57.659	49.504	11.954		61.458	-3.799
	P_2O_5	8.25		0.176	2.67	11.091	16.942	2.662		19.604	-8.513
BL	N			0.000	3.04	3.040	0.000	0.000		0.000	3.040
	P_2O_5			0.000	2.67	2.670	0.000	0.000		0.000	2.670

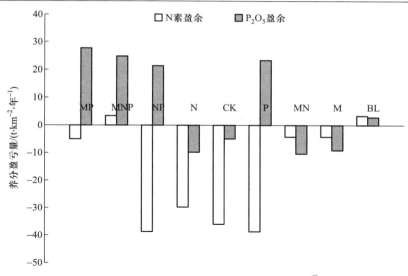

图 11.9 川谷地不同处理 5 年养分盈亏量 [①]

分析计算不同处理养分平衡特征,在 8 月取雨水样品分析 NO_3^--N、NH_4^+-N、磷(P_2O_5)含量。经过多年的长期肥料定位试验,不同量氮肥和磷肥配合施用的处理明显高于单施不同量氮肥或磷肥和不施肥处理。籽粒平均产量不同量氮肥和磷肥配合施用的处理平均比单施不同量氮肥的处理高出 72%;比单施不同量磷肥的处理高出 56%;比不施肥处理 170%;秸秆平均产量不同量氮肥和磷肥配合施用的处理平均比单施不同量氮肥的处理高出 33%;比单施不同量磷肥的处理高出 22%;比不施肥处理高出 53%。从不同处理籽粒、秸秆氮、磷含量可以看出,供试作物各部位的养分含量不同,籽粒的氮素含量明显高于茎叶;磷含量也呈现出此规律。同时,结果表明施用氮肥能明显促进供试作物籽粒和秸秆氮素含量,并且高量氮肥处理高于低量氮肥的处理,低量氮肥用量处理高于不施用氮肥的处理;磷含量也呈现出此规律。

对于坡地而言,输入农田的养分主要有化肥、种子、雨水沉降 3 个主要分量,输出农田的养分主要有籽粒、秸秆携出,氮肥的氨挥发和反硝化损失以及径流侵蚀泥沙养分的携出 4 个分量。黄绵土氨挥发以施入肥料氮的 30% 计,表观反硝化以 15% 计,由于土层深厚和地下水位很低,硝态氮淋溶渗漏一般可忽略不计,所以氮肥损失以投入氮肥的 45% 计(郑剑英等,1996)。雨水沉降的养分量同川地玉米。谷子种子含氮 1.62%,磷(P_2O_5)含量 0.557%,谷子播种量 2.25 t·km⁻²;大豆种子含氮 5.29%,含磷(P_2O_5)1.143%;大豆播种量 5.25 t·km⁻²;糜子种子含氮 1.79%,含磷(P_2O_5)含量 0.575%,糜子播种量 3.0 t·km⁻²。计算各个分量,可得不同处理养分循环结果(表 11.5,图 11.10)。坡地谷子全部处理均有不同程度的亏损。其中单施高量磷肥的处理磷素养分亏损最为严重,低量氮磷肥配合施用处理氮素养分亏损最为严重。在这 5 个养分携出途径中,水土流失占绝大部分。在坡度比较大,耕作条件、肥力和产量都相对较差的黄土丘陵沟壑区坡耕地,有机肥运输困难,而且自实施封山禁牧以来,陕北养羊数量显著下降,家畜数量减少,所以农田施用的有机肥很少。再则,由于坡耕地粮食作物产量低且不稳,所以农民化肥投入也少。从以上养分循环平衡结果来看,在水土流失严重的坡耕地,要想培肥土壤获得高产是不现实的。

① 赵护兵. 2008. 黄土丘陵沟壑区纸坊沟流域生态恢复过程中养分演变特征及模拟研究. 杨凌:西北农林科技大学,博士学位论文.

表 11.5　坡地不同处理 5 年养分循环平衡特征（赵护兵等，2006）

处理	养分	输入量/(t·km⁻²)				输出量/(t·km⁻²)					5 年盈亏量/(t·km⁻²)
		化肥	种子	雨水	合计	籽粒	秸秆	N 肥损失	径流泥沙携出	合计	
N_2P_2	N	55.2	0.441	3.04	58.68	18.73	4.739	24.85	40.445	88.768	−30.087
	P_2O_5	45	0.115	2.67	47.79	4.514	0.752		60.252	65.518	−17.733
N_2P_1	N	55.2	0.441	3.04	58.68	15.43	3.899	24.85	40.192	84.367	−25.686
	P_2O_5	22.5	0.115	2.67	25.29	3.60	0.437		72.238	76.271	−50.986
N_2P_0	N	55.2	0.441	3.04	58.68	8.48	3.865	24.85	24.509	61.702	−3.021
	P_2O_5		0.115	2.67	2.79	1.86	0.281		35.761	37.901	−35.116
N_1P_2	N	27.6	0.441	3.04	31.08	13.50	3.791	12.4	26.314	56.005	−24.924
	P_2O_5	45	0.115	2.67	47.79	4.03	0.553		55.163	59.745	−11.96
N_1P_1	N	27.6	0.441	3.04	31.08	11.40	3.869	12.4	45.658	73.322	−42.241
	P_2O_5	22.5	0.115	2.67	25.29	2.86	0.572		68.593	72.024	−46.739
N_1P_0	N	27.6	0.441	3.04	31.08	7.94	3.145	12.4	40.563	64.051	−32.97
	P_2O_5		0.115	2.67	2.79	1.80	0.275		12.114	14.188	−11.403
N_0P_2	N		0.441	3.04	3.481	9.559	2.114		28.730	40.403	−36.922
	P_2O_5	45	0.115	2.67	47.79	2.77	0.850		113.851	117.47	−69.686
N_0P_1	N		0.441	3.04	3.48	8.70	2.054		12.236	22.991	−19.51
	P_2O_5	22.5	0.115	2.67	25.29	2.61	0.523		34.128	37.257	−11.972
N_0P_0	N		0.441	3.04	3.48	4.91	1.897		12.041	18.849	−15.368
	P_2O_5		0.115	2.67	2.79	1.21	0.259		22.644	24.116	−21.331
BL	N		0	3.04	3.04	0	0		25.564	25.564	−22.524
	P_2O_5		0	2.67	2.67	0	0		15.175	15.175	−12.505

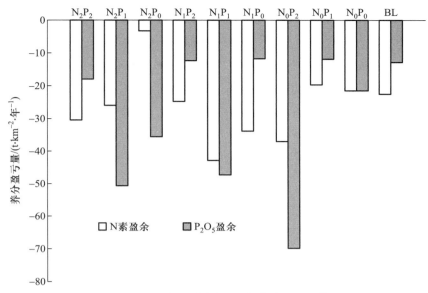

图 11.10　坡地不同处理 5 年养分盈亏量 [①]

11.4.3　黄土丘陵沟壑区梯田养分循环特征

　　本研究选取安塞试验站长期定位试验梯田 2001—2005 年的试验数据,用于开展养分平衡研究。梯田 2001—2005 年度分别为谷子 – 大豆 – 谷子 – 糜子 – 谷子;其中谷子播量 2.25 t·km^{-2},糜子播量 2.25 t·km^{-2},大豆播量 5.25 t·km^{-2}。播前取种子样品以分析全 N、全 P 养分含量,有机肥样品分析有机质、全 N、全 P 含量。收获时,各小区统计产量、秸秆产量,并分析籽粒、秸秆全氮、全磷含量。分析计算不同处理养分循环平衡特征,在 8 月取雨水样品分析 NO$_3^-$–N、NH$_4^+$–N、P 含量。经过多年的土壤培肥,有机无机配合供试作物平均产量明显高于缺氮、缺磷、缺钾处理。缺氮处理和不施肥处理产量相当,均最低,但茎叶平均生物量却没有明显呈现出此规律。从不同处理籽粒和茎叶氮、磷含量可以看出,籽粒的氮素含量明显高于茎叶,磷含量也呈现出此规律。施用氮肥和有机肥能明显促进谷子各部位氮素含量,施用磷肥和有机肥能明显促进谷子各部位磷含量。

　　对黄土丘陵沟壑区梯田而言,输入农田的养分主要有有机肥、化肥、种子、雨水沉降 4 个主要分量,输出农田的养分主要有籽粒、秸秆的携出,氮肥的损失 3 个分量。雨水沉降的养分量和川地相同。谷子种子含氮 1.62%,磷(P$_2$O$_5$)含量 0.557%,谷子播种量 2.25 t·km^{-2};大豆种子含氮 5.29%,磷含量 1.143%,大豆播种量 5.25 t·km^{-2};糜子种子含氮 1.79%,磷含量 0.575%,糜子播种量 3.0 t·km^{-2}。黄绵土氨挥发以施入肥料氮的 30% 计,表观反硝化以 15% 计,硝态氮淋溶渗漏忽略不计,所以氮肥损失以投入氮肥的 45% 计。梯田施用的有机肥含氮 1.135%,磷含量 0.529%,计算各个分量,可得不同处理养分循环平衡结果(表 11.6)。

---

　　① 赵护兵 . 2008. 黄土丘陵沟壑区纸坊沟流域生态恢复过程中养分演变特征及模拟研究 . 杨凌:西北农林科技大学,博士学位论文 .

表 11.6　梯田谷子不同处理 5 年养分循环特征（赵护兵等，2006 年）

处理	养分	输入量/(t·km⁻²)					输出量/(t·km⁻²)				5年盈亏量/(t·km⁻²)
		O.M	化肥	种子	雨水	合计	籽粒	秸秆	N肥损失	合计	
MP	N	42.55		0.441	3.040	46.031	19.912	6.835		26.747	19.284
	P₂O₅	19.85	37.50	0.115	2.670	60.135	6.339	3.153		9.492	50.643
MN	N	42.55	48.75	0.441	3.040	94.781	24.266	9.245	21.938	55.449	39.332
	P₂O₅	19.85		0.115	2.670	22.635	6.253	1.434		7.687	14.948
PK	N			0.441	3.040	3.481	13.439	2.591		16.03	−12.549
	P₂O₅		37.50	0.115	2.670	40.285	3.303	1.532		4.835	35.45
NP	N		48.75	0.441	3.040	52.231	21.157	7.958	21.938	51.053	1.178
	P₂O₅		37.50	0.115	2.670	40.285	5.341	1.759		7.1	33.185
CK	N			0.441	3.040	3.481	7.908	2.149		10.057	−6.576
	P₂O₅			0.115	2.670	2.785	2.069	0.779		2.848	−0.063
NPK	N		48.75	0.441	3.040	52.231	23.965	8.461	21.938	54.364	−2.133
	P₂O₅		37.50	0.115	2.670	40.285	6.899	1.927		8.826	31.459
NK	N		48.75	0.441	3.040	52.231	18.888	8.325	21.938	49.151	3.08
	P₂O₅			0.115	2.670	2.785	3.955	1.103		5.058	−2.273
M	N	42.55		0.441	3.040	46.031	20.287	7.258		27.545	18.486
	P₂O₅	19.85		0.115	2.670	22.635	6.074	3.926		10	12.635
MNP	N	42.55	48.75	0.441	3.040	94.781	24.631	10.570	21.938	57.139	37.642
	P₂O₅	19.85	37.50	0.115	2.670	60.135	7.275	3.007		10.282	49.853

由表 11.6 和图 11.11 可以看出,不同处理的养分循环平衡特征不同,对照氮素、磷素全部亏损;磷钾肥配合施用氮素有少量亏损;氮钾肥配合施用磷素有少量亏损;氮磷钾肥配合施用氮素有少量亏损。除了这 4 个处理,剩下的处理氮素、磷素全部盈余。其中有机肥和氮磷肥配合施用氮素、磷素养分盈余量均达到最大。

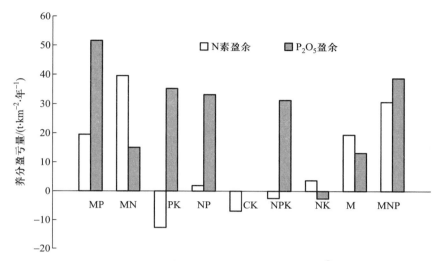

图 11.11 梯田不同处理 5 年养分盈亏量 [①]

11.4.4 川谷地、坡耕地、梯田养分循环特征比较

黄土丘陵沟壑区坡耕地面积广大,但是肥沃的地带性土壤基本被侵蚀殆尽,现存风成黄绵土肥力低下,自 20 世纪 80 年代以来,人们主要使用化肥来维持和提高粮食生产及土壤肥力。化肥对土壤物理性质的影响主要包括作物对肥料中不同电荷的离子的选择性吸收、土壤对不同离子的吸附作用差异、离子的移动性。同时,施肥能够促进作物生长发育、增加了有机物的归还量,进而改善了土壤物理性质。长期施用化肥对土壤物理性质的影响是以上两种作用的综合结果,而这种结果可能因土壤类型、管理措施、作物种类等不同而异。

川地、坡耕地、梯田与农民习惯施肥水平相类似的有机无机配施处理(MNP)年养分盈余量分别是:川地氮素盈余 0.62 t·km^{-2},磷素盈余 5.0 t·km^{-2};坡地氮素亏损 8.5 t·km^{-2},磷素亏损 9.3 t·km^{-2};梯田氮素盈余 7.5 t·km^{-2},磷素盈余 9.9 t·km^{-2}。由以上养分循环平衡特征可以看出,川地的 MNP 处理氮磷素养分稍有盈余,其他处理大部分亏损,参照 MNP 处理(有机肥和氮磷化肥配施)氮磷素养分盈余量可知,这主要是由于籽粒和秸秆养分携出量相对坡耕地和梯田较大而养分投入的比例和量不合理所致。坡耕地由于水土流失而造成的养分携出严重,所以 N_1P_1 处理及其他处理均处于亏损状态。梯田减少了水土流失这个养分通道,所以 MNP 处理及其他处理氮磷素养分的循环平衡开始处于盈余状态。另外,从川地、坡地、梯田不同农地作物的平均产量来看,川地玉米不同处理最高,梯田谷子的产量居中,坡耕地谷子的产量最低。

① 赵护兵 . 2008. 黄土丘陵沟壑区纸坊沟流域生态恢复过程中养分演变特征及模拟研究 . 杨凌:西北农林科技大学,博士学位论文 .

因此,在黄土丘陵沟壑区,作物要想获得高产,在耕作条件和产量都比较好的川地、坝地,在肥料投入时必须注意肥料种类搭配的合理性和量的科学性,既多开发有机肥源(例如,舍饲养殖增加厩肥,秸秆堆肥、秸秆还田等),多投入有机肥,同时注意和化学氮磷肥配合施用。再则,由于该区黄绵土漏水漏肥易于耕作的特点,在施用化肥时注意应用少量多次的方法,特别是化学氮肥(尿素、碳酸氢氨等)注意应用此方法,一方面防止作物在生长后期(成熟期)脱肥,另一方面减少化肥损失,减少环境污染,提高肥料利用率。在坡度比较大,耕作条件、肥力和产量都相对较差的黄土丘陵沟壑区坡耕地,应将生产的重点放在减少坡耕地的水土流失和养分流失上,其次则是提高产量和配肥土壤。所以建议在坡度较大、符合退耕还林条件的坡耕地,应坚决退耕还林,减少水土和养分流失;能够改建为梯田的坡耕地,应坚决实施"坡改梯"工程;由于客观原因不能退耕还林和实施"坡改梯"工程的坡耕地,应将传统农业耕作方法改为水土保持耕作法,既采用水平沟耕作法和林粮间作的生产方法。在耕作条件相对较好、产量相对较高的梯田,应将提高作物产量和培肥土壤结合起来。梯田的施肥方法和川地相类似,在肥料投入时必须注意肥料种类搭配的合理性和量的科学性,既多开发有机肥源(例如,舍饲养殖增加厩肥,秸秆堆肥、秸秆还田等),多投入有机肥,同时注意和化学氮磷肥配合施用。

11.5 黄土丘陵沟壑区农田水分利用特征

黄土丘陵沟壑区属温带半湿润半干旱气候区,水资源贫乏,多年平均降水量 531 mm 左右,年均水面蒸发量 1800~2200 mm,较降雨量大 3 倍左右。年际间和年内季节降雨变化大,降水主要集中在 7、8、9 三个月,占全年降雨量的 60%~80%,且多以暴雨形式存在。区域水热与作物生长同步,但是总体干旱缺水,旱灾频繁发生,干旱缺水是限制农业发展的最重要原因。所以研究该区各种不同条件下的农田水分利用与平衡,对于提高土壤和降水资源利用效率,促进农业持续稳定发展具有重要意义。

11.5.1 黄土高原丘陵沟壑区主要农作物水分利用特征

(1)冬小麦地的水分利用特征

冬小麦在黄土丘陵沟壑区是当年 9 月播种,翌年 6—7 月收获的越冬作物,且大部分在阳坡山地种植。从当年降水季节分配来看,对播种、幼苗生长有利,但是对越冬后抽穗、拔节、成熟不利,到雨季来临,冬小麦已收获。水分利用效率总体较低,且仅靠自然降雨,总体上不能满足其生长发育需要。小麦 5 年连作,水分平衡负值达 192.2 mm,说明冬小麦生长发育间的水分条件很差,所以产量、水分利用效率都很低(表 11.7)。

(2)玉米的水分利用特征

玉米是黄土丘陵沟壑区川平地、新老梯田种植的产量和经济效益都比较高的大宗粮食作物。由于玉米是春季播种、秋季(10 月)收获的秋粮作物,生育期内气候、降雨与玉米生长发育对水热需求基本同步,相比小麦,玉米更容易获得高产。如 1993 年全年降雨量 551 mm 是平水年,玉米生育期内共降雨 488.7 mm,基本满足了玉米生长发育及蒸发所需水分,因此不管是垄沟玉米还是平播玉米当年都达到了当地降水生产潜势,水分利用效率也达到了相当高的水平,且实现了水分平衡(表 11.8)。

表 11.7 冬小麦连作与不同作物轮作方式的水分利用与平衡

轮作方式	生育期降水/mm	生育期径流/mm	土壤供水/mm	耗水量/mm	作物均产/(kg·hm⁻²)	水分利用效率/(kg·hm⁻²)	水分平均值/mm
1	498.9	35.7	−23.7	439.5	1822.5	0.28	23.7
2	498.9	31.0	−32.1	435.8	2208	0.34	32.1
3	498.9	25.6	4.1	477.4	2032.5	0.29	−4.1
4	498.9	27.0	4.1	476.0	2359.5	0.33	−4.1
5	353.5	46.3	192.2	499.4	547.5	0.07	−192.2

注:轮作方式:1. 春播荞麦 – 黄豆 – 谷子 – 黑豆 – 春播荞麦;2. 黄豆 – 谷子 – 春播荞麦 – 黄豆 – 谷子;3. 糜子 – 洋芋 – 黄豆 – 春播荞麦 – 糜子;4. 黄豆 + 黄芥 – 夏播荞麦 – 黄豆 + 黄芥麦 – 夏播荞麦 – 黄豆 + 黄芥;5. 冬小麦连作(苏敏等,1996)。

表 11.8 川谷地不同栽培方式玉米水分利用与平衡(苏敏等,1996)

处理	播前土壤水分/mm	收获后土壤水分/mm	生育期降雨/mm	耗水量/mm	产量/(kg·hm⁻²)	水分利用效率/(kg·mm⁻¹)	水分平衡/mm
垄沟	314.4	329.6	488.7	473.5	7800.0	1.10	15.2
平播	314.4	314.7	488.7	488.4	6250.0	0.92	0.3

(3)谷子水分利用与平衡

黄土丘陵沟壑区的谷子主要种植在坡地和梯田。于 1993 年在坡地和梯田开展了谷子地水分利用与平衡研究,于 1994 年在川地开展了谷子水分利用和平衡研究,在坡地同时测定了径流。1993 年谷子生育期内降雨 428.8 mm,生育期内坡地谷子 2 m 土层土壤水分含量比同期川地玉米水分含量低,变化范围在 7%~11%,谷子耗水量比玉米耗水量低,产量和水分利用效率都低。收获后土壤贮水量与播种前贮水量基本相等,生育期降雨量基本满足作物耗水需要,土壤水分趋于平衡,生育期降雨量与谷子耗水量基本相等(表 11.9)。

表 11.9 不同耕作法水分利用与平衡(苏敏等,1996)

处理	播前贮水/mm	收后贮水量/mm	生育期降水量/mm	径流/mm	作物耗水量/mm	产量/(kg·hm⁻²)	水分利用效率/(kg·mm⁻¹)	位次	水分平衡值/mm
平播平播	244.5	259.9	428.8	41.2	372.2	58.1	0.15	4	15.4
坡地水平沟	258.8	259.1	428.8	14.2	414.3	65.8	0.16	3	0.3
梯田	266.8	261.7	428.8	25.9	408.0	41.8	0.10	6	−5.1
隔坡梯田	267.9	267.6	428.8	15.1	414.0	48.4	0.12	5	−0.3
宽梯田	278.5	268.9	428.8		438.4	81.8	0.19	1	−9.6
窄梯田	271.8	272.6	428.8		428.0	71.8	0.17	2	0.8

（4）大豆水分利用与平衡

大豆是该区梯田和坡地的主要作物之一,于 1994 年在不同类型梯田开展了大豆水分利用与平衡试验,试验当年大豆生育期内降雨 364 mm。结果表明宽梯田产量,水分利用效率最高,而坡地水平沟种植几乎达到了和宽、窄梯田一样的产量、水分利用效率。隔坡梯田和反坡梯田因只有50% 的种植面积,所以产量也只有其他处理的一半左右(表 11.10),播种前 2 m 土层土壤贮水量与收获后差异不显著,生育期降雨量与大豆耗水量几乎相等,整个生育期各处理 2 m 土层上下土壤含水量变化较小,变幅大部分在 8% ~ 11%。

表 11.10　不同耕作法大豆水分利用与平衡(苏敏等, 1996)

处理	生育期降水/mm	播前土壤水分/mm	收后土壤水分/mm	径流量/mm	作物耗水量/mm	产量/(kg·亩[①-1])	水分平衡/mm	水分利用效率/(kg·mm[-1])
宽梯田	364.1	265.7	262.7	0	367.1	1055.25	−3	0.190
窄梯田	364.1	272.4	272.4	0	364.1	994.50	0	0.180
反坡梯田	364.1	271.1	258.8	22.38	375.0	310.50	−10.9	0.055
水平沟	364.1	268.8	252.8	18.63	361.5	963.00	2.6	0.180
隔坡梯田	364.1	266.2	262.3	16.6	351.4	300.00	6.7	0.057
平播	364.1	273.2	262.1	21.38	353.8	600.00	10.3	0.110

注: ① 1 亩 =0.067 hm^2。

上述各项试验结果表明,在作物生育期内, 2 m 土层土壤水分受自然降雨影响甚大,其变化趋势与自然降雨量一致而稍有滞后现象。在作物生育期内,土壤(2 m)上下层间土壤干湿变化差异不明显,表明黄绵土土壤水分整体移动性强。在降雨量正常年份,各农作物收获后 2 m 土层土壤水分与播前几乎相等,农作物耗水量与生育期降雨量几乎相等,土壤水分收支基本平衡,这表明丘陵沟壑区作物耗水全部或绝大部分来自自然降雨,土壤供水极少,土壤只对降雨起调节与再分配作用。同年生育期内自然降雨量相同,但由于作物种类、耕作措施、立地条件、降雨时空分配等不同,因而作物的产量、水分利用效率等差异非常显著。因此在区域内,根据耕地的类型和作物的耗水规律,合理作物布局是提高区域作物产量和水分利用效率的前提。

11.5.2　黄土丘陵沟壑区作物在不同耕作管理条件下的水分利用效率

农业生产是一个复杂的系统工程,它受到气候、降水、土壤、作物、地形等诸多自然因素和耕作栽培措施、管理水平、社会和经济状况等人为因素的影响。作物产量是这诸多因素矛盾统一协调作用结果的最终体现。在黄土丘陵沟壑区作物水分利用率低的情况下,通过增加投入、选用良种、科学种田等措施来改变自然因素的不利方面,提高产量和水分利用效率,发展农业生产耕作措施对黄土丘陵沟壑区水分利用效率有这较大的影响(卫三平等,2005)。以下分析了不同的栽培管理技术措施对作物水分利用的影响:

(1)采用水土保持耕作措施提高产量和水分利用效率

川平地、梯田实行垄沟种植,坡耕地实行水平沟种植是比平播种植产量高,水分利用效率高的耕作措施,这已为多年的生产实践和试验所证明,也是我们总结推广的水土保持耕作体系的重要组成部分。究其原因主要是因为实行垄沟、水平沟耕作,改善了地面微地形,沟垄交错,特别是在坡地,垄拦水、沟蓄水、有利降雨入渗,播种时能豁干种湿,肥料施入沟中,种子播在沟内水、肥集中的地方,利于保墒出苗和苗期幼苗发育。生育期内再经过中耕除草、培土管理、沟垄互换,为根系发育创造了有利条件,利于根系吸收水分,增强了作物抗旱性,提高了有限降雨的利用率,为增产增收奠定了良好的基础(张兴昌和卢宗凡,1994)。

(2)实施精细管理提高产量和水分利用效率

丘陵沟壑区自然降雨基本已能满足作物耗水要求,收获后与播种前土壤水分基本相等,只是由于降水在生育期内分配不均,与作物生长不同步,再加上土壤肥力不足和其他自然灾害,才使农业生产水平低而不稳。所以根据自然降雨、土壤水分和作物生长情况,通过栽培管理措施来调节和改善土壤水分,保证作物正常生长发育,是十分重要而关键的措施。其中在夏秋季作物收获后及时深耕蓄墒,早春耙地保墒,防止水分蒸发,作物要适期播种,保证苗全苗壮。有条件的当作物遇到干旱时,想办法予以补水灌溉,对于增产增收也是至关重要的。

(3)平衡施肥提高作物产量和水分利用效率

增施肥料,氮磷配合特别是增施有机肥,可以改良土壤,提高土壤蓄水能力,使当地降水下的潜在生产力转化为现实生产力。在同样的水分条件下,土壤肥力越高,以肥调水,作物利用的水分越多,植株生长越健壮茂盛,地面覆盖度也相应增加,地面蒸发减少,作物本身蒸腾加大,使水分用于植物本身,提高水分利用效率。1994年川地的谷子试验中可以看出不同的施肥方式对产量和水分利用效率影响显著(表11.11)。因此,增施肥料和合理施肥仍是增加产量,提高水分利用效率的有效途径。

表 11.11　施肥对产量、水分利用效率的影响(苏敏等,1996)

作物	施肥方法	耗水量 /mm	产量 /(kg·hm^{-2})	水分利用效率 /(kg·mm^{-1})
谷子	深施氮、磷	374.8	2673.0	0.48
	浅施氮、磷	318.3	1689.0	0.35
	不施肥	328.1	1231.5	0.25
糜子	深施氮、磷	331.9	2277.0	0.46
	浅施氮、磷	312.1	1528.5	0.33
	不施肥	304.1	1329.0	0.29

11.6　黄土丘陵沟壑区坡耕地土壤侵蚀与氮素流失特征及其调控

黄土丘陵沟壑区是世界上水土流失最强烈的地区,这一地区的坡耕地又是黄河泥沙的主要来源地。当前坡耕地在部分地区还保有一定的面积比例,坡耕地的水土流失不仅是造成河流、水库淤积的一个重要原因,更严重的是每年丧失大量的肥沃表土,是导致土壤肥力退化和农业减产的一个重要原因(夏积德等,2016)。在流失的养分中,氮素的流失量最大,所以本研究从不同的耕作方式和氮磷配施来探索对坡地氮素流失的调控。

11.6.1　不同耕作方式对坡耕地土壤侵蚀和氮素影响

（1）水平沟耕作对坡耕地的土壤侵蚀和氮素的影响

通过水平沟耕作在坡面上形成的垄和沟,增加了地表粗糙度,拦截径流泥沙。如表 11.12 中的测定结果表明,当坡度分别是 10°、20°、25° 和 30° 时,水平沟比传统耕作减少土壤流失 17%、21%、38% 和 20%。水平沟耕作在拦截泥沙的同时,也可有效地减少泥沙养分的流失。随坡度的增大,土壤全氮及有机质流失增强,当坡度分别是 10°、20°、25° 和 30° 时,水平沟与传统耕作相比,减少土壤有机质损失能力依次为 8%、12%、21% 和 11%,减少土壤全氮流失能力依次为 5%、15%、27% 和 16%。在坡耕地上,减少侵蚀的耕作因素均不同程度地增加了泥沙有机质和全氮的富集,对径流阻碍作用愈强,径流与土壤颗粒相互作用愈大,泥沙有机质和全氮富集程度愈高。在不同程度上,这些因素减蚀作用大于泥沙养分的富集,因此,减少侵蚀的耕作因素可减少土壤有机质和全氮的流失,但由于泥沙养分富集作用的存在,这些耕作因素对减少养分流失的作用受到削弱。

表 11.12　水平沟耕作与土壤侵蚀量和氮素流失（张兴昌等,2001）

坡度	耕作	土壤侵蚀量 /(t·km^{-2})	养分富集率 /(g·kg^{-1})		泥沙养分流失 /(kg·km^{-2})	
			有机质	全氮	有机质	全氮
10°	传统	167	2.52	3.85	1357	123
	水平沟	138	3.01	4.39	1252	117
	裸地	1013	1.77	2.32	5570	526
20°	传统	843	2.46	3.09	6358	553
	水平沟	663	2.76	4.07	5592	472
	裸地	1526	1.3	2.31	6666	688
25°	传统	1313	2.07	2.67	7951	672
	水平沟	820	2.39	2.91	6279	490
	裸地	2648	1.1	1.74	8821	955
30°	传统	2324	1.4	1.93	8649	888
	水平沟	1862	1.49	2.08	7681	750
	裸地	3411	1.02	1.62	10644	1203
平均	传统	1162	1.76	2.42	6070	559
	水平沟	871	1.99	2.73	5201	457
	裸地	2150	1.18	1.86	7925	843

　　水平沟耕作增加径流铵态氮浓度的原因,在于其对径流流速的减缓作用,径流流速减缓,一方面促使吸附于土壤颗粒表面的铵态氮向径流扩散,另一方面,径流对土壤铵态氮浸提时间的延长,相互作用结果增加径流铵态氮含量。在不同的坡度上水平沟平均减少产流 7% 左右,径流铵态氮浓度反而平均提高 19% 左右,其结果是土壤铵态氮流失平均达到 13.01 $kg \cdot km^2 \cdot$ 年 $^{-1}$,比传统耕作多流失 1.11 $kg \cdot km^2 \cdot$ 年 $^{-1}$;与此相反,水平沟因其对径流和径流硝态氮减少的双重作用,比传统耕作减少硝态氮流失 7.68 $kg \cdot km^2 \cdot$ 年 $^{-1}$。水平沟耕作减蚀作用显著,拦截泥沙 25% 左右,但由于同时对泥沙全氮富集作用的加强,平均增加 13% 左右,导致防止土壤氮素流失的作用下降,土壤全氮流失仅减少 18% 左右。坡度为 30° 时,水平沟比传统耕作土壤仅能减少硝态氮、有机质和全氮流失 19%、11% 和 16%。当坡度进一步增大时,水平沟对养分的减少作用将会急剧下降。通过上述分析,认为水平沟耕作在一定程度上可防止土壤氮素流失,这种作用将随土壤铵态氮含量的提高和减蚀作用的下降而削弱。

　　(2) 轮作对坡耕地土壤侵蚀和流失的影响

　　合理利用轮作可使土壤资源持久利用,已成为耕作学家研究的焦点。在坡耕地年际间的合理安排作物,对提高土壤抗冲抗蚀能力,防止土壤肥力退化具有十分重要的意义。5 年径流小区试验结果表明:一季黑豆和一季黄豆参与的轮作(处理 4),以及两季黑豆和一季黄豆参与的轮作(处理 3),土壤侵蚀量仅为 896~984 $t \cdot km^2 \cdot$ 年 $^{-1}$,不及糜子和土豆参与轮作(处理 7,处理 8)的 1/2。在处理 3 和处理 4 轮作体系中,均有黑豆作物参与,黑豆在黄绵土上种植,与其他作物相比,根系固定土壤能力较强。土壤全氮流失也具有类似规律,但由于泥沙全氮富集的缓冲效应,土壤氮素流失差异没有泥沙流失显著,但是也大幅降低了土壤的氮素领导流失。其他轮作处理效果基本一致(表 11.13)。

表 11.13　作物轮作与土壤氮素流失 (张兴昌等, 2001)

轮作方式	径流量 /($m^3 \cdot km^{-2} \cdot$ 年 $^{-1}$)	侵蚀量 /($t \cdot km^{-2} \cdot$ 年 $^{-1}$)	土壤全 N /($g \cdot kg^{-1}$)	泥沙全 N /($g \cdot kg^{-1}$)	全氮富集 ER /($kg \cdot km^{-2} \cdot$ 年 $^{-1}$)	氮素流失 /($kg \cdot km^{-2} \cdot$ 年 $^{-1}$)
1	29187	1666	0.53	0.91	1.71	1512
2	26247	1351	0.53	0.87	1.63	1175
3	21125	984	0.49	0.88	1.81	865
4	22391	896	0.55	0.9	1.63	806
5	23582	1785	0.52	0.86	1.66	1534
6	27643	1594	0.5	0.83	1.67	1324
7	32134	2890	0.54	0.87	1.6	2515
8	29900	2299	0.54	0.83	1.55	1897
9	37718	1983	0.45	0.71	1.58	1408
裸地	38283	6344	0.44	0.64	1.48	4060

11.6.2　坡耕地合理施肥对土壤侵蚀和氮素流失的影响

　　坡耕地土壤氮素的流失是造成土壤肥力退化的重要原因。氮磷配合使用是提高作物产量，水分利用效率的重要途径。长期实验表明，氮磷配合可有效地提高豆类作物产量。在提高产量的同时，也会对土壤和径流养分含量产生影响。氮磷不同配合明显影响径流量，坡耕地中径流量随氮磷用量的增大而减少。当氮肥用量处在较低水平时，土壤铵态氮流失最小，当处在施氮量较大不施氮时，土壤铵态氮流失增强，土壤铵态氮的流失并不完全随氮量的增大而增加，合适的氮肥用量可减少土壤铵态氮的流失。当氮和磷肥用量中等时，土壤铵态氮、硝态氮和矿质氮流失最小，过高或过低都会加剧土壤矿质氮的流失。与裸地相比，作物氮磷的不同配合均减少土壤矿质氮的流失，减少程度与施肥有关。氮磷配合施用，随氮、磷用量的提高，土壤侵蚀量逐渐减少，但由于泥沙有机质和全氮富集的缓冲作用，使氮磷配合对土壤全氮流失的减少作用下降。在黄绵土上，施肥具有减蚀效应，以氮肥减蚀效应较为突出；合理的氮磷配合，可有效地减少土壤有机质和全氮的流失（张兴昌，2002）。

　　坡面土壤氮素和有机质流失受地貌、植被、土壤、耕作和施肥等多种因素的影响，在这些因素中，通过施肥方式的改进和施肥量的确定可有效地减少水土流失和养分流失。施肥减少水土流失的作用在于，通过施肥增加作物地表面的覆盖，减少雨滴直接打击地表，延缓和阻碍径流在坡面的形成和传递；但施肥量的增大并不能减少土壤有机质和全氮的流失，其原因在于随施肥量的增大，作物生长旺盛，在有效减少水土保持的同时，急剧增加了泥沙养分的富集，这也在一些研究中得到确认，泥沙养分富集作用的存在，在一定程度上增加土壤养分的流失。因此，合理施肥才是减少土壤养分流失的基础。黄绵土氮、磷俱缺，增施氮、磷均能增加作物的产量和减少水土流失，但只有 N（纯氮）、P（P_2O_5）用量分别达到 55.2 kg·hm^{-2} 和 90 kg·hm^{-2} 时，泥沙有机质和全氮流失量最少。施肥对土壤矿质氮和全氮流失影响不一，N、P 用量中等时，土壤矿质氮流失最小，当 P 用量达到最高时，全氮流失才达到最小。

11.7　黄土丘陵沟壑区农田生态系统水土管理与调控

　　黄土丘陵沟壑区典型的特征是水土流失严重，同时区域内干旱频繁发生。区域内降水集中，并常以暴雨形式出现，因而常常发生山洪危害，造成了严重的水土流失，进而又加重了区内干旱程度。在水土流失的影响下，区内土壤发育长期处于幼年阶段，土壤肥力和生产力低下，保持水土和提升土地生产力显得十分关键和必要。自 1998 年国家在这一地区实施退耕还林还草工程后，梯田和川谷地面积比例显著增加，农业生产条件得到根本改善。经过长期的科研和生产实践，安塞试验站的科技人员在黄土高原农业发展过程中总结出了兼顾水土保持、改善生态环境和提高农田生态系统生产力的模式与关键技术措施。农田生态系统水土管理与调控的基本涵义是指在遭受水土流失危害的地区建立生态农业。首先要求水土流失得到有效控制，通过水土保持措施的优化配置，做到无论在总体上或是在某些单项措施防治水土流失的功能上，其水土保持效益都应该是明显的。其次在宏观上，要求农业环境得到保护，农林牧生产必须协调发展。就是一方面对农林牧用地加以优化，另一方面使农林牧各业内部结构协调发展,从而发挥农田生态系统的总体功能,最终获得良好的生态经济效益;在微观上,通过绿色植物的合理利用,加速能量和物质在生态系统中的再循环,实现"低输入、高产出"的人工生态系统。

11.7.1　农田生态系统土壤水分资源合理利用与调控

黄土高原深厚的黄土,犹如一个巨大的蓄水库。据测定,黄土区土壤的持水孔隙约占 30% 左右,若以植物需水的主要供水层为 2 m 计算,区内黄土性土壤的蓄水能力每公顷约为 4500 ~ 6000 m³ 水。土壤深层储水反映着区域土壤水分循环与补偿特征,它对植物需水起着调节作用。但由于黄土丘陵沟壑区的土壤质地多属砂壤 – 轻壤,土壤透水性强,土体内上行蒸发活跃,因此土壤水库具有易满易失的特点。据测定 10 m 土层自然水分储量只相当于土壤水库满库的 60% 左右,土壤经常处于水分亏缺状态,对植物需水的调节能力显著降低,这种土壤水分环境对种草种树和农作物生长是不利的。土壤水分储量是随季节变动的,它受降水年内分配、蒸发(蒸腾)过程的影响,但其水分循环和补偿情况有一定的地理规律性,地域分异甚为明显。就黄土丘陵沟壑区的水分循环与补偿特征看,其大部分处于补偿亏缺或补偿失调的地区。由于区内地下水埋藏很深,土壤蓄水主要以悬着水状态存在,在这种情况下,悬着水蒸发就成为区内土壤水分平衡中的主要支出项,从而形成特殊的土壤水分状况类型——蒸发自成型水分状况。这种水分状况的特点是伴随有土层干燥,造成水分亏缺。因此,掌握黄土丘陵沟壑区土壤水分的循环、补偿和土壤水分状况的分类特征,对合理规划林草建设和提高旱作农业的产量,都是非常重要的。

11.7.2　旱作农田生态系统粮食生产力提升的关键技术

黄土丘陵沟壑区 90% 以上的农田都是旱地。无论是从当前还是长远讲,重视发展旱作农业对提高粮食产量有着十分重要的意义。区内年降水量 400 ~ 550 mm,仅就数量看,发展旱作农业是可行的。为了提高旱地的粮食产量,在建设基本农田的基础上,抓住提高作物水分利用率这个中心环节,在试验区采用抗旱栽培措施收到明显成效。这些措施是,深耕蓄墒与保墒,包括伏耕蓄墒、春季耙磨保墒,以及根据气候条件播种前后进行镇压提墒;重施有机肥,提高肥力,以肥调水。高肥农田显示了较高的水分利用率,丰产田块玉米的强烈用水层 1.2 m,总用水层超过 2 m。重施有机肥促进作物根系发育,有利于调动土壤深层储水,同时还可以明显提高作物用水效益。在低肥情况下,每毫米水只能生产小麦 0.1 ~ 0.15 kg,而在高肥的情况下,每毫米水可生产小麦 0.5 kg 以上;调整作物布局,扩种抗旱稳产作物。试验区以秋粮生产为主,夏粮为辅。在秋粮中,以谷糜较耐旱;通过轮作倒茬,提高水分利用率。大秋作物在 50 ~ 100 cm 土层内,谷子对有效水的利用率为 53%,而高粱可达 83%。可见由于茬口不同,作物收获后土壤的剩余湿度亦有很大差别。因此,要注意合理安排茬口,做到用水适度,达到均衡增产;推广以山地水平沟种植和梯田、川谷地垄沟种植为中心的水土保持耕作法。近年来发展的地膜覆盖,平均可以提供产量和水分利用效率 50% 以上。因此该区域的农业发展关键技术始终围绕着提供水分利用效率,通过紧紧抓住经济用肥(集中施肥)、精耕细作(相对于一般耕法而言)和合理用水三个环节,较好地解决了"薄粗旱"的矛盾,从而为当地发展旱地农业提供了一条有效措施。

参 考 文 献

李强,许明祥,齐治军,等.2011.长期施用化肥对黄土丘陵区坡地土壤物理性质的影响.植物营养与肥料学报,
　　17(1):103-109.
李强,许明祥,刘国斌,等.2012.基于几何方法评价长期施用化肥坡耕地作物轮作系统可持续性.植物营养与肥
　　料学报,18:884-892.
卢宗凡,曹清玉,苏敏.1996.建设水土保持型生态农业十年巨变.水土保持研究,3(2):116-119.
苏敏,卢宗凡,李够霞.1996.陕北丘陵沟壑区主要农作物水分利用与平衡.水土保持研究,3(2):36-45.
苏敏,卢宗凡,张兴昌.1992.陕北丘陵沟壑区水土保持耕作体系及其效应分析.干旱地区农业研究,10(2):46-50.
苏敏,卢宗凡,张兴昌,等.1991.黄土丘陵沟壑区的水土保持耕作体系.中国水土保持,11:36-38.
田均良,梁一民,刘普灵.2003.黄土高原丘陵沟壑区中尺度生态农业建设探索.郑州:黄河水利出版社,1-16.
卫三平,吴发启,张治国.2005.黄土丘陵沟壑区不同耕作措施下梯田土壤水分时空变化.中国水土保持,6:25-27.
夏积德,吴发启,周波.2016.黄土高原丘陵沟壑区坡耕地耕作方式对土壤侵蚀的影响研究.水土保持学报,
　　30(4):64-67.
徐副利,梁银丽.1994.黄土丘陵沟壑区高新生态农业发展途径探讨.干旱区资源与环境,2:4-8.
张兴昌.2002.轮作及耕作对土壤氮素径流流失的影响.农业工程学报,18(1):70-74.
张兴昌,卢宗凡.1994.陕北黄土丘陵沟壑区川旱地不同耕法的土壤水分效应.水土保持通报,14(1):38-42.
张兴昌,郑剑英,吴瑞俊,等.2001.氮磷配合对土壤氮素径流流失的影响.土壤通报,32:110-112.
赵护兵,刘国彬,吴瑞俊.2006.黄土丘陵区不同类型农田养分平衡特征.农业工程学报,22(1):58-64.
郑剑英,赵更生,吴瑞俊.1996.黄土丘陵沟壑区旱地肥料效应与养分循环平衡特征.水土保持研究,3(2):7-12.

第12章 河西走廊绿洲农田生态系统过程与变化*

自古以来,河西走廊是"丝绸之路"的重要组成部分,既是连接西域以及中亚、西亚的交通要道,又是东西方文明交流的"黄金通道"。当前,国家明确推进"丝绸之路经济带、海上丝绸之路"建设,以形成全方位开放发展的新格局,"一带一路"建设被确立为中国实现下一阶段发展的重大国家战略。河西走廊作为"丝绸之路"的关键区域,对当前国家构建"丝绸之路经济带"的整体发展格具有不可缺失的作用。因此,维持河西走廊绿洲农业生态系统的安全与稳定不仅事关区域社会经济发展,同时还关系着中国西北地区的整体发展和战略安全。

12.1 河西走廊绿洲农田生态系统特征

河西走廊由于特殊的地理位置,以水资源为纽带,形成了山地 – 绿洲 – 荒漠复合农田生态系统。

12.1.1 自然地理条件

河西走廊位于甘肃省西北部,东起乌鞘岭,西至玉门关,南依祁连山,北枕合黎山和龙首山,海拔 1000~1500 m,东西长约 1000 km,南北宽几十至上百千米,是相对独立的自然地理单元。河西走廊地势南高北低,南部为祁连山区,中部为走廊平原区,北部为北山山地,祁连山冰川融水和高山降水形成了疏勒河、黑河和石羊河三大内陆河水系和 3 个内陆盆地(即玉门、瓜州、敦煌平原,张掖、高台和酒泉平原,武威、民勤平原)。河西走廊内陆盆地的冲积平原地势平坦、土地肥沃、灌溉用水充足,是绿洲农田的主要分布区。

河西走廊属于干旱、半干旱气候,区域内太阳总辐射量和日照时数由西北向西南逐渐减少,大部分地区年太阳总辐射量为 5505~6412 MJ·m^{-2}。年日照时数在 2500 h 以上,中西部地区可达到 3000 h 以上,极值为 3347 h。西部疏勒河流域年降水量 50~150 mm,东部石羊河流域年降水量 115~360 mm,乌鞘岭年降水量达 405 mm,区域内大部分地区年均蒸发量可达 2000~3000 mm(杨晓玲等,2009)。每年 4—9 月的降水量占全年降水量的 80% 以上,降水量的分布趋势自东南向西北几乎以等间距递减(郭良才等,2008)。区域内年平均气温为 –0.03~9.57 ℃,1960—2005年区域内年平均气温呈现出明显升高的趋势,气候变暖显著。区域内多年平均最高气温为

---

* 本章作者为中国科学院临泽内陆河流域研究站赵文智、杨荣、吉喜斌、刘鹄、刘继亮、张勇勇、赵丽雯、周海、李辛。

5.7 ~ 18.0 ℃,敦煌和瓜州的平均最高气温分别为 18.0 ℃ 和 17.5 ℃,是河西走廊气候最热的地区;区域内多年平均最低气温为 −4.5 ~ 1.8 ℃,其中位于乌鞘岭的平均最低气温为 −4.47 ℃,是河西走廊气候最冷的地区(郭良才等,2008)。自 20 世纪 90 年代以来,河西走廊地区一直保持着强增温、弱增湿的整体气候趋势(郭良才等,2008),这种趋势对河西走廊的农业生产带来了一定影响。气候变暖使河西走廊中部地区 ≥ 10 ℃ 的热量条件得到了不同程度的改善,1961—2009 年河西走廊中部地区 ≥ 10 ℃ 界限温度表现为初日提早、终日推迟、持续日数延长、积温呈现增加的趋势(殷雪莲等,2014)。气候变暖、降雨增加导致河西走廊 1991—2014 年间春小麦播种期呈略微提前趋势,玉米播种期呈推后趋势,春小麦和玉米的出苗期、生长季均呈缩短趋势,成熟期呈提前趋势;小麦产量总体呈现下降趋势,而玉米产量则呈现增加趋势(张亚宁等,2017)。

12.1.2　农业生产与管理

河西走廊是甘肃省主要的商品粮基地和经济作物集中产区,土地面积约 2.8×10^5 hm²,人口约 500 万,分别占甘肃省土地总面积的 60% 和总人口的 19%。耕地面积约占区域总面积的 5.1%,灌溉农业发达,是甘肃省重要的商品粮基地之一(许云霖等,2017)。水是绿洲农业生态经济系统健康发展的重要限制因素,水资源数量决定了绿洲区域农业的发展(刘巽浩,2000)。以区域内黑河流域为例,出山径流量约为 36.83 亿 m³,其中游地区是主要的灌溉农业区,用水消耗量占全流域的 82.6%(宁宝英等,2008)。黑河中游地区依赖灌溉的植被耗水量为 18.4×10^8 ~ 21.9×10^8 m³,其中农作物耗水量占总耗水量的 77.1% ~ 77.8%,乔木林占 16.1% ~ 16.4%,疏林 + 灌木林及湿地植被占 5.8% ~ 6.8%(赵文智等,2010)。

河西走廊地区传统作物种类有小麦、大麦、玉米、青稞、马铃薯、甜菜、大豆、胡麻、油菜和棉花等。近年来,在人类活动和气候变化的双重驱动下,区域内的农业种植结构也发生了明显变化(赵文智和杨荣,2010)。以黑河流域中游的临泽县平川灌区为例,2001 年黑河流域实施分水计划后,当地玉米的种植面积就从 2001 年的 705.4 hm² 增加到 2002 年的 1858.4 hm²,而大田玉米、经济作物和棉花的种植面积则相应减少(李启森和赵文智,2004)。近年来,由于气候变化导致的热量条件改善和市场价格的驱动,促使区域内原有主导作物春小麦的种植面积迅速减少,种植玉米种植面积迅速扩大,种植玉米种植面积从 2003 年的 4.13 万 hm² 增至 2010 年 6.45 万 hm²,而春小麦种植面积则由 1982 年的 9.17 万 hm² 减少至 2010 年的 4.5 万 hm²(殷雪莲等,2014)。

12.1.3　存在的主要问题

河西走廊地区农田灌溉用水量占区域总供水量的 80% 以上,但当前可供水量已不能满足农业灌溉的需求,年平均缺水量在 5.9×10^8 m³ 以上,缺水程度达 8% 左右。水资源的利用效率是维持绿洲农业的关键(赵文智和常学礼,2014),河西走廊地区人均用水量约是以色列的 11 倍,水资源利用效率低下严重制约了区域农业的发展(王根绪等,2002)。同时,随着社会经济的快速发展,河西走廊耕地面积呈现快速扩张的趋势,但水土资源的匹配度已达上限,对区域绿洲农业的稳定和可持续性构成威胁(陈亚宁和陈忠升,2013)。研究表明,1975 年、1990 年、2000 年、2005 年、2010 年和 2013 年河西走廊耕地面积分别为 9877 km²、10327 km²、11166 km²、12353 km²、

12608 km² 和 15557 km²，呈逐步增大的趋势（张建永等，2015）。但与此同时，河西走廊地区人口增加的速度明显高于耕地面积增加的速度。以 2000 年为例，当年河西走廊地区的总人口在 1985 年总人口的基础上增幅达 26.5%，而同期耕地面积增幅仅为 10.3%（刘海龙等，2014）。目前，河西走廊绿洲地区平均人口密度在 200 人·km⁻² 以上，远远高于联合国规定的半干旱地区临界人口密度 20 人·km⁻² 的标准。随着河西走廊绿洲城镇化的发展和人口数量的增加，经济社会发展及人口增长与水土资源承载力不匹配，导致了对资源需求量的急剧增大，人均资源占有量相对减少，使得区域各项发展与水土资源承载力之间的矛盾日益突出。此外，河西走廊是我国单季粮食作物的高产地区，但粮食高产的获得付出了大量水资源的消耗和高量化肥的投入。20 世纪 90 年代推广的小麦 – 玉米带田，在保证充分灌溉和施用有机肥的基础上，化肥氮的投入为 450~750 kg N·hm⁻²。过量的氮肥投入将导致硝酸盐在作物和土壤中的积累，通过淋溶等途径对地下水造成污染，进而威胁人体健康（杨荣等，2012）。因而，科学控制人口数量、推广农业节水灌溉技术、提高水土资源利用效率、改善农田生态环境是河西走廊绿洲农业健康发展的关键（赵文智和杨荣，2010）。

12.2　河西走廊绿洲农田生态系统观测与研究

加强对农田生态系统观测，可以有效地了解河西走廊绿洲农田生态系统的演变过程及其主要特征，对于促进河西走廊绿洲农业生产的良性健康发展具有重要意义。

12.2.1　绿洲农田水碳过程观测

河西走廊绿洲农田水碳过程观测依托中国生态系统研究网络临泽内流河流域研究站，主要包括 1 套开路式涡动相关系统和 2 套 EVINS 综合环境观测系统，用于观测典型绿洲农田水碳通量及小气候环境要素。开路式涡动相关系统由三维超声风速仪（HS–50, Gill Solent Instruments）和红外 CO_2/H_2O 气体分析仪（LI–7500, LI–COR Inc.）组成，安装高度为 4.5 m，LI–7500 探头稍倾斜（与垂直方向夹角为 10°，与 HS–50 的感应面相距 20 cm），以防止降雨时雨滴滞留于其下端窗口。该系统采用 EDDYMEAS 软件采集原始数据（采集频率为 20 Hz），利用研华工控机（IPC–610H）记录和存储数据。开路式涡动相关系统布设在老绿洲灌溉农田（39°20′ N, 100°08′ E, 海拔1378 m），于 2008 年 3 月建成，已连续正常运行至今。

EVINS 综合环境观测系统配有 5 层常规气象要素传感器，包括风速仪（LISA, Siggelkow）、大气相对湿度与气温探头（HMP45D, Vaisala），分别安装在地表以上 2 m、4 m、6 m、12 m 和 20 m 处；四分量辐射仪（CNR–1, Kipp&Zonen）、光合有效辐射仪（LI–190, LI–COR Inc.）、表面温度计（PS12AF1, Keller HCM GmbH）、风向探头（Young 8100, Siggelkow GmbH）和气压计（PTB100, Vaisala）均安装在地面以上 4 m 处；土壤温度探头（Pt100, IMKO）安装在地表以下 0（地表）、5 cm、10 cm、20 cm、40 cm、80 cm 和 120 cm 处；土壤湿度探头 TDR（TRIME–IT, IMKO）安装在地表以下 5 cm、20 cm、60 cm、100 cm、200 cm 和 300 cm 处；3 块土壤热通量板（HFP01, Hukseflux）安装在地表以下 5 cm 处。所有数据以 30 min 时间步长记录。2 套 EVINS 综合环境观测系统分别布设在老绿洲和新垦绿洲（39°24′ N, 100°21′ E, 海拔 1350 m），于 2007 年建成，包

括空气温度、湿度、风速、土壤温度和湿度的梯度观测及大气辐射、土壤热流通量、地表温度的监测。

12.2.2　绿洲农田生态系统演变长期监测

建立绿洲农田生态系统综合观测场的目的是为了开展农田生态系统演变的长期监测,认识绿洲农田生态系统的演变,进而为提升农田生态系统管理水平提供科技支撑。绿洲农田生态系统演变的监测项目包括水文、土壤、气象、生物 4 个方面。河西走廊绿洲农田生态系统综合观测场设在中国生态系统研究网络临泽内陆河流域研究站区。观测场土壤类型为灌耕风沙土,种植模式为春小麦 / 玉米轮作,施肥种类以化肥为主:尿素、磷酸二胺和复合肥。

水分监测。水分监测包括土壤水分、地下水、地表水和降水监测。土壤水分监测除了在农田综合观测场开展外,还在气象观测场和荒漠观测场作为对照进行,利用烘干法和中子水分仪(L520)进行测定(4 月下旬—10 月上旬)。农田综合观测场每 5 天监测 1 次(雨后、灌水前、灌水后加测 1 次)、气象观测场和荒漠观测场每 10 天监测 1 次(雨后加测 1 次)。测定深度为150 cm,每 10 cm 为 1 层,共计测定 15 层。烘干法在每根中子管周围 1 ~ 2 m² 范围内进行 3 个剖面的采样(为避免对荒漠综合观测场造成破坏,荒漠综合观测场烘干法采样距离中子管约在 15 m左右),采样层次与中子法相同。此外还沿黑河主河道 – 荒漠布设典型地下水观测断面,每 10 天观测 1 次地下水埋深,同时测定降水和地下水的钙离子、镁离子、钾离子、钠离子、碳酸根离子、重碳酸根离子、氯化物、硫酸根离子、磷酸根离子、硝酸根离子、矿化度、化学需氧量、水中溶解氧、总氮、总磷及雨水的水温、pH、矿化度、硫酸根、非溶性物质总含量。地表水与地下水 1 年测定 2次,雨水 1 年测定 3 次。

土壤监测。根据 CERN 土壤分中心制定的规范和要求,在农田生态系统综合观测场、辅助观测场和 2 个农户监测点取样,监测项目包括有机质、全氮、碱解氮、速效磷、速效钾、pH、电导率等。此外,临泽站还集中整理了临泽县 20 世纪 80 年代第二次全国土壤普查的资料,其中包括310 个采样点的地理坐标信息,以及各土壤样本的有机质、全氮、碱解氮、有效磷和有效钾等肥力指标数据。根据普查信息,2008 年临泽站在对应的农田土壤调查点进行了土样采集工作,共采集到 287 个与第二次全国土壤普查相对应的耕层土壤样本,分析了土壤有机质、全氮、碱解氮、速效磷、全磷、速效钾、全钾、pH、电导率、容重、水分和粒径等指标。

气象要素。包括地面常规气象站和自动气象站(M520),其中地面常规气象站观测项目包括:空气温度、空气相对湿度、降水量、地温、水面蒸发量、风速和日照时数等。各观测项目均按《地面常规气象观测规范》的有关规定实施,按观测规范的要求整编。观测时间为每天的 8∶00、14∶00和 20∶00,由专职气象观测员手工实时记录。自动气象站观测项目包括:空气温度、空气相对湿度、降水量、水面蒸发量、地温、风速、风向、气压和辐射等,由数据采集仪按事先设定的时刻自动测量,频率为 1 小时测量 1 次,监测值以 ASCII 码的形式暂时记录在存储介质(内存或卡)上,定期通过和 PC 通讯下载到数据管理计算机上,并由数据管理员用专门的软件对其进行校核、统计和汇总。

生物监测。包括农田生态系统的作物种类与产量、复种指数与轮作体系、主要作物肥料、农药、除草剂等投入量、灌溉制度和作物物候期,通过采样测定作物叶面积与生物量动态、作物根系生物量、作物收获期植株性状与测产,分析农田作物的 4 种植物元素的含量与热值。

12.2.3 绿洲农田施肥长期试验

绿洲农田土壤施肥长期试验设 9 个处理,分别由 3 个有机肥水平(低、中和高),2 个 NP 组合肥水平(低和高)和 3 个 NPK 肥组合水平(低、中和高)组成,各施肥处理施肥详情列于表 12.1 中。试验采用玉米 – 玉米 – 大豆的轮作序列。作物成熟后,按小区收获后测产,并采集土样样品进行土壤养分测定,测定年份为 2006—2017 年。

表 12.1 试验处理及各处理有机肥化肥用量

处理	施肥量							
	玉米				大豆			
	N	P	K	M	N	P	K	M
	/(kg·hm⁻²)	/(kg·hm⁻²)	/(kg·hm⁻²)	/(t·hm⁻²)	/(kg·hm⁻²)	/(kg·hm⁻²)	/(kg·hm⁻²)	/(t·hm⁻²)
OMA†								
M₃‡	0	0	0	30	0	0	0	30
CFA								
NP₃	300	225	0	0	105	90	90	0
NPK₁	150	90	90	0	45	30	30	0
NPK₂	225	135	135	0	75	60	60	0
NPK₃	300	225	225	0	105	90	90	0
IFA								
NPK₁M₃	150	90	0	30	150	90	90	30
NPK₁M₃	150	90	90	30	150	30	30	30
NPK₂M₂	225	135	135	22.5	225	60	60	22.5
NPK₃M₁	300	225	225	15	300	90	90	15

注:OMA†,施用有机肥;CFA,施用化肥;IFA,综合施肥。M‡,有机肥;N,化学氮肥;P(P₂O₅),化学磷肥;K(K₂O),化学钾肥;下标 1~3 表示 3 个(低、中、高)施肥处理,例如,NPK₁M₃,表示低 N、P、K 处理配合高有机肥处理。

12.2.4 绿洲农田种植模式长期试验

绿洲农田耕作方式长期试验共设 8 个处理,采用不同的土壤耕作(常规耕作:传统三耕两耱耕作方式;少耕:减少秋耕)、覆盖(地膜覆盖;作物秸秆覆盖)和轮连作方式(玉米连作;玉米 – 大豆轮作)3 因素再裂区设计(表 12.2)。试验设 3 次重复,共 24 个小区,小区面积 5 m × 5.7 m,小区间留 0.40 m 田埂。常规耕作处理按当地习惯进行冬前翻耕,少耕处理从 2006 年开始不进行冬前翻耕。秸秆覆盖处理使用小麦秸秆代替地膜(小麦秸秆用量为 3500 kg·hm⁻²),于玉米出苗后将麦秸秆铡成 3~5 cm 长的碎段,一次性均匀覆盖在玉米行间,然后撒少许碎土覆于秸上,以防止秸秆被风吹走,收获后翻耕入土壤。连作处理采用玉米连作种植;轮作处理采用玉米 – 大豆的连作序列。作物成熟后,按小区收获后测产,并采集土样进行土壤养分测定。

表 12.2　试验处理设计

代码	处理	操作方法
CTFCon	常规耕作 + 覆膜 + 连作玉米	三耕两耱,地膜覆盖,连年种植玉米
CTSCon	常规耕作 + 秸秆覆盖 + 连作玉米	三耕两耱,麦秆覆盖,连年种植玉米
CTSRot	常规耕作 + 覆膜 + 玉米大豆轮作	三耕两耱,地膜覆盖,玉米 – 大豆轮作
CTSRot	常规耕作 + 秸秆覆盖 + 玉米大豆轮作	三耕两耱,麦秆覆盖,玉米 – 大豆轮作
MTFCon	少耕 + 覆膜 + 连作玉米	少耕,地膜覆盖,连年种植玉米
MTSCon	少耕 + 秸秆覆盖 + 连作玉米	少耕,麦秆覆盖,连年种植玉米
MTSRot	少耕 + 覆膜 + 玉米大豆轮作	少耕,地膜覆盖,玉米 – 大豆轮作
MTSRot	少耕 + 秸秆覆盖 + 玉米大豆轮作	少耕,麦秆覆盖,玉米 – 大豆轮作序列

12.2.5　绿洲农田土壤动物观测

绿洲农田土壤动物监测主要关注农田演变、作物种类及种植方式和非农田生境等对土壤动物（主要包括蜘蛛、昆虫成虫及幼虫、多足类、蚯蚓、线蚓、螨类、跳虫和线虫等）多样性、营养结构及生态功能的影响。开展的监测包括以下两个方面：

（1）作物种类及耕作方式对土壤动物营养结构的影响观测

在临泽绿洲边缘新垦农田区选取 6 个地点,每个地点选择开垦 30 年左右的农田,分别选取 3 块玉米、小麦单作和间作农田作为研究对象。每块农田设置 3 个采样点（农田内部、边缘和田埂）,4 月、7 月和 10 月采集地表和土栖动物样品及调查植被和土壤环境。地表节肢动物采用陷阱法调查,每次采样的时间为 7 天;大型土壤动物采用野外手捡法收集,采样面积为 50 cm ×50 cm,深度为 30 cm;小型土壤动物采集土样带回室内分离,螨类和跳虫样品（采样面积为10 cm × 10 cm,深度为 30 cm）利用干漏斗分离器分离（时间为 48 小时）,线虫样品（利用 50 cm³环刀采集,深度为 30 cm）利用浅盘法收集。土壤动物样品通过形态分类、DNA 条形码鉴定和稳定同位素及磷脂脂肪酸等确定其物种多样性、密度、生物量及取食功能等。

（2）绿洲生态系统土壤动物群落演变特征观测试验

土壤动物群落演变特征研究主要关注制种玉米的长期种植对土壤动物营养结构及功能的影响。从绿洲内部至边缘依次选取开垦年限为 10 年、20 年、30 年、50 年、100 年左右的农田,每种开垦年限农田选取 6 个地点,每个地点分别选取 3 块不同开垦年限玉米田为研究对象,每块农田在内部、田埂和附近的林带设置 3 个采样区采集动物样品及监测生境环境变化。在绿洲农田演变过程中土壤动物监测每 5 年进行一次,4 月、7 月和 10 月采集土壤动物样品及调查植被和土壤环境,记录农药、除草剂、灌溉及施肥情况。对土壤动物的采集及鉴定方法同上。

12.3　河西走廊绿洲农田水文过程与水量平衡

河西走廊绿洲具有明显局地水文循环,区域内主要通过引用地表水（河水）和抽取地下水来维系区域灌溉农业,其农田水文过程以水分垂向交换为主,即农田水分主要来源于灌溉,蒸散发和灌溉水渗漏是其主要耗散项（范锡朋，1991）。量化农田蒸散发和土壤水分运移过程是确定河西走廊绿洲农田水文过程与水量平衡的关键环节。

12.3.1 绿洲农田蒸散发过程

利用气孔计、热脉冲测定液流和涡动相关等技术研究了河西走廊绿洲典型农田叶片尺度、单株植物尺度和田块尺度的蒸散发过程。

（1）叶片尺度

采用 LI-6400XT 便携式光合作用仪（LI-COR Inc., Lincoln）观测了 2011—2012 年两个生长季玉米叶片的蒸腾速率，从拔节期初期（7 月 13 日）开始到成熟期（8 月 20 日），上层叶片的蒸腾速率在拔节期（7 月中旬—7 月末）处于较低水平（约 1.61 mmol $H_2O \cdot m^{-2} \cdot s^{-1}$ 左右），之后逐渐增大并在灌浆期（8 月 3 日）达到最大值（约 4.43 mmol $H_2O \cdot m^{-2} \cdot s^{-1}$），随着生长季推移，又逐渐减小；随着生长季的推移，中层叶片蒸腾速率基本呈逐渐减小的趋势，但减小的幅度很小，并在成熟期达到最小值（约 2.01 mmol $H_2O \cdot m^{-2} \cdot s^{-1}$）；下层叶片的蒸腾速率随着生长季的推移逐渐减小。整个冠层叶片的蒸腾速率在拔节期约为 2.94 mmol $H_2O \cdot m^{-2} \cdot s^{-1}$，在灌浆期最大（约 3.10 mmol $H_2O \cdot m^{-2} \cdot s^{-1}$），在成熟期最小（约 1.89 mmol $H_2O \cdot m^{-2} \cdot s^{-1}$）（赵丽雯，2014）。

（2）单株尺度

采用 Flow 32 包裹式植物茎流计（Campbell Scientific Inc., Logan）观测了 2011—2012 年玉米生长期的茎秆液流发现，7 月下旬—8 月初，当地太阳辐射最强、气温最高，玉米生长处于最旺盛时期，其茎秆液流具有明显的日变化规律，基本呈单峰曲线。早晨 8:00 日出，液流随即启动（液流速率大于 10 $g \cdot h^{-1}$）。随太阳辐射的增强和气温的升高，玉米植株的茎秆液流迅速增大，大约在中午 12:30 达到峰值。之后随着太阳辐射减弱和气温下降，植株的茎秆液流迅速减少，大约在日落（19:30）后 1 小时降至较低水平（液流速率小于 10 $g \cdot h^{-1}$）。玉米茎秆液流白天（8:00—20:00）的监测速率在 10.34～159.19 $g \cdot h^{-1}$ 变化，平均为 71.62 $g \cdot h^{-1}$；夜间仍有较小液流产生，变化范围为 0～24.96 $g \cdot h^{-1}$，平均为 5.33 $g \cdot h^{-1}$。8 月下旬—9 月中旬，随着太阳辐射强度和气温略降，玉米生长处于需水量相对较少的时期（灌浆 – 成熟期），其茎秆液流日变化进程与 7 月类似，但液流启动时间略晚一些（在 8:30 左右），茎秆液流速率变化范围为 4.51～121.77 $g \cdot h^{-1}$，平均为 54.63 $g \cdot h^{-1}$；夜间仍能观测到茎秆液流产生，但是液流产生持续时间比 7 月少 8 小时左右，变化范围为 0～14.17 $g \cdot h^{-1}$，平均仅为 3.50 $g \cdot h^{-1}$。从 7 月到 9 月随着生长季的推移，玉米茎秆液流时间逐渐缩短且波动幅度逐渐减弱，日均茎秆液流速率由 7 月末的 35.2 $g \cdot h^{-1}$ 逐渐降低至 9 月中旬的 12.9 $g \cdot h^{-1}$。

（3）田块尺度

采用涡度相关技术研究了田块尺度的蒸散发过程，对每 30 分钟所得数据按玉米生长的初期（4 月末—5 月末）、发展期（5 月末—7 月上旬）、中期（7 月上旬—8 月中旬）和后期（8 月下旬—9 月末）进行区分，并进行算数平均来分析田块尺度上蒸散发过程的日变化和季节变化。结果表明，田块尺度蒸散发日变化过程基本与太阳辐射同步，生长初期最低，平均为 0.04 mm $\cdot h^{-1}$；生长中期最大，约为 0.20 mm $\cdot h^{-1}$；生长后期又逐渐降低至 0.12 mm $\cdot h^{-1}$；作物生长初期、发展期、中期和后期白天蒸散发速率分别在 0.02～0.08 mm $\cdot h^{-1}$、0.10～0.40 mm $\cdot h^{-1}$、0.12～0.56 mm $\cdot h^{-1}$ 和 0.06～0.36 mm $\cdot h^{-1}$ 变化。

就整个作物生长季而言,生长初期太阳辐射相对较小,日均 9.83 MJ·m^{-2}·d^{-1},叶面积指数（LAI）仅为 0.04 m^2·m^{-2},日蒸散发量在 0.29～2.34 mm·d^{-1} 波动,平均仅为 0.74 mm·d^{-1};生长中期太阳辐射和 LAI 均达到最大值,分别为 13.70 MJ·m^{-2}·d^{-1} 和 4.64 m^2·m^{-2},日蒸散发量最大值平均为 4.43 mm·d^{-1}。2013 年和 2014 年作物生长季的日蒸散发量最大值分别为 7.15 mm·d^{-1} 和 6.76 mm·d^{-1},生长期田块尺度累计蒸散发量分别为 453.8 mm 和 492.5 mm。

12.3.2　绿洲农田蒸散发分割

采用双作物系数法和 Shuttleworth–Wallace（S–W）双源模型确定了河西走廊典型绿洲农田作物蒸腾和土壤蒸发的比例,分析了植物蒸腾和土壤蒸发的季节变化规律及其在农田总蒸散发中的量（吉喜斌等,2004;赵丽雯和吉喜斌,2010;赵丽雯等,2015）。

将涡动相关测算的蒸散发数据与 FAO–56 双作物系数法和 S–W 双源模型估算结果对比分析可知:S–W 双源模型估算的蒸散量更接近于涡动相关测算值,能够较理想地区分河西走廊绿洲农田作物蒸腾和土壤蒸发的量;FAO–56 双作物系数法能够较好估算农田作物生长中期和后期的实际蒸散量,但在生长初期和发育阶段估算的作物系数、土壤蒸发系数和水分胁迫系数可能存在较大偏差,致使 FAO–56 双作物系数法在分割绿洲农田蒸散发过程中存在较大误差（图 12.1）。

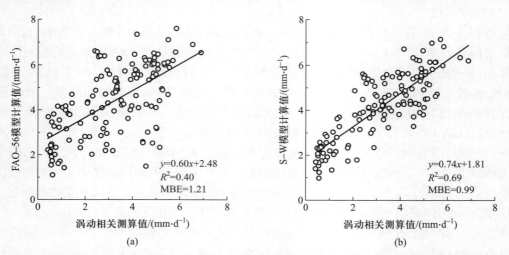

图 12.1　FAO–56 双作物系数法（a）和 S–W 双源模型（b）估算日蒸散发量与实测算值对比

在整个作物生长季,FAO–56 双作物系数法和 S–W 双源模型估算的累积蒸散量分别为 672.1 mm 和 639.9 mm,其中累积土壤蒸发量分别为 204.3 mm 和 166.7 mm,累积作物蒸腾量分别为 467.8 mm 和 466.6 mm,分别约占总蒸散发量的 70% 和 73%。根据 S–W 双源模型估算结果,在整个作物生长季,受作物生长过程的影响,作物蒸腾和土壤蒸发呈现"此消彼长"的变化过程。生长初期,作物蒸腾与土壤蒸发比约为 0.38,表明此阶段农田蒸散发以土壤蒸发为主;发展阶段,随着太阳辐射和温度增高,作物正值出苗 – 拔节期,叶面积指数逐渐增大,作物蒸腾与土壤蒸发均有所增加,但作物蒸腾增幅远大于土壤蒸发增幅,作物蒸腾与土壤蒸发之比增加至 3.43,作物蒸腾占总蒸散量的 77%;生长中期,作物生长进入拔节 – 抽雄 – 灌浆期,植株已发育完全,叶面积指数达到最大值,基本完全覆盖地表,冠层 – 土壤系统截获的太阳辐射绝大部分用于作物蒸腾,作物蒸腾与土壤蒸发之比达到 7.50,作物蒸腾占总蒸散量的 88%;生长后期,作物生长进入灌浆 – 成熟期,随着作物成熟其叶片衰老枯黄,所需水分减少,作物蒸腾明显减弱,作物蒸腾与土壤蒸发之比降至 2.80,且进入深秋后太阳辐射减弱,气温逐渐降低,土壤蒸发能力变弱,农田日均蒸散发量为 3.28 mm·d^{-1},远低于作物生长中期(5.09 mm·d^{-1})。

12.3.3 绿洲农田水量平衡过程

(1)田块尺度上的水量平衡过程

河西走廊绿洲农田水分补给主要靠灌溉,张掖绿洲种植玉米农田一般采用大水漫灌方式,生长季灌水 8~10 次,每次灌溉定额为 78~90 mm。在田块尺度上,绿洲农田的水文过程主要以水分的垂向交换为主。从土壤剖面含水量的时间序列看,土壤水分的急剧变化是由灌溉引起的(赵丽雯和赵文智,2014);在土壤垂直剖面上,含水量随着土壤深度的增加而增大,表明多余的灌溉水不断向下运移(图 12.2d)。受到植物蒸散发的影响,10 cm 和 20 cm 深度的土壤含水量显著降低(图 12.2b);土壤剖面 100 cm 深度以下的含水量均保持在田间持水量以上,但该深度的土壤水分仍受到蒸散发的影响;剖面 200 cm 和 300 cm 深度的土壤含水量基本达到饱和,水分状况相对稳定不再受地表蒸散发的影响。

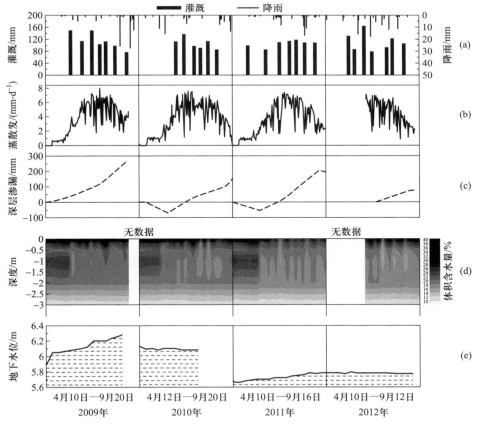

图 12.2 多年生长季农田灌溉和降雨(a)、蒸散发量(b)、深层累计渗透量(c)、
土壤含水量剖面分布动态(d)和地下水位埋深波动(e)

　　在灌溉条件下,灌溉水的消退过程主要经历渗透消退阶段和蒸渗消退阶段,其中蒸渗消退过程及其持续时间主要受作物生长状况的影响。渗透消退一般发生在灌溉后的第 1 天,持续时间短,主要受土壤特性而非作物生长状况影响。在蒸渗消退阶段,土壤水分运移过程主要受作物生长发育的影响(图 12.2c),在作物生长初期、发展期、中期和后期,灌水后 0～60 cm 剖面土壤含水量消退至灌水前水平分别需要约 22 d、29 d、13 d 和 20 d。这主要是因为作物生长初期,根系吸水较少,土壤水分消退过程主要是土壤蒸发和深层渗漏;发展阶段,地表覆盖度增加,土壤蒸发减少,根系吸水速率相对较小,土壤水分消退过程相对缓慢;生长中期,蒸散发达到生长季最大,作物蒸腾远超过土壤蒸发,根系吸水大幅增加,土壤水分消退过程加剧;生长后期,作物需水减少,根系吸水速率逐渐降低,大气环境蒸发力逐渐减小,土壤蒸发逐渐降低,根系区的水分消退过程与生长初期基本相当(图 12.2b)。作物生长对渗漏速率的影响也十分明显,在作物生长初期、发展期、中期和后期农田土壤水分平均渗漏速率分别是 1.13 mm·d^{-1}、1.50 mm·d^{-1}、1.28 mm·d^{-1} 和 1.20 mm·d^{-1}。这种季节变化特征主要是由于作物根系生长增加了土壤导水率,在发展阶段,蒸散发相对较小,灌溉水的渗漏速率达到最大,而在生长中期,由于蒸散发强烈,土壤水分消耗很大,致使此阶段的渗漏速率比发展阶段小(李东生,2014)。

　　在根系区(0～60 cm)土层范围,一段时间内的水分输入项主要包括降水和灌溉(土壤供水充足,忽略毛细上升);水分输出项主要包括作物蒸腾、土壤蒸发、深层渗漏及土体的储水量变化量(冠层截留量较小,忽略冠层截留蒸发)。在制种玉米的整个生长期,河西走廊绿洲农田多年(2009—2011 年)平均水量平衡的总体结果是:降水量为 95.01 mm,灌溉量为 712.52 mm,灌溉水量占总水分输入量的近 90%;农田蒸散发量和深层渗漏量分别为 533.63 mm 和 205.44 mm,分别占水分总输出量的 72% 和 28%;土壤储水量变化为 57.47 mm(赵丽雯和赵文智,2014)。

　　(2)区域尺度上的水量平衡过程

　　河西走廊绿洲是由农田、防护林网、草地、湿地、沙荒地等景观组成的一个复杂生态系统,其水文过程不仅表现在景观单元内的垂向水分交换,而且在不同景观单元之间也存在一定水平方向上的水力学联系和水分交换。景观间的水文联系主要通过灌溉引起的水平方向上土壤水分迁移和地下水位梯度造成的横向水流得以维系(范锡朋,1991)。地表水(河流)是维系河西走廊绿洲生态系统稳定存在的关键,"天然－人工"二元水循环过程明显,"取水－输水－用水－排水－回归"的人工侧支水循环改变了区域内的天然水循环过程,地表水与地下水有着十分密切的联系,两者之间存在多次相互转换(范锡朋,1991)。相对于田块尺度,绿洲尺度上的水文过程包括多种景观单元之间水分的垂向和水平交换,以及地表水与地下水之间的相互转换。

　　利用地下水－陆面过程耦合模型对河西走廊中段黑河流域中游绿洲区域尺度(约 12825 km^2)2008 年水文过程的模拟结果表明(田伟等,2012),黑河中游水平衡的补给项包括侧向补给项和垂向补给项,其中侧向补给项包括莺落峡流入、梨园河流入、其他小河流入和地下水侧向流入,补给量分别为 19.44×10^8 m^3、2.17×10^8 m^3、8.59×10^8 m^3 和 2.17×10^8 m^3,合计 32.37×10^8 m^3(表 12.3)。以大气降水方式垂向进入区域内的水量为 13.87×10^8 m^3,河流和地下水侧向补给量和降水垂向补给量分别占区域内总补给量的 70% 和 30%,折算成水深分别为 252.41 mm 和 108.09 mm。黑河流域中游地区排泄量约 47.17×10^8 m^3,其中从正义峡断面流出 11.50×10^8 m^3,以蒸散发形式垂向排泄量约 35.67×10^8 m^3,分别占总排泄量的 24% 和 76%。区域水资源总体呈负平衡状态,即 2008 年地下水超采约 $0.9 \times 10^8 \, m^3$,地下水位下降 7.25 mm,这与估算的黑河流域中游临泽典型灌区水资源总均衡结果(地下水位下降 $4.93 \sim 11.4$ mm)基本一致(吉喜斌等,2005)。黑河流域中游地区农田蒸发量最大(约 579.95 mm),其次是农田防护林网(434.07 mm),最小为裸地/戈壁,年蒸发量约 116.84 mm,与降水量基本持平(田伟等,2012);该区域水分主要消耗于农田,其耗水量约为 $19.3 \times 10^8 \, m^3$,这与依据净初级生产力(NPP)与蒸腾系数之间关系反演得到的黑河流域中游绿洲生态系统植被耗水量($18.41 \times 10^8 \sim 21.92 \times 10^8 \, m^3$)相当(赵文智等,2010),其中绿洲农田作物耗水量为 $13.97 \times 10^8 \sim 16.84 \times 10^8 \, m^3$(赵文智等,2010),约占绿洲植被耗水的 78%。

表 12.3　2008 年黑河中游区域水量平衡　　　　　　　　　　　(单位:$10^8 \, m^3$)

指标			水量
补给项	侧向补给	莺落峡流入	19.44
		梨园河流入	2.17
		其他小河流入	8.59
		地下水侧向流入	2.17
	垂向补给	降水量	13.87
排泄项	侧向排泄	正义峡流出	11.50
	垂向排泄	蒸散发量	35.67
	水量平衡		−0.93

12.4　河西走廊绿洲农田土壤肥力演变及养分循环过程

　　通过开展农田土壤肥力演变、土壤碳库及其变化、土壤硝态氮的淋溶等农田生态过程的研究,可以为河西走廊绿洲农田土壤肥力保持、土壤质量提高和生态环境安全维护提供重要的参考依据,是推动区域农业可持续发展的基础。

12.4.1　绿洲农田土壤肥力演变过程

　　(1)荒漠开垦为绿洲农田后土壤肥力的变化过程

　　通过空间代替的方法,研究荒漠土壤开垦为绿洲农田后土壤特性的变化过程,揭示绿洲农田土壤肥力演变规律,为合理的农田土壤管理提供依据(Su et al.,2010)。

　　荒漠开垦为农田后,原来的灰棕漠土向灌漠土演变、风沙土向灌淤土演变。随着开垦利用年限的增加,耕层(0~20 cm)土壤容重呈线性减小趋势,从未开垦沙地的平均 1.70 $g \cdot cm^{-3}$ 下降到 1.43 $g \cdot cm^{-3}$(开垦 40 年)。耕层土壤砂粒含量随农业利用年限的增加而逐渐降低,黏粒、粉粒含量逐渐增加,土壤质地由砂土逐渐演变为壤砂土;从变化过程看,开垦 10 年的农田各粒级含量与未开垦沙地差异不显著。耕层土壤有机碳呈线性增加,40 年后土壤有机碳含量增加了近 6.4 倍;耕层土壤养分全氮、碱解氮、速效磷含量随开垦年限的增加趋势与土壤有机碳相似,开垦 40

年后,分别较未开垦的沙地增加 5.0 倍、2.9 倍和 10.7 倍;但速效钾随开垦年限的增加呈先降低后增加的趋势(表 12.4)。

表 12.4　荒漠开垦后土壤理化特性变化特征

土壤属性	开垦年限 / 年							
	0	3	5	10	14	23	30	40
砂粒 /%	89.7ᵃ	90.7ᵃ	89.9ᵃ	87.9ᵃ	78.6ᵇ	74.5ᵇᶜ	74ᵇᶜ	70.2ᶜ
粉粒 /%	5.2ᵉ	4.5ᵉ	4.8ᵉ	5.4ᵉ	13.7ᵈ	16.7ᶜ	16.6ᶜ	20.9ᵇ
黏粒 /%	5.1ᵈ	4.8ᵈ	5.3ᵈ	6.7ᶜᵈ	7.8ᵇᶜ	8.8ᵇ	9.3ᵇ	8.9ᵇ
容重 /(g·cm⁻³)	1.70ᵃ	1.56ᵇ	1.55ᵇ	1.53ᵇ	1.50ᵇᶜ	1.48ᶜ	1.5ᵇᶜ	1.43ᵈ
有机质 /(g·kg⁻¹)	0.9ᵉ	1.3ᵈᵉ	2.4ᵈᵉ	2.18ᵈ	3.7ᶜ	4.5ᶜ	4.3ᶜ	5.8ᵇ
全氮 /(g·kg⁻¹)	0.11ᵈ	0.13ᵈ	0.22ᶜᵈ	0.22ᶜᵈ	0.34ᶜ	0.43ᵇᶜ	0.38ᶜ	0.55ᵇ
碳氮比	8.5	9.8	10.9	9.9	11.1	10.3	11.3	10.4
全磷 /(g·kg⁻¹)	0.27ᵉ	0.3ᵈᵉ	0.32ᵈᵉ	0.38ᶜᵈ	0.40ᶜᵈ	0.44ᵇᶜ	0.5ᵃᵇ	0.56ᵃᵇ
全钾 /(g·kg⁻¹)	12.45	12.45	12.45	12.45	13.14	12.45	12.45	14.53
碱解氮 /(mg·kg⁻¹)	12.0ᵈᵉ	10.2ᵉ	17.3ᵈ	16.8ᵈᵉ	24.5ᶜ	30.9ᵇ	26ᵇᶜ	34.7ᵇ
速效磷 /(mg·kg⁻¹)	1.5ᶜ	3.5ᶜ	3.8ᶜ	12.3ᵇ	8.4ᵇ	10.9ᵇ	9.2ᵇ	16.1ᵇ
速效钾 /(mg·kg⁻¹)	94ᵇ	61ᵇ	64ᵇ	66ᵇ	50ᶜ	78ᵇ	83ᵇᶜ	108ᵃᵇ
阳离子换量 /(cmol·g⁻¹)	5.03ᶜ	4.66ᶜ	5.47ᶜ	5.17ᶜ	7.75ᵇ	7.59ᵇ	8.4ᵇ	9.30ᵃᵇ
碳酸钙 /%	62ᵇ	61ᵇ	66ᵇ	65ᵇ	72ᵇ	70ᵇ	73ᵇ	91ᵃ

注:同一行不同小写字母表示差异达显著水平(P<0.05)。

用线性回归分析评价土壤性状随开垦年限的变化速率(表 12.5)。土壤粉粒和黏粒的年增加率分别为 0.45%·年⁻¹ 和 0.12%·年⁻¹;有机碳和全氮的年增加率为 0.115 g·kg⁻¹·年⁻¹ 和 0.012 g·kg⁻¹·年⁻¹;在沙地开垦为农田后,若达到相同母质上发育的老绿洲土壤的质量水平,需在现有的土地利用和管理水平下至少 50 年时间。同时由于农业用水方式的变化,由河水灌溉变为井灌后,向农田输入的细颗粒组分减少,土壤结构的发育可能需要更长的时间。

表 12.5　土壤性状与开垦年限的线性回归分析

土壤属性	关系式	R²	参考值	到达参考值的年限 / 年
砂粒 /%	y=−0.564x+90.793	0.903	58.8	57
粉粒 /%	y=0.448x+3.978	0.895	27.6	53
黏粒 /%	y=0.120x+5.214	0.836	13.6	70
容重 /(g·cm⁻³)	y=−0.0037x+1.552	0.832	1.35	55
>0.25 mm 团聚体	y=1.21x+13.79	0.893	75.9	51
平均重量粒径 /mm	y=0.0853x+0.0191	0.887	4.9	57
团聚体水稳率 /%	y=0.298x−0.598	0.989	16.3	53
有机碳 /(g·kg⁻¹)	y=0.115x+1.379	0.914	7.29	51
全氮 /(g·kg⁻¹)	y=0.0122x+0.1763	0.863	0.71	44
全磷 /(g·kg⁻¹)	y=0.0067x+0.289	0.971	0.64	52
碱解氮 /(mg·kg⁻¹)	y=0.574x+12.547	0.858	38.3	45
速效磷 /(mg·kg⁻¹)	y=0.294x+3.614	0.700	21.3	60
阳离子交换量 /(cmol·g⁻¹)	y=0.118x+4.825	0.879	10.7	50
碳酸钙 /%	y=0.611x+60.265	0.827	88.1	46

河西走廊边缘绿洲沙荒地被开垦为农田后,随开垦利用年限的增加,土壤容重降低,沙粒含量下降,有机碳、无机碳及氮、磷、钾等养分含量持续提升。土壤有机碳和全氮的变化在开垦的最初 14 年快速增加,此后增加速率变缓。土壤粒级组成的变化发生在开垦 14 年的农田,表明土壤稳定结构的形成滞后于养分的提高。土壤粒级组成与团聚体的形成和稳定性的显著变化发生在开垦 14 年之后。对于砂质土壤,黏粉粒含量的增加是团聚体形成和有机碳与养分保持的重要因素,对于新垦砂质农田,富含细粒物质的河水灌溉和进行保护性耕作对于促进土壤团聚体形成和土壤肥力的提高至关重要。在现有的农田管理水平下,荒漠土壤向可持续农业土壤的发育是一个缓慢的过程。经 40 年的开垦利用,绿洲沙荒地农田土壤养分水平及土壤结构仍处于较低水平而不足以支撑可持续性的作物生产,只能依赖于大量的化肥投入和大额的灌溉。

（2）长期施肥对新垦绿洲农田土壤肥力演变的影响

施肥是影响农田土壤养分的主要因素之一,通过连续多年的农田定位试验监测资料,对新垦绿洲农田不同施肥条件下土壤肥力的变化过程进行了分析（Yang et al., 2016a, b）。

多年连续施肥后,不同处理间土壤养分含量产生显著差异（表 12.6）。图 12.3 和图 12.4 分别列出了不同处理下土壤养分年际变化趋势,用各个养分变量年际变化拟合直线斜率表征变量的年变化率,可以看出有机质变化率介于 0.03 ~ 1.44,全氮介于 0.0053 ~ 0.059,全磷介于 0.031 ~

表 12.6 不同处理 0 ~ 20 cm 土层土壤养分含量

处理	有机质 /($g \cdot kg^{-1}$)	全氮 /($g \cdot kg^{-1}$)	全磷（P_2O_5） /($g \cdot kg^{-1}$)	速效氮 /($mg \cdot kg^{-1}$)	速效磷 （P_2O_5） /($mg \cdot kg^{-1}$)	速效钾 （K_2O） /($mg \cdot kg^{-1}$)	pH	电导率 /($\mu S \cdot cm^{-1}$)
处理 †								
M₃	19.9[a]‡	1.05[a]	1.35[bc]	89[a]	45[c]	217[a]	8.60[a]	326[a]
NP₃	11.1[cd]	0.70[bcd]	1.70[ab]	55[de]	129[ab]	93[c]	8.60[a]	224[b]
NPK₁	10.4[cd]	0.61[d]	1.30[c]	49[e]	67[c]	107[bc]	8.64[a]	260[ab]
NPK₂	8.7[d]	0.55[d]	1.35[bc]	45[e]	85[bc]	117[bc]	8.66[a]	234[b]
NPK₃	10.5[cd]	0.62[cd]	1.85[a]	56[cde]	169[a]	127[bc]	8.47[b]	264[ab]
NP₁M₃	13.5[bc]	0.76[bcd]	1.51[abc]	67[bcd]	146[ab]	173[ab]	8.58[ab]	292[ab]
NPK₁M₃	17.1[ab]	0.93[ab]	1.49[abc]	72[b]	134[ab]	203[a]	8.57[ab]	269[ab]
NPK₂M₂	15.5[b]	0.85[abc]	1.59[abc]	76[ab]	152[a]	237[a]	8.59[ab]	291[ab]
NPK₃M₁	15.1[b]	0.91[ab]	1.76[a]	71[bc]	185[a]	193[a]	8.48[b]	277[ab]
显著性	**	**	**	**	**	**	**	*ns*
施肥方式 §								
OMA	19.9[a]	1.05[a]	1.35	89[a]	45[c]	217[a]	8.60	326[a]
CFA	10.2[c]	0.62[c]	1.55	51[c]	113[b]	111[b]	8.59	245[b]
IFA	15.3[b]	0.87[b]	1.59	72[b]	154[a]	202[a]	8.56	282[ab]
显著性	**	**	ns	**	**	**	ns	**

注：† M、N、P 和 K 代表有机肥,化学 N、P、K 肥;1,2,3 代表高、中、低 3 个施肥水平; § OMA,单施有机肥;CFA,单施化肥;IFA,综合施肥。同一列不同小写字母表示差异达显著水平（*P*<0.05）。

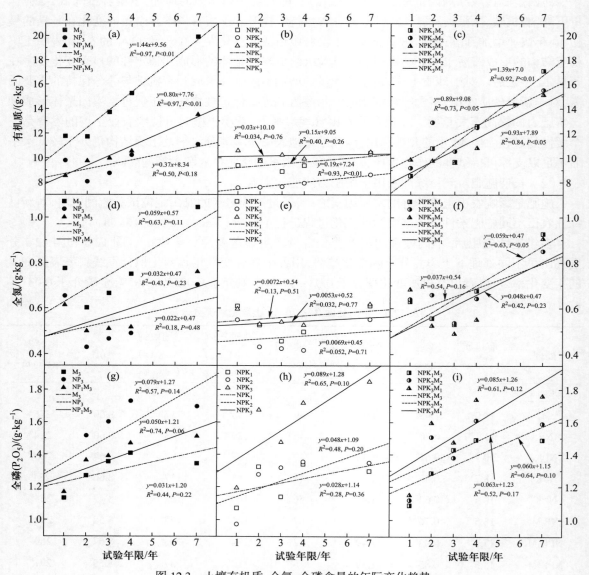

图 12.3　土壤有机质、全氮、全磷含量的年际变化趋势

0.089。单施有机肥和有机化肥配施处理下有机质和全氮变化率高于单施化肥处理,但单施化肥处理全磷变化率较高,并表现出随化肥用量增加而增加的趋势。土壤速效氮变化率介于 1.40~8.22,速效磷介于 0.60~17.65,速效钾介于 -8.08~12.74。单施有机肥和有机化肥配施处理下速效氮变化率明显高于单施化肥处理,但单施化肥处理下速效磷变化率明显高于其他处理,并表现出随化肥用量增加而增加的趋势。单施有机肥和有机化肥配施处理下速效钾变化率较高,单施化肥处理下速效钾变化率为负值,表明这 4 个处理下土壤速效钾含量呈降低趋势。

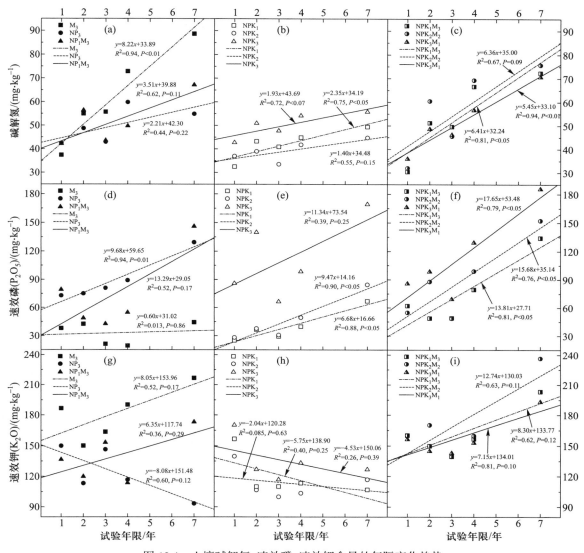

图 12.4 土壤碱解氮、速效磷、速效钾含量的年际变化趋势

12.4.2 绿洲农田土壤碳库及其变化

（1）主要土壤类型退耕还草的土壤碳固存效应和固碳容量

在河西走廊黑河流域中游边缘绿洲区 4 个土壤类型（干润雏形土、旱耕人为土、正常干旱土和砂质新成土）各选择 6 个退耕苜蓿地和相邻未退耕农田样地进行退耕后土壤性状变化的分析（表 12.7）（Su et al., 2009；苏永中等，2007）。

表 12.7 退耕苜蓿地（AF）和相邻对照农田（CL）不同土层土壤有机碳、全氮含量、粒级组成和土壤容重

土类	土层 /cm	处理	有机碳 /(g·kg⁻¹)	全氮 /(g·kg⁻¹)	碳氮比	粒级组成 /%			容重 /(g·cm⁻³)
						砂粒	粉粒	黏粒	
干润雏形土	0~5	CL	14.0**	1.4**	9.9**	18.9	57.7	23.4	1.28*
		AF	18.3**	1.8**	10.4**	19.2	56.7	24.1	1.32*
	5~10	CL	12.9**	1.42	9.1*	20.6	58.9	20.5	1.37
		AF	14.0**	1.46	9.6*	21.3	59.2	19.5	1.38
	10~20	CL	13.3	1.42	9.4	22.3	60.6	17.1	1.45
		AF	13.5	1.42	9.5	20.8	58.2	21	1.44
旱耕人为土	0~5	CL	9.7**	0.99**	9.8	48.5	36.8	14.7	1.19*
		AF	11.4**	1.13**	10.1	46.9	37.4	15.7	1.24*
	5~10	CL	9.4*	0.95	9.9	46.3	39.2	14.5	1.27
		AF	10.6*	1.02	10.4	46.5	37.4	16.1	1.3
	10~20	CL	9.0	0.90	9.9	49.2	40.3	10.5	1.33
		AF	9.1	0.90	10.1	50.1	38.8	11.1	1.31
砂质新成土	0~5	CL	4.7*	0.55*	8.6*	78.2	12.2	9.6	1.36*
		AF	6.3*	0.66*	9.8*	75.3	14.5	10.2	1.39*
	5~10	CL	4.4**	0.57	7.8	79.1	14.2	6.7	1.46
		AF	5.2**	0.57	9.1	78.8	13.6	7.6	1.47
	10~20	CL	4.0	0.53	7.6	77.4	17.3	5.3	1.50
		AF	4.5	0.53	8.5	79.4	16.2	4.4	1.50
正常干旱土	0~5	CL	2.6**	0.36**	7.7*	68.2	23.6	8.2	1.48
		AF	4.4**	0.55**	7.8*	65.3	24.1	10.6	1.48
	5~10	CL	2.0	0.29	6.9	70	23.1	6.9	1.47
		AF	2.3	0.33	7.1	69.2	25.2	5.6	1.51
	10~20	CL	1.7	0.27*	6.3	69.4	21.1	10.7*	1.52
		AF	2.0	0.30*	6.6	69.2	23.7	6.9*	1.55

注：*、** 表示相同土层 2 个处理土壤性状的差异。

在整个 0~20 cm 土层，对照农田土壤和退耕苜蓿地土壤有机碳的储量变化分别在 6.06~34.16 Mg·hm⁻² 和 7.81~36.96 Mg·hm⁻²。4 种土壤类型平均土壤有机碳储量为对照农田土壤 20.03 Mg·hm⁻²，苜蓿地土壤 22.06 Mg·hm⁻²，退耕种植苜蓿后土壤有机碳储量增加 2.03 Mg·hm⁻²，增加率为 10.1%，全氮的增加小于土壤有机碳，平均增加 4.5%（0.1 Mg·hm⁻²）。以对照农田作为参照，退耕种植苜蓿土壤碳、氮的净增加率为 0.39~0.74 Mg·hm⁻²·年⁻¹（平均 0.56 Mg·hm⁻²·年⁻¹）和 0.025 Mg·hm⁻²·年⁻¹。4 种土壤类型 0~20 cm 土层 POC 平均含量苜蓿地比对照农田高 18.4%，尽管 2 种土地利用方式 0~20 cm 土壤全氮含量无显著差异，但 POM 含量差异显著。与黏粉粒结合的矿质态碳的含量，苜蓿地土壤为 5.3 g·kg^{-1}，0~20 cm 储量为 15.9 Mg·hm^{-2}，比对照农田高 9.4%（表 12.8）。

表 12.8 退耕苜蓿地（AF）和对照农田（CL）0~20 cm 土层有机碳、颗粒有机碳储量及退耕后的碳固存率

土类	处理	有机碳 /(Mg·hm^{-2})	颗粒有机碳 /(Mg·hm^{-2})	碳固存率 /(Mg·hm^{-2}·年$^{-1}$)	
				土壤有机碳	POM-C
干润雏形土	CL	34.16*	8.82**		
	AF	36.96*	10.43**	0.70	0.40
旱耕人为土	CL	25.84*	8.77*		
	AF	27.4*	9.48*	0.39	0.18
砂质新成土	CL	13.06**	5.58**		
	AF	16.01**	6.81**	0.74	0.31
正常干旱土	CL	6.06**	2.95**		
	AF	7.81**	4.21**	0.43	0.32
平均	CL	20.03*	6.53**		
	AF	22.06*	7.73**	0.56	0.30

注：*，** 表示相同土层 2 个处理土壤性状的差异。

研究区域 4 种土壤类型的碳容重水平分别为干润雏形土 31.4~35.5 g·kg^{-1}；旱耕人为土 19.0~24.5 g·kg^{-1}；砂质新成土 10.8~15.2 g·kg^{-1}；正常干旱土 8.9~11.5 g·kg^{-1}。研究表明，退耕种植苜蓿 4 年后，与黏粉粒结合的有机碳平均为 5.3 g·kg^{-1}，仅为最大碳容量水平的 30%~40%，远未达到碳的饱和水平。

（2）退化土地退耕种植苜蓿的固碳效应评价

从海拔 2348 m（降水量 340 mm）的山丹李桥乡到海拔 1378 m（降水量 110 mm）的临泽平川镇，沿从高到低的海拔梯度退耕种植苜蓿实施区，选取 49 个取样地块，并以相邻未退耕农田地块作为对照，取样分析退耕后土壤有机碳及活性土壤有机碳的变化（苏永中等，2009）。

退耕种植苜蓿 5 年后有 41 个点土壤有机碳含量增加，8 个点下降，49 个点平均土壤有机碳含量增加 1.37 g·kg^{-1}（18.5%）（图 12.5）。活性有机碳组分苜蓿地土壤与农田土壤有极显著的差异，49 个样点中有 5 个点苜蓿地土壤略低于对照农田土壤，平均活性有机碳含量苜蓿地土壤较农田土壤高 0.65 g·kg^{-1}，增加 53.3%。退耕种植苜蓿 5 年后活性有机碳含量的增加明显高于土壤有机碳的增加，因而退耕苜蓿地活性有机碳占总有机碳的比例极显著高于对照农田（表 12.9）（苏永中等，2009）。

不同质地的土壤退耕还草后土壤有机碳变化的趋势不同。将 49 个取样点土壤类型按质地分为粉壤土（35 个点）和砂壤土（14 个点，2 个砂土归并在砂壤土中），粉壤土苜蓿地和对照农田的土壤有机碳和活性有机碳含量差异极显著，而砂壤土苜蓿地和对照农田的土壤有机碳和活性有机碳含量差异极显著；退耕种草 5 年后土壤有机碳含量的增加幅度砂壤土（增加 32.4.1%）明显高于粉壤土（增加 15.1%），而活性有机碳含量的增加幅度砂壤土（增加 39.8%）低于粉壤土（增加 53.1%）（图 12.6）。

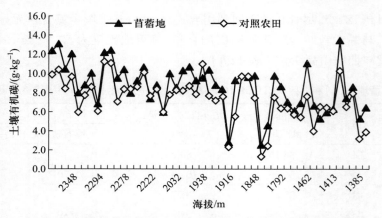

图 12.5　沿海拔梯度苜蓿地和对照农田土壤有机碳和全氮含量

表 12.9　退耕苜蓿地与对照农田土壤性状的比较

土壤性状	退耕苜蓿地	相邻农田	配对样本 t- 检验	
			t	P
粒级组成				
砂粒 /%	36.5 ± 18.8	35.7 ± 18.3	0.431	0.668
粉粒 /%	52.9 ± 17.5	53.3 ± 16.6	−0.171	0.865
黏粒 /%	10.6 ± 3.0	11.0 ± 2.8	−0.768	0.446
容重 /(g · cm^{-3})	1.37 ± 0.10	1.36 ± 0.10	2.567	0.013
pH	7.53 ± 0.11	7.42 ± 0.15	6.796	<0.001
电导率 /(dS · cm^{-2})	0.23 ± 0.27	0.31 ± 0.34	−2.327	0.024
有机碳 /(g · kg^{-1})	8.75 ± 2.44	7.38 ± 2.77	8.112	<0.001
全氮 /(g · kg^{-1})	0.94 ± 0.26	0.86 ± 0.26	2.494	0.016
碳氮比	9.30 ± 1.34	8.72 ± 1.36	1.919	0.061
活性有机碳 /(g · kg^{-1})	1.87 ± 0.87	1.22 ± 0.45	6.404	<0.001
活性有机碳 / 有机碳	0.21 ± 0.07	0.17 ± 0.04	4.663	<0.001

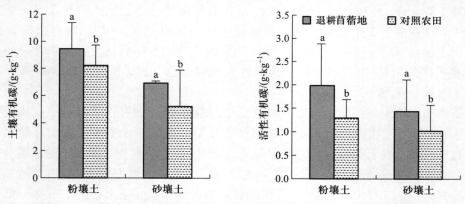

图 12.6　不同质地土壤退耕苜蓿地和对照农田土壤有机碳、活性有机碳含量

退化土地退耕种植苜蓿后有显著的土壤碳固定效应。退耕 5 年的苜蓿地 0~15 cm 耕作层土壤有机碳储量为 17.51 Mg·hm^{-2},相邻对照农田为 14.67 Mg·hm^{-2},两者之间土壤有机碳储量的差异均达极显著水平($t<0.001$)。以未退耕相邻农田土壤为参照,退耕种植苜蓿 5 年后土壤有机碳的年平均固存率为 0.57 Mg·hm^{-2}·年$^{-1}$。2002—2003 年张掖绿洲退化土地退耕种植苜蓿的面积达 7.23 km^2,以此估算,该区域因退耕还草增加的土壤碳为 2053 Mg C(苏永中等,2009)。

(3)长期施肥管理下土壤碳固存效应及机制

利用河西走廊黑河流域中游灌溉农业系统肥料长期定位试验,研究长期不同化肥配合和农肥施用对土壤碳积累、稳定团聚体形成及与团聚体中碳分布的影响,揭示干旱区土壤在不同施肥管理下有机碳的演变规律及碳的固存机理。试验采用裂区设计,主区为有机肥处理,设施用有机肥(M)和不施有机肥两个处理;副区为化肥处理,设不施化肥、单施氮(N)、氮磷配施(NP)、氮磷钾配施(NPK)。试验组成有 8 个处理:CK(不施化肥和有机肥),N,NP,NPK,M,MN,MNP,MNPK(Su et al.,2006)。

在各处理之间,有机肥和 NPK 化肥的配合(MNPK)处理土壤有机碳含量最高,而不施肥区(CK)含量最低。在不施有机肥处理下,N、P、K 化肥单施和配施的 4 个处理之间,土壤有机碳含量并无显著的差异,表明长期 NPK 化肥的平衡和不平衡施用对土壤有机碳的积累并无显著的影响。在施用有机肥的情况下,MNPK 处理土壤有机碳含量显著高于 MN 和 M 处理。和不施有机肥的土壤比较,施用有机肥的土壤中有机碳含量平均高 50.7%。不施有机肥处理耕作层(0~20 cm)土壤有机碳储量变化在 29.2(CK)~29.5 Mg·hm^{-2}(N),平均为 29.3 Mg·hm^{-2};施有机肥处理,土壤有机碳储量为 38.8(M)~44.8 Mg·hm^{-2}(MNPK),平均为 41.0 Mg·hm^{-2}。和试验开始时(1982 年)的土壤有机碳储量(35.1 Mg·hm^{-2})比较,单施有机肥和有机化肥配施,使耕层土壤有机碳增加了 3.6~9.7 Mg C·hm^{-2},平均增加 5.9 Mg C·hm^{-2},固存率为 0.28 Mg C·hm^{-2}·年$^{-1}$。但在长期单施化肥的处理下,23 年期间,土壤有机碳平均损失 5.82 Mg·hm^{-2}(表 12.10)(Su et al.,2006)。

表 12.10 不同施肥处理 23 年土壤有机碳的变化

处理	土壤有机碳 /(Mg·hm^{-2})	土壤有机碳变化 /(Mg·hm^{-2})	有机碳变化率 /(Mg·hm^{-2}·年$^{-1}$)
CK	10.08 ± 0.46^c	5.90 ± 1.60	−0.26 ± 0.07
N	10.34 ± 0.85^c	5.57 ± 2.23	−0.24 ± 0.10
NP	10.12 ± 0.67^c	6.03 ± 1.65	−0.26 ± 0.07
NPK	10.51 ± 0.91^c	5.80 ± 2.67	−0.25 ± 0.12
平均	10.26 ± 0.66^b	5.82 ± 1.78	−0.25 ± 0.08
M	14.79 ± 0.82^b	3.70 ± 1.91	0.16 ± 0.08
MN	14.69 ± 0.70^b	3.60 ± 2.05	0.16 ± 0.09
MNP	15.86 ± 0.92^{ab}	6.63 ± 2.10	0.29 ± 0.09
MNPK	16.54 ± 0.66^a	9.67 ± 3.10	0.42 ± 0.06
平均	15.46 ± 1.04^a	5.90 ± 2.53	0.26 ± 0.11

注:同一列不同小写字母表示差异达显著水平($P<0.05$)。

　　3 个不同粒级团聚体中有机碳含量与全土有机碳含量有相同的分布趋势,并随着全土有机碳含量的增加而增加。在不施有机肥处理间,各级团聚体中有机碳含量并无显著差异。MNPK 处理的各级团聚体中均含有最高的有机碳,但 M、MN、MNP 和 MNPK 处理各级团聚体有机碳含量差异并不显著。与不施有机肥处理比较,长期有机肥的施用导致各级团聚体中有机碳含量的显著增加。不同团聚体中有机碳含量的分布趋势为:>2 mm 大团聚体含量最高(17.7 ± 2.9 g·kg^{-1}),其次为 2 ~ 0.25 mm 团聚体(15.3 ± 3.5 g·kg^{-1}),0.25 ~ 0.05 mm 团聚体中有机碳含量最低(11.1 ± 2.1 g·kg^{-1}),三者之间有显著的差异($F=3.18$, $P<0.0001$)(表 12.11)(Su et al., 2006)。

表 12.11　不同施肥处理各级团聚体组分中有机碳含量

处理	团聚体组分有机碳含量 /(g·kg^{-1})		
	>2 mm	2 ~ 0.25 mm	0.25 ~ 0.05 mm
CK	13.6 ± 1.7^{b}	16.1 ± 1.5^{bc}	9.7 ± 0.3^{b}
N	11.6 ± 0.8^{bc}	16.6 ± 2.8^{bc}	8.8 ± 0.6^{b}
NP	12.9 ± 3.2^{b}	14.1 ± 2.1^{c}	9.4 ± 0.8^{b}
NPK	12.7 ± 2.0^{bc}	15.9 ± 2.5^{c}	9.3 ± 0.9^{b}
平均	12.7 ± 2.0^{b}	15.6 ± 2.2^{b}	9.3 ± 0.6^{b}
M	15.1 ± 0.3^{b}	21.4 ± 0.2^{a}	12.4 ± 0.8^{a}
MN	17.2 ± 3.0^{ab}	19.0 ± 2.3^{ab}	13.4 ± 1.8^{a}
MNP	18.9 ± 1.3^{a}	18.5 ± 2.7^{ab}	12.4 ± 0.7^{a}
MNPK	20.4 ± 1.5^{a}	19.8 ± 1.4^{ab}	13.6 ± 0.4^{a}
平均	17.9 ± 2.6^{a}	19.7 ± 2.0^{a}	13.0 ± 1.1^{a}

注:同一列不同小写字母表示差异达显著水平($P<0.05$)。

　　黑河流域中游绿洲灌淤旱耕人为土 23 年的肥料定位试验结果表明,在传统的耕作管理和作物秸秆不能还田的农田系统,化肥的单独施用维持土壤有机碳和养分水平。而长期有机肥单独施用或与化肥的配合可以增加土壤有机碳含量,降低土壤容重,促进大团聚体的形成和稳定性。大团聚体中有机碳高于微团聚体。结果表明了该区域农田生态系统管理下有机肥和化肥配合施用在保持和改善土壤肥力方面的重要作用。

12.4.3　绿洲农田土壤硝态氮的淋溶

（1）黑河中游绿洲农区地下水硝态氮污染调查

　　通过区域调查研究了河西走廊黑河流域中游地区地下水硝态氮污染状况,并对地下水硝态氮污染的影响因子进行了分析(Yang and Liu, 2010)。该研究区域存在地下水硝态氮污染状况,调查水井的硝态氮平均含量为(10.66 ± 0.19)mg·L^{-1},其中 32.4% 的水井硝态氮含量超过饮用水标准(硝态氮含量 >10 mg·L^{-1}),16.9% 的水井硝态氮含量严重超标(硝态氮含量 >20 mg·L^{-1})。

黑河流域中游绿洲临泽县污染状况最为严重,地下水硝态氮平均含量为 12.03 mg·L^{-1},超标率为 42.9%,严重超标率占 25.0%;高台县的地下水硝态氮平均含量高于甘州区,两县区地下水硝态氮含量分别比临泽低 0.44 mg·L^{-1} 和 3.86 mg·L^{-1}。两者的超标率基本相同,为 25.0%,比临泽县低 17.9%。硝态氮严重超标率高台县高于甘州区,两县区的超标率分别为 15.0% 和 8.7%(表 12.12)。

表 12.12　地下水硝态氮含量(mg·L^{-1})及频率分布

地区	硝态氮含量 /(mg·L^{-1})	变异系数 /%	范围 /(mg·L^{-1})	硝态氮含量频率分布 /%				
				0~2	2~5	5~10	10~20	>20
甘州(n=23)	8.17±0.32	89.6	0.83~30.99	13.0	26.1	34.8	17.4	8.7
临泽(n=28)	12.03±0.48	111.5	0.48~54.9	25.0	17.9	14.3	17.9	25.0
高台(n=20)	11.59±0.95	163.2	0.35~73.82	35.0	25.0	15.0	10.0	15.0
合计(n=71)	10.66±0.19	128.1	0.35~73.82	23.9	22.5	21.1	15.5	16.9

研究区地下水硝态氮污染存在着区域差异,并受水井类型、采样深度、土地利用类型和土壤质地的影响。受硝态氮污染的地下水井采样深度基本都小于 20 m;不同土地利用类型地下水硝态氮含量顺序为:蔬菜大棚>制种玉米种植区>菜田>带田>水稻田>小城镇,蔬菜大棚、菜田和制种玉米种植区域内的地下水污染情况严重;砂质土壤区域内的地下水污染状况比壤土地区严重,砂质土壤地区地下水硝态氮含量平均值为(27.20±1.96)mg·L^{-1},比壤土地区的(9.93±0.87)mg·L^{-1} 高 2.74 倍,其地下水硝态氮含量的最大值和最小值均高于壤土地区,超标率高 28.3%,严重超标率高 52.5%。

(2)农田利用方式和冬灌对沙地农田土壤硝态氮积累的影响

本研究以黑河流域中游边缘绿洲区近几十年来由戈壁荒漠和沙荒地开垦后的砂质土壤农田为研究对象,调查不同种植方式农田土壤 0~300 cm 土层硝态氮的分布特征,分析该区域主要农田利用类型土壤硝态氮的累积及其对地下水硝态氮污染的风险,并通过对比冬灌前后土壤硝态氮分布和积累特征,分析冬灌对砂质土壤硝态氮淋失量的影响(杨荣和苏永中,2009a)。

总体来看,该调查区域大棚蔬菜地硝态氮过量累积问题十分突出,番茄和棉花地土壤的硝态氮分布和累积问题也很严重。相比之下,粮食作物土壤硝态氮积累较少,淋溶风险也较小,其中果树地和苜蓿地土壤硝态氮淋失风险最小,在不合理施用氮肥的情况下才会导致硝态氮在土壤中的大量累积。大棚蔬菜、番茄和棉花的经济价值高,种植历史较短,平衡施肥技术的应用和研究也相对滞后;而粮食作物种植历史悠久,平衡施肥技术已基本普及,研究也较为深入;玉米间作田种植土壤的硝态氮累积量较低(表 12.13)。

农田表层土壤硝态氮在冬灌后明显向 100 cm 以下土层迁移。0~100 cm 土层有不同程度的硝态氮损失,在 100 cm 以下土层有不同程度的硝态氮累积;随灌溉量增大,0~100 cm 土层剖面中硝态氮的损失量增大,尤其在 0~40 cm 这种规律最为明显;而在 100 cm 以下土层则表现出随灌溉量增大,土壤硝态氮的累积量增大。此外,硝态氮含量高的土壤其淋溶损失量也较大(图 12.7)。

表 12.13　不同利用类型农田土壤剖面硝态氮累积现状分析

农田利用类型	硝态氮累积量 /（kg·hm⁻²）									
	0～60 cm		60～120 cm		120～210 cm		210～300 cm		0～300 cm	
	平均	T/%	平均	T/%	平均	T/%	平均	T/%	平均	T/%
大棚蔬菜地	732.97	33.8	543.3	25.0	570.8	26.3	324.33	14.9	2171.5	100
小麦 – 玉米间作	47.58	24.7	18.6	9.7	50.5	26.2	76.16	39.5	192.9	100
番茄	59.30	17.8	16.6	5.0	79.3	23.8	178.58	53.5	333.8	100
苜蓿	44.10	35.6	23.3	18.8	25.6	20.7	30.77	24.9	123.8	100
棉花	50.03	20.9	14.9	6.2	66.1	27.6	108.26	45.2	239.3	100
枣树园	37.34	30.3	19.4	15.7	31.0	25.2	35.40	28.8	123.2	100
小麦 – 玉米轮作	38.05	18.4	18.0	8.7	66.8	32.3	84.21	40.7	207.1	100
制种玉米连作	55.08	24.9	40.0	18.1	69.0	31.1	57.48	25.9	221.6	100

注：T 为该层次硝态氮累积量占 0～300 cm 硝态氮累积量百分数。

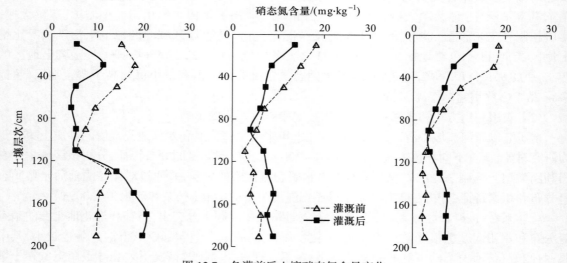

图 12.7　冬灌前后土壤硝态氮含量变化

（3）水氮配合对农田土壤硝态氮淋溶的影响

连续 3 年在黑河流域中游边缘绿洲沙地农田生态系统开展了水氮配合试验，揭示不同水氮管理条件下砂质土壤硝态氮积累和淋溶的基本规律，提出合理的水氮运筹建议，为该区域农业生产提供技术支持（杨荣和苏永中，2009b）。

结果表明，受土壤结构影响土壤硝态氮在土壤中呈"W"形分布（图 12.8），即土壤硝态氮含量在 0～20 cm、140～160 cm 和 260～300 cm 土层均出现峰值，并随施氮量增加而峰值增高。在高灌溉量条件下硝态氮含量峰值最高值出现在 260～300 cm 土层，低量灌溉条件下硝态氮含量峰值最高值出现在土壤表层 0～20 cm 土层。在高灌溉量处理下 0～300 cm 土层中 200～300 cm 土层硝态氮累积量所占比例最高,介于 27.56%～51.86%;低量灌溉处理下在 0～300 cm 土层中 100～200 cm 土层硝态氮累积量所占比例最高,介于 32.94%～38.07%;表明低量灌溉处理下土壤硝态氮在土壤浅层累积较多,而高灌溉处理下使更多的硝态氮淋溶至土壤深层。0～200 cm 土层氮素表观损失量平均介于 77.35～260.96 kg·hm⁻²,和施氮量呈线性相关。

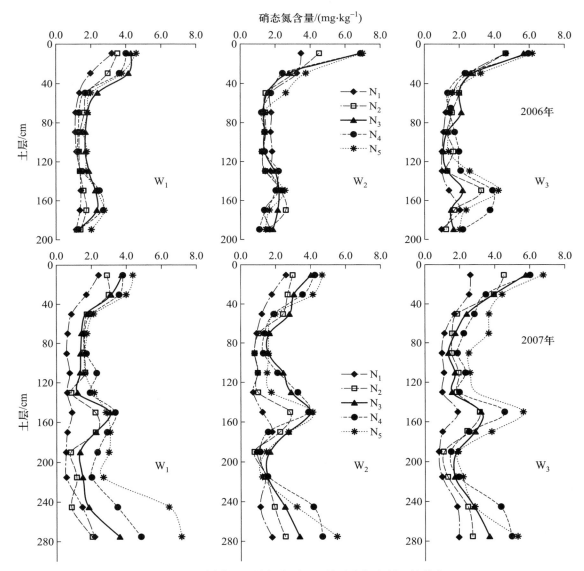

图 12.8　不同灌溉和施氮水平下土壤硝态氮在剖面的分布

综合考虑产量、经济因素和土壤硝态氮淋溶,从环境效益和经济效益双赢的角度出发,玉米灌溉量应从当地实际灌溉量 12000 m³·hm⁻² 下调至 9600～10800 m³·hm⁻²,最佳经济施氮量为 287 kg·hm⁻²;棉花灌溉量应在 8100 m³·hm⁻² 以下,最佳经济施氮量为 316 kg·hm⁻²。

12.5 绿洲农田水生产力调控及水土资源耦合

绿洲以灌溉农业为主,农田水生产力受到气候、土壤条件、农作物以及耕作管理措施的影响。目前,河西走廊绿洲作物水生产力水平低,低于发达国家 $1.7 \sim 2.4$ kg·m^{-3}(刘鹄和赵文智,2007)。因此,干旱、半干旱区农业水资源的高效利用对维持绿洲粮食生产稳定,保证绿洲农田生态系统健康有重要实践意义。

12.5.1 农田水生产力格局及调控

农业水资源高效利用的核心是提高农田水生产力。农田水分生产力在不同研究尺度上根据研究目的有所调整,在研究中常采用作物水分利用效率和灌溉水生产力两种水分生产率计算指标。作物水分利用效率(water use efficiency)是作物产量与作物耗水的比值(胡广录等,2010),灌溉水生产力(irrigation water productivity)是为作物产量与灌溉量的比值(苏永中等,2014a)。

(1)农田水生产力的空间格局变化

关于农田水生产力的研究主要集中在以下 3 方面的研究尺度。

在田块尺度上,研究了不同作物的灌溉水生产力。在临泽边缘绿洲的平川灌区,大田玉米的灌溉水生产力为 1.11 kg·m^{-3}(砂土)、2.44 kg·m^{-3}(壤土)(苏永中等,2014a);制种玉米的灌溉水生产力为 $1.34 \sim 1.58$ kg·m^{-3}(徐凤英,2013);春小麦的灌溉水生产力为 1.38 kg·m^{-3}(马莉,2013);棉花的灌溉水生产力介于 0.36(砂土)~ 0.68 kg·m^{-3}(壤土)(苏永中等,2014b)。

在灌区尺度上,临泽绿洲灌区玉米灌溉水生产力介于 $0.75 \sim 3.92$ kg·m^{-3},平均为(2.36 ± 0.77) kg·m^{-3},灌溉水生产力小于 2.0 kg·m^{-3} 的面积为 970 hm^2,占总面积的 18.5%;$2.0 \sim 2.5$ kg·m^{-3} 的面积为 2264 hm^2,占总面积的 43%;灌溉水生产力大于 2.8 kg·m^{-3} 的面积占农田总面积的 15%。灌区玉米生育期平均灌溉需水量为 558 mm,总灌溉需水量为 28.4×10^6 m^3(苏永中等,2014a)。

在区域尺度上,灌溉水生产力时空尺度上均存在较大差异。甘州区、临泽县、高台县地处黑河流域中游的不同区段,区域地理位置、气候、农业耕作制度、农作物种植结构、水资源利用程度、社会经济发展水平等存在差异,甘、临、高 3 县(区)不同种植方式的灌溉水分生产力在年际间差异较大。在空间尺度上,由于 2000 年黑河水量调度后,3 县(区)农作物水分生产力空间分布格局的特点是低值区范围缩小,高值区的范围扩大。灌溉水生产力在 2005 年较 2000 年有所增大。3 县(区)的大田玉米、带田作物、制种玉米在黑河水量调度后灌溉水生产力均提高,而大田小麦的水分生产力、灌溉水生产力除高台县在调水后增加外,甘州区、临泽县均减小(胡广录,2009)。

(2)农田水生产力调控

农田水生产力是评价灌溉效率的一个很好指标,其主要受气候、农作物、土壤条件、施肥以及管理措施综合因素的影响(刘鹄和赵文智,2007),究其原因是多种要素影响着土壤–植被–水分间的相互关系。在水资源有限的前提下,合理高效配置农业生产要素投入是干旱区农业提高水分生产力的根本策略(胡广录,2009)。

在气候因素方面,饱和水汽压差影响蒸散发,进而影响农田水生产力(刘鹄和赵文智,

2007)。农田小麦和玉米水分试验研究表明,饱和水气压差的空间差异是造成研究区域作物水分生产力空间差异的主要气象因子(陈超等,2009)。大气饱和水汽压差与水生产力之间存在负相关关系,从高纬度地区到赤道地区,大气饱和水汽压差逐渐增加,对应的水生产力逐渐减小。此外,干旱、高温天气对农作物的生长产生不利影响,加剧了土壤水分蒸发,影响作物水分生产力(胡广录和赵文智,2009)。

不同作物的净光合速率、蒸散发速率、生长周期、土壤水分利用效率及抗旱性不同(刘鹄和赵文智,2007),使同一地区不同农作物种类或品种间的水分生产力有较大差异。在新疆阿克苏灌区,棉花和冬小麦的水分生产力分别是 0.7 kg·m^{-3} 和 1.2 kg·m^{-3}。在河西走廊临泽平川灌区,大田玉米的灌溉水生产力为 2.44 kg·m^{-3}(苏永中等,2014a),春小麦灌溉水生产力 1.60 kg·m^{-3}(马莉,2013),棉花的灌溉水生产力 0.68 kg·m^{-3}。不同品种的谷子水分生产力最高相差 6 倍,小麦相差 2 倍。因此,不同区域选择适宜的抗旱性作物品种在一定程度上能提高农田水生产力(陈尚谟,1995)。

土壤质地对农田水生产力的影响主要通过减少水分深层渗漏损失来实现,土壤质地影响土壤结构,决定土壤水的分布及运移过程,进而影响作物灌溉水生产力。壤土较砂土的水分渗漏量少,其灌溉水生产力明显高于砂土,在一定范围内,灌溉水分生产力随土壤黏粒含量的增加而增大。良好的土壤结构可显著提高农田水生产力,进行退耕还草或推行草粮轮作后,土壤有机碳含量提高,有机胶结物质增加,团聚体的稳定性增强,构建了良好的土壤结构,农田水生产力得以提高(苏永中等,2017)。土壤有机质对提高农田水生产力有重要影响,其与土壤有机质含量呈极显著正相关,但在有机质含量最高的土壤中出现下降(苏永中等,2014a,b)。作物根区有效水分的充分供应可提高农田水生产力,如在黑河流域中游边缘绿洲沙地研究结果表明,常规高量灌溉使水分向下运移,增加了 160~180 cm 土层含水量,但不能在根区范围内保持较多有效水分,使作物的水分利用效率降低(苏永中等,2017)。临泽边缘绿洲区沙地棉花农田的灌溉水生产力受土壤质地显著影响(苏永中等,2014b)

施肥可以明显促进作物根系生长,提高作物产量和水分利用效率(张仁陟和李小刚,1999)。水肥协调配合存在显著的交互效应(苏永中等,2017),适宜的水肥条件可以促进农田水生产力提升。临泽边缘绿洲区沙地农田的水肥用量配合试验表明,在施用氮肥时,玉米灌溉水生产力为 0.97~1.35 kg·m^{-3},并随灌溉量的增加而下降,当施氮量超过 225 kg N·hm^{-2} 时,灌溉水生产力不再显著增加。从水肥高效利用、降低氮污染风险和缓解水资源短缺综合考虑,进行合理的水肥调控、适度降低灌溉量和氮肥投入是沙地农田生态系统管理的合理选择(苏永中等,2017)。

通过改善灌溉方式、合理配置水肥条件管理措施提高农田水生产力。相比于漫灌,滴灌、喷灌、渗灌可以减少土壤水分的无效蒸发,显著提高水分生产效率。隔沟交替灌溉是西北旱区制种玉米田的适宜灌溉方式,可以提高灌溉水利用效率,在不减少光合速率的前提下降低叶片蒸腾损失,使水分利用效率较常规沟灌大幅提高(杜太生等,2007)。适度的调亏灌溉,可以减少耗水量,提高农田水生产力(康绍忠等,1998)。棉花灌溉水生产力受灌溉水平显著影响,与常规充分灌溉相比,节水 10.5% 和 21.0% 灌溉,尽管棉花茎干生物量有所降低,但籽棉产量增加,棉花灌溉水生产力仍显著提高(苏永中等,2014b)。在 240 mm、300 mm、360 mm、420 mm 和 480 mm 灌水水平下,绿洲春小麦灌溉水生产力分别为 2.07 kg·m^{-3}、1.86 kg·m^{-3}、1.75 kg·m^{-3}、1.65 kg·m^{-3} 和 1.38 kg·m^{-3},虽然小麦的产量增加,但灌溉水生产力随灌水量增加而降低(马莉,2013)。除以上因素外,通过碎石覆盖、秸秆覆盖(陈超等,2009)、地膜覆盖等方式可以提高作物水分生产力。农业水生产力的提高主要受气候、农作物、土壤条件、施肥以及管理措施 5 方面因素的影响,在相同的气候条件和农业管理水平下,土壤条件决定作物的农田水生产力。因此,在干旱绿洲区,加强田间水资源的高效管理,实现水土资源耦合配置,通过合理的水肥调控,可实现绿洲农田的节水潜力。

12.5.2 河西走廊水土资源耦合模式

河西走廊绿洲主要分布在河流沿线,以人工绿洲为主,自东向西依次分布着石羊河、黑河与疏勒河 3 个完整的内陆河流域,是我国绿洲的重要分布区。河西走廊绿洲面积约 1.84×10^4 km^2,约占区域总面积的 6%,天然绿洲面积占绿洲总面积的 10.4%。其中,石羊河流域天然绿洲面积为 176 km^2,黑河流域为 836 km^2,疏勒河流域为 908 km^2。黑河流域是河西走廊乃至整个西北地区灌溉农业大规模开发最早的流域,是中亚内陆干旱区形成演化和西部水土资源开发利用的代表(程国栋,2009),也是干旱区水土资源开发利用和调控的典型区。

（1）黑河中游土地利用状况

以黑河流域中游绿洲为例,按土地利用方式可划分为耕地、林地、草地、水域、建设用地、湿地和未利用地 7 类。2000—2011 年,耕地增长最快,主要是绿洲规模的扩张和绿洲内草地及未利用土地转变为耕地(表 12.14)(Hu et al., 2015)。

表 12.14   黑河流域中游土地利用 / 覆被变化

年份	面积及比例	耕地	林地	草地	水域	建设用地	湿地	未利用地
2000	面积 /km^2	2132.45	134.34	1106.77	328.02	131.27	157.47	6694.70
	比例 /%	19.96	1.26	10.36	3.07	1.23	1.47	62.66
2007	面积 /km^2	2340.79	135.93	1042.78	309.65	154.32	148.38	6553.17
	比例 /%	21.91	1.27	9.76	2.90	1.44	1.39	61.33
2011	面积 /km^2	2388.59	143.97	1037.52	307.14	162.73	156.48	6488.58
	比例 /%	22.35	1.35	9.71	2.87	1.52	1.46	60.73
2000—2007	面积 /km^2	208.34	1.58	−63.99	−18.36	23.04	−9.09	−141.54
	比例 /%	9.77	1.18	−5.78	−5.60	17.55	−5.78	−2.11
2007—2011	面积 /km^2	47.81	8.04	−5.26	−2.51	8.41	8.10	−64.58
	比例 /%	2.04	5.92	−0.50	−0.81	5.45	5.46	−0.99
2000—2011	面积 /km^2	256.14	9.63	−69.24	−20.87	31.46	31.46	−206.12
	比例 /%	12.01	7.17	−6.26	−6.36	23.96	23.96	−3.08

（2）水资源及水文过程

黑河流域地表河流皆发源于祁连山区,其出山口径流大于 0.1×10^8 m$^3 \cdot$ 年$^{-1}$ 的河流有 26 条。近 50 年以来黑河流域多年平均出山径流量为 37.8×10^8 m$^3 \cdot$ 年$^{-1}$,自然状态下 60% ~ 80% 的径流量在山前砂砾石戈壁带入渗补给地下水,其中,黑河干流是中游地区主要的水资源补给来源,多年平均径流量为 15.89×108 m³·年$^{-1}$（张光辉等,2006）。1986—2016 年,中游绿洲农田耗水量为 $8.80 \times 10^8 \sim 11.54 \times 10^8$ m³,平均为（9.83 ± 0.66）$\times 10^8$ m³。根据黑河分水方案,当莺落峡多年平均河川径流量为 15.8×10^8 m³ 时,在正义峡下泄水量则为 9.5×10^8 m³,说明中游绿洲长期处在水资源赤字运行的状态。

自 2000 年实施黑河向下游分水后,中游绿洲曾经出现了以地下水开采缓解黑河分水带来的水资源进一步紧缺的现象。在绿洲边缘有的灌区地下水灌溉约占灌溉用水量的 70%（Su et al., 2010）。中游临泽县 1986—2010 年地下水埋深的监测表明,地下水埋深的下降幅度为 0.90 ~ 3.33 m,荒漠、河岸湿地地下水埋深年内波动很小,但绿洲内部农田生态系统和绿洲 – 荒漠过渡带地下水埋深变化大,年内呈双峰形波动,2 个峰值分别出现在 5 月和 12 月。地下水埋深小于 4 m 的区域面积在 1986—2010 年间减少了 337.01 km²,占全县的 12.58%,而大于 6 m 的区域逐渐扩大到了全县面积的近 2/3（王金凤和常学向,2013）。

在垂直于黑河干道的方向上,按照距离河流干道由近及远的顺序分布着河岸湿地、绿洲农田、绿洲 – 荒漠过渡带和荒漠 4 种景观单元,其地下水埋深依次呈逐步下降的趋势。从不同的景观单元来看,河岸湿地地下水埋深不足 1 m,年际年内的波动都在 0.1 m 左右;荒漠区地下水埋深在 12 m 左右,年内变化幅度小于 0.1 m;绿洲农田地下水埋深表现出显著的年内和年际变化,其年内变化幅度在 1.1 m 左右,而在年际变化上呈逐年下降的趋势,由 2002 年的 3.59 m 下降至 2012 年的 5.02 m;荒漠绿洲过渡带地下水埋深与相邻的绿洲农田变化趋势一致,其年内变化在 1.0 m 左右,在年际变化上由 2002 年的 3.5 m 下降至 2012 年的 5.2 m（Wang and Zhao, 2015）。对于绿洲农田而言,地下水埋深的年内变化与作物需水量具有很好的对应关系。3—5 月,农作物开始播种,绿洲内外的植被开始萌动,耗水较小,灌溉对地下水的补给作用明显,地下水埋深逐渐升高;6—10 月地下水补给来源主要是定期灌水,降水也有一定的补给作用,但该阶段作物需水强度大,同时,分水计划在很大程度上限制了对地表水的灌溉利用,从而增加了对地下水的开采量,使得地下水埋深持续下降;11—12 月农作物已全部收完,绿洲内外的植物处于休眠状态,水资源消耗降到最低,而大面积冬灌使得地下水埋深升高;冬灌结束后的 1—2 月,地下水位逐渐趋于稳定。但是绿洲农田的不断扩张以及对地下水开采利用量的增加,造成黑河流域中游地下水埋深总体呈下降的趋势。

（3）水土资源耦合

绿洲效应是水分、热量、土壤和经营管理水平综合作用的结果。热量条件主要受绿洲位置决定,对热量调控的能力有限。在一定程度上,水土资源的耦合是在可调控的范围内,因此,水土资源的耦合程度决定了绿洲效益。荒漠转变为绿洲农田后,灌溉和施肥加速了土壤的发育过程（Li et al., 2007）。另一方面,土壤性状的演变又影响着土壤水分的入渗、运移和作物需水量,进而影响农田水文过程及农作物水分利用的管理措施。通过不同土壤质地和肥力水平的农田玉米灌溉试验,确定了土壤性状与玉米灌溉水生产力及灌溉需水量的关系,进而依据土壤条件估算灌区灌溉需水量及空间分布,得出在维持生产水平不变的前提下,灌溉需水量随着农田开垦年限的增加而逐渐减小,其中老绿洲农田的灌溉需水为 352 ~ 400 mm,新垦绿洲农田灌溉需水量最高在 700 mm 以上,50% 的农田玉米生育期灌溉量在 550 ~ 660 mm（苏永中等,2014a）。新垦绿洲的稳定性和农田生产力及灌溉水利用效率的持续提高,也取决于土壤肥力的持续提升。水土资源的高度耦合是保证绿洲稳定性和提高农田生产力的关键因素。长期的河水灌溉,泥沙的输入可使新垦绿洲农田的土壤形成灌淤层,耕层土壤由砂土逐渐向壤土转变,土壤结构逐渐改善,但是地下水灌溉对土壤质地与结构并无影响(Su et al., 2010)。

选取黑河中游 3 个灌区(新坝、平川、盈科)分别代表沿山独立灌区、绿洲边缘区灌区和绿洲核心灌区进行水土资源空间耦合关系分析(王录仓和高静,2014),结果发现沿山独立灌区受独立水系和水资源保证程度的深刻影响,水浇地具有明显的空间聚集特征,渠系对水浇地分布具有显著的控制和引导作用;绿洲边缘灌区受河流干流走向的影响,沿河岸干渠对水资源具有较强的主导性作用;而绿洲核心灌区由于水资源丰富,保证程度高,渠系对于水浇地的控制作用反而低于其他两类灌区。绿洲边缘灌区由于地处绿洲 – 荒漠过渡地带,灌区尽管依托河流的干流形成,但水资源仍然十分紧缺,水 – 土矛盾突出,而绿洲核心灌区地处绿洲中腹地带,是绿洲自然系统最稳定的区域,水资源的保证程度高,相邻灌区之间又可以进行水资源调剂,水土资源组合良好(王录仓和高静,2014)。

因此,基于水土资源耦合来实现提高水效益的目标,在灌溉用水的分配上,一方面依据不同土壤条件和灌溉需水的斑块单元进行灌溉定额的配置;另一方面,在地表水与地下水用水配置上,将地表水尽可能分配于近几十年新垦的绿洲边缘砂质农田,不仅有利于土壤发育,还能降低绿洲 – 荒漠过渡带地下水的开采,遏止地下水位的下降。

参 考 文 献

陈超,于强,王恩利,等.2009.华北平原作物水分生产力区域分异规律模拟.资源科学,31(9):1477–1485.

陈尚谟.1995.旱区农田水分利用效率探讨.干旱地区农业研究,13(1):14–19.

陈亚宁,陈忠升.2013.干旱区绿洲演变与适宜发展规模研究——以塔里木河流域为例.中国生态农业学报,21(4),134–140.

程国栋.2009.黑河流域水 – 生态 – 经济系统综合管理研究.北京:科学出版社.

杜太生,康绍忠,王振昌,等.2007.隔沟交替灌溉对棉花生长、产量和水分利用效率的调控效应.作物学报,33(12):1982–1990.

范锡朋.1991.西北内陆平原水资源开发利用引起的区域水文效应及其对环境的影响.地理学报,46(4):415–426.

郭良才,岳虎,王强,等.2008.河西走廊干旱区农业气候资源变化特征.干旱地区农业研究,26(3):14–22.

胡广录.2009.绿洲灌区水分生产力分布格局及影响因素研究.兰州:中国科学院寒区旱区环境与工程研究所,博士学位论文.

胡广录,赵文智.2009.绿洲灌区小麦水分生产率在不同尺度上的变化.农业工程学报,25(2):24–28.

胡广录,赵文智,武俊霞.2010.绿洲灌区小麦水分生产率及其影响因素的灰色关联分析.中国沙漠,30(2):369–375.

吉喜斌,康尔泗,陈仁升,等.2005.黑河中游绿洲典型灌区地下水资源总均衡估算.水文地质工程地质,38(5):974–982.

吉喜斌,康尔泗,赵文智,等.2004.黑河流域山前绿洲灌溉农田蒸散发模拟研究.冰川冻土,26(6):713–719.

康绍忠,史文娟,胡笑涛,等.1998.调亏灌溉对于玉米生理指标及水分利用效率的影响.农业工程学报,14(4):82–87.

李东生.2014.黑河中游绿洲灌溉农田土壤水分运移规律研究.北京:中国科学院大学,硕士学位论文.

李启森,赵文智.2004.黑河分水计划对临泽绿洲种植业结构调整及生态稳定发展的影响——以黑河中游的临泽县平川灌区为例.冰川冻土,26(3):333–343.

刘海龙,石培基,李生梅,等.2014.河西走廊生态经济系统协调度评价及其空间演化.应用生态学报,25(12): 3645–3654.

刘鹄,赵文智.2007.农业水生产力研究进展.地球科学进展,22(1):58–65.

刘巽浩.2000.对我国西北半干旱地区农业若干规律性问题的探讨.干旱地区农业研究,18(1):1–8.

马莉.2013.荒漠绿洲区春小麦生长与水分利用效率研究.北京:中国科学院大学,博士学位论文.

宁宝英,何元庆,和献中,等.2008.黑河流域水资源研究进展.中国沙漠,28(6):1180–1185.

苏永中,刘文杰,杨荣,等.2009.河西走廊中段绿洲退化土地退耕种植苜蓿的固碳效应.生态学报,29(12): 6385–6391.

苏永中,王芳,张智慧,等.2007.河西走廊中段边缘绿洲农田土壤性状与团聚体特征.中国农业科学,40(4): 741–748.

苏永中,杨荣,刘文杰,等.2014a.基于土壤条件的边缘绿洲典型灌区灌溉需水研究.中国农业科学,47(6): 1128–1139.

苏永中,杨荣,杨晓,等.2014b.不同土壤条件下节水灌溉对棉花产量和灌溉水生产力的影响.土壤学报,51(6): 1192–1201.

苏永中,张智慧,杨荣.2017.黑河中游边缘绿洲沙地农田玉米水氮用量配合试验.作物学报,33(12):2007–2015.

田伟,李新,程国栋,等.2012.基于地下水–陆面过程耦合模型的黑河干流中游耗水分析.冰川冻土,34(3): 668–679.

王蕙,赵文智.2009.绿洲化过程中绿洲土壤物理性质变化研究.中国沙漠,29(6):1109–1115.

王根绪,程国栋,沈永平.2002.近50年来河西走廊区域生态环境变化特征与综合防治对策.自然资源学报,17 (1):79–86.

王金凤,常学向.2013.近30年黑河流域中游临泽县地下水变化趋势.干旱区研究,30(4):594–602.

王录仓,高静.2014.基于灌区尺度的聚落与水土资源空间耦合关系研究——以张掖绿洲为例.自然资源学报, 29(11):1888–1901.

徐凤英.2013.基于AquaCrop模型的黑河流域中游制种玉米水生产力应用研究.兰州:中国科学院寒区旱区环 境与工程研究所,硕士学位论文.

许云霖,石培基,李佳芳,等.2017.河西走廊县域人均粮食占有量的时空演变与驱动力分析.中国农业资源与区 划,38(1):101–109.

杨荣,苏永中.2009a.农田利用方式和冬灌对沙地农田土壤硝态氮积累的影响.应用生态学报,20(3):615–623.

杨荣,苏永中.2009b.水氮配合对绿洲沙地农田玉米产量、土壤硝态氮和氮平衡的影响.生态学报,(3):1459– 1469.

杨荣,苏永中.2010.不同施肥对黑河中游边缘绿洲沙地农田玉米产量及土壤硝态氮积累影响的初步研究.中国 沙漠,30(1):110–115.

杨荣,苏永中,王雪峰.2012.绿洲农田氮素积累与淋溶研究述评.生态学报,32(4):1308–1317.

杨生茂,李凤民,索东让,等.2005.长期施肥对绿洲农田土壤生产力及土壤硝态氮积累的影响.中国农业科学, 38(10):2043–2052.

杨晓玲,丁文魁,董安祥,等.2009.河西走廊气候资源的分布特点及其开发利用.中国农业气象,30(s1):1–5.

殷雪莲,何金梅,郭萍萍.2014.河西走廊中部≥10℃界限温度演变特征及其对玉米生产的影响.干旱地区农业 研究,32(6):236–243.

张光辉,申建梅,张翠云,等.2006.甘肃西北部黑河流域中游地表径流和地下水补给变异特征.地质通报,25 (1):251–255.

张建永,李扬,赵文智,等.2015.河西走廊生态格局演变跟踪分析.水资源保护,31(3):5–10.

张仁陟,李小刚.1999.施肥对提高旱地农田水分利用效率的机理.植物营养与肥料学报,5(3):221–226.

张亚宁,张明军,王圣杰,等 . 2017. 气候变化对河西走廊主要农作物的影响 . 生态环境学报,26(8): 1325–1335.

赵丽雯 . 2014. 河西荒漠绿洲农田玉米蒸腾过程多尺度观测研究 . 北京: 中国科学院大学,博士学位论文 .

赵丽雯,吉喜斌 . 2010. 基于 FAO–56 双作物系数法估算农田作物蒸腾和土壤蒸发研究——以西北干旱区黑河流域中游绿洲农田为例 . 中国农业科学,43(19): 4016–4026.

赵丽雯,赵文智 . 2014. 西北绿洲农田玉米水量平衡和水分运移规律 . 科学通报,(34): 3430–3430.

赵丽雯,赵文智,吉喜斌 . 2015. 西北黑河中游荒漠绿洲农田作物蒸腾与土壤蒸发区分及其作物耗水规律 . 生态学报,35(4): 1114–1123.

赵文智,常学礼 . 2014. 河西走廊水文过程变化对荒漠绿洲过渡带 NDVI 的影响 . 中国科学: 地球科学,44(7): 1561–1571.

赵文智,牛最荣,常学礼,等 . 2010. 基于净初级生产力的荒漠人工绿洲耗水研究 . 中国科学: 地球科学,40(10): 1431–1438.

赵文智,杨荣 . 2010. 黑河中游荒漠绿洲农业适应气候变化技术研究 . 气候变化研究进展,6(3): 204–209.

Hu X, Lu L, Li X, et al. 2015. Land use/cover change in the middle reaches of the Heihe River Basin over 2000—2011 and its implications for sustainable water resource management. PloS One, 10(6): e0128960.

Li X G, Li F M, Rengel Z, et al. 2007. Cultivation effects on temporal changes of organic carbon and aggregate stability in desert soils of Hexi Corridor Region in China. Soil & Tillage Research, 91,(1/20): 22–29.

Su Y Z, Liu W J, Yang R, et al. 2009. Changes in soil aggregate, carbon, and nitrogen storages following the conversion of cropland to alfalfa forage land in the marginal oasis of northwest China. Environmental Management, 43(6): 1061–1070.

Su Y Z, Wang F, Suo D R, et al. 2006. Long-term effect of fertilizer and manure application on soil–carbon sequestration and soil fertility under the wheat–wheat–maize cropping system in northwest China. Nutrient Cycling in Agroecosystems, 75(1–3): 285–295.

Su Y Z, Yang R, Liu W J, et al. 2010. Evolution of soil structure and fertility after conversion of native sandy desert soil to irrigated cropland in Arid Region, China. Soil Science, 175(5): 246–254.

Wang G, Zhao W. 2015. The spatio–temporal variability of groundwater depth in a typical desert–oasis ecotone. Journal of Earth System Science, 124(4): 799–806.

Yang R, Liu W. 2010. Nitrate contamination of groundwater in an agroecosystem in Zhangye Oasis, Northwest China. Environmental Earth Sciences, 61(1): 123–129.

Yang R, Su Y Z, Wang X, et al. 2016a. Effect of chemical and organic fertilization on soil carbon and nitrogen accumulation in a newly cultivated farmland. Journal of Integrative Agriculture, 15: 658–666.

Yang R, Su Y Z, Yang Q Y. 2016b. Crop yields and soil nutrients in response to long-term fertilization in a desert oasis. Agronmy Journal, 15(3): 658–666.

第13章　塔里木盆地绿洲农田生态系统过程与变化[*]

　　绿洲是干旱区独特的自然景观,其面积仅占我国干旱区面积的 9.7% ~ 11.3%,但集中了干旱区 95% 以上的人口。绿洲是干旱区人类活动的载体,有水便为绿洲,无水便为荒漠,水是绿洲存在和发展的核心,干旱区绿洲规模及可持续性与水密切相关。建立一个和谐稳定、高效、可持续的人工灌溉绿洲,必须"以水定地"(陈隆亨,1995;汤奇成,1992)。在自然因素和人为因素的综合作用下,绿洲一直处于时空演变的过程。水资源的消长变化是影响绿洲时空演变的直接驱动力,水资源是制约绿洲发展规模的根本原因。依据水量平衡、水土平衡、水盐平衡原理管理绿洲农田生态系统是实现绿洲农业可持续发展的前提。

13.1　塔里木盆地绿洲农田生态系统特征

　　地处中亚内陆的塔里木盆地,面积 105 万 km^2,年降水量不足 50 mm,年蒸发潜力 2500 mm,气候极端干旱。塔里木盆地是我国最大的棉花生产基地、唯一的长绒棉生产区,是国家重要的粮食战略安全接替区。盆地内绿洲被戈壁、沙漠重重包围,绿洲生态存在风沙、干旱、盐碱等潜在风险。农田分布于绿洲,高度依赖灌溉,形成典型的绿洲灌溉农田生态系统,灌溉农业发展是否具有可持续性直接关系到绿洲农田生态系统健康的维持。

13.1.1　塔里木盆地绿洲概况

　　塔里木盆地位于新疆南部,地貌上属于大型山间盆地,也是我国最大的内陆河流域,西起帕米尔高原东麓,东到罗布泊洼地,北至天山山脉南麓,南至昆仑山脉北麓。塔里木盆地地势呈西高东低,河流流向自西向东,较大河流有南部的叶尔羌、克孜勒、盖孜、和田、克里雅、且末等河,盆地北部的阿克苏、台兰、渭干、库车及开都河。塔里木在维吾尔语中即为"河流汇集"之意,历史上上述河流都流入塔里木河,今天有水汇入塔里木河主要有阿克苏、和田、叶尔羌河以及下游的开都河。塔里木盆地绿洲沿河分布,主要分布于盆地四周的冲积平原和洪积平原带,盆地中央为我国最大的沙漠——塔克拉玛干沙漠。盆地内发育的绿洲主要有北部的喀什、叶城、阿克苏、库车、库尔勒绿洲和南部的和田、于田绿洲,其中阿克苏绿洲是盆地内面积最大的绿洲。

　　塔里木盆地是我国最大的产棉区,光照条件好,热量丰富,能满足中、晚熟棉和长绒棉的生长

---

　　* 本章作者为中国科学院新疆生态与地理研究所赵成义、胡顺军、李君、盛钰、施枫芝、王丹丹。

需要。盆地昼夜温差大,有利于作物积累养分,又可限制害虫孳生,是我国优质棉的高产、稳产区。瓜果资源丰富,著名的有库尔勒香梨、库车白杏、阿图什无花果、和田石榴等,其他还包括小麦、玉米、水稻、豆类、大麦、薯类等粮食作物和胡麻、甜菜、啤酒花、打瓜、向日葵、小茴香等经济作物。根据《新疆统计年鉴》,绿洲农田面积近几十年总体呈增加趋势,年均增长率 0.77%,但人均耕地面积却在减少,由 1957 年的 0.377 公顷下降到 2007 年的 0.161 公顷,年均递减 1.15%。以阿克苏绿洲为例,近年来阿克苏绿洲农田面积持续增大,自 1995 年以来每五年统计一次耕地面积,至 2013 年农田面积达 5255.75 km²。

塔里木盆地绿洲水源补给主要来自山区冰川融雪,其来水量年内分布极不均匀,使绿洲内春旱和夏旱频发,严重影响了当地农牧业生产。近年来,绿洲农田面积不断增加,需水量不断扩大,造成了一系列生态环境问题,是制约当地社会经济发展的主导因素。

13.1.2　绿洲农田生态系统特征

在区域地理条件约束下,绿洲农田生态系统具有明显的特征:① 系统结构单一且稳定性差。绿洲农田生态系统形成于荒漠,又与荒漠共存,依据人类活动干扰程度不同可以相互转化。在肥力有限的条件下绿洲农田生态系统物种相对单一,伴生物种多样性低,缺乏生物间竞争,难以形成良性的共生共长的生态群落,生态系统不平衡且稳定性差,人类活动依赖性强,需要人类活动干预。② 系统生产力高,能流、物流和信息流循环不闭合。人类在长期耕作施肥过程中不断从系统外补充氮、磷、钾等元素,土壤肥力不断改进、增强,农田管理能力不断提升,光、热、水、土资源利用率不断提高,农田生态系统生产力远远高于荒漠生态系统。但农田生态系统主要产品被移出系统,其能流、物流和信息流循环是不闭合的,农田生态系统的物流循环需要外部不断补充。③ 系统食物网结构简单,食物链顶端在系统外部。农田生态系统食物网相对简单,除了昆虫、鼠、蚯蚓、青蛙等少量动物外,其他动物很难生存。系统中食物链不完整,生产者在系统内部,主要消费者——人类却在系统外部,人类是农田生态系统食物链的顶端。④ 系统群落演替时间短,甚至断裂。荒漠生态系统群落演替是生物群落与荒漠环境相适应的动态平衡过程,这种自然群落演替具有时间长、稳定性好的特点,可以持续几十年、上百年乃至上千年。农田生态系统群落演替时间非常短,一般为 1 个或几个生长季,生态系统要素变化快,转化频繁。若采取轮作,则系统群落演替就会发生断裂,不利于农田生态系统的稳定。但健康安全的农田生态系统是实现干旱区农业可持续发展的重要保证,一个健康安全的农田生态系统应具有如下属性:优化的生物种群结构、稳定的系统生产力、健康的农田环境质量、高效的资源利用率和科学方法的管理模式(安飞虎等,2008;张心昱等,2007)。

13.1.3　绿洲农田生态系统面临的问题

首先,干旱区水土资源开发程度极大地影响水盐运移规律以及盐碱地的形成与演变,如何控制水盐平衡是关系到绿洲农田生态系统管理的关键问题。从不同尺度多盐分耦合与生态环境效应研究入手,揭示绿洲农田现代水盐运动规律、盐碱地形成演化、生态环境过程,建立绿洲农田现代灌溉技术条件下的水盐平衡理论,以指导农业实践,成为当前绿洲农田生态系统科学管理的首要问题。

其次,绿洲农田生态系统在新耕种制度大面积推广形势下急需新的盐碱地治理模式。当前干旱区农田大都仍采用 20 世纪七八十年代大水压盐、明沟排盐模式,40 余年没有获得重大突破。农业用水供需矛盾加剧,大水漫灌压盐受水资源紧缺影响,节水控盐模式节水效果显著,但盐碱化问题突显生态风险加大。急需研发以干排盐调控技术为重点的区域水盐平衡模式、节水灌溉农田盐分控制模式和重度盐碱地资源化利用模式等,以适应干旱区农田现代盐碱地生态治理的需求。

13.2 绿洲农田生态系统观测与研究

阿克苏绿洲农田代表了暖温带干旱区绿洲农田生态系统类型,是世界极端干旱区的代表区域,是世界盐碱土博物馆,也是欧亚大陆胡杨林分布保存最完整的区域和塔里木河干流的源头,属于我国最大的棉花生产基地和唯一的长绒棉生产基地。中国科学院阿克苏绿洲农田生态系统国家野外科学研究观测站开展的绿洲农田生态系统水分、盐分、养分过程的长期监测与试验研究,对揭示极端干旱区绿洲农田生态系统的稳定与演变机理、建立国际先进的高效节水农业技术示范体系具有重大意义。

阿克苏站经过 30 多年的建设和发展,已成为我国地理科学和农业生态学研究的一个重要试验、示范基地,为干旱区绿洲农业发展做出了重要贡献。阿克苏站的重点研究任务是通过试验观测数据的长期积累,开展长期观测、研究和示范。学术研究方向是:瞄准国际极端干旱区研究发展前沿,面向绿洲农业可持续发展的战略需求,以水循环过程为核心,研究气候变化和人类活动下水资源利用、土地开发、生态建设过程中的环境变化与演变规律,揭示绿洲生态系统水土平衡、水盐平衡过程与变化趋势,阐明绿洲生态安全、稳定性和可持续发展的问题与对策,在绿洲农田生态系统生态过程与演化机制、绿洲农田节水灌溉原理与新技术应用、绿洲环境质量演变、荒漠河岸植被生态过程与变化规律等领域,开展前瞻性、战略性和基础性研究。经过长期研究积累,在农田生态系统水热平衡、盐分运移、作物生长过程和生态学机制、盐碱土改良技术、农田节水技术、生态恢复技术等方面形成了优势。

阿克苏站现有试验土地约 320 亩[①],依托该站开展的绿洲农田生态系统观测与研究包括以下几方面。

13.2.1 农田生态系统综合观测

在观测场中布设有自主研制的大型移动式称重蒸渗仪、土壤中子水分测试管、小气候梯度仪、土壤水势仪等再配合作物叶面积测定仪、气孔计和光合作用系统等生理生态测定仪器用以进行农田生态系统中物质能量输送和生产力的综合试验研究。土壤水每隔 5 日观测一次,灌水前后增加观测。观测深度:土壤表面以下 10 cm、20 cm、30 cm、40 cm、50 cm、70 cm、90 cm、110 cm、130 cm、150 cm 共 10 层。土壤含水量采用 Trime、中子水分仪法测定。

13.2.2 水量平衡观测

建有 24 个大小为 2 m × 4 m 小区及 2 m 深的地下观测室;其中每个小区布设有 TDR 水分测

---

① 1 亩 =0.067 hm²。

定仪、中子测定仪、土壤水势仪、地下水位计等,用以进行农田水分平衡和地表水与地下水运动规律的观测与试验研究。同时布设有 20 m² 蒸发池、AG 蒸发器、E–601 蒸发器用于水面蒸发观测,建有不同地下水位埋深（ 0.25 m、0.75 m、1.25 m、1.75 m、2.25 m、3.45 m ）的 24 个潜水蒸发器,用于潜水蒸发观测。

13.2.3　农田水盐平衡观测

内设有 24 个小区,每个小区大小为 50 m×5 m,按照不同作物种植结构、不同灌溉方式,进行农田水分、盐分、养分平衡的长期定位监测;以水分、盐分迁移过程为核心,绿洲农田水分、盐分和养分迁移过程和交换规律。重点开展膜下滴灌的农田水分、盐分、养分循环过程与调控技术集成研究。

13.2.4　塔里木河生态断面监测

在塔里木河干流建有阿拉尔生态监测断面（81°17′59.3″E；40°32′13.7″N）、新渠满生态监测断面（ 82°47′17.3″E；41°00′42.9″N ）、英巴扎生态监测断面（ 84°13′26.8″E；41°10′45.1″N ）3 个固定长期生态监测断面;每一个断面用于监测气象、水文、水质、地下水、土壤水盐、河道两岸植被生态等要素变化,在距离河道两岸不同范围（距离河道 50 m、100 m、150 m、200 m、250 m、300 m ）的设置固定观测样方,观测荒漠河岸植被分布、覆盖度、冠幅特征、光合有效辐射、根系发育、地面生物量等生理生态学特征及其季节动态变化规律。观测建群种胡杨（ *Populus euphratica* ）实生苗的根系生长、光合作用和蒸腾作用规律,探讨胡杨生理生态特征对洪水漫溢前后的响应与适应机制,为揭示塔河河岸生态系统管理及水资源配置提供科学数据。

13.2.5　干旱陆地表层水气通量观测

建有 48 套反哺式蒸渗仪,蒸渗仪大小为直径 1 m,深度 2 m,自动称重、自动补水与自动观测记录。可实时观测土壤水、热、气、盐耦合过程的连续动态变化,为开展干旱区陆地表层水 – 热和水 – 气界面过程、地面验证与标准体系研究提供重要的技术支撑,为认识气候和环境系统的演变规律提供基础数据。

13.3　绿洲农田生态系统水循环过程

荒漠绿洲农田狭义即指耕地或具体指一个田块,广义指绿洲农区,包括农田、农区畜牧业、护田林、农田周围的草地、夹荒地等。荒漠绿洲农田生态系统是在人为灌溉、耕作条件影响下,荒漠绿洲环境 – 作物 – 土壤间相互作用、动态平衡的一个整体的总称。农田生态系统是绿洲的基础,人工林是农田生态系统的卫士。因此,绿洲农田生态系统水分过程与变化主要指绿洲农田及其防护林的水分过程与变化。

13.3.1　绿洲农田水循环界面过程

在灌溉条件下,土壤水分的运动过程首先是入渗。灌溉水到达地表后,通过入渗进入土体变为土壤水。入渗水在土壤剖面上以饱和或非饱和流继续下移,经历再分布及内排水过程。在入渗–再分布–内排水过程中,一部分水达到根系层以下,如果不断得到下渗水的补充,可继续下移,直至补给地下水;或者暂时贮存于底层非饱和带土体内,干旱季节再上升到根系层内。另一部分土壤水被作物根系吸收,除少量贮存于植物体内,大部分通过叶面蒸腾和棵间土面蒸发进入大气中。地下水沿毛细管上升,在潜水面之上形成一个毛细水带。当潜水埋深较浅时,毛细水带上缘离地面较近,大气相对湿度较低时,毛细弯月面上的水可由液态变为气态,逸入大气,潜水则连续地通过毛细作用上升,参与蒸发。当潜水埋深较大时,在水势梯度的作用下,饱和带的水首先转移到非饱和带(即潜水蒸发),再进入根系层,通过土面蒸发和作物蒸腾而消耗。通过分析研究农田水量的收支、储存与转化的动态过程,可为土壤水分的调控提供理论和实际应用的依据(汪志农等,2001)。

(1)绿洲棉田土壤积水入渗

土壤的渗透性是土壤的重要物理性质。土壤水分入渗是指水分通过地表进入土壤形成土壤水的过程,它是降雨、地面水、土壤水和地下水相互转化的一个重要环节。田间入渗过程决定着灌溉水进入土壤的速度和数量。在水资源紧缺的条件下,入渗理论及其实践是发展节水型农业的重要依据(华孟和王坚,1993)。

试验在阿克苏站综合观测场棉田内进行。积水入渗试验采用双环入渗仪观定。双环入渗仪由两个不同大小规格尺寸(分别为 0.3048 m 和 0.6096 m 直径)的金属环组成,在进行入渗速率测试时,用人工加水的方法控制供水。

图 13.1 表示阿克苏站综合观测场棉田土壤累积入渗量、入渗速率随时间的变化。在开始时入渗速率最大,继之随时间而降低。其降低的速率,开始大,而后逐渐变小,一直到入渗速率趋近于稳定入渗速率 0.0006 cm·min^{-1}。

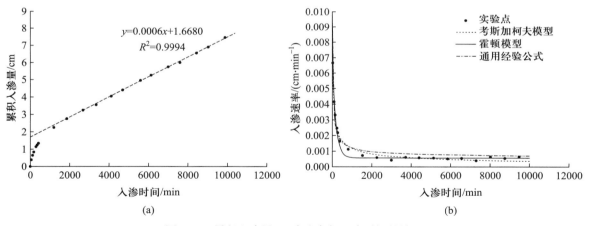

图 13.1 累积入渗量、入渗速率与入渗时间的关系

进一步对常用的土壤水分入渗模型考斯加柯夫模型(Kostiakov,1932)、霍顿模型(Horton,1940)、通用经验公式(康绍忠等,1996)的拟合效果进行了比较,三种模型的精度都较高,决定系数 R^2 值均大于 0.9657。但从拟合曲线与实测值的比较来看,霍顿模型拟合得最好(图 13.1)。

(2)灌溉对浅层地下水的补给

图 13.2 显示了 2008 年 7 月 9 日至 7 月 14 日棉田土壤剖面含水率的分布及其随时间的变

化过程。2008 年 7 月 9 日的土壤含水率剖面代表灌水前棉田土壤含水率在垂直方向的分布。当灌溉水补给土壤时,首先在土壤上层出现悬着毛管水。当灌溉结束后,在田间土壤水分再分布过程中,土层中的水继续向下运动,向下运动的水与地下水面以上的上升毛管水衔接,发生水力联系。当灌溉水入渗到土壤的水量超过了原地下水位以上土层的田间持水能力时,即将造成地下水位上升,土壤剖面含水率如 2008 年 7 月 10 日的土壤剖面含水率分布。当入渗补给过程结束时,地下水位上升最高,土壤剖面含水率如 2008 年 7 月 10 日的土壤剖面含水率分布。同样,在土壤水分再分布过程中,由于棉花根系吸水和土面蒸发,表层土壤水分逐渐减少,土壤剖面含水率如 2008 年 7 月 12 日至 2008 年 7 月 14 日的土壤剖面含水率分布。

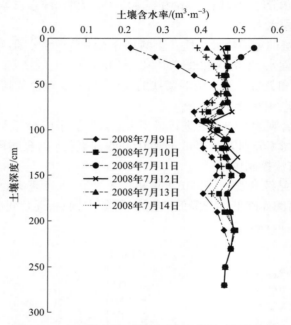

图 13.2　农田灌水后土壤剖面含水率随时间的变化

　　其次根据包气带水量平衡原理计算田间灌溉入渗系数。在田间灌水时,灌溉水量用于三个方面:一是在土壤水分入渗 – 再分布 – 内排水过程中,田面水分存在作物蒸腾和棵间土面蒸发;二是储存在包气带土壤中的水,造成包气带土壤含水量增加;三是补给地下水。时段初选在灌水前,时段末选在入渗补给过程结束时,这时地下水位上升到最高。根据水量平衡原理得:

$$h_I = ET + SWC_{t+1} - SWC_t + h_r \qquad (13.1)$$
$$h_r = h_I - ET - SWC_{t+1} + SWC_t \qquad (13.2)$$

式中:ET 为计算时段内作物蒸腾和棵间水面蒸发量(mm);SWC_{t+1} 为时段末地下水位最高点到地面非饱和带的储水量(mm);SWC_t 为时段初原地下水位到地面非饱和带的储水量(mm)。

　　时段内灌溉入渗补给量可以根据土壤剖面含水率资料来计算。如图 13.3 所示,h_1 为时段初潜水位,h_2 为时段末潜水位。当地下水获得灌溉入渗补给后,地下水位从 h_1 上升到 h_2,灌溉入渗补给量等于图 13.3 中阴影部分的面积。灌溉入渗补给量可表达为:

$$h_r = 1000 \int_{h_1}^{h_2} (\theta_s - \theta) \, \mathrm{d}Z \qquad (13.3)$$

式中：θ_s 为饱和含水率（$\mathrm{m^3 \cdot m^{-3}}$）；$\theta$ 为时段末非饱和土壤含水率（$\mathrm{m^3 \cdot m^{-3}}$）；$Z$ 为垂直坐标（m），向下为正。

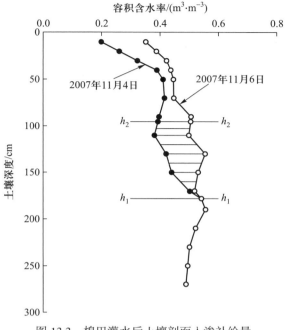

图 13.3　棉田灌水后土壤剖面入渗补给量

2007 年 11 月 4 日至 2007 年 11 月 11 日测得阿克苏站棉田灌溉入渗补给系数 β 与地下水埋深 H 的关系如图 13.4 所示，灌溉入渗补给系数与地下水埋深的关系符合韦伯分布函数关系。

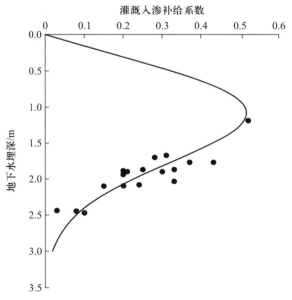

图 13.4　棉田灌溉入渗补给系数与地下水埋深的关系

（3）棉花生长条件下的潜水蒸发

地下水位随棉花蒸散发而下降时,假设无开采、无降水、无地表水渗漏、无河道排泄、无侧向径流影响,某一时段内的潜水蒸发是造成该时段潜水位消退的唯一因素。如图 13.5 所示,h_1 为时段初潜水位,h_2 为时段末潜水位。因"潜水蒸发"潜水位从 h_1 下降到 h_2,共下降 ΔH。潜水不能直接蒸发,通常所说的潜水蒸发量实质上为饱和带土壤的水分向非饱和带土壤的转化量。当潜水位因"潜水蒸发"而引起下降时,潜水蒸发量等于图 13.5 中阴影部分④的面积。潜水蒸发强度可表达为:

$$Eg=\frac{1000\int_{h_1}^{h_2}(\theta_s-\theta)\,\mathrm{d}Z}{\Delta t} \tag{13.4}$$

式中:Eg 为潜水蒸发强度($\mathrm{mm\cdot d^{-1}}$);θ_s 为饱和含水率($\mathrm{m^3\cdot m^{-3}}$);θ 为时段末非饱和土壤含水率($\mathrm{m^3\cdot m^{-3}}$);Z 为垂直坐标(m),向下为正;Δt 为时段天数(d)。

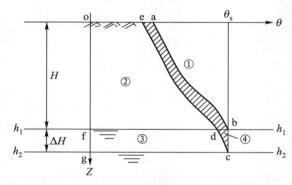

图 13.5　蒸发而引起的潜水位下降示意图

棉花蒸散所消耗的水分来源于非饱和带土壤水和饱和带水分向非饱和带转化的水分(即潜水蒸发)。在给定土壤和植被条件下,潜水蒸发量主要与潜水埋深和植被蒸散量有关。定义棉花蒸散量与潜水蒸发量之比为棉花生长条件下的潜水利用系数,三者之间的关系采用康绍忠提出的方法确定(康绍忠等,1996)。在点绘棉花生长条件下潜水蒸发、蒸散量与潜水埋深的变化,经拟合三者关系可用公式(13.5)表达。

$$Eg=\frac{100}{1+0.2153H^{5.0286}}\cdot ET \qquad (1.30\ \mathrm{m}\leqslant H\leqslant 2.79\ \mathrm{m}) \tag{13.5}$$

13.3.2　绿洲农田防护林水循环过程

绿洲农田防护林是干旱半干旱地区,尤其是绿洲生态系统的重要组成部分,具有防风固沙、截留积雪,改善农田小气候,降低地下水位,排盐脱碱,减轻干热风、倒春寒、霜冻、沙尘暴等灾害性气候的危害,增加作物产量,保护渠道免遭冻胀破坏等重要作用(王庆等,2003;沈言俐等,1999)。农田防护林作为生态建设的重要措施,是农田生态系统的屏障,对生态安全与人类生存环境质量的提高有重要的意义(范志平等,2002)。农田防护林蒸散量是干旱区绿洲灌区水平衡的重要消耗项(黄聿刚等,2005)。

胡杨农田防护林蒸散量测定于 2002 年 9 月 30 至 2009 年 12 月 31 日。选择生长良好、林相整齐、树龄在 20 年左右的农田防护林地作为试验样地。试验样地胡杨平均胸径为 19.9 cm，平均树高 15.6 m。在胡杨试验样区内，沿与胡杨防护林垂直的方向共埋设 4 个中子仪水分监测管，在林带中心沿与胡杨防护林平行的方向共埋设 3 个中子仪水分监测管，并打一眼地下水监测井。每隔 5 天测定一次土壤水分和地下水埋深。采用水量平衡原理估算蒸散量。

胡杨农田防护林各时段和各月平均蒸散强度如图 13.6，胡杨蒸散量年内变化的总趋势为 1 月至 7 月逐渐增大，7 月达到最大，8 月至 12 月逐渐减少。由于受棉田灌溉抬高区域地下水位和自身灌溉供水的影响，水分条件较好，蒸散强度较大，平均年蒸散量达 1187 mm，日蒸散强度 3.24 mm·d^{-1}。

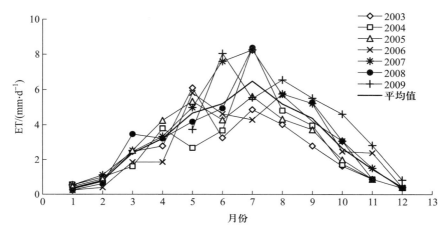

图 13.6　胡杨农田防护林带月平均蒸散强度随时间的变化

13.3.3　绿洲农田膜下滴灌下的土壤水分运移特征

膜下滴灌试验区采用一膜一带四行的宽窄行种植模式，宽行距 65 cm，窄行距 10 cm，膜宽 145 cm，膜间距 20 cm。滴灌带位于膜的中央，为了较为精细地研究膜下滴灌条件下土壤水盐运移规律，定义以滴灌带为左端点，裸行中央为右端点，深度为 160 cm 的土壤剖面作为最小单元，试验区的任何一个点，都属于这样一个最小模拟单元，整个试验区由许许多多个这样的最小单元所构成，且这样的最小单元与左边相邻的最小模拟单元关于滴灌带呈轴对称，与右边相邻的最小模拟单元以裸行中央呈轴对称。在这种种植模式下最小模拟单元具有可复制性、对称性和代表性，可将整个试验区的土壤水盐运移特征的研究，集中在这个最小模拟单元上进行，在最小单元上土壤水盐运移的运动特点可以代表整个试验区的土壤水盐运移的运动特点。故概化的概念模型以滴孔为原点，概化的滴灌边界条件为 10 cm 至 62.5 cm 的覆膜区域，62.5 cm 至 72.5 cm 为裸行，模拟深度为 160 cm。

非饱和土壤水分控制方程：采用考虑根系吸水项的 Richard 方程作为非饱和土壤水分二维运动的控制方程，假设土壤剖面在水平方向是均质的，在垂直方向是非均质的。方程为：

$$\frac{\partial \theta}{\partial t} = \frac{\partial}{\partial x}\left[k(\theta)\frac{\partial h}{\partial x}\right] + \frac{\partial}{\partial z}\left[k(\theta)\frac{\partial h}{\partial z}\right] + \frac{\partial k(\theta)}{\partial z} - S \qquad (13.6)$$

式中：θ 为土壤体积含水量（%）；t 为时间（d）；h 为土壤负压值（cm）；$k(\theta)$ 为土壤非饱和导

水率($cm \cdot d^{-1}$);z 为垂向坐标(cm);S 为作物根系吸水项。

模型的边界条件:根据概念模型,确定土壤水动力学模型的边界条件。由于在实际灌溉过程中滴头附近有积水,故将滴灌带概化为宽约 10 cm 的变流量边界,覆膜部分以及左右边界定义为零通量边界条件,下边界为自由渗漏边界,概念模型的裸行部分,通过大气边界条件来描述。

模型网格的剖分:采用矩形网格将模拟区域剖分为 7968 个节点,考虑到土壤表层水分交换剧烈,z 方向上,在 0~60 cm 区段设置网格的大小为 0.5 cm,在 60~80 cm 区段设置网格大小为 1 cm,对于大于 80 cm 的部分网格大小为 3 cm;在 x 方向上网格大小恒定为 3.02 cm。

根系吸水模型:控制方程中的根系吸水项,在模型中采用测定的根长来确定根系吸水函数的分布。根系的分布情况能够代表膜下滴灌的根系分布。基于根系吸水函数在空间上的分布与实测的根长密度的分布具有一致性的假设,利用实测根长密度对根系吸水模型的参数进行了优化。

模型参数化:根据模型参数要求,需实测土壤水力学参数及根系参数。土壤非饱和导水率是通过采集深度 10 cm、20 cm、30 cm、40 cm、60 cm、80 cm、100 cm 土壤原状土实验室测定;根系参数于 2009—2012 在 7—8 月以及 9 月分别在膜下、滴灌带下以及裸行利用根钻取根样,分析计算出各个时间段的根长密度等指标;土壤水力学参数则通过实测的水力学参数,利用 PEST 模型反求得到。经过大量反复运算后,能够对未确定的参数进行优化。经过参数优化以及实测的非饱和水力学参数见表 13.1。

表 13.1　利用 PEST 法反求以及实测的土壤水力学参数

深度 /cm	θ_r/($cm^3 \cdot cm^{-3}$)	θ_s/($cm^3 \cdot cm^{-3}$)	α	n	Ks/($cm \cdot d^{-1}$)	L
10	0.04	0.453	0.012	2.00	27.3	0.5
20	0.04	0.483	0.011	1.70	12.5	0.5
30	0.04	0.482	0.010	1.50	8.9	0.5
40	0.0386	0.453	0.004	1.80	11.4	0.5
60	0.0386	0.482	0.009	1.37	9.3	0.5
80	0.0386	0.474	0.005	1.35	4.7	0.5
100	0.043	0.486	0.006	1.35	4.5	0.5

模型验证:通过对 15 个土壤剖面实测值与模拟结果进行比较,对模型进行验证。实测值与模拟值的相似程度通过相关系数 R^2 以及 RMSD($RMSD(\hat{\theta}) = \sqrt{E(\hat{\theta} - \theta)^2}$)计算。

图 13.7 为滴灌当天实测值与模拟值的对比。从图 13.7a 中可以看出,土壤水分含量随着距滴头(0 cm)的距离增加越来越小,除 0~10 cm 深度观测值与模拟值变化大外,其余深度的模拟效果良好。图 13.7b 分别是在滴头下($x=0$ cm)、膜下($x=22.5$ cm)以及膜间($x=66$ cm)的模拟结果,同样可以看出模拟值与实测值具有较好的一致性。采用相关系数 R^2 来评价模拟值与实测值的一致性,整个模拟期 RMSD 的值介于 0.01~0.05,说明该土壤水分运移模型结果能够反映膜下滴灌棉田土壤水分运移特征。

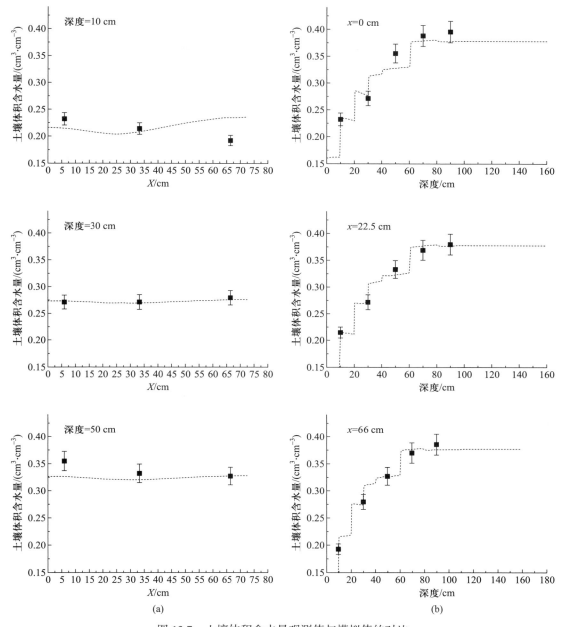

图 13.7 土壤体积含水量观测值与模拟值的对比

从整体上看,模型能够很好地模拟滴灌条件下棉田土壤水分运移的特征,在模型概化过程中,所建立的许多假设也是合理可行的。例如,将滴灌带概化为 10 cm 宽的给定水量的边界条件,将花期的根系分布当作整个生长期的根系分布来模拟。将滴灌带概化为 10 cm 的给定流量边界条件,是因为在实际滴灌过程中是有积水存在的,而且每次的灌溉量是恒定的。假设根系最大长度恒定,主要是认为生长前期作物叶面积指数较小,潜在蒸腾量总体上比较小,因此生长初期潜在蒸腾对土壤水分的影响较小。PEST 作为外置的模型参数拟合的工具,提供了多种算法来进行参数拟合、敏感性分析等工作,能够快速优化参数。

图 13.8 为不同位置不同深度各观测点整个生育期土壤水分变化趋势,其中 a、b、c 分别代表滴灌带下、膜下及裸行。从整体来看,土壤含水量的变幅随着距滴灌带的距离增大而减小。土壤

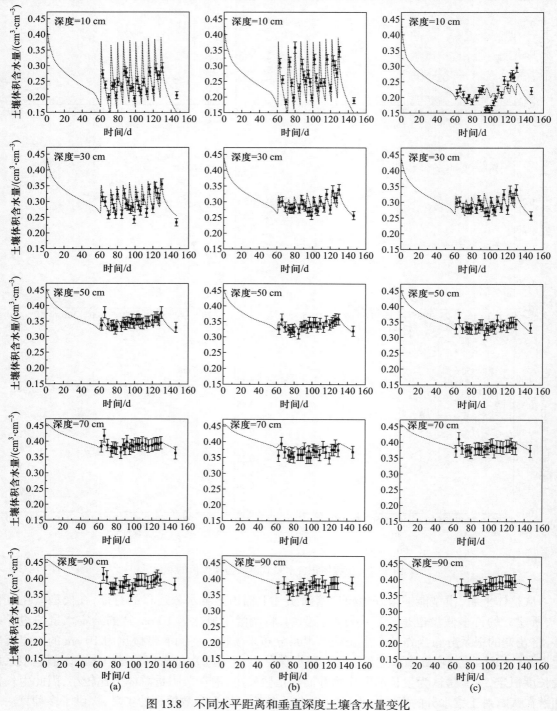

图 13.8   不同水平距离和垂直深度土壤含水量变化

含水量的变幅的大小可以一定程度上反映整个生育期土壤水分的交换程度,每次滴灌都会使一定范围的土壤储水量快速提升。经过土壤水分再分布、作物蒸腾及蒸发回到低点,0~50 cm 土壤含水量变化大,可以看出 0~50 cm 是目前滴灌模式下,受滴灌以及蒸散发影响最强烈的区域,土壤水分交换最剧烈的区域。

研究还表明,0~50 cm(表层)土壤与 >50 cm(深层)深度土壤的水量交换过程受滴灌影响呈周期性变化。当滴灌开始后由表层向深层土壤渗漏水分,且交换量最大的时间不在滴灌当天而在滴灌后 2 天,在滴灌后 4 天开始,由深层向表层土壤补给水分。整个灌溉期由表层向深层土壤的渗漏量为 349.50 cm^3,总的灌溉量为 3153.7 cm^3,由灌溉引起的表层向深层土壤的渗漏量与灌溉量的比值约为 11%,由深层向浅层土壤运移的水分总量为 74.145 cm^3(图 13.9)。

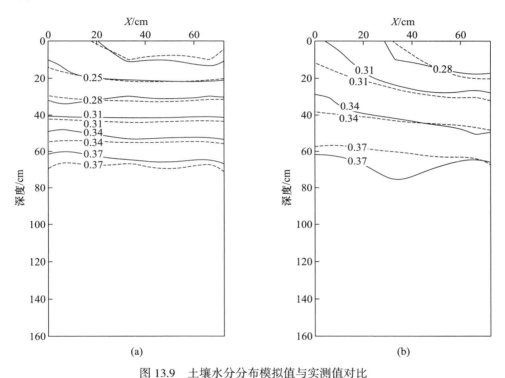

图 13.9　土壤水分分布模拟值与实测值对比

13.4　绿洲农田生态系统盐分迁移过程

土壤积盐对绿洲农田生态系统健康的维持具有重大威胁,研究不同尺度上绿洲农田土壤盐分的迁移规律,阐明不同水肥管理条件下农田土壤积盐特征,是实现绿洲农田生态系统科学管理的前提。

13.4.1 滴灌条件下田块尺度土壤盐分的迁移过程与水盐平衡

（1）膜下滴灌条件下土壤盐分分布特征

基于布置的膜下滴灌田间实验（表 13.2），膜下滴灌使膜下的与膜间的土壤盐分分布明显不同。滴灌结束后，土壤盐分呈明显的"Y"状分布，膜下土壤盐分含量小于膜间，且呈"两头小、中间大"的分布特征；膜间的土壤盐分从深层到地表呈现逐渐增大的分布特征（图 13.10）。其成因主要是由于滴灌使膜下上层土壤盐分向下淋洗，下层盐分随蒸散发逐渐上移，上下层盐分同时在土壤剖面中间累积。膜间由于仅有少量灌溉水淋洗盐分，蒸发强烈，使下层盐分随水上移，在上层土壤中累积。随着土壤湿润体向外扩展，湿润体外缘的盐分逐渐积累，使膜间土壤盐分含量增加，0～60 cm 土层平均含盐量显著大于膜下。随滴灌量的增加，土壤湿润峰位置下移，盐分峰值位置也有下移趋势。滴灌量从 2618 $m^3 \cdot hm^{-2}$ 增大到 4265 $m^3 \cdot hm^{-2}$，湿润峰位置从 60 cm 下移至 100 cm，盐分峰值位置也从 30 cm 下移至 60 cm。实践证明要实现土壤盐分平衡，就必须为盐分排除保持一定的空间和水量，其中农田间的夹杂荒地（干排盐地）就是盐分的去处之一。膜下滴灌的土壤盐分分布特征，使膜间裸地充当了干排盐的生态用地角色，有利于维持短期内土壤盐分平衡。

表 13.2 膜下滴灌田间试验方案

处理	灌溉量 /mm	灌溉频率 /d	每次灌溉量 /mm
I	468	7	42.7
II	432	7	39.3
III	396	7	36.0
IV	360	7	32.7
V	324	7	29.6
VI	288	7	26.2

（2）膜下滴灌的棉田土壤盐分平衡

膜下滴灌的土壤盐分是增加还是减少，可作为判断灌溉方式优劣的主要指标之一。若不考虑土壤盐分平衡的收支项，仅考虑土壤盐分总量变化，根据物质守恒定律，可将根层盐分均衡方程简化为：$\Delta S = S_2 - S_1$。其中 ΔS 为灌溉前后土壤盐分改变量（$g \cdot kg^{-1}$）；S_2 为灌溉后土壤盐分含量（$g \cdot kg^{-1}$）；S_1 为灌溉前土壤盐分含量（$g \cdot kg^{-1}$）。$\Delta S > 0$，说明土壤积盐；$\Delta S < 0$ 说明土壤脱盐；$\Delta S = 0$ 说明土壤盐分平衡。

由图 13.11 可知，膜下土壤 0～60 cm 及 0～100 cm 平均绝对含盐量均呈减小趋势。灌溉量越小，土壤盐分减小量越小。处理 I、II、III、IV、V、VI的 0～60 cm 土壤含盐量分别减小了 4.30 $g \cdot kg^{-1}$、3.87 $g \cdot kg^{-1}$、2.32 $g \cdot kg^{-1}$、1.84 $g \cdot kg^{-1}$、0.97 $g \cdot kg^{-1}$、0.71 $g \cdot kg^{-1}$；脱盐率分别为 34.8%、29.7%、18.5%、13.9%、7.9%、6.0%；0～100 cm 的土壤含盐量分别减小了 4.30 $g \cdot kg^{-1}$、3.67 $g \cdot kg^{-1}$、2.96 $g \cdot kg^{-1}$、2.33 $g \cdot kg^{-1}$、0.80 $g \cdot kg^{-1}$、0.56 $g \cdot kg^{-1}$，脱盐率分别为 36.0%、34.7%、

26.1%、17.5%、6.8%、5.0%。说明采用膜下滴灌,在棉花生育期可以使膜下土壤脱盐。但脱盐深度仅限于较浅的根系层,无法将盐分淋洗至更深层土壤。一旦灌溉水亏缺,下层的土壤盐分可随蒸发向上迁移,产生土壤表层积盐。

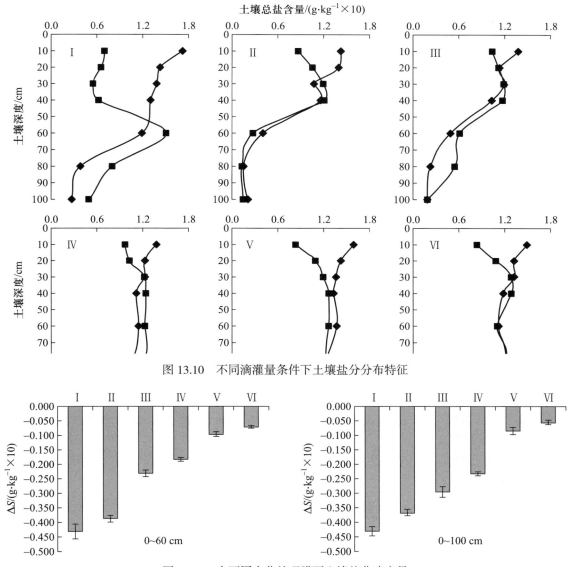

图 13.10　不同滴灌量条件下土壤盐分分布特征

图 13.11　在不同水分处理膜下土壤盐分改变量

与膜下土壤盐分变化相反,膜间土壤无直接灌溉水,受膜下侧向盐分运移的影响,土壤积盐明显,膜间裸地充当了干排盐的生态用地角色,减轻了由于灌溉水量减小引起的盐分失衡状况,维持了短期内土壤盐分平衡。处理Ⅰ、Ⅱ、Ⅲ、Ⅳ、Ⅴ、Ⅵ的 0~60 cm 土壤平均含盐量分别增加了 0.56 g·kg⁻¹、2.92 g·kg⁻¹、1.59 g·kg⁻¹、2.12 g·kg⁻¹、3.26 g·kg⁻¹、2.15 g·kg⁻¹,积盐率分别为 4.2%、36.5%、18.0%、21.6%、29.9%、20.2%;0~100 cm 的土壤平均含盐量分别增加了 0.09 g·kg⁻¹、

$1.14\ \mathrm{g\cdot kg^{-1}}$、$0.75\ \mathrm{g\cdot kg^{-1}}$、$2.51\ \mathrm{g\cdot kg^{-1}}$、$4.40\ \mathrm{g\cdot kg^{-1}}$、$3.66\ \mathrm{g\cdot kg^{-1}}$，积盐率分别为 0.7%、16.1%、10.4%、31.2%、47.5%、41.8%（图 13.12）。由于棉花根系主要集中分布在膜下，短期内盐分积累不会对棉花生长产生影响，但生育期结束后，膜间积累了大量的盐分。为了保证下季棉花生长，必须在秋冬休闲季加大灌溉水量淋洗盐分。

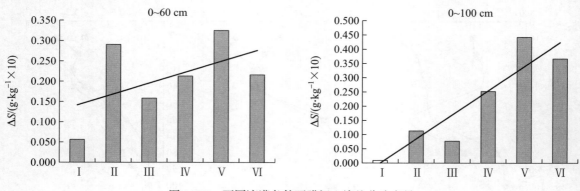

图 13.12　不同滴灌条件下膜间土壤盐分改变量

综合而言，随滴灌年限增加，0～60 cm 的土层平均含盐量逐年增加。膜下滴灌可使根系层土壤脱盐，脱盐土层仅限于浅根系，但无法将盐分从土体中淋洗去除，而且膜间裸地还有大量积盐。如连续多年滴灌种植，土壤始终处于积盐状态。滴灌年限越长，棉田中的盐分积累越多。从节水和经济效益综合来看，灌水量在 800～3000 $\mathrm{m^3\cdot hm^{-2}}$ 范围内是合理灌溉，随灌水量的增加，产量也在增加；耗水量小于 120 mm 时，产量增加的幅度大于水分利用效率增加幅度。当耗水量在 120～280 mm 之间时水分利用效率的逐渐降低，耗水量投入超过 280 mm，边际产量递减直至产量达最大时为零。膜下滴灌的棉田土壤盐分呈"Y"状垂直分布，膜下土壤盐分含量小于膜间，膜间土壤盐分从表层到深层呈逐渐增减的趋势。随滴灌量增加，膜下土壤盐分峰值位置下移。滴灌量从 2618 $\mathrm{m^3\cdot hm^{-2}}$ 增大到 4265 $\mathrm{m^3\cdot hm^{-2}}$，湿润峰位置从 40 cm 下移至 100 cm，盐分峰值位置从 30 cm 下移至 60 cm。滴灌结束后，膜下 0～60 cm 及 0～100 cm 土壤平均含盐量均减小。脱盐程度随滴灌量增大而增加，0～60 cm 土层脱盐率从 6.0% 增加到 34.8%；而膜间土壤呈积盐状态，积盐程度随滴灌量减小而增大。研究结果表明现行棉花膜下滴灌制度存在的积盐问题，对完善干旱区膜下滴灌灌溉制度具有指导意义。

13.4.2　灌区尺度土壤盐分迁移过程与水盐平衡

（1）灌区尺度土壤盐分源汇关系

绿洲农田土壤盐分来源于盐土中的盐分和水体中的盐分。以阿克苏绿洲为例，土壤母盐（主要是古生界中生界和第三纪岩层）均含有石膏、岩盐等易溶盐的结晶体和薄层，经风化、水解和溶滤，不断分离出各种易溶盐类，其中一部分随水迁移进入地下水中，另一部分留在岩土的表面或孔隙中，参与土壤形成过程。地表水含盐量从山区到平原逐渐增大，如在阿克苏河西大桥断面、上游水库、塔里木河干流阿拉尔断面所测矿化度依次是 0.274 $\mathrm{g\cdot L^{-1}}$、0.348 $\mathrm{g\cdot L^{-1}}$、3.802 $\mathrm{g\cdot L^{-1}}$，地表水含盐量总体偏低，但地下水含盐量相对较高，在南北向以浑巴什为界，在浑巴什以北及阿克苏河两侧，潜水矿化度小于 3 $\mathrm{g\cdot L^{-1}}$；在远离河床及浑巴什以南的地带潜水矿化度逐渐上升，有

的地方高达 $10\,g\cdot L^{-1}$。土壤盐渍化程度直接受到潜水矿化度的影响。

灌区尺度盐分分布特征为：在垂直方向上流域上部农田土质深厚，土壤类型为典型灰漠土，土壤含盐量低，主要生长对盐分敏感的作物；中部绿洲为冲洪积平原，土壤类型多为盐化潮土、盐化灌淤土等，土壤含盐量高，主要生长耐盐植物；绿洲下部及绿洲外围荒漠区为流域排盐区，多为盐土分布，主要生长盐生植物。在水平方向上由北向南，由近阿克苏河向远离阿克苏河潜水埋深由深变浅，矿化度由低变高，土壤颗粒由粗变细（土壤水动力条件由好变坏）。在绿洲南部远离阿克苏河的地区表土聚盐分最多，形成强盐碱土分布区。在绿洲中部，地势比较低的地方，如艾西湖地区，由于潜水埋藏最浅，蒸发作用最强，在中部也零星分布强盐碱土区，而在北部的近阿克苏河属于非盐渍化区。根据野外监测和模拟试验，阿克苏绿洲的地下水临界深度为 $2.2\sim2.4\,m$。当地下水埋深小于临界深度时，地下水就参与土壤积盐过程，潜水埋藏愈浅，积盐速度愈快，盐渍化也愈严重，盐渍土中的易溶盐主要富集在 $0\sim0.2\,m$ 或 $0\sim0.4\,m$ 深的表层土中。当潜水埋深经常性大于临界深度时，就很少发生盐渍化，土壤的易溶盐也不在地表富集，而是在毛细带顶部相对集中。

（2）灌溉条件下绿洲灌区土壤盐分进入与排出关系

以渭干河绿洲为例，渭干河绿洲处于库车拗陷带内，库车拗陷为一近东西向狭窄不对称向斜构造，向北凹深，向南平缓。绿洲北部为天山褶皱带，南为古塔里木地台。渭干河出山后，即成散流，受河流冲刷，形成 4 条大小不等的古河床，故灌区地貌有明显的起伏，呈现岗洼相间的特殊地形。土壤母盐（主要是古生界中生界和第三纪岩层）均含有石膏、岩盐等易溶盐的结晶体和薄层，经风化、水解和溶滤，不断分离出各种易溶盐类，其中一部分随水迁移进入地下水中，另一部分留在岩土的表面或孔隙中，参与土壤形成过程。地表水含盐量从山区到平原逐渐增大。

渭干河绿洲大部分为细土平原，地下水位较高，埋深在 $1\sim3\,m$，绿洲上部地下水矿化度较低，盐渍化不重，愈向绿洲中下部，随着地下水矿化度增加，盐渍化愈重。另外，受地形影响，土壤盐渍化也不相同，在渠道通过的地方，小地形略高，同时又能受到渠道对地下水淡化的影响，盐渍化较轻，渠间的洼地积水、积盐，盐渍化较重。盐渍化较重的有库车灌区的红河塘、哈拉哈塘及草湖乡。新和灌区的大小尤尔都斯及桑塔木农场。沙雅灌区的英买里、海楼乡、努尔巴格乡及托依堡乡的一部分。盐渍化程度以轻盐化为主，盐分组成以硫酸盐 – 氯化物或氯化物 – 硫酸盐为主。

渭干河绿洲区土壤具有非地带性特征，主要为质地均一的壤质土。绿洲区土壤类型主要有灌淤土、潮土、水稻土、草甸土、盐土、沼泽土、棕漠土、风沙土和新积土，在成因上多为水成性土壤。由于绿洲区地下水的浅埋型特征，在强烈蒸发作用下，土壤水盐运移较为强烈，土壤的不稳定性较强。

根据对灌区表土（$0\sim20\,cm$）含盐量及 $0\sim100\,cm$ 土层贮盐量野外调查，灌区内近 50% 为非盐化土。非盐化土壤主要分布于绿洲区上部和河道及灌溉渠系较完善的农田。受地形、地貌影响，土壤盐分空间变异性较明显，在非盐化土区内，间分布有轻度盐化土，少、中、重盐化土。从 $1\,m$ 土层贮盐量看，贮盐量在 $3\,kg\cdot m^{-2}$ 的土地面积占总面积的近 56%，这表明灌区大部分农田适合农作。绿洲区荒地含盐量一般在 2% 以上，盐分以硫酸盐为主，氯化物次之；局部地段以氯化物为主，硫酸盐次之。

（3）绿洲灌区灌排引起的盐分变化特征

由灌区排出的盐分经地下水运动向流域下游排泄，下游河道、湖泊矿化度升高，水质恶化，积盐明显。如焉耆盆地绿洲大量排水进入博斯腾湖，使湖水矿化度 2000 年前曾达到 1.5 ~

$2.0\ g \cdot L^{-1}$,由淡水湖变成微咸湖。喀什绿洲上游排水进入下游水库,使西克尔水库矿化度达 $5.0\ g \cdot L^{-1}$,英吾斯坦水库 $13.85\ g \cdot L^{-1}$。塔里木河干流是受盐分污染最重的一条河,每年进入塔里木河的盐分 440 万 t,全年仅 7~8 月河水矿化度约 $1.0\ g \cdot L^{-1}$,春季枯水期 5~10 $g \cdot L^{-1}$,秋冬平水期 2~4 $g \cdot L^{-1}$,事实上塔里木河由原来的一条淡水河变成咸水河。重灌轻排达不到适宜灌排比要求是绿洲盐分积累的主要原因。目前大部分绿洲均有一些主干排水渠,但大多不配套,长期排水渠道两侧垮塌严重,如不能及时清淤,地下水排水不畅;部分排水渠淤堵致地下水位升高;上排下灌,灌溉水质趋于恶化。以克孜河绿洲为例,上游疏勒、疏附绿洲及喀什绿洲的排水,每年带给伽师等下游绿洲灌区的盐分就达 222 万 t,使下游灌区 90% 的耕地遭受次生盐渍化。

绿洲向外围荒漠区排水,同样会造成荒漠区地表盐分聚集。如在塔河中游地区,在无灌溉情况下,绿洲及绿洲边缘过渡带表层土壤含水量水平分异明显,由绿洲区的 20% 左右递减到绿洲–荒漠生态过渡带的 2.9%。绿洲–荒漠带土壤水分变化反映了人类利用绿洲水资源的程度,在绿洲地下水资源开发过度和绿洲边缘人类活动剧烈的区域均存在着生态裂谷,对绿洲生态系统的稳定极为不利。绿洲–荒漠带土壤可溶性盐分含量的水平分异,表现为绿洲土壤可溶性盐分含量比绿洲–荒漠生态过渡带和荒漠区低;绿洲界外区不同荒漠类型土壤含盐量变化不同,在绿洲外围沙质荒漠区,土壤含盐量较低,在绿洲外围砾质荒漠(戈壁)区,土壤含盐量明显高于绿洲区;荒漠区土壤含盐量的垂直变化表明,含盐量最高的聚集层一般不在表层,而在 40~60 cm 的亚表层。受土壤水盐分异的影响,绿洲外围荒漠植被类型出现分异,从高位绿洲到中位绿洲,外围区荒漠植被的耐旱性和耐盐性均增加。

13.4.3 农田土壤盐分调控阈值

基于膜下滴灌棉田土壤水盐运移特征、不同灌溉量棉花的有效根系深度、棉花不同生长期的需水规律等研究结果,可探明棉花生长的盐分阈值。基本结论是:① 膜下滴灌棉花全生育期需水量为 543.2 mm。不同生育阶段,需水量差异较大。苗期最小为 54.4 mm,占生育期总需水量的 10.0%,需水强度 $1.3\ mm \cdot d^{-1}$;花铃期最大为 288.0 mm,占生育期总需水量的 53.0%,需水强度 $4.7\ mm \cdot d^{-1}$;蕾期需水量 83.5 mm,占生育期总需水量的 15.4%,需水强度 $2.8\ mm \cdot d^{-1}$;吐絮期需水量 117.3 mm,占生育期总需水量的 21.6%,需水强度 $1.9\ mm \cdot d^{-1}$。② 膜下滴灌棉花花铃期是其生育期中耗水强度最大的阶段,耗水量占全生育期耗水总量的 50% 之多,其次是花蕾期,苗期和吐絮期最小;并且,滴灌量只影响棉花耗水量,并不影响各阶段的耗水比例。③ 干旱区作物对灌溉水分的消耗利用主要集中在 0~40 cm 土壤层内;深度 60 cm 以下的土壤受地下水影响,含水量和土水势变化微缓;2.0 m 地下水埋深是农田控制深层渗漏的敏感埋深。滴灌不发生深层渗漏,滴灌后水分主要在 0~70 cm 土层活动,土壤盐分变化主要发生在 0~40 cm 土层,滴灌后 0~40 cm 土层盐分减小明显,形成脱盐区,但是从整个剖面看 0~40 cm 盐分含量高于其他土层,40 cm 处是盐分峰值位置。④ 在膜下滴灌条件下棉花根系主要分布在膜下,膜间分布相对较少,且不同水分处理根系生物量差异显著;随着灌水量的增加,棉花全根层平均根长密度增大;对于不同生育期,棉花蕾期根系分布主要在 0~30 cm;花铃期分布在 0~50 cm;盛铃期主要分布在 0~60 cm。膜下滴灌棉花生长的土壤含盐量两个临界指标:一是保证棉花正常出苗生长土壤含盐量值要小于 1.0%,棉花耐盐极限值为 1.5%。二是若滴灌前土壤含盐量为 1.0%~1.5%,保持滴灌后 1.0% 的含盐量不变,在滴灌过程中需要增加淋洗量。

　　在确定了棉花正常生长的盐分阈值后,可进行棉花膜下滴灌的水盐调控与盐分管理。对于含盐量分别在 0.3%~0.6%、0.6%~1.0% 的轻度盐化土和中度盐化土,适宜进行膜下滴灌,不需要在生育期加大灌溉量淋洗盐分。播前灌溉定额 76.3 m^3/ 亩,播后蕾期开始到吐絮期灌溉定额 231.0 m^3/ 亩,冬季淋盐灌溉定额 193.9 m^3/ 亩。但在此灌溉定额下,土壤年均盐分积累 0.1% 左右。因此,0.3%~0.6% 的轻度盐化土应该每 10 年进行一次大定额的灌溉洗盐,而 0.6%~1.0% 的中度盐化土应该每 5 年进行一次大定额的灌溉洗盐。含盐量在 1.0~1.5 的重度盐化土,较适宜膜下滴灌,但必须在生育期增加淋盐水量。播前灌溉定额 124.8 m^3/ 亩,播后蕾期开始到吐絮期灌溉定额 231.0 m^3/ 亩,加大淋盐水量 77.2 m^3/ 亩。冬季淋盐灌溉定额 193.9 m^3/ 亩。每两年必须进行一次大定额淋洗。含盐量大于 2.0% 的盐土,棉花无法正常生长,不适宜采用膜下滴灌。需要采取种稻洗盐、采取适当的排水措施排盐,并且通过种植绿肥改良土壤。

13.5　膜下滴灌对绿洲农田土壤碳、氮排放的影响

　　膜下滴灌技术自 20 世纪末试验成功后,在新疆的推广应用发展迅猛,目前在塔里木盆地绿洲棉田推广率已超 80%。膜下滴灌改变了传统漫灌条件下土壤水、盐时空格局,认识这种改变如何对绿洲农田碳、氮排放的影响,对实现绿洲农田生态生态系统科学管理具有重要意义。

13.5.1　膜下滴灌棉田土壤 CO_2/N_2O 排放特征

　　阿克苏绿洲棉田土壤 CO_2/N_2O 排放高峰期均发生在滴灌施肥时的棉花花铃期,即 7—8 月(图 13.13 和图 13.14)。棉花生长季内,根呼吸产生的 CO_2 占棉田 CO_2 排放总量的 72%(图 13.13);根呼吸相对于异养呼吸对温度升高更为敏感,较低或较高的土壤含水量均会降低自养呼吸

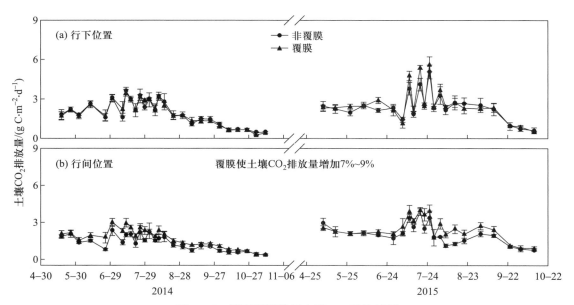

图 13.13　膜下滴灌棉田土壤 CO_2 排放特征

和异养呼吸速率。土壤 CO_2 排放量随温度升高而指数增加,过高或过低的土壤含水量下土壤 CO_2 排放量均较低。全生育期内,土壤 N_2O 排放量的 58%～77% 发生在滴灌施肥期间(图 13.14),土壤温度、湿度和矿质氮含量增加均利于土壤 N_2O 产出与排放。较高的土壤温度和滴灌施肥措施可增加土壤硝化和反硝化细菌活性,促进土壤通过硝化和反硝化过程(Yu et al.,2017a)。

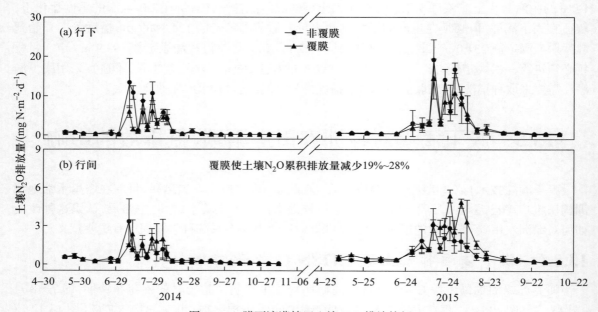

图 13.14　膜下滴灌棉田土壤 N_2O 排放特征

覆膜对阿克苏绿洲棉田土壤 CO_2 和 N_2O 排放量的影响机制不同。覆膜保温保湿促进棉花生长,增加自养呼吸强度的 CO_2 产出量,并通过膜间土壤排放到大气中,覆膜土壤 CO_2 排放量可增加 7%～9%。覆膜既能提高植物氮素利用效率减少土壤 N_2O 产出,也可抑制土壤 N_2O 传输,全生育期土壤 N_2O 排放量可减少 19%～28%(Yu et al.,2018a)。

施肥显著增加绿洲棉田土壤 CO_2/N_2O 的排放量(Yu et al.,2017b)。土壤 CO_2 累积排放量随施氮量增加呈线性增加(图 13.15),可能是施肥促进了棉花生长并增强了土壤微生物活性,利于土壤自养呼吸和异养呼吸产出和排放 CO_2;土壤 N_2O 排放量随施氮量增加而线性增加(图 13.16),可能是施氮肥土壤微生物的硝化和反硝化过程提供了底物。观测期内,土壤 N_2O 排放系数范围为 0.28%～0.70%,表明采用 IPCC 推荐的 N_2O 排放系数(1%)会高估我国干旱区绿洲膜下滴灌棉田土壤 N_2O 排放量一倍左右。

分期施肥方式和施用硝化抑制剂均有效降低绿洲棉田土壤 CO_2/N_2O 排放量,但分期施肥方式降低了施用硝化抑制剂减少土壤 N_2O 排放量的效果。田间试验中,施用硝化抑制剂对滴灌施肥棉田土壤 CO_2 排放量没有显著影响,但通过抑制了土壤铵态氮转化为硝态氮的硝化过程使得棉田土壤 N_2O 排放量减少了 23%～42%。施用硝化抑制剂对棉花产量没有显著影响,降低土壤 N_2O 排放量产生的碳交易收益(¥ 6～11·hm^{-2})远低于硝化抑制剂的成本投入(¥ 150·hm^{-2})(Yu et al.,2018a),该方法不适用于降低干旱区膜下滴灌棉田土壤 CO_2/N_2O 排放量。

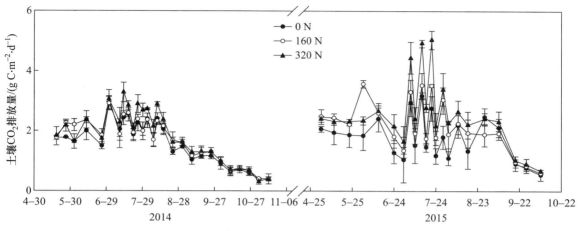

图 13.15 施氮量对绿洲棉田土壤 CO_2 排放的影响

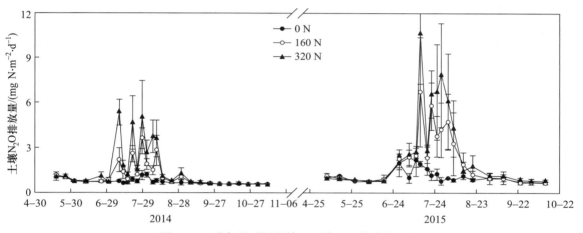

图 13.16 施氮量对绿洲棉田土壤 N_2O 排放的影响

13.5.2 增温条件下绿洲棉田土壤 CO_2/N_2O 排放预测

随着全球增温过程加剧,覆膜对绿洲棉花产量和土壤 CO_2/N_2O 排放量有显著影响(图 13.17)。未来,最优管理模式下覆膜使得棉田灌溉量和施氮量分别减少 120 mm 和 10 kg N·hm^{-2},棉花产量、土壤 CO_2 排放量和土壤有机碳增量分别增加了 9%、10% 和 4%,土壤 N_2O 排放量减少了 4%;即覆膜对土壤温室气体 CO_2 排放当量没有显著影响的情况下使得农田经济收益增加了 ¥1453·hm^{-2}。

不同气候变化情景下的模型模拟结果表明,未来气候变化使得膜下滴灌棉田棉花产量、土壤 CO_2 排放量和作物经济收益分别增加了 5%～6%、7%～9% 和 9%～10%,土壤 N_2O 排放量和棉田土壤有机碳变化量分别减少了 9%～15% 和 21%～29%,即未来气候变化对土壤温室气体 CO_2 排放当量没有显著影响的情况下增加了棉花产量(Yu et al., 2017a)。

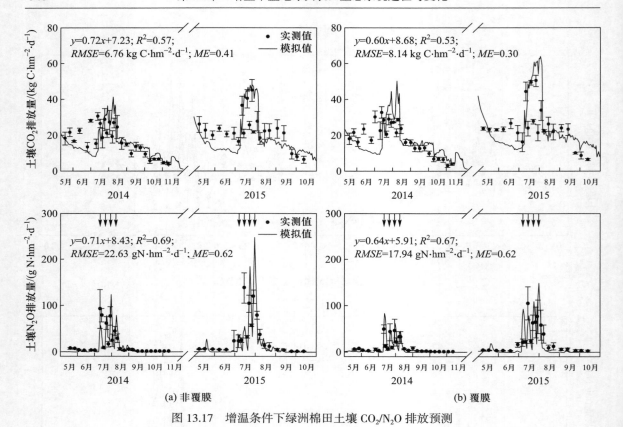

图 13.17　增温条件下绿洲棉田土壤 CO_2/N_2O 排放预测

13.6　区域农田水盐演变特征

阿克苏绿洲水循环过程主要涉及上游来水（出山口径流）、下泄水量、绿洲区取用耗水和抽取的地下水几个部分。依据 2000 年以来阿克苏河下泄水量、绿洲区来水和耗水量变化以及水利工程渠道变化，结合河道水量平衡和水盐运移理论，分析了 2000 年以后区域绿洲农田水盐演变特征。

13.6.1　阿克苏绿洲水量平衡要素演变趋势

阿克苏河流域水系复杂，灌溉渠道纵横交错，从流域水系上将整个绿洲区分为 5 大灌区（乌什灌区，温宿灌区，多浪灌区，阿克苏市灌区，阿瓦提灌区）和农一师四团、六团灌区。依据历史资料对阿克苏绿洲水平衡要素 2000 年以来的演变趋势进行了综合分析。

（1）绿洲来水量变化

依据沙里桂兰克和协合拉的长期水文站监测资料，分析 1961—2012 年阿克苏绿洲来水量（出山口径流量）变化。阿克苏绿洲来水量与阿克苏河山区来水、阿克苏流域水量分配指标、绿洲需水及引水工程情况相关，通过分析阿克苏绿洲引水量与出山口径流数据发现，多年平均月引水量与出山口径流量近似呈幂函数关系：$SW_l = \alpha Q^{\beta}$。其中，SW_l 为来水量，Q 为出山口径流量，α 和 β 为拟合参数。

灌区来水总量呈上升趋势，年均增加了 0.0088 亿 m^3。从取水量分析可以看出，取水量增加主要集中在协合拉 – 西大桥段，五大绿洲区中有四个绿洲区（温宿绿洲区，多浪绿洲区，阿克苏市绿洲区，阿瓦提绿洲区）是直接或者间接从本段河道内取水灌溉，是阿克苏河流域绿洲区主要供水河段。

（2）绿洲耗水量变化

根据当地向塔河进行生态输水的资料记载，2000 年之后为了保证当地生态用水不被灌溉用水挤占，当地采取了一系列措施，有效地抑制了用水量不断随耕地面积增加而持续增加的局面。近 10 年来灌区总用水量呈略微下降趋势，这是耕地面积扩大与灌溉系数提高双重作用的结果。耕地面积的增加，农业需水量不断增加，渠系水利用系数的提高又使得灌溉耗损减少，才使得在耕地面积扩大的情况下，用水量也能保持不变。

（3）绿洲下泄水量变化

选取依玛帕夏站为下泄水量控制站，分析阿克苏河 2000—2012 年下泄水量变化。近年下泄水量略有增加，年均为 0.006 亿 m^3。在不同的丰枯年份，下泄水量有很大的差别，最大出现在 2010 年 8 月的 16.553 亿 m^3，最小出现在 2001 年 3 月，下泄水量为 0.003 亿 m^3。在同一个年份的不同月份内下泄水量也有很大的不同，6—9 月下泄水量一般占全年下泄水量的 84%。

（4）绿洲水平衡演变

选取降水突变时间 2000 年作为比较的节点，分别计算 2000 年前后绿洲区水循环过程，分析水循环演变规律。其中，实际蒸发量是由水量平衡方程计算得出，包含社会水循环中由人类活动造成的人工蒸发量。突变时间点之后除地下水位年均变化率和年均水面蒸发量较之前有减少外，其余水循环要素均有增加，这也与之前分析出的水循环要素的演变规律相吻合。2000 年前后蒸发比增大，说明随着人类活动的增强，下垫面条件随之变化，土地利用扩张，社会水循环通量持续增长，阿克苏绿洲社会水循环过程所占比重越来越大。

13.6.2 自然和人为因素影响下绿洲农田土壤盐分演变特征

（1）气候变化叠加土地利用变化对绿洲农田土壤盐分的影响

气候变化对潜水蒸发和地表积盐的影响与地下水埋深有关。地下水埋深存在一个临界深度，大于这个深度，气候的影响对潜水蒸发和表土积盐十分微弱，而只有小于临界深度时，气候因素才会对上述两种过程起作用。就渭干河绿洲而言，这一临界深度可以确定为 2 m。绿洲灌区土地利用变化会引起地下水的变动，影响绿洲农田土壤盐分时空变化。1990—2005 年，台兰河绿洲盐碱地面积显著减少。1990 年、2000 年和 2005 年台兰河绿洲盐碱地面积分别为 105599.70 hm^2、86239.89 hm^2 和 85054.80 hm^2，面积显著减少，由转移矩阵可知，大量盐碱地被开垦为耕地。调查表明目前台兰河绿洲共有弃耕地 13660.00 hm^2，其中因缺水和工程不配套而形成的弃耕地面积约有 5453.33 hm^2，因盐碱化程度严重而形成的弃耕地面积约有 8206.66 hm^2（图 13.18）。

（2）人类活动加剧绿洲农田土壤积盐

老耕地盐渍化在减轻，新垦耕地盐渍化在发展，总体处于动态平衡。盐渍化耕地的水盐动态变化，实现稳定脱盐的是局部，持续积盐的也是局部，大部分耕地是脱盐不稳定或脱盐积盐反复

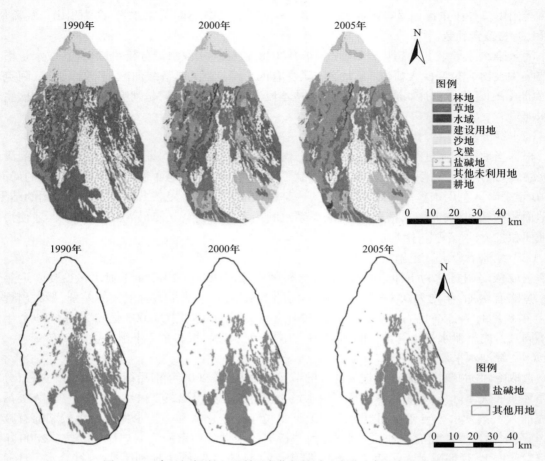

图 13.18 台兰河绿洲土地利用变化与盐碱地变化（参见书末彩插）

型,因而土壤盐渍化的潜在危害仍很大。根据土壤盐渍化与水利建设和灌溉水平之间的关系,以新疆为例,盐渍化耕地面积占总耕地面积的比例在逐年上升。人类活动对绿洲土壤盐分过程的影响从绿洲上部到下部呈现逐渐增加的趋势,老绿洲干扰程度小积盐趋势稳定变好,新绿洲干扰程度剧烈积盐趋势变差;年内土壤含盐量受灌溉影响变化显著,流域内地下水含盐量呈现下游＞中游＞上游。

　　对 1985—2006 年新疆南部的台兰河绿洲、渭干河绿洲、阿克苏河绿洲和塔河干流绿洲的不同盐渍化程度土壤面积在不同年份的分布面积进行对比分析发现:① 台兰河绿洲在 1985—2006 年,占据较大比例的非盐渍化土壤面积急剧增加,相对的轻度和中度盐渍化土壤面积都略有减少,而占据比例最小的重度盐渍化土壤面积则有一定程度的增加。② 从 1985—2006 年渭干河绿洲盐渍化土壤面积在前后两个时期呈现不同的变化趋势。在 1985—1998 年的 13 年间,非盐渍化和轻度盐渍化土壤面积减少,中度盐渍化和重度盐渍化土壤面积增加;而 1998—2006 年的 8 年间,非盐渍化、轻度盐渍化土壤面积显著增加,重度盐渍化土壤面积略有增加,中度盐渍化土壤面积减少。③ 对于阿克苏河绿洲来说,仅有中度盐渍化土壤在 1985—1998 年间面积有所缩小,其他类型盐渍化土壤面积均有不同程度的增加,其中非盐渍化土壤增加幅度较大,这与新开垦耕地面积增加有密切关系。④ 塔河干流绿洲非盐渍化土壤面积呈现出先增加后减少的趋势,但总体来讲有较大面积的增加;与其他三个绿洲不同的是,截至 2006 年塔河干流绿洲轻度盐渍化土壤分布已占有较大比例,其次为中度和非盐渍化土壤,并且随着时间推移,从 1998 年至 2006 年除了非盐渍化土壤面积略微减小外,轻度、中度和重度盐渍化土壤面积都有较大程度的增加。由此可知塔河干流土壤盐渍化情况要较其他三个绿洲更为严重,这种盐渍化程度在随时间推移而加剧。

13.7 绿洲农田水盐管理模式与调控

在绿洲农田生态系统内的盐渍土形成是自然因素和人为因素综合作用的结果,形成盐渍土的自然因素很难改变,这就决定了要把所有的盐渍土改良十分困难。但盐渍土形成的人为因素可以控制,这就决定了部分盐渍土可以改良。由于西北干旱区大部分是内陆封闭区,盐分无外泄条件,决定了即使水利和灌溉水平提高,耕地中的盐渍化也不会全部消灭。

干旱区水资源必须由粗放应用向高效集约利用转变以减轻土地盐碱化问题。根据干旱区农田不同土壤质地、不同作物微灌土壤水、盐和养分运移规律,需肥、需水、耗水规律及高效灌溉制度,研发农田水肥一体化耦合技术、土壤次生盐渍化的综合防治技术以及病虫害防治技术、配套耕作技术、高密度高产栽培技术模式、水库群灌溉优化调度技术、作物需水预测预报及农田灌溉调度管理等关键技术,形成绿洲农田微灌综合配套技术体系。适度发展"盐土农业",阻止灌区盐分的排泄区由尾闾湖向绿洲迁移。未来应在绿洲农业区优先推广以下水盐调控模式。

13.7.1 水、肥、盐一体化灌溉调控水盐模式

以灌区为单元,进行作物、田间、输水系统、水源全过程用水效率协调研究,以提高灌区水资源利用效率为目标,结合灌区地表水和地下水供水保障能力,分析灌区的水量供需特点,开展灌区水资源联合开发动态高效利用研究,推广盐碱地水肥盐一体化灌溉调控技术。绿洲农田生态系统健康维持的关键问题是绿洲水盐平衡问题,保持绿洲生态系统稳定高效可持续发展,灌区水资源合理利用的核心是维持绿洲系统适宜的灌排比。常规灌溉模式下作物实际蒸散量高,农业水资源利用率低,作物产量低,碳循环经济水平低,膜下滴灌较常规灌溉可以节水 50%,省肥 20%,省农药 10%,增产 10% ~ 20%,综合经济效益提高 40% 以上。

13.7.2 农林复合种植精准控盐技术模式

在对灌区水资源、农林业用水和复合种植业结构分析的基础上,建立基于水资源高效利用的农林复合种植优化结构,确定农林复合种植水肥盐一体化精准灌溉制度,开展农林复合种植水肥盐协同管理及配套园艺节水技术示范,建立农林复合种植精准控盐技术体系。

13.7.3 高效节水灌溉技术系统集成利用

在研究灌区尺度自压条件下大口径管道化输配水的控制与运行关键技术,自压滴灌系统保

护装置及调控方法,提出大口径 PVC 管道输配水管网的设计理论和关键技术。研究灌区管网化节水系统模式和田间低能耗、经济节能型滴灌系统模式,开发基于 4G 技术长距离自组网通信网络系统,建设基于云服务灌区灌溉信息管理平台,开发信息化管理、远程控制灌溉系统模式。重点研发区域干排盐生态工程技术与设计、农田干排技术与新材料装备、盐碱地障碍层破除机械设备、农田尺度暗管排水管材与装备、微咸水灌溉利用及装备等。

参 考 文 献

安飞虎,张恒嘉,李云. 2008. 绿洲农田生态系统的特点及生态化学计量特征研究探析. 现代农业科技, 23: 239–240.

陈隆亨. 1995. 荒漠绿洲的形成条件和过程. 干旱区资源与环境, 9(3): 49–57.

范志平,曾德慧,朱教君,等. 2002. 农田防护林生态作用特征研究. 水土保持学报, 16(4): 130–133.

华孟,王坚. 1993. 土壤物理学. 北京: 北京农业大学出版社.

黄聿刚,丛振涛,雷志栋,等. 2005. 新疆麦盖提绿洲水资源利用与耗水分析——绿洲耗散型水文模型的应用. 水利学报, 36(9): 1062–1066.

康绍忠,张书函,聂光铺,等. 1996. 内蒙古敖包小流域土壤入渗分布规律的研究. 土壤侵蚀与水土保持学报, 2(2): 38–46.

沈言俐,杨诗秀,段新杰,等. 1999. 防护林带的排水及耗水作用初步分析. 灌溉排水学报, (2): 38–40.

汤奇成. 1992. 近年塔里木盆地河川年径流量变化趋势分析. 中国沙漠, 12(2): 15–20.

王庆,郭德发,魏剑宏. 2003. 玛纳斯河流域水资源开发与生态环境. 中国水土保持, (12): 20–21.

汪志农,康绍忠,熊运章,等. 2001. 灌溉预报与节水灌溉决策专家系统研究. 节水灌溉, 1(1): 4–7.

张心昱,陈利顶,傅伯杰,等. 2007. 农田生态系统不同土地利用方式与管理措施对土壤质量的影响. 应用生态学报, 18(2): 303–309.

Horton R E. 1940. An approach toward a physical interpretation of infiltration capacity. Soil Science Society of American Journal, 5: 399–417.

Kostiakov A N. 1932. On the dynamics of the confinement of water percolation in soils and on the necessity of studying it from a dynamic point of view for purpose of amelioration. Society of Soil Science, 14: 17–21.

Mualem Y. 1976. A new model for predicting the hydraulic conductivity of unsaturated porous media. Water Resource Research, 12: 513–522.

Van Genuchten M T. 1980. A closed-form equation for predicting the hydraulic conductivity of unsaturated soil. Soil Science Society of American Journal, 44: 892–898.

Yu Y, Jia H, Zhao C. 2018a. Evaluation of the effects of plastic mulching and nitrapyrin on nitrous oxide emissions and economic parameters in an arid agricultural field. Geoderma, 324: 98–108.

Yu Y, Tao H, Yao H, et al. 2018b. Assessment of the effect of plastic mulching on soil respirationin the arid agricultural region of China under future climate scenarios. Agricultural and Forest Meteorology, 256: 1–9.

Yu Y, Tao H, Zhao C, et al. 2017a. Impact of plastic mulching on nitrous oxide emissions in China's arid agricultural region under climate change conditions. Atmospheric Environment, 158: 76–84.

Yu Y, Zhao C, Jia H, et al. 2017b. Effects of nitrogen fertilizer, soil temperature and moisture on the soil-surface CO_2 efflux and production in an oasis cotton field in arid northwestern China. Geoderma, 308: 93–103.

第14章 西南喀斯特峰丛洼地农田生态系统过程与变化*

我国西南喀斯特地区位于 21° N—31° N，青藏高原的东部，以云贵高原及其周边地区为主，在贵州、云南、广西、重庆、四川等省区均有较大面积分布。该区既是全球碳酸盐岩集中分布区面积最大（54 万 km²）、岩溶发育最强烈、人地矛盾最尖锐的地区，也是景观类型复杂、生物多样性丰富、生态系统极为脆弱的地区。该区属于中亚热带到北热带湿润季风气候，雨热同期，年降水量 590～2100 mm，主要集中在 6～9 月，占全年降雨量的 65%～75%，季节性干旱严重。近年来，该区极端气候事件呈现逐渐增强趋势，广西和云南发生洪水的风险和强度以及广西和贵州发生干旱的风险和强度逐年增高。

西南喀斯特地区地处长江、珠江上游生态安全屏障区，也是我国最大面积的连片贫困区域（2014 年国家公布的 592 个贫困县中有 246 个分布在西南喀斯特地区），占全国贫困县总数的 42%。受地质背景制约，喀斯特区域成土速率慢，地表土层浅薄且分布不连续；独特的地表－地下二元水文地质结构导致水文过程变化迅速，水土资源空间分布不匹配；高强度人类活动，特别是不合理的农业耕作，导致植被破坏后较难恢复，水土流失加剧，以石漠化为特征的土地退化严重。围绕喀斯特地区石漠化的治理与生态恢复，国家先后在喀斯特地区实施了天然林保护、退耕还林、石漠化综合治理等一系列生态保护与建设工程。据国家林业局 2012 年发布的第二次石漠化监测公报显示，我国土地石漠化整体扩展的趋势已得到初步遏制，由过去持续增加转为"净减少"，但石漠化防治形势依然严峻。中科院环江喀斯特生态系统观测研究站（简称环江站）基于近 20 年的长期野外观测研究，从农田生态系统养分循环、土壤侵蚀、水文过程及农田复合生态系统构建等方面进行了系列研究，以期为喀斯特地区石漠化综合治理与区域农业可持续发展提供科技支撑。

14.1 峰丛洼地农田生态系统特征

喀斯特环境是一种独特的地理景观，其表层关键带以二元结构（即地表喀斯特单元和地下表层岩溶带共同组成的一个密切联系相互制约的双重结构体）为基本特征，形成了非地带性的脆弱生态系统。全球碳酸盐岩出露面积约占陆地面积的 12%，主要集中分布在东南亚、地中海沿岸和北美东南部，其中位于东南亚片区的我国西南喀斯特是全球连片分布、面积最大、发

---

* 本章作者为中国科学院亚热带农业生态研究所王克林、陈洪松、苏以荣、张伟、付智勇、赵杰、张浩。

育最为典型的碳酸盐岩分布区。受地质背景制约，喀斯特生态系统成土慢、土层浅薄且分布不连续，独特的地表 – 地下二元水文地质结构导致水文过程变化迅速，植被具有喜钙、耐旱、石生的特性，遭到破坏后较难恢复等特点。喀斯特景观以地表水、地下水对碳酸盐岩溶蚀破坏、改造形成的地貌形态为基本特征，包括峰丛、峰林、槽谷、峡谷、盆地等。喀斯特生态系统存在植被、小生境和复杂地形地貌的不同组合，具有高度的空间异质性和地域差异性。随着喀斯特地区以石漠化为主要生态环境问题的日益重视以及喀斯特关键带结构、过程和功能认识的缺乏，国内外对喀斯特生态保护与建设研究给予高度关注。本节围绕喀斯特峰丛洼地地质地貌、峰丛洼地地貌单元农田分布、主要农作物种植制度介绍喀斯特峰农田生态系统基本特征及主要存在的问题。

14.1.1　峰丛洼地地质地貌特征

　　喀斯特峰丛洼地由封闭的洼地与构成流域分水岭的峰丛组成，在八大喀斯特地貌类型中面积最大（ $12.5 \times 10^4 \ km^2$ ），约占西南喀斯特区域总面积的 1/4，主要位于贵州高原向广西丘陵过渡的大斜坡地带。受特殊地质背景的制约，喀斯特峰丛洼地成土物质先天不足，地表土层浅薄，空间分布受控于地貌部位和各形态的溶蚀裂隙系统，是典型的非地带性生态脆弱区，长期以来由于较大的人口和经济压力，石漠化和贫困问题相互交织，生态保护与社会经济发展矛盾突出（Jiang et al., 2014）。碳酸盐岩层经强烈的垂直溶蚀作用形成基座高低不一的溶蚀山峰，聚集成簇，溶峰多为锥状或塔状，即峰丛，峰丛间形成面积比较大的圆形或椭圆形封闭洼地。峰丛与洼地的地貌组合便构成了喀斯特峰丛洼地景观（图 14.1）。

图 14.1　喀斯特峰丛洼地景观单元（参见书末彩插）

　　喀斯特峰丛坡地经常可见"一碗泥巴、一碗饭"的锅盖地，当地居民为了保住土壤和增加耕地，往往采用砌墙保土法，有的地区直接在较大的溶沟、溶洼中耕作。喀斯特峰丛洼地耕地分布十分分散、零星和不足。土壤浅薄、土被不连续等特点导致水分保蓄功能较为低下，生态系统水分季节性亏缺严重。

14.1.2   峰丛洼地地貌单元农田分布特点

受地形剧烈起伏的影响,喀斯特区耕地在土地中的比重小,喀斯特峰丛洼地坡地面积比例达70%以上,耕地仅占土地总面积的约9%。农耕地主要集中分布在洼地以及坡度较小的坡地,以坡耕地为主,占总耕地面积的60%以上(图14.2)。农耕地在空间分布上具有很大的破碎性,主要表现为:地块面积狭小,地坎系数较大,且地势高低悬殊。在同一个峰丛洼地中,由于所处的坡位差异,土壤中砾石含量由下至上逐步上升,土层厚度逐渐减少。受地质背景制约,典型喀斯特峰丛洼地无法修建水库,因此只有面积较大洼地的低洼地带才能种植水稻,且种植水稻时灌溉水主要来源于降水,所以稻田在典型喀斯特峰丛洼地区域较为罕见。

图 14.2   喀斯特峰丛洼地农田分布情况(参见书末彩插)

喀斯特山区,碳酸盐岩一方面风化成土,另一方面不断溶蚀自身,使坡面破碎,在小尺度范围内形成石面、石沟、石坑、石缝、石洞、土面等微地貌,在水流冲刷下使正地形上的土层物质向负地形聚集,造成地表土被分布不连续,土层厚度相差悬殊,形成了高度异质性的生态环境单元。喀斯特峰丛洼地土壤不连续分布,使得农田生态系统在很小的尺度范围内差异较大,相邻地块、甚至是同一地块内农田生态系统的环境条件(土壤性质、水分和养分条件等)和作物生长等的差异较大(王克林等,2008)。喀斯特峰丛洼地区域农田土壤的异质性特征直接导致了该地区土地耕作的困难,是该地区机械化程度低、农业生产效率低的根本原因。受农田生态系统小生境地表微形态和微地貌空间变异的影响,石坑、石沟、石缝、石洞和土面的土壤分布及其性质出现明显的水平空间变异,土壤物理性质(团聚体组成)和土壤养分在不同小生境中差异可达数倍以上。加之,峰丛洼地区广泛分布、大大小小的落水洞在雨季来临时,暴雨易造成土壤及其养分随雨水通过落水洞流失,从而形成喀斯特峰丛洼地区农业生态环境脆弱、土壤贫瘠,农产品产出率和农业比较效益低的总体特征。

14.1.3   峰丛洼地主要农作物种植制度

喀斯特峰丛洼地地区水热条件较好,农作物可以一年两熟或者三熟。同时,喀斯特地区农村人口密度大，人均耕地面积严重不足，耕地复种指数高，耕地压力指数大。受喀斯特生态环境、自然气候资源特点和人文历史因素影响，峰丛洼地区以传统玉米 – 大豆、玉米 – 红薯、水稻 – 水稻等种植制度为主，这种较为单一的种植制度在某些交通闭塞、居民文化程度低的村庄甚至已有上百年种植历史，也是造成峰丛洼地区相对贫困的因素之一。

近十余年来，在地区文化教育程度提高和政府石漠化治理等带动影响下，喀斯特峰丛洼地区农作物种植制度的多样化程度得到显著提高，配套加工产业也得到快速发展，包括种牧草 – 养牛、种桑养蚕、种（甘）蔗产（蔗）糖、种木薯产淀粉等。另外，近年国际市场蚕丝价格较高，桑蚕业在喀斯特峰丛洼地发展较快，其比较效益高于其他农田系统。桑叶种植对土壤肥力和水分的要求较高，适合在洼地（谷地）或坝地土层较厚、土壤养分和水分供应充足的土壤上种植。随着桑蚕业的快速发展，个别农户对蚕粪与桑蚕病虫害的处理不当，对峰丛洼地桑蚕业发展造成负面影响，甚至对相对封闭的单个峰丛洼地桑蚕业形成毁灭性的打击。另外桑蚕业属劳动密集型，农村劳动力外出务工也在一定程度上限制了峰丛洼地桑蚕业规模的进一步扩展。

14.1.4　峰丛洼地区域当前主要农业生态环境问题

（1）人口压力大，不合理土地利用导致土地退化和石漠化

西南喀斯特峰丛洼地地区人地矛盾尖锐，人均耕地面积 1.2 亩，部分石漠化严重地区人均耕地面积不到 0.5 亩。喀斯特地区有限的耕地大多属于旱涝不保收的贫瘠坡地，中低产田比重超过 70%，有效灌溉耕地面积仅占耕地总面积的 34%。人地关系高度紧张，加之全国近 40% 的贫困人口集中在本区，人口对耕地的依赖性极高。同时，该区农民群众受"充分利用每一寸耕地""一年多熟""多种多收"等观念影响较大。由于地质背景制约，传统作物种植的人为耕作活动反复扰动土壤，加剧水土流失，土壤有机质急剧损失，导致喀斯特山地土地退化和石漠化。在水资源调蓄方面，由于地表植被破坏，雨水很快渗漏到地下，形成"地表水贵如油，地下水滚滚流"和"三天无雨地冒烟，一日大雨半月涝"的现象。干旱时不仅生产无法正常进行，而且造成人畜饮水的严重困难。一旦出现强降雨，又会形成大面积内涝。干旱与季节性洪涝等自然灾害使岩溶洼地人民的财产与传统玉米种植遭受巨大损失。

（2）农业结构单一，亟须深化农业结构布局战略性调整

峰丛洼地区域土地利用不合理、社会经济发展水平低下、产业结构单一，如何实现区域生态经济可持续发展并快速提高农民收入水平是该区面临的主要难题。最近的研究表明，我国西南地区极端气候事件呈现逐渐增强趋势（Liu et al., 2014），传统农业种植模式（玉米）在未来气候变化条件下将面临更为严峻的生产安全风险。由于西南喀斯特峰丛洼地特殊的二元空间结构，雨季地下河系统排泄不畅而积水上涌，每年平均有 40% 的洼地出现内涝，在丰水年 70% 的洼地内涝成灾。传统玉米种植，受连续降雨和内涝影响，十年有五年减产，部分受灾严重的洼地甚至绝收。同时，在该区执行的生态建设项目中，相当一部分仍然是一套几十年一贯制，如"坡改梯、植树造林、中低产田土改造、杂交包谷推广"等单项开发治理工作，没有根据不同岩溶生态类型的本质特征来采取相应的治理措施，部分模式科技含量低，难以实现高效持续发展，石漠化趋势与贫困形势仍然严峻。

（3）石漠化治理与农民增收缺乏有机结合，生态与农业产业协调发展面临困难

峰丛洼地地区生态环境与贫困问题交织，全国 42% 的贫困县分布在西南喀斯特区，在石漠

化治理过程中必须兼顾农民增收和民生改善。近年来,通过实施石漠化综合治理、生态移民、退耕还林还草、水土流失治理等一系列生态工程,西南喀斯特区域生态治理已初见成效,但由于生态工程实施过程中没有兼顾农民增收和民生改善,生态恢复的可持续性面临挑战。因而西南喀斯特石漠化区的石漠化治理应寓生态恢复于区域农业结构调整之中,在区域规划基础上,因地制宜构建替代型草食畜牧业、特色水果坚果产业(如柑橘、红心柚、猕猴桃、火龙果、澳洲坚果)、特色种植 – 生态旅游复合产业等模式。如在峰丛洼地地区,通过构建木本饲料植物作为先锋群落,结合优质牧草的种植,大力发展肉牛圈养,形成喀斯特农牧复合生态系统,大大减轻了垦殖活动对坡耕地的破坏,生态系统碳汇、水源涵养、养分循环等生态功能大大提升,草食畜牧业成为农民新增收入的主要来源,同时促进了沼气的普及,有效地保护了薪炭林与水源林。草食畜牧业成为农林牧结合的喀斯特峰丛洼地生态恢复替代产业,为区域农业可持续发展和生态系统服务功能优化调控提供借鉴参考。

14.2　峰丛洼地农田生态系统观测与研究

由于喀斯特生态系统的特殊性,包括成土速率慢,土层浅薄且不连续,碎石含量较高,具有高度空间异质性,地表 – 地下二元三维空间结构发育,水文过程迅速等特点,决定了其农田生态系统观测研究既包括多数农田生态系统的共性观测内容和研究方向,也具有自身特色的观测研究瓶颈问题。环江站以峰丛洼地农田生态系统定位观测研究为基础,结合当地典型农田管理模式,探讨了喀斯特生态系统水文过程、土壤侵蚀等观测研究方法,为该区生态系统结构和功能演变规律研究提供监测技术支撑。

14.2.1　峰丛洼地农田生态系统观测方法

喀斯特生态系统异质性强、土层浅薄且碎石含量高、水文过程迅速且独特,非喀斯特地区传统的监测方法难以直接反映该区快速的三维水土过程,现有监测设备在该地区的应用也面临较多问题。针对喀斯特景观、生境的高度异质性,需要增加各小生境类型水分、土壤监测采样重复,同时增加样地重复,加强样品和样地代表性;目前 CERN 规定的土壤水分监测频率为 30 分钟,从环江站近年的土壤水分自动监测结果来看,监测间隔过长,无法捕捉喀斯特土壤剖面快速运移的湿润锋过程,影响土壤水分动态过程刻画;喀斯特表层岩溶带具有十分重要的水分储存和调蓄功能,因此表层岩溶带的水分状况也需要纳入土壤水分监测系统。譬如,在流域尺度上可以采用相对重力系统实现土壤 – 表层岩溶带的整体监测;同时,喀斯特土壤 – 表层岩溶带系统是一个由多界面组成的三维体系,多界面产流过程主导了坡面径流过程,在常规使用的等间距分层监测土壤剖面水分的基础上,需要在各种产流界面增加水分监测探头,从而促进对喀斯特地区特有的多界面三维产流规律的认识。

喀斯特土壤具有碎石含量高、土层浅薄的特点,同时碳酸盐岩电阻小,生态系统参数监测传感器和数据传输设备很容易遭受雷电损害,故障率高,安装技术要求高、维护难度大;传统单点土壤水分监测实际测量所包括的土壤体积在 500 cm^3 以下。这种小尺度的土壤水分测量结果可能不足以代表高裸岩率、高砾石喀斯特土壤的最小土体单元,需要考虑尝试在较大尺度上监测土壤含水量,如宇宙射线法;在坡面尺度上可考虑将传统土壤水分探头埋入深层表层岩溶带填充物用于监测其水分状况。

14.2.2　峰丛洼地水文过程观测研究方法

针对喀斯特等异质性极强的地区开展坡面入渗、侵蚀研究的瓶颈,提出了一种适宜高异质性喀斯特坡地的可升降便携式模拟降雨器,该降雨器结构紧凑、制作简单、轻便易组装,便于在山坡上操作,能根据地被物高度灵活调节洒水高度,解决了传统研究方法在类似喀斯特等异质性极强的地区开展坡面入渗、侵蚀研究的瓶颈,能够为该类地区开展坡面水文、土壤侵蚀和养分流失等研究提供合适的研究手段和平台。

目前传统土壤水文监测研究装置大多不能同时测定复杂异质性喀斯特坡地地表径流和壤中流,在高异质性喀斯特坡地上监测土壤水文过程极难实现,导致该类地区水文过程、土壤及养分漏失机理、岩溶作用、植物水分适应机制方面的研究缺少适用平台。针对以上问题,环江喀斯特站通过开挖大型断面,构建了一种适用于喀斯特等高异质性坡地土壤水文监测的微型系统。该系统具有较高的水文识别分辨率,不破坏原有土体岩石构造,能够在监测水文过程的同时兼顾水化学指标,解决了在喀斯特等高异质性坡地上监测土壤水文过程的难点,能够为该类地区喀斯特系统研究提供基础平台。

14.2.3　峰丛洼地土壤侵蚀研究方法

喀斯特峰丛洼地的水土流失表现为特殊的地上流失和地下漏失两种方式,复杂的地表、地下双层水文地质结构决定了其水土流失的隐蔽性和复杂性。最新研究表明,喀斯特峰丛洼地泥沙来源主要有坡面表层土、沟道沟壁土,以及由表层岩溶泉携带的岩缝裂隙土(张信宝等,2017),但是三类源地土壤对喀斯特峰丛洼地土壤侵蚀总量的贡献率还不清楚。喀斯特土壤侵蚀过程的多维性和多源性特点,限制了传统土壤侵蚀研究方法(如径流小区、侵蚀模型等)在该区的应用(袁道先,2000)。

喀斯特地区地表土壤的不连续性以及裂隙发育对土壤空间分布的影响,传统的 ^{137}Cs、^{210}Pbex 示踪方法不能直接应用于喀斯特坡地土壤侵蚀速率的估算。通过野外考察和大量的 ^{137}Cs 取样分析,研究发现石缝中的土壤样品 ^{137}Cs 比活度远远高于临近土体,表明裸岩是影响喀斯特区域 ^{137}Cs 地表空间运移的一个重要因素,提出了用裸岩率数据对 ^{137}Cs 面积活度进行校正的方法(表述为:$CCPI = CPI \times SA/TA$,$CCPI$ 为校正后样地的 ^{137}Cs 面积活度,CPI 为样地的 ^{137}Cs 面积活度,SA 为样地内的土面面积,TA 为样地总面积)(张笑楠等,2009)。利用该方法校正后的 ^{137}Cs 面积活度能更好地反映喀斯特区土壤侵蚀沉积特征,在一定程度上消除了裸岩的影响。

近期,环江喀斯特站通过在野外构建能兼顾水土地表流失和地下漏失的新实验方法和观测手段,研究水土流失 – 漏失过程机理,同时验证各种示踪方法的准确性。如,Fu 等(2015a,2016)等通过开挖深入基岩的断面(深 4 m),采用模拟降雨的方法,研究了喀斯特坡面植被 – 土壤 – 表层岩溶带体系中三维水文过程及其影响因素,同时结合水量平衡方程,对表层岩溶带蓄水和深层渗漏进行了估算,初步探讨了表层岩溶带水文调蓄功能,提出了典型喀斯特坡地地上、地下水土流失过程的概念模型。

14.3 峰丛洼地农田生态系统碳、氮养分循环过程

喀斯特地区石灰土独特的土壤环境特征(如高钙、高 pH 与高缓冲能力)决定了其土壤碳、氮养分循环过程有别于其他地区。钙能提高土壤团聚体的稳定性及土壤有机态碳、氮的物理保护作用,从而有助于土壤有机碳、氮的保持,同时通过与有机质(氮)形成 OM– 阳离子复合体而增强有机质的稳定性(Fornara et al., 2011)。土壤 pH 是土壤有机碳矿化、氮素转化过程和供应能力的主要影响因素(Rousk et al., 2009)。喀斯特石灰土的高 pH 特性可以显著激发硝化细菌群落的数量和活性,有利于铵态氮(NH_4^+)氧化,从而加速土壤硝化过程。但是高土壤 pH 不利于真菌生长,因而石灰土较高的 pH 会抑制真菌群落的生长和活性,进而抑制土壤有机质矿化和硝态氮(NO_3^-)同化过程。另外,耕作管理措施可以显著改变土壤团聚体和微生物群落结构,进而对土壤碳氮养分循环过程和土壤有机碳氮养分储量产生深远影响。本节以中科院环江喀斯特生态系统观测研究站长期定位观测和研究结果为基础,结合本区域相关研究进展,分析了喀斯特农田生态系统土壤碳氮转化特征,初步探讨了基于农业废弃物资源化利用的农田生态系统高产、高效和环境协调的管理措施。

14.3.1 峰丛洼地农田生态系统土壤碳、氮及其组分分布特征

西南喀斯特农田生态系统土壤有机碳(SOC)和全氮(TN)含量普遍高于同纬度红壤区农田生态系统(Chen et al., 2012)。研究表明喀斯特农田土壤 SOC 和 TN 含量介于 14.1 ~ 18.3 $g \cdot kg^{-1}$ 和 1.25 ~ 4.07 $g \cdot kg^{-1}$(Zhang et al., 2012;Chen et al., 2012),而文献报道的同纬度红壤区农田(旱地)土壤 SOC 和 TN 含量介于 6.1 ~ 15.4 $g \cdot kg^{-1}$ 和 0.57 ~ 1.4 $g \cdot kg^{-1}$(Chen et al., 2012)。尽管喀斯特农田土壤具有较高的土壤 SOC 和 TN 含量,喀斯特自然生态系统土壤一经开垦,土壤养分即表现出急剧损失的特征:原生喀斯特土壤开垦两年后,土壤有机质(SOC)损失率达 42%,TN 含量水平迅速降低 38%(张伟等,2013)。喀斯特其他地区的研究也表明,退化耕地土壤 TN 含量仅为原生林的 15% ~ 39%,损失率高达 61% ~ 85%(Zhang et al., 2015)。可见,传统农田耕作方式是导致西南喀斯特地区石漠化发生发展的重要诱因。

石灰土 SOC 和 TN 的丢失主要受土地开垦利用驱动的土壤大团聚体破坏和大团聚体 SOC 储量降低影响,而砍伐干扰对土壤物理结构和土壤生物化学性质影响均不显著;火烧干扰显著影响土壤物理结构,但对土壤生物化学性质无显著影响(Xiao et al., 2017)。长期定位观测试验表明,土地开垦利用后最初的 1 ~ 2 次土壤物理扰动(翻耕)对 SOC 的影响最为强烈,其含量呈断崖式显著降低,随后降低趋势趋于平稳;牧草免耕种植有利于减缓 SOC 的丢失,且种植后期 SOC 呈现逐渐积累的趋势(图 14.3)。喀斯特土壤的这些特点说明,农田生态系统的可持续管理应防止对土壤物理扰动,为土壤微生物营造适宜的生境,利用高效固氮植物或缓释肥,优化调控 N 素管理,深化西南喀斯特峰丛洼地农业结构布局战略性调整,改变玉米种植的传统耕作模式。

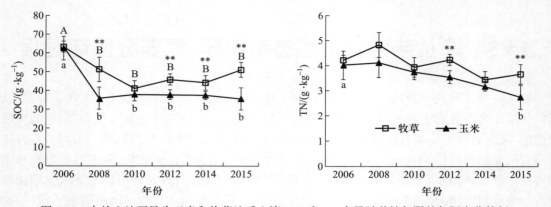

图 14.3　自然土地开垦为玉米和牧草地后土壤 SOC 和 TN 含量随种植年限的年际变化特征

注：不同大写字母表示种植牧草后养分含量与开垦前本底差异显著，不同小写字母表示种植玉米后养分含量与开垦前本底差异显著，* 表示同一观测年玉米和牧草间土壤养分含量差异显著，$P=0.05$。

14.3.2　峰丛洼地农田生态系统土壤碳、氮转化过程

基于室内培养试验，以广西环江县喀斯特地区 3 种典型土壤（棕色石灰土、黑色石灰土和地带性红壤）为供试土壤，通过室内培养试验，利用碳同位素示踪技术与分子生物学技术相结合，研究了外源 $Ca^{14}CO_3$ 和 ^{14}C- 稻草（添加方式：① 对照（无外源物添加，CK）；② 添加 ^{14}C- 稻草（S）；③ 添加 $Ca^{14}CO_3$ 粉末（C）；④ 同时添加 ^{14}C- 稻草和 $CaCO_3$ 粉末（S+C'））对土壤有机碳矿化过程及土壤微生物群落丰度、遗传多样性的影响。

研究结果发现，外源物都明显促进了红壤、棕色和黑色石灰土土壤有机碳的矿化（表 14.1）：外源 ^{14}C- 稻草和 $Ca^{14}CO_3$ 对上述土壤有机碳矿化的激发效应分别为 28.74%、46.20%、15.48% 和 126.98%、175.25%、100.13%，土壤"表观累积矿化量"中外源 $Ca^{14}CO_3$ 的贡献率分别为 40.40%、48.44%、19.62%。黑色石灰土土壤有机碳较稳定，有利于土壤有机碳的积累。

表 14.1　培养 100 天后添加物对有机碳矿化影响的方差分析结果

影响因素	F 值				
	SOC 激发效应	土壤"表观累积矿化量"外源物贡献率	SOC 矿化速率	SOC 累积矿化量	SOC 累积矿化率
土壤类型	34.5**	462.5**	90.41**	932.43**	935.35**
添加物	391.9**	5150.2**	108.17**	165.32**	423.64**
土壤类型 × 添加物	6.25**	270.2**	29.48**	3.68*	78.21**

注：显著性水平，*$P<0.05$，**$P<0.01$。

外源 ^{14}C- 稻草和 $Ca^{14}CO_3$ 添加后，黑色石灰土总微生物量碳含量显著高于棕色石灰土和红壤（$P<0.05$）。定量 PCR（RT-PCR）研究外源 ^{14}C- 稻草和 $Ca^{14}CO_3$ 对土壤微生物群落丰度的影响，结果显示：外源物的添加明显促进了 3 种土壤细菌数量的增加（$P<0.05$），黑色石灰土细菌数量远大于棕色石灰土和红壤，而 3 种土壤中真菌数量无显著差异。同一处理，土壤细菌

16SrDNA 基因丰度显著大于真菌 18SrDNA 基因丰度（$P<0.05$）（图 14.4）。可见，土壤类型及 $^{14}C-$ 稻草和 $Ca^{14}CO_3$ 的添加显著影响喀斯特土壤有机碳矿化、土壤微生物群落丰度及其遗传多样性，在土壤微生物的作用下，无机碳酸盐参与土壤碳转化。对于含碳酸盐的石灰土，研究土壤有机碳矿化、评估其对大气 CO_2 的影响必须考虑无机碳酸盐的贡献。

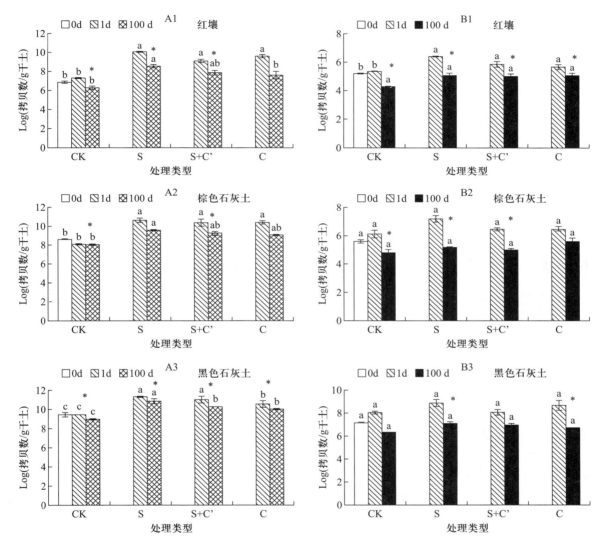

图 14.4 不同添加处理 3 种土壤细菌 16SrDNA（A1 ~ A3）和真菌 18SrDNA（B1 ~ B3）基因丰度
注：小写字母代表同种土壤不同处理差异显著（$P<0.05$），* 代表同种处理不同时间差异显著（$P<0.05$）。

喀斯特石灰土与同纬度地带性红壤的 N 转化过程也具有不同特征，基于室内培养试验，利用 ^{15}N 示踪技术，比较了典型喀斯特石灰土与相邻红壤区土壤氮素转化速率。结果表明红壤区土壤矿化速率远高于硝化速率，而石灰土硝化速率小于矿化速率（图 14.5）；且相比喀斯特土壤，黄壤硝氮异化还原为铵氮速率更高，说明这两种土壤氮素转化特征明显不同，喀斯特土壤有机氮更容易转化为硝态氮，因此氮流失风险更高（Li et al., 2017b）。同时，研究还发现，喀斯特石灰

土微生物对 NO_3^- 的固持量仅为总硝化量的 2.9%,而同地区红壤微生物对 NO_3^- 的固持量达总硝化量的 153%。以上研究结果均表明,喀斯特石灰土具有较低的生物氮固持能力和较高的氮流失风险,在该地区较高的年降雨量和特殊的二元结构背景下,氮的这一迁移转化特点会进一步加剧。

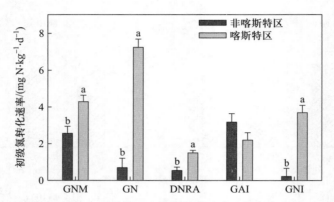

图 14.5　喀斯特土壤与相邻黄壤区土壤氮转化速率比较研究(Li et al., 2017b)

注:GNM:初级矿化速率;GN:初级硝化速率;DNRA:硝氮异化还原速率;GAI:铵固持速率;GNI:硝固持速率。

14.3.3　施肥处理对峰丛洼地农田土壤养分的影响

基于 6 种施肥处理方式,分析了在固定 N、P、K 施入量条件下,不同有机肥和化肥施用比例对土壤碳氮养分的影响。6 种处理方式分别为:① CK:不施肥;② NPK:无机肥施用处理,施用的无机肥分别为尿素、钙镁磷肥和氯化钾。N、P_2O_5、K_2O 施用量分别为:玉米每季 200.0 kg·hm⁻²、90.0 kg·hm⁻² 和 120.0 kg·hm⁻²,大豆每季 22.5 kg·hm⁻²、60.0 kg·hm⁻² 和 67.5 kg·hm⁻²;③ C7S3:70%NPK+30% 秸秆(按 K 素计算,不足 30% 的 N、P 用无机肥补充;肥料总量与处理②相同,下同);④ C7M3:70%NPK+30% 农家肥(按 N 素计算,不足 30% 的 P、K 用无机肥补充);⑤ C4S6:40%NPK+60% 秸秆(按 K 素计算,不足 60% 的 N、P 用无机肥补充);⑥ C4M6:40%NPK+60% 农家肥(按 N 素计算,不足 60% 的 P、K 用无机肥补充)。

结果发现,处理实施 2 年或 4 年后,所有土壤养分在各施肥处理之间均具有显著差异,说明施肥处理对土壤养分的变化有显著影响(表 14.2)。其中,处理实施 2 年后,土壤有机质(SOM)在各施肥处理之间就达到了显著差异,CK 显著低于 C4M6 处理,其他处理方式的 SOM 含量也高于 CK,但是差异不显著。处理实施 4 年后,TN、Sav.K、AN、AP、AK 等养分在各处理间达到显著差异,其中 CK 处理的 TN 和 AN 含量显著低于 C4M6 处理,其他处理方式的 TN 和 AN 含量也高于 CK,但是差异不显著。CK 处理的 Sav.K、AP、AK 等缓效和速效养分也显著低于其他处理,其中 C4M6 处理上述各养分含量最高,说明 C4M6(无机肥和农家肥混合施用)处理最有利于石灰土 SOM、N、P、K 等养分的积累和保蓄。pH 在各处理间均没有显著差异,说明施肥处理方式对 pH 的变化没有显著影响。研究结果说明施用有机肥(农家肥和秸秆)有利于石灰土 SOM 和相关养分含量的提高,是一种更加环境友好的农田生态系统管理方式。相对于使用秸秆的处理,施用农家肥有利于土壤 SOM 和 K 的积累。

表 14.2 养分的年际变化及其不同施肥处理的方差分析

施肥处理	年份	SOM /(g·kg^{-1})	TN /(g·kg^{-1})	Sav.K /(g·kg^{-1})	AN /(mg·kg^{-1})	AP /(mg·kg^{-1})	AK /(mg·kg^{-1})	pH
CK	2006	43.7±1.9^B	2.12±0.05	328.3±21.5	153.5±10.4	6.28±0.67	87±6.3	7.43±0.02^B
	2008	36.8±0.9^{Aa}	2.18±0.1	253.1±23.9	127.8±9.1	6.35±0.83	108±20.6	7.1±0.05^A
	2010	36.6±1.5^{Aa}	1.94±0.1a	247.1±21.2^a	116.6±8.7^a	5.54±0.83^A	68.6±3.9^a	7.45±0.06^B
NPK	2006	45.3±5.8	2.21±0.05	316.7±21.9^A	158.4±21	6.59±0.54^A	76.8±5.3^A	7.49±0.12^B
	2008	38±0.5^{ab}	2.23±0.09	384.2±46.6^{AB}	134.8±11.1	9.16±1.84^A	217.2±36.7^B	6.97±0.08^A
	2010	38.7±3.1^{ab}	2.05±0.15^{ab}	461.4±27.7^{Bb}	118.7±8.4^{ab}	22.81±3.73^{Bb}	272.8±29.9^{Bb}	7.51±0.1^B
C7S3	2006	39.5±3.9	2.04±0.06	221.4±20^A	154.4±3.7^B	6.5±0.49^A	77.1±5.1^A	7.35±0.05^B
	2008	38.4±0.3^{ab}	2.21±0.08	323.9±29.1^B	129.6±10.5^B	15.45±2.92^A	176.5±31.9^B	7.01±0.08^A
	2010	39.5±2.1^{ab}	2.06±0.08^{ab}	416±20.2^{Cb}	118.8±1.4^{Aab}	18.64±4.53^{Bb}	227.3±21.7^B	7.43±0.07^B
C7M3	2006	36.7±2.3	1.95±0.06	198.7±25.5^A	142.1±12.4	5.63±0.64^A	69.2±5.6^A	7.53±0.05^B
	2008	39.1±2^{ab}	2.28±0.14	365.8±31^B	139.3±13.9	8.99±1.67^A	207±21^B	6.96±0.12^A
	2010	36.3±0.9^a	1.94±0.06^a	470.8±30.1^{Bb}	119.2±3.2^a	18.25±2.74^{Bb}	295±25.8^{Cb}	7.37±0.05^B
C4S6	2006	44.3±2.1	2.15±0.06	215.5±21.4^A	160.5±14.6	5.9±0.64^A	81.1±9^A	7.49±0.19
	2008	38.2±0.9^{ab}	2.19±0.06	321±32.9^B	129.1±7.8	11.31±2.07^A	175.6±22.5^B	7.12±0.08
	2010	41.6±1.8^{ab}	2.2±0.08^{ab}	396±11.6^{Bb}	131.8±6.5^{ab}	21.47±3.88^{Bb}	206.7±12.4^B	7.56±0.05
C4M6	2006	45.7±2.6	2.19±0.06	235±20.8^A	169.8±9.1^B	7.46±0.74^A	95.5±6.5^A	7.49±0.15
	2008	41.9±0.6^b	2.34±0.09	414.3±48.4^B	140.7±9.8^A	10.14±1.6^A	237.2±38.4^B	7.1±0.02
	2010	43.6±2.4^b	2.27±0.07^b	555±27.6^{Bc}	136.5±5.3^{Ab}	21.83±4.1^{Bb}	381.1±40.8^{Cc}	7.42±0.09

注：不同大写字母表示该处理土壤养分年际间的变化具有显著差异（P<0.05）；不同小写字母表示该土壤养分在该年份不同处理间具有显著差异（P<0.05）。

14.3.4　有机废弃物资源利用对作物养分吸收和农田固碳的影响

利用田间和盆栽试验,研究了不同有机肥与化肥配施对作物产量和养分吸收、土壤碳库和农田碳储量的影响,以获得有利于喀斯特地区农田固碳的有机肥资源利用模式。田间试验设不施肥、全化肥、50% 秸秆 +50% 化肥、50% 牛粪 +50% 化肥、50% 滤泥 +50% 化肥和 50% 甘蔗灰 +50% 化肥。盆栽试验选用 4 种有机肥,即玉米秸秆、牛粪、滤泥和甘蔗灰,以及 3 种有机肥和化肥配比,即70% 化肥 +30% 有机肥、60% 化肥 +40% 有机肥、50% 化肥 +50% 有机肥,以不施肥(CK)和全化肥(NPK)为对照。

研究结果发现:① 与单施化肥相比,有机肥与化肥配合施用在不同程度上提高作物干物质量、养分吸收量和 SOC 含量 SOC。有机肥与化肥配比合适时增产效果优于单施化肥,各有机肥中以牛粪的增产效果最好。② 与不施肥相比,单施化肥对土壤 SOC 无明显影响,有机肥的连续施用比连续单施化肥更利于土壤 SOC 的提高。施用同一种有机肥,土壤 SOC 随有机肥配比增大而增大,当有机肥与化肥的配比超过某一临界值时,SOC 变化不显著。土壤活性有机碳和碳库管理指数随着秸秆配比增大而增加,随着牛粪和滤泥配比增大先提高后下降,而随着甘蔗灰配比增大则下降。③ 与单施化肥相比,有机无机肥配施增加农田碳储量,但不同栽培季节农田碳储量表现不同。第 1 季农田碳储量表现为甘蔗灰 > 牛粪 > 滤泥 > 秸秆 > 单施化肥,以 60% 化肥 +40% 甘蔗灰和 50% 化肥 +50% 甘蔗灰处理增幅最大,显著高于其余处理;第 2 季时表现为秸秆 > 牛粪 > 甘蔗灰 > 滤泥 > 单施化肥,以 60% 化肥 +40% 秸秆和 50% 化肥 +50% 秸秆处理增幅最大,显著高于其余处理。综上所述,60% 化肥 +40% 牛粪和 50% 化肥 +50% 牛粪是增加作物产量、养分吸收和农田碳储量的最佳方案;秸秆和甘蔗灰的施用更有利于土壤有机碳积累,其配比越大,土壤有机碳含量越高,农田固碳效应越好。

14.4　峰丛洼地农田土壤侵蚀过程

西南喀斯特地区受地质背景制约,成土过程极其缓慢,土层浅薄且不连续,土壤容许流失量低,水土流失危险度高。由于地表土被空间分布的不连续和高异质性,以及地下各形态喀斯特溶蚀系统的隐蔽和复杂性,该地区水文过程独特且复杂,存在多界面产流模式,且以地下水文过程为主。在这一特殊水文过程驱动下,该区峰丛洼地农田生态系统土壤侵蚀与其他类型区显著不同,叠加了化学溶蚀、重力侵蚀和流水侵蚀的耦合作用,呈现地面流失和地下漏失的混合侵蚀机制。

14.4.1　峰丛洼地区域成土过程及其土壤容许侵蚀量

发育完全的碳酸盐岩风化壳通常呈现出清晰突变的岩 - 土界面,这种独特的剖面构型与非喀斯特区结晶岩风化剖面的连续过渡演化特征形成鲜明对比。由于碳酸盐岩酸不溶物含量一般极低(<5%),在基岩风化过程中,伴随碳酸盐的大量溶蚀,由其发育的风化壳存在巨大的体积缩小变化,原岩风化残余结构和半风化带往往难以保留,剖面自下而上通常呈现为基岩→碎裂基岩(有时缺失)→岩粉层→全风化层→土壤层的分带特征。其中,岩粉层 - 全风化层之间(即岩 -

土界面）不仅在宏观上表现出清晰突变的接触关系,而且也是一个重要的地球化学不连续面,该界面酸不溶物的地球化学指标发生了突变。这种碳酸盐岩母岩与土壤直接刚性接触的土壤剖面结构,往往导致土壤与岩石之间的亲和力和黏着力差,一旦遇大雨,极易产生水土流失和块体滑移。

碳酸盐岩类型主要为两大类:石灰岩和白云岩,它们的溶蚀过程具有不同的特征,石灰岩溶蚀速率快,其比溶蚀度是白云岩的 2 倍,但白云岩具有较大量的物理风化,形成白云石沙,并可成为土壤的机械组分,其物理风化量是石灰岩的 4~5 倍。因此在计算成土速率时,在相同的酸不溶物和外界条件下,白云岩的成土速率是石灰岩的 2~2.5 倍。白云岩层和石灰岩层上都可发育风化壳,但二者有较明显的差别。石灰岩区土壤易聚集在岩体的裂隙和地下空隙系统中,土层厚薄不一,基岩裸露率高;白云岩区土壤和溶蚀残余物质能相对均匀地分布于地表,土体连续,土层厚度薄,基岩裸露率低,但石砾含量高。

喀斯特峰丛洼地土壤容许侵蚀的大小取决于成土速率,而这一方面与酸不溶物含量有关,另一方面与溶蚀速率的大小有关。碳酸盐岩酸不溶物含量普遍低于 5%,成土物质先天不足导致喀斯特成土速率极其缓慢,例如,黔桂地区碳酸盐岩风化成土速率仅为 $0.21 \sim 6.8 \ \mathrm{g \cdot m^{-2} \cdot 年^{-1}}$,形成 1 cm 厚的土层,至少需要 40000 年以上,成土母质的这种特性决定了在人类文明发展尺度下喀斯特生态系统土壤难以再生(陈洪松等,2018)。中华人民共和国水利部于 1997 年颁布的土壤侵蚀强度分级标准中,西南喀斯特区的容许土壤流失量指标为 $500 \ \mathrm{t \cdot km^{-2} \cdot 年^{-1}}$。随着西南喀斯特地区土壤侵蚀研究的深入,2009 年水利部将岩溶区容许土壤侵蚀量调整为 $50 \ \mathrm{t \cdot km^{-2} \cdot 年^{-1}}$。但至今对喀斯特地区土壤侵蚀分级指标体系仍存在很大的争议。

14.4.2 峰丛洼地农田水土流失特征及其影响因素

在岩溶作用驱动下,喀斯特土壤 – 表层岩溶带相互交错、耦合发育、共同演化,特殊物理结构决定了喀斯特地区土壤侵蚀过程表现出地表、地下侵蚀的三维立体性。碳酸盐岩差异化溶蚀塑造的“二元结构”导致土壤地表流失、地下漏失并存(图 14.6)。有关喀斯特水土流失 – 漏失途径和机制方面的研究包括以下方面:地表土壤侵蚀(Feng et al., 2016);在落水洞或竖井等垂直管道上覆土被的塌陷(Tang et al., 2016);泥沙直接进入开放裂隙、落水洞、竖井等地下通道(Herman et al., 2012);土壤沿未开放的具有突变界面的张性节理裂隙流失,以及地下水侵蚀裂隙填充土壤导致坡地土壤整体蠕移 – 坍塌(Fu et al., 2016)(图 14.6)。

长期监测结果表明在喀斯特坡地降雨过程中地表径流量少、地表侵蚀产沙量小(陈洪松等,2012)。虽然喀斯特坡地地面侵蚀量少,但土壤的地下流失严重。坡面土壤地下漏失主要形式有土壤以蠕滑或错落等形式填充岩溶孔隙和孔洞,造成坡地地面溶沟、溶槽、洼地和岩石缝隙内的土壤沉陷(张信宝等,2007);土壤团聚体的崩解和离散形成的细颗粒物质容易沿着土间孔隙和岩溶裂隙向地下空间迁移。流域和小流域尺度,落水洞土壤漏失是土壤地下流失的重要形式。$^{137}\mathrm{Cs}$ 和土壤营养元素在坡地的分布结果表明,喀斯特区的地下漏失并非到处可见,往往发生在岩石裸露率高、人为干扰较强的地区(张笑楠等,2009)。由于峰丛洼地地下空间隐蔽、结构异常复杂、形式多样且有些尚在发育阶段,对地下空间结构形态及其变化还不甚清楚,土壤地下流失研究工作面临很大困难,进展缓慢。

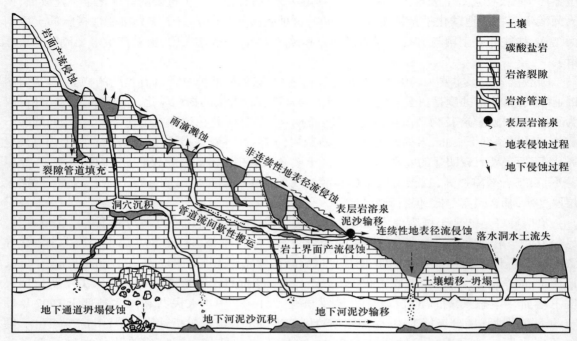

图 14.6　喀斯特峰丛洼地水土流失 – 漏失概化图（陈洪松等，2018）

　　此外,喀斯特地区水土漏失具有极强的时空异质性、非线性和尺度依赖性（Fu et al.,2016）。以广西典型峰丛洼地为例,通过野外调查土壤分布、水文地质条件、土壤侵蚀特点,发现坡上土壤流失以地下漏失为主,洼地底部土壤流失以地表流失为主。通过坡面径流小区长期监测研究发现,喀斯特坡面流具有地形分异效应,总体上峰坡中部表层岩溶带发育弱,雨水主要以坡面流流失;缓坡部位表层岩溶带中等发育且不均匀,坡面流具有一定的非连续性;洼地底部接收大量表层岩溶带径流侧向补给,导致饱和产流,坡面流连续性强。目前,综合采用模拟降雨、断面开挖或洞穴监测、水文地质钻探、电法测井、高密度电法测量以及示踪试验等手段,是研究土壤 – 表层岩溶带三维物质迁移（水、土壤、养分、污染物、致病微生物迁移）的主要方法。

　　喀斯特地区的土地利用方式主要通过作用于土壤结构稳定性、入渗性能、微地貌等,直接或间接影响喀斯特水土流失关键过程。一般认为,减少人类的扰动是降低喀斯特生态系统土壤侵蚀风险的主要方式。喀斯特地区坡耕地和人工林土壤水稳性大团聚体含量和水稳性团聚体总量均较少,土壤结构较差,土壤抗侵蚀性极弱,人为干扰破坏了土壤结构,降低了团聚体的稳定性;原生林和次生林土壤水稳性团聚体总量较多,土壤团聚体结构破坏率和分散率低,抗侵蚀性显著较高（陈佳等,2012）。陈洪松等（2012）基于中科院环江喀斯特站 13 个大型径流小区 6 年的定位观测则发现植被类型、土地利用和喀斯特岩土结构对土壤侵蚀过程具有交互影响。不同利用方式地表侵蚀产沙模数虽有较大差异,但土壤侵蚀以微度（<30 t·km^{-2}·年$^{-1}$）为主,部分甚至只有 0 ~ 5 t·km^{-2}·年$^{-1}$。人为干扰会增加地表侵蚀产沙量。一定的工程措施和种植结构的调整都能很好地减少水土流失,坡改梯和金银花小区随年限的增加,防止土壤流失的效果越来越好。

14.4.3 峰丛洼地水土流失模拟

喀斯特峰丛洼地是由溶隙、溶洞及管道等多重介质构成,且不断演变的复杂动态系统,地表水、土壤水和地下水之间的水文过程极其复杂,具有裂隙流和管道流并存、层流和紊流并存、线性流和非线性流并存、连续流和孤立水体并存的特点,建立适合喀斯特地区的水文 – 侵蚀模型极具挑战性。传统基于地表径流冲刷构建的土壤侵蚀模型在喀斯特地区应用会带来很大的误差,必须针对喀斯特地区的水土流失特点进行改进或修正。

目前国外已有一些研究者针对喀斯特土壤侵蚀的特征对侵蚀模型进行了较为深入地探讨,如:Lopez-Vicente 等将改进的 RMMF 模型应用到地中海喀斯特地区土壤侵蚀量的计算(López-Vicente et al.,2013);Geissen 等(2008)在墨西哥东南部结合实地调查与自动分类树归纳法,提出指导土壤侵蚀危险性制图的定性模型。国内部分研究者基于模型改进,初步进行了喀斯特地区土壤侵蚀的模型模拟研究。如,Feng 等(2014,2016)在典型喀斯特峰丛洼地小流域,综合应用 [137]Cs 示踪技术和模型模拟,通过改进基于过程的分布式半经验 RMMF(Revised Morgan,Morgan and Finney)模型和通用土壤流失方程(RUSLE)模型,大大提高了峰丛洼地表侵蚀过程的模拟精度。

然而,由于喀斯特地下流失受研究手段和方法所限,目前尚无法准确模拟其在地表 – 地下水土流失总量中的贡献率。但对落水洞等关键部位进行工程防治能大大降低其危害性。因而喀斯特峰丛洼地水土保持必须结合石漠化综合防治,以水土资源的有效保护和合理利用为原则,以生物措施为主,辅以小型分散的工程措施,兼顾生态、经济效益,因地制宜地开展试验与示范。根据不同土地类型情况,依据充分合理利用水、土、石资源以及改善生态环境的原则,主要有水源林、植物篱、截流沟、坡改梯、砌墙保土、客土整地等措施。

14.5 峰丛洼地土壤水分循环过程

喀斯特峰丛洼地在长期强烈的岩溶化作用下,岩溶孔隙、裂隙发育,地表水大量渗漏,形成"土在楼上、水在楼下"的水土资源不配套格局,坡耕地缺水少土的问题尤其严重。深入了解喀斯特坡耕地土壤水分循环过程,是促进该区农业可持续发展,保障水土资源可持续利用的重要前提。本节以环江站长期定位观测和研究结果为基础,结合本区域相关研究进展,从喀斯特土壤空间分布及其水力学特性、土壤水分时空变异特征、坡地降雨入渗产流特征三方面进行了归纳总结,探讨了近年来我国西南喀斯特坡耕地土壤水分循环观测和研究结果方面的认识。

14.5.1 峰丛洼地土壤空间分布及其水力学特性

在差异化岩溶作用下,岩溶表层岩溶带地形起伏剧烈,土壤 – 表层岩溶带展现出由植物根系、土壤填充物、岩溶裂隙管道和碳酸盐岩基质共同耦合交织的复杂三维网络结构。在表层岩溶带的参与下,这种多界面交错结构是岩溶关键带区别于非岩溶关键带的最主要特征。在流域尺度上,喀斯特峰丛洼地表现出上陡下缓的地形特征,在岩溶作用和地形因子的综合作用下,峰丛洼地地貌单元内土壤类型分异明显,表现出上坡为土石混合,中坡为分层浅薄沙壤土,洼地为深厚黏土的土链分布格局。表层岩溶带是基岩风化的结果,是喀斯特地区特有而又区别于土壤的储水介质,一方面其裂隙发育,可以快速排泄由土壤层迁移来的水分,另一方面其孔隙发育,可以储存大量的水分,对于喀斯特小流域的水文过程具有重要的调节作用(Fu et al., 2015b; Hu et al., 2015)。

喀斯特土壤性质受地形因素影响较大(Chen et al., 2011; Fu et al., 2015c),土壤孔隙度在上坡位总体上表现出凸曲面分布,下坡位和洼地为凹曲面的特征。表层 10 cm 土壤最大持水量为 37.79 ± 13.69 mm,潜在持水量为 11.41 ± 6.91 mm,相对于非喀斯特地区均较小。最大持水量空间分布相对连续,高值区多分布在坡脚部位,与海拔相关性较强,呈负相关关系,而土壤潜在持水量空间连续也较好,且随海拔的升高而升高的趋势。

喀斯特地区表层土壤饱和导水率均值较高(>30 mm·h^{-1}),并且变异性较大,具有强烈的空间相关性(付同刚等,2015)。刘建伟等(2008)发现农田土壤坡面不同层次土壤透水性能差异较大且有随土层深度增加而减小的趋势。土壤饱和导水率和非毛管孔隙度呈极显著正相关,与容重极显著负相关,与碎石含量、土壤有机碳含量呈显著正相关;在环境因子中,与坡度显著正相关,与坡向相关性不显著(Fu et al., 2015a)。在垂直方向上,表层土壤饱和导水率显著大于其他层次,其他土壤层次之间没有显著性差异(付同刚等,2015)。单独的地形或植被类型对饱和导水率的影响不显著,而二者的交互作用显著,可见喀斯特区饱和导水率的影响因素极其复杂(Fu et al., 2015a)。

14.5.2   峰丛洼地土壤水分时空变异特征

喀斯特地区土壤与岩石的斑块分布以及地表 – 地下空间的连通性,产生不同的土壤 – 岩石环境,形成复杂多变的地形地貌和类型多样的小生境,受不同生境降雨入渗产流规律和蒸散状况差异的影响,该区土壤水分具有明显的时空异质性和派生性(Zhang et al., 2011a)。长期研究表明,由于地表基岩出露、地下岩石起伏和裂隙结构的多样性,即使在相同岩性、土壤、植被条件下,不同类型小生境水分状况也有很大差异,导致水分呈现斑块状或条带状分布并具有明显的季节变化和尺度效应(Yang et al., 2016a; 张继光等,2008)。喀斯特坡地土壤水分空间分布主要受到土地利用方式、裸岩率、土深和土质的影响,容重和坡度的影响次之,坡位和海拔的影响最小。在流域尺度,不同植被类型土壤水分空间分布具有明显差异,且人为干扰对土壤水分的空间分布和动态变化有重要影响(Chen et al., 2010)。

喀斯特地区旱、雨季分明,土壤含水量年具有明显的季节变化,旱季显著低于雨季,并且旱季土壤含水量的异质性更高。基于长期监测,白云岩坡耕地 0 ~ 10 cm 和 10 ~ 20 cm 土层分别为活跃层和次活跃层,而自然灌丛均为次活跃层,深层土壤均相对平稳,农业生产的干扰对土壤水分的变化有很大的影响(陈洪松等,2012)。在相同次降雨条件下,5° 坡耕地 > 坡改梯地 >10° 坡耕地 > 林地,且前三者的土壤含水量相近,与林地土壤含水量差异明显。坡耕地相较于林地植被覆盖度低,降雨径流量低,降雨过程中水分垂直入渗较高;另外受耕作影响,土壤孔隙度增加,渗透性能增强,使降水进入土壤范围更广更深。降雨结束后,坡耕地地表更容易受到日照的影响,蒸散发量明显大于其他类型,从而导致土壤含水量变化迅速。

在土壤剖面含水量分异方面,付同刚等(2015)研究表明随着土壤深度增加土壤含水量逐渐增加,土壤性质对土壤含水量起主导作用。张继光等(2008)发现洼地耕地中土壤剖面土壤含水量随着土层加深呈先减小、后增大的趋势,且呈现弱变异,具有良好的半方差结构和较强的空间相关性,均可用球状模型拟合。植被、土壤性质以及土地利用方式的改变对于剖面土壤储水性能有重要影响,作物种植加剧了土壤水分的运动与变异。在各作物种植方式下的水分时间序列演变趋势保持基本一致,特别是水分活跃层。作物种植方式的差异对土壤各层次的水分变异有重要影响,并且随着剖面垂直深度的增加而衰减。植被根系主要影响表层土壤,随着剖面深度的增加,植被的影响程度降低。

14.5.3　峰丛洼地坡地降雨入渗产流机制

环江站大型径流场监测数据显示平水年径流系数为 0.06%~1.5%,丰水年为 0.11%~2.47%,降雨几乎全部入渗(陈洪松等,2012)(表 14.3)。虽然坡耕地是干扰最大的土地利用类型,但是其径流系数显著小于封育坡地,说明植被类型和土地利用方式对坡面降雨产流的影响不同于其他地区。贵州普定县陈旗小流域的研究结果也表明,坡耕地地表产流较小,径流系数介于0.09%~6%,降雨量、雨强和前期降雨量与地表径流的产生和变化均有关系,在人类剧烈扰动影响下,地表径流系数随降雨雨量的变化呈突变式增长(彭韬等,2008)。

表 14.3　环江站大径流场不同利用方式坡地次降雨地表径流系数(%)变化特征

利用方式	平水年(1382.0 mm)			丰水年(1979.7 mm)		
	平均值	最大值	最小值	平均值	最大值	最小值
1. 火烧迹地	0.66[bc]	1.74	0.03	0.98[a]	3.58	0.08
2. 砍伐退化	0.32[f]	0.98	0.02	0.08[d]	0.33	0.01
3. 中度退化	0.77[ab]	2.10	0.10	0.57[abc]	2.63	0.03
4. 重度退化	0.54[cde]	1.45	0.08	0.62[abc]	3.46	0.08
5. 自然封育	0.85[a]	4.57	0.15	0.94[ab]	3.63	0.24
6. 经济林地	0.64[bcd]	1.76	0.13	0.70[abc]	3.00	0.06
7. 落叶果树	0.74[ab]	4.13	0.12	0.77[abc]	3.04	0.13
8. 木本饲料林	0.48[cdef]	2.88	0.05	0.49[cde]	2.66	0.03
9. 坡耕地	0.54[cde]	1.50	0.06	0.61[abc]	2.47	0.11
10. 牧草地	0.53[cde]	1.77	0.10	0.57[abc]	3.40	0.07
11. 落叶乔木林	0.46[def]	1.45	0.15	0.61[abc]	2.85	0.24
12. 常绿乔木林	0.45[def]	1.69	0.01	0.36[cd]	2.43	0.06
13. 落叶 – 常绿	0.41[def]	1.18	0.03	0.51[bc]	2.21	0.01

在相同降雨条件下,坡度大的坡耕地径流量大,并且坡耕地与坡改梯地径流量相近,并与林地径流差异明显,以林地径流量最小,且随着降雨量的增大,其差异性具有缩小的趋势(Chen et al.,2010;Fu et al.,2016)。农作物覆盖与径流量呈负相关,作物覆盖度越小,降雨过程中拦截的降水越少,增加了径流的风险;农业耕作对土壤的翻耕、压实和施肥等会改变土壤物理化学性质,增大农耕地水土流失风险。

基于喀斯特坡地大型断面(20~100 m^2)模拟降雨研究,发现喀斯特坡地水文过程以地下水文过程为主(岩土界面壤中流、表层岩溶带侧渗、表层岩溶带蓄水、深层入渗),壤中流是喀斯特地区一种重要的水文过程,表现为超渗蓄满产流机制。不同产流模式的相对重要性受控于植被 – 土壤 – 表层岩溶带耦合结构(土厚、基岩地形、表层岩溶带发育、地表覆被格局、根系穿插、初始边界条件等)(Fu et al.,2016)。地下水流在土石界面凹陷区的“充填和溢出”与地表产流过程相似,雨水先填洼,然后饱和区连接产生地表径流。喀斯特地区地表地下基岩起伏剧烈,在雨季地下基岩地形指数与地表径流和壤中流产流量具有很好相关性,可以预测产流量和壤中流的空间格局。在相同坡度和基岩裸岩率条件下,不同降雨强度和地下孔裂隙度的地表地下径流分配呈负相关并具有临界点和交叉平衡点。

喀斯特峰丛洼地表现出上陡下缓的地形特征,上坡部分裸岩面形成超渗地表径流,中坡土石混合体入渗性能强,降雨大部分垂直补给地下管道裂隙,部分沿土岩界面横向沿坡向下运移,上坡位黏质土壤入渗性能较小且坡度变缓,加之有上坡土岩界面产流的补给,地表径流、壤中流和回归流并存,往往成为整个峰丛坡地产汇流关键区(图 14.7)。通过对不同类型风化基岩裂隙土壤的分层取样分析,发现不同岩 – 土构型剖面和填充裂隙都具有一定的持水、供水能力,但并不都是水分快速运移通道,其生态水文功能取决于土壤(或填充物)的性质及其剖面分层特征。喀斯特地区地表地下二元结构发育,石质坡耕地表面岩石裸露,土壤薄并且呈现斑块状分布,下部发育表层岩溶带,造成了复杂多样性的岩土结构,地表径流少且不连续,超渗、蓄满产流并存(Feng et al.,2016;陈洪松等,2012)。

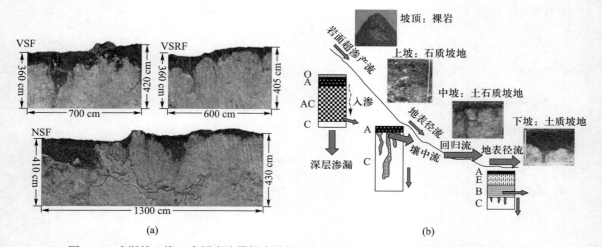

图 14.7   喀斯特土壤 – 表层岩溶带耦合结构(a)以及坡地不同地貌部位土壤水文特征(b)

14.6　峰丛洼地生态系统生源要素区域变化规律

作为重要的数据来源,生态系统长期定位观测研究通常关注具体的生态系统组分及关键生态要素(水、土、气、生等)监测与分析。然而,受数据离散、喀斯特生态系统景观异质性高等缺点制约,仅利用局地、小尺度喀斯特生态系统长期定位观测研究已不能满足将观测研究结果推到更大尺度的需要(王世杰等,2003;傅博杰和于丹丹,2016)。环江站基于小流域定位监测和区域调查研究,探讨了区域尺度喀斯特生态系统碳氮等生源要素的时空变化规律和循环特征,服务于喀斯特生态系统长期定位观测研究和退化生态系统恢复与重建。

14.6.1　峰丛洼地退化农田恢复过程中养分限制与消减机制

养分限制不仅影响生态系统持续的碳固定,还制约着其他生态系统功能的维持。氮(N)和磷(P)被认为是陆地生态系统最主要的两种限制性养分元素。在我国西南喀斯特地区,由于石灰土的高 pH 和富钙(Ca)等特性,该地区植被群落普遍受 P 限制。但是历史干扰期间强烈的人类活动(如毁林开荒和不合理的耕作)会导致土壤碳氮的大量丢失,改变养分循环的生态化学计量平衡,引起生态系统的养分限制因子发生改变。针对以上科学问题,选取退化耕地撂荒后不同演替阶段典型植被群落为研究对象(草丛、灌木林、次生林),以国家自然保护区原生林为参照,研究了喀斯特退化土地次生演替过程中生态系统的养分限制特征,初步探讨了喀斯特退化耕地土壤生态功能恢复提升途径。

结果发现,在历史耕作扰动期间,尽管 N 和 P 均会大量流失,但由于 N 和 P 对耕作扰动的响应不同,N 的流失途径和流失量均多于 P。如侵蚀和淋失均会导致 N 和 P 元素的流失,但由于 P 容易被土壤颗粒吸附,因而 N(尤其硝态 N)更易于淋溶丢失。而且在 N 转化过程中,大量的 N 素以气体形式丢失。同时,由于生态系统 N 和 P 的来源不同(N 主要来源于大气,而 P 主要来源于基岩和母质风化),在生态系统恢复初期,植物可通过出露及浅埋基岩的风化获取 P。因此,喀斯特退化生态系统恢复初期(草丛阶段),植被群落主要受 N 限制(图 14.8)。随着植被正向演替,自生固氮和共生固氮过程逐渐恢复,N 素迅速积累,而土壤 P 素在 Ca 和土壤矿物作用下多转化为无效态,因此生态系统演替后期(次生林和原生林阶段),植被群落主要受 P 限制(图 14.8)。在生态系统恢复中期(灌木林阶段),植被群落受 N、P 共同限制(Zhang et al.,2015)。以上研究表明,在退化喀斯特生态恢复重建初期应关注 N 素的输入管理,如豆科植物的引种和自生固氮过程的培育。

在植被演替过程中,先锋乔木通过根系有机酸分泌调控微生物群落组成和土壤 N、P 循环。根际草酸含量受不同功能群植物影响,乔木根际土草酸含量显著高于灌木(表 14.4),根际有机酸与 MBC、NAG 酶活性和 N 矿化速率呈显著正相关,说明灌木和乔木先锋树种通过根系有机酸的分泌适应 N 限制环境,促进植被向更高阶段演替(Pan et al.,2016);通径分析结果表明(图 14.9),草酸对微生物量 C 含量和 NAG 酶活性具有直接效应,草酸对 N 矿化速率没有显著的直接效应,但具有显著的间接效应。微生物量碳和 NAG 酶对 N 矿化速率具有显著的直接效应,说明先锋种灌木和乔木植物通过草酸分泌激发微生物和 NAG 酶活性促进土壤 N 循环及 N 有效性,适应喀斯特养分限制环境。

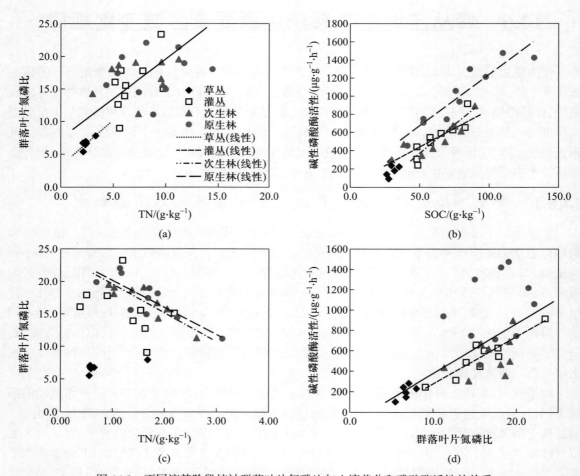

图 14.8　不同演替阶段植被群落叶片氮磷比与土壤养分和磷酸酶活性的关系
注: 不同小写字母代表灌木和乔木之间每列指标有显著差异。

表 14.4　功能群植物根际有机酸、微生物量碳、NAG 酶活性和 N 矿化速率差异（Mean±SE）

	有机酸/(mg·kg⁻¹ 土壤)	微生物量碳/(mg·kg⁻¹ 土壤)	NAG 酶活性/(μmol·g⁻¹ 土壤·h⁻¹)	N 矿化速率/(mg·kg⁻¹ 土壤·d⁻¹)
灌木	0.55 ± 0.04^a	0.418 ± 0.015^a	0.228 ± 0.008^a	4.12 ± 0.20^a
乔木	2.28 ± 0.14^b	0.573 ± 0.026^b	0.277 ± 0.012^b	4.41 ± 0.34^a

因而, 在生态恢复初期应减少人为干扰并关注 N 素的输入管理, 如豆科植物的引种和自生固氮过程的培育, 植被恢复模式的选择应注重复合植被群落的构建（功能型固氮植物、先锋乔木植物和优质牧草的复合配置）, 利用植物与微生物的耦合作用规律, 提升土壤生态功能。

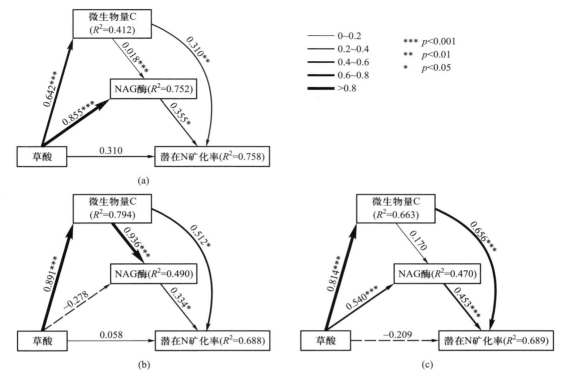

图 14.9　喀斯特灌木（a）、乔木（b）和两种功能型植物（c）
根际草酸分泌对土壤 N 矿化速率影响的通径分析（Pan et al., 2016）

注：箭头宽度代表标准化路径系数强度，实线为正效应，虚线为负效应，R^2 代表每个变量解释量。

14.6.2　峰丛洼地退化农田恢复过程中碳、氮养分循环特征

选择喀斯特典型退耕后演替序列（包括耕地、草丛、灌丛、次生林和原生林，其中耕地和原生林作为对照样地），研究了土壤有机碳和总氮累积及影响因素，发现喀斯特退化耕地退耕后土壤有碳和总氮均快速累积（前提条件是有适宜植被发展的土壤层），$0 \sim 15$ cm 土层有机碳和总氮的累积速率分别为 $138 \ \text{g} \cdot \text{C} \cdot \text{m}^{-2} \cdot$ 年 $^{-1}$ 和 $12.4 \ \text{g} \cdot \text{N} \cdot \text{m}^{-2} \cdot$ 年 $^{-1}$，分别在退耕后约 40 年和 67 年达到原生林水平（Wen et al., 2016；Yang et al., 2016b）。提出喀斯特地区农田退耕后土壤有机碳和总氮累积遵循以下模式（14.1）：

$$Stock_t = Stock_{t0} + A \left[1 - \exp\left(-B \times years \right) \right]^C \tag{14.1}$$

其中，$Stock_{t0}$ 和 $Stock_t$ 分别表示退耕前及退耕后某一时间点（t）土壤碳（或氮）储量，A 表示土壤碳（或氮）储量在退耕前与达到平衡态之间的差值；B 代表增长常数；C 表示形态参数。创新性地提出了土壤碳（或氮）储量达到平衡态需要的时间（T，单位为年）计算公式（14.2）：

$$T = -\dfrac{\ln\left(1 - \sqrt[c]{\dfrac{95\% Stock_{st} - Stock_{t0}}{A}} \right)}{B} \tag{14.2}$$

其中，$Stock_{st}$ 表示平衡态时土壤碳（或氮）储量。发现土壤交换性钙是喀斯特土壤有机质稳定的最主要控制因素（图 14.10），对土壤有机碳氮快速累积具有重要意义。

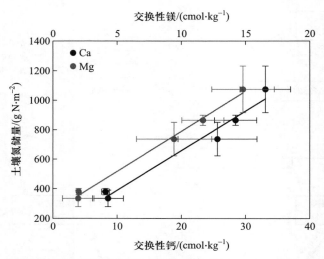

图 14.10   土壤总氮与交换性钙镁相关性分析（Wen et al.，2016）

土壤无机氮含量相对高低可反映土壤氮状况，一般而言，缺氮的系统以铵氮为主，富氮的系统以硝氮为主。研究发现，随着演替进程，土壤无机氮形态发生了显著变化，农田阶段以硝氮为主，草丛阶段以铵氮为主，而在后期以硝态氮为主（Li et al.，2017a）。^{15}N 同位素比值也是表征生态系统氮状况的一个重要指标，一般而言，富氮的生态系统土壤 ^{15}N 比值高于缺氮的生态系统。研究发现灌丛、次生林与原生林土壤、叶片与凋落物 ^{15}N 比值均高于农田与草丛，也表明退耕后氮状况得到了显著改善。

通过对土壤初级氮转化速率的测定，发现退耕后初级矿化速率与硝化速率从农田至草丛先下降，随后从草丛至次生林两者均显著增加，其他初级氮转化速率变化无明显规律（Li et al.，2017b）。通过计算硝氮净产生速率（NNP）与固持潜力（NRC），发现前者变化与初级硝化速率类似，而后者在各演替阶段之间无明显差异，说明硝态氮淋失风险随演替进程而增加。初级硝化速率与按氮固持速率的比值是反映氮饱和指数的重要指标，比值小于 1 表明生态系统受氮限制，大于 1 而氮饱和。结果表明仅草丛阶段比值小于 1，意味着该阶段受氮限制，随后比值显著增加，说明退耕后氮状况快速改善，并在演替中后期表现出明显的氮饱和特征。以上结果表明西南喀斯特生态系统恢复中后期不受氮限制，充足的氮供应可保障生态恢复工程的固碳效应。

14.6.3   峰丛洼地区域岩性和恢复模式对土壤养分动态的影响

喀斯特地区土层浅薄且不连续、岩石渗漏性强、地形地貌复杂多变、生境异质性高。特殊的地质环境致使其生态系统比同纬度的其他地区更易遭受破坏。在生态恢复背景下，对典型喀斯特地区土壤养分的动态变化已有较多研究，但皆聚焦于小流域尺度，考虑到土壤养分的空间分布特征亦是尺度的函数，且小流域尺度对岩性影响的研究存在局限性，因此选择桂西北典型喀斯特峰丛洼地区域，采集 3 种岩性（白云岩、石灰岩和碎屑岩）5 种植被类型（耕地、人工林、草丛、灌丛和次生林）0 ~ 15 cm 的表层土壤，以空间代时间方法研究不同岩性不同恢复模式下土壤特性（SOC、TN、TP、C∶N、C∶P 和 N∶P）的动态变化特征。在土地利用类型和不同恢复模式下演替阶段的关系如图 14.11 所示。

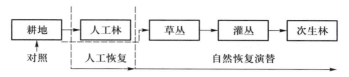

图 14.11　土地利用类型和演替阶段之间的关系

　　土壤特性在喀斯特岩性(白云岩和石灰岩)和非喀斯特岩性(碎屑岩)的分布特征如图 14.12 所示(Wang et al., 2018)。研究结果表明,TN 和 C∶N 在三种岩性间差异显著;SOC、TP 和 C∶P 在白云岩和石灰岩间差异不显著,但是其在非喀斯特的碎屑岩中显著不同;N∶P 和其他指标不同,在白云岩和石灰岩中差异显著,但是在石灰岩和碎屑岩中差异不显著。

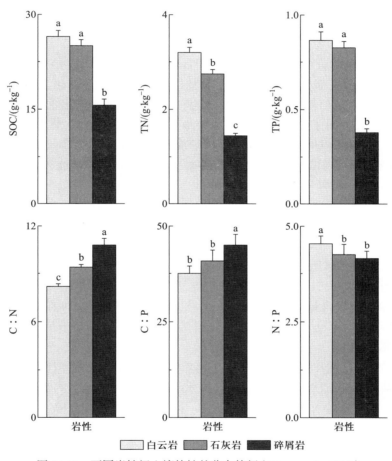

图 14.12　不同岩性间土壤特性的分布特征(Wang et al., 2018)

注:图中所示的值为平均值 ± 标准误,不同字母代表不同岩性间土壤特性 0.05 水平下的差异性。

　　双因素方差分析结果表明(表 14.5),岩性和土地利用对土壤特性(除 N∶P)的影响皆达到显著水平(<0.05)。就岩性和土地利用的交互作用而言,除 C∶N 以外,SOC、TN、TP、C∶P 和 N∶P 皆受岩性和土地利用方式交互作用影响。因此,有必要在控制单一岩性的前提下,研究土壤性质在不同恢复模式下的动态变化特征。

表 14.5   岩性和土地利用类型对土壤特性影响的双因素方差分析

土壤性质	土地利用		岩性		土地利用 × 岩性	
	F	P	F	P	F	P
SOC	14.66	0.000	17.86	0.000	4.79	0.000
TN	6.21	0.000	40.88	0.000	2.99	0.005
TP	3.43	0.009	23.52	0.000	2.76	0.008
C:N	9.61	0.000	20.72	0.000	1.99	0.056
C:P	21.08	0.000	4.64	0.010	3.72	0.001
N:P	14.63	0.000	2.94	0.054	4.40	0.000

注：土地利用 × 岩性：表示土地利用方式和岩性之间的交互效应。

不同恢复模式土壤养分的变化特征在各岩性间存在显著差异。白云岩区，在自然演替过程中 SOC 和 TN 自退耕后从草丛到灌丛再到次生林持续增加（Wang et al., 2018）。在人工恢复模式下，从耕地到人工林 SOC 和 TN 亦呈现增加的变化趋势。和耕地相比，人工林、草地、灌丛和次生林 SOC 和 TN 分别增加了 78.3%、67.9%、80.8%、125.1% 和 52.7%，36.8%，58.9%，95.4%。不同于 SOC 和 TN，TP 则从耕地到草地再到灌丛呈现减少的变化趋势。就变化的显著性而言，耕地中的 SOC、TN 和 C:N 与其他植被类型间存在显著差异；TP 只在耕地和灌丛中存在显著差异；N:P 在耕地和人工林中差异不显著。

石灰岩区，在自然演替过程中，草丛中的 SOC 和 TN 较灌丛略高。在人工恢复模式下，相对耕地，次生林中的 SOC 增加了 3.9%，TN 则减少了 6.3%，但是变化皆不显著。耕地和人工林 C:N 无显著差异，而 TP、C:P 和 N:P 则差异显著。在自然演替过程中，SOC、TN 和 C:N 在草丛和次生林中差异显著，但是在草丛和灌丛中的土壤特性差异皆不显著。

碎屑岩区，因灌丛缺失，植被类型仅考虑耕地、人工林、草丛和次生林。SOC、C:N、C:P 和 N:P 变化特征相似：草丛土壤含量最高，其次是人工林、耕地和次生林。TN 在人工林中含量最高，但是各植被类型间差异皆不显著。耕地中 TP 含量最高，但是只显著高于草丛，与人工林和次生林中的 TP 差异皆不显著。

以上结果说明，在区域尺度，岩性是影响土壤养分库变化的重要环境因子。喀斯特地区（碳酸盐岩分布区）退耕还林还草措施有利于土壤 C、N 水平的恢复，而土壤 P 的变化不显著；而非喀斯特地区（碎屑岩分布区），土壤 N 素的积累相对缓慢。同时，相比人工恢复模式，短期内自然恢复更有利于土壤 C、N 积累，且上述环境因子可作为评估自然恢复模式下土壤养分库变化的重要指标。

14.7   峰丛洼地区域农田复合生态系统构建

针对喀斯特传统农田生态系统耕作管理导致的生物多样性下降、经济效益低、土地退化，甚至石漠化等问题，在环江站长期监测研究基础上，探讨了人工草地高效建植与服务功能提升机制，初步提出了农林复合生态系统优化调控模式，为进一步构建环境移民区功能优化的水土要素与植被空间配置格局奠定了基础,以期促进区域生态与社会经济可持续发展。

14.7.1　峰丛洼地人工草地高效建植与服务功能提升机制

　　植被恢复是退化生态系统重建的第一步,植物多样性恢复是植被恢复的重要内容与标志,群落的结构类型、组织水平、发展阶段、稳定程度、生境差异和干扰状况用多样性指数变化来反映。针对喀斯特石漠化退化土地植被恢复与重建过程中面临的植物群落稳定性差、经济效益低、治理成果难以得到有效保障等问题,重点研究了人工草地物种复合配置对土壤养分和微食物网结构的影响,并探讨了人工草地高效建植与服务功能提升机制。

　　结果表明,豆科植物(紫穗槐)种植 2 年后,每株可结瘤 3.32 g,紫穗槐在 0.3 株·m^{-2} 的低密度种植和 0.6 株·m^{-2} 的高密度种植条件下的固氮量分别为 56.5 kg·hm^{-2}·$年^{-1}$ 和 112.99 kg·hm^{-2}·$年^{-1}$。在紫穗槐种植后,高频率的牧草刈割仍然可以有较高的土壤总氮的积累;而无紫穗槐种植的样方(对照)土壤总氮含量下降。豆科固氮牧草与施氮肥均造成了土壤微生物和线虫群落结构的改变,施氮肥水平对土壤微生物群落组成的影响更大(图 14.13)(Zhao et al., 2015)。豆科牧草对土壤微生物总量、细菌生物量、真菌生物量和绿藻生物量均有明显的提升作用,并且豆科牧草对土壤微生物的影响存在密度效应,豆科牧草单作对土壤微生物群落相关组分生物量的提升高于豆科牧草和禾本科牧草混作,在禾本科牧草单作条件下土壤微生物相关组分生物量最低。在施氮肥 450 kg·N·hm^{-2}·$年^{-1}$的水平下土壤微生物总量、细菌生物量和绿藻生物量均达到最高。土壤微生物是生态系统养分循环过程的重要参与者,对土壤养分矿化和周转的作用至关重要,豆科牧草种植可以维持较高的土壤微生物生物量水平。因此,豆科牧草种植在一定程度上有助于喀斯特人工牧草地土壤健康的保持,施肥 450 kg·hm^{-2}·$年^{-1}$ 可以维持较高牧草生物量产出,且有助于土壤健康的保持。

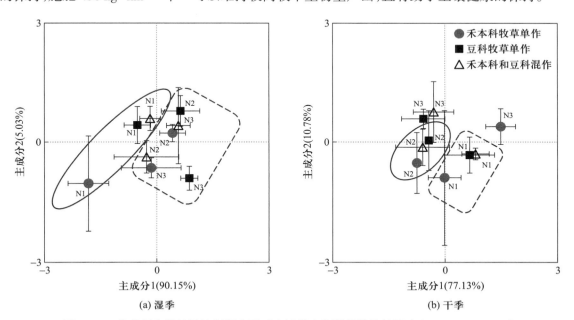

图 14.13　牧草复合种植及施氮肥水平对土壤微生物群落结构的影响(Zhao et al., 2015)

注:G,禾本科牧草单作;L,豆科牧草单作;G+L,豆科和禾本科牧草混作;N1,施氮 338 kg N·hm^{-2}·$年^{-1}$;N2,施氮 450 kg N·hm^{-2}·$年^{-1}$;N3,施氮 675 kg N·hm^{-2}·$年^{-1}$。

　　重复测量分析结果表明,在低施肥水平下,豆科牧草单作的土壤总线虫的密度和植食性线虫的密度均显著高于禾本科牧草单作和豆科禾本科牧草混作下的土壤总线虫的密度和植食性线虫的密度,牧草种植方式没有对食细菌线虫密度、食真菌线虫密度和杂食捕食性线虫密度造成显著影响;在中度和高度施氮肥水平下,牧草种植方式均对土壤总线虫密度、食细菌线虫密度、食真菌线虫密度、植食性线虫密度和杂食捕食性线虫密度无显著影响;在低施肥水平下土壤线虫群落组成对牧草种植方式的主响应曲线(principal response curves)分析表明,螺旋属(*Helicotylenchus*)线虫是线虫群落在不同牧草种植方式下产生差异的主要贡献者,同时豆科牧草单作比禾本科牧草单作和豆科禾本科牧草混作条件下植食性线虫密度的提高也是由螺旋属线虫造成的。因此,豆科植物种植需要预防潜在的植物线虫爆发的风险,尤其是要有针对性地预防螺旋属线虫的爆发。

　　结构方程模型分析结果表明豆科固氮牧草的凋落物及根系分泌物等的氮含量较高,其提供的高质量凋落物和根系分泌物,可以通过上行控制效应促进土壤微生物生物量和土壤线虫食性组分密度增加,进而影响土壤微食物网结构(图 14.14)。较高量氮肥施入可能会造成豆科固氮能力降低,进而消除上行控制效应,消除了豆科固氮牧草对土壤微食物网的积极作用。

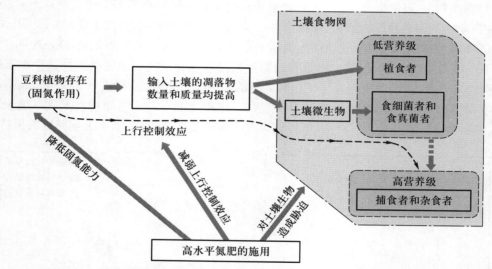

图 14.14　豆科牧草和施氮肥对土壤微食物网影响的作用途径(Zhao et al., 2015)

14.7.2　峰丛洼地农林复合生态系统优化调控模式

　　在充分了解和掌握西南喀斯特生态环境和岩溶动力系统特征及其运移规律的基础上,以生态学原理、生态经济理论和方法为指导,根据西南喀斯特的地貌结构,构建多种立体农业结构和模式,具体布局在山底部和比较平缓山凹耕地上种植经济作物或果树套种高效经济农作物;在山坡中下部重点发展果树和经济林并间种药材;山坡中上部以封山育林为主,采取一定的人工诱导措施,重点发展水源林和生态防火林(宋同清等,2015)。西南喀斯特退耕还林还草的模式很多,各地各区域应根据实际情况,因地制宜选择其优化调控模式,其中具有指导意义的模式有:生态恢复型、"林 – 经"套种发展型和"林 – 草 – 畜 – 沼"综合发展型这 3 种类型(图 14.15)。根据相关模式存在的问题,提出以下对策建议。

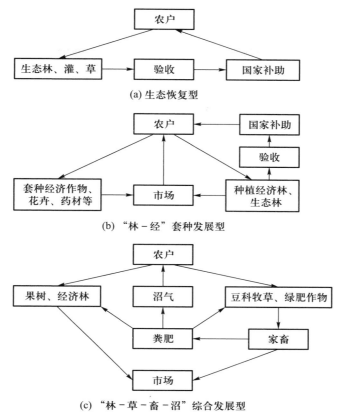

(a) 生态恢复型

(b) "林-经"套种发展型

(c) "林-草-畜-沼"综合发展型

图 14.15　农林复合生态系统 3 种主要优化调控模式

（1）调整农业生产结构

喀斯特峰丛洼地地区地处珠江流域中上游,生态区位非常重要,治理水土流失和石漠化,抢救宝贵的土地资源,改善生态环境,是维系该区域可持续发展和构建珠江上游生态屏障的根本。该地区最大的问题是贫困与生态恶化交织,应把重建良性生态系统与培植新型产业结合起来,通过调整农业生产结构,建立生态经济型的高效农林牧复合经营体系,大力发展第三产业和劳务输出、绿色食品尤其是具有资源优势的农产品的种植加工以及特色旅游,以提高群众的生活水平,转移农村剩余劳动力,直接减轻过重的土地压力(图 14.15)。

（2）调整农业结构布局

根据不同作物对水分需求和持水能力、不同生育期需水规律、不同栽培季节需水要求,可采取以下措施:一是在丘陵低海拔土层深厚处种植肥水需求较旺作物,较高地种植耐旱作物,二是改季栽培,如种夏玉米改为种春、秋玉米,夏大豆改为春大豆,避开高温干旱对作物开花结果的影响,三是在发展新果园时,若土壤适宜,少种高温干旱时结壮果的果树(如柑橘),扩种高温干旱前结果收获的小水果(如枇杷、桃、李等)。

（3）引用抗旱耐涝作物品种

引进华玉 4 号、农大 108、湘玉 7 号、湘玉 8 号、液单系列等优质玉米品种,克新 3 号、克新 4 号、东农 303 等马铃薯冬种作物,桂牧 1 号、宽叶雀稗、合萌等牧草耐涝抗旱品种。

（4）实现间作套种技术

间作套种可提高土壤植被覆盖程度,对保持水土增强抗旱能力非常明显。如在幼年果园等越夏越秋生长作物的畦边畦中间套豆类等与主作不争肥水且能蓄积肥水的相宜作物,成年果园蓄生杂草,可较好地实现作物覆盖。为提高效果,间套作物以矮秆为好。据研究,间套作物高度应低于 1 m,越贴近地面,覆盖产生的节水防蚀作用越明显。当作物覆盖与秸秆覆盖相结合,则效果比上述单独覆盖都要好。

（5）推广秸秆覆盖技术

实践证明,覆盖栽培能有效地降低地表温度,减少土壤水分蒸发,节水效果显著;能减缓雨水冲刷,减小土壤流失;能增加有机质积累,培肥地力,秸秆覆盖直接与地面接触,比作物覆盖减少水土流失效果显著。喀斯特峰丛洼地主要以玉米秸秆覆盖为主。

参 考 文 献

陈洪松,付智勇,张伟,等.2018.西南喀斯特地区水土过程与植被恢复重建.自然杂志,40(01):41-46.

陈洪松,杨静,傅伟,等.2012.桂西北喀斯特峰丛不同土地利用方式坡面产流产沙特征.农业工程学报,28(16):121-126.

陈佳,陈洪松,冯腾,等.2012.桂西北喀斯特地区不同土地利用类型土壤抗蚀性研究.中国生态农业学报,20(1):105-110.

冯腾,陈洪松,张伟,等.2011.桂西北喀斯特坡地土壤 ^{137}Cs 的剖面分布特征及其指示意义.应用生态学报,22(3):593-599.

付同刚,陈洪松,王克林.2015.喀斯特小流域土壤饱和导水率垂直分布特征.土壤学报,52(3):538-546.

傅伯杰,于丹丹.2016.生态系统服务权衡与集成方法.资源科学,38(1):1-9.

刘建伟,陈洪松,张伟,等.2008.盘式入渗仪发测定喀斯特洼地土壤透水性研究.水土保持学报,06:202-206.

彭韬,王世杰,张信宝,等.2008.喀斯特坡地地表径流系数监测初报.地球与环境,36(2):125-129.

宋同清,王克林,曾馥平,等.2015.喀斯特植物与环境.北京:科学出版社,114-137.

王济,蔡雄飞,雷丽,等.2010.不同裸岩率下我国西南喀斯特山区土壤侵蚀的室内模拟.中国岩溶,29(1):1-5.

王克林,苏以荣,曾馥平,等.2008.西南喀斯特典型生态系统土壤特征与植被适应性恢复研究.农业现代化研究,29(6):641-645.

王世杰,李阳兵,李瑞玲.2003.喀斯特石漠化的形成背景、演化与治理.第四纪研究,23(6):657-666.

袁道先.2000.对南方岩溶石山地区地下水资源及生态环境地质调查的一些意见.中国岩溶,19(2):103-108.

张继光,苏以荣,陈洪松,等.2008.喀斯特典型洼地土壤水分的垂直变异研究.水土保持通报,28(3):5-11.

张伟,陈洪松,苏以荣,等.2013.不同作物和施肥方式对新垦石灰土土壤肥力的影响.土壤通报,44(4):925-930.

张笑楠,王克林,张伟,等.2009.典型喀斯特坡地 ^{137}Cs 的分布与相关影响因子研究.环境科学,30(11):3152-3158.

张信宝,白晓永,李豪,等.2017.西南喀斯特流域泥沙来源、输移、平衡的思考——基于坡地土壤与洼地、塘库沉积物 ^{137}Cs 含量的对比.地球与环境,45(3):247-258.

张信宝,王世杰,贺秀斌,等.2007.碳酸盐岩风化壳中的土壤蠕滑与岩溶坡地的土壤地下漏失.地球与环境,35(3):202-206.

Chen H S, Liu J W, Wang K L, et al. 2011. Spatial distribution of rock fragments on steep hillslopes in karst region of northwest Guangxi, China. Catena, 84（1–2）: 21–28.

Chen H S, Zhang W, Wang K L, et al. 2010. Soil moisture dynamics under different land uses on karst hillslope in northwest Guangxi, China. Environmental Earth Science, 61（6）: 1105–1111.

Chen H S, Zhang W, Wang K L, et al. 2012. Soil organic carbon and total nitrogen as affected by land use types in karst and non-karst areas of northwest Guangxi, China. Journal of the Science of Food and Agriculture, 92（5）: 1086–1093.

Feng T, Chen H S, Polyakov V O, et al. 2016. Soil erosion rates in two karst peak-cluster depression basins of northwest Guangxi, China: comparison of RUSLE model with radiocesium record. Geomorphology, 253: 217–224.

Feng T, Chen H S, Wang K L, et al. 2014. Modelling soil erosion using a spatially distributed model in a karst catchment of northwest Guangxi, China. Earth Surface Processes and Landforms, 39: 2121–2130.

Fornara D A, Steinbeiss S, Mcnamara N P, et al. 2011. Increases in soil organic carbon sequestration can reduce the global warming potential of long-term liming to permanent grassland. Global Change Biology, 17: 1925–1934.

Fu T G, Chen H S, Zhang W, et al. 2015a. Spatial variability of surface soil saturated hydraulic conductivity in small karst catchment of southwest China. Environmental Earth Science, 74（3）: 2381–2391.

Fu T G, Chen H S, Zhang W, et al. 2015b. Vertical distribution of soil saturated hydraulic conductivity and its influencing factors in a small karst catchment in southwest China. Environmental Monitoring and Assessment, 187（3）: 1–13.

Fu Z Y, Chen H S, Xu Q X, et al. 2016. Role of epikarst in near-surface hydrological processes in a soil mantled subtropical dolomite karst slope: Implications of field rainfall simulation experiments. Hydrological Processes, 30（5）: 795–811.

Fu Z Y, Chen H S, Zhang W, et al. 2015c. Subsurface flow in a soil-mantled subtropical dolomite karst slope: A field rainfall simulation study. Geomorphology, 250: 1–14.

Geissen V, de Llergo-Juarez J, Galindo-Alcantara A, et al. 2008. Superficial soil losses and karstification in Macuspana, Tabasco, Southeast of Mexico. Agrociencia, 42（6）: 605–614.

Herman E K, Toran L, White W B. 2012. Clastic sediment transport and storage in fluviokarst aquifers: An essential component of karst hydrogeology. Carbonates and Evaporites, 27（3–4）: 211–241.

Hu K, Chen H S, Nie Y P, et al. 2015. Seasonal recharge and mean residence times of soil and epikarst water in a small karst catchment of southwest China . Scientific Reports, 5: 10215.

Jiang Z C, Lian Y Q, Qin X Q. 2014. Rocky desertification in Southwest China: Impacts, causes, and restoration. Earth-Science Reviews, 132: 1–12.

Li D J, Wen L, Yang L Q, et al. 2017a. Dynamics of soil organic carbon and nitrogen following agricultural abandonment in a karst region. Journal of Geophysical Research: Biogeosciences, 122: 230–242.

Li D J, Yang Y, Chen H, et al. 2017b. Soil gross nitrogen transformations in typical karst and non-karst forests, southwest China. Journal of Geophysical Research: Biogeosciences, 122: 2831–2840

Liu M X, Xu X L, Sun A Y, et al. 2014. Is southwestern China experiencing more frequent precipitation extremes? Environmental Research Letters, 9（6）: 064002.

López-Vicente M, Poesen J, Navas A, et al. 2013. Predicting runoff and sediment connectivity and soil erosion by water for different land use scenarios in the Spanish Pre-Pyrenees. Catena, 102: 62–73.

Pan F J, Liang Y M, Zhang W, et al. 2016. Enhanced nitrogen availability in karst ecosystems by oxalic acid release in the rhizosphere. Frontiers in Plant Science, 7: 687.

Rousk J, Brookes P C, Bååth E. 2009. Contrasting soil pH effects on fungal and bacterial growth suggest functional redundancy in carbon mineralization. Applied and Environmental Microbiology, 75（6）: 1589–1596.

Tang Y Q, Sun K, Zhang X H, et al. 2016. Microstructure changes of red clay during its loss and leakage in the karst rocky desertification area. Environmental Earth Science, 75: 537.

Wang M M, Chen H S, Zhang W, et al. 2018. Soil nutrients and stoichiometric ratios as affected by land use and lithology at county scale in a karst area, southwest China. Science of the Total Environment, 619–620: 1299–1307.

Wen L, Li D J, Yang L Q, et al. 2016. Rapid recuperation of soil nitrogen following agricultural abandonment in a karst area, southwest China. Biogeochemistry, 129: 341–354.

Xiao S, Zhang W, Ye Y, et al. 2017. Soil aggregate mediates the impacts of land uses on organic carbon, total nitrogen, and microbial activity in a Karst ecosystem. Scientific reports, 7: 41402.

Yang J, Chen H S, Nie Y P, et al. 2016a. Spatial variability of shallow soil moisture and its stable isotope values on a kart hillslope. Geoderma, 264: 61–70.

Yang L Q, Luo P, Wen L, et al. 2016b. Soil organic carbon accumulation during post-agricultural succession in a karst area, southwest China. Scientific Reports, 6: 37118.

Zhang J G, Chen H S, Su Y R, et al. 2011a. Spatial Variability of Surface Soil Moisture in a Depression Area of Karst Region. CLEAN–Soil, Air, Water, 39(7): 619–625.

Zhang W, Wang K L, Chen H S, et al. 2012. Ancillary information improves kriging on soil organic carbon data for a typical karst peak-cluster depression landscape. Journal of the science of food and agriculture, 92(5): 1094–1102.

Zhang W, Zhao J, Pan F J, et al. 2015. Changes in nitrogen and phosphorus limitation during secondary succession in a karst region in southwest China. Plant and Soil, 391: 77–91.

Zhang X B, Bai X Y, Liu X M. 2011b. Application of a 137Cs fingerprinting technique for interpreting responses of sediment deposition of a karst depression to deforestation in the Guizhou Plateau, China. Science China Earth Sciences, 54(3): 431–437.

Zhao J, Zheng Z X, He X Y, et al. 2015. Effects of monoculture and mixed culture of grass and legume forage species on soil microbial community structure under different levels of nitrogen fertilization. European Journal of Soil Biology, 68: 61–68.

Zhu T, Zeng S, Qin H, et al. 2016. Low nitrate retention capacity in calcareous soil under woodland in the karst region of southwestern China. Soil Biology and Biochemistry, 97, 99–101.

第15章 西藏高原河谷农田生态系统过程与变化*

西藏农田主要分布在以"一江两河"（雅鲁藏布江中游干流和拉萨河、年楚河）流域为主的高原河谷地区，面积虽然仅占自治区土地总面积的约 0.3%，但却生活了西藏自治区近 80% 的人口，因此农田生态系统的可持续利用及其优化管理是支撑西藏社会经济发展的基础。

15.1 西藏高原河谷农田生态系统特征

长期适应高原的寒旱环境，西藏农田生态系统形成了独特的作物生产机制，极具高原特色的农业耕作模式。但由于高原农田土壤肥力低下，加之长期不合理的耕作利用，西藏农田生态系统出现了退化的趋势。

15.1.1 西藏高原河谷农田的基本概况

西藏自治区位于青藏高原西南部，平均海拔在 4000 m 以上，全区面积 $120 \times 10^4 \ km^2$，现有人口约 310 万人，其中 90% 为藏族。根据 2010 年的遥感调查结果，西藏现有农田面积 3703 km^2，约占西藏土地总面积的 0.31%（杨春艳等，2015），人均耕地不足 2 亩。受高原自然条件的限制，西藏的耕地大部分位于水热条件较好的江河干、支流的河谷阶地、山麓斜坡、冲积扇地一带，其中以"一江两河"河谷地区的农田分布最为集中。"一江两河"地区主要包括拉萨、日喀则、山南 3 个地（市）的 18 个县（市），是西藏境内土地开发历史最早、农业生产水平最高的地区，耕地面积约占西藏耕地总面积的 1/2 以上，是西藏作物高产和粮食主产区，被称为是"西藏粮仓"（李明森，1997；孙维等，2008）。该区域同时也是西藏人口主要的聚居地，是西藏的经济、文化和政治中心，因此，虽然西藏农田面积有限，但却是支撑西藏社会经济发展的重要基础。

受高原低温的制约，西藏绝大多数农田仅适宜种植喜凉作物。粮食作物以青稞、冬小麦为主，其次有豌豆、蚕豆、荞麦等；经济作物主要是油菜；蔬菜作物以马铃薯、大蒜、藏葱、萝卜等为主；近年来在畜牧业发展需求的驱动下，牧草的种植也逐渐增加。其中青稞、小麦和油菜是西藏的主要农作物。根据统计，2015 年青稞播种面积 $129.31 \times 10^3 \ hm^2$，占总播种面积的 51.1%；小麦播种面积 $36.34 \times 10^3 \ hm^2$，占总播种面积的 14.4%；油菜籽播种面积 $23.69 \times 10^3 \ hm^2$，占总播种面

---

* 本章作者为中国科学院地理科学与资源研究所何永涛、钟志明、孙维、李少伟、付刚、范玉枝、张扬建、张宪洲、余成群、石培礼。

积的 9.4%;蔬菜播种面积 23.09 × 10³ hm²,占总播种面积的 9.1%,而其他作物如豆类和青饲料等的播种面积比例则为 16.0%(图 15.1)。

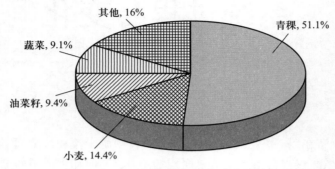

图 15.1   2015 年西藏农田利用面积结构

15.1.2   西藏高原河谷农田生态系统的环境特征

（1）太阳辐射强

西藏高原海拔高,空气稀薄,且大气中水汽、杂质等含量少,降低了太阳辐射被削减的程度,形成了极强的太阳辐射强。"一江两河"地区年太阳总辐射值达 7500 ~ 8000 MJ·m⁻²,年日照时数 2800 ~ 3000 小时,与相同光照条件下的同纬度低海拔地区相比,其辐射强度和日照时间均高出 50% ~ 100%。在喜凉作物生长季节期间总辐射为 2500 ~ 6400 MJ·m⁻²,光合有效辐射为 1100 ~ 2900 MJ·m⁻²,分别占全年的 43% ~ 77% 和 42% ~ 78%,作物进行光合生产的能量非常充足,为该地区作物的高产提供了有利的条件(李明森,1997)。

（2）热量条件不足

地处高海拔地区,热量不足是影响西藏高原农业生产的主要限制因子。西藏农田主要分布在海拔 3500 ~ 4300 m,最热月平均气温 11 ~ 16 ℃,≥ 0 ℃年积温 1500 ~ 3000 ℃(李文华和周兴民,1998),其温度条件远小于平原地区,如 ≥ 0 ℃年积温沈阳为 3900 ℃,而北京则达到了 4500 ℃左右,热量条件的限制使高原的农田主要分布在水热条件较好的河谷地区。

但在另一方面,西藏高原是地球上气温日较差最大的地区之一,平均日较差 14.8 ℃,最大可达 21.6 ℃。白天温度高,光合作用强,有利于光合物质形成;而夜间的低温使作物呼吸作用减弱,所消耗的有机物少。这种较大的昼夜温差可以使作物储存更多的有机物质,有利于高原作物高产的形成。

（3）作物需水量大

西藏为典型的高原季风气候,全年分为明显的干季和雨季,每年 10 月至翌年 4 月为干季,5 月至 9 月为雨季,集中了全年降水的 85% ~ 90%,且多夜雨,这有利于高原农作物充分利用有限的热量和降水。但另一方面,由于高原太阳辐射强,蒸发强烈,降水量不能满足作物关键生育期对水分的需求。根据拉萨站的观测数据结合 SHAW 模型模拟,结果表明,春青稞生长期间耗水 450 mm 左右,其中分蘖 – 拔节、拔节 – 抽穗、抽穗 – 蜡熟这 3 个阶段是春青稞的耗水旺期,耗水量占整个生长期的 72%。而在春青稞的需水关键期降水量仅能满足作物需水的 58%(尹志芳等,2010)。因此,在作物生长季期间,必须有充足的水分灌溉才能保障作物的生长,而西藏的农田大多位于地势开阔的河谷区域,河水的径流灌溉成为西藏农作物的关键。

（4）土壤肥力差

西藏高原河谷农田土壤多为在河谷冲洪积扇灌丛草原土、草甸土发育的基础之上,经过培土和长期耕作熟化形成,土层浅薄,厚度多为 40 ~ 100 cm。土壤质地以砂壤土、壤土为主,成土母质以深厚冲积物、洪积物和坡积物为主,由于物理风化作用较强,生物风化作用较弱,有机质含量少,土壤矿化水平不高,土壤养分较差(中国科学院青藏高原综合科学考察队,1985)。部分耕地还存在着地面不平整、砂性重、石砾多、质地偏粗、易漏肥等现象,土壤肥力差成为限制西藏高原农作物生长的另一个重要因素。

15.1.3　西藏高原河谷农田作物的产量形成特征

西藏高原独特的生态环境,在一些有利条件的配合下,农田作物可产生较大的生物产量。以麦类作物为例,该地区曾出现过全国小麦单产最高记录,位于西藏日喀则(海拔 3836 m)的冬小麦籽粒产量曾经达到 13.065 t·hm^{-2};1991 年,西藏乃东区(海拔 3560 m)冬小麦万亩单产 7.965 t·hm^{-2},创下了当时全国大面积小麦产量记录;而从全区小麦单产来看,与地处我国粮食主产区黄淮海平原的山东接近(张宪洲等,1998)。拉萨站基于长期的观测研究,对高原作物高产的机制和特征进行了一系列的研究。

（1）光合作用特征

西藏高原海拔高,气压低,CO_2 密度只有平原地区的 2/3,作物光合特性有其鲜明的高原特色。根据在拉萨站开展的观测结果表明,西藏高原太阳总辐射虽然很强,但总辐射中光合有效辐射(PAR)所占的比例并不比平原地区高,平均为 0.439(张宪洲等,1996;1997),单位焦耳(J)的能量具有 4.43 mol 的光量子(Zhang et al.,2000)。高原麦田的光能利用率从拔节期至乳熟期变化不大,在 1.6% ~ 1.8%,与平原地区相比,高原麦田光能利用率并不高,但高原冬小麦有较充足的太阳辐射供给和较长时间的干物质累积,仍能取得相对较高的产量(张宪洲等,1998)。

另一方面,高原小麦叶倾角分布比平原地区集中的多,直立性也比平原的要好(林忠辉等,1998),加之高原太阳辐射强,叶片直立有利于光能利用,可以承受较大的种植密度,容纳更大的叶面积,从而为小麦高产提供了条件(喻朝庆等,1998)。根据观测和模拟计算,在相同的叶面积指数下,高原小麦冠层光能截获率明显低于平原地区的相应值,而当植物冠层对 PAR 的截获率趋于饱和(截获率为 95%)时,高原地区的叶面积指数为 8.0 左右,而平原地区的则在 6.0 左右,即高原地区的最大叶面积容纳量要明显高于平原地区(张宪洲 等,1998)。当取最佳叶面积指数 8.0 进行模拟计算,西藏高原拉萨地区冬小麦干物质潜在产量可达 32 t·hm^{-2},籽粒潜在产量可达 14.4 t·hm^{-2},接近亩产吨粮,远高于平原地区(张宪洲等,1998;成升魁等,2001)。

（2）产量形成特征

与平原地区相比,西藏高原冬小麦干物质累积速率并不高,但由于生育期较长,使得干物质累积时间长,最终形成较高的干物质产量。根据在拉萨站的观测结果,高原地区的冬小麦通常在当年 10 月份播种,次年 8 月初收获,生育期长达 290 天左右,比平原地区长 2 个月左右,而且高原冬小麦茎秆粗壮、持绿时间长,这也是高原冬小麦的一个显著特点。高原冬小麦累积动态曲线模拟结果表明,计算时取最大叶面积指数平均值 L_{max}=5.3 时,高原冬小麦干物质累积速率旬平均最大值可达 0.21 t·hm^{-2}·d^{-1},拔节至蜡熟平均为 0.12 t·hm^{-2}·d^{-1},最终干物质累积产量为 20 t·hm^{-2}。选择与最大叶面积相近（L_{max}=5.7）的黄淮海平原（山东禹城）冬小麦模拟计算值相比，平原冬小麦干物质累积速率旬平均最大值则为 0.23 t·hm^{-2}·d^{-1}，拔节至蜡熟平均为 0.19 t·hm^{-2}·d^{-1}，最终干物质累积产量为 16.0 t·hm^{-2}。另外，与平原地区相比，高原冬小麦虽然灌浆速度较低，但灌浆时间长，其灌浆期比平原长 1 倍左右，因此高原小麦最终累积千粒重很高，一般达 55 g·千粒$^{-1}$ 以上（张宪洲等，1998）。

高原玉米干物质生产也高于平原地区，累积量可高达 25~30 t·hm^{-2}，其中露地玉米干物质积累量为 25 t·hm^{-2}，地膜玉米干物质累积量则可达 30 t·hm^{-2}。与内地平原地区相比，西藏玉米干物质累积量高出 20%~33%，这为在西藏地区海拔 3700 m 以下区域发展以青饲玉米为主的牧草生产提供了有利的条件（成升魁等，2001）。

15.1.4　西藏高原河谷农田生态系统面临的主要问题

西藏大部分耕地是由灌丛草原、草甸土开垦而来，土层浅薄，而且由于高原气候寒冷干燥、植被稀疏凋落物较少，不利于土壤有机质的积累。因此大部分耕地的有机质含量低，土壤质量较差；加之能源缺乏，西藏大部分农村需要大量的作物秸秆和粪便作为燃料，从而导致在农田施肥中大量使用化肥，有机肥补充严重不足。此外，由于耕地面积有限，西藏高原的大部分农田一直处于长期连年耕作的状态，这导致其出现了全面退化。

西藏河谷农田生态系统退化首先表现为土壤物理结构的变化，如 1990—2001 年间，西藏中部地区的农田土壤容重增加了 7.1%~14.3%、孔隙度则降低了 5.9%~17.3%，土壤钙积过程及盐渍化、次生盐渍化过程亦不断加强，土壤硬化、结构恶化、养分贫瘠化趋势明显。其次是土壤养分不断下降，该地区土壤全氮、全磷、全钾、速效氮和速效磷质量分数在同期平均下降了 6.2%~39.4%（蔡晓布，2003）。而自 20 世纪 60 年代至今已有超过一半耕地的土壤有机质降至 2.0%，其中仅 1990—2001 年间，西藏主要农区农田土壤有机质含量平均下降了 26.7%~52.0%（刘国一等，2014；马瑞萍等，2015）。调查结果显示，在西藏的农田中，有机质、速效氮、速效磷、速效钾质量分数处于中低水平的耕地面积分别达到了耕地总面积的 83.2%、89.7%、93.0% 和 43.0%，其中 76% 的耕地土壤严重缺肥（蔡晓布，2003）。农田土壤退化已经成了限制当地农业发展的一个重要因素，因此如何在保障农田作物高产的同时，有效改善土壤质量是西藏农田生态系统面临的突出问题。

15.2　西藏高原河谷农田生态系统观测与研究

针对西藏河谷农田生态系统退化的现状，拉萨站自 2005 年起，按照中国生态系统研究网络（CERN）的要求和规范，对当地典型农田生态系统进行了长期观测和研究。此外，还陆续设立了 2 处长期观测与研究样地，包括不同施肥模式样地、农田撂荒试验样地。每年按照 CERN 的规范，对样地的作物和土壤进行了取样分析，以探讨在高原地区不同管理措施对农田土壤质量的影响。

15.2.1　试验样地简介

试验样地位于中国科学院拉萨农业生态试验站（以下简称拉萨站）站区内。拉萨站位于西藏自治区拉萨市达孜,距拉萨市 25 km,东经 91°20′37″,北纬 29°40′40″,海拔 3688 m,该区域位于西藏典型的河谷农业区—"一江两河"流域中部地区。拉萨站是中国生态系统研究网络(CERN)和国家生态系统研究网络(CNERN)台站之一,同时也是目前该地区唯一的长期农业生态试验站,世界海拔最高的农业生态试验站。

拉萨站所处区域属高原季风温带半干旱气候类型,年平均气温 7.9 ℃,最热月平均气温 15.3 ℃,最冷月平均气温 –1.7 ℃,极端最高和极端最低气温分别为 27.4 ℃和 –11.8 ℃;≥0 ℃ 积温 2900 ℃,持续日数 289 天;≥10 ℃积温 2200 ℃,持续日数 153 天;无霜期 136 天。多年平均降水量 497.7 mm(1994—2007 年平均值),主要集中在 6 月至 9 月,约占全年的 90%;年蒸发量 2190.4 mm(1994—2007 年平均值),远远超过降水量;太阳年总辐射接近世界最大值,达 7700 MJ·m⁻²(何永涛等,2011)。

观测样地位于拉萨农业生态试验站农田试验区内,原为拉萨河谷的河漫滩地,1993 年建站后改造为农田,属于潮土,是在洪积扇上的灌丛草原土发育的基础之上,经过培土和长期耕作熟化形成的土壤。土壤质地为砂壤土,土层较薄,多砂石,黏土含量 15% ~ 20%(刘允芬等,2002)。表 15.1 为拉萨站两处样地的土壤基本数据。

表 15.1　拉萨站农田土壤基本理化特征(2010 年)

试验区	采样深度 /cm	有机质 /(g·kg⁻¹)	全氮(N) /(g·kg⁻¹)	碱解氮(N) /(mg·kg⁻¹)
农田	0 ~ 20	18.6 ± 3.0[①]	0.9 ± 0.1	54.3 ± 7.2
撂荒地	0 ~ 20	14.6 ± 1.9	1.1 ± 0.3	69.1 ± 9.0

试验区	有效磷(P) /(mg·kg⁻¹)	有效钾(K) /(mg·kg⁻¹)	缓效钾(K) /(mg·kg⁻¹)	pH
农田	46.2 ± 6.8	45.7 ± 9.7	283.3 ± 8.9	6.7 ± 0.0
撂荒地	36.0 ± 7.2	41.9 ± 8.9	642.6 ± 33.8	7.0 ± 0.1

注:① 平均值 ± 标准差(n=6)。

15.2.2　不同施肥模式试验

本试验为等氮施肥试验,在等氮的前提下,通过分别施用有机肥料、无机肥料、有机无机肥混施以及空白对照处理对比研究不同施肥模式对农田土壤质量的影响。该长期观测场建立于 2008 年。面积为 30 m × 40 m,共分为 12 个小区,每个小区面积为 10 m × 10 m。试验处理包括空白对照样地、羊粪样地、化肥样地以及羊粪 + 化肥样地,每个处理有 3 个重复小区。肥料施用量为当地平均水平纯氮 150 kg·hm⁻²,化肥主要为磷酸二铵和尿素(表 15.2)。

施肥样地耕作措施为人工耕地、施肥、播种、管理、收获。种植作物为冬小麦、油菜和青稞轮作。施肥制度为机耕前施羊粪或化肥为基肥,追肥在小麦抽穗期施入。灌溉制度为引拉萨河水自流灌溉,每年大致分 6 次灌溉:播种后 – 上冻前 – 返青 – 拔节 – 扬花 – 成熟前,灌溉方式为畦灌。

表 15.2　拉萨站等氮施肥样地施肥情况

样地名称	肥料名称	施用时间 *（年 – 月 – 日）	作物生育时期	施用方式	施用量/kg	肥料折合纯氮量/（kg·hm⁻²）
空白	空白	—	—	—	—	—
羊粪	羊粪	2009–10–16	播种	基肥	19185.0	150.0
化肥	磷酸二铵	2009–10–16	播种	基肥	130.5	20.9
	尿素	2009–10–16	播种	基肥	130.5	60.0
	尿素	2010–06–12	抽穗	追肥	150.0	69.0
羊粪 + 化肥	羊粪	2009–10–16	播种	基肥	5000.0	39.1
	磷酸二铵	2009–10–16	播种	基肥	67.5	10.8
	尿素	2009–10–16	播种	基肥	67.5	31.1
	尿素	2010–06–12	抽穗	追肥	150.0	69.0

注：* 施肥时间以 2009—2010 年冬小麦生长季为例。

该观测场土壤方面的观测内容包括土壤交换量、土壤养分、土壤矿质全量、土壤微量元素和重金属元素、土壤速效微量元素、土壤机械组成、土壤容重等；生物方面的观测指标包括作物植株性状与产量、农田作物矿质元素含量与能值、土壤微生物量碳等。各指标的观测时间及频次按照 CERN 规范进行。

15.2.3　农田撂荒地长期试验

为了观测自然状态下西藏农田土壤肥力的演化特征，2009 年拉萨站设置了农田撂荒地长期试验。该试验观测场包括 3 种处理：经常除草，保持样地没有植物生长；除草 1 次，每年在生长季末期 8 月份人工除草 1 次，移除样地中植物的地上部分；不除草，保持样地内植物的自然生长状态；通过以上对比试验来探讨植物以及地球化学循环对高原农田土壤中养分动态的影响。每种处理 3 个重复小区，小区面积为 12 m × 15 m。该样地在除草管理以外，使样地处于自然状态，不灌溉（表 15.3）。

表 15.3　拉萨站撂荒地试验概况

样地	管理方式	施肥情况
不除草	自然撂荒，不除草	
除草 1 次	生长季末期 8 月份移除植物地上部分	不施肥
经常除草	20 天除草 1 次，保持样地内无植物生长	

按照 CERN 的监测规范，该观测场土壤方面的观测内容包括表层土壤养分、土壤交换量、土壤速效微量元素、土壤微生物量碳等。

15.2.4 粮饲复种试验

本试验为 2007—2009 年期间,在拉萨站农田试验区,以西藏一年两收种植模式中的"冬青稞 – 箭筈豌豆 – 青饲玉米"为例,设立了 4 个小区。通过对比观测冬青稞及牧草的生长性状表现,以研究在高原地区施用不同种类肥料对粮草复种模式的影响,其研究目标主要为:有机 – 无机复合肥料对冬青稞以及第二季牧草产量和生长性状以及对农田土壤肥力的影响。

(1)施肥处理

供试的有机 – 无机复合肥料 N、P_2O_5 和 K_2O 含量分别为 12%、6% 和 7%,有机质 20%,活性有机物 10% 左右。试验设置 2 个施肥处理,复合肥与无机肥配施和单施无机肥对照;每种施肥处理有 2 类种植模式,分别为冬青稞 – 箭筈豌豆和冬青稞 – 青饲玉米。每个处理 3 个重复,每个试验小区面积为 5 m × 10 m,各小区的管理措施除施用肥料不同外,其他均一致(表 15.4)。

表 15.4 冬青稞 – 箭筈豌豆 – 青饲玉米复种试验施肥情况

| 作物 | 肥料 | 施用时间
(年 – 月 – 日) | 作物
生育期 | 施肥
方式 | 施肥量 | 纯氮 | 纯磷 | 纯钾 |
						/(kg·hm^{-2})		
处理								
冬青稞	复合肥	2007–10–22	播种	基肥	375.0	45.0	22.5	26.3
	尿素	2008–04–27	拔节	追肥	225.0	103.5		
箭筈豌豆 – 青饲玉米	复合肥	2008–07–24	播种	基肥	150.0	18.0	9.0	10.5
	尿素	2008–07–24	播种	基肥	75.0	34.5		
对照								
冬青稞	磷二铵	2007–10–22	播种	基肥	225.0	36.0	45.0	
	尿素	2007–10–22	播种	基肥	75.0	34.5		
	尿素	2008–04–27	拔节	追肥	225.0	103.5		
箭筈豌豆 – 青饲玉米	磷二铵	2008–07–24	播种	基肥	75.0	12.0	15.0	
	尿素	2008–07–24	播种	基肥	150.0	69.0		

(2)样地灌溉情况

在冬青稞生长期,化肥与无机肥配施处理和对照处理各小区均按照统一时间和方式进行灌溉,分别在播种前、越冬前、返青期、拔节前、孕穗期灌溉 1 次,灌溉量大约为 96 mm。而在第 2 季牧草生长的 8—9 月,正值该地区的雨季,未进行灌溉。

(3)观测指标

冬青稞于 2007 年 10 月 22 日播种,2008 年 7 月 20 日收获,生育期 272 天;箭筈豌豆和青饲玉米于 2008 年 7 月 25 日播种,10 月 3 日收获,生长时间为 70 天。在整个生长季中,分别在复合肥与无机肥配施处理区和对照处理区观测以下指标:① 土壤温度,分 4 层,5 cm、10 cm、15 cm、20 cm;② 冬青稞生育期观测和收获期植株性状及产量测定;③ 冬青稞根系生物量;④ 牧草产量测定;⑤ 土壤肥力监测指标包括土壤 pH,有机质以及速效氮、速效磷、速效钾等。

15.3　高原河谷农田生态系统过程与调控

施肥模式和种植制度是调控农田生态系统的重要措施,拉萨站在多年长期观测的基础上,针对高原农田生态系统退化的突出问题以及当地农牧业发展的实际需求,对高原河谷农田生态系统的过程进行了研究,并提出了相应的调控措施。

15.3.1　不同施肥模式对农田土壤质量的调控

（1）机械组成和容重

经过 8 年的长期施肥试验结果表明,与空白对照相比,施用有机肥的羊粪和羊化处理增加了农田土壤中的砂砾含量,降低了粉砂粒和黏粒含量,而化肥处理则降低了该层中的砂砾含量,增加了粉砂粒和黏粒含量,这种趋势在耕作层（0～20 cm）表现得更为显著（表 15.5）。

表 15.5　不同施肥模式农田土壤各级土粒含量（％）

样地名称	土层 /cm	砂砾 （2 ～ 0.05 mm）	粉砂粒 （0.05 ～ 0.002 mm）	黏粒 （<0.002 mm）
空白	0 ～ 10	66.19 ± 0.65[①]	31.08 ± 0.66	2.72 ± 0.03
	10 ～ 20	66.36 ± 0.68	30.91 ± 0.69	2.73 ± 0.08
	20 ～ 40	67.15 ± 3.77	29.92 ± 3.32	2.93 ± 0.46
	40 ～ 60	66.77 ± 0.44	30.33 ± 0.38	2.90 ± 0.17
羊粪	0 ～ 10	69.90 ± 3.70	27.97 ± 3.45	2.13 ± 0.26
	10 ～ 20	69.09 ± 1.44	28.68 ± 1.36	2.22 ± 0.13
	20 ～ 40	67.20 ± 3.24	30.03 ± 2.94	2.77 ± 0.33
	40 ～ 60	66.29 ± 7.16	30.76 ± 6.54	2.95 ± 0.62
羊化	0 ～ 10	67.72 ± 1.03	30.05 ± 0.87	2.23 ± 0.16
	10 ～ 20	67.74 ± 0.41	29.89 ± 0.33	2.36 ± 0.08
	20 ～ 40	65.16 ± 5.21	31.95 ± 4.62	2.89 ± 0.61
	40 ～ 60	67.33 ± 4.31	30.03 ± 4.10	2.64 ± 0.24
化肥	0 ～ 10	64.73 ± 1.30	32.52 ± 1.15	2.75 ± 0.17
	10 ～ 20	65.20 ± 1.10	31.97 ± 1.32	2.80 ± 0.22
	20 ～ 40	65.12 ± 1.41	32.07 ± 1.35	2.82 ± 0.07
	40 ～ 60	64.23 ± 1.97	32.84 ± 1.73	2.93 ± 0.24

注：① 平均值 ± 标准差（n=3）。

0～10 cm 土层容重为空白＞化肥＞羊化＞羊粪,其中空白处理容重最大为 1.37 g·cm^{-3},羊粪处理容重最小为 1.18 g·cm^{-3}。10～20 cm 土层的容重也表现出相同的趋势,即空白＞化肥＞

羊化 > 羊粪, 分别为 1.46 g·cm⁻³、1.40 g·cm⁻³、1.38 g·cm⁻³、1.27 g·cm⁻³, 羊粪处理对降低该层容重的作用最为显著(图 15.2)。

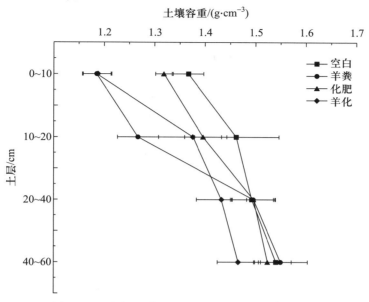

图 15.2 不同施肥模式对高原农田土壤容重的影响

以上长期试验结果表明,在高原农田生态系统中,施加羊粪会显著降低高原农田表层土壤容重,增加砂砾含量,土壤颗粒较粗、孔隙较大,因此增大土壤孔隙度和通透性,有利于农作物的生长发育及土壤养分的吸收。而单纯长期施加化肥则会减少砂砾含量,破坏土壤的结构稳定性,降低孔隙度,从而使耕作层土壤发僵,不利于农作物根系的生长。

(2) 土壤有机质和 pH

土壤有机质是土壤质量的核心,既是氮素的供给源,也影响着土壤的结构,而长期的不同施肥模式会对农田土壤有机质产生显著的影响。拉萨站 8 年的试验结果表明,羊粪和羊化处理均显著提高了农田耕作层土壤(0 ~ 20 cm)中的有机质含量,其中羊粪处理最高,为 32.0 g·kg⁻¹,羊化处理为 25.6 g·kg⁻¹;而单纯施用化肥土壤中的有机质则仅为 19.1 g·kg⁻¹(图 15.3)。

施用有机肥还可以稳定高原农田土壤的 pH。不同施肥处理之间土壤 pH 的大小为羊粪 > 空白 > 化肥 > 羊化,分别为 7.05、6.97、6.73 和 6.63(图 15.3),羊粪有提高土壤 pH、而化肥则有降低土壤 pH 的趋势。因此,施加有机肥不仅可以增加西藏农田土壤中的有机质含量,同时还可以维持土壤的酸碱度从而有利于当地作物的生长。

(3) 土壤微生物量碳

土壤微生物量是土壤中除了植物根茬等残体和大于 $5 \times 10^3 \mu m^3$ 土壤动物以外具有生命活动的有机物的量,而微生物量碳是指土壤中微生物的总碳量,是反映土壤中微生物数量的一个重要指标(薛菁芳等,2007),它虽然只占土壤有机质的很少一部分,但对氮、磷、硫的循环和养分的吸收作用巨大,且能够对土壤有机碳改变做出快速反应,因此人们将土壤微生物量碳作为农田管理措施对土壤质量影响的早期指标(严昌荣等,2010)。

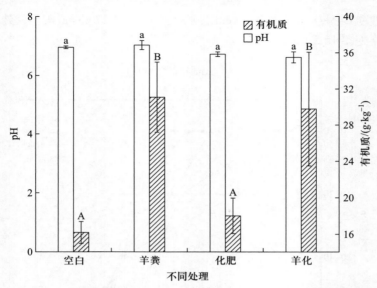

图 15.3   不同施肥模式对高原农田耕作层土壤有机质及 pH 的影响

注: AB, 不同处理之间有机质的差异; a, 不同处理之间 pH 的差异。

拉萨站不同施肥模式对高原农田土壤微生物量碳也有明显的影响。以 2015 年春青稞为例, 除 3 月初青稞尚未种植, 不同施肥处理之间的土壤微生物量碳无明显差异外, 在青稞的生长期间以及收获后, 土壤微生物量碳均表现为羊粪 > 羊化 > 空白 > 化肥。4 月青稞处于出苗期, 羊粪和羊化处理的微生物量碳显著大于空白对照和化肥处理, 羊粪最高可达到 218.2 mg·kg⁻¹, 而化肥最低仅为 68.4 mg·kg⁻¹ (图 15.4)。羊粪和羊化处理较空白对照分别提高了 156.3% 和 132.1%, 而化肥处理较空白对照则降低了 19.7%。7 月青稞处于抽穗期, 羊粪处理微生物量碳最高, 达到了 132.0 mg·kg⁻¹, 羊粪和羊化处理微生物量碳较空白对照分别提高了 98.5% 和

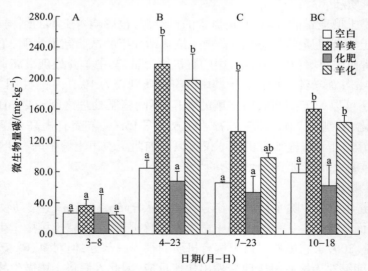

图 15.4   不同施肥模式对土壤微生物量碳的影响

注: ABC, 不同取样时间的差异; ab, 同一取样时间不同处理之间的差异。

48.8%,化肥处理较空白对照则降低了 18.5%;10 月青稞收获之后,农田的土壤微生物量碳同样表现为羊粪和羊化处理显著大于空白与化肥处理。本试验结果表明,单纯施用化肥会降低高原土壤微生物量碳,而施加羊粪对于高原农田土壤微生物量的增加起到了促进作用,从而提高农田的土壤质量。

农田撂荒地的监测结果也表明,地上植被作为重要的有机质来源,对农田撂荒地土壤微生物量碳具有明显的影响。生长季节不同月份中不除草样地和除草一次样地的土壤微生物量碳均大于经常除草样地(图 15.5)。地上植被的移除会明显降低土壤中微生物的量,这也从另一个方面说明有机质对于高原农田生态系统具有重要的影响,外源有机质的输入可以显著提高高原农田土壤质量(范凯等,2013)。

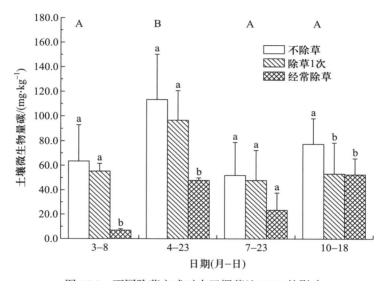

图 15.5 不同除草方式对农田撂荒地 MBC 的影响

注:AB,不同取样时间的差异;ab,同一取样时间不同处理之间的差异。

综合以上分析,与单独施用化肥相比,施加有机肥可以显著提高西藏高原农田土壤的质量。施加有机肥不仅能降低西藏农田表层土壤容重,增加表层土壤砂砾含量,从而疏松农田表层土壤;还可以提高土壤中有机质的含量,维持土壤 pH,并增加土壤中的微生物量。因此,在西藏高原农田耕作过程中,加大有机肥料的投入,不仅可以改善土壤的物理结构,还可以保持土壤肥力,对于西藏地区农业的可持续发展意义重大。

15.3.2 有机 - 无机复合肥料对粮饲复种模式的调控

(1)有机 - 无机复合肥对农田土壤温度的影响

冬青稞生长期间对土壤温度观测结果显示,有机 - 无机复合肥处理与对照之间在冬青稞生长季节初期和末期差异较小,且各土壤深度的差异不同。但在冬青稞越冬和返青期间的 2 月上旬至 5 月上旬,4 个土壤深度的温度差异表现出一致性:复合肥处理的土壤温度均明显高于对照,二者温度差值在 0.5 ~ 0.8 ℃(图 15.6)。而这期间正是高原温度较低的时期,有机 - 无机复合肥的增温效应则会有利于冬青稞在越冬和返青期的生长。

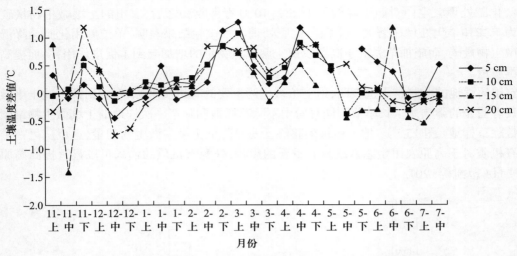

图 15.6　有机无机复合肥处理与无机肥对照之间的土壤温度差值

（2）有机－无机复合肥对冬青稞生育期的影响

冬青稞于 2007 年 10 月 22 日播种，2008 年 7 月 20 日收获，整个生育期 272 天。观测结果表明，在拔节期前，两种肥料并没有表现出明显的差异，但在抽穗期和蜡熟期，施用复合肥料的冬青稞要比无机肥料分别提前 4 天和 3 天（表 15.6）。这表明，有机－无机复合肥料可以明显使作物的生育期提前，这对于高原地区发展一年两收模式有着积极的意义。因为高原地区气温低，生长短，冬青稞收获后，夏季牧草的生长时间仅有 70 天左右（7 月 20 日—10 月初），而冬青稞作物的提前收获可以为下茬牧草作物提供宝贵的生长时间。

表 15.6　不同施肥条件下冬青稞的生育期变化（年－月－日）

样地类别	播种期	出苗期	三叶期	分蘖期	返青期
复合肥	2007–10–22	2007–11–05	2007–11–20	2007–11–30	2008–03–30
无机肥	2007–10–22	2007–11–05	2007–11–20	2007–11–30	2008–03–30

样地类别	拔节期	抽穗期	蜡熟期	收获期
复合肥	2008–05–05	2008–05–21	2008–06–27	2008–07–17
无机肥	2008–05–05	2008–05–25	2008–06–30	2008–07–20

（3）有机－无机复合肥对冬青稞产量及植株性状的影响

试验结果表明，有机－无机复合肥料的施用能明显提高冬青稞的产量，无论是群体株高、密度、穗数、地上部总干重以及产量，其各项测产指标均高于普通肥料的样地。其中施用有机－无机复合肥料的冬青稞产量可以达到 $570.0 \ \mathrm{g \cdot m^{-2}}$，而单纯施用无机化肥的产量则为 $478.4 \ \mathrm{g \cdot m^{-2}}$，前者的产量比后者提高了约 19%。

而从单个植株的收获期性状来看，施用复合肥料的冬青稞植株性状明显优于普通无机化肥的植株性状。单株高度、每穗小穗数、每穗结实小穗数、每穗粒数、千粒重、地上部总干重、籽粒干重等指标,均超过了普通无机化肥的对照小区。其中差异最大的指标是每穗粒数,施用复合肥的冬青稞每穗粒数达到了 45.6 粒·穗$^{-1}$,而普通无机化肥的对照小区只有 36.7 粒·穗$^{-1}$;而前者的千粒重为 37.5 g,后者为 36.5 g(表 15.7)。由此可见,有机 – 无机复合肥主要可有效地提高冬青稞每穗的粒数,从而达到增加青稞产量的效果。

表 15.7　不同施肥处理对冬青稞产量及植株性状的影响

	植株密度 /(株·m^{-2})	穗数 /(穗·m^{-2})	每穗粒数	千粒重 /g	产量 /(g·m^{-2})
复合肥	505 ± 79①	489 ± 76	45.6 ± 1.0	37.5 ± 2.7	570.0 ± 111.0
无机肥	456 ± 95	437 ± 93	36.7 ± 2.5	36.5 ± 3.4	478.4 ± 114.0
	株高 /cm	小穗数	有效小穗数	地上部干重 /g	籽粒干重 /g
复合肥	99.9 ± 2.4	20.4 ± 2.2	19.1 ± 2.1	3.58 ± 0.36	1.66 ± 0.13
无机肥	94.9 ± 2.5	19.4 ± 1.7	17.6 ± 1.7	2.86 ± 0.09	1.34 ± 0.10

注:① 平均值 ± 标准差(n=4)。

(4)有机 – 无机复合肥对作物根系的影响

施用有机 – 无机复合肥的冬青稞处理 0 ~ 50 cm 根系总量为 68.2 g·m^{-2},高于无机肥处理的 51.8 g·m^{-2}。从根系分布的不同层次看,施用有机 – 无机复合肥的处理除 30 ~ 40 cm 根系生物量略低于无机肥对照外,其他层次的根系生物量均高于对照,其中 10 ~ 20 cm 差别最大,复合肥处理的根系生物量达 19.9 g·m^{-2},而对照仅 6.1 g·m^{-2},前者为后者的 3.3 倍,但作为根系分布最为集中的 0 ~ 10 cm 土壤,二者并没有明显差别(图 15.7)。这说明施用有机 – 无机复合肥可增加冬青稞的根系生物量,尤其是 10 ~ 20 cm 土壤中的根系生物量,进而提高冬青稞从土壤中吸收养分的途径,为增加冬青稞产量提供了基础。

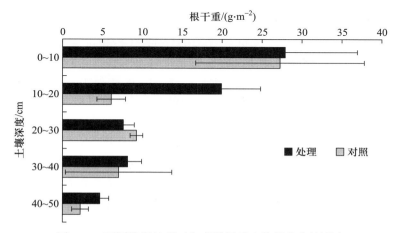

图 15.7　不同施肥处理对冬青稞根系生物量分布的影响

（5）有机 – 无机复合肥对牧草产量的影响

冬青稞被收获后,箭筈豌豆和青饲玉米于 2008 年 7 月 25 日播种,10 月 3 日收获,整个生长时间为 70 天。根据动态测定结果,箭筈豌豆和青饲玉米对不同施肥处理的表现完全不同。箭筈豌豆在整个生长过程中,其生物量没有对复合肥和普通肥表现出明显差异。但青饲玉米则对两种施肥处理表现出显著差异,复合肥处理的青饲玉米生物量在测定时期内显著高于对照处理,到收获期,复合肥处理的生物量平均达到 2662.7 g·m^{-2},而对照生物量仅为 1697.7 g·m^{-2}（图 15.8）。

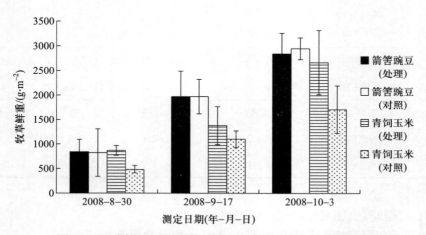

图 15.8　不同施肥处理对箭筈豌豆和青饲玉米生物量的影响

箭筈豌豆和青饲玉米在复合肥样地的产量接近,在收获期的产量分别为 2843.0 g·m^{-2} 和 2662.7 g·m^{-2}；但在无机肥样地却相差较大,箭筈豌豆的鲜生物量为 2942.4 g·m^{-2},而青饲玉米的鲜生物量为 1697.0 g·m^{-2}。由此可见,青饲玉米是一种喜欢大肥大水的饲料作物,只有在水肥条件都充足的情况下,才能发挥其高生产力的特点。这也提示我们,在西藏地区,当水肥条件有限时,应该种植更多的豆科作物,以发挥其耐瘠薄土壤的特点,通过其自我固氮作用来加强自身生长。

（6）有机 – 无机复合肥对土壤肥力的影响

本试验结果还表明,使用有机 – 无机复合肥的样地,在种植完冬青稞之后,除了速效钾之外,其他各养分指标均高于普通化肥样地；而种植完青饲玉米和箭筈豌豆之后,施用复合肥的样地,其各养分含量的水平都高于普通化肥样地（表 15.8）。这就表明施用复合肥料之后,不仅有利于作物和牧草的生长,同时也还有利于土壤肥力的保持,从而可以保持土壤资源的有效持续利用。

以上长期试验结果表明,通过增施有机肥将会大大改善西藏高原农田的土壤质量,同时增加作物产量,是西藏农田生态系统调控的一条重要途径。因此,在西藏高原,除了一方面大力发展工业有机肥生产,积极推广有机肥使用外,还可以通过多种途径提高农田土壤质量,如推广太阳能、沼气等能源,减少将秸秆、粪便作为燃料消耗,促进秸秆还田；同时推广保护性耕作,减少耕作次数对土壤的扰动,促进土壤有机质的积累（刘国一等, 2014）。

表 15.8 复种模式土壤养分测定结果

种植作物	冬青稞		青饲玉米		箭筈豌豆	
样地	复合肥	无机肥	复合肥	无机肥	复合肥	无机肥
采样日期	2008-07-21	2008-07-21	2008-10-13	2008-10-13	2008-10-13	2008-10-13
有机质 /(g·kg^{-1})	19.6 ± 1.2[①]	16.8 ± 3.3	17.3 ± 1.9	13.5 ± 1.1	18.2 ± 2.2	14.7 ± 2.6
全氮 /(g·kg^{-1})	1.00 ± 0.09	0.84 ± 0.07	1.06 ± 0.13	0.86 ± 0.04	1.07 ± 0.18	0.82 ± 0.14
碱解氮 /(g·kg^{-1})	78.7 ± 11.0	57.0 ± 6.6	84.7 ± 3.9	68.0 ± 2.2	77.0 ± 3.9	73.2 ± 6.7
有效磷 /(g·kg^{-1})	42.0 ± 7.7	35.2 ± 5.8	40.8 ± 8.3	32.3 ± 1.2	33.9 ± 4.8	30.1 ± 3.8
速效钾 /(g·kg^{-1})	33.9 ± 4.3	41.6 ± 9.3	42.3 ± 6.9	31.3 ± 4.4	36.2 ± 1.6	30.6 ± 2.8
缓效钾 /(g·kg^{-1})	285.2 ± 16.1	272.8 ± 14.2	678.6 ± 3.6	588.5 ± 31.9	656.2 ± 13.5	574.0 ± 9.9
pH	6.83 ± 0.21	6.92 ± 0.06	6.62 ± 0.04	6.63 ± 0.01	6.67 ± 0.03	6.68 ± 0.03

注：① 平均值 ± 标准差（ $n=4$ ）。

15.4 模拟增温对高原河谷农田生态系统的影响

气温升高是高原河谷农田生态系统面临的突出问题。根据已有的研究结果,青藏高原是全球增温最为显著的地区之一。过去 50 年,青藏高原地区每年的平均温度上升相当于全球地面平均温度上升的两倍(Liu and Chen, 2000)。青稞属于禾本科作物,大麦的一种,由于抗逆性的特点,青稞是西藏高原地区主要的种植作物,也是藏区人们主要的主食来源,在农业生产和食物保障中占据极其重要的作用和地位。基于此,拉萨站以青稞农田生态系统为代表,开展了短期模拟增温试验。试验采用红外辐射器(165 cm × 15 cm)增加环境温度,辐射器距离地面高度约为 1.7 m,增温水平为 3 个,即空白对照,1000 W 和 2000 W 辐射增温,每个处理 3 个重复。增温样方大小为 2 m × 2 m,样方间隔约为 6 ~ 7 m。青稞于 2014 年 5 月 26 日播种,同时开始增温,9 月 14 日收获。利用 HOBO 微气候观测系统对青稞农田 5 cm 的土壤温度(t5)、土壤湿度(SM5);20 cm 的土壤温度(t20)和土壤湿度(SM20)进行了观测。

15.4.1 土壤温湿度

观测结果表明,模拟增温显著改变了青稞农田的土壤温度和湿度。1000 W 和 2000 W 的红外增温使 t5 分别显著升高了约 1.52 ℃ 和 1.98 ℃,使 t20 分别显著升高了约 1.02 ℃ 和 1.59 ℃;但另一方面,1000 W 的红外增温对 SM5 无显著影响,而 2000 W 的红外增温使 SM5 分别下降了 0.03 m³·m⁻³,二者使 SM20 分别显著下降了 0.03 m³·m⁻³ 和 0.05 m³·m⁻³(图 15.9)。模拟增温导致了青稞农田土壤暖干化,这与前人的研究一致(Bai et al., 2013),Shen 等(2014)的研究也表明,在过去的十多年间(2000—2012 年),青藏高原的农田生态系统呈暖干化趋势。

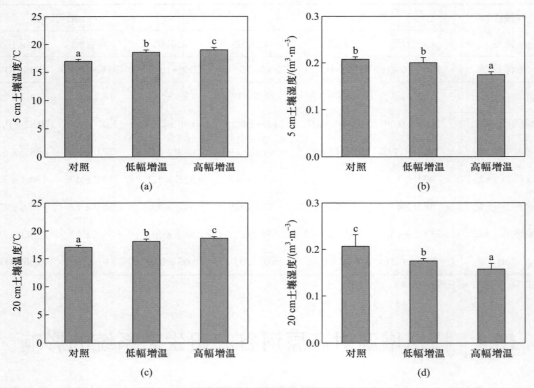

图 15.9   红外增温对青稞农田土壤温湿度的影响

注：图中 abc 是不同处理之间的差异。

15.4.2   青稞生育期

青稞生育期的观测包括出苗期、分蘖期、拔节期、孕穗期、挑旗期、抽穗期、扬花期、灌浆期、乳熟期、蜡熟期、黄熟期和成熟期，以样方内 50% 以上作物达到相应物候期作为调查标准。结果表明，短期模拟增温虽然没有缩短青稞的生长季，但是缩短了青稞多个生育期：拔节、抽穗和灌浆期提前 1 天；孕穗、挑旗和扬花提前了 2 天（表 15.9）。与对照相比，在增温条件下青稞营养生长期缩短，而生殖生长期延长，但营养生长期的缩短幅度比生殖生长期延长的幅度更为显著。

综合分析表明，近 50 年来青藏高原青稞分蘖 – 拔节期、抽穗 – 开花期气温均呈增加趋势。其中，分蘖 – 拔节期日平均气温由 1965—1994 年的 10 ℃上升到 1995 年以来的 11 ℃，但仍处在青稞孕穗分化较适宜温度范围内；抽穗 – 开花期依气温变化而变化，气温高，抽穗快，反之则慢。当气温为 20 ~ 22 ℃、相对湿度为 70% ~ 73% 时，开花最多，当气温在 20 ℃以下，相对湿度大于75% 时，开花较少。青藏高原区青稞抽穗 – 开花期的温度从 1964—2004 年的 14 ℃上升到 2005年以来的 16 ℃，说明青藏高原青稞抽穗 – 开花期温度还没有达到该时期最佳发育温度，但青藏高原气温的持续升高会对青稞关键生长期产生潜在的有利影响。

表 15.9 增温试验区生育期记录表（月－日）

生育期	拔节	孕穗	挑旗	抽穗	扬花	灌浆
1000 W	6–29	7–6	7–24	7–30	8–3	8–12
2000 W	6–29	7–6	7–24	7–30	8–3	8–12
空白	6–30	7–8	7–26	8–1	8–5	8–13
1000 W	6–29	7–6	7–24	7–30	8–3	8–12
2000 W	6–29	7–6	7–24	7–30	8–3	8–12
空白	6–30	7–8	7–26	8–1	8–5	8–13
1000 W	6–29	7–6	7–24	7–30	8–3	8–12
2000 W	6–29	7–6	7–24	7–30	8–3	8–12
空白	6–30	7–8	7–26	8–1	8–5	8–13

15.4.3 青稞农田植被指数

采用 ADC 相机进行青稞生长期植被指数观测，该相机具有红、绿和近红外 3 个波段（Fu et al., 2013）。本研究基于以下 3 个公式分别计算了归一化植被指数（$NDVI$）、归一化绿波段差值植被指数（$GNDVI$）和土壤调节植被指数（$SAVI$）：

$$NDVI = \frac{\rho_{nir} - \rho_{red}}{\rho_{nir} + \rho_{red}} \tag{15.1}$$

$$GNDVI = \frac{\rho_{nir} - \rho_{green}}{\rho_{nir} + \rho_{green}} \tag{15.2}$$

$$SAVI = 1.5 \times \frac{\rho_{nir} - \rho_{red}}{\rho_{nir} + \rho_{red} + 0.5} \tag{15.3}$$

式中：ρ_{red}、ρ_{green} 和 ρ_{nir} 分别表示 ADC 光谱相机红、绿和近红波段的反射率。采用重复测量方差分析对日均 t5、SM5、t20 和 SM20, NDVI, GNDVI 和 SAVI 进行了统计。通过相关分析、单因子回归分析和多重回归分析探讨了 NDVI、GNDVI 和 SAVI 与 t5、SM5、t20 和 SM20 的相互关系。

（1）实验增温对 $NDVI$、$GNDVI$ 和 $SAVI$ 的影响

总体而言，红外增温及其与观测日期的交互作用对 $NDVI$、$GNDVI$ 和 $SAVI$ 无显著影响，而观测日期对 $NDVI$、$GNDVI$ 和 $SAVI$ 都有显著影响。1000 W 低幅度增温使 $NDVI$、$GNDVI$ 和 $SAVI$ 分别增加了约 2.4%（0.013）、4.3%（0.009）和 0.5%（0.002）。而 2000 W 的高幅度增温则使 $NDVI$、$GNDVI$ 和 $SAVI$ 分别增加了约 5.5%（0.029）、5.3%（0.011）和 4.8%（0.020）。

在不同模拟增温幅度下，$NDVI$、$GNDVI$ 和 $SAVI$ 都表现出了显著的时间动态变化。低幅度 1000 W 增温使 6 月 17 日、7 月 26 日和 8 月 24 日的 $NDVI$ 分别增加了 0.048、0.004 和 0.065，高幅度 2000 W 增温使 6 月 17 日、7 月 26 日、8 月 24 日和 9 月 9 日的 $NDVI$ 分别增加了约 0.076、

0.028、0.034 和 0.116。低幅度的 1000 W 增温使 6 月 17 日、7 月 14 日、7 月 26 日和 8 月 24 日的 GNDVI 分别增加了约 0.026、0.005、0.010 和 0.027。高幅度的 2000 W 的增温则使 6 月 17 日、7 月 26 日、8 月 24 日和 9 月 9 日的 GNDVI 分别增加了约 0.031、0.010、0.018 和 0.025。低幅度的 1000 W 增温使 6 月 17 日和 8 月 24 日的 SAVI 分别增加了约 0.024 和 0.059，而高幅度的 2000 W 增温则使 6 月 17 日、7 月 26 日、8 月 24 日和 9 月 9 日的 SAVI 分别增加了约 0.070、0.011、0.024 和 0.103。相反，低幅度的 1000 W 增温使 7 月 14 日和 9 月 9 日的 NDVI 分别减少了约 0.010 和 0.044；9 月 9 日的 GNDVI 减少了约 0.024；7 月 14 日、7 月 26 日和 9 月 9 日的 SAVI 减少了约 0.015、0.014 和 0.044，而高幅度的 2000 W 增温则使 7 月 14 日的 NDVI、GNDVI 和 SAVI 分别减少了约 0.107、0.031 和 0.110（图 15.10）。

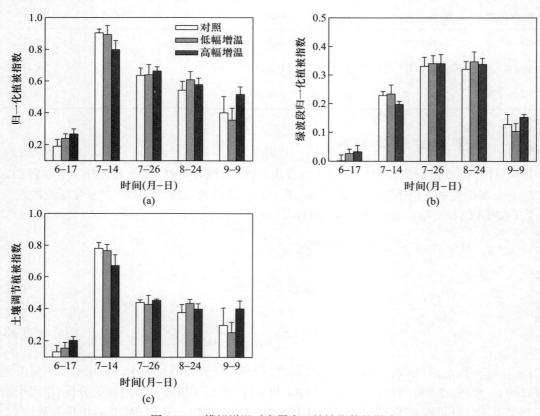

图 15.10　模拟增温对青稞农田植被指数的影响

（2）植被指数与土壤温湿度的关系

单因子回归分析表明，NDVI（$r^2=0.110$, $P=0.026$）和 GNDVI（$r^2=0.254$, $P=0.0004$）随着 t5 cm 土壤温度的增加而降低，但是 SAVI 下降趋势不显著（$r^2=0.069$, $P=0.082$）；GNDVI 随着 t20 的土壤温度的增加而降低（$r^2=0.218$, $P=0.001$），但是 NDVI（$r^2=0.040$, $P=0.190$）和 SAVI（$r^2=0.014$, $P=0.443$）的下降趋势不显著。相反，NDVI（$r^2=0.277$, $P=0.0002$）、GNDVI（$r^2=0.394$, $P=0.0000$）和 SAVI（$r^2=0.208$, $P=0.002$）都随着 SM5 的土壤湿度的增加而增加；GNDVI 随着 SM20 的土壤湿度的增加而增加（$r^2=0.193$, $P=0.003$），NDVI（$r^2=0.059$, $P=0.107$）和 SAVI

（$r^2=0.037$，$P=0.209$）的增加趋势不显著。多重回归分析表明，SM5 的土壤湿度解释了 *NDVI*、*GNDVI* 和 *SAVI* 的变异，说明 5 cm 的土壤湿度是高原青稞农田三个植被指数的变异的主要环境驱动因素。这与其他人的研究结果基本一致，Shen 等（2014）的研究表明，青藏高原农田生态系统的最大 EVI 与空气温度为不显著的负相关，而与相对湿度和水汽压为显著正相关；高原上其他类型植被的研究结果也表明，植被总初级生产力和地上生物量与空气温度为负相关，与土壤湿度为正相关（Fu et al.，2013）。

多重回归分析和偏相关分析也表明，土壤湿度而非土壤温度主导着高原青稞农田 *NDVI*、*GNDVI* 和 *SAVI* 的变异，且这三个植被指数都随着土壤湿度的增加而显著增加。此外，模拟增温降低了土壤湿度，而土壤干旱会抑制植物的生长（Fu et al.，2013），进而影响植被指数。因此，青稞农田 *NDVI*、*GNDVI* 和 *SAVI* 对红外增温的不显著初始响应可能主要是由实验增温导致的土壤干旱引起的。

15.4.4 青稞生物量与植株性状

2014 年 9 月 14 日青稞收获期，从每个处理样方里随机采集了 11 株青稞。生长指标包括株高、地径、茎长和叶片数。生物量指标包括根系生物量、茎秆生物量、叶生物量和穗生物量。碳含量指标包括根系碳含量、茎碳含量、叶碳含量和穗碳含量；氮含量指标包括根系氮含量、茎秆氮含量、叶氮含量和穗氮含量。测定结果表明，低幅度增温和高幅度增温对青稞的以上指标均没有表现出显著的影响。

模拟增温对青稞的植株性状（图 15.11）和生物量积累（图 15.12）无显著影响，这与前人的一些整合分析研究结果不一致。如青藏高原上的整合分析表明，增温显著增加了植物的总生物量、根系生物量、株高、地径和茎长（Fu et al.，2015）。能够导致这些不一致结果的因子包括增温持续时间、增温引起的土壤干旱等负效应和增温幅度等。首先，本研究中的增温持续时间较短（1 个生长季节），而前人的这些整合分析的增温持续时间包含了很多 >1 年的数据。尽管如此，目前有关增温对植物生物量的影响与增温持续时间的关系还没有一致的结论（Lin et al.，2010；Wu et al.，2011）。Lin 等（2010）发现增温对植物生物量的影响与增温持续时间无显著关系，而 Wu 等（2011）则发现增温对植物生物量的影响会随着累计增温时间的延长而增强。这些研究同时表明，增温持续时间较短可能并不是造成青稞生物量及其生长对增温不显著响应的主要原因。其次，增温一般会造成土壤干旱，进而削弱温度升高对植物生长的正效应（De Boeck et al.，2007）。增温引起的土壤干旱程度与增温幅度为正相关关系（Xu et al.，2013；Zhong et al.，2016），即增温幅度的增加会引起更大幅度的土壤干旱，因此会抵消增温对植物生长的正效应。第三，在全球尺度上，当年均气温约为 4.8 ℃时，增温对植物生物量的促进作用最大（Lin et al.，2010），而本研究区域的年均气温为 7.7 ℃（Zhong et al.，2016），显著大于 4.8 ℃，这可能会导致增温对青稞生长的促进作用至少不会达到全球尺度上的最大值。第四，与其他地区的植物相比，高寒植物的最适生长温度可能较低，且高寒植物对短暂的温度升高具有较高的适应性和恢复能力（Lin et al.，2010）。第五，不同植被类型的生物量对增温的响应不同（Lu et al.，2013；Shen et al.，2014），有关青藏高原植物生物量对增温响应的整合分析研究并没有包含农田生态系统。

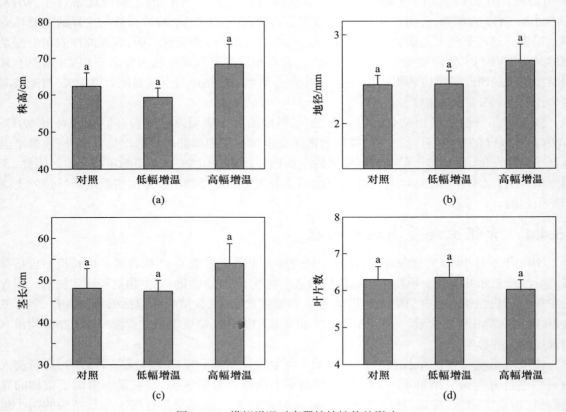

图 15.11　模拟增温对青稞植株性状的影响

注：图中 a 是不同处理之间的差异。

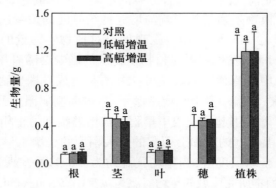

图 15.12　模拟增温对青稞生物量的影响

注：图中 a 是不同处理之间的差异。

　　模拟实验增温对青稞不同组分的碳氮含量也都无显著影响（图 15.13），这与青藏高原上的整合分析结果一致（Fu et al., 2015）。但在全球尺度上的整合分析则表明，增温显著增加了叶氮含量、植物地上部分和根系碳含量（Bai et al., 2013; Lu et al., 2013）。这些不一致的研究结果可能与不同的累计增温时间有关。本研究的累计增温时间 <1 年，青藏高原上的整合分析的累计

增温时间 <3 年（Fu et al., 2015），而全球尺度上的增温实验的整合分析有累计增温时间 >5 年的研究（Bai et al., 2013；Lu et al., 2013）。

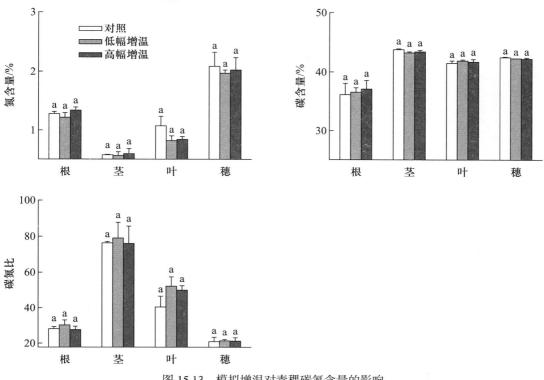

图 15.13　模拟增温对青稞碳氮含量的影响

注：图中 a 是不同处理之间的差异。

15.4.5　青稞农田土壤呼吸

在 2014 年，用 Li-cor 8100 仪器对青稞农田的增温样地和对照样地进行了一个生长季的土壤呼吸观测。结果表明，对照、1000 W 和 2000 W 红外辐射增温样地的平均土壤呼吸速率分别为 4.31 $\mu mol\ CO_2 \cdot m^{-2} \cdot s^{-1}$、5.41 $\mu mol\ CO_2 \cdot m^{-2} \cdot s^{-1}$ 和 4.85 $\mu mol\ CO_2 \cdot m^{-2} \cdot s^{-1}$。1000 W 和 2000 W 的红外辐射增温对土壤呼吸都无显著影响（图 15.14）。但对温带和亚热带农田生态系统的研究结果表明，实验增温显著增加了土壤呼吸（刘艳等，2012；Reth et al., 2009）。由此表明，高寒农田生态系统土壤呼吸并不一定比温带和亚热带农田生态系统的土壤呼吸对气候变暖的响应更敏感。

模拟增温引起的土壤干旱可能是导致青稞田土壤呼吸不显著变化的原因。整合分析表明，干旱能够显著减少土壤呼吸（Wu et al., 2011），因为土壤干旱能够抑制土壤微生物活动和微生物呼吸（Fu et al., 2012；Liu et al., 2009），降低植物光合作用和初级生产力（Fu et al., 2013；Xu et al., 2013），而土壤微生物活动和初级生产力等都与土壤呼吸为正相关关系。

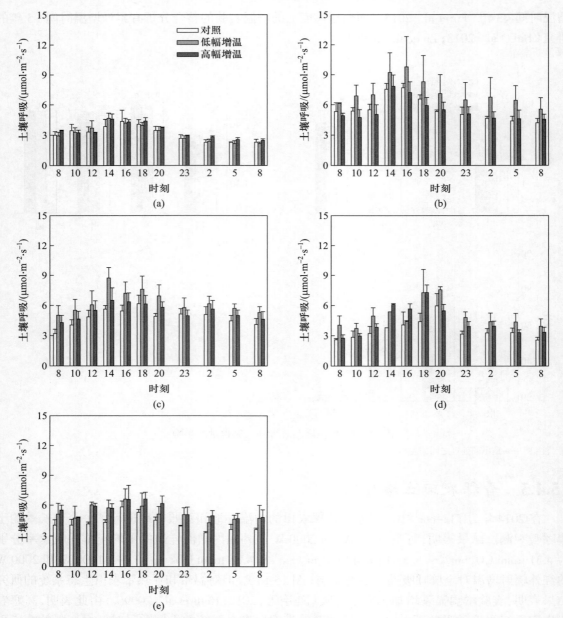

图 15.14　模拟增温对西藏青稞田土壤呼吸的影响（2014 年）:（a）6 月 5—6 日;（b）7 月 26—27 日;
（c）8 月 6—7 日;（d）8 月 26—27 日;（e）9 月 6—7 日

15.5　西藏高原河谷农业发展转型模式

　　严酷的自然条件限制了高原天然草地的饲草生产,进而导致了高原畜牧业生产的不稳定,而
农牧民脱贫增收则是西藏目前社会发展中面临的重大需求。拉萨站根据西藏地域分异的特点,

在多年研究的基础上,提出了高原农牧系统耦合发展的转型模式,即充分利用河谷农区相对优越的水热条件,大力发展饲草生产。通过农区和牧区互动耦合发展,稳定和提升牧区畜牧业发展,促进西藏当地农牧业的发展和农牧民的增收。

15.5.1 西藏农业发展存在的问题

西藏是一个以农牧业为主的地区,农牧人口占全区总人口的86%以上,具体又可分为种植业和畜牧业。但是,长期以来,这两者之间没有形成有机的互补效应,反而是过度的放牧和无序的耕种导致了高原的农田和草地都出现了退化。另一方面,贫困依然是西藏农牧民面临的一个主要问题。2003年以来,西藏农牧民人均纯收入实现了持续增长,由1691元增长到2013年的6520元,年均增长率达到13.0%,但与全国农村居民人均纯收入差距却从931元逐步拉大到2300元(何永涛等,2016)。据2014年西藏政府工作报告,西藏目前仍有45.7万农牧民群众生活比较困难,人均纯收入低于2300元的贫困线标准。鉴于西藏高原是我国重要的生态安全屏障区域,因此如何在稳定和提升高原生态系统安全屏障功能的同时,通过资源的可持续利用,提高农牧民收入已成为国家和西藏当地政府共同关心的问题,也是国家边疆稳定和保障生态安全的重大需求。

由于自然条件恶劣,西藏牧区的牧业95%以上依靠天然草场,其中存在的主要问题是天然牧草产量低,大部分草地的产草量都在$750 \sim 1500 \ kg \cdot hm^{-2}$,从载畜能力看,在西藏平均一个羊单位牲畜所需草场面积($2.13 \ hm^2$)是青海省($0.7 \ hm^2$)的3倍,是内蒙古自治区($0.75 \ hm^2$)的近3倍,是美国($0.41 \ hm^2$)的5倍,是新西兰($0.12 \ hm^2$)的近18倍。尤其是冬季根本无草可用,牲畜经常出现季节性的饲料短缺,加上超载过牧,草场退化严重,很难维持当地畜牧业的发展,在冬春季节经常出现牲畜因饲料短缺而瘦弱甚至死亡的现象,严重限制了当地畜牧业的发展。

另一方面,西藏种植业内部结构亦不甚合理,高原地区长期以粮食作物为主,而对畜牧业有重要补充作用的饲料作物比重过低,很难为当地的畜牧业提供饲料来源。农区种植结构的单一,造成了粮食稳产未必增收。进入21世纪以来,西藏粮食产量常年维持在(90~95)万吨,但种植业增收势头已呈现疲软态势。根据统计结果,2003年以来种植业收入在农牧民人均纯收入中的比例基本保持稳定,近5年还呈现出微弱下降的趋势。

综上所述,西藏地区目前以粮食生产为主导的种植业生产模式造成了全区性耕地资源的不合理分配,一方面是种植业比较效益低下,另一方面则是畜牧业发展缓慢。有限的耕地资源中大量的耕地在进行着效益低下的粮食产品生产,而整个西藏高原的牧区却存在季节性的饲料、饲草严重短缺的问题。这种饲料、饲草全区性短缺的局面,不仅使优势度高的广大农区畜牧业生产裹足不前,而且草地畜牧业也处于停滞甚至倒退的状态。农区与牧区一体化以及农区种植业与畜牧业一体化两个方面不协调,是导致全区性农区农牧结合发展缓慢地重要原因。

15.5.2 农牧系统耦合发展模式

农牧系统耦合发展是西藏河谷农业发展转型的重要途径,而通过牧草种植发展畜牧业也已经成为西藏农牧民增收的重要渠道。近年来,西藏畜牧业发展呈良好增长态势,畜牧业收入在农牧民收入中的比重增加了近7%,成为当前西藏农牧民收入中的主要增长点。另一方面,农区是西藏畜牧业发展潜力最大的区域。在国家高原生态安全屏障建设引导下,藏北草地的生产功能将逐渐让位于生态功能。以"一江两河"地区为核心的农区以优越的农耕气象条件、丰富肥沃的土地资源、方便快捷的交通设施,承载着推动农业结构优化调整和促进农牧民增收的重要战略任务,是西藏畜牧业发展潜力最大的区域,也是农牧结合发展战略的重点实施区域。因此,改变农区种植业单一的结构,促进农牧民增收也是西藏地区社会经济发展的必由之路。

发展农区畜牧业要解决两个关键问题:一是在保证粮食安全的前提下是否有一定面积的耕地用来生产草产品;另一个是农区种草是否有足够高的产量。根据研究结果,西藏粮食生产在交通不便远离内地市场情况下,其主要任务在于基本满足区内农牧民对口粮的基本需求。如考虑今后城镇化和农村劳动力转移的可能,西藏农业人口或乡村人口的口粮可能在(190~220)万吨。以 70 万吨粮食作为安全线,考虑粮食单产可能的增加幅度(350 kg,年递增率 1.2%),需用 200 万亩耕地,仅占现有耕地的 60%,有 40% 耕地可用建设饲草料基地(成升魁和闵庆文,2002)。最新的研究结果也表明,2010 年西藏全区主要粮食(青稞、小麦和水稻)生产为 85.09 万吨,而本地粮食消费只有 54.0 万吨。从整个西藏地区来看,西藏地区粮食供应已经大于其需求,三大粮食作物总供应 146.3 万吨,而总需求超过 95.9 万吨,供应为需求的 1.5 倍(高利伟等,2017a),说明在农区建设草产品饲料基地有着巨大的潜力。

从西藏农区居民家庭食物消费结构来看,对耕地需求也不高,理论上腾出耕地种草潜力较大。2010 年"一江两河"流域中的拉萨市、日喀则市以及山南市户均耕地需求分别为 5542.3 m^2、7400.1 m^2 和 5521.7 m^2,而腾出耕地种草的潜力分别为 4777.5 m^2、2977.3 m^2 和 2054.4 m^2,分别占到户均耕地面积的 46.3%、28.7% 以及 27.1%(高利伟等,2017b)。因此,应通过大力发展农区畜牧业来解决农区经济发展和牧区饲料短缺的问题,其主要途径为以农牧业和牧业综合开发项目区为核心,在水热条件优越的河谷农业区,利用丰富的耕地资源实施人工种草,缓解当地草畜矛盾,增加农户种草收入。

从牧草生长条件来看,西藏农区水热条件相对较好,生育期长,水热同季,非常有利于牧草的生长。按照拉萨站在山南、日喀则和拉萨三地市的牧草规模化栽培试验,以当前农牧民所能掌握的技术和生产资料、劳动力投入中等水平估算,青饲玉米单产完全可以达到 120000 kg·hm^{-2},紫花苜蓿、燕麦、黑麦草等其他牧草的单产平均可达 52500 kg·hm^{-2},按青饲玉米与其他牧草播种面积比例 1:1 计,则青饲料的平均单产估算为 86250 kg·hm^{-2}(李少伟等,2009),与天然草地相比具有近百倍的优势,表现出了巨大潜力。

此外,还可以在保障粮食生产的基础之上,通过在农区选择生育期短,早熟的农作物、饲料作物进行复种、套种,提高种植指数,发展"一年两收"种植模式,也是发展农区饲草生产的有效途径。已有的研究表明,目前在西藏"一江两河"流域每年只种一季粮食作物,但冬青稞在 7 月下旬成熟收获后,距离下一季作物播种(10 月中旬)有 70~85 天的时间可以供作物生长,期间正是西藏雨热最充沛的时期,其中 ≥ 0 ℃积温的余热资源可达 1000~1137 ℃,占全年 ≥ 0 ℃积温的 35%~40%,降水量在 200 mm 左右(关树森,2000)。因此该地区在冬青稞收获后,应充分利用剩余的水、热和土地资源,选种豆科牧草等生长期短的作物,发展饲料牧草种植。我们的研究结果也进一步表明,通过使用有机无机肥料不仅可以有效增加冬季作物的产量,同时还可使其生育期提前,并有效保持土壤肥力;而通过牧草复种增加的牧草产量,箭筈豌豆近 28500 kg·hm^{-2},青饲玉米约 27000 kg·hm^{-2}。

除积极发展农区畜牧业外,还可以通过"南草北上"工程,缓解藏北地区草畜矛盾、遏止草地退化。即利用西藏农区和农牧交错地区优越的水热和土地资源,应用先进的科学技术成果,建成一批优质高产的饲草料基地,实施"南草北上"工程,充分利用饲料工业产品和牧区丰富的家畜资源,使农区和牧区两大经济体系的叠加效应在此得到充分的开发利用。这样既可以解决牧区饲料短缺的局面,缓解藏北地区草地压力,改善藏北地区的生态环境,还可以增加高原农牧民的收入,从而实现生态环境保护和农牧民收入增加的双赢局面。

近几年,拉萨站先后通过建立优质牧草种植示范基地、优质草产品加工等环节的试验和技术推广,在拉萨、山南等地建立了三个示范村,农户以土地入股、集体土地规模化经营等多种形式的联合,在农区以饲草种植和加工为基础,带动农牧户家庭畜牧业生产水平的提高,全年共实现户均增收 2000 余元。这种农牧耦合的生产模式已经在西藏一江两河传统农区得到了逐步的示范和推广,为草地畜牧业发展、农民增收渠道扩大和青藏高原生态环境保护探索了一条积极有益的道路(图 15.15)。

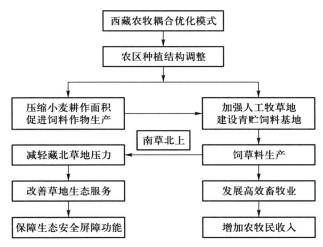

图 15.15　西藏农牧系统耦合发展优化模式

参 考 文 献

蔡晓布.2003.西藏中部草地及农田生态系统的退化及机制.生态环境,12(2):203–207.

成升魁,闵庆文.2002.西藏农牧业发展的若干战略问题探讨.资源科学,24(5):1–7.

成升魁,张宪洲,许毓英,等.2001.西藏玉米生物生产力与光能利用率特征.资源科学,23(5):58–61.

范 凯,何永涛,孙 维,等.2013.不同管理措施对西藏河谷农田土壤微生物量碳的影响.中国土壤与肥料,1:20–24.

付刚,沈振西,钟志明.2015.西藏高原青稞三种植被指数对红外增温的初始响应.生态环境学报,24(3):365–371.

高利伟,徐增让,成升魁,等.2017a.西藏粮食安全状况及主要粮食供需关系研究.自然资源学报,32(6):951–960.

高利伟,徐增让,成升魁,等.2017b.农村居民食物消费结构对耕地需求的影响——以西藏"一江两河"流域为

例 . 自然资源学报, 32（1）: 12–25.

关树森 . 2000. 提高西藏大于零度年积温 3000 ℃以上农区水热资源利用率探讨 . 西南农业学报, 13（3）: 109–112.

何永涛, 孙维, 张宪洲, 等 . 2011. 有机无机复合肥在西藏粮草复种模式中应用的效应分析 . 中国生态农业学报, 19（3）: 1–6.

何永涛, 张宪洲, 余成群 . 2016. 西藏高原农牧系统耦合发展及其生态效应 . 中国科学院院刊, 31（1）: 112–117.

李明森, 1997. 西藏 "一江两河" 地区土地资源合理开发 . 自然资源学报, 12（2）: 119–125.

李少伟, 余成群, 孙维 . 2009. 西藏农业结构特征及调整效应研究 . 农业系统科学与综合研究, 25（3）: 257–262.

李文华, 周兴民 . 1998. 青藏高原生态系统及优化利用研究 . 广州: 广东科学技术出版社, 254–264.

林忠辉, 周允华, 王辉民 . 1998. 青藏高原冬小麦冠层几何结构、光截获及其对光合潜能的影响 . 生态学报, 18（4）: 392–398.

刘国一, 尼玛扎西, 宋国英, 等 . 2014. 西藏农田土壤有机质现状及影响因素的相关性分析 . 西藏农业科技, 36（1）: 12–17.

刘艳, 陈书涛, 胡正华, 等 . 2012. 模拟增温对冬小麦 – 大豆轮作农田土壤呼吸的影响 . 环境科学, 33（12）: 4205–4211.

刘允芬, 欧阳华, 张宪洲, 等 . 2002. 青藏高原农田生态系统碳平衡 . 土壤学报, 39（5）: 636–642.

刘允芬, 张宪洲, 张谊光 . 2000. 青藏高原田间冬小麦表观光合量子效率的确定 . 生态学报, 20（1）: 35–38.

马瑞萍, 韦泽秀, 卓玛 . 2015. 西藏农田土壤有机质研究进展和展望 . 中国农学通报, 31（11）: 243–247.

孙维, 余成群, 李少伟 . 2008. 西藏一江两河地区种植业比较优势分析 . 安徽农业科学,（8）: 3416–3418.

许大全 . 2006. 光合作用测定及研究中一些值得注意的问题 . 植物生理学通讯, 42（6）: 1163–1167.

薛菁芳, 高艳梅, 汪景宽 . 2007. 长期施肥与地膜覆盖对土壤微生物量碳氮的影响 . 中国土壤与肥料, 3: 55–58.

严昌荣, 刘恩科, 何文清, 等 . 2010. 耕作措施对土壤有机碳和活性有机碳的影响 . 中国土壤与肥料, 6: 58–63.

杨春艳, 沈渭寿, 王涛 . 2015. 近 30 年西藏耕地面积时空变化特征 . 农业工程学报, 31（1）: 264–271.

尹志芳, 欧阳华, 张宪洲 . 2010. 西藏地区春青稞耗水特征及适宜灌溉制度探讨 . 自然资源学报, 25（10）: 1666–1675.

喻朝庆, 张谊光, 周允华, 等 . 1998. 青藏高原小麦高产原因的农田生态环境因素探讨 . 自然资源学报, 13（2）: 97–103.

张宪洲, 刘允芬, 张谊光, 等 . 1998. 利用生产模拟对高原小麦高产的原因分析 . 自然资源学报, 13（4）: 289–296.

张宪洲, 王辉民, 张谊光 . 1997. 青藏高原冬小麦田辐射能量收支的初步研究 . 应用气象学报, 8（2）: 236–241.

张宪洲, 王其冬, 张谊光 . 1996. 青藏高原 4—10 月太阳总辐射的分光测量 . 气象学报, 54（5）: 620–624.

张宪洲, 张谊光, 周允华 . 1997. 青藏高原 4—10 月太阳光合有效辐射量子值的气候学计算 . 地理学报, 52（4）: 361–365.

中国科学院青藏高原综合科学考察队 . 1985. 西藏土壤 . 北京: 科学出版社 .

Bai E, Li S L, Xu W H, et al. 2013. A meta-analysis of experimental warming effects on terrestrial nitrogen pools and dynamics. New Phytologist, 199（2）: 441–451.

De Boeck H J, Lemmens C, Vicca S, et al. 2007. How do climate warming and species richness affect CO_2 fluxes in experimental grasslands? New Phytologist, 175（3）: 512–522.

Fu G, Shen Z X, Sun W, et al. 2015. A meta-analysis of the effects of experimental warming on plant physiology and growth on the Tibetan Plateau. Journal of Plant Growth Regulation, 34: 57–65.

Fu G, Shen Z X, Zhang X Z, et al. 2012. Response of soil microbial biomass to short-term experimental warming in alpine meadow on the Tibetan Plateau. Applied Soil Ecology, 61: 158–160.

Fu G, Sun W, Li S W, et al. 2018. Response of plant growth and biomass accumulation to short-term experimental warming in a highland barley system of the Tibet. Journal of Resources and Ecology, 9 (2): 203–208.

Fu G, Zhang X Z, Zhang Y J, et al. 2013. Experimental warming does not enhance gross primary production and above-ground biomass in thealpine meadow of Tibet. Journal of Applied Remote Sensing, 7 (1): 073505.

Lin D L, Xia J Y, Wan S Q. 2010. Climate warming and biomass accumulation of terrestrial plants: a meta-analysis. New Phytologist, 188 (1): 187–198.

Liu W X, Zhang Z, Wan S Q. 2009. Predominant role of water in regulating soil and microbial respiration and their responses to climate change in a semiarid grassland. Global Change Biology, 15: 184–195.

Liu X D, Chen B D. 2000. Climatic warming in the Tibetan Plateau during recent decades. International Journal of Climatology, 20: 1729–1742.

Lu M, Zhou X H, Yang Q, et al. 2013. Responses of ecosystem carbon cycle to experimental warming: A meta-analysis. Ecology, 94: 726–738.

Reth S, Graf W, Reichstein M, et al. 2009. Sustained stimulation of soil respiration after 10 years of experimental warming. Environmental Research Letter, 4 (2): 024005.

Rustad L E, Campbell J L, Marion G M, et al. 2001. A meta-analysis of the response of soil respiration, net nitrogen mineralization, and aboveground plant growth to experimental ecosystem warming. Oecologia, 126 (4): 543–562.

Shen Z, Fu G, Yu C, et al. 2014. Relationship between the growing season maximum enhanced vegetation index and climatic factors onthe Tibetan Plateau. Remote Sensing, 6 (8): 6765–6789.

Wu Z T, Dijkstra P, Koch G W, et al. 2011. Responses of terrestrial ecosystems to temperature and precipitationchange: A meta-analysis of experimental manipulation. Global Change Biology, 17: 927–942.

Xu W F, Yuan W P, Dong W J, et al. 2013. A meta-analysis of the response of soil moisture to experimental warming. Environmental Research Letter, 8 (4): 044027.

Zhang X Z, Zhang Y G, Zhou Y H. 2000. Measuring and modeling photo-synthetically active radiation in Tibet Plateau during April–October. Agricultural and Forest Meteorology, 102: 207–212.

Zhong Z M, Shen Z X, Fu G. 2016. Response of soil respiration to experimental warming in a highland barley of Tibet. SpringerPlus, 5 (1): 137.

索 引

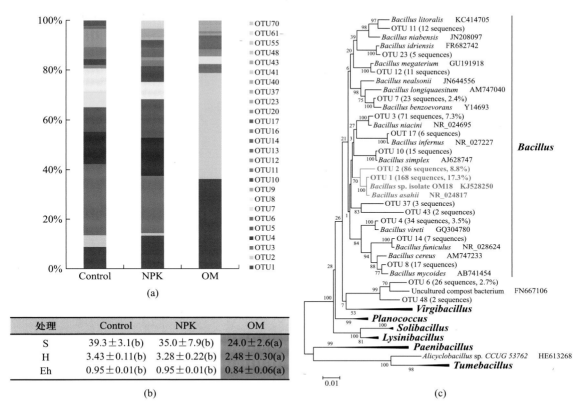

图 4.3　不同施肥处理下潮土芽孢杆菌群落占比和结构变化

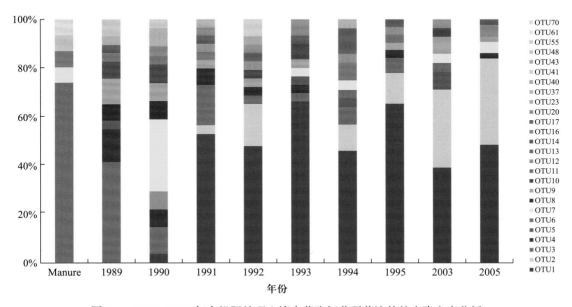

图 4.4　1989—2009 年有机肥处理土壤中芽孢杆菌群落演替的克隆文库分析

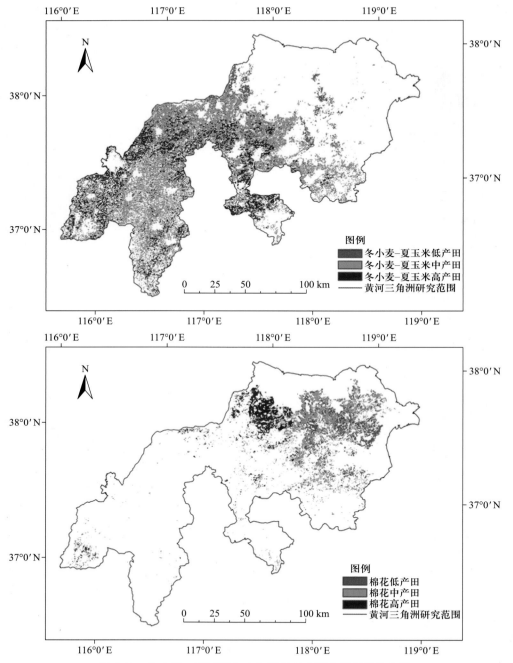

图 5.10 冬小麦 – 夏玉米（a）和棉花（b）高中低产田分布图

2

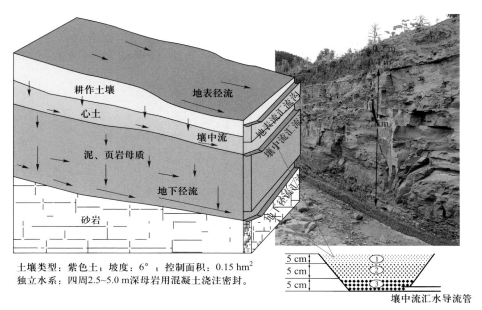

土壤类型：紫色土；坡度：6°；控制面积：0.15 hm²
独立水系：四周2.5~5.0 m深母岩用混凝土浇注密封。

图 9.3　紫色土坡面水文路径与大型坡地自由排水采集观测系统

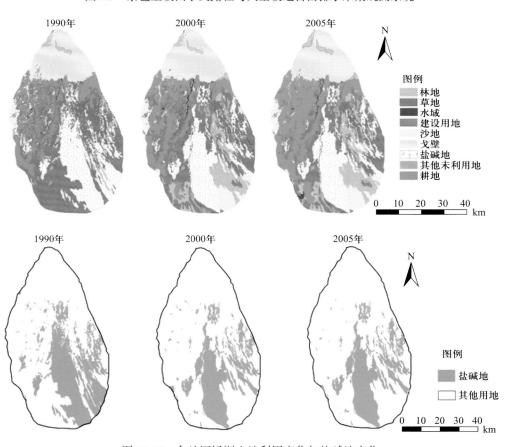

图 13.18　台兰河绿洲土地利用变化与盐碱地变化

图 14.1　喀斯特峰丛洼地景观单元

图 14.2　喀斯特峰丛洼地农田分布情况